U0192826

中国科学院大学本科生教材系列

广义相对论讲义

黄超光　编著

科学出版社

北　京

内 容 简 介

本书共 8 章。第 1 章为引言,包括牛顿万有引力定律和狭义相对论的回顾及广义相对论两条基本原理的简介。第 2~7 章是本书的重点。第 2 章介绍微分几何与张量分析的基础知识。第 3~7 章介绍广义相对论的基本理论与实验检验,包括引力场方程的真空解、内解、引力辐射、致密天体、引力坍缩、黑洞物理、宇宙学简介等。第 8 章介绍广义相对论的作用量和哈密顿正则形式,作为扩展,还简要介绍了其他几种相对论性引力理论。本书叙述深入浅出,推导翔实,内容丰富,涵盖了相关学科的一些基本知识,以期降低读者在较短的时间内学习、掌握广义相对论的难度。

本书可作物理专业高年级本科生、研究生广义相对论课程的教材,也可供对广义相对论感兴趣的学者自学之用。

图书在版编目(CIP)数据

广义相对论讲义/黄超光编著. —北京:科学出版社,2023.3
中国科学院大学本科生教材系列
ISBN 978-7-03-075061-7

I. ①广… II. ①黄… III. ①广义相对论–高等学校–教材 IV. ①O412.1

中国国家版本馆 CIP 数据核字(2023)第 039884 号

责任编辑:周 涵 杨 探/责任校对:杨聪敏
责任印制:吴兆东/封面设计:陈 敬

科学出版社 出版
北京东黄城根北街 16 号
邮政编码:100717
http://www.sciencep.com
天津市新科印刷有限公司印刷
科学出版社发行 各地新华书店经销
*
2023 年 3 月第 一 版 开本:720×1000 B5
2025 年 1 月第三次印刷 印张:32
字数:643 000
定价:**158.00 元**
(如有印装质量问题,我社负责调换)

前　言

　　广义相对论是 20 世纪物理学中最具革命性的物理理论，它彻底改变了人类的时空观念。广义相对论采用了与以往物理学截然不同的数学工具——微分几何来分析问题。学习广义相对论，必先掌握微分几何。鉴于物理专业的本科生、研究生一般都无此基础，因此，一直以来，广义相对论课程在介绍广义相对论内容之前，总要先补充微分几何的基础知识。

　　广义相对论作为一个物理理论，不仅要在逻辑体系上合理，还应该能够解释已有的物理现象，预言新的物理现象，并在实验与观测中得到证实；同时，它还须具有普适性。这是中国广义相对论研究第一人周培源先生反复强调的一个物理理论是否好的判据。为遵循这一思路，在广义相对论课程的教学中，我们不仅要阐明广义相对论在逻辑体系上的合理性，更要介绍广义相对论理论与实验及观测的关系。

　　仅就这两点，广义相对论的课时就不能太少。

　　2015 年，中国科学院大学 (以下简称国科大) 开始新一轮研究生课程改革，要求每门课限制在 40~50 学时，这对广义相对论教学提出新的挑战。为应对此挑战，中国科学院理论物理研究所 (以下简称理论所)、中国科学院高能物理研究所、国科大、中国科学院数学与系统科学研究院等单位中引力相关方向的教师齐聚理论所，共同商定广义相对论课程的教学大纲，确定了广义相对论教学的范围仍以温伯格 (S. Weinberg) 著的 *Gravitation and Cosmology* (《引力论和宇宙论》，邹振隆、张历宁等译) 为蓝本，内容涉及广义相对论的基本原理、微分几何初步、爱因斯坦引力场方程及其解、广义相对论的实验检验、引力波与引力辐射、球对称内解、致密天体与引力坍缩、黑洞物理、宇宙学初步、广义相对论的形式理论等。

　　自 2015 年 9 月 14 日第一个引力波信号被直接探测到以来，支持广义相对论的重要实验与观测结果密集出现，2017 年至 2020 年这 4 年诺贝尔物理学奖的 5/8 授予了对广义相对论做出过重要贡献的科学家。这些进展极大地丰富了广义相对论的教学内容。考虑到学时的限制，我们把 20 世纪末以来大量宇宙学研究的新进展留到宇宙学课程之中，只保留对宇宙学最简单的介绍。

　　广义相对论的建立最初是用来解释天体运动和宇宙演化的，这就决定了广义相对论与天文学有着密不可分的关系。作为一个关于时空的、基础的物理理论，广义相对论的理论与实验检验还涉及多个物理学科。不少学生、读者可能对这些学科并不熟悉。举一个简单的例子，在广义相对论中广泛用到流体，其出发点都是流体的能-动张量，而绝大多数物理系的学生关于流体力学的了解仅限于伯努利 (Bernoulli) 方程, 这之间存在较大的差距，需要补充。2016 年，国科大第一批本科生开始选修部分研究生课程。自此，广义相对论就成为国科大本科生的选修课之一。由于选修广义相对论的本科生中，有不少在同步学习电动力学，他们虽然已学过洛伦兹 (Lorentz) 变换、麦克斯韦 (Maxwell) 方程组等，但对狭义相对论的了解还是很初步的，完全没有 4 维表述的概念。于是，广义相对论课程又有了一项新的任务：介绍狭义相对论的质点动力学、麦克斯韦方程组的 4 维形式等。

总之，广义相对论课程的教学内容非常丰富，时间很紧张，难度梯度也很大。本讲义是在国科大广义相对论教学环境中形成的。

作为国科大本科生的选修课，应学生要求，将课程的学时数由 50 增至 60。同时，增加了外微分和轨道陀螺进动的介绍。这两项都是 2015 年讨论教学大纲时，因课时有限而删除的。在讲义写成书稿后，又补充了引力场的哈密顿形式和一些挠率不为零的结果。前者在广义相对论的研究中很有用，后者虽超出广义相对论的范畴 (广义相对论只用到黎曼时空，其挠率为零)，但对于更好地理解微分几何也是有益的。它们作为选读内容，供有兴趣的读者阅读。

为在有限的教学时间内做到由浅入深地讲解，使学生在短时间内掌握广义相对论的基本物理思想和具体计算方法，了解广义相对论的发展现状及相关学科基本知识，笔者在广义相对论授课前将包含了细致的讲解、详尽的理论推导及相关学科基本知识介绍的课件 (pdf 文件，每页 6 张幻灯片) 放在网上，供学生下载。学生在课堂上可免去抄笔记之累，集中精力听讲解。特别是当遇到比较复杂的公式推导时，常需要多张幻灯片才能完成，而幻灯片的切换可能导致学生跟不上授课者的思路。这时，学生只需看一下手中下载的每页 6 张幻灯片，即可连贯跟上前面的内容。课件也方便学生课后复习。采用幻灯片方式还方便反复出示重要的内容，以便帮助学生领会前面所讲的知识点，真正做到重要的内容讲三遍或更多遍。笔者原本希望以这种特殊的形式出一本广义相对论讲义，同时推出电子版本，以尝试推动广义相对论的电子化教学。应国科大的要求，将原讲义转换成如今的形式。

本讲义最主要的两本参考书是温伯格的《引力论和宇宙论》、刘辽的《广义相对论》(以及后来再版的刘辽、赵峥的《广义相对论》)。讲义中习题的主要参考书是 A. P. Lightman, W. H. Press, R. H. Price, S. A. Teukolsky 的 *Problem Book in Relativity and Gravitation*。讲义中部分内容参考了或引自梁灿彬、周彬《微分几何入门与广义相对论》(第二版)；赵峥、刘文彪的《广义相对论基础》；R. M. Wald 的 *General Relativity*；C. M. Will 的 *Theory and Experiment in Gravitational Physics*；C. W. Misner, K. S. Thorne, J. A. Wheeler 的 *Gravitation*；S.

W. Hawking, G. F. R. Ellis 的 *The Large Scale Structure of Space-time*；P. G. Bergmann 的 *Introduction to the Theory of Relativity*；H. C. Ohanian 的 *Gravitation and Spacetime*；S. Carroll 的 *Spacetime and Geometry*；H. Stephani 的 *General Relativity*；郑庆璋、崔世治等的《广义相对论基本教程》；刘辽、黄超光的《弯曲时空量子场论与量子宇宙学》；侯伯元、侯伯宇的《微分几何》；俞允强的《广义相对论引论》；须重明、吴雪君的《广义相对论与现代宇宙学》；L. D. Landau, E. M. Lifshitz 的 *The Classical Theory of Fields*；D. Kramer, H. Stephani, E. Herlt, M. MacCallum 的 *Exact Solutions of Einstein's Field Equations* 等。本书作为讲义，并未像专著一样在最后列出完备的参考文献，而是在叙述中适时地列出了部分参考文献，以供读者查阅。讲义中很多图是笔者自己制作的，但也有不少图取自网络。对于未及引用的文献和未及说明出处的图表，在此对原作者深表歉意。

讲义中每章末的附录主要分为三种情况：① 回答学生提出的问题；② 一些特别烦琐的推导；③ 明显超出大纲的内容。除此之外，还有一些特别的考虑。例如，在广义相对论中，希腊字母用得特别多，而常有新入所的研究生对希腊字母发音不标准，故将希腊字母表作为一个附录。

讲义中带 * 号的章节为选读部分。

笔者在广义相对论的学习与研究过程中深受导师周培源先生、刘辽先生、王永成先生的指导。在其后的各类讨论中又承蒙梁灿彬先生、俞允强先生、张元仲先生、郭汉英先生、赵峥先生等的指点，他们纠正了笔者的不少错误认知，相关问题的讨论已纳入讲义之中。虽然他们中的一部分人已经作古，笔者还是要向他们表达敬意与感谢。在几年的广义相对论教学中，历届学生对本讲义原稿中的错误多有指正。本讲义在成书过程中，笔者曾得到国家自然科学基金 (11690022，12035026) 的支持，在出版时又得到中国科学院大学教材出版中心的资助，并得到科学出版社的大力支持。在此一并致谢。

由于笔者个人水平有限，讲义中难免还会有不足之处，欢迎读者批评指正。

黄超光

2022 年 1 月

目　　录

第1章 引　言

1.1　牛顿万有引力定律及其存在的问题

牛顿的万有引力定律是建立在牛顿的绝对时空观基础上的。牛顿的绝对时空观由两部分组成：一部分是绝对时间；另一部分是绝对空间所谓绝对空间是

> 绝对空间，就其本性而言，与外界任何事物无关，始终保持着相似，且固定不动。相对空间则是绝对空间的某种可动维度或度量，通常我们会用物体的位置来描述它……
>
> ——I. 牛顿

> **Absolute space, in its own nature, without regard to anything external, remains always similar and immovable.** Relative space is some movable dimension or measure of the absolute spaces; which our senses determine by its position to bodies...
>
> —— I. Newton

在数学上，绝对空间就是两相邻点的距离的平方总是[①]

$$dl^2 = dx^2 + dy^2 + dz^2. \tag{1.1.1}$$

所谓绝对时间是

> 绝对的、纯粹而数学的时间，就其本身及其本性而言，均匀地流逝着，与任何外部事物无关，它又称为持续时间；相对的、直观且常用的时间则是通过运动的持续时间所感知的外在量度……
>
> ——I. 牛顿

> **Absolute, true, and mathematical time, of itself, and from its own nature, flows equably without regard to anything external,** and by another name is called duration; relative, apparent and common time, is some sensible and external (whether accurate or unequable) measure of duration by the means of motion,...
>
> —— I. Newton

---

① 严格地说，牛顿的这段话在用数学表示时，还可能有其他选项，但在经典物理学中，都采用这种欧氏空间。有关其他选项的讨论完全超出广义相对论课程的范畴，不在此赘述。

在数学上，绝对时间就是指两相邻时刻的时间差总是 $\mathrm{d}t$。当然也仿照空间两点距离的写法，将之改写成平方形式 $\mathrm{d}\tau^2 = \mathrm{d}t^2$。在牛顿的绝对时空观中，时间和空间是两个相互独立的、彼此无联系的观念，且分别具有绝对性。

两相邻点的距离由 (1.1.1) 式定义，而 (1.1.1) 式可以改写成矩阵的形式

$$\mathrm{d}l^2 = \begin{pmatrix} \mathrm{d}x & \mathrm{d}y & \mathrm{d}z \end{pmatrix} \begin{pmatrix} 1 & 0 & 0 \\ 0 & 1 & 0 \\ 0 & 0 & 1 \end{pmatrix} \begin{pmatrix} \mathrm{d}x \\ \mathrm{d}y \\ \mathrm{d}z \end{pmatrix}, \tag{1.1.2}$$

其中的方阵 $\begin{pmatrix} 1 & 0 & 0 \\ 0 & 1 & 0 \\ 0 & 0 & 1 \end{pmatrix}$ 称为度规 (或度规矩阵)，也记作 δ_{ij}。若采用柱坐标

$$x = \rho\cos\varphi, \quad y = \rho\sin\varphi, \quad z = z, \tag{1.1.3}$$

$$\begin{cases} \mathrm{d}x = \cos\varphi\mathrm{d}\rho - \rho\sin\varphi\mathrm{d}\varphi, \\ \mathrm{d}y = \sin\varphi\mathrm{d}\rho + \rho\cos\varphi\mathrm{d}\varphi, \\ \mathrm{d}z = \mathrm{d}z, \end{cases} \tag{1.1.4}$$

两相邻点的距离则满足

$$\mathrm{d}l^2 = \mathrm{d}\rho^2 + \rho^2\mathrm{d}\varphi^2 + \mathrm{d}z^2 = \begin{pmatrix} \mathrm{d}\rho & \mathrm{d}\varphi & \mathrm{d}z \end{pmatrix} \begin{pmatrix} 1 & 0 & 0 \\ 0 & \rho^2 & 0 \\ 0 & 0 & 1 \end{pmatrix} \begin{pmatrix} \mathrm{d}\rho \\ \mathrm{d}\varphi \\ \mathrm{d}z \end{pmatrix}. \tag{1.1.5}$$

由此可见，度规矩阵元并不一定是常数，它们完全可以是空间坐标的函数。

考虑绕 z 轴转动 α 角 (如图 1.1.1 所示)，

$$\begin{cases} x' = x\cos\alpha + y\sin\alpha, \\ y' = -x\sin\alpha + y\cos\alpha, \\ z' = z. \end{cases} \tag{1.1.6}$$

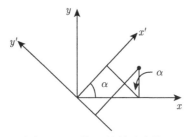

图 1.1.1　绕 z 轴转动变换

两相邻点间的距离不会因坐标轴的转动而改变，即

$$dl^2 = dx^2 + dy^2 + dz^2$$
$$= dx'^2 + dy'^2 + dz'^2. \tag{1.1.7}$$

记

$$\left(R^i{}_j\right) = \begin{pmatrix} \cos\alpha & \sin\alpha & 0 \\ -\sin\alpha & \cos\alpha & 0 \\ 0 & 0 & 1 \end{pmatrix}, \tag{1.1.8}$$

则有

$$\begin{pmatrix} x' \\ y' \\ z' \end{pmatrix} = \begin{pmatrix} \cos\alpha & \sin\alpha & 0 \\ -\sin\alpha & \cos\alpha & 0 \\ 0 & 0 & 1 \end{pmatrix} \begin{pmatrix} x \\ y \\ z \end{pmatrix}. \tag{1.1.9}$$

易证,$\left(R^i{}_j\right)$ 满足

$$R^k{}_i \delta_{kl} R^l{}_j = \delta_{ij}, \tag{1.1.10}$$

$$\det\left(R^k{}_i\right) = 1, \tag{1.1.11}$$

其中 $\det(R^k{}_i)$ 表示矩阵 $R^k{}_i$ 的行列式, 简记为 $\det(R)$。它说明, 度规在上述转动变换下保持不变！绕固定轴的所有转动构成一个阿贝尔群 (SO(2) 群)[①]。

对 (1.1.10) 式两边求行列式, 得

$$\left(\det\left(R\right)\right)^2 = 1 \ \Rightarrow \ \det\left(R\right) = \pm 1, \tag{1.1.12}$$

由前面的讨论已知,(1.1.10) 和 (1.1.11) 式对应于转动变换。(1.1.10) 式和 $\det(R) = -1$ 对应于右手系到左手系的变换。特别地, 当

$$\left(R^i{}_j\right) = \begin{pmatrix} -1 & 0 & 0 \\ 0 & -1 & 0 \\ 0 & 0 & -1 \end{pmatrix} \tag{1.1.13}$$

时,

$$x' = -x, \ y' = -y, \ z' = -z. \tag{1.1.14}$$

(1.1.14) 式称为空间反射。

---

① **群**的定义。

若集合 $G \neq \varnothing$, 在 G 上的二元运算 "$\cdot$" (称为群乘) 满足:

(1) 封闭性: $\forall a, b \in G, \ a \cdot b \in G$;

(2) 结合律: $\forall a, b, c \in G, \ (a \cdot b) \cdot c = a \cdot (b \cdot c)$;

(3) 单位元: $\exists e \in G$, 使得 $\forall a \in G, \ e \cdot a = a \cdot e = a$;

(4) 逆元: $\forall a \in G, \ \exists b \in G$, 使得 $a \cdot b = b \cdot a = e$; b 称为 a 逆元, 记作 a^{-1}。

则 G 称为一个群。

若进一步, 群 G 的群乘满足交换律, 即 $\forall a, b \in G, \ a \cdot b = b \cdot a \in G$, 则群 G 称为阿贝尔群 (SO(2) 群是一个阿贝尔群)。

牛顿的万有引力是建立在这样的绝对时空观基础之上的引力定律，它的表述大家已熟知，

$$\boldsymbol{F} = -G\frac{mM}{r^3}\boldsymbol{r}, \tag{1.1.15}$$

其中 M, m 是两质点的质量，$\boldsymbol{F}$ 是质点 m 受到质点 M 的引力，$\boldsymbol{r}$ 和 $r = |\boldsymbol{r}|$ 分别是质点 m 相对质点 M 的位置矢量及其大小 (如图 1.1.2 所示)，G 为牛顿万有引力常数。在牛顿引力中，引力场可由一个标量场 ϕ 来描写，

$$\phi = -G\frac{M}{r}, \tag{1.1.16}$$

$$\boldsymbol{F} = -m\nabla\phi, \tag{1.1.17}$$

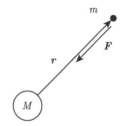

图 1.1.2   牛顿万有引力

式中 ϕ 是 M 点周围的引力势。引力势是可加的，即

$$\phi = -G\sum_i \frac{M_i}{|\boldsymbol{r} - \boldsymbol{r}_i|}, \tag{1.1.18}$$

其中 $\boldsymbol{r}_i$ 和 M_i 分别表示第 i 个引力源的位矢和质量。对于连续分布的物质，

$$\phi(\boldsymbol{r}) = -G\iiint \frac{\rho(\boldsymbol{r}')}{|\boldsymbol{r} - \boldsymbol{r}'|}\mathrm{d}^3 x', \tag{1.1.19}$$

或者写成泊松方程的形式：

$$\Delta\phi(\boldsymbol{r}) = 4\pi G\rho(\boldsymbol{r}), \tag{1.1.20}$$

其中 Δ 为拉普拉斯算子

$$\Delta = \frac{\partial^2}{\partial x^2} + \frac{\partial^2}{\partial y^2} + \frac{\partial^2}{\partial z^2} \quad (\text{直角坐标: } x, y, z) \tag{1.1.21a}$$

$$= \frac{\partial^2}{\partial \rho^2} + \frac{1}{\rho}\frac{\partial}{\partial \rho} + \frac{1}{\rho^2}\frac{\partial^2}{\partial \varphi^2} + \frac{\partial^2}{\partial z^2} \quad (\text{柱坐标: } \rho, \varphi, z) \tag{1.1.21b}$$

$$= \frac{\partial^2}{\partial r^2} + \frac{2}{r}\frac{\partial}{\partial r} + \frac{1}{r^2}\frac{\partial^2}{\partial \theta^2} + \frac{\cot\theta}{r^2}\frac{\partial}{\partial \theta} + \frac{1}{r^2\sin^2\theta}\frac{\partial^2}{\partial \varphi^2} \quad (\text{球坐标: } r, \theta, \varphi).$$

$$(1.1.21c)$$

牛顿万有引力定律取得了辉煌成就。它成功地解释了地面上的落体运动、潮汐现象以及日、月、星辰的运动；它预言了海王星、冥王星的存在，并得到证实；依据牛顿万有引力定律，人们设计并发射了人造卫星 $\cdots\cdots$ 总之，牛顿引力从分米 (10^{-1}m) 到星系团尺度 $(5 \times 10^6\text{pc} \sim 1.6 \times 10^7\text{l.y.} \sim 1.5 \times 10^{17}\text{m}(1\text{pc}=3.0857\times 10^{16}\text{m}, 1\text{l.y.} = 9.46053 \times 10^{15}\text{m}))$ 都得到很好证实[1]。

尽管牛顿万有引力定律取得了辉煌成就，但它仍存在一些严重的问题。首先，它不符合狭义相对论。狭义相对论要求所有物理规律都是洛伦兹协变的 (见 1.2 节)，一切相互作用都不能是超距的。而万有引力定律并不是洛伦兹协变的，且牛顿万有引力是超距相互作用。其次，当观测精度提高后，人们发现水星近日点进动用牛顿万有引力定律不能完全解释。这两条是最重要的。再次，牛顿万有引力定律无法解释宇宙。关于这一点，可通过 Neumann-Zeeliger(NZ) 疑难和 Olbers 佯谬加以说明。

NZ 疑难是说，假定宇宙是无限的、平直的，宇宙中物质分布是均匀的，牛顿万有引力定律成立；则宇宙中任一点的引力势都是负无穷，而宇宙中任一点的引力场强却完全无法确定[2]。对于引力势而言，由 (1.1.19) 式知半径为 R 的大球面

---

[1] pc 是秒差距 (parsec) 的缩写，它是天文学中常用的距离单位。在天文学中，地日平均距离称为 1 天文单位，记作 1AU。1 天文单位相对远方天体所张角为 $1''$ 时，远方天体与我们的距离称为 1 秒差距。1pc $\approx$ 3.26 光年 (l.y.)，见图 1.1.3。

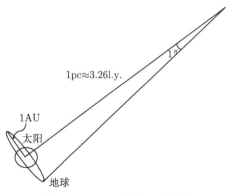

1pc≈3.26l.y.

1AU

太阳

地球

图 1.1.3 天文单位与秒差距

[2] 在对 NZ 疑难的论证中，用到点源的牛顿势。当宇宙中充满均匀物质时，场的边界条件已不同于点源满足的边界条件。由于我们要论证的是，牛顿引力无法描写宇宙，故上述问题不影响论证。事实上，即便采用轴对称、平面对称的源的引力势，也会遇到类似问题。

内物质在原点处的引力势为

$$\phi(\boldsymbol{r} = 0) = -G\rho \iiint_{V_R} \frac{\mathrm{d}^3 x'}{|\boldsymbol{r}'|} = -4\pi G\rho \int_0^R r'\mathrm{d}r' = -2\pi G\rho R^2 \xrightarrow{R\to\infty} -\infty.$$

(1.1.22)

对于引力场，我们知道引力场强是引力势的负梯度，即 $\boldsymbol{E}_G = -\nabla\phi$。因为在一个半径为 R 的大球面内有

$$\iiint_{V_R} \nabla \cdot \boldsymbol{E}_G \mathrm{d}V = -\iiint_{V_R} \Delta\phi\mathrm{d}V = -4\pi G\rho \iiint_{V_R} \mathrm{d}V = -\frac{16\pi^2}{3} G\rho R^3, \quad (1.1.23)$$

其中第二步用到泊松方程和物质均匀分布，等式的左边还可用高斯定理积出，即

$$\iiint_{V_R} \nabla \cdot \boldsymbol{E}_G \mathrm{d}V = \oiint_{S_R} \boldsymbol{E}_G \cdot \mathrm{d}\boldsymbol{S} = -4\pi R^2 E_G.$$

(1.1.24)

比较上两式，立即可得

$$E_G = \frac{4\pi}{3} G\rho R.$$

(1.1.25)

显然，当 $R \to \infty$ 时，$E_G \to \infty$，即任一点引力场强度可为无穷大。另一方面，考虑如图 1.1.4 所示的以原点 O 为圆心的球面上对径的两点 1、2 对原点 O 处的引力场强的矢量和为零；进一步，整个球面对 O 点的引力场强的矢量和为零；进而，所有同心球面对 O 点的引力场强的矢量和为零；所以，O 点的总引力场强为零。再次由均匀性知，任一点都可作为圆心，因而任一点的引力场强度都为零。类似地，通过考虑 O 旁边一点的引力场，改变点的位置我们可以得到引力场强度可为任意值。

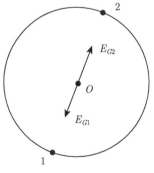

图 1.1.4　对径两点对中心的引力

Olbers 佯谬涉及牛顿的时空观，它是说假定：① 空间是无限的，空间中恒星的数目是无穷的；② 虽然每一个恒星有生有灭、有亮有暗，但平均地说，每颗星的光度相等；③ 从整体上说，众星存在的时间是无限的，且空间中恒星数密度 n 是常数；④ 光在宇宙中传播的规律与地面上一样，即光强与距离的平方成反比；则黑夜与白天一样亮。

证明 设观测点处坐标为 $r=0$，在相距观测点为 r 到 $r+dr$ 的球壳内，恒星的数目为

$$dN = 4\pi n r^2 dr, \tag{1.1.26}$$

式中 n 为恒星的数密度。它们对观测点光度的贡献为

$$dI = \frac{\kappa dN}{r^2} = 4\pi \kappa n dr, \tag{1.1.27}$$

其中 κ 为发光系数。空间中恒星数无穷，且存在的时间无限，则观测点的光度为

$$I = \int_{r=0}^{\infty} \frac{\kappa dN}{r^2} = \int_0^{\infty} 4\pi \kappa n dr \to \infty. \tag{1.1.28}$$

这个结果与方向无关。于是，得到上述结论。

证毕。

牛顿万有引力定律与牛顿的时空观除有以上问题外，还有一些问题。例如，牛顿万有引力在很小的尺度上是否成立，缺乏实验证据。直到 21 世纪，人们才开始考虑用实验检验牛顿反平方定律是否适用于小于 10^{-2}m 的尺度。又如，在对恒星绕星系核旋转的观测中，发现恒星的公转速度并没有按牛顿引力所预期的那样迅速下降 (按观测到的发光天体质量计)，而是保持一个比较平的旋转曲线，如图 1.1.5 所示，虚线是开普勒定律预期的结果，实线是观测到的结果。而且，这不是个别星系的特例，而是普遍现象。这称为星系旋转曲线问题。事实上，它已超出了广义相对论。换句话说，广义相对论也无法回答这一问题。

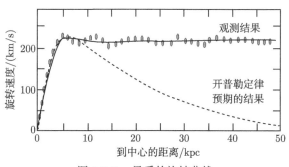

图 1.1.5 星系的旋转曲线

1.2　狭义相对论回顾

1.2.1　狭义相对论的基本原理与洛伦兹不变性

狭义相对论是建立在狭义相对性原理和光速不变原理基础之上的物理理论。狭义相对性原理要求，物理定律在任何惯性参考系下形式不变。光速不变原理说的是，无论光源相对观察者是处于 (匀速直线) 运动还是静止，观察者观测到的真空光速都是相同的。根据这两条基本原理，我们可以得到洛伦兹变换。

如图 1.2.1 所示，K' 系相对于 K 系以速率 v 沿正 x 方向运动，洛伦兹变换是

$$\begin{cases} x' = \gamma(x - vt), \\ y' = y, \\ z' = z, \\ t' = \gamma\left(t - \dfrac{v}{c^2}x\right), \end{cases} \tag{1.2.1}$$

其中

$$\gamma = \frac{1}{\sqrt{1-\beta^2}}, \quad \beta = \frac{v}{c}. \tag{1.2.2}$$

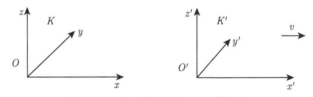

图 1.2.1　静止惯性系与运动惯性系

在 3 维平直空间中，两相邻点的距离由 (1.1.1) 式定义。在狭义相对论中，将时间作为另 1 维空间引入，仿照 3 维平直空间中两相邻点的距离，引入 4 维平直空间 (或称为 4 维平直时空) 中两相邻点的间隔：

$$ds^2 = dx^2 + dy^2 + dz^2 + (\mathrm{i}c\mathrm{d}t)^2. \tag{1.2.3}$$

这时 4 维空间的度规可写成

$$\begin{pmatrix} 1 & 0 & 0 & 0 \\ 0 & 1 & 0 & 0 \\ 0 & 0 & 1 & 0 \\ 0 & 0 & 0 & 1 \end{pmatrix}. \tag{1.2.4}$$

很多电动力学的书在介绍狭义相对论时，都采用这种 4 维表述形式。引入 4 维空间的概念后，洛伦兹变换可写成

$$\begin{matrix} 1 \\ 2 \\ 3 \\ 4 \end{matrix} \begin{pmatrix} x' \\ y' \\ z' \\ \mathrm{i}ct' \end{pmatrix} = \begin{pmatrix} \gamma & 0 & 0 & \mathrm{i}\beta\gamma \\ 0 & 1 & 0 & 0 \\ 0 & 0 & 1 & 0 \\ -\mathrm{i}\beta\gamma & 0 & 0 & \gamma \end{pmatrix} \begin{pmatrix} x \\ y \\ z \\ \mathrm{i}ct \end{pmatrix}. \tag{1.2.5}$$

在广义相对论及量子场论中,4 维平直时空中两相邻点的时空间隔通常改写为

$$\mathrm{d}s^2 = -(c\mathrm{d}t)^2 + \mathrm{d}x^2 + \mathrm{d}y^2 + \mathrm{d}z^2. \tag{1.2.6}$$

这时 4 维平直时空的度规就改写成

$$\begin{pmatrix} -1 & 0 & 0 & 0 \\ 0 & 1 & 0 & 0 \\ 0 & 0 & 1 & 0 \\ 0 & 0 & 0 & 1 \end{pmatrix} =: \eta_{\mu\nu}, \tag{1.2.7}$$

其中 "=:" 表示 "记作"；后面还会出现 ":="，它表示 "定义为"。易见，$\eta_{\mu\nu}$ 的逆与 $\eta_{\mu\nu}$ 具有完全相同的矩阵元。尽管如此，我们还是将 $\eta_{\mu\nu}$ 的逆记为 $\eta^{\mu\nu}$。我们将在后面看到这样记法的必要性。从此以后，我们采用这个符号系统！度规 (1.2.7) 式称为闵可夫斯基 (Minkowski, 闵氏) 度规，相应的 4 维时空称为闵氏时空。对闵氏时空更多的介绍见附录 1.A。在上述符号系统下，洛伦兹变换 (1.2.1) 式可写成

$$\begin{matrix} 0 \\ 1 \\ 2 \\ 3 \end{matrix} \begin{pmatrix} ct' \\ x' \\ y' \\ z' \end{pmatrix} = \begin{pmatrix} \gamma & -\beta\gamma & 0 & 0 \\ -\beta\gamma & \gamma & 0 & 0 \\ 0 & 0 & 1 & 0 \\ 0 & 0 & 0 & 1 \end{pmatrix} \begin{pmatrix} ct \\ x \\ y \\ z \end{pmatrix}. \tag{1.2.8}$$

在讨论相对论问题时，常采用相对论单位制，在这个单位制中，$c = 1$。在相对论单位制中，(1.2.2)、(1.2.1) 和 (1.2.8) 式分别化为

$$\gamma = (1 - v^2)^{-1/2}, \quad \beta = v, \tag{1.2.9}$$

$$\begin{cases} t' = \gamma(t - vx), \\ x' = \gamma(x - vt), \\ y' = y, \\ z' = z, \end{cases} \tag{1.2.10}$$

$$\begin{matrix} 0 \\ 1 \\ 2 \\ 3 \end{matrix} \begin{pmatrix} t' \\ x' \\ y' \\ z' \end{pmatrix} = \begin{pmatrix} \gamma & -v\gamma & 0 & 0 \\ -v\gamma & \gamma & 0 & 0 \\ 0 & 0 & 1 & 0 \\ 0 & 0 & 0 & 1 \end{pmatrix} \begin{pmatrix} t \\ x \\ y \\ z \end{pmatrix}. \tag{1.2.11}$$

相对论单位制意味着速度用光速来量度。

我们将看到在广义相对论中各种不同的物理量及角标的数目非常多，而英文字母和希腊字母的数目非常有限，远远不够用，故我们采用如下节省字母的方式，将 (1.2.8) 或 (1.2.11) 式中时空的 4 个坐标记作

$$x^\mu = \left(ct, x^1, x^2, x^3 \right)^{\mathrm{T}} \xrightarrow{c \to 1} \left(t, x^1, x^2, x^3 \right)^{\mathrm{T}} = \left(t, x^i \right)^{\mathrm{T}}, \tag{1.2.12}$$

其中 T 表示矩阵的转置。这里的转置并不重要，重要的是 x^μ 代表一组坐标，而不在于它是行矩阵，还是列矩阵，因为我们并不总写成矩阵的形式。只要指标 (在爱因斯坦求和规则的意义下) 对上就可以了。关于这个问题，后面还有进一步的介绍。4 维时空坐标表示规则如下：

(1) 一组坐标用一个拉丁文字母带一个上标表示;

(2) 希腊字母作为上标，表示取 0, 1, 2, 3;

(3) 从 i, j 开始的拉丁字母作为上标，表示取 1, 2, 3;

(4) $x^0 = ct \xrightarrow{c=1} t$。

在讨论微分几何问题时，我们还会讨论 2 维、3 维、高维空间，这时上标可以用英文字母，也可以用希腊字母。在此还需指出，在以前的物理学习中，坐标常配下标表示一组坐标。但在广义相对论中，**坐标一定是配上标！**（其他量是采用上标还是下标，以后会介绍。）于是，洛伦兹变换 (1.2.11) 式可记作

$$x'^\mu = \Lambda^\mu{}_\nu x^\nu, \tag{1.2.13}$$

其中对重复指标 ν 求和，这种规则称为爱因斯坦求和规则。在以后讨论中，除有特别声明的个别特例外，我们都采用爱因斯坦求和规则，即在表达式中每一对相同的上、下标，都表示要求和。对于希腊指标，从 0 到 3 求和; 对于从 i, j 开始的拉丁指标，从 1 到 3 求和。

回到洛伦兹变换。洛伦兹变换满足

$$\begin{pmatrix} \gamma & -v\gamma & 0 & 0 \\ -v\gamma & \gamma & 0 & 0 \\ 0 & 0 & 1 & 0 \\ 0 & 0 & 0 & 1 \end{pmatrix}^{\mathrm{T}} \begin{pmatrix} -1 & 0 & 0 & 0 \\ 0 & 1 & 0 & 0 \\ 0 & 0 & 1 & 0 \\ 0 & 0 & 0 & 1 \end{pmatrix} \begin{pmatrix} \gamma & -v\gamma & 0 & 0 \\ -v\gamma & \gamma & 0 & 0 \\ 0 & 0 & 1 & 0 \\ 0 & 0 & 0 & 1 \end{pmatrix}$$

$$= \begin{pmatrix} -1 & 0 & 0 & 0 \\ 0 & 1 & 0 & 0 \\ 0 & 0 & 1 & 0 \\ 0 & 0 & 0 & 1 \end{pmatrix},$$

即

$$\Lambda^\mu{}_\rho \eta_{\mu\nu} \Lambda^\nu{}_\sigma = \eta_{\rho\sigma}. \tag{1.2.14}$$

以上关于洛伦兹变换的讨论仅限于一个特殊的洛伦兹变换。若

$$(\Lambda_1{}^\mu{}_\nu) = \begin{pmatrix} \gamma_1 & -v_1\gamma_1 & 0 & 0 \\ -v_1\gamma_1 & \gamma_1 & 0 & 0 \\ 0 & 0 & 1 & 0 \\ 0 & 0 & 0 & 1 \end{pmatrix} \tag{1.2.15}$$

是沿 x 方向的洛伦兹变换,

$$(\Lambda_2{}^\mu{}_\nu) = \begin{pmatrix} \gamma_2 & 0 & -v_2\gamma_2 & 0 \\ 0 & 1 & 0 & 0 \\ -v_2\gamma_2 & 0 & \gamma_2 & 0 \\ 0 & 0 & 0 & 1 \end{pmatrix} \tag{1.2.16}$$

是沿 y 方向的洛伦兹变换, 则

$$(\Lambda^\mu{}_\nu) = (\Lambda_2{}^\lambda{}_\nu)(\Lambda_1{}^\mu{}_\lambda) = \begin{pmatrix} \gamma_2 & 0 & -v_2\gamma_2 & 0 \\ 0 & 1 & 0 & 0 \\ -v_2\gamma_2 & 0 & \gamma_2 & 0 \\ 0 & 0 & 0 & 1 \end{pmatrix} \begin{pmatrix} \gamma_1 & -v_1\gamma_1 & 0 & 0 \\ -v_1\gamma_1 & \gamma_1 & 0 & 0 \\ 0 & 0 & 1 & 0 \\ 0 & 0 & 0 & 1 \end{pmatrix}$$
$$\tag{1.2.17}$$

也是一个洛伦兹变换, 满足

$$\Lambda^\mu{}_\rho \eta_{\mu\nu} \Lambda^\nu{}_\sigma = \eta_{\rho\sigma}. \tag{1.2.18}$$

在采用 4 维表示后, 前面提到的转动变换 (1.1.8) 式可写成

$$(\Lambda^\mu{}_\nu) = \begin{pmatrix} 1 & 0 & 0 & 0 \\ 0 & \cos\alpha & \sin\alpha & 0 \\ 0 & -\sin\alpha & \cos\alpha & 0 \\ 0 & 0 & 0 & 1 \end{pmatrix}, \tag{1.2.19}$$

它同样满足

$$\Lambda^\mu{}_\rho \eta_{\mu\nu} \Lambda^\nu{}_\sigma = \eta_{\rho\sigma}. \tag{1.2.20}$$

对于更一般的转动变换,

$$(\Lambda^\mu{}_\nu) = \begin{pmatrix} 1 & 0 \\ 0 & R^i{}_j \end{pmatrix}, \tag{1.2.21}$$

也有

$$\Lambda^\mu{}_\rho \eta_{\mu\nu} \Lambda^\nu{}_\sigma = \eta_{\rho\sigma}, \tag{1.2.22}$$

其中 $R^i{}_j$ 满足 (1.1.10) 和 (1.1.11) 式。

最一般的洛伦兹变换矩阵 $(\Lambda^\mu{}_\nu)$ 具有如下形式,

$$(\Lambda^\mu{}_\nu) = \begin{pmatrix} \Lambda^0{}_0 & \Lambda^0{}_j \\ \Lambda^i{}_0 & \Lambda^i{}_j \end{pmatrix}, \tag{1.2.23}$$

满足

$$\Lambda^\mu{}_\rho \eta_{\mu\nu} \Lambda^\nu{}_\sigma = \eta_{\rho\sigma}. \tag{1.2.24}$$

闵氏度规

$$(\eta_{\mu\nu}) = \begin{pmatrix} \eta_{00} = -1 & \eta_{0j} = 0 \\ \eta_{i0} = 0 & \eta_{ij} = \delta_{ij} \end{pmatrix} = \mathrm{diag}(-1, 1, 1, 1), \tag{1.2.25}$$

其中 diag(−1,1,1,1) 表示方阵只有对角项,且将每个对角项列出。采用矩阵表示时,(1.2.24) 式中左边第一个因子相当于取 $\Lambda^\mu{}_\nu$ 的转置,

$$(\Lambda^\mu{}_\nu)^{\mathrm{T}} = (\Lambda_\nu{}^\mu). \tag{1.2.26}$$

在广义相对论中,上、下标有特殊的关系,故不采用这种转置的记法。对 (1.2.24) 式两边求行列式,得

$$(\det(\Lambda))^2 = 1 \Rightarrow \det(\Lambda) = \pm 1. \tag{1.2.27}$$

当 $\det(\Lambda) = 1$ 时,称为正 (proper) 洛伦兹变换;当 $\det(\Lambda) = -1$ 时,称为非正 (improper) 洛伦兹变换。

在 (1.2.22) 式中,取 $\rho = 0$, $\sigma = 0$,有

$$\Lambda^\mu{}_0 \eta_{\mu\nu} \Lambda^\nu{}_0 = \eta_{00} = -1,$$

由此得

$$-(\Lambda^0{}_0)^2 + \sum_{i=1}^3 (\Lambda^i{}_0)^2 = -1,$$

即

$$(\varLambda^0{}_0)^2 = 1 + \sum_{i=1}^{3} (\varLambda^i{}_0)^2 \geqslant 1 \quad \Rightarrow \quad \begin{cases} \varLambda^0{}_0 \geqslant 1, \\ \varLambda^0{}_0 \leqslant -1. \end{cases} \tag{1.2.28}$$

特别地, 变换 $\varLambda = \mathrm{diag}(-1, 1, 1, 1)$ 是时间反演, 变换 $\varLambda = \mathrm{diag}\,(1, -1, -1, -1)$ 是空间反射。

在上述的讨论中, 无论是速度变换, 还是转动变换, 抑或是它们的组合, K 系和 K' 系列的时空原点都是相同的。事实上, 一个坐标系相对一个惯性坐标系只是移动了一下时空原点, 则这个坐标系仍是惯性的。所以, 从一个 (闵氏) 惯性坐标系变到另一个 (闵氏) 惯性坐标系的最一般变换是

$$x'^{\mu} = \varLambda^{\mu}{}_{\nu} x^{\nu} + a^{\mu}, \tag{1.2.29}$$

其中常数 a^{μ} 表示坐标系的平移。这样的变换称为庞加莱 (Poincare) 变换, 也称为非齐次洛伦兹变换。庞加莱变换与洛伦兹变换一样也可分为正庞加莱变换 ($\det(\varLambda)=1$) 和非正庞加莱变换 ($\det(\varLambda) = -1$)。当 $a^{\mu} = 0$ 时, 变换称为齐次 (homogeneous) 洛伦兹变换。

狭义相对性原理——物理定律在任何惯性参考系下形式不变, 意味着, 物理定律在庞加莱变换下保持不变。须注意, 这里所说的物理定律不包括引力。

爱因斯坦当时只讨论了质点力学和电动力学。

1.2.2 相对论性的质点动力学

在此后几小节中, 我们将在新符号系统下, 重新表述主要物理定律与其中的重要物理量。本小节先看相对论性的质点动力学。

设一静质量为 m_0 的质点在空间中的运动轨迹为 $x^i(t)$, 其中 t 是观察者所在惯性系的时间。质点的固有时 (相对运动质点静止的惯性系中测量到的时间) 是 τ。质点的速度为 $v^i = \mathrm{d}x^i/\mathrm{d}t$。在力学中, 我们已经知道

$$\begin{cases} \dfrac{\mathrm{d}t}{\mathrm{d}\tau} = \gamma = (1 - \beta^2)^{-1/2}, \\[3mm] \dfrac{\mathrm{d}x^i}{\mathrm{d}\tau} = \dfrac{\mathrm{d}t}{\mathrm{d}\tau} \dfrac{\mathrm{d}x^i}{\mathrm{d}t} = \gamma v^i. \end{cases} \tag{1.2.30}$$

这两个表达式可构成质点的 4 速度矢量

$$U^{\mu} := \frac{\mathrm{d}x^{\mu}}{\mathrm{d}\tau} = \left((c)\frac{\mathrm{d}t}{\mathrm{d}\tau}, \frac{\mathrm{d}x^i}{\mathrm{d}\tau} \right) = \gamma(1, v^i), \tag{1.2.31}$$

它满足

$$\eta_{\mu\nu}U^{\mu}U^{\nu} = -1\left(c^2\right). \tag{1.2.32}$$

这是因为

$$\eta_{\mu\nu}U^{\mu}U^{\nu} = -U^0U^0 + \delta_{ij}U^iU^j = -(c^2)\gamma^2 + \delta_{ij}\gamma^2 v^i v^j = -1\left(c^2\right). \tag{1.2.33}$$

在 (1.2.31)~(1.2.33) 式及以后的一些式子中，括号中的 c 表示在相对论单位制 ($c=1$) 下不再出现。(为使大家平滑过渡到 $c=1$ 的单位制，特将光速 c 写在括号内。)(1.2.32) 式还可以改写成

$$U_{\mu}U^{\mu} = U^{\mu}U_{\mu} = -1\left(c^2\right), \tag{1.2.32'}$$

其中

$$U_{\mu} = \eta_{\mu\nu}U^{\nu}. \tag{1.2.34}$$

　　由于存在爱因斯坦质能关系，在相对论单位制中，质点的质量等于质点的能量。于是，质点的运动质量 (能量) 为

$$m(c^2) = \gamma m_0(c^2), \tag{1.2.35}$$

或者

$$E = \gamma E_0, \tag{1.2.36}$$

其中 E_0 是质点的静能，E 是运动质点的总能量。((1.2.35) 和 (1.2.36) 式的证明见附录 1.B。) 运动质点的动量为

$$\boldsymbol{p} = m\boldsymbol{v} = \gamma m_0\boldsymbol{v}. \tag{1.2.37}$$

质点的能量和动量也构成一个 4 矢量，

$$p_{\mu} = \left(-(c^{-1})E, p_i\right), \tag{1.2.38}$$

其中

$$p_0 = -E/(c) = -m_0U^0, \quad p_i = m\delta_{ij}v^j = m_0\delta_{ij}U^j. \tag{1.2.39}$$

它称为 4 动量 (矢量)。注意，4 动量的角标在下边，而 4 速度的角标在上边。所以，

$$p_{\mu} = m_0\eta_{\mu\nu}U^{\nu}. \tag{1.2.40}$$

利用到 (1.2.32) 式，不难验证

$$\eta^{\mu\nu}p_{\mu}p_{\nu} = -m_0^2(c^2) \Leftrightarrow E^2 = p^2(c^2) + m_0^2(c^4), \tag{1.2.41}$$

其中 $\eta^{\mu\nu}$ 是 $\eta_{\mu\nu}$ 的逆, 即

$$\eta^{\mu\rho}\eta_{\rho\nu} = \delta^\mu_\nu. \tag{1.2.42}$$

(1.2.41) 式正是爱因斯坦关系。

牛顿第二定律为

$$\boldsymbol{F} = \frac{\mathrm{d}}{\mathrm{d}t}(m\boldsymbol{v}) = m_0\frac{\mathrm{d}}{\mathrm{d}t}(\gamma\boldsymbol{v}). \tag{1.2.43}$$

利用 4 速度 (1.2.31) 式可将它改写成

$$F^i = m_0\frac{\mathrm{d}U^i}{\mathrm{d}t}. \tag{1.2.44}$$

力 $\boldsymbol{F}$ 所做功的功率为

$$\boldsymbol{F}\cdot\boldsymbol{v} = m_0\frac{\mathrm{d}}{\mathrm{d}t}(\gamma\boldsymbol{v})\cdot\boldsymbol{v} = \frac{1}{2}m_0\gamma^{-1}\frac{\mathrm{d}}{\mathrm{d}t}(\gamma\boldsymbol{v})^2 = \frac{1}{2}m_0^{-1}\gamma^{-1}\frac{\mathrm{d}}{\mathrm{d}t}(m_0\gamma\boldsymbol{v})^2$$

$$= \frac{1(c^2)}{2E}\frac{\mathrm{d}p^2}{\mathrm{d}t} = \frac{1}{2E}\frac{\mathrm{d}E^2}{\mathrm{d}t} = \frac{\mathrm{d}E}{\mathrm{d}t} = m_0(c)\frac{\mathrm{d}U^0}{\mathrm{d}t}. \tag{1.2.45}$$

若定义 4 维力

$$f^\mu = \left(\gamma\delta_{ij}F^i\frac{v^j}{(c)}, \gamma F^i\right), \tag{1.2.46}$$

则牛顿第二定律可写成 4 维形式:

$$f^\mu = m_0\frac{\mathrm{d}U^\mu}{\mathrm{d}\tau} = m_0\frac{\mathrm{d}^2x^\mu}{\mathrm{d}\tau^2}. \tag{1.2.47}$$

由 (1.2.40)、(1.2.41) 式的第一式和 (1.2.47) 式可见, 在 4 维形式中, 只出现静止质量, 而不出现运动质量。在广义相对论中, 我们总是采用 4 维形式, 故今后如无特别声明, 在所有的表达式中都将略去静质量的角标 0, 或者说, m 总是代表质点的静质量。

值得说明的是:

(1) 当质点瞬时静止时, $\mathrm{d}\tau = \mathrm{d}x^0$, $U^0 = 1$, $f^0 = 0$, $f^\mu = (0, F^i)$, 所以有

$$F^i = m\frac{\mathrm{d}^2x^i}{\mathrm{d}\tau^2} = m\frac{\mathrm{d}^2x^i}{\mathrm{d}t^2}, \tag{1.2.48}$$

这正是力学中所熟知的牛顿第二定律的 3 维形式。

(2) $\mathrm{d}x^\mu$ 和 f^μ 在齐次洛伦兹变换下都是协变的, 即

$$\mathrm{d}x'^\mu = \varLambda^\mu{}_\nu\mathrm{d}x^\nu, \tag{1.2.49}$$

$$f'^{\mu} = \Lambda^{\mu}{}_{\nu} f^{\nu}. \tag{1.2.50}$$

所以, 牛顿第二定律 4 维形式是洛伦兹不变的.

(3) 4 维力 f^{μ} 总与 4 速度 U^{μ} 垂直, 这是因为

$$0 = \frac{\mathrm{d}}{\mathrm{d}\tau} \left(\eta_{\mu\nu} U^{\mu} U^{\nu} \right) = 2 \eta_{\mu\nu} U^{\mu} \frac{\mathrm{d} U^{\nu}}{\mathrm{d}\tau} = \frac{2}{m} \eta_{\mu\nu} U^{\mu} f^{\nu}. \tag{1.2.51}$$

(4) 在有限大小的力的作用下, 粒子运动的 4 速度总是满足 (1.2.32′) 式, 换句话说, 粒子不会从沿类时曲线运动演化成沿类空曲线运动. 详见附录 1.C.

1.2.3　(真空中的) 电动力学

本小节复习真空中的电动力学如何写成 4 维形式. 这里说的真空, 指的是不考虑介质的情况.

在电磁学中, 电磁场的基本变量是电场强度 $\boldsymbol{E}$ 和磁感应强度 $\boldsymbol{B}$. 真空麦克斯韦 (Maxwell) 方程组为[①]

$$\begin{aligned} &\nabla \cdot \boldsymbol{E} = \rho_e / \varepsilon_0 \quad (\text{或} \nabla \cdot \boldsymbol{D} = \rho_e), \\ &\nabla \times \boldsymbol{E} = -\frac{\partial \boldsymbol{B}}{\partial t}, \\ &\nabla \cdot \boldsymbol{B} = 0, \\ &\nabla \times \boldsymbol{B} = \frac{1}{c^2} \frac{\partial \boldsymbol{E}}{\partial t} + \mu_0 \boldsymbol{J}_e \quad \left(\text{或} \nabla \times \boldsymbol{H} = \frac{\partial \boldsymbol{D}}{\partial t} + \boldsymbol{J}_e \right), \end{aligned} \tag{1.2.52}$$

---

① 算子 ∇ (nabla或del) 定义为

$$\nabla = \boldsymbol{e}_x \frac{\partial}{\partial x} + \boldsymbol{e}_y \frac{\partial}{\partial y} + \boldsymbol{e}_z \frac{\partial}{\partial z},$$

标量场的梯度为

$$\nabla \phi = \boldsymbol{e}_x \frac{\partial \phi}{\partial x} + \boldsymbol{e}_y \frac{\partial \phi}{\partial y} + \boldsymbol{e}_z \frac{\partial \phi}{\partial z},$$

矢量场 $\boldsymbol{E} = E_x \boldsymbol{e}_x + E_y \boldsymbol{e}_y + E_z \boldsymbol{e}_z$ 的散度为

$$\nabla \cdot E = \frac{\partial E_x}{\partial x} + \frac{\partial E_y}{\partial y} + \frac{\partial E_z}{\partial z},$$

矢量场 $\boldsymbol{E}$ 的旋度:

$$\nabla \times \boldsymbol{E} = \left(\frac{\partial E_z}{\partial y} - \frac{\partial E_y}{\partial z} \right) \boldsymbol{e}_x + \left(\frac{\partial E_x}{\partial z} - \frac{\partial E_z}{\partial x} \right) \boldsymbol{e}_y + \left(\frac{\partial E_y}{\partial x} - \frac{\partial E_x}{\partial y} \right) \boldsymbol{e}_z.$$

标量场梯度的旋度恒为零:

$$\nabla \times \nabla \phi = \left(\frac{\partial}{\partial y} \frac{\partial \phi}{\partial z} - \frac{\partial}{\partial z} \frac{\partial \phi}{\partial y} \right) \boldsymbol{e}_x + \left(\frac{\partial}{\partial z} \frac{\partial \phi}{\partial x} - \frac{\partial}{\partial x} \frac{\partial \phi}{\partial z} \right) \boldsymbol{e}_y + \left(\frac{\partial}{\partial x} \frac{\partial \phi}{\partial y} - \frac{\partial}{\partial y} \frac{\partial \phi}{\partial x} \right) \boldsymbol{e}_z = 0.$$

矢量场旋度的散度为零:

$$\nabla \cdot (\nabla \times \boldsymbol{E}) = \frac{\partial}{\partial x} \left(\frac{\partial E_z}{\partial y} - \frac{\partial E_y}{\partial z} \right) + \frac{\partial}{\partial y} \left(\frac{\partial E_x}{\partial z} - \frac{\partial E_z}{\partial x} \right) + \frac{\partial}{\partial z} \left(\frac{\partial E_y}{\partial x} - \frac{\partial E_x}{\partial y} \right) = 0.$$

它们分别对应于高斯定律、法拉第电磁感应定律 (楞次定律)、磁高斯定律和安培定律。在 (1.2.52) 式中，电场强度 $\boldsymbol{E}$、磁感应强度 $\boldsymbol{B}$、电流密度矢量 $\boldsymbol{J}_e$、电位移矢量 $\boldsymbol{D}=\varepsilon_0\boldsymbol{E}$、磁场强度 $\boldsymbol{H}=\mu_0^{-1}\boldsymbol{B}$ 是 3 维空间的矢量或赝矢量[①]；电荷密度 ρ_e 是 3 维空间的标量；$c^{-2}=\varepsilon_0\mu_0$，$\varepsilon_0$ 和 μ_0 分别是真空的介电常量和磁导率，c 是真空中的光速。

由磁高斯定律知，磁感应强度可写为

$$\boldsymbol{B} = \nabla \times \boldsymbol{A}, \tag{1.2.53}$$

即可引入矢势来描写磁感应强度，其分量为

$$\begin{aligned}
B_1 &= \partial_2 A_3 - \partial_3 A_2, \\
B_2 &= \partial_3 A_1 - \partial_1 A_3, \\
B_3 &= \partial_1 A_2 - \partial_2 A_1.
\end{aligned} \tag{1.2.54}$$

结合高斯定律和法拉第电磁感应定律可用电势 ϕ 和矢势 $\boldsymbol{A}$ 将电场强度表示出来

$$\boldsymbol{E} = -\nabla\phi - \frac{\partial}{\partial t}\boldsymbol{A} \;\Rightarrow\; E_i = -\partial_i\phi - c\partial_0 A_i. \tag{1.2.55}$$

它可进一步改写为

$$c^{-1}E_i = \partial_i\left(-\phi/c\right) - \partial_0 A_i. \tag{1.2.56}$$

除麦克斯韦方程组外，电荷与电流还需满足电流密度的微分守恒律：

$$\nabla \cdot \boldsymbol{J}_e = \partial_i J_e{}^i = -\frac{\partial}{\partial t}\rho_e. \tag{1.2.57}$$

带电粒子在电磁场运动中所受到的 (广义) 洛伦兹力为

$$\boldsymbol{F} = q\boldsymbol{E} + q\boldsymbol{v} \times \boldsymbol{B}, \tag{1.2.58}$$

其中 q 是粒子电量。

矢势 $\boldsymbol{A}$ 和标势 ϕ 可组成一个 4 维矢势：

$$A_\mu = (-\phi/c, A_i). \tag{1.2.59}$$

由 4 维矢势可定义 4 维场强：

$$F_{\mu\nu} := \partial_\mu A_\nu - \partial_\nu A_\mu. \tag{1.2.60}$$

---

① 赝矢量: 在空间转动变换下按矢量方式变换，在空间反射变换下与矢量变换方式不同。

显然, 4 维场强 $F_{\mu\nu}$ 关于两个下标是反对称的, 即

$$F_{\mu\nu} = -F_{\nu\mu}. \tag{1.2.61}$$

4 维场强 $F_{\mu\nu}$ 与 $\boldsymbol{E}$ 和 $\boldsymbol{B}$ 满足:

$$
\begin{aligned}
&F_{0i} = \partial_0 A_i - \partial_i A_0 = c^{-1}\partial_t A_i + c^{-1}\partial_i \phi = -c^{-1}E_i, \\
&F_{12} = \partial_1 A_2 - \partial_2 A_1 = B_3, \quad F_{23} = \partial_2 A_3 - \partial_3 A_2 = B_1, \\
&F_{31} = \partial_3 A_1 - \partial_1 A_3 = B_2.
\end{aligned}
\tag{1.2.62}
$$

这些分量可放进一个反对称矩阵中:

$$
F_{\mu\nu} = \begin{pmatrix}
0 & -\dfrac{1}{c}E_1 & -\dfrac{1}{c}E_2 & -\dfrac{1}{c}E_3 \\[2mm]
\dfrac{1}{c}E_1 & 0 & B_3 & -B_2 \\[2mm]
\dfrac{1}{c}E_2 & -B_3 & 0 & B_1 \\[2mm]
\dfrac{1}{c}E_3 & B_2 & -B_1 & 0
\end{pmatrix}. \tag{1.2.63}
$$

$F_{\mu\nu}$ 称为电磁场场强张量。类似地, 电流密度 $\boldsymbol{J}_e$ 和电荷密度 ρ_e 也可组成一个 4 维流矢量

$$J^\mu = \left(c\rho_e, J_e{}^i\right), \tag{1.2.64}$$

称为 4 维电流密度矢量, 其中 ρ_e 是给定参考系中观察者看到的运动电荷的电荷密度。4 维电流密度矢量可改写成更简单的形式

$$J^\mu = \rho_{e0}U^\mu, \tag{1.2.65}$$

其中 ρ_{e0} 是运动电荷固有系中的电荷密度, 称为固有电荷密度。

引入 4 维矢势、4 维电磁场场强张量和 4 维电流密度矢量后, 可把麦克斯韦方程组改写成

高斯定律 + 安培定律给出 $\qquad \partial_\nu F^{\mu\nu} = \mu_0 J^\mu,$ $\qquad$ (1.2.66)

法拉第电磁感应定律 + 磁高斯定律 $\quad \partial_\mu F_{\nu\lambda} + \partial_\lambda F_{\mu\nu} + \partial_\nu F_{\lambda\mu} = 0,$ $\quad$ (1.2.67)

其中

$$F^{\mu\nu} = \eta^{\mu\rho}\eta^{\nu\sigma}F_{\rho\sigma}. \tag{1.2.68}$$

电流密度的微分守恒律则可改写成 4 维形式

$$\partial_\mu J_e{}^\mu = 0. \tag{1.2.69}$$

洛伦兹力也可改写为 4 维形式

$$f^\mu = q\eta^{\mu\nu} F_{\nu\rho} U^\rho, \tag{1.2.70}$$

其中 q 是粒子所带电荷。洛伦兹力的 4 维形式与 3 维形式有如下关系:

$$
\begin{aligned}
f^i &= qF_{i0}U^0 + qF_{ij}U^j = q\gamma E_i + q\gamma \left(\boldsymbol{v} \times \boldsymbol{B} \right)_i, \\
f^0 &= -qF_{0i}U^i = \frac{q}{c}\gamma E_i \boldsymbol{v}^i.
\end{aligned} \tag{1.2.71}
$$

(1.2.71) 式的第一式给出 (1.2.58) 式。

电磁学已讲过,电磁场具有一定的能量密度和能流密度等。描写电磁场能量密度、能流密度等的量是电磁场的能动张量,又称为能量-动量-应力张量、应力-能量-动量张量、应力-能量张量、应力张量、能动张量、能量-动量张量等。通常,电磁场的能动张量写成

$$T^{\mu\nu} = \frac{1}{\mu_0}\left(F^\mu{}_\sigma F^{\nu\sigma} - \frac{1}{4}\eta^{\mu\nu} F_{\rho\sigma}F^{\rho\sigma} \right) = \begin{pmatrix} \rho_{\mathrm{EM}} & \dfrac{1}{c}S^j \\ \dfrac{1}{c}S^i & -\sigma^{ij} \end{pmatrix}, \tag{1.2.72}$$

其中 ρ_{EM} 是电磁场的能量密度 (注意它不是电荷密度)

$$\rho_{\mathrm{EM}} = \frac{1}{2}\left(\varepsilon_0 E^2 + \frac{1}{\mu_0}B^2 \right), \tag{1.2.73}$$

$$\boldsymbol{S} = \frac{1}{\mu_0}\boldsymbol{E} \times \boldsymbol{B} \tag{1.2.74}$$

是坡印亭 (Poynting) 矢量,

$$\sigma_{ij} = \varepsilon_0 E_i E_j + \frac{1}{\mu_0}B_i B_j - \rho_{\mathrm{EM}}\delta_{ij} \tag{1.2.75}$$

是电磁场的 (3 维) 应力张量。显然,电磁场能动张量是对称的、无迹的,即

$$T^{\mu\nu} = T^{\nu\mu}, \tag{1.2.76}$$

$$\eta_{\mu\nu}T^{\mu\nu} = 0. \tag{1.2.77}$$

注意，由于时空度规不是正定的，张量的迹需改成与度规的缩并，如 (1.2.77) 式所示。

利用麦克斯韦方程组，我们还可得

$$\partial_\mu T^{\mu\nu} = -F^\nu{}_\sigma J^\sigma. \tag{1.2.78}$$

特别是，在无源时，

$$\partial_\mu T^{\mu\nu} = 0. \tag{1.2.79}$$

1.2.4 流体力学

在广义相对论中，很多物质系统都可作为流体来处理。由于在力学中只介绍了很少的流体力学知识，为更好地理解广义相对论，我们需再补充一点流体力学知识。

为简单起见，我们只讨论理想流体。所谓理想流体是指，可仅用与流体共动的局部惯性系中测得的能量密度 ρ 和各向同性压强 p 描写的流体。理想流体忽略了真实流体中的剪切、黏滞、压缩、耗散、热传导等效应。

我们先看非相对论流体。非相对论的不可压缩流体的运动可用如下方程组来描写：

$$\frac{\partial \rho}{\partial t} + \boldsymbol{v} \cdot \nabla\rho + \rho\nabla \cdot \boldsymbol{v} = 0, \tag{1.2.80}$$

$$\frac{\partial \boldsymbol{v}}{\partial t} + (\boldsymbol{v} \cdot \nabla)\,\boldsymbol{v} = -\frac{1}{\rho}\nabla p + \boldsymbol{g}, \tag{1.2.81}$$

$$\nabla \cdot \boldsymbol{v} = 0. \tag{1.2.82}$$

这三个方程构成不可压缩流体的基本方程，分别称为连续性条件、欧拉 (Euler) 方程和不可压缩约束。(1.2.81) 式中的 $\boldsymbol{g}$ 表示单位质量的引力加速度、电场加速度等。当流体不带电，且忽略引力场等加速力场时，$\boldsymbol{g}$=0。

对于稳定流动，$\dfrac{\partial \rho}{\partial t} = 0$，$\dfrac{\partial \boldsymbol{v}}{\partial t} = 0$。进一步，若流体的密度也是常数，流体在地球表面的重力场中流动，则 (1.2.80) 式退化为 (1.2.82) 式，(1.2.81) 和 (1.2.82) 式分别化为

$$(\boldsymbol{v} \cdot \nabla)\,\boldsymbol{v} = -\nabla\frac{p}{\rho} - \nabla\,(gh)\,, \quad \nabla \cdot \boldsymbol{v} = 0, \tag{1.2.83}$$

其中已用到

$$\boldsymbol{g} = -\nabla\,(gh)\,. \tag{1.2.84}$$

利用矢量分析的公式

$$\frac{1}{2}\nabla\,(\boldsymbol{v} \cdot \boldsymbol{v}) = \boldsymbol{v} \times (\nabla \times \boldsymbol{v}) + (\boldsymbol{v} \cdot \nabla)\,\boldsymbol{v}, \tag{1.2.85}$$

(1.2.83) 式的前一个式子化为

$$\frac{1}{2}\nabla\left(\boldsymbol{v}\cdot\boldsymbol{v}\right) - \boldsymbol{v}\times\left(\nabla\times\boldsymbol{v}\right) = -\nabla\left(\frac{p}{\rho} + gh\right). \tag{1.2.86}$$

$\nabla\times\boldsymbol{v}$ 是速度的旋度，表示涡旋。再进一步，若流体没有涡旋 (或涡旋方向与流体运动方向一致)，则 (1.2.86) 式化为

$$\nabla\left(\frac{1}{2}\boldsymbol{v}\cdot\boldsymbol{v} + \frac{p}{\rho} + gh\right) = 0, \tag{1.2.87}$$

即

$$\Delta\left(\frac{1}{2}v^2\right) + \frac{1}{\rho}\Delta p = -g\Delta h, \tag{1.2.88}$$

其中 Δv^2、Δp 和 Δh 分别表示两点的速度平方差、压强差和高度差，ρ 是流体的密度，g 是重力加速度大小。由此得

$$\frac{v_1^2}{2g} + h_1 + \frac{p_1}{\rho g} = \frac{v_2^2}{2g} + h_2 + \frac{p_2}{\rho g}. \tag{1.2.89}$$

这正是力学中学过的伯努利 (Bernoulli) 方程。(1.2.83) 式的后一个方程对空间积分给出

$$0 = \iiint \nabla\cdot\boldsymbol{v}\mathrm{d}V = \oiint \boldsymbol{v}\cdot\mathrm{d}\boldsymbol{S}. \tag{1.2.90}$$

若流体沿着某流管流动，则该积分化为

$$v_1 S_1 = v_2 S_2, \tag{1.2.91}$$

其中 S_1 和 S_2 是流管两端的截面积。这正是力学里讲的连续性原理。

其次，我们来看相对论性流体。我们仍只考虑理想流体，且不考虑引力。换句话说，我们只考虑平直时空中的相对论性理想流体。

由质点力学和电动力学的研究经验知，对于相对论性系统，采用 4 维形式更方便。在这种形式下，理论的洛伦兹不变性一目了然。研究相对论性理想流体动力学的出发点常选为理想流体的 4 维能动张量和流体的粒子流密度 4 矢量以及它们的微分守恒律。理想流体的能动张量为

$$T^{\mu\nu} = p\eta^{\mu\nu} + \frac{1}{c^2}\left(\rho + p\right)U^\mu U^\nu, \tag{1.2.92}$$

其中 ρ 和 p 分别称为固有能量密度和压强。它们是在测量时刻正好与流体共动的局部惯性系中观测者所测得的密度与压强 (3.2 节中会进一步说明这一点，现在暂且接受)，它们都是标量。理想流体的粒子流密度 4 矢量是

$$N^\mu = nU^\mu, \tag{1.2.93}$$

其中 n 是与流体一起运动的局部惯性中的粒子数密度。

物理学家们认为，一个物理系统的能量及动量总是守恒的[①]，这就要求系统的能量-动量张量满足微分守恒律。对于理想流体而言，这个微分守恒律就是

$$\partial_\nu T^{\mu\nu} = 0. \tag{1.2.94}$$

将 (1.2.92) 式代入，得

$$\eta^{\mu\nu}\partial_\nu p + c^{-2}\partial_\nu\left[(\rho+p)U^\mu U^\nu\right] = 0, \tag{1.2.95}$$

其中 μ 可以取 0,1,2,3。当 μ 取 0 时，利用 4 速度表达式 (1.2.30) 和 (1.2.31) 可得

$$-\partial_0 p + \partial_0\left[(\rho+p)\gamma^2\right] + c^{-1}\partial_i\left[(\rho+p)\gamma^2 v^i\right] = 0 \tag{1.2.96}$$

或

$$\partial_0\left[(\rho+p)\gamma^2\right] = \partial_0 p - c^{-1}\partial_i\left[(\rho+p)\gamma^2 v^i\right]. \tag{1.2.97}$$

在非相对论极限下，$\gamma \approx 1, p \ll \rho$。后一个不等式成立的原因是，物质的能量密度 ρ 的主要贡献来自静能密度，而压强的贡献来自粒子的动量变化。在非相对论极限下，(1.2.97) 式给出

$$c\partial_0\rho = -\partial_i\left(\rho v^i\right), \tag{1.2.98}$$

即

$$\frac{\partial\rho}{\partial t} + \boldsymbol{v}\cdot\nabla\rho + \rho\nabla\cdot\boldsymbol{v} = 0. \tag{1.2.99}$$

注意到能量密度等于质量密度乘光速的平方，(1.2.99) 式就是前面讲过的连续性方程 (1.2.80)。当 μ 取 i 时，(1.2.95) 式给出

$$0 = \partial_i p + c^{-1}\partial_0\left[(\rho+p)\gamma^2 v^i\right] + c^{-2}\partial_j\left[(\rho+p)\gamma^2 v^i v^j\right]. \tag{1.2.100}$$

(1.2.100) 式右边第二项为

$$\partial_0\left[(\rho+p)\gamma^2 v^i\right] = v^i\partial_0\left[(\rho+p)\gamma^2\right] + (\rho+p)\gamma^2\partial_0 v^i. \tag{1.2.101}$$

---

① 量子场论课将介绍，能量守恒与动量守恒分别与时空的时间平移不变性和空间平移不变性相联系。

利用 (1.2.97) 式，再代入 (1.2.100) 式，得

$$0 = \partial_i p + \frac{v^i}{c}\partial_0 p + \frac{1}{c}\left(\rho+p\right)\gamma^2\partial_0 v^i + \frac{1}{c^2}\left(\rho+p\right)\gamma^2 v^j\partial_j v^i. \tag{1.2.102}$$

它可改写成

$$\frac{\partial \boldsymbol{v}}{\partial t} + \left(\boldsymbol{v}\cdot\nabla\right)\boldsymbol{v} = -\frac{1}{\left(\rho+p\right)\gamma^2}\left(c^2\nabla p + \boldsymbol{v}\frac{\partial p}{\partial t}\right). \tag{1.2.103}$$

这是相对论性的欧拉方程，因为在非相对极限下，$\gamma \approx 1, p \ll \rho, v/c \ll 1$, (1.2.103) 式化为

$$\frac{\partial \boldsymbol{v}}{\partial t} + \left(\boldsymbol{v}\cdot\nabla\right)\boldsymbol{v} = -\frac{1}{\rho}\nabla p. \tag{1.2.104}$$

这正是 $\boldsymbol{g}$=0 时的 (1.2.81) 式，即回到非相对论的欧拉方程。

流体的粒子流密度 4 矢量的微分守恒律是

$$\partial_\mu\left(nU^\mu\right) = 0. \tag{1.2.105}$$

利用 4 速度表达式 (1.2.30) 和 (1.2.31) 可得

$$\partial_t\left(\gamma n\right) + \nabla\cdot\left(\gamma n\boldsymbol{v}\right) = 0. \tag{1.2.106}$$

在非相对论极限下，$\gamma \approx 1$, (1.2.106) 式化为

$$\partial_t n + \nabla\cdot\left(n\boldsymbol{v}\right) = 0. \tag{1.2.107}$$

这也是连续性方程。特别是，当粒子数密度为常数且不变时，(1.2.107) 式化为不可压缩约束 (1.2.82) 式。粒子流密度 4 矢量的微分守恒律 (1.2.105) 式还给出一个重要的关系式：

$$\partial_\mu U^\mu = -\frac{1}{n}U^\mu\partial_\mu n. \tag{1.2.108}$$

再回到能量-动量张量满足满微分守恒律 (1.2.95) 式。两边同乘 U_μ，并利用 (1.2.32$'$) 式得

$$\begin{aligned}0 = U_\mu\partial_\nu T^{\mu\nu} &= U_\mu\eta^{\mu\nu}\partial_\nu p - U^\nu\partial_\nu\left(\rho+p\right) - \left(\rho+p\right)\partial_\nu U^\nu + c^{-2}\left(\rho+p\right)U^\nu U_\mu\partial_\nu U^\mu \\ &= -U^\nu\partial_\nu\rho - \left(\rho+p\right)\partial_\nu U^\nu.\end{aligned} \tag{1.2.109}$$

在最后一步，用到 $U^\nu\partial_\nu\left(U^\mu U_\mu\right) = 0$。再利用 (1.2.108) 式，可把 (1.2.109) 式改写为

$$-U^\mu \partial_\mu \rho + \frac{\rho + p}{n} U^\mu \partial_\mu n = 0, \tag{1.2.110}$$

或

$$-nU^\mu \left[p \partial_\mu \left(\frac{1}{n} \right) + \partial_\mu \left(\frac{\rho}{n} \right) \right] = 0. \tag{1.2.111}$$

注意，n 是粒子数密度，$1/n$ 是每个粒子的体积，称为比体积，记作 $\mathfrak{v}$；ρ 是能量密度，ρ/n 是每个粒子的能量，称为比能量，记作 ε。于是，(1.2.111) 式化为

$$U^\mu \partial_\mu \varepsilon = -p U^\mu \partial_\mu \mathfrak{v}, \tag{1.2.112}$$

其中左边是比能量在随流体运动的点上随时间的变化，右边是压强乘上比体积在随流体运动的点上随时间的变化。将 (1.2.112) 式与热力学公式

$$\mathrm{d}\varepsilon = T \mathrm{d}\mathfrak{s} - p \mathrm{d}\mathfrak{v} \tag{1.2.113}$$

比较，(其中左边是比能量的变化，右边第一项中的 $\mathfrak{s}$ 是比熵，即每个粒子的熵，$T \mathrm{d}\mathfrak{s}$ 是温度乘上比熵的变化，右边第二项是压强乘上比体积的变化。) 可以看出，对于理想流体，有

$$T U^\mu \partial_\mu \mathfrak{s} = 0 \quad \text{或} \quad U^\mu \partial_\mu \mathfrak{s} = 0, \tag{1.2.114}$$

即比熵在任何随流体运动的点上不随时间变化。

　　原则上说，我们还应讨论流体在边界的流入流出，即考虑流体的边界条件。但由于后面将看到，在我们关心的星体内解及宇宙学等问题中，并不涉及流体流过边界的问题。因而，我们在这里可忽略流体的边界条件。

1.2.5　狭义相对论存在的问题

　　狭义相对论要求物理规律在惯性系间的变换下保持不变。但何为惯性系？在牛顿力学中有绝对空间，相对绝对空间就可定义静止系和做匀速直线运动的参考系。但在狭义相对论中，不再存在绝对空间了。这时，如何定义惯性系呢？或许有人想，可以利用惯性定律定义惯性系。惯性定律是不受外力的物体在惯性系中保持静止或匀速直线运动。注意，惯性定律仅在惯性系中成立。这样一来，我们就陷入了逻辑循环。

　　狭义相对论成功地统一了质点力学和电磁学，但如 1.1 节所述，牛顿万有引力定律无法纳入这一体系！

　　因而，我们有必要探讨新的引力理论，使之与狭义相对论相吻合，并能以更高精度解释引力现象，改变牛顿引力理论无法解释宇宙的窘境。

1.3 等 效 原 理

1.3.1 惯性质量与引力质量

在牛顿第二定律

$$\boldsymbol{F} = m_I \boldsymbol{a} \tag{1.3.1}$$

中，质量 m 量度一个物体被力加速的阻力，故称为惯性质量 (inertial mass)，用下标 I 标记。在牛顿的万有引力定律

$$\boldsymbol{F} = -G\frac{m_G M_G}{r^3}\boldsymbol{r} \tag{1.3.2}$$

中，质量 m 和 M 决定物体间引 (重) 力相互吸引的强度，称为引力质量 (gravitational mass)，用下标 G 标记。当考虑一个小质量物体 (质量为 m) 在大质量物体 (质量为 M) 的引力场中运动时，常把 M 称为主动引力质量，而把 m 称为被动引力质量。

结合牛顿第二定律和牛顿万有引力定律可定出引力质量为 m_G、惯性质量为 m_I 的粒子在引力质量为 M_G 的引力场中运动的加速度

$$\boldsymbol{a} = \left(\frac{m_G}{m_I}\right)\left(\frac{GM_G}{r^2}\right)\left(-\frac{\boldsymbol{r}}{r}\right). \tag{1.3.3}$$

(1.3.3) 式右边中间一个因子给出反平方定律，最后一个因子给出加速度的方向，第一个因子记作 α，即

$$\alpha = \frac{m_G}{m_I}. \tag{1.3.4}$$

如果惯性质量与引力质量相等，则任何物体在引力场中会获得相同的加速度，但若惯性质量与引力质量不同，则不同的物体可能有不同的加速度。

按照伽利略学生 V. Viviani 的说法，伽利略 (图 1.3.1) 于 1589 年在比萨斜塔 (图 1.3.2) 做了落体实验。他用不同质量的两个球，让它们同时下落，观察它们是否同时落到地面。换句话说，就是观察不同质量的球体的引力质量与惯性质量之比是否相同。实验结果显示，质量不同的球同时落地。说明质量大小对比值没有影响。暗示，

$$m_I = m_G. \tag{1.3.5}$$

当然，这个实验的精度是很低的，为更精确地检验惯性质量与引力质量是否相等，还需要设计更精密的实验。

图 1.3.1　伽利略

图 1.3.2　比萨斜塔

　　需要说明的是, 原则上, 对于不同材质、不同内部结构的物体, 引力质量与惯性质量之比 α 是不同的。这是因为各种物体都是由原子、分子组成的, 不同物体中质子、中子、电子数目各不相同。即使假定中子、质子、电子等基本粒子的引力质量与惯性质量相等, 它们结合在一起, 还会释放出结合能。而结合能分为化学的结合能、核子的结合能、电磁的结合能等, 对自引力系统还有引力的结合能。有什么原理来保证这些结合能对引力质量和惯性质量的贡献也是相同的呢? 没有! 这只能用实验来检验。特别是检验不同材质、不同内部结构物体的引力质量与惯性质量之比 α 是否相同。

1.3.2 厄特沃什实验

1890 年匈牙利科学家厄特沃什 (B. L. von Eötvös) 首先设计了一个精密实验来检验引力质量与惯性质量是否相等。

实验的基本思想是,地面上的物体不仅受到地球引力的作用,还随地球一起转动,有一个惯性离心力。重力加速度方向由这两个力的叠加决定 (如图 1.3.3 所示)。如果不同物体的引力质量与惯性质量之比不同,就可以通过精密的实验检测出来。

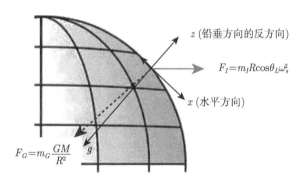

$$\frac{F_G}{F_I} = \frac{m_G}{m_I} \frac{GM}{R^3 \omega_s^2 \cos\theta_L} =: \alpha C$$

图 1.3.3 地球表面物体的受力分析

R: 地球半径;θ_L: 纬度;ω_s: 地球自转角速度;M: 地球的引力质量;g: 重力加速度

具体的实验方案是采用扭秤。其秤杆沿东西方向放置。杆两边各有一重物。每一重物所受的力如图 1.3.4 所示。引力与惯性力对扭秤施加的合力为

$$\boldsymbol{F} = \boldsymbol{F}_{GA} + \boldsymbol{F}_{IA} + \boldsymbol{F}_{GB} + \boldsymbol{F}_{IB}, \tag{1.3.6}$$

其方向在悬丝方向。引力与惯性力对扭秤施加的转矩为

$$\boldsymbol{T} = l_A \boldsymbol{e}_{l_A} \times (\boldsymbol{F}_{GA} + \boldsymbol{F}_{IA}) - l_B \boldsymbol{e}_{l_A} \times (\boldsymbol{F}_{GB} + \boldsymbol{F}_{IB}), \tag{1.3.7}$$

其中 $\boldsymbol{e}_{l_A}$ 是指向物体 A 的单位矢量。$\boldsymbol{T}$ 在 $\boldsymbol{F}$ 方向的投影就得到有效转矩

$$T_{\text{eff}} = \boldsymbol{T} \cdot \frac{\boldsymbol{F}}{|\boldsymbol{F}|}. \tag{1.3.8}$$

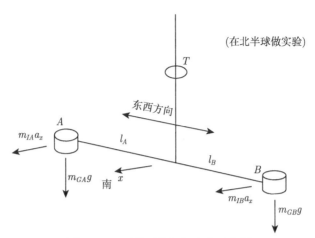

图 1.3.4　厄特沃什扭秤实验示意图

　　由于重力加速度 g 是引力与惯性离心力的合成，如果引力质量与惯性质量不同，原则上说，g_A 与 g_B 也会有微小的区别。由于引力质量与惯性质量至少是几乎相等的，因此在领头阶近似下，可忽略这一区别，假定 $g_A = g_B$。该区别只会影响高阶项。

　　扭秤的平衡条件为

$$l_A m_{GA} g = l_B m_{GB} g. \tag{1.3.9}$$

扭矩为

$$l_A m_{IA} a_x - l_B m_{IB} a_x = T. \tag{1.3.10}$$

分别对 A, B 两物体应用 (1.3.4) 式，得

$$l_A m_{GA} g \frac{a_x}{\alpha_A g} - l_B m_{GB} g \frac{a_x}{\alpha_B g} = T. \tag{1.3.11}$$

将 (1.3.9) 式代入 (1.3.11) 式，得

$$l_A m_{GA} a_x \left(\frac{1}{\alpha_A} - \frac{1}{\alpha_B} \right) = T, \tag{1.3.12}$$

或

$$T \approx \frac{l_A m_{IA} m_{IB} a_x}{m_{GB}} (\alpha_B - \alpha_A). \tag{1.3.13}$$

为方便起见，取

$$l_A = l_B = \frac{1}{2} l, \tag{1.3.14}$$

并取领头阶为

$$m_{GA} = m_{GB} = m_{IA} = m_{IB} = m. \qquad (1.3.15)$$

此时，(1.3.13) 式化为

$$T \approx \frac{1}{2} l m a_x \eta, \qquad (1.3.16)$$

其中

$$\eta := \alpha_B - \alpha_A. \qquad (1.3.17)$$

显然，当 $\alpha_A = \alpha_B$ 时，$T = 0$；当 $\alpha_A \neq \alpha_B$ 时，$T \neq 0$。

如果不同物体的 α 都是相同的，则可重新定义引力质量 m_G 及牛顿引力常数 G，使得

$$m_G = m_I. \qquad (1.3.18)$$

在这种情况下，还可进一步区分为两类：① 如果不同物体的 α 是相同的常数，且与时空点无关，则说明重新定义后的牛顿引力常数与时空点无关，是真正的常数；②如果不同物体的 α 相同，但与时空点有关，则说明重新定义后的牛顿引力常数不是真正的常数，而是时空点的函数。

如果不同物体的 α 值有差异，则说明

$$m_G \neq m_I. \qquad (1.3.19)$$

也就是说，存在其他因素影响引力质量与惯性质量的关系。

1890 年，厄特沃什采用镁、铂、铜三种金属，获得的实验结果是

$$|\eta| < 5 \times 10^{-8}. \qquad (1.3.20)$$

到 1903 年，厄特沃什等把精度提高了一个量级，达到

$$|\eta| < 3 \times 10^{-9}. \qquad (1.3.21)$$

1972 年, Braginski 和 Panov 用铝、铂重新做了这个实验，精度提高到

$$|\eta| < 10^{-12}. \qquad (1.3.22)$$

21 世纪在太空中的实验[①]给出更高的精度:

$$|\eta| < 10^{-14}. \qquad (1.3.23)$$

但须注意，对于太空实验，η 的定义略有不同，

---

① Touboul P, et al. Microscope mission: first results of a space test of the equivalence principle. Phys. Rev. Lett., 2017, 119: 231101.

$$\eta = \frac{a_A - a_B}{\dfrac{1}{2}(a_A + a_B)}. \tag{1.3.24}$$

定义不同的原因是,在扭秤实验的分析中取了质量的领头阶近似相等 (见 (1.3.15) 式)。

1.3.3 等效原理的表述

由于惯性质量与引力质量相等,当一位处于封闭电梯里的观察者看到电梯内所有物体都以同样的加速度 a 自由下落时,他无法确定他所乘的电梯是静止于引力场为 a 的星球表面,还是在无引力的太空中以加速度 a 运动。同理,当封闭电梯中的观察者和电梯中一切物体都处于失重状态时,他也无法确定电梯是在引力场中自由下落,还是在无引力场的太空中做惯性运动。据此,爱因斯坦提出等效原理 (equivalence principle),惯性力场与重力场的动力学效应是局部不可分辨的。

对等效原理更进一步的说明,我们留到后面在有一定的数学贮备后,通过具体例子来进行。这里仅指出,引力场与惯性力场是有区别的。首先,对于厄特沃什实验,$F_I \propto R, F_G \propto R^{-2}$;对于加速电梯,力线是均匀的、平行的;而对于引力场,力线是不均匀的、会聚的。其次,引力是物体间的相互作用,有反作用力;惯性力无关物体间的相互作用,无反作用力。再次,引力场对时空产生内禀效应,使时空弯曲;惯性力场不改变时空的曲率。最后,惯性力场可以通过一个坐标变换加以削除;引力通常只能在一时空点上被坐标变换消除。

等效原理分为三个层次[①]。它们分别是弱等效原理、爱因斯坦等效原理和强等效原理。

弱等效原理 (weak equivalence principle, WEP),又称为伽利略等效原理。它的表述是若电中性测试物体置于时空中任一初始位置,并以初始速度开始运动,则其随后的运动轨迹与物体的内部结构及组成无关。简单地说,弱等效原理说的就是引力质量等于惯性质量。需要说明的是:① 电中性意味着要忽略电磁相互作用;② 测试物体意味着,一是物体所占体积及其形变可以忽略,二是物体的自转 (或自旋) 可以忽略,三是物体的自引力场可以忽略。

爱因斯坦等效原理 (Einstein equivalence principle, EEP) 的表述是:① 弱等效原理成立;② 任何局域的非引力实验的结果与 (自由下落) 装置的速度无关,它称为局域洛伦兹不变性 (local Lorentz invariance, LLI);③ 任何局域的非引力实验的结果与实验在宇宙中何时、何处完成无关,它称为局域位置不变性 (local position invariance, LPI)。该表述中有两个关键词。一是 "局域"。严格地说,它意味着只在时空每一点成立。若是一个小区域,时空就可能存在曲率,而曲率是

---

① Will C M. Theory and Experiment Ingravitational Physics. Cambridge: Cambridge University Press, 1981.

不可能完全用惯性力场来等效的。从可操作层面看，当小区域的大小远小于时空的曲率半径，同时也远小于对曲率半径的测量精度时，就可看作是局域的。另一个词是"非引力"。对经典非引力物理的描述可精确到点。对量子非引力物理的描述需用波函数，而波函数至少散布在一个区域内。若时空曲率非零，曲率效应会体现在波函数中。但当时空曲率很小 (曲率半径很大)、波函数的散布区域也很小时，曲率效应不显现。现在已确有实验显示这时的量子系统也满足等效原理。

如果爱因斯坦等效原理成立，则引力一定是弯曲时空现象，需用度规理论来描写。具体地说，弯曲时空要赋予一个度量 g，用它描写引力场；在弯曲时空中，自由下落的测试粒子的世界线是测地线；在局部自由下落参考系中，与引力无关的物理定律满足狭义相对论。这里涉及了许多新的概念，这些概念将在第 2 章中详细介绍。应该指出，爱因斯坦等效原理成立尚无法得到引力必由广义相对论描写的结论，这时，引力还可能由其他度规理论来描写。

强等效原理 (strong equivalence principle, SEP) 的表述是，自引力物体 (如恒星、行星等) 与测试粒子一样遵守弱等效原理；任何局域的测试实验 (any local test experiment) 的结果与 (自由下落) 装置的速度无关；任何局域的测试实验的结果与实验在宇宙中何时、何处完成无关。如果强等效原理成立，一般就认为引力一定是用广义相对论来描写的。

那么，现在有实验或观测支持强等效原理吗？回答是肯定的。利用地月测距 (lunar-laser-ranging, LLR) 可检验强等效原理。前面已说过，对于太空实验，我们关心的是两个天体的加速度差 (见 (1.3.24) 式)。由地月测距可定出

$$\Delta a_{\text{LLR}} = a_E - a_M, \tag{1.3.25}$$

其中 a_E 和 a_M 分别是地球和月球的加速度。这个加速度差包含了地、月构成不同导致的加速度差 Δa_{CD}，扣除这一部分，就给出强等效原理可能的破坏导致的加速度差，即

$$\Delta a_{\text{SEP}} = \Delta a_{\text{LLR}} - \Delta a_{\text{CD}}. \tag{1.3.26}$$

于是，表征强等效原理可能破坏的无量纲参数为

$$|\eta_{\text{SEP}}| = \left| \frac{\Delta a_{\text{SEP}}}{\frac{1}{2}\left(a_E + a_M\right)} \right| \leqslant 5.5 \times 10^{-13}. \tag{1.3.27}$$

引力结合能的贡献为[①]

$$|\eta_{\text{grav}}| \leqslant 1.3 \times 10^{-3}. \tag{1.3.28}$$

① Baeßler S, et al. Improved test of the equivalence principle for gravitational self-energy. Phys. Rev. Lett., 1999, 83: 3585.

中子星-白矮星组成的双星 PSR J1713+0747 也可用来检验强等效原理[①]。截止到 2018 年，观测达到的精度为

$$|\eta| < 0.004. \tag{1.3.29}$$

1.4　广义相对性原理与广义协变性原理

前面提到，狭义相对性原理是，物理定律在任何惯性参考系下形式不变，而惯性参考系的定义存在逻辑循环。爱因斯坦提出应将狭义相对性原理修改为广义相对论性原理 (general principle of relativity, GPR)，即一切参考系都是平权的，物理定律在任何参考系下形式不变。

这里需要澄清两个概念。爱因斯坦在表述狭义相对性原理时，是这样说的[②]，

> 如果在选定的坐标系 K 中，物理定律以其最简形式很好地成立，则同样的定律在相对 K 做匀速平移的任意坐标系 K' 中也同样好地成立。
>
> If a system of coordinates K is chosen so that, in relation to it, physical laws hold good in their simplest form, the **same** laws hold good in relation to any other system of coordinates K' moving in uniform translation relatively to K.

在这段表述中，爱因斯坦用的是坐标系。我们在前一段文字中用的是参考系。参考系与坐标系是否相同？应该说，参考系与坐标系是两个不同的概念。一方面，参考系可以用坐标系来实现，比如，在狭义相对论中，所有惯性系都由闵氏 (Minkowski) 坐标 $(x^0 = ct, x^1, x^2, x^3)$ 来实现；另一方面，参考系并不等价于坐标系，因为即便在平直时空的惯性系中，我们也可采用球坐标 $(x^0 = ct, r, \theta, \varphi)$ 等来描写物理。

广义相对性原理中任何参考系的提法在数学上并不便于实现。于是，将广义相对论性原理改为在数学上更易操作的广义协变性原理 (principle of general covariance, PGC)。广义协变性原理是，在任何坐标变换下，物理定律都是协变的。

在狭义相对论中，闵氏坐标分别代表时间的流逝和空间的长度。那么，在广

① Shao L, Wex N, Kramer M. Testing the universality of free fall towards dark matter with radio pulsars. Phys. Rev. Lett., 2018, 120: 241104.

② 比较庞加莱关于相对性原理的表述：
按照相对性原理，无论对静止的观察者还是对匀速平移运动中的观察者，决定物理现象的定律须是相同的；因此，我们没有也不可能有任何办法来区分我们是否处于这样的运动之中。The principle of relativity, according to which the laws of physical phenomena should be the same, whether for an observer fixed, or for an observer carried along in a uniform movement of translation; so that we have not and could not have any means of discerning whether or not we are carried along in such a motion.

义相对论中,是否也能这样呢?显然不行,因为在广义相对论中,坐标的选取有太大的任意性。那么这时,什么量才是物理量呢? Misner, Thorn, Wheeler (MTW) 在他们的书 (*Gravitation*) 中强调:每一个物理量都须用一个与坐标无关的几何量来描述,且物理定律必须可表示成这些几何量之间的几何关系。

在狭义相对论中,洛伦兹变换可由狭义相对性原理和光速不变原理推出来,进而得到狭义相对论的其他结论。那么,广义相对论中等效原理和广义相对论性原理 (或其更数学化的表述——广义协变性原理) 是否能起到狭义相对性原理和光速不变原理的那种作用呢?对此问题,MTW 在他们的书中也做了回答:

> 广义协变性原理能给出什么有约束性的内容吗?
>
> 完全不能。这一观点可追溯到 1917 年,由 Kretschmann 给出。在某一特殊坐标系中写出的任何物理理论都可用与坐标无关的几何语言重新表述出来。牛顿理论就是一个例证,它有与标准形式等价的几何描述。因此,作为区分可行与不可行理论的筛子,广义协变性原理完全无用。

> Does PGC have any forcible content?
>
> No, not at all, according to one viewpoint that dates back to Kretschmann (1917). Any physical theory originally written in a special coordinate system can be recast in geometric, coordinate-free language. Newtonian theory is a good example, with its equivalent geometric and standard formulations. Hence, as a sieve for separating viable theories from nonviable theories, the principle of general covariance is useless.

那么,为什么引力应该由广义相对论来描写而不是用牛顿引力理论来描写呢? MTW 指出,是简单性原则。所谓简单性原则是:

> 自然更喜好那些当用坐标无关的几何语言表述时更简单的理论。按照这个原理,自然必倾心于广义相对论,而厌恶牛顿理论。

> Nature likes theories that are simple when stated in coordinate-free, geometric language. According to this principle, Nature must love general relativity, and it must hate Newtonian theory.

类似地,其他修改的引力理论也都比广义相对论更复杂。

小结

等效原理、广义相对性原理以及马赫原理 (没讲。所有运动都是相对的,一个物体所受到的惯性力是宇宙中其他物质相对其加速时施加的综合效应) 是建立广义相对论的三个重要思想源泉。但:

(1) 马赫原理与广义相对论并不完全相符 (第 8 章会简单介绍)；

(2) 广义相对性原理或广义协变性原理不具强制性；

(3) 爱因斯坦等效原理仅要求引力理论是度规理论；

(4) 广义相对论是一种最简单的度规理论。

换句话说，即广义相对论 (GR) 并不能简单地由 EEP 和 PGC 推出。

等效原理分三个层次：① 弱等效原理；② 爱因斯坦等效原理；③ 强等效原理。

广义相对论性原理，用数学表示就是广义协变性原理。

附录 1.A 闵可夫斯基时空

闵可夫斯基 (闵氏) 时空是一维时间与三维欧几里得空间的 4 维统一描述。采用 4 维时空描述后，时空中的一个点代表一个事件 (event)，它指明该事件发生在何时、何地。粒子由 3 维空间的点来描写，它的运动在 4 维时空中走出一条曲线。一个 $t =$ 常数的 3 维 "面"(称为超曲面) 是一个等时面。

4 维时空的线元要么像 (1.2.3) 式一样，在坐标中出现虚单位 i，要么像 (1.2.6) 式那样，在度规中出现负号。无论哪一种形式，都反映出时空度规与纯空间度规有着原则性的区别。对于纯空间度规，总有 $\mathrm{d}s^2 \geqslant 0$，且等号仅对两点重合 (即零距离) 时成立；对于时空中不重合的两点，其间隔既可能 $\mathrm{d}s^2 > 0$，也可能 $\mathrm{d}s^2 = 0$，甚至还可能 $\mathrm{d}s^2 < 0$。在闵氏时空中，光所走的路径总满足 $\mathrm{d}s^2 = 0$。时空中的每一点都存在一个光锥。不失一般地，我们只讨论过原点的光锥，它由过原点的光线构成，如图 1.A.1 所示，它把时空分为 3 类不同的区域：$\mathrm{d}s^2 < 0$ 的区域，在光锥内，称为类时间隔，它可进一步分为相对原点的过去和未来；$\mathrm{d}s^2 > 0$ 的区域，在光锥外，称为类空间隔；$\mathrm{d}s^2 = 0$ 的区域，称为类光间隔，它也可进一步分为相对原点的过去与未来，称为过去光锥和未来光锥。设某时刻某观察者恰好位于时空原点。该观察者只可能影响他未来光锥内和未来光锥上发生的事件，不可能影响到过去光锥内、过去光锥上以及光锥外的事件。类似地，该观察者只可能受到过去光锥内和过去光锥上发生事件的影响，不可能受到过去光锥外事件的影响。

借助光锥，可把以光锥顶点为端点的矢量分为类时、类空、类光三大类。类时矢量在光锥内，其内积为负 ($\eta_{\mu\nu}v^\mu v^\nu < 0$)；类空矢量在光锥外，其内积为正 ($\eta_{\mu\nu}v^\mu v^\nu > 0$)；类光矢量在光锥上，其内积为零 ($\eta_{\mu\nu}v^\mu v^\nu = 0$)。如果一条曲线，在其每一点的切矢都是类时的，则称这条曲线为类时曲线，也称为世界线；如果一条曲线，在其每一点的切矢都是类空的，则称这条曲线为类空曲线；如果一条曲线，在其每一点的切矢都是类光的，则称这条曲线为类光曲线，或称为零曲线。

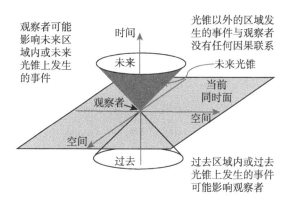

图 1.A.1　闵可夫斯基时空

附录 1.B　运动质量与静止质量的关系

1.B.1　方法一——碰撞法 [①]

设粒子运动的速度为 $\boldsymbol{v}$，则其动量为

$$\boldsymbol{p} = m\boldsymbol{v}, \tag{1.2.37}$$

其中 m 为运动粒子的 (运动) 质量。须注意，即使在牛顿力学中，这个质量也不一定是常数，比如火箭的运行过程是不断地向后喷射物质，使火箭加速，同时火箭的质量在不断地减小。此时，火箭质量可表示成火箭速率的函数。基于这一考虑，可一般地假设粒子的质量是粒子速率的函数。

为搞清运动质量与静质量之间的关系，现考虑两静止质量均为 m_0 的粒子的弹性碰撞。设在惯性坐标系 K 中，两粒子从相反的两个方向靠近原点，并在 $t = 0$ 时刻到达原点，如图 1.B.1 所示。它们的速度分别为

$$u_1^x = a = -u_2^x, \qquad u_1^y = b = -u_2^y, \qquad u_1^z = 0 = -u_2^z, \tag{1.B.1}$$

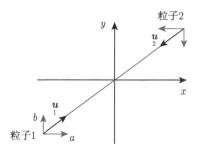

图 1.B.1　两粒子碰撞前

① 柏格曼. 相对论引论. 周奇, 郝苹, 译. 北京: 高等教育出版社, 1961. (Bergmann P G. Introduction to the Theory of Relativity. London: Butterworths, 1958.)

其中字母下方的 1,2 分别表示第一、第二个粒子。碰撞前两粒子的速率相同，都是

$$\underset{1}{u}=\sqrt{a^2+b^2}=\underset{2}{u}, \tag{1.B.2}$$

碰撞前系统的总动量为

$$\boldsymbol{p}=\underset{1}{\boldsymbol{p}}+\underset{2}{\boldsymbol{p}}=m\underset{1}{\boldsymbol{u}}+m\underset{2}{\boldsymbol{u}}=0, \tag{1.B.3}$$

碰撞前两粒子的运动方程为

$$\underset{1}{x}=at=-\underset{2}{x}, \qquad \underset{1}{y}=bt=-\underset{2}{y}, \qquad \underset{1}{z}=0=-\underset{2}{z}. \tag{1.B.4}$$

假定碰撞后，如图 1.B.2 所示，两粒子速度的 x 分量保持不变，两粒子交换 y 方向的速度，即碰撞后粒子的速度分别为

$$\underset{1}{\bar{u}}^x=a=-\underset{2}{\bar{u}}^x, \qquad \underset{1}{\bar{u}}^y=-b=-\underset{2}{\bar{u}}^y, \qquad \underset{1}{\bar{u}}^z=0=-\underset{2}{\bar{u}}^z. \tag{1.B.5}$$

碰撞后，两粒子的速率仍相同，它们是

$$\underset{1}{\bar{u}}=\sqrt{a^2+b^2}=\underset{2}{\bar{u}}, \tag{1.B.6}$$

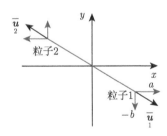

图 1.B.2　两粒子碰撞后

碰撞后系统的总动量为

$$\bar{\boldsymbol{p}}=\underset{1}{\bar{\boldsymbol{p}}}+\underset{2}{\bar{\boldsymbol{p}}}=m\underset{1}{\bar{\boldsymbol{u}}}+m\underset{2}{\bar{\boldsymbol{u}}}=0. \tag{1.B.7}$$

易见，碰撞前后，系统的动量守恒。碰撞后两粒子的运动方程为

$$\underset{1}{\bar{x}}=at=-\underset{2}{\bar{x}}, \qquad \underset{1}{\bar{y}}=-bt=-\underset{2}{\bar{y}}, \qquad \underset{1}{\bar{z}}=0=-\underset{2}{\bar{z}}. \tag{1.B.8}$$

设惯性坐标系 K' 以速度

$$\boldsymbol{v}=v^x\boldsymbol{e}_x=a\boldsymbol{e}_x \tag{1.B.9}$$

相对 K 系运动, 其中 $\boldsymbol{e}_x$ 是 x 方向的单位矢量。由 (1.2.1) 式知, 在 K' 系中, 两粒子碰撞前后的运动方程如下。

碰撞前:

$$
\begin{aligned}
& \underset{1}{x'} = 0, & & \underset{1}{y'} = \gamma_a b t', & & \underset{1}{z'} = 0, \\
& \underset{2}{x'} = -\frac{2at'}{1+a^2/c^2}, & & \underset{2}{y'} = -\frac{\gamma_a^{-1} b t'}{1+a^2/c^2}, & & \underset{2}{z'} = 0,
\end{aligned}
\tag{1.B.10}
$$

其中 γ 的下标 a 表示这个 γ 是由两参考系的相对速率 a 定义的。

碰撞后:

$$
\begin{aligned}
& \underset{1}{\bar{x}'} = 0, & & \underset{1}{\bar{y}'} = -\gamma_a b t', & & \underset{1}{\bar{z}'} = 0, \\
& \underset{2}{\bar{x}'} = -\frac{2at'}{1+a^2/c^2}, & & \underset{2}{\bar{y}'} = \frac{\gamma_a^{-1} b t'}{1+a^2/c^2}, & & \underset{2}{\bar{z}'} = 0.
\end{aligned}
\tag{1.B.11}
$$

利用 $U'^\mu = \Lambda^\mu{}_\nu U^\nu$、(1.2.31)、(1.2.30)、(1.2.11) 式中的变换矩阵及 (1.B.9) 式可得 K' 系中两粒子碰撞前后的运动速度及速率如下。

碰撞前:

$$
\begin{aligned}
& \underset{1}{u'^x} = 0, & & \underset{1}{u'^y} = \gamma_a b, & & \underset{1}{u'^z} = 0, & & \underset{1}{u'} = \gamma_a b, \\
& \underset{2}{u'}{}^x = -\frac{2a}{1+a^2/c^2}, & & \underset{2}{u'^y} = -\frac{\gamma_a^{-1} b}{1+a^2/c^2}, & & \underset{2}{u'^z} = 0, & & \underset{2}{u'} = \frac{\sqrt{4a^2 + \gamma_a^{-2} b^2}}{1+a^2/c^2},
\end{aligned}
\tag{1.B.12}
$$

碰撞后:

$$
\begin{aligned}
& \underset{1}{\bar{u}'^x} = 0, & & \underset{1}{\bar{u}'^y} = -\gamma_a b, & & \underset{1}{\bar{u}'^z} = 0, & & \underset{1}{\bar{u}'} = \gamma_a b, \\
& \underset{2}{\bar{u}'}{}^x = -\frac{2a}{1+a^2/c^2}, & & \underset{2}{\bar{u}'^y} = \frac{\gamma_a^{-1} b}{1+a^2/c^2}, & & \underset{2}{\bar{u}'^z} = 0, & & \underset{2}{\bar{u}'} = \frac{\sqrt{4a^2 + \gamma_a^{-2} b^2}}{1+a^2/c^2}.
\end{aligned}
\tag{1.B.13}
$$

在 K' 系中看, 碰撞前后, 系统的总动量也应守恒, 碰撞前系统的动量为

$$
\begin{aligned}
& p'^x = \underset{1}{p'^x} + \underset{2}{p'^x} = m\left(\underset{1}{u'}\right)\underset{1}{u'^x} + m\left(\underset{2}{u'}\right)\underset{2}{u'^x} = 0 - m\left(\underset{2}{u'}\right)\frac{2a}{1+a^2/c^2}, \\
& p'^y = \underset{1}{p'^y} + \underset{2}{p'^y} = m\left(\underset{1}{u'}\right)\underset{1}{u'^y} + m\left(\underset{2}{u'}\right)\underset{2}{u'^y} = \gamma_a b\, m\left(\underset{1}{u'}\right) - m\left(\underset{2}{u'}\right)\frac{\gamma_a^{-1} b}{1+a^2/c^2}, \\
& p'^z = 0.
\end{aligned}
\tag{1.B.14}
$$

碰撞后系统的动量为

$$\bar{p}'^x = \bar{p}'^x_1 + \bar{p}'^x_2 = m\left(\bar{u}'_1\right)\bar{u}'^x_1 + m\left(\bar{u}'_2\right)\bar{u}'^x_2 = 0 - m\left(\bar{u}'_2\right)\frac{2a}{1+a^2/c^2},$$

$$\bar{p}'^y = \bar{p}'^y_1 + \bar{p}'^y_2 = m\left(\bar{u}'_1\right)\bar{u}'^y_1 + m\left(\bar{u}'_2\right)\bar{u}'^y_2 = -\gamma_a b m\left(\bar{u}'_1\right) + m\left(\bar{u}'_2\right)\frac{\gamma_a^{-1}b}{1+a^2/c^2},$$

$$\bar{p}'^z = 0 \ .$$
$$(1.B.15)$$

系统的总动量守恒要求，

$$p'^x = \bar{p}'^x \Rightarrow m\left(u'_2\right) = m\left(\bar{u}'_2\right),$$
$$p'^y = \bar{p}'^y \Rightarrow \gamma_a b m\left(u'_1\right) - m\left(u'_2\right)\frac{\gamma_a^{-1}b}{1+a^2/c^2} = -\gamma_a b m\left(\bar{u}'_1\right) + m\left(\bar{u}'_2\right)\frac{\gamma_a^{-1}b}{1+a^2/c^2}.$$
$$(1.B.16)$$

由 (1.B.12)、(1.B.13) 式知，$u'_1 = \gamma_a b = \bar{u}'_1, u'_2 = \bar{u}'_2,$

$$\gamma_a b m\left(u'_1\right) - m\left(u'_2\right)\frac{\gamma_a^{-1}b}{1+a^2/c^2} = 0,$$

即

$$m\left(u'_1\right) = m\left(u'_2\right)\frac{\gamma_a^{-2}}{1+a^2/c^2}.$$
$$(1.B.17)$$

所以，

$$m(0) = \lim_{b\to 0} m\left(u'_1\right) = \lim_{b\to 0} m\left(u'_2\right)\frac{\gamma_a^{-2}}{1+a^2/c^2} = m\left(\frac{2a}{1+a^2/c^2}\right)\frac{1-a^2/c^2}{1+a^2/c^2}.$$
$$(1.B.18)$$

上式左边就是静止质量 m_0，故它可改写成

$$m\left(\frac{2a}{1+a^2/c^2}\right) = \frac{1+a^2/c^2}{1-a^2/c^2}m_0.$$
$$(1.B.19)$$

令

$$v := \frac{2a}{1+a^2/c^2},$$
$$(1.B.20)$$

得

$$(v/c^2)a^2 - 2a + v = 0 \Rightarrow a = \frac{1\pm\sqrt{1-v^2/c^2}}{v/c^2} = \frac{v}{1\mp\sqrt{1-v^2/c^2}}, \quad (1.B.21)$$

因 $a<c$, 所以 (1.B.21) 式最后一个表达式中只有 + 号有意义。将 a 的表达式代入 (1.B.19) 式得

$$
\begin{aligned}
m(v) &= \frac{1 + \dfrac{v^2/c^2}{\left(1 + \sqrt{1 - v^2/c^2}\right)^2}}{1 - \dfrac{v^2/c^2}{\left(1 + \sqrt{1 - v^2/c^2}\right)^2}} m_0 \\
&= \frac{\left(1 + \sqrt{1 - v^2/c^2}\right)^2 + v^2/c^2}{\left(1 + \sqrt{1 - v^2/c^2}\right)^2 - v^2/c^2} m_0 = \frac{m_0}{\sqrt{1 - v^2/c^2}}.
\end{aligned} \tag{1.B.22}
$$

1.B.2　方法二——分析力学法

对于每一个力学体系, 存在一个作用量 S, 它是沿各种可能运动轨迹 (包括经典允许轨道和经典不允许轨道) 的积分, 作用量 S 在系统的实际运动轨迹 (经典轨道) 上取极值, 即 $\delta S = 0$。换句话说, 力学体系的运动轨迹由 $\delta S = 0$ 确定。任一力学系统的作用量都必须与参考系选择无关, 也就是说, 在狭义相对论中, 作用量在洛伦兹变换下必须是一个不变量, 故它一定是一个标量函数。

对于单个粒子的系统, 作用量是一个 1 维积分。特别地, 对于从 a 点运动到 b 点的自由粒子来说, 作用量只能取为

$$
S = \mathrm{i}\alpha \int_a^b \mathrm{d}s, \tag{1.B.23}
$$

其中 $\mathrm{d}s$ 是自由粒子在 4 维时空中走的路径的线元, $\alpha > 0$ 是一个待定常数, i 是虚单位, 引入它可确保作用量沿类时路径积分是实的 (实际上, 它是负的, 从而有极小值)。这个作用量可以写成对时间的积分,

$$
S = \int_{t_a}^{t_b} \mathscr{L}\, \mathrm{d}t, \tag{1.B.24}
$$

其中 $\mathscr{L}$ 是粒子的拉格朗日量 (简称拉氏量)。

在洛伦兹变换下, 闵氏度规不变, 即

$$
\mathrm{d}s^2 = -c^2\mathrm{d}t^2 + \mathrm{d}x^2 + \mathrm{d}y^2 + \mathrm{d}z^2 = -c^2\mathrm{d}t'^2 + \mathrm{d}x'^2 + \mathrm{d}y'^2 + \mathrm{d}z'^2. \tag{1.B.25}
$$

设 (t, x, y, z) 是运动系, (t', x', y', z') 是相对粒子静止的惯性系, 将静止系中的时间改用 τ 记, 则 (1.B.25) 式可改写为

$$
c^2\mathrm{d}\tau^2 = c^2\mathrm{d}t^2 - \mathrm{d}x^2 - \mathrm{d}y^2 - \mathrm{d}z^2 = -\mathrm{d}s^2, \tag{1.B.26}
$$

即

$$d\tau^2 = -\frac{1}{c^2}ds^2 = dt^2\left(1 - \frac{v^2}{c^2}\right),\qquad (1.B.27)$$

其中 v 是粒子在时空中运动的速率。于是，自由粒子的作用量就可写成

$$S = i\alpha\int_a^b ds = -\alpha c\int_{\tau_a}^{\tau_b}d\tau = -\alpha c\int_{t_a}^{t_b}\sqrt{1 - \frac{v^2}{c^2}}dt. \qquad (1.B.28)$$

为确定常数 α, 考虑非相对论近似 $(c\to\infty)$, (1.B.28) 式可展开为

$$S = -\alpha c\int_{t_a}^{t_b}\left(1 - \frac{v^2}{2c^2}\right)dt = \int_{t_a}^{t_b}\left(-\alpha c + \frac{\alpha v^2}{2c}\right)dt, \qquad (1.B.29)$$

我们熟知, 牛顿力学中自由粒子的拉氏量为

$$\mathscr{L} = \frac{1}{2}mv^2,\qquad (1.B.30)$$

这里的 m 与速度无关，应记作 m_0。比较知,

$$\alpha = m_0 c.\qquad (1.B.31)$$

这样选取后，上述拉氏量在非相对论近似下只比牛顿力学的多一个 (不重要的) 常数项。所以，高速运动自由粒子的拉氏量为

$$\mathscr{L} = -m_0 c^2\sqrt{1 - \frac{v^2}{c^2}}.\qquad (1.B.32)$$

由分析力学知，粒子的正则动量为

$$p_i = \frac{\partial\mathscr{L}}{\partial v^i} = m_0 c^2\frac{v^i/c^2}{\sqrt{1 - v^2/c^2}} = \frac{m_0}{\sqrt{1 - v^2/c^2}}v^i,\qquad (1.B.33)$$

将之与 (1.2.37) 式比较，知运动质量与静止质量满足

$$m(v) = \frac{m_0}{\sqrt{1 - v^2/c^2}}.\qquad (1.B.22)$$

顺便指出，由正则动量的模方给出

$$\boldsymbol{p}\cdot\boldsymbol{p} = \frac{m_0^2 c^2}{1 - v^2/c^2}\frac{v^2}{c^2} \Rightarrow 1 + \frac{p^2}{m_0^2 c^2} = \frac{1}{1 - v^2/c^2} \Rightarrow 1 - \frac{v^2}{c^2} = \frac{m_0^2 c^2}{p^2 + m_0^2 c^2},\ (1.B.34)$$

所以，

$$v^2 = c^2 \left(1 - \frac{m_0{}^2 c^2}{p^2 + m_0{}^2 c^2} \right) \quad \text{或} \quad v^i = \frac{\sqrt{1 - v^2/c^2}}{m_0} p_i = \frac{c}{\sqrt{p^2 + m_0{}^2 c^2}} p_i. \tag{1.B.35}$$

进一步，粒子的哈密顿量为

$$H = \boldsymbol{p} \cdot \boldsymbol{v} - \mathscr{L} = \frac{c p^2}{\sqrt{p^2 + m_0{}^2 c^2}} + \frac{m_0{}^2 c^3}{\sqrt{p^2 + m_0{}^2 c^2}} = c\sqrt{p^2 + m_0{}^2 c^2}, \tag{1.B.36}$$

它给出粒子的能量

$$E = H = c\sqrt{p^2 + m_0{}^2 c^2}, \tag{1.B.37}$$

两边平方，即得爱因斯坦关系

$$E^2 = p^2 c^2 + m_0{}^2 c^4. \tag{1.B.38}$$

利用 (1.B.33) 式或 (1.B.35) 式, 得

$$E = \frac{m_0 c^2}{\sqrt{1 - v^2/c^2}}, \tag{1.B.39}$$

这再次给出了运动质量与静质量的关系。

1.B.3　方法三——平面波法

大家熟知粒子有波粒二象性。作为波动，我们考察最简单的单色平面波解，它可写成

$$A \mathrm{e}^{\mathrm{i}(\omega t + k_x x + k_y y + k_z z)} \quad \text{或} \quad A \cos\left(\omega t + k_x x + k_y y + k_z z \right) \quad \text{或}$$

$$A \sin\left(\omega t + k_x x + k_y y + k_z z \right),$$

其中 A 是常数，表示振幅；$\omega t + k_x x + k_y y + k_z z$ 作为宗量，给出波动的相位。波动的相位与坐标的选择是无关的。由量子论知

$$E = \hbar \omega, \quad \boldsymbol{p} = \hbar \boldsymbol{k}, \tag{1.B.40}$$

所以，$Et + p_x x + p_y y + p_z z$ 在坐标变换下是不变量。

现在，回到粒子观点中。设在与粒子相对静止的惯性系 (固有系) 中，粒子的能量为 E_0，位于 $x = y = z = 0$ 处，于是，其 "相位" 为

$$\frac{1}{\hbar} E_0 \tau, \tag{1.B.41}$$

其中 τ 是粒子的固有时。设 K' 系是相对粒子沿 x 方向以速度 v 运动的惯性系，在 K' 系中，粒子的能量为 E，动量为 p_x，"相位" 为

$$\frac{1}{\hbar}\left(Et' + p_x x'\right). \tag{1.B.42}$$

注意到在相对粒子静止参考系中 $t = \tau$，粒子位于 $x = 0$，由洛伦兹变换 (1.2.1) 式，可知

$$\frac{1}{\hbar}\left(Et' + p_x x'\right) = \frac{1}{\hbar}\left[E\gamma\tau + mv\left(-\gamma v\tau\right)\right] = \frac{1}{\hbar}\left(E - mc^2\frac{v^2}{c^2}\right)\gamma\tau$$

$$= \frac{1}{\hbar}E\left(1 - \frac{v^2}{c^2}\right)\gamma\tau = \frac{1}{\hbar}E\gamma^{-1}\tau. \tag{1.B.43}$$

比较 (1.B.43) 和 (1.B.41) 式，知

$$E = \gamma E_0, \tag{1.B.44}$$

或

$$m = \gamma m_0. \tag{1.B.45}$$

附录 1.C   质点运动的轨迹一定是类时曲线

问题：质点运动是否有可能如图 1.C.1 所示由一条类时曲线演变成一条类空曲线？

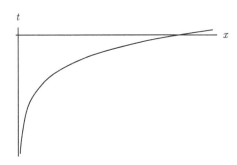

图 1.C.1   时空中的一条曲线。初态是类时的，末态是类空的

首先要说明，对于这一问题，我们不能用 4 速度 (1.2.31) 式，因为它总满足 (1.2.32) 式，于是立即得到否定的结论。然而，倘若类时曲线能够光滑地演化成类空曲线，它必在某一时刻不能满足 (1.2.32) 式，或说，必存在某一时刻，4 速度的模方等于零。所以，上述问题可换成如下的提法。

问题：是否存在一种时间参数，以它来量度，质点运动有可能由一条类时线光滑地演变成一条类空曲线？

为回答这个问题，设质点在时空中的运动轨迹为 $x^\mu(\lambda)$，其中 λ 为某个时间参数。质点的 4 速度为

$$u^\mu = \frac{\mathrm{d}x^\mu}{\mathrm{d}\lambda}. \tag{1.C.1}$$

这个 4 速度不满足 (1.2.32) 式。假定质点的轨迹在其初始阶段是类时的，则在初始阶段可定义归一化的 4 速度

$$U^\mu = \frac{u^\mu}{|u|}, \tag{1.C.2}$$

其中

$$|u| = \sqrt{-\eta_{\mu\nu}u^\mu u^\nu}. \tag{1.C.3}$$

(1.C.2) 式满足 (1.2.32) 式。

不失一般地，我们只考虑单位质量的质点的运动。由 (1.2.47) 式知，在初始阶段，质点的 4 加速度为

$$a^\mu = \frac{\mathrm{d}U^\mu}{\mathrm{d}\tau} = f^\mu, \tag{1.C.4}$$

将 (1.C.2) 式代入，得

$$a^\mu = \frac{\mathrm{d}\lambda}{\mathrm{d}\tau}\frac{\mathrm{d}}{\mathrm{d}\lambda}\frac{u^\mu}{|u|} = \frac{1}{|u|}\frac{\mathrm{d}}{\mathrm{d}\lambda}\frac{u^\mu}{|u|} = \frac{1}{|u|^2}\frac{\mathrm{d}u^\mu}{\mathrm{d}\lambda} + \eta_{\nu\lambda}\frac{u^\mu u^\nu}{|u|^4}\frac{\mathrm{d}u^\lambda}{\mathrm{d}\lambda} = f^\mu, \tag{1.C.5}$$

其中已用到 $\frac{\mathrm{d}\tau}{\mathrm{d}\lambda} = |u|$（由 (1.C.1)∼(1.C.3) 式即可得此关系）。由 (1.C.5) 式可得

$$\frac{2u_\mu}{|u|^2}\frac{\mathrm{d}u^\mu}{\mathrm{d}\lambda} = 2f^\mu u_\mu - 2\eta_{\nu\lambda}\frac{u_\mu u^\mu u^\nu}{|u|^4}\frac{\mathrm{d}u^\lambda}{\mathrm{d}\lambda} = 2f^\mu u_\mu + \frac{2\eta_{\nu\lambda}u^\nu}{|u|^2}\frac{\mathrm{d}u^\lambda}{\mathrm{d}\lambda} \Rightarrow f^\mu u_\mu = 0, \tag{1.C.6}$$

也就是说，u^μ 与 U^μ 一样，总与 4 维力 f^μ 垂直 (见 (1.2.51) 式)。由于依假定，在初始阶段，u^μ 是类时的，(1.C.6) 式说明，f^μ 是类空的，即有 $\eta_{\mu\nu}f^\mu f^\nu \geqslant 0$，等号只在 $f^\mu = 0$ 时成立。另一方面，物理要求，4 维力是有限的，故有

$$\eta_{\mu\nu}f^\mu f^\nu < +\infty, \tag{1.C.7}$$

故由 (1.C.5) 和 (1.C.7) 式知

$$+\infty > \eta_{\mu\nu}f^\mu f^\nu = \eta_{\mu\nu}\frac{1}{|u|^4}\left(\frac{\mathrm{d}u^\mu}{\mathrm{d}\lambda} + \eta_{\kappa\lambda}\frac{u^\mu u^\kappa}{|u|^2}\frac{\mathrm{d}u^\lambda}{\mathrm{d}\lambda}\right)\left(\frac{\mathrm{d}u^\nu}{\mathrm{d}\lambda} + \eta_{\sigma\tau}\frac{u^\nu u^\sigma}{|u|^2}\frac{\mathrm{d}u^\tau}{\mathrm{d}\lambda}\right) > 0,$$

即

$$+\infty > \frac{1}{|u|^4} \eta_{\mu\nu} \frac{\mathrm{d}u^\mu}{\mathrm{d}\lambda} \frac{\mathrm{d}u^\nu}{\mathrm{d}\lambda} + \frac{2}{|u|^6} \left(\eta_{\mu\nu} u^\nu \frac{\mathrm{d}u^\mu}{\mathrm{d}\lambda} \right)^2 + \eta_{\mu\nu} u^\mu u^\nu \frac{1}{|u|^8} \left(\eta_{\kappa\lambda} u^\kappa \frac{\mathrm{d}u^\lambda}{\mathrm{d}\lambda} \right)^2$$

$$= \frac{1}{|u|^4} \eta_{\mu\nu} \frac{\mathrm{d}u^\mu}{\mathrm{d}\lambda} \frac{\mathrm{d}u^\nu}{\mathrm{d}\lambda} + \frac{1}{|u|^6} \left(\eta_{\mu\nu} u^\nu \frac{\mathrm{d}u^\mu}{\mathrm{d}\lambda} \right)^2 > 0,$$

或

$$+\infty > \frac{1}{|u|^4} \left[\eta_{\mu\nu} \frac{\mathrm{d}u^\mu}{\mathrm{d}\lambda} \frac{\mathrm{d}u^\nu}{\mathrm{d}\lambda} + \left(\frac{\mathrm{d}\,|u|}{\mathrm{d}\lambda} \right)^2 \right] > 0. \tag{1.C.8}$$

这就意味着，当 $|u| \to 0$ 时，

$$\eta_{\mu\nu} \frac{\mathrm{d}u^\mu}{\mathrm{d}\lambda} \frac{\mathrm{d}u^\nu}{\mathrm{d}\lambda} + \left(\frac{\mathrm{d}\,|u|}{\mathrm{d}\lambda} \right)^2 \propto |u|^4 \to 0^+, \tag{1.C.9}$$

或以更快的速度趋于零。这本身也说明，$|u|$ 只能趋于零，无法达到零。所以，质点的轨迹不可能从类时曲线光滑演化成类空曲线。

附录 1.D   希腊字母表

由于广义相对论中角标很多，常有字母不够用的感觉，故现将希腊字母表列出，供选择使用。

字母	英译	键盘	国际音标
α	alpha	A	'ælfə
β	beta	B	'bi:tə, 'beitə
χ	chi	C	Kai
Δ, δ	delta	D,d	'deltə
ε	(var)epsilon	E	ep'sailən, ep'silən
Φ, ϕ	phi	F,f	Fai
Γ, γ	gamma	G,g	'gæmə
η	eta	H	'i:tə
φ	(var)phi	J	Fai
κ	kappa	K	'kæpə
Λ, λ	lambda	L,l	'læmdə
μ	mu	M	mju:
ν	nu	n	nju:

字母	英译	键盘	国际音标
o	omicron	O	ou'maikrən, 'amikrɑn
Π, π	pi	P,p	Pai
Θ, θ	theta	Q,q	'qi:ta
ρ	rho	R	Rou
Σ, σ	sigma	S,s	'sigmə
τ	tau	T	tɔ:
Υ, υ	upsilon	U,u	ju:p'sailən, 'ipsilon, Λpsilon
ϖ	(var)omega	V	'oumigə
Ω, ω	omega	W,w	'əumigə, ou'megə
Ξ, ξ	xi	X,x	ksi, zai, sai
Ψ, ψ	psi	Y,y	Psai
ζ	zeta	Z	'zi:tə

习　　题

1. 设 $R^i{}_j$ 和 $S^i{}_j$ 是 3 维欧氏空间的两个转动变换矩阵，即它们分别满足

$$R^k{}_i \delta_{kl} R^l{}_j = \delta_{ij}, \qquad \det(R) = 1,$$
$$S^k{}_i \delta_{kl} S^l{}_j = \delta_{ij}, \qquad \det(S) = 1.$$

证明它们的组合 $T^i{}_j = R^i{}_k S^k{}_j$ 也是一个转动变换矩阵，即满足

$$T^k{}_i \delta_{kl} T^l{}_j = \delta_{ij}, \qquad \det(T) = 1.$$

2. 已知：在 2 维闵氏时空中，当采用闵氏坐标时，两相邻点间的时空间隔是

$$ds^2 = -c^2 dt^2 + dx^2.$$

这个式子可用如下矩阵写出

$$ds^2 = (icdt \quad dx) \begin{pmatrix} 1 & 0 \\ 0 & 1 \end{pmatrix} \begin{pmatrix} icdt \\ dx \end{pmatrix} = (cdt \quad dx) \begin{pmatrix} -1 & 0 \\ 0 & 1 \end{pmatrix} \begin{pmatrix} cdt \\ dx \end{pmatrix}.$$

请给出在同样的时空中用如下坐标

$$u = ct - x \quad \text{及} \quad v = ct + x$$

时，两相邻点间的间隔表达式。

3. 已知：

$$T^{\mu\nu} = \begin{pmatrix} 2 & 0 & 1 & -1 \\ -1 & 0 & 3 & 2 \\ -1 & 1 & 0 & 0 \\ -2 & 1 & 1 & -2 \end{pmatrix}, \qquad U^\mu = (-1, 2, 0, -2).$$

指标升降用 $\eta_{\mu\nu} = \mathrm{diag}(-1,1,1,1)$ 及其逆。试求：

(a) $T^\mu{}_\nu$；　(b) $T_\mu{}^\nu$；　(c) $T^\mu{}_\mu$；　(d) $U^\mu U_\mu$；　(e) $U_\mu T^{\mu\nu}$.

4. 设 $\Lambda^\mu{}_\nu$ 是一个洛伦兹变换矩阵，满足

$$\Lambda^\mu{}_\rho \eta_{\mu\nu} \Lambda^\nu{}_\sigma = \eta_{\rho\sigma};$$

U^μ 是一个 4 矢量，$T^{\mu\nu}$ 是一个 4 维张量，在洛伦兹变换下，它们分别按

$$U'^\mu = \Lambda^\mu{}_\nu U^\nu,$$

$$T'^{\mu\nu} = \Lambda^\mu{}_\kappa \Lambda^\nu{}_\lambda T^{\kappa\lambda}$$

方式变换；$U_\mu = \eta_{\mu\nu} U^\nu$。试证：

(a) $U^\mu U_\mu$ 在洛伦兹变换下保持不变, 即

$$U'^\mu U'_\mu = U^\mu U_\mu.$$

(b) $U_\nu T^{\mu\nu}$ 在洛伦兹变换下按矢量变换, 即

$$T'^{\mu\kappa} U'_\kappa = \Lambda^\mu{}_\nu T^{\nu\lambda} U_\lambda.$$

5. 复习狭义相对论的 4 维形式.

6. A_μ 为电磁 4 矢势, $\eta^{\mu\nu} \partial_\mu A_\nu = 0$ 称为洛伦兹规范. 试证, 在洛伦兹规范下, 麦克斯韦方程组可写成

$$\Box A_\mu = -\mu_0 J_\mu,$$

其中

$$\Box := \eta^{\mu\nu} \partial_\mu \partial_\nu = -\frac{\partial^2}{c^2 \partial t^2} + \nabla \cdot \nabla = -\frac{\partial^2}{c^2 \partial t^2} + \frac{\partial^2}{\partial x^2} + \frac{\partial^2}{\partial y^2} + \frac{\partial^2}{\partial z^2}$$

是达朗贝尔 (d'Alembert) 算子.

7. 拓展性的思考题. 可能一时无法正确回答, 但希望多少有一点想法.

已知: 在平面上, 当采用笛卡儿坐标时, 两相邻点间的距离是 $\mathrm{d}s^2 = \mathrm{d}x^2 + \mathrm{d}y^2$. 这个式子可用如下矩阵写出

$$\mathrm{d}s^2 = (\mathrm{d}x \quad \mathrm{d}y) \begin{pmatrix} 1 & 0 \\ 0 & 1 \end{pmatrix} \begin{pmatrix} \mathrm{d}x \\ \mathrm{d}y \end{pmatrix}.$$

问: 在地球表面 (将地球视为一个完美的球), 如果采用经纬度为坐标, 则两相邻点间的距离如何表示?

第 2 章　微分几何基础与张量分析

2.0　(2 维) 非欧几何

我们先来回顾一下欧几里得几何。欧几里得几何是建立在 5 条公设基础之上的。这 5 条公设是：

(1) 任意两个点可以通过一条直线连接。

(2) 任意有限线段能无限延长成一条直线。

(3) 给定任意线段，可以以其一端点为圆心，以该线段为半径作一个圆。(即一个圆可由其圆心和一个作为半径的距离来描写。)

(4) 所有直角都相等。

(5) 若两条直线都与第三条直线相交，并且在同一边的内角之和小于两个直角之和，则这两条直线在这一边必定相交，即平行线公设 (如图 2.0.1 所示)。

第五公设另一等价说法是，通过一个不在直线上的点，有且仅有一条不与该直线相交的直线 (如图 2.0.2 所示)。

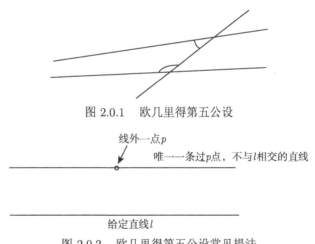

图 2.0.1　欧几里得第五公设

线外一点 p

唯一一条过 p 点，不与 l 相交的直线

给定直线 l

图 2.0.2　欧几里得第五公设常见提法

然而，在球面上，若两条 "直线"(图 2.0.3 中两条经线) 都与第三条 "直线"(图 2.0.3 中赤道) 相交，并且在同一边的内角之和等于两个直角之和，这两条 "直线" 也相交。(注意：球面上两点间最直的线是连接两点的大圆，其长度就是两点间的距离。关于这一点，将在 2.7 节中有更细的介绍。)

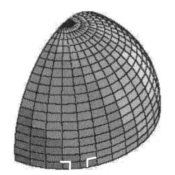

图 2.0.3　球面几何上的第五公设

在双曲几何 (又称为 Lobachevsky-Bólyai-Gauss 几何，图 2.0.4) 中，若两条 "直线" 都与第三条 "直线" 相交，并且在同一边的内角之和小于两个直角之和，这两条 "直线" 在这一边也未必相交 (如图 2.0.4 所示)。或者说，通过一个不在 "直线" 上的点，可有多条不与该 "直线" 相交的 "直线"(见图 2.0.5)。

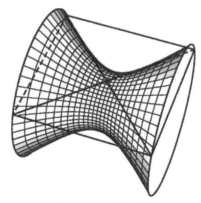

图 2.0.4　双曲几何

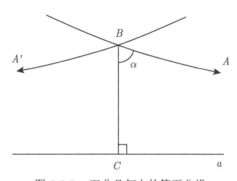

图 2.0.5　双曲几何上的第五公设

平面几何、球面几何和双曲几何都是 2 维几何；它们各自在每一点的曲率都是相同的 (平面的曲率等于 0, 球面的曲率大于 0, 双曲面的曲率小于 0)；它们各自构成一个空间，它们的度规都是正定的。

广义相对论讨论什么样的几何呢？广义相对论讨论的是曲率与点有关的 4 维时空。广义相对论所讨论的几何的复杂程度在 3 个方向上远远超过上述 3 种几何。首先，上述 3 种几何只是 2 维的，而广义相对论讨论的是 4 维的。维数的提高使得问题更复杂了。其次，上述 3 种几何都是常曲率几何，在每一种几何的不同点处的曲率都是相同的，而广义相对论所讨论的几何的曲率是时空点的函数，即每一点可有不同的曲率。最后，上述 3 种几何的度规都是正定的，广义相对论中的时空几何度规不是正定的，这就带来许多新的问题。

为讨论这样的几何，我们需要有新的数学工具。本章就来介绍这个数学工具。

2.1 微分流形和张量场

2.1.1 微分流形

为了解一个一般的弯曲时空是如何定义的，需要了解时空的数学基础是什么。

首先，一个时空是由一堆点构成的。用数学语言来说，一个时空就是一个点集。但很显然不是每个点集都代表一个时空的，所以需对点集附加更多的性质。比如，这个点集要满足一定的拓扑性质。为了便于求微分，这个点集还要有一定的可微性质。再有，这个点集的每个局部看起来像一个 4 维欧氏空间 $\mathbb{R}^4$。最后这一点，很容易推广到 n 维流形，即点集的每个局部看起来像一个 n 维欧氏空间 $\mathbb{R}^n$。用图像来表示就如图 2.1.1 所示。

我们引用 Wald 书[①]中 C^r 流形的定义。

C^r 的 n 维流形 $\mathcal{M}$ 与由集合 $\mathcal{M}$ 与 C^r 的图册 $\{V_\alpha, \phi_\alpha\}$ 一起构成，图册由图 $\{V_\alpha, \phi_\alpha\}$ 集合而成，其中 V_α 是 $\mathcal{M}$ 中的开子集，ϕ_α 是从 V_α 到 $\mathbb{R}^n$ 中开集的一一映射，它们满足

(1) V_α 覆盖 $\mathcal{M}$，即 $\mathcal{M} = \bigcup\limits_\alpha V_\alpha$；

(2) 如果 $V_\alpha \cap V_\beta$ 不是空集，则映射

$$\phi_\alpha \circ \phi_\beta^{-1} : \phi_\beta(V_\alpha \cap V_\beta) \to \phi_\alpha(V_\alpha \cap V_\beta) \tag{2.1.1}$$

是从 $\mathbb{R}^n$ 中开子集到 $\mathbb{R}^n$ 中开子集的 C^r 映射。

C^r **n-dimensional manifold** $\mathcal{M}$ is a set $\mathcal{M}$ together with a C^r **atlas** $\{V_\alpha, \phi_\alpha\}$, that is to say a collection of charts (V_α, ϕ_α) where the

① Wald R M . General Relativity. Chicago: The University of Chicago Press, 1984.

V_α are subsets of $\mathcal{M}$ and the ϕ_α are one-one maps of the corresponding V_α to open sets in $\mathbb{R}^n$ such that

(1) the $\{V_\alpha\}$ cover $\mathcal{M}$, i.e. $\mathcal{M} = \bigcup\limits_{\alpha} V_\alpha$;

(2) if $V_\alpha \bigcap V_\beta$ is non-empty, then the map

$$\phi_\alpha \circ \phi_\beta^{-1} : \phi_\beta \left(V_\alpha \bigcap V_\beta \right) \to \phi_\alpha \left(V_\alpha \bigcap V_\beta \right)$$

is a C^r map of an open subset of $\mathbb{R}^n$ to an open subset of $\mathbb{R}^n$.

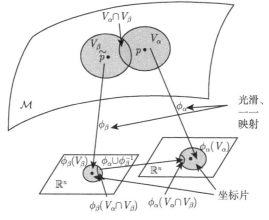

图 2.1.1　微分流形

我们将重点讨论 C^∞ 的流形。

上述定义给出了描述一个流形的方法: 采用坐标图册 (atlas) 方法, 就如同我们看世界地图册一样。在 p 点的邻域内, 取坐标片 x, 每点的坐标为

$$x^\mu = \left(x^0, x^1, \cdots, x^{n-1} \right), \tag{2.1.2}$$

在 $\tilde{p}$ 点的邻域内, 取坐标片 $\tilde{x}$, 每点的坐标为

$$\tilde{x}^\mu = \left(\tilde{x}^0, \tilde{x}^1, \cdots, \tilde{x}^{n-1} \right). \tag{2.1.3}$$

用坐标图册覆盖整个流形。在任意两个坐标片相交处的点既可用 x 来描写, 也可用 $\tilde{x}$ 来描写。它们之间需满足

$$\mathrm{d}\tilde{x}^\mu = \frac{\partial \tilde{x}^\mu}{\partial x^\nu} \mathrm{d}x^\nu, \qquad \tilde{\partial}_\mu := \frac{\partial}{\partial \tilde{x}^\mu} = \frac{\partial x^\nu}{\partial \tilde{x}^\mu} \frac{\partial}{\partial x^\nu} = \frac{\partial x^\nu}{\partial \tilde{x}^\mu} \partial_\nu. \tag{2.1.4}$$

(2.1.4) 式就给流形赋予了一个微分结构。有了微分结构的流形就称为微分流形 (differential manifold)。变换矩阵 $\dfrac{\partial \tilde{x}^\mu}{\partial x^\nu}$ 和 $\dfrac{\partial x^\nu}{\partial \tilde{x}^\mu}$ 互逆, 即

$$\frac{\partial \tilde{x}^\mu}{\partial x^\nu} \frac{\partial x^\nu}{\partial \tilde{x}^\lambda} = \frac{\partial x^\nu}{\partial \tilde{x}^\lambda} \frac{\partial \tilde{x}^\mu}{\partial x^\nu} = \delta_\lambda^\mu, \qquad \frac{\partial \tilde{x}^\mu}{\partial x^\lambda} \frac{\partial x^\nu}{\partial \tilde{x}^\mu} = \frac{\partial x^\nu}{\partial \tilde{x}^\mu} \frac{\partial \tilde{x}^\mu}{\partial x^\lambda} = \delta_\lambda^\nu. \tag{2.1.5}$$

须注意，

$$\frac{\partial \tilde{x}^\mu}{\partial x^\nu} \frac{\partial x^\nu}{\partial \tilde{x}^\mu} = \frac{\partial x^\nu}{\partial \tilde{x}^\mu} \frac{\partial \tilde{x}^\mu}{\partial x^\nu} = \delta^\mu_\mu = n, \tag{2.1.6}$$

其中 n 是流形的维数。

例如：$\mathbb{R}^n$ 本身就是一个微分流形，而且是一个平凡的微分流形。所有整体同构于 $\mathbb{R}^n$ 的 n 维流形都是平凡微分流形。圆 S、球面 S^2、双曲面 $H^2 \cdots$ 都是非平凡的微分流形的例子。另一方面，圆锥则不是微分流形，因为圆锥顶点处不可微。但当圆锥去掉顶点后，就是微分流形了。

2.1.2 流形上的张量场

本小节介绍流形上张量场 (tensor field) 的定义。这里仅限讨论实场。

零阶张量场，即**标量场**。它只有 1 个分量，在坐标变换下满足

$$\tilde{T}(\tilde{x}) = T(x). \tag{2.1.7}$$

一阶逆变张量场，又称为**逆变矢量场**。它有 n 个分量，在坐标变换下需满足

$$\tilde{T}^\mu(\tilde{x}) = \frac{\partial \tilde{x}^\mu}{\partial x^\nu} T^\nu(x), \tag{2.1.8}$$

即与坐标微分的变换一致 (见 (2.1.4) 式)。**一阶协变张量场**，又称为**协变矢量场**。它也有 n 个分量，在坐标变换下需满足

$$\tilde{T}_\mu(\tilde{x}) = \frac{\partial x^\nu}{\partial \tilde{x}^\mu} T_\nu(x), \tag{2.1.9}$$

即与坐标求导的变换一致 (见 (2.1.4) 式)。协变矢量场，还称为对偶矢量场。可见，角标在上与角标在下有完全不同的性质。在广义相对论的学习中，一定要区分上、下指标，切不能混淆。**二阶逆变张量场**有 n^2 个分量，在坐标变换下需满足

$$\tilde{T}^{\mu\nu}(\tilde{x}) = \frac{\partial \tilde{x}^\mu}{\partial x^\rho} \frac{\partial \tilde{x}^\nu}{\partial x^\sigma} T^{\rho\sigma}(x). \tag{2.1.10}$$

二阶协变张量场也有 n^2 个分量，在坐标变换下需满足

$$\tilde{T}_{\mu\nu}(\tilde{x}) = \frac{\partial x^\rho}{\partial \tilde{x}^\mu} \frac{\partial x^\sigma}{\partial \tilde{x}^\nu} T_{\rho\sigma}(x). \tag{2.1.11}$$

二阶混合张量场同样有 n^2 个分量，在坐标变换下需满足

$$\tilde{T}^\mu{}_\nu(\tilde{x}) = \frac{\partial \tilde{x}^\mu}{\partial x^\rho} \frac{\partial x^\sigma}{\partial \tilde{x}^\nu} T^\rho{}_\sigma(x). \tag{2.1.12}$$

在广义相对论中还常用到更高阶的张量场。比如，黎曼曲率张量 $R^\mu{}_{\nu\rho\sigma}$，它在坐标变换下按

$$\tilde{R}^\mu{}_{\nu\rho\sigma}(\tilde{x}) = \frac{\partial \tilde{x}^\mu}{\partial x^\kappa} \frac{\partial x^\lambda}{\partial \tilde{x}^\nu} \frac{\partial x^\varsigma}{\partial \tilde{x}^\rho} \frac{\partial x^\tau}{\partial \tilde{x}^\sigma} R^\kappa{}_{\lambda\varsigma\tau}(x) \tag{2.1.13}$$

变换。一般地，具有 k 个逆变指标 (上指标) 和 l 个协变指标 (下指标) 的张量场称为 (k,l) 型 (或 (k,l) 阶) 张量场。(k,l) 型张量场在坐标变换下按

$$\tilde{T}^{\mu_1 \cdots \mu_k}{}_{\nu_1 \cdots \nu_l}(\tilde{x}) = \frac{\partial \tilde{x}^{\mu_1}}{\partial x^{\rho_1}} \cdots \frac{\partial \tilde{x}^{\mu_k}}{\partial x^{\rho_k}} \frac{\partial x^{\sigma_1}}{\partial \tilde{x}^{\nu_1}} \cdots \frac{\partial x^{\sigma_l}}{\partial \tilde{x}^{\nu_l}} T^{\rho_1 \cdots \rho_k}{}_{\sigma_1 \cdots \sigma_l}(x) \tag{2.1.14}$$

变换。在 (2.1.14) 式中，为方便起见，已将上、下标集中写在一起了。事实上，上、下标可以交替出现。

张量场在某一点的值称为**张量**。有两个特别重要的张量。第一个是任意阶**零张量**，零张量是所有分量都为零的张量。张量的一个重要性质是，一个张量若在一个坐标系中为零，则它在任何坐标系中都为零。也就是说，零张量与坐标系的选取无关。

第二个是 **$(1,1)$ 型常张量** (又称为 Kronecker 记号)，它是

$$\delta^\mu_\nu = \begin{cases} 1, & \mu = \nu, \\ 0, & \mu \neq \nu. \end{cases} \tag{2.1.15}$$

容易证明，δ^μ_ν 也不依赖于坐标系的选取。

2.1.3 张量场的运算

两**同阶**张量场可以加减。例如：

$$\underset{\text{同一点}}{\overset{\text{对应分量}}{C^\mu{}_\nu(x) = A^\mu{}_\nu(x) \pm B^\mu{}_\nu(x).}} \tag{2.1.16}$$

张量场的加减法不改变张量的性质。

一个 (k_1, l_1) 型张量场与一个 (k_2, l_2) 型张量场可以**直乘**给出一个 $(k_1 + k_2, l_1 + l_2)$ 型张量场。例如，$A^\mu{}_\nu(x)$ 与 $B_\rho(x)$ 的直乘为

$$\underset{\text{同一点}}{C^\mu{}_{\nu\rho}(x) = A^\mu{}_\nu(x) B_\rho(x).} \tag{2.1.17}$$

作为特例，任意阶张量场与标量场的直乘给出一个同阶的张量场。

混合张量场还可以做 **缩并** 运算。其定义是，(k, l) 型张量场某一对上、下指标取相同值并求和给出 $(k-1, l-1)$ 型张量场。

例 1 设 $A^{\mu}{}_{\nu\rho}(x)$ 是一个 $(1, 2)$ 型张量场，可能有如下两个缩并运算：

$$C_{\rho}(x) = \sum_{\mu=0}^{n-1} A^{\mu}{}_{\mu\rho}(x) =: A^{\mu}{}_{\mu\rho}(x), \tag{2.1.18}$$

$$D_{\rho}(x) = \sum_{\mu=0}^{n-1} A^{\mu}{}_{\rho\mu}(x) =: A^{\mu}{}_{\rho\mu}(x). \tag{2.1.19}$$

一般来说，$C_{\rho}(x)$ 和 $D_{\rho}(x)$ 是不同的张量场。由于张量运算存在大量的分量求和，为使公式简洁，我们采用爱因斯坦求和约定，即对一上一下的重复指标求和，见 (2.1.18) 和 (2.1.19) 式的后一个等号。

例 2 设 $A^{\mu}(x)$ 是一个逆变矢量场，$B_{\mu}(x)$ 是一个协变矢量场。它们的缩并

$$C(x) = A^{\mu}(x) B_{\mu}(x) = B_{\mu}(x) A^{\mu}(x) \tag{2.1.20}$$

给出一个标量场。

例 3 设 $T^{\mu}{}_{\nu}(x)$ 是一个 $(1,1)$ 型张量场，它的缩并是

$$T(x) = T^{\mu}{}_{\mu}(x). \tag{2.1.21}$$

称为求迹 (trace)。注意，求迹是混合张量场的运算。二阶协变张量场和二阶逆变张量场都不能直接求迹！

通常的矩阵可以看作是一个 $(1,1)$ 型张量，张量的缩并就是矩阵求迹; 矩阵与矩阵的直乘即相应于张量的直乘; 矩阵与矩阵的乘积即相应于张量直乘后再缩并。

两个逆变矢量场可还定义 **对易子** (commutator)。设 $A^{\mu}(x)$ 和 $B^{\mu}(x)$ 是两光滑逆变矢量场, 它们的对易子定义如下：

$$[A^{\mu}, B^{\nu}] := A^{\mu} \partial_{\mu} B^{\lambda} - B^{\mu} \partial_{\mu} A^{\lambda}. \tag{2.1.22}$$

注意，括号内的矢量指标并不出现在右边表达式的自由指标中, 因而, 它也可记成

$$[A, B], \quad [A, B]^{\lambda}, \quad [A^{\mu}, B^{\nu}]^{\lambda}. \tag{2.1.23}$$

(2.1.23) 式中的第一式用得更多。两逆变矢量场的对易子仍是一个逆变矢量场，这是因为

$$\left[\tilde{A}^{\mu}, \tilde{B}^{\nu}\right] := \tilde{A}^{\mu} \tilde{\partial}_{\mu} \tilde{B}^{\lambda} - \tilde{B}^{\mu} \tilde{\partial}_{\mu} \tilde{A}^{\lambda}$$

$$= \frac{\partial \tilde{x}^{\mu}}{\partial x^{\rho}} A^{\rho} \frac{\partial x^{\sigma}}{\partial \tilde{x}^{\mu}} \partial_{\sigma} \left(\frac{\partial \tilde{x}^{\lambda}}{\partial x^{\kappa}} B^{\kappa}\right) - \frac{\partial \tilde{x}^{\mu}}{\partial x^{\rho}} B^{\rho} \frac{\partial x^{\sigma}}{\partial \tilde{x}^{\mu}} \partial_{\sigma} \left(\frac{\partial \tilde{x}^{\lambda}}{\partial x^{\kappa}} A^{\kappa}\right)$$

$$= A^\rho \partial_\rho \left(\frac{\partial \tilde{x}^\lambda}{\partial x^\kappa} B^\kappa \right) - B^\rho \partial_\rho \left(\frac{\partial \tilde{x}^\lambda}{\partial x^\kappa} A^\kappa \right)$$

$$= \frac{\partial \tilde{x}^\lambda}{\partial x^\kappa} \left(A^\rho \partial_\rho B^\kappa - B^\rho \partial_\rho A^\kappa \right)$$

$$= \frac{\partial \tilde{x}^\lambda}{\partial x^\kappa} \left[A^\rho, B^\sigma \right].$$

不难证明, 矢量场的对易子满足雅可比 (Jacobi) 恒等式, 即

$$[[A, B], C] + [[C, A], B] + [[B, C], A] = 0, \tag{2.1.24}$$

其中 A, B, C 是流形上的 3 个光滑逆变矢量场.

张量场关于其指标可以具有一定的对称性质. 例如, 对于任意二阶逆变 ((2,0) 型) 张量场 $T^{\mu\nu}$, 我们有

$$T^{\mu\nu} = \frac{1}{2} \left(T^{\mu\nu} + T^{\nu\mu} \right) + \frac{1}{2} \left(T^{\mu\nu} - T^{\nu\mu} \right) =: S^{\mu\nu} + A^{\mu\nu}. \tag{2.1.25}$$

易见, $S^{\mu\nu}$ 和 $A^{\mu\nu}$ 分别是对称张量场和反对称张量场,

$$S^{\mu\nu} = S^{\nu\mu} = \frac{1}{2} \left(T^{\mu\nu} + T^{\nu\mu} \right) =: T^{(\mu\nu)}, \tag{2.1.26}$$

$$A^{\mu\nu} = -A^{\nu\mu} = \frac{1}{2} \left(T^{\mu\nu} - T^{\nu\mu} \right) =: T^{[\mu\nu]}. \tag{2.1.27}$$

(2.1.26) 和 (2.1.27) 式中的第二个等式分别给出 2 阶逆变张量场的对称化与反对称化的定义. 对于协变 ((0,2) 型) 张量也可做类似分解. 须注意, 二阶混合张量场不能直接做对称化和反对称化处理. $(l+m,0)$ 型张量场关于其 l 个指标的对称化和反对称化分别定义为

$$T^{(\mu_1 \cdots \mu_l)\nu_1 \cdots \nu_m} = \frac{1}{l!} \sum_{\mu \text{的所有置换}} T^{\mu_{p_1} \cdots \mu_{p_l} \nu_1 \cdots \nu_m}, \tag{2.1.28}$$

$$T^{[\mu_1 \cdots \mu_l]\nu_1 \cdots \nu_m} = \frac{1}{l!} \sum_{\mu \text{的所有置换}} (-)^r T^{\mu_{p_1} \cdots \mu_{p_l} \nu_1 \cdots \nu_m}, \tag{2.1.29}$$

其中 r 是置换的次数.

(2.1.26)∼(2.1.29) 式已显示圆括号表示对称化, 方括号表示反对称化. 但一个张量的若干指标中有两个不相邻的指标需要对称化或反对称化, 例如, 若对 (3,0) 型张量场 $A^{\mu\nu\lambda}$ 的第一、第三指标对称化或反对称化, 应如何记? 答案是可记作

$$A^{(\mu|\nu|\lambda)} = \frac{1}{2} \left(A^{\mu\nu\lambda} + A^{\lambda\nu\mu} \right), \tag{2.1.30}$$

$$A^{[\mu|\nu|\lambda]} = \frac{1}{2}\left(A^{\mu\nu\lambda} - A^{\lambda\nu\mu}\right),\tag{2.1.31}$$

其中 | | 表示两竖线之间的角标不参与对称化或反对称化。这种记法也适用于更复杂的情况。比如, $g_{\mu\nu}R_{\kappa\lambda}$ 可以看作 (0,2) 型张量场 $g_{\mu\nu}$ 与 (0,2) 型张量场 $R_{\kappa\lambda}$ 的直积, 它是一个 (0,4) 型张量场 (的分量形式)。这一直积结果对第一、第四指标反对称化记作

$$g_{[\mu|\nu}R_{\kappa|\lambda]}.\tag{2.1.32}$$

它还可以写成

$$g_{[\mu|\nu}R_{\kappa|\lambda]} = R_{\kappa[\lambda}g_{\mu]\nu}.\tag{2.1.33}$$

最后, 我们来罗列一下有关反对称张量的性质:

(1) 反对称指标取值相同时, 该分量为零。

例: 若 $A^{\mu\nu}$ 是反对称张量场, 则必有 $A^{00} = A^{11} = A^{22} = A^{33} = 0$。

(2) 反对称指标与对称指标的缩并为零。

例: 若 $A^{\mu\nu}$ 是反对称张量场, $S_{\mu\nu}$ 是对称张量场, 则 $A^{\mu\nu}S_{\mu\nu} = 0$。

(3) n 维流形上最高阶的反对称张量为 n 阶, 且该张量只有一个独立分量。

例: 3 维流形上, $T^{[ijk]}$ 只有一个独立分量, 就是 T^{123}。

(4) n 维流形上的 $n-1$ 阶反对称张量只有 n 个独立分量, m 阶反对称张量有 C_n^m 个独立分量。

例: 3 维流形上的 2 阶反对称张量 $T^{[ij]}$ 的独立分量为 T^{12}、T^{23}、T^{31}。

小结

微分流形的概念: 拓扑、局部 $\mathbb{R}^n$、图集、可微性, 微分结构。

张量场: 用坐标变换下的变换规律定义。

张量场的代数运算: 加减、直乘、缩并、对称化、反对称化。

带微分的运算: 矢量场的对易子。

特殊张量: 零张量、Kronecker 记号。

2.2 时空和张量密度

2.2.1 时空与度规

如何用一个微分流形来描述一个时空呢? 时空有什么特点?

我们知道, 对于一个 (度量) 空间, 我们可以谈论其中两点间的距离; 对于一个闵氏时空, 我们可以谈论其中两点间的间隔。可见, 要使一个微分流形能描述一个 (度量) 空间或一个时空, 需要定义流形上两点间的距离或者间隔。为解决此

问题，在微分流形 $\mathcal{M}$ 上取一个非退化的、对称的、2 阶协变的张量场，记作 $g_{\mu\nu}$，用它构造一个二次型：

$$\mathrm{d}s^2 = g_{\mu\nu}(x)\,\mathrm{d}x^\mu\mathrm{d}x^\nu, \tag{2.2.1}$$

并用它来度量流形上相邻两点间的间隔，$g_{\mu\nu}$ 称为度规张量，上述二次型也称为线元。$(\mathcal{M}，g_{\mu\nu})$ 或 $(\mathcal{M}，\boldsymbol{g})$ 称为一个黎曼度量空间或一个黎曼时空。这里的 $\boldsymbol{g}$ 权且作为 $g_{\mu\nu}$ 的一个简写记号，2.3.2 节中将对它做进一步介绍。

例 1　3 维欧氏空间 $(i, j = 1, 2, 3)$，在直角坐标系下，

$$\mathrm{d}s^2 = \mathrm{d}x^2 + \mathrm{d}y^2 + \mathrm{d}z^2, \tag{2.2.2}$$

$$(g_{ij}) = \begin{pmatrix} 1 & 0 & 0 \\ 0 & 1 & 0 \\ 0 & 0 & 1 \end{pmatrix} = \delta_{ij}; \tag{2.2.3}$$

在球坐标系下，

$$\mathrm{d}s^2 = \mathrm{d}r^2 + r^2\mathrm{d}\theta^2 + r^2\sin^2\theta\mathrm{d}\varphi^2, \tag{2.2.4}$$

$$(g_{ij}) = \begin{pmatrix} 1 & 0 & 0 \\ 0 & r^2 & 0 \\ 0 & 0 & r^2\sin^2\theta \end{pmatrix}. \tag{2.2.5}$$

例 2　4 维闵氏空间 $(\mu, \nu = 0, 1, 2, 3)$，在闵氏坐标下，

$$\mathrm{d}s^2 = -(\mathrm{d}(ct))^2 + \mathrm{d}x^2 + \mathrm{d}y^2 + \mathrm{d}z^2, \tag{2.2.6}$$

$$(g_{\mu\nu}) = \begin{pmatrix} -1 & 0 & 0 & 0 \\ 0 & 1 & 0 & 0 \\ 0 & 0 & 1 & 0 \\ 0 & 0 & 0 & 1 \end{pmatrix} =: (\eta_{\mu\nu}); \tag{2.2.7}$$

在 Rindler 坐标下，

$$\mathrm{d}s^2 = -x^2(\mathrm{d}(ct))^2 + \mathrm{d}x^2 + \mathrm{d}y^2 + \mathrm{d}z^2, \tag{2.2.8}$$

$$(g_{\mu\nu}) = \begin{pmatrix} -x^2 & 0 & 0 & 0 \\ 0 & 1 & 0 & 0 \\ 0 & 0 & 1 & 0 \\ 0 & 0 & 0 & 1 \end{pmatrix}; \tag{2.2.9}$$

在双类光坐标下,

$$ds^2 = -\mathrm{d}u\mathrm{d}v + \mathrm{d}y^2 + \mathrm{d}z^2, \tag{2.2.10}$$

其中 $u = ct - x, v = ct + x$,

$$(g_{\mu\nu}) = \begin{pmatrix} 0 & -1/2 & 0 & 0 \\ -1/2 & 0 & 0 & 0 \\ 0 & 0 & 1 & 0 \\ 0 & 0 & 0 & 1 \end{pmatrix}; \tag{2.2.11}$$

在延迟类光坐标下,

$$ds^2 = -\mathrm{d}u^2 - 2\mathrm{d}u\mathrm{d}x + \mathrm{d}y^2 + \mathrm{d}z^2, \tag{2.2.12}$$

其中 $u = ct - x$,

$$(g_{\mu\nu}) = \begin{pmatrix} -1 & -1 & 0 & 0 \\ -1 & 0 & 0 & 0 \\ 0 & 0 & 1 & 0 \\ 0 & 0 & 0 & 1 \end{pmatrix}. \tag{2.2.13}$$

一般来说, $g_{\mu\nu}$ 各分量都不为零。由于 $g_{\mu\nu}$ 是对称张量场,由线性代数的谱定理 (任何作为度量的实对称矩阵 A 都存在一个实正交矩阵 Q,使得 $D = Q^{\mathrm{T}}AQ$ 是一个对角矩阵) 知, $g_{\mu\nu}$ 总可以通过合同变换对角化。再由 $g_{\mu\nu}$ 的非退化性知,对角化后的 $g_{\mu\nu}$ 的对角元要么大于零,要么小于零,不会等于零。

当对角化后的所有对角元都为正时,称度规是正定度规的,这样的空间称为黎曼空间。对角化后的对角元有正有负时,就说度规是不定度规,这样的空间称为伪黎曼空间。当对角化后的对角元一负其余都是正时,空间称为黎曼时空 (spacetime)。对角化后,对角元的符号称为号差 (signature)。

记住,度规一定是一个 (0,2) 型非退化对称张量场。非退化 2 阶张量可用一个非退化的 2 阶矩阵表示,用矩阵求逆的方法就可求出度规张量的逆。度规张量的逆记作 $g^{\mu\nu}$,它满足

$$g^{\mu\rho}g_{\rho\nu} = g_{\nu\rho}g^{\rho\mu} = \delta^\mu_\nu. \tag{2.2.14}$$

度规张量的第一用途是定义流形上两相邻点的间隔。除此之外,度规另一重要用途是,利用 $g^{\mu\nu}$ 和 $g_{\mu\nu}$ 可以升降张量的指标。$g^{\mu\nu}$ 把一个协变指标变成一个逆变指标,如

$$A^\mu = g^{\mu\nu}A_\nu, \tag{2.2.15}$$

$g_{\mu\nu}$ 把一个逆变指标变成一个协变指标,如

$$U_\mu = g_{\mu\nu}U^\nu. \tag{2.2.16}$$

利用度规升降指标后，

$$g_{\mu\nu}U^\mu U^\nu = -1 \Leftrightarrow U^\mu U_\mu = U_\mu U^\mu = -1. \tag{2.2.17}$$

特别地，度规张量有两个协变指标，用两个 $g^{\mu\nu}$ 可把两个指标都变成逆变指标：

$$g^{\mu\nu} = g^{\mu\kappa}g^{\nu\lambda}g_{\kappa\lambda}. \tag{2.2.18}$$

利用 (2.2.14) 式很容易证明这一点。须特别指出，只有度规张量场才有性质 (2.2.18) 式，对于其他的张量场，$T^{\mu\nu}$ 并不代表 $T_{\mu\nu}$ 的逆！度规的第三个用途是，它定义了两个矢量场 A^μ, B^μ 的内积：

$$g_{\mu\nu}\left(x\right)A^\mu\left(x\right)B^\nu\left(x\right), \tag{2.2.19}$$

即

$$g_{\mu\nu} : A^\mu \times B^\nu \mapsto C \in \mathbb{R}. \tag{2.2.20}$$

2.2.2 张量密度

前面已介绍过标量场、矢量场、张量场，它们在广义相对论中都非常有用，但并非所有场量都能写成标量场、矢量场、张量场的形式。为说明这一点，我们来看度规张量 $g_{\mu\nu}$ 的行列式 $g = \det\left(g_{\mu\nu}\right)$ 在坐标变换下如何变化。在坐标变换 $x^\mu \to \tilde{x}^\rho$ 下，度规张量按 (2.1.11) 式变换，即

$$\tilde{g}_{\mu\nu} = \frac{\partial x^\rho}{\partial \tilde{x}^\mu}\frac{\partial x^\sigma}{\partial \tilde{x}^\nu}g_{\rho\sigma}, \tag{2.2.21}$$

两边取行列式，有

$$\tilde{g} := \det\left(\tilde{g}_{\mu\nu}\right) = \det\left(\frac{\partial x^\rho}{\partial \tilde{x}^\mu}\right)\det\left(\frac{\partial x^\sigma}{\partial \tilde{x}^\nu}\right)\det\left(g_{\rho\sigma}\right) =: J^{-2}g, \tag{2.2.22}$$

其中 J 为雅可比行列式 $\left|\dfrac{\partial \tilde{x}^\mu}{\partial x^\rho}\right|$。比较这个变换式与标量场的变换式，易见，它比标量场的变换式多了一个 J^{-2} 因子，故度规的行列式虽只有一个分量，但它还不是标量。对于这种只有一个分量，但在坐标变换下，又比标量变换多出若干雅可比行列式因子的量，统称为**标量密度**。类似地，若一个有 n 个分量的量在坐标变换下比矢量变换多出若干雅可比行列式因子，则这个量称为**矢量密度**。若一个 (具有更多分量的) 量在坐标变换下比张量变换多出若干雅可比行列式因子，则这个量称为**张量密度**。

变换关系中, 雅可比行列式因子 $\left| \dfrac{\partial \tilde{x}^\mu}{\partial x^\rho} \right|$ 的数目称为密度的权 (重)。例如, 度规张量的行列式 g 是权为 -2 的密度。一般来说, 任何权为 w 的张量密度都可表示成

$$(\pm g)^{-w/2} \times \text{张量} = (|g|)^{-w/2} \times \text{张量}. \tag{2.2.23}$$

对于黎曼空间, (2.2.23) 式中 g 前取正号; 对于时空, (2.2.23) 式中 g 前取负号; $|g|$ 是度规张量行列式的绝对值。

在介绍张量场时, 我们介绍了两个特别重要的张量。类似地, 也有一个很重要的全反对称张量密度, 称为 Levi-Civita 张量密度 (也称 Levi-Civita 符号)。以 4 维时空中的 Levi-Civita 符号为例。它的定义是在任一坐标系 (x^0, x^i) 中, 其分量都具有如下相同的值:

$$\varepsilon_{\mu\nu\kappa\lambda} = \begin{cases} +1, & \mu\nu\kappa\lambda \text{为 0123 的偶置换}, \\ -1, & \mu\nu\kappa\lambda \text{为 0123 的奇置换}, \\ 0, & \mu\nu\kappa\lambda \text{中某几个指标相同}. \end{cases} \tag{2.2.24}$$

下面我们来研究它在坐标变换下的变换性质。它有 4 个协变指标, 在坐标变换下, 假设它按

$$\tilde{\varepsilon}_{\rho\sigma\varsigma\tau} = J^w \frac{\partial x^\mu}{\partial \tilde{x}^\rho} \frac{\partial x^\nu}{\partial \tilde{x}^\sigma} \frac{\partial x^\kappa}{\partial \tilde{x}^\varsigma} \frac{\partial x^\lambda}{\partial \tilde{x}^\tau} \varepsilon_{\mu\nu\kappa\lambda} \tag{2.2.25}$$

变换, 其中 w 是待定常数。$\rho, \sigma, \varsigma, \tau$ 分别取 0,1,2,3, 有

$$\tilde{\varepsilon}_{0123} = J^w \frac{\partial x^\mu}{\partial \tilde{x}^0} \frac{\partial x^\nu}{\partial \tilde{x}^1} \frac{\partial x^\kappa}{\partial \tilde{x}^2} \frac{\partial x^\lambda}{\partial \tilde{x}^3} \varepsilon_{\mu\nu\kappa\lambda} = J^w J^{-1}, \tag{2.2.26}$$

第二个等号用到行列式的定义。按 Levi-Civita 符号的定义 (2.2.24) 式知, (2.2.26) 式左边等于 1。所以,

$$w = 1. \tag{2.2.27}$$

即 $\varepsilon_{\mu\nu\kappa\lambda}$ 是权为 1 的张量密度[①]。

---

① 如果定义

$$\varepsilon^{\mu\nu\kappa\lambda} = \begin{cases} +1, & \mu\nu\kappa\lambda \text{为0123的偶置换}, \\ -1, & \mu\nu\kappa\lambda \text{为0123的奇置换}, \\ 0, & \mu\nu\kappa\lambda \text{中某几个指标相同}, \end{cases}$$

则

$$\varepsilon_{\mu\nu\kappa\lambda} = \begin{cases} g, & \mu\nu\kappa\lambda \text{为 0123 的偶置换}, \\ -g, & \mu\nu\kappa\lambda \text{为 0123 的奇置换}, \\ 0, & \mu\nu\kappa\lambda \text{中某几个指标相同}, \end{cases}$$

$\varepsilon_{\mu\nu\kappa\lambda}$ 和 $\varepsilon^{\mu\nu\kappa\lambda}$ 是权为 -1 的张量密度。

利用逆度规 $g^{\mu\nu}$ 可以把 Levi-Civita 符号的指标升上去，得到

$$\varepsilon^{\mu\nu\kappa\lambda} = g^{\mu\rho}g^{\nu\sigma}g^{\kappa\varsigma}g^{\lambda\tau}\varepsilon_{\rho\sigma\varsigma\tau}. \tag{2.2.28}$$

μ,ν,κ,λ 分别取 0,1,2,3 时，

$$\varepsilon^{0123} = g^{0\rho}g^{1\sigma}g^{2\varsigma}g^{3\tau}\varepsilon_{\rho\sigma\varsigma\tau} = g^{-1}. \tag{2.2.29}$$

后一步用到 $g^{\mu\nu}$ 行列式的定义。所以，

$$\varepsilon^{\mu\nu\kappa\lambda} = \begin{cases} g^{-1}, & \mu\nu\kappa\lambda \text{为 0123 的偶置换}, \\ -g^{-1}, & \mu\nu\kappa\lambda \text{为 0123 的奇置换}, \\ 0, & \mu\nu\kappa\lambda \text{中某几个指标相同}. \end{cases} \tag{2.2.30}$$

设它在坐标变换下，按

$$\tilde{\varepsilon}^{\rho\sigma\varsigma\tau} = J^w \frac{\partial \tilde{x}^\rho}{\partial x^\mu} \frac{\partial \tilde{x}^\sigma}{\partial x^\nu} \frac{\partial \tilde{x}^\varsigma}{\partial x^\kappa} \frac{\partial \tilde{x}^\tau}{\partial x^\lambda} \varepsilon^{\mu\nu\kappa\lambda} \tag{2.2.31}$$

变换，因

$$\tilde{g}^{-1} = \tilde{\varepsilon}^{0123} = J^w \frac{\partial \tilde{x}^0}{\partial x^\mu} \frac{\partial \tilde{x}^1}{\partial x^\nu} \frac{\partial \tilde{x}^2}{\partial x^\kappa} \frac{\partial \tilde{x}^3}{\partial x^\lambda} \varepsilon^{\mu\nu\kappa\lambda} = J^w J g^{-1}, \tag{2.2.32}$$

再由 (2.2.22) 式知 $\varepsilon^{\mu\nu\kappa\lambda}$ 也是权为 1 的张量密度。

利用 (2.2.23) 式，可以得到在 4 维时空中的 Levi-Civita 张量为

$$\epsilon_{\mu\nu\kappa\lambda} := \sqrt{-g}\varepsilon_{\mu\nu\kappa\lambda}, \qquad \epsilon^{\mu\nu\kappa\lambda} = \sqrt{-g}\varepsilon^{\mu\nu\kappa\lambda}. \tag{2.2.33}$$

容易验证：

$$\epsilon^{\mu\nu\kappa\lambda}\epsilon_{\mu\nu\kappa\lambda} = \left(\sqrt{-g}\right)^2 \varepsilon^{\mu\nu\kappa\lambda}\varepsilon_{\mu\nu\kappa\lambda} = -4!, \tag{2.2.34}$$

$$\epsilon^{\mu\nu\kappa\lambda}\epsilon_{\mu\nu\kappa\sigma} = -g\varepsilon^{\mu\nu\kappa\lambda}\varepsilon_{\mu\nu\kappa\sigma} = -3!\delta^\lambda_\sigma, \tag{2.2.35}$$

$$\epsilon^{\mu\nu\kappa\lambda}\epsilon_{\mu\nu\rho\sigma} = -g\varepsilon^{\mu\nu\kappa\lambda}\varepsilon_{\mu\nu\rho\sigma} = -2!\left(\delta^\kappa_\rho\delta^\lambda_\sigma - \delta^\kappa_\sigma\delta^\lambda_\rho\right), \tag{2.2.36}$$

$$\epsilon^{\mu\nu\kappa\lambda}\epsilon_{\mu\rho\sigma\tau} = -g\varepsilon^{\mu\nu\kappa\lambda}\varepsilon_{\mu\rho\sigma\tau} = \begin{vmatrix} \delta^\nu_\rho & \delta^\nu_\sigma & \delta^\nu_\tau \\ \delta^\kappa_\rho & \delta^\kappa_\sigma & \delta^\kappa_\tau \\ \delta^\lambda_\rho & \delta^\lambda_\sigma & \delta^\lambda_\tau \end{vmatrix} = -3!\delta^\nu_{[\rho}\delta^\kappa_\sigma\delta^\lambda_{\tau]}, \tag{2.2.37}$$

$$\epsilon^{\mu\nu\kappa\lambda}\epsilon_{\rho\sigma\varsigma\tau} = -g\varepsilon^{\mu\nu\kappa\lambda}\varepsilon_{\rho\sigma\varsigma\tau} = \begin{vmatrix} \delta^\mu_\rho & \delta^\mu_\sigma & \delta^\mu_\varsigma & \delta^\mu_\tau \\ \delta^\nu_\rho & \delta^\nu_\sigma & \delta^\nu_\varsigma & \delta^\nu_\tau \\ \delta^\kappa_\rho & \delta^\kappa_\sigma & \delta^\kappa_\varsigma & \delta^\kappa_\tau \\ \delta^\lambda_\rho & \delta^\lambda_\sigma & \delta^\lambda_\varsigma & \delta^\lambda_\tau \end{vmatrix} = -4!\delta^\mu_{[\rho}\delta^\nu_\sigma\delta^\kappa_\varsigma\delta^\lambda_{\tau]}. \tag{2.2.38}$$

4 维时空的坐标体积元为

$$\mathrm{d}^4 x := \mathrm{d}x^0 \mathrm{d}x^1 \mathrm{d}x^2 \mathrm{d}x^3, \qquad (2.2.39)$$

它在坐标变换下，有

$$\mathrm{d}^4 \tilde{x} = \frac{\partial \tilde{x}}{\partial x} \mathrm{d}^4 x = J \mathrm{d}^4 x. \qquad (2.2.40)$$

结合 (2.2.22) 式，可构造出 4 维时空的不变体元

$$\sqrt{-g} \mathrm{d}^4 x. \qquad (2.2.41)$$

说它是不变体元，因为在坐标变换下，它保持不变，即有

$$\sqrt{-\tilde{g}} \mathrm{d}^4 \tilde{x} = \sqrt{-g} \mathrm{d}^4 x. \qquad (2.2.42)$$

张量密度遵守如下代数运算法则：

(1) 权同为 w 的两个张量密度的线性组合仍是权为 w 的张量密度；

(2) 权为 w_1、w_2 的两个张量密度的直积构成一个权为 $w_1 + w_2$ 的张量密度；

(3) 权为 w 的张量密度的指标缩并，得到权仍为 w，但降了阶的张量密度。

由后两条立即可得到，指标的升降不改变张量密度的权。

小结

黎曼时空：$(\mathcal{M}, g)$。

度规张量场：2 阶、对称、非退化、协变、张量场，号差。

度规张量场的作用：定义间隔、内积, 升降指标。

张量密度场：坐标变换下的变换规律、权、与张量场的关系。

特殊张量密度：Levi-Civita 符号。

不变体元：$\sqrt{-g} \mathrm{d}^4 x$。

2.3　协变导数和联络

2.3.1　协变导数与联络的引入

设 $A^\mu(x)$ 是平直时空中的一个矢量场。$A^\mu(x)$ 对惯性坐标 x^λ 的 (普通) 导数

$$\frac{\partial A^\mu(x)}{\partial x^\lambda} =: A^\mu{}_{,\lambda}(x). \qquad (2.3.1)$$

在惯性坐标系间的变换下，$A^\mu(x)$ 按

$$\tilde{A}^\mu(\tilde{x}) = \frac{\partial \tilde{x}^\mu}{\partial x^\nu} A^\nu(x) = \Lambda^\mu{}_\nu A^\nu(x) \tag{2.3.2}$$

变换，其中 $\Lambda^\mu{}_\nu$ 是洛伦兹变换矩阵。$A^\mu(x)$ 对坐标的 (普通) 导数按如下形式变换：

$$\frac{\partial \tilde{A}^\nu(\tilde{x})}{\partial \tilde{x}^\lambda} = \frac{\partial x^\sigma}{\partial \tilde{x}^\lambda} \frac{\partial}{\partial x^\sigma} \left(\frac{\partial \tilde{x}^\nu}{\partial x^\mu} A^\mu(x) \right) = \frac{\partial x^\sigma}{\partial \tilde{x}^\lambda} \frac{\partial \tilde{x}^\nu}{\partial x^\mu} \frac{\partial A^\mu(x)}{\partial x^\sigma}, \tag{2.3.3}$$

其中 (2.3.3) 式的第二步用到的惯性系间变换的变换矩阵是常数矩阵。(2.3.3) 式显示，$A^\mu(x)$ 对坐标的 (普通) 导数在惯性系间的变换下是 (1,1) 型张量场。换句话说，在普通导数算子的作用下，一个 (1,0) 型张量场被映射到一个 (1,1) 型张量场。

这个性质对于平直时空中非惯性系间的变换及弯曲时空中任意坐标系间的变换无法保持。为看清这一点，设 $A^\mu(x)$ 是流形 $\mathcal{M}$ 上的一个逆变矢量场，它对坐标的 (普通) 导数仍可用 (2.3.1) 式表示。在任意坐标变换下，$A^\mu(x)$ 和 $A^\nu{}_{,\lambda}(x)$ 分别按如下方式变换：

$$\tilde{A}^\mu(\tilde{x}) = \frac{\partial \tilde{x}^\mu}{\partial x^\nu} A^\nu(x), \tag{2.3.4}$$

$$\frac{\partial \tilde{A}^\nu(\tilde{x})}{\partial \tilde{x}^\lambda} = \frac{\partial x^\sigma}{\partial \tilde{x}^\lambda} \frac{\partial}{\partial x^\sigma} \left(\frac{\partial \tilde{x}^\nu}{\partial x^\mu} A^\mu(x) \right) = \frac{\partial x^\sigma}{\partial \tilde{x}^\lambda} \frac{\partial \tilde{x}^\nu}{\partial x^\mu} \frac{\partial A^\mu(x)}{\partial x^\sigma} + \frac{\partial x^\sigma}{\partial \tilde{x}^\lambda} \frac{\partial^2 \tilde{x}^\nu}{\partial x^\sigma \partial x^\mu} A^\mu(x). \tag{2.3.5}$$

由于最后一项的存在，$A^\mu(x)$ 对坐标的普通导数不再是一个张量场！

下面尝试构造一个满足莱布尼茨 (Leibniz) 法则的**协变导数** (covariant derivative (covariant differentiation)) 算子 ∇_λ，使得当它作用在一个 (k,l) 型张量场上时，得到一个 $(k,l+1)$ 型张量场。为此，先看标量场 $f(x)$。标量场的普通导数 $f_{,\lambda}(x)$ 在坐标变换下，满足

$$\tilde{\partial}_\mu \tilde{f}(\tilde{x}) = \frac{\partial x^\nu}{\partial \tilde{x}^\mu} \partial_\nu f(x). \tag{2.3.6}$$

可见，与平直时空一样，标量场的普通导数给出一个矢量场。所以，对于标量场来说，普通导数就已经是协变导数了，即

$$\nabla_\lambda f(x) \equiv f_{;\lambda}(x) := f_{,\lambda}(x). \tag{2.3.7}$$

(2.3.7) 式中恒等号两边是协变导数的两种等价的记法。

再看逆变矢量场 $A^\nu(x)$。考虑到 (2.3.5) 式，假定

$$\nabla_\lambda A^\nu(x) \equiv A^\nu{}_{;\lambda}(x) := A^\nu{}_{,\lambda}(x) + \Gamma^\nu{}_{\mu\lambda}(x) A^\mu(x), \tag{2.3.8}$$

其中 $\varGamma^{\nu}_{\mu\lambda}(x)$ 是一个待定系数。按要求，$A^{\nu}{}_{;\lambda}(x)$ 在坐标变换下按 (1,1) 型张量场变换，即

$$\tilde{A}^{\nu}{}_{;\lambda}(\tilde{x}) = \frac{\partial \tilde{x}^{\nu}}{\partial x^{\rho}} \frac{\partial x^{\sigma}}{\partial \tilde{x}^{\lambda}} A^{\rho}{}_{;\sigma}(x). \tag{2.3.9}$$

按照 (2.3.8) 式的定义，

    (2.3.9) 式的左边

$$= \frac{\partial \tilde{A}^{\nu}(\tilde{x})}{\partial \tilde{x}^{\lambda}} + \tilde{\varGamma}^{\nu}_{\mu\lambda}(\tilde{x}) \tilde{A}^{\mu}(\tilde{x})$$

$$= \frac{\partial \tilde{x}^{\nu}}{\partial x^{\rho}} \frac{\partial x^{\sigma}}{\partial \tilde{x}^{\lambda}} \frac{\partial A^{\rho}(x)}{\partial x^{\sigma}} + \frac{\partial x^{\sigma}}{\partial \tilde{x}^{\lambda}} \frac{\partial^2 \tilde{x}^{\nu}}{\partial x^{\sigma} \partial x^{\mu}} A^{\mu}(x) + \tilde{\varGamma}^{\nu}_{\iota\lambda}(\tilde{x}) \frac{\partial \tilde{x}^{\iota}}{\partial x^{\mu}} A^{\mu}(x)$$

$$= \frac{\partial \tilde{x}^{\nu}}{\partial x^{\rho}} \frac{\partial x^{\sigma}}{\partial \tilde{x}^{\lambda}} A^{\rho}{}_{,\sigma}(x) + \frac{\partial x^{\sigma}}{\partial \tilde{x}^{\lambda}} \frac{\partial \tilde{x}^{\nu}}{\partial x^{\rho}} \left[\frac{\partial x^{\rho}}{\partial \tilde{x}^{\tau}} \frac{\partial^2 \tilde{x}^{\tau}}{\partial x^{\sigma} \partial x^{\mu}} + \frac{\partial x^{\rho}}{\partial \tilde{x}^{\tau}} \frac{\partial \tilde{x}^{\kappa}}{\partial x^{\sigma}} \frac{\partial \tilde{x}^{\iota}}{\partial x^{\mu}} \tilde{\varGamma}^{\tau}_{\iota\kappa}(\tilde{x}) \right] A^{\mu}(x)$$

$$= \frac{\partial \tilde{x}^{\nu}}{\partial x^{\rho}} \frac{\partial x^{\sigma}}{\partial \tilde{x}^{\lambda}} \left[A^{\rho}{}_{,\sigma}(x) + \left(\frac{\partial x^{\rho}}{\partial \tilde{x}^{\tau}} \frac{\partial^2 \tilde{x}^{\tau}}{\partial x^{\sigma} \partial x^{\mu}} + \frac{\partial x^{\rho}}{\partial \tilde{x}^{\tau}} \frac{\partial \tilde{x}^{\kappa}}{\partial x^{\sigma}} \frac{\partial \tilde{x}^{\iota}}{\partial x^{\mu}} \tilde{\varGamma}^{\tau}_{\iota\kappa}(\tilde{x}) \right) A^{\mu}(x) \right],$$

其中第三等式用到 (2.1.5) 式，

$$(2.3.9) \text{ 式的右边} = \frac{\partial \tilde{x}^{\nu}}{\partial x^{\rho}} \frac{\partial x^{\sigma}}{\partial \tilde{x}^{\lambda}} \left[A^{\rho}{}_{,\sigma}(x) + \varGamma^{\rho}{}_{\mu\sigma}(x) A^{\mu}(x) \right],$$

(2.3.9) 式成立，要求 $\varGamma^{\rho}{}_{\mu\sigma}(x)$ 按下述规律变化：

$$\frac{\partial x^{\rho}}{\partial \tilde{x}^{\tau}} \frac{\partial^2 \tilde{x}^{\tau}}{\partial x^{\sigma} \partial x^{\mu}} + \frac{\partial x^{\rho}}{\partial \tilde{x}^{\tau}} \frac{\partial \tilde{x}^{\kappa}}{\partial x^{\sigma}} \frac{\partial \tilde{x}^{\iota}}{\partial x^{\mu}} \tilde{\varGamma}^{\tau}_{\iota\kappa}(\tilde{x}) = \varGamma^{\rho}{}_{\mu\sigma}(x). \tag{2.3.10}$$

由 (2.3.10) 式解出 $\tilde{\varGamma}^{\tau}_{\iota\kappa}(x)$，

$$\tilde{\varGamma}^{\tau}_{\iota\kappa}(\tilde{x}) = \frac{\partial \tilde{x}^{\tau}}{\partial x^{\rho}} \frac{\partial x^{\sigma}}{\partial \tilde{x}^{\kappa}} \frac{\partial x^{\mu}}{\partial \tilde{x}^{\iota}} \varGamma^{\rho}{}_{\mu\sigma}(x) - \frac{\partial x^{\sigma}}{\partial \tilde{x}^{\kappa}} \frac{\partial x^{\mu}}{\partial \tilde{x}^{\iota}} \frac{\partial^2 \tilde{x}^{\tau}}{\partial x^{\sigma} \partial x^{\mu}}$$

$$= \frac{\partial \tilde{x}^{\tau}}{\partial x^{\rho}} \frac{\partial x^{\sigma}}{\partial \tilde{x}^{\kappa}} \frac{\partial x^{\mu}}{\partial \tilde{x}^{\iota}} \varGamma^{\rho}{}_{\mu\sigma}(x) - \frac{\partial x^{\mu}}{\partial \tilde{x}^{\iota}} \frac{\partial}{\partial \tilde{x}^{\kappa}} \frac{\partial \tilde{x}^{\tau}}{\partial x^{\mu}}$$

$$= \frac{\partial \tilde{x}^{\tau}}{\partial x^{\rho}} \frac{\partial x^{\sigma}}{\partial \tilde{x}^{\kappa}} \frac{\partial x^{\mu}}{\partial \tilde{x}^{\iota}} \varGamma^{\rho}{}_{\mu\sigma}(x) + \frac{\partial \tilde{x}^{\tau}}{\partial x^{\mu}} \frac{\partial}{\partial \tilde{x}^{\kappa}} \frac{\partial x^{\mu}}{\partial \tilde{x}^{\iota}},$$

注意上式第二个等号右边第二项中 $\dfrac{\partial}{\partial \tilde{x}^{\kappa}} \dfrac{\partial \tilde{x}^{\tau}}{\partial x^{\mu}}$ 是 $\tilde{x}^{\tau}$ 先对 x^{μ} 求导给出变换矩阵 $\dfrac{\partial \tilde{x}^{\tau}}{\partial x^{\mu}}$，再对 $\tilde{x}^{\kappa}$ 求导，x^{μ} 与 $\tilde{x}^{\kappa}$ 分属两个坐标系，不是同一坐标系中两个独立变量，故求导的先后不能交换，上式第三个等号用到 (2.1.5) 式。于是，有

$$\tilde{\varGamma}^{\tau}_{\iota\kappa}(\tilde{x}) = \frac{\partial \tilde{x}^{\tau}}{\partial x^{\rho}} \frac{\partial x^{\mu}}{\partial \tilde{x}^{\iota}} \frac{\partial x^{\sigma}}{\partial \tilde{x}^{\kappa}} \varGamma^{\rho}{}_{\mu\sigma}(x) + \frac{\partial \tilde{x}^{\tau}}{\partial x^{\rho}} \frac{\partial^2 x^{\rho}}{\partial \tilde{x}^{\iota} \partial \tilde{x}^{\kappa}}. \tag{2.3.11}$$

$\Gamma^{\rho}_{\sigma\mu}(x)$ 称为仿射①联络 (affine connection)，又称为联络系数。若 $\tilde{x}^{\mu}$ 与 x^{μ} 的变换关系是线性的，则

$$\tilde{\Gamma}^{\tau}_{\iota\kappa}(\tilde{x}) = \frac{\partial \tilde{x}^{\tau}}{\partial x^{\rho}}\frac{\partial x^{\sigma}}{\partial \tilde{x}^{\kappa}}\frac{\partial x^{\mu}}{\partial \tilde{x}^{\iota}}\Gamma^{\rho}_{\mu\sigma}(x) + \frac{\partial \tilde{x}^{\tau}}{\partial x^{\rho}}\frac{\partial^2 x^{\rho}}{\partial \tilde{x}^{\iota}\partial \tilde{x}^{\kappa}} = \frac{\partial \tilde{x}^{\tau}}{\partial x^{\rho}}\frac{\partial x^{\sigma}}{\partial \tilde{x}^{\kappa}}\frac{\partial x^{\mu}}{\partial \tilde{x}^{\iota}}\Gamma^{\rho}_{\mu\sigma}(x),$$

这时联络按 (1,2) 型张量场变换，故可称联络为仿射张量场。

三看协变矢量场 $B_{\mu}(x)$。取任一逆变矢量场 $A^{\mu}(x)$ 与 $B_{\mu}(x)$ 缩并，因 $A^{\mu}(x)B_{\mu}(x)$ 是一个标量场，故有

$$\nabla_{\lambda}(A^{\mu}B_{\mu}) = \partial_{\lambda}(A^{\mu}B_{\mu}) = (\partial_{\lambda}A^{\mu})B_{\mu} + A^{\mu}(\partial_{\lambda}B_{\mu}). \tag{2.3.12}$$

(2.3.12)式左边 $= (\nabla_{\lambda}A^{\mu})B_{\mu} + A^{\mu}(\nabla_{\lambda}B_{\mu}) = \left(A^{\mu}{}_{,\lambda} + \Gamma^{\mu}_{\rho\lambda}A^{\rho}\right)B_{\mu} + A^{\mu}(\nabla_{\lambda}B_{\mu}).$
$$\tag{2.3.13}$$

比较两式，知

$$A^{\mu}(\nabla_{\lambda}B_{\mu}) = A^{\mu}(\partial_{\lambda}B_{\mu}) - A^{\mu}\Gamma^{\sigma}_{\mu\lambda}B_{\sigma}, \tag{2.3.14}$$

由于 (2.3.14) 式对任意的 $A^{\mu}(x)$ 都成立，故有

$$\nabla_{\lambda}B_{\mu} \equiv B_{\mu;\lambda} = \partial_{\lambda}B_{\mu} - \Gamma^{\sigma}_{\mu\lambda}B_{\sigma}. \tag{2.3.15}$$

还需检验在坐标变换下它是否按 (0,2) 型张量场的变换规律变换。在坐标变换下

$$\tilde{\nabla}_{\lambda}\tilde{B}_{\mu} = \tilde{\partial}_{\lambda}\tilde{B}_{\mu} - \tilde{\Gamma}^{\tau}_{\mu\lambda}\tilde{B}_{\tau}$$

$$= \frac{\partial x^{\nu}}{\partial \tilde{x}^{\lambda}}\partial_{\nu}\left(\frac{\partial x^{\rho}}{\partial \tilde{x}^{\mu}}B_{\rho}\right) - \left(\frac{\partial \tilde{x}^{\tau}}{\partial x^{\kappa}}\frac{\partial x^{\rho}}{\partial \tilde{x}^{\mu}}\frac{\partial x^{\nu}}{\partial \tilde{x}^{\lambda}}\Gamma^{\kappa}_{\rho\nu} + \frac{\partial \tilde{x}^{\tau}}{\partial x^{\kappa}}\frac{\partial^2 x^{\kappa}}{\partial \tilde{x}^{\mu}\partial \tilde{x}^{\lambda}}\right)\frac{\partial x^{\sigma}}{\partial \tilde{x}^{\tau}}B_{\sigma}$$

$$= \frac{\partial x^{\nu}}{\partial \tilde{x}^{\lambda}}\frac{\partial x^{\rho}}{\partial \tilde{x}^{\mu}}\partial_{\nu}B_{\rho} + \frac{\partial^2 x^{\rho}}{\partial \tilde{x}^{\lambda}\partial \tilde{x}^{\mu}}B_{\rho} - \left(\frac{\partial x^{\rho}}{\partial \tilde{x}^{\mu}}\frac{\partial x^{\nu}}{\partial \tilde{x}^{\lambda}}\Gamma^{\sigma}_{\rho\nu} + \frac{\partial^2 x^{\sigma}}{\partial \tilde{x}^{\mu}\partial \tilde{x}^{\lambda}}\right)B_{\sigma}$$

$$= \frac{\partial x^{\nu}}{\partial \tilde{x}^{\lambda}}\frac{\partial x^{\rho}}{\partial \tilde{x}^{\mu}}\left(\partial_{\nu}B_{\rho} - \Gamma^{\sigma}_{\rho\nu}B_{\sigma}\right) = \frac{\partial x^{\nu}}{\partial \tilde{x}^{\lambda}}\frac{\partial x^{\rho}}{\partial \tilde{x}^{\mu}}B_{\rho;\nu},$$

即 $\nabla_{\lambda}B_{\mu}$ 确实按 (0,2) 型张量场的变换规律变换，或者说，$\nabla_{\lambda}B_{\mu}$ 是一个 (0,2) 型张量场。

一般地，对于任一 (k,l) 型张量场，

$$\nabla_{\lambda}T^{\nu_1\cdots\nu_k}{}_{\mu_1\cdots\mu_l} = \partial_{\lambda}T^{\nu_1\cdots\nu_k}{}_{\mu_1\cdots\mu_l}$$

$$\underbrace{+\Gamma^{\nu_1}_{\sigma\lambda}T^{\sigma\nu_2\cdots\nu_k}{}_{\mu_1\cdots\mu_l} + \Gamma^{\nu_2}_{\sigma\lambda}T^{\nu_1\sigma\nu_3\cdots\nu_k}{}_{\mu_1\cdots\mu_l} + \cdots + \Gamma^{\nu_k}_{\sigma\lambda}T^{\nu_1\cdots\nu_{k-1}\sigma}{}_{\mu_1\cdots\mu_l}}_{k\text{项}}$$

---

① 何为仿射 (affine)? 仿射变换是将直线变为直线的变换。这些变换包括平移、转动、伸缩。仿射变换不保两点间的距离、两直线间的角度。

$$\underbrace{-\Gamma^{\sigma}_{\mu_1\lambda}T^{\nu_1\cdots\nu_k}{}_{\sigma\mu_2\cdots\mu_l}-\Gamma^{\sigma}_{\mu_2\lambda}T^{\nu_1\cdots\nu_k}{}_{\mu_1\sigma\mu_3\cdots\mu_l}-\cdots-\Gamma^{\sigma}_{\mu_l\lambda}T^{\nu_1\cdots\nu_k}{}_{\mu_1\cdots\mu_{l-1}\sigma}}_{l\text{项}}\quad(2.3.16)$$

是一个 $(k,l+1)$ 型张量场。

一般来说，联络系数各指标间没有对称性。联络系数可依两个下指标，分解成对称部分和反对称部分：

$$\Gamma^{\mu}_{\nu\lambda}=\frac{1}{2}\left(\Gamma^{\mu}_{\nu\lambda}+\Gamma^{\mu}_{\lambda\nu}\right)+\frac{1}{2}\left(\Gamma^{\mu}_{\nu\lambda}-\Gamma^{\mu}_{\lambda\nu}\right)=\Gamma^{\mu}_{(\nu\lambda)}+\Gamma^{\mu}_{[\nu\lambda]}.\quad(2.3.17)$$

广义相对论只关心对称部分。反对称部分称为挠率 (torsion) 张量，是一个 $(1,2)$ 型张量，记作 $T^{\mu}{}_{\nu\lambda}=2\Gamma^{\mu}_{[\nu\lambda]}$。当挠率不为零时，时空需用 $(\mathcal{M},\boldsymbol{g},\boldsymbol{T})$ 来描写。它称为嘉当 (Cartan) 时空。

协变导数的数学定义。协变导数是如下映射

$$\nabla_{\lambda}:T^{\mu_1\cdots\mu_k}{}_{\nu_1\cdots\nu_l}\mapsto S^{\mu_1\cdots\mu_k}{}_{\nu_1\cdots\nu_{l+1}},\quad(2.3.18)$$

满足：

(1) 线性性质：

$$\nabla_{\lambda}\left(aT^{\mu_1\cdots\mu_k}{}_{\nu_1\cdots\nu_l}+\cdots+bS^{\mu_1\cdots\mu_k}{}_{\nu_1\cdots\nu_l}\right)$$
$$=a\nabla_{\lambda}T^{\mu_1\cdots\mu_k}{}_{\nu_1\cdots\nu_l}+\cdots+b\nabla_{\lambda}S^{\mu_1\cdots\mu_k}{}_{\nu_1\cdots\nu_l},a,b\in\mathbb{R};\quad(2.3.19)$$

(2) 莱布尼茨法则：

$$\nabla_{\lambda}\left(T^{\mu_1\cdots\mu_k}{}_{\nu_1\cdots\nu_l}S^{\rho_1\cdots\rho_m}{}_{\sigma_1\cdots\sigma_n}\right)$$
$$=S^{\rho_1\cdots\rho_m}{}_{\sigma_1\cdots\sigma_n}\nabla_{\lambda}T^{\mu_1\cdots\mu_k}{}_{\nu_1\cdots\nu_l}+T^{\mu_1\cdots\mu_k}{}_{\nu_1\cdots\nu_l}\nabla_{\lambda}S^{\rho_1\cdots\rho_m}{}_{\sigma_1\cdots\sigma_n};\quad(2.3.20)$$

(3) 与缩并可交换顺序；

(4) 设 A^{μ} 为逆变矢量场，f 为标量场，则 $A^{\mu}\nabla_{\mu}f$ 是一个标量场；

(5) 交换律：

$$\nabla_{\mu}\nabla_{\nu}f-\nabla_{\nu}\nabla_{\mu}f=T^{\lambda}{}_{\mu\nu}f_{;\lambda}.\quad(2.3.21)$$

特别地，当时空无挠 (torsion free) 时，

$$\nabla_{\mu}\nabla_{\nu}f=\nabla_{\nu}\nabla_{\mu}f.\quad(2.3.22)$$

若协变导数算子满足

$$\nabla_{\lambda}\left(g_{\mu\nu}\left(x\right)\right)=0,\quad\forall x,\quad(2.3.23)$$

也记作

$$g_{\mu\nu;\lambda}(x) = 0, \quad \forall x, \tag{2.3.23'}$$

则称 (协变) 导数算子与度规适配 (或相容)。引入与度规适配的导数算子概念最大的好处在于度规张量可以自由移进移出导数算子，例如

$$\nabla_\lambda (g_{\mu\nu} T^\nu{}_\kappa) = g_{\mu\nu} \nabla_\lambda T^\nu{}_\kappa. \tag{2.3.24}$$

联络系数是在协变导数的定义中引入的，对它的唯一要求是在坐标变换下满足 (2.3.11) 式。因而，对于同一个时空中，有可能引入不同的联络系数，从而定义不同的协变导数算子。如果在一个时空中存在两组不同的联络系数 $_1\Gamma^\sigma_{\nu\lambda}$、$_2\Gamma^\sigma_{\nu\lambda}$，它们在坐标变换下都满足 (2.3.11) 式。虽然它们每一个都不按 3 阶张量方式变换，但它们的差

$$\delta\Gamma^\mu_{\nu\lambda} = {}_1\Gamma^\mu_{\nu\lambda} - {}_2\Gamma^\mu_{\nu\lambda} \tag{2.3.25}$$

却是一个 (1,2) 型张量。挠率张量就是这样的张量，因为只需取 $_1\Gamma^\mu_{\nu\lambda} = \Gamma^\mu_{\nu\lambda}$，$_2\Gamma^\mu_{\nu\lambda} = \Gamma^\mu_{\lambda\nu}$，由 (2.3.25) 式知

$$\delta\Gamma^\mu_{\nu\lambda} = {}_1\Gamma^\mu_{\nu\lambda} - {}_2\Gamma^\mu_{\nu\lambda} = \Gamma^\mu_{\nu\lambda} - \Gamma^\mu_{\lambda\nu} = T^\mu{}_{\nu\lambda}.$$

一般的联络系数共有 n^3 个独立分量，对于 4 维时空，一般的联络有 $4^3 = 64$ 个独立分量，对于广义相对论 (时空维数为 4，记作 4D)，我们只关心无挠联络 (对称部分)，这时共有

$$4 \times \frac{4 \times (4+1)}{2} = 4 \times 10 = 40 \tag{2.3.26}$$

个独立分量。在 4 维时空中，挠率张量可有

$$4 \times \frac{4 \times (4-1)}{2} = 4 \times 6 = 24 \tag{2.3.27}$$

个独立分量。

前面说过，在同一个时空中，有可能引入不同的联络系数，从而定义不同的协变导数算子。但对于黎曼几何或黎曼时空，有如下**黎曼几何基本定理**。

黎曼时空流形 $(\mathcal{M}, g)$ 上存在**唯一**的与度规 g 适配的无挠 (协变) 导数算子。

证明   先用构造的办法证明存在性。

设 $\bar\nabla_\lambda$ 是任一导数算子，且有 $\bar\nabla_\lambda g_{\mu\nu} \neq 0$，又设 ∇_λ 是与度规适配的无挠导数算子，则有

$$0 = \nabla_\lambda g_{\mu\nu} = \bar\nabla_\lambda g_{\mu\nu} - \bar\Gamma^\kappa_{\mu\lambda} g_{\kappa\nu} - \bar\Gamma^\kappa_{\nu\lambda} g_{\mu\kappa} = \bar\nabla_\lambda g_{\mu\nu} - \bar\Gamma_{\nu\mu\lambda} - \bar\Gamma_{\mu\nu\lambda}, \tag{2.3.28}$$

其中 $\bar{\Gamma}^{\kappa}_{\lambda\mu} = \bar{\Gamma}^{\kappa}_{\mu\lambda}$ 待定。轮换指标：

$$\bar{\nabla}_{\mu} g_{\nu\lambda} = \bar{\Gamma}_{\lambda\nu\mu} + \bar{\Gamma}_{\nu\lambda\mu} \tag{2.3.29}$$

$$\bar{\nabla}_{\nu} g_{\lambda\mu} = \bar{\Gamma}_{\mu\lambda\nu} + \bar{\Gamma}_{\lambda\mu\nu} \tag{2.3.30}$$

(2.3.28)+(2.3.29)−(2.3.30) 式，得

$$\bar{\nabla}_{\lambda} g_{\mu\nu} + \bar{\nabla}_{\mu} g_{\nu\lambda} - \bar{\nabla}_{\nu} g_{\lambda\mu} = \bar{\Gamma}_{\nu\mu\lambda} + \bar{\Gamma}_{\mu\nu\lambda} + \bar{\Gamma}_{\lambda\nu\mu} + \bar{\Gamma}_{\nu\lambda\mu} - \bar{\Gamma}_{\mu\lambda\nu} - \bar{\Gamma}_{\lambda\mu\nu} = 2\bar{\Gamma}_{\nu\mu\lambda}, \tag{2.3.31}$$

由 (2.3.31) 式解出 $\bar{\Gamma}_{\nu\mu\lambda}$，得

$$\bar{\Gamma}_{\nu\mu\lambda} = \frac{1}{2} \left(\bar{\nabla}_{\lambda} g_{\mu\nu} + \bar{\nabla}_{\mu} g_{\nu\lambda} - \bar{\nabla}_{\nu} g_{\lambda\mu} \right), \tag{2.3.32}$$

所以

$$\bar{\Gamma}^{\nu}_{\mu\lambda} = \frac{1}{2} g^{\nu\kappa} \left(\bar{\nabla}_{\lambda} g_{\mu\kappa} + \bar{\nabla}_{\mu} g_{\kappa\lambda} - \bar{\nabla}_{\kappa} g_{\mu\lambda} \right). \tag{2.3.33}$$

也就是说，只要 $\bar{\nabla}$ 配上满足 (2.3.33) 式的联络系数就可得到与度规适配的无挠导数算子。这就证明了存在性。

再证明唯一性。

设 ∇' 也是与度规适配的无挠导数算子，它与 $\bar{\nabla}$ 的关系也只能是配上同样的联络系数 $\bar{\Gamma}^{\nu}_{\mu\lambda}$。这就证明了唯一性。

证毕。

特别地，当 $\bar{\nabla}_{\lambda} = \partial_{\lambda}$ 时，(2.3.33) 式化为

$$\Gamma^{\nu}_{\mu\lambda} = \frac{1}{2} g^{\nu\kappa} \left(g_{\mu\kappa,\lambda} + g_{\lambda\kappa,\mu} - g_{\mu\lambda,\kappa} \right). \tag{2.3.34}$$

(2.3.34) 式所示联络又称为克里斯多菲符号 (Christoffel symbols)，简称克氏符号，有时也记作

$$\Gamma^{\lambda}_{\mu\nu} = \left\{ \begin{matrix} \lambda \\ \mu\nu \end{matrix} \right\}, \quad \Gamma_{\lambda\mu\nu} = \{\lambda, \mu\nu\}. \tag{2.3.35}$$

对于无挠时空 $(\mathcal{M}, \boldsymbol{g})$，联络系数完全由度规决定！(2.3.34) 式在微分几何与广义相对论中非常重要。

在平直时空中，若采用闵氏坐标系，则联络系数处处为零，即

$$\Gamma^{\lambda}_{\mu\nu} = 0. \tag{2.3.36}$$

在平直时空中，若采用曲线坐标系 (如球坐标系、柱坐标系时)，则联络系数不全为零。后面将看到，由这些非零联络系数定义的曲率张量仍为零。

黎曼时空中克氏符有如下重要性质。

定理　在黎曼时空中任一点 p，都存在一个局域坐标系，在这个局域坐标系中，p 点的克氏符所有分量为零。

证明　根据黎曼流形的定义，在任意 p 点的邻域有局域坐标系 x^μ，假定在这个坐标系中联络系数为

$$\Gamma_{\mu\nu}^\lambda(p) \neq 0. \tag{2.3.37}$$

在 p 点做如下坐标变换 $(x^\mu \to \tilde{x}^\mu)$：

$$x^\mu - x_p^\mu = \tilde{x}^\mu + \frac{1}{2}C_{\nu\lambda}^\mu \tilde{x}^\nu \tilde{x}^\lambda \quad \left(\text{已取 } \tilde{x}_p^\mu = 0\right), \tag{2.3.38}$$

其中 $C_{\nu\lambda}^\mu$ 是一组待定常数，关于 ν, λ 对称。由联络在坐标变换下的变换关系知

$$
\begin{aligned}
\tilde{\Gamma}_{\kappa\lambda}^\tau(\tilde{x}) &= \frac{\partial\tilde{x}^\tau}{\partial x^\rho}\frac{\partial x^\sigma}{\partial\tilde{x}^\kappa}\frac{\partial x^\mu}{\partial\tilde{x}^\lambda}\Gamma_{\sigma\mu}^\rho(x) + \frac{\partial\tilde{x}^\tau}{\partial x^\rho}\frac{\partial^2 x^\rho}{\partial\tilde{x}^\kappa\partial\tilde{x}^\lambda} \\
&= \frac{\partial\tilde{x}^\tau}{\partial x^\rho}\left(\left(\delta_\kappa^\sigma + C_{\kappa\nu}^\sigma\tilde{x}^\nu\right)\left(\delta_\lambda^\mu + C_{\lambda\pi}^\mu\tilde{x}^\pi\right)\Gamma_{\sigma\mu}^\rho(x) + C_{\kappa\lambda}^\rho\right),
\end{aligned}
$$

其中第二个等号已用到坐标变换 (2.3.38) 式。在 p 点有

$$\left.\tilde{\Gamma}_{\kappa\lambda}^\tau(\tilde{x})\right|_p = \left.\frac{\partial\tilde{x}^\tau}{\partial x^\rho}\right|_p\left(\delta_\kappa^\sigma\delta_\lambda^\mu\left.\Gamma_{\sigma\mu}^\rho(x)\right|_p + C_{\kappa\lambda}^\rho\right) = \delta_\rho^\tau\left(\left.\Gamma_{\kappa\lambda}^\rho\right|_p + C_{\kappa\lambda}^\rho\right) = \left.\Gamma_{\kappa\lambda}^\tau\right|_p + C_{\kappa\lambda}^\tau,$$

只要取

$$C_{\kappa\lambda}^\tau = -\left.\Gamma_{\kappa\lambda}^\tau\right|_p, \tag{2.3.39}$$

就有

$$\left.\tilde{\Gamma}_{\kappa\lambda}^\tau(\tilde{x})\right|_p = 0. \tag{2.3.40}$$

证毕。

等效原理说，惯性力场与重力场的动力学效应是局部不可分辨的。反过来说，在引力场中每一点都存在一个局部惯性系。从这种观点看，这个定理就可看作等效原理的数学表述。

2.3.2　张量的坐标无关表示

在平直空间中，一个矢量可以写成

$$\boldsymbol{v} = v_x\boldsymbol{i} + v_y\boldsymbol{j} + v_z\boldsymbol{k} \quad \text{(在直角坐标下,} \boldsymbol{i}, \boldsymbol{j}, \boldsymbol{k} \text{是} x, y, z \text{方向的单位基矢)}, \tag{2.3.41}$$

$$= v_r\boldsymbol{e}_r + v_\theta\boldsymbol{e}_\theta + v_\varphi\boldsymbol{e}_\varphi \quad \text{(在球坐标下,} \boldsymbol{e}_r, \boldsymbol{e}_\theta, \boldsymbol{e}_\varphi \text{是正交归一基)}, \tag{2.3.42}$$

$$= v_1\boldsymbol{e}_1 + v_2\boldsymbol{e}_2 + v_3\boldsymbol{e}_3 \quad \left(\boldsymbol{e}_1, \boldsymbol{e}_2, \boldsymbol{e}_3 \text{是任一组基矢}\right). \tag{2.3.43}$$

在 (2.3.43) 式中，基矢相互线性独立即可，不要求正交归一。就是说，矢量场 v 的分量依赖于基底的选择，但矢量场 v 本身并不依赖于基底的选择。

我们前面介绍的张量场，是用坐标系中的分量形式给的，并要求在坐标变换下，具有一定的变换规律。与上面平空间中矢量类似，在微分几何中，张量场也能够写成不依赖坐标选取的形式。例如，对于 (1,0) 型张量场，即矢量场，可写成

$$T^a = T^\mu \left(\frac{\partial}{\partial x^\mu} \right)^a, \tag{2.3.44}$$

其中 T^μ 是前面讲的在坐标系 x^μ 下逆变矢量场 (或 (1,0) 型张量场) 的分量形式，

$$\left\{ \left(\frac{\partial}{\partial x^\mu} \right)^a, \mu = 0, \cdots, n-1 \right\}, \tag{2.3.45}$$

称为一个坐标基底 (coordinate basis)。对每一个给定的 μ, $\left(\frac{\partial}{\partial x^\mu} \right)^a$ 称为一个坐标基矢 (coordinate basis vector)。注意：上标 a 是一个抽象指标，不问这个 a 等于几。它的作用是说明场 T 是一个 (1,0) 型张量场 (或矢量场)。由 (2.1.4) 和 (2.1.8) 式知，矢量场 T^a 在坐标变换下是不变的，故 (2.3.44) 式称为矢量场 T^a 的坐标无关形式。采用这种形式后，就不宜再称为 "逆变" 矢量场了。矢量场 T^a 还可以写成

$$T^a = T^I e_I^a. \tag{2.3.46}$$

$\{e_I^a, I = 0, \cdots, n-1\}$ 称为一个基底 (basis)，又称为标架 (vielbein)。当 $n = 4$ 时，英文称为 vierbein 或 tetrad。(前者源自德文，vier 是 4，viel 指多。) 基底由 n 个线性独立的基矢 (basis vectors)

$$e_I^a = e_I^\mu \left(\frac{\partial}{\partial x^\mu} \right)^a \tag{2.3.47}$$

构成，其中 e_I^μ 称为标架系数, 也常称为标架。须注意，a 是抽象指标，μ 是时空指标，I 是标架指标。

再来看 (0,1) 型张量场，也称为对偶矢量场，或称为 1 形式 (1-form) 场 (见 2.10 节)。(0,1) 型张量场 T_a 可写成

$$T_a = T_\mu \, (\mathrm{d}x^\mu)_a, \tag{2.3.48}$$

其中 T_μ 是前面讲的协变矢量场，

$$\{(\mathrm{d}x^\mu)_a, \mu = 0, \cdots, n-1\}, \tag{2.3.49}$$

称为与坐标基底 $\left(\dfrac{\partial}{\partial x^\mu}\right)^a$ 对应的对偶坐标基底 (dual coordinate basis)。再次说明：下标 a 是一个抽象指标，不问这个 a 等于几。它的作用是说明 T 是一个 $(0,1)$ 型张量场或对偶矢量场。由 (2.1.4) 和 (2.1.9) 式知，对偶矢量场 T_a 在坐标变换下也是不变的，故 (3.2.48) 式称为对偶矢量场 T_a 的坐标无关形式。采用这种形式后，也不宜再称它为"协变"矢量场了。为区分 T^a 和 T_a，称 T^a 为矢量场，T_a 为对偶矢量场。对偶矢量场还可以表示成

$$T_a = T_I e_a^I, \tag{2.3.50}$$

其中 $\{e_a^I, I = 0, \cdots, n-1\}$ 称为一个对偶基底，也称为余标架，它由 n 个线性独立的对偶矢量

$$e_a^I = e_\mu^I (\mathrm{d}x^\mu)_a \tag{2.3.51}$$

构成。e_μ^I 称为余标架系数，也常称为余标架。

两个相互对偶的坐标基矢的收缩给出 1 或 0，即

$$(\mathrm{d}x^\mu)_a \left(\frac{\partial}{\partial x^\nu}\right)^a = \delta_\nu^\mu. \tag{2.3.52}$$

两个相互对偶的坐标基底可定义一个 $(1,1)$ 型常张量场：

$$(\mathrm{d}x^\mu)_a \left(\frac{\partial}{\partial x^\mu}\right)^b = \delta_a^b. \tag{2.3.53}$$

(2.3.52) 和 (2.3.53) 式正是坐标基 (2.3.45) 和 (2.3.49) 式对偶的定义。注意，虽然指标 a 是抽象指标，在 (2.3.49) 式中 $(\mathrm{d}x^\mu)_a$ 的抽象指标必须与 $\left(\dfrac{\partial}{\partial x^\nu}\right)^a$ 中的抽象指标相同。抽象指标相同，表示抽象指标的缩并。类似地，

$$e_a^I e_J^a = \delta_J^I, \qquad e_a^I e_I^b = \delta_a^b. \tag{2.3.54}$$

对于标架系数与余标架系数，收缩总是给出 1 或 0：

$$e_\mu^I e_J^\mu = \delta_J^I, \qquad e_\mu^I e_I^\nu = \delta_\mu^\nu. \tag{2.3.55}$$

一般的 (k, l) 型张量场也可写成坐标无关的形式：

$$T^{a_1 \cdots a_k}{}_{b_1 \cdots b_l}(x) = T^{\rho_1 \cdots \rho_k}{}_{\sigma_1 \cdots \sigma_l}(x) \left(\frac{\partial}{\partial x^{\rho_1}}\right)^{a_1} \otimes \cdots \otimes \left(\frac{\partial}{\partial x^{\rho_k}}\right)^{a_k}$$

$$\otimes (\mathrm{d}x^{\sigma_1})_{b_1} \otimes \cdots \otimes (\mathrm{d}x^{\sigma_l})_{b_l} \quad (\text{在坐标基下}) \tag{2.3.56}$$

$$= T^{I_1 \cdots I_k}{}_{J_1 \cdots J_l}(x)\, e_{I_1}^{a_1} \otimes \cdots \otimes e_{I_k}^{a_k} \otimes e_{b_1}^{J_1} \otimes \cdots \otimes e_{b_l}^{J_l},$$

$$(\text{在一般的基下}). \tag{2.3.56'}$$

$T^{a_1 \cdots a_k}{}_{b_1 \cdots b_l}(x)$ 在坐标变换下也是不变的。通常，(2.3.56) 和 (2.3.56′) 式中的 $\otimes$ 可略掉。前面提到 $\boldsymbol{g}$ 就是度规张量的坐标无关表示，

$$\boldsymbol{g} = g_{ab} = g_{\mu\nu}(x)\,(\mathrm{d}x^\mu)_a \otimes (\mathrm{d}x^\nu)_b = g_{\mu\nu}(x)\,(\mathrm{d}x^\mu)_a\,(\mathrm{d}x^\nu)_b. \tag{2.3.57}$$

除此之外，协变导数算子 ∇_μ 也须写成坐标无关的形式

$$\nabla_a := (\mathrm{d}x^\mu)_a\, \nabla_\mu \quad (\text{在坐标基下})$$

$$= \delta_\nu^\mu\,(\mathrm{d}x^\nu)_a\, \nabla_\mu = e_\nu^I\,(\mathrm{d}x^\nu)_a\, e_I^\mu \nabla_\mu = e_a^I e_I^\mu \nabla_\mu \quad (\text{在任一基底下}). \tag{2.3.58}$$

且同样将 (k, l) 型张量场映射成一个 $(k, l+1)$ 型张量场。仿照 (2.3.8) 和 (2.3.15) 式，矢量场 A^a 与对偶矢量 A_a 的协变导数可以写成

$$\nabla_b A^a = \partial_b A^a + \Gamma_{cb}^a(x)\, A^c, \tag{2.3.59}$$

$$\nabla_b A_a = \partial_b A_a - \Gamma_{ab}^c A_c, \tag{2.3.60}$$

其中 ∂_b 称为坐标依赖的导数算子，(记住：b 仍为抽象指标。)

$$\Gamma_{ab}^c = \Gamma_{\mu\nu}^\lambda\,(\mathrm{d}x^\mu)_a \otimes (\mathrm{d}x^\nu)_b \otimes \left(\frac{\partial}{\partial x^\lambda}\right)^c. \tag{2.3.61}$$

$$\nabla_b A^a = \partial_b A^a + \Gamma_{cb}^a A^c$$

$$= (\partial_b A^\mu)\left(\frac{\partial}{\partial x^\mu}\right)^a + A^\mu \partial_b \left(\frac{\partial}{\partial x^\mu}\right)^a + \Gamma_{\lambda\nu}^\mu\,(\mathrm{d}x^\lambda)_c (\mathrm{d}x^\nu)_b \left(\frac{\partial}{\partial x^\mu}\right)^a A^\kappa \left(\frac{\partial}{\partial x^\kappa}\right)^c$$

$$= (\partial_\nu A^\mu)\,(\mathrm{d}x^\nu)_b \left(\frac{\partial}{\partial x^\mu}\right)^a + \Gamma_{\lambda\nu}^\mu A^\lambda\,(\mathrm{d}x^\nu)_b \left(\frac{\partial}{\partial x^\mu}\right)^a + A^\mu \partial_b \left(\frac{\partial}{\partial x^\mu}\right)^a$$

$$= (\nabla_\nu A^\mu)\,(\mathrm{d}x^\nu)_b \left(\frac{\partial}{\partial x^\mu}\right)^a + A^\mu \partial_b \left(\frac{\partial}{\partial x^\mu}\right)^a,$$

其中第三个等号用到 (2.3.52) 式，

$$\nabla_b A_a = \partial_b A_a - \Gamma_{ab}^c A_c$$

$$= (\partial_b A_\mu)\,(\mathrm{d}x^\mu)_a + A_\mu \partial_b\,(\mathrm{d}x^\mu)_a - \Gamma_{\mu\nu}^\lambda A_\lambda\,(\mathrm{d}x^\mu)_a\,(\mathrm{d}x^\nu)_b$$

$$= \left(\partial_\nu A_\mu - \Gamma^\lambda_{\mu\nu} A_\lambda\right)(\mathrm{d}x^\mu)_a\,(\mathrm{d}x^\nu)_b + A_\mu \partial_b\,(\mathrm{d}x^\mu)_a$$

$$= (\nabla_\nu A_\mu)(\mathrm{d}x^\mu)_a\,(\mathrm{d}x^\nu)_b + A_\mu \partial_b\,(\mathrm{d}x^\mu)_a,$$

它们的左边分别是 (1,1) 型张量场和 (0,2) 型张量场，按前述规则，应该有

$$\nabla_b A^a = (\nabla_\nu A^\mu)(\mathrm{d}x^\nu)_b\left(\frac{\partial}{\partial x^\mu}\right)^a, \tag{2.3.62}$$

$$\nabla_b A_a = \nabla_\nu A_\mu (\mathrm{d}x^\nu)_b\,(\mathrm{d}x^\mu)_a. \tag{2.3.63}$$

注意到 A^μ 与 A_μ 的任意性，知

$$\partial_b\left(\frac{\partial}{\partial x^\mu}\right)^a = 0, \quad \partial_b\,(\mathrm{d}x^\mu)_a = 0. \tag{2.3.64}$$

(2.3.64) 式表示，任一坐标系的算子 ∂_b 作用在该坐标系的任一坐标基矢和任一对偶坐标基矢上的结果都为零。

　　由于 $\left(\dfrac{\partial}{\partial x^\mu}\right)^a$ 本身是一个矢量场，所以

$$\nabla_b\left(\frac{\partial}{\partial x^\mu}\right)^a = \partial_b\left(\frac{\partial}{\partial x^\mu}\right)^a + \Gamma^a_{cb}\left(\frac{\partial}{\partial x^\mu}\right)^c = \Gamma^\lambda_{\mu\nu}\left(\frac{\partial}{\partial x^\lambda}\right)^a(\mathrm{d}x^\nu)_b, \tag{2.3.65}$$

或

$$\left(\frac{\partial}{\partial x^\nu}\right)^b \nabla_b\left(\frac{\partial}{\partial x^\mu}\right)^a = \Gamma^\lambda_{\mu\nu}\left(\frac{\partial}{\partial x^\lambda}\right)^a. \tag{2.3.66}$$

(2.3.66) 式正是一些微分几何书中关于联络系数的定义。类似地，

$$\nabla_b\,(\mathrm{d}x^\mu)_a = \partial_b\,(\mathrm{d}x^\mu)_a - \Gamma^c_{ab}\,(\mathrm{d}x^\mu)_c = -\Gamma^\mu_{\lambda\nu}\,(\mathrm{d}x^\lambda)_a\,(\mathrm{d}x^\nu)_b, \tag{2.3.67}$$

或

$$\left(\frac{\partial}{\partial x^\nu}\right)^b \nabla_b\,(\mathrm{d}x^\mu)_a = -\Gamma^\mu_{\lambda\nu}\,(\mathrm{d}x^\lambda)_a. \tag{2.3.68}$$

2.3.3　梯度、旋度和散度

2.3.3.1　坐标基下的梯度、旋度和散度

　　标量场 f 的协变导数

$$\nabla_\lambda f(x) = f_{;\lambda}(x) = f_{,\lambda}(x) =: \mathrm{grad}\,(f), \tag{2.3.69}$$

既是标量场 f 在坐标基 x^μ 下的协变梯度，也是标量场 f 在坐标基 x^μ 的普通梯度，记作 $\mathrm{grad}\,(f)$。这是梯度概念在弯曲时空中的推广。一般地，(k,l) 型张量场 $T^{\nu_1\cdots\nu_k}{}_{\mu_1\cdots\mu_l}$ 的协变导数

$$
\begin{aligned}
\nabla_\lambda T^{\nu_1\cdots\nu_k}{}_{\mu_1\cdots\mu_l} = {} & \partial_\lambda T^{\nu_1\cdots\nu_k}{}_{\mu_1\cdots\mu_l} + \Gamma^{\nu_1}_{\sigma\lambda} T^{\sigma\nu_2\cdots\nu_k}{}_{\mu_1\cdots\mu_l} \\
& + \Gamma^{\nu_2}_{\sigma\lambda} T^{\nu_1\sigma\nu_3\cdots\nu_k}{}_{\mu_1\cdots\mu_l} + \cdots + \Gamma^{\nu_k}_{\sigma\lambda} T^{\nu_1\cdots\nu_{k-1}\sigma}{}_{\mu_1\cdots\mu_l} \\
& - \Gamma^\sigma_{\mu_1\lambda} T^{\nu_1\cdots\nu_k}{}_{\sigma\mu_2\cdots\mu_l} - \Gamma^\sigma_{\mu_2\lambda} T^{\nu_1\cdots\nu_k}{}_{\mu_1\sigma\mu_3\cdots\mu_l} - \cdots \\
& - \Gamma^\sigma_{\mu_l\lambda} T^{\nu_1\cdots\nu_k}{}_{\mu_1\cdots\mu_{l-1}\sigma}
\end{aligned} \tag{2.3.70}
$$

可称为该 (k,l) 型张量场的 (协变) 梯度。(张量场的普通导数不再是张量场，所以对一般的张量场，不存在普通梯度。)

协变矢量场 A_μ 的协变导数的反对称化的 2 倍

$$
2\nabla_{[\mu} A_{\nu]} = \nabla_\mu A_\nu - \nabla_\nu A_\mu = A_{\nu;\mu} - A_{\mu;\nu} \tag{2.3.71}
$$

称为协变矢量场 A_μ 在坐标基 x^ν 下的协变旋度，记作 $\mathrm{curl}_{\mu\nu}\,(\boldsymbol{A})$。在无挠条件下，它等于在坐标基 x^ν 下的普通旋度

$$
\mathrm{curl}_{\mu\nu}\,(\boldsymbol{A}) = \partial_\mu A_\nu - \partial_\nu A_\mu = A_{\nu,\mu} - A_{\mu,\nu}. \tag{2.3.72}
$$

注意，协变矢量场的旋度给出的是一个 $(0,2)$ 型张量，而不是一个矢量！这与在 3 维平直空间中旋度给出一个矢量似有很大不同。这是因为在 3 维空间中，$(0,2)$ 型反对称张量

$$
\partial_i A_j - \partial_j A_i \tag{2.3.73}
$$

可以映射为一个矢量场：

$$
\epsilon^{ijk}\,(\partial_i A_j - \partial_j A_i). \tag{2.3.74}
$$

正因为 ϵ^{ijk} 的出现，所以电动力学中电场强度矢量 $\boldsymbol{E}$ 与磁感应强度矢量 $\boldsymbol{B}$ 在空间反射变换下的性质是不同的。旋度的概念可以进一步推广。$(0,2)$ 型反对称张量场 $F_{\mu\nu}$ 的协变导数反对称化的 3 倍

$$
3\nabla_{[\mu} F_{\nu\lambda]} = \nabla_\mu F_{\nu\lambda} + \nabla_\nu F_{\lambda\mu} + \nabla_\lambda F_{\mu\nu} = F_{\nu\lambda;\mu} + F_{\lambda\mu;\nu} + F_{\mu\nu;\lambda} \tag{2.3.75}
$$

称为 $(0,2)$ 型反对称张量场 $F_{\mu\nu}$ 在坐标基 x^λ 下的协变旋度，记作 $\mathrm{curl}_{\mu\nu\lambda}\,(\boldsymbol{F})$。在无挠条件下，它等于在坐标基 x^λ 下的普通旋度：

$$
\mathrm{curl}_{\mu\nu\lambda}\,(\boldsymbol{F}) = \partial_\mu F_{\nu\lambda} + \partial_\nu F_{\lambda\mu} + \partial_\lambda F_{\mu\nu} = F_{\mu\nu,\lambda} + F_{\nu\lambda,\mu} + F_{\lambda\mu,\nu}. \tag{2.3.76}
$$

(0,2) 型反对称张量的协变旋度是一个 (0,3) 型反对称张量场。

散度概念也可推广到弯曲时空。对于逆变矢量场 A^μ，协变散度定义为

$$\mathrm{div}\,(A^\mu) := \nabla_\mu A^\mu = A^\mu{}_{;\mu} = A^\mu{}_{,\mu} + \Gamma^\mu_{\nu\mu} A^\nu. \tag{2.3.77}$$

利用 (2.3.34) 式，立即得

$$\Gamma^\nu_{\mu\nu} = \frac{1}{2} g^{\nu\kappa} (g_{\mu\kappa,\nu} + g_{\nu\kappa,\mu} - g_{\mu\nu,\kappa}) = \frac{1}{2} g^{\nu\kappa} g_{\kappa\nu,\mu}. \tag{2.3.78}$$

注意到，度规的逆为

$$g^{\mu\nu} = \frac{\Delta^{\mu\nu}}{g}, \tag{2.3.79}$$

其中 $\Delta^{\mu\nu}$ 为是度规矩阵元 $g_{\mu\nu}$ 的代数余子式，且满足 (2.2.14) 式。(2.3.79) 式给出

$$g\delta^\lambda_\nu = \Delta^{\mu\lambda} g_{\mu\nu}. \tag{2.3.80}$$

两边对度规矩阵元求导，得

$$\frac{\partial g}{\partial g_{\mu\nu}} = \Delta^{\mu\nu} = g g^{\mu\nu}, \tag{2.3.81}$$

所以，

$$\frac{\partial g}{\partial x^\lambda} = \frac{\partial g_{\mu\nu}}{\partial x^\lambda} \frac{\partial g}{\partial g_{\mu\nu}} = g g^{\mu\nu} g_{\mu\nu,\lambda} \quad \text{或} \quad g^{\mu\nu} g_{\mu\nu,\lambda} = (\ln|g|)_{,\lambda}, \tag{2.3.82}$$

于是，得到一个在实际计算中会频繁用到的结果：

$$\Gamma^\nu_{\mu\nu} = \left(\ln \sqrt{|g|}\right)_{,\mu}. \tag{2.3.83}$$

逆变矢量场的协变散度 (2.3.77) 式可用普通散度表示出来：

$$\mathrm{div}\,(A^\mu) = A^\mu{}_{,\mu} + \left(\ln \sqrt{|g|}\right)_{,\mu} A^\mu = \frac{1}{\sqrt{|g|}} \frac{\partial}{\partial x^\mu} \left(\sqrt{|g|} A^\mu\right). \tag{2.3.84}$$

协变矢量场 A_μ 的协变散度是通过将协变矢量场转变为逆变矢量场来定义的，即

$$\mathrm{div}\,(A_\nu) := \mathrm{div}\,(g^{\mu\nu} A_\nu) = \frac{1}{\sqrt{|g|}} \frac{\partial}{\partial x^\mu} \left(\sqrt{|g|} g^{\mu\nu} A_\nu\right). \tag{2.3.85}$$

(2,0) 型对反称张量场 $F^{\mu\nu}$ 的协变散度为

$$\mathrm{div}_\nu\,(F^{\mu\nu}) := \nabla_\nu F^{\mu\nu} = F^{\mu\nu}{}_{;\nu} = F^{\mu\nu}{}_{,\nu} + \Gamma^\mu_{\lambda\nu} F^{\lambda\nu} + \Gamma^\nu_{\lambda\nu} F^{\mu\lambda}$$

$$= F^{\mu\nu}{}_{,\nu} + \left(\ln \sqrt{|g|} \right)_{,\nu} F^{\mu\nu},$$

其中 $\Gamma^{\mu}_{\lambda\nu}F^{\lambda\nu} = 0$ 是因为 Γ 关于 $\lambda\nu$ 对称，F 关于 $\lambda\nu$ 反对称。所以，

$$\mathrm{div}_\nu\left(F^{\mu\nu}\right) = \frac{1}{\sqrt{|g|}} \frac{\partial}{\partial x^\nu} \left(\sqrt{|g|} F^{\mu\nu} \right), \tag{2.3.86}$$

对于一般的 (2,0) 型张量场 $T^{\mu\nu}$ 的协变散度是

$$\mathrm{div}_\nu\left(T^{\mu\nu}\right) := \frac{1}{\sqrt{|g|}} \frac{\partial}{\partial x^\nu} \left(\sqrt{|g|} T^{\mu\nu} \right) + \Gamma^{\mu}_{\lambda\nu} T^{\lambda\nu}. \tag{2.3.87}$$

注意，这时还是会出现 $\Gamma^{\mu}_{\lambda\nu}T^{\lambda\nu}$ 的项。

在黎曼时空 (伪黎曼空间) 上可以定义达朗贝尔算子 (□)；在黎曼空间上可以定义拉普拉斯算子 (Δ)。作用在标量场 $\Phi(x)$ 上的达朗贝尔算子 (拉普拉斯算子) 是

$$\Box\Phi = \mathrm{div}\left(\mathrm{grad}\Phi\right) = \mathrm{div}\left(\nabla_\mu\Phi\right) = \mathrm{div}\left(g^{\mu\nu}\nabla_\nu\Phi\right) = \frac{1}{\sqrt{|g|}} \frac{\partial}{\partial x^\mu} \left(\sqrt{|g|} g^{\mu\nu} \frac{\partial\Phi}{\partial x^\nu} \right). \tag{2.3.88}$$

2.3.3.2 与平直时空中曲线坐标下相应表达式的关系

在本小节，采用倒三角上方加箭头表示 3 维欧氏空间中的劈算符，用以区分微分几何中的协变导数算子。于是，3 维欧氏空间中球坐标下的梯度、散度、旋度和拉普拉斯算子的表达式分别为

梯度：$\vec{\nabla}\phi = \dfrac{\partial\phi}{\partial r}\boldsymbol{e}_r + \dfrac{1}{r}\dfrac{\partial\phi}{\partial\theta}\boldsymbol{e}_\theta + \dfrac{1}{r\sin\theta}\dfrac{\partial\phi}{\partial\varphi}\boldsymbol{e}_\varphi;$ $\tag{2.3.89}$

散度：$\vec{\nabla}\cdot\boldsymbol{A} = \dfrac{1}{r^2}\dfrac{\partial\left(r^2 A_r\right)}{\partial r} + \dfrac{1}{r\sin\theta}\dfrac{\partial\left(\sin\theta A_\theta\right)}{\partial\theta} + \dfrac{1}{r\sin\theta}\dfrac{\partial A_\varphi}{\partial\varphi};$ $\tag{2.3.90}$

旋度：$\vec{\nabla}\times\boldsymbol{A} = \dfrac{1}{r\sin\theta}\left[\dfrac{\partial\left(\sin\theta A_\varphi\right)}{\partial\theta} - \dfrac{\partial A_\theta}{\partial\varphi}\right]\boldsymbol{e}_r + \dfrac{1}{r}\left[\dfrac{1}{\sin\theta}\dfrac{\partial A_r}{\partial\varphi} - \dfrac{\partial\left(r A_\varphi\right)}{\partial r}\right]\boldsymbol{e}_\theta$

$$+ \dfrac{1}{r}\left[\dfrac{\partial\left(r A_\theta\right)}{\partial r} - \dfrac{\partial A_r}{\partial\theta}\right]\boldsymbol{e}_\varphi; \tag{2.3.91}$$

拉普拉斯算子：$\Delta\Phi = \dfrac{1}{r^2}\dfrac{\partial}{\partial r}\left(r^2\dfrac{\partial\Phi}{\partial r}\right) + \dfrac{1}{r^2\sin\theta}\dfrac{\partial}{\partial\theta}\left(\sin\theta\dfrac{\partial\Phi}{\partial\theta}\right) + \dfrac{1}{r^2\sin^2\theta}\dfrac{\partial^2\Phi}{\partial\varphi^2}.$

$$\tag{2.3.92}$$

由 (2.3.69)、(2.3.77)、(2.3.72)、(2.3.88) 式知，在微分几何中 3 维欧氏空间的球坐标下，梯度、散度、旋度和拉普拉斯算子分别为

梯度：$\mathrm{grad}\,(f) = f_{,\lambda}\,(x) = (\partial_r f, \partial_\theta f, \partial_\phi f)$;　　　　　　(2.3.93)

散度：$\mathrm{div}\,(A^\mu) = \dfrac{1}{r^2}\dfrac{\partial}{\partial r}\left(r^2 A^r\right) + \dfrac{1}{\sin\theta}\dfrac{\partial}{\partial\theta}\left(\sin\theta A^\theta\right) + \dfrac{\partial}{\partial\varphi}A^\varphi$;　　　(2.3.94)

旋度：$\mathrm{curl}_{ij}\,(\boldsymbol{A}) = \partial_i A_j - \partial_j A_i = \begin{pmatrix} 0 & \partial_1 A_2 - \partial_2 A_1 & \partial_1 A_3 - \partial_3 A_1 \\ \partial_2 A_1 - \partial_1 A_2 & 0 & \partial_2 A_3 - \partial_3 A_2 \\ \partial_3 A_1 - \partial_1 A_3 & \partial_3 A_2 - \partial_2 A_3 & 0 \end{pmatrix}$;

$$\text{(2.3.95)}$$

拉普拉斯算子：$\Delta\Phi = \dfrac{1}{r^2}\dfrac{\partial}{\partial r}\left(r^2\dfrac{\partial\Phi}{\partial r}\right) + \dfrac{1}{r^2\sin\theta}\dfrac{\partial}{\partial\theta}\left(\sin\theta\dfrac{\partial\Phi}{\partial\theta}\right) + \dfrac{1}{r^2\sin^2\theta}\dfrac{\partial}{\partial\varphi}\left(\dfrac{\partial\Phi}{\partial\varphi}\right)$.

$$\text{(2.3.96)}$$

看上去，除拉普拉斯算子以外，两种方法给的算子并不相等！其原因有三。

(1) 在球坐标下，度规不再是 δ_{ij}，所以需区分协变矢量和逆变矢量，但在平直空间曲线坐标的表达式中并没有做此区分。

(2) 球坐标表达式带着基矢，且基矢是正交归一的。而 2.3.3.1 节中给的表达式没有带基矢，即便带上，也是带坐标基，而非正交归一基。正交归一基与区分上、下标的坐标基之间的关系是不一样的。

(3) 前面已指出过，旋度、叉乘运算实际给出的是 2 秩反对称张量，在 3 维空间中，每一个 2 秩反对称张量通过 Levi-Civita 张量唯一地对应一个矢量。

为将两个梯度对应起来，须注意：梯度给出的是协变矢量场。对于协变矢量场 (带对偶基)，正交归一基与对偶坐标基之间的关系如下：

$$(\boldsymbol{e}_r, \boldsymbol{e}_\theta, \boldsymbol{e}_\varphi) \Leftrightarrow \left(\boldsymbol{e}_r = (\mathrm{d}r)_a,\, \frac{1}{r}\boldsymbol{e}_\theta = (\mathrm{d}\theta)_a,\, \frac{1}{r\sin\theta}\boldsymbol{e}_\varphi = (\mathrm{d}\varphi)_a\right),$$

$$\text{(2.3.97)}$$
$$\underbrace{\qquad\qquad}_{\text{正交归一基}}\qquad\qquad\underbrace{\qquad\qquad}_{\text{对偶坐标基}}$$

梯度在正交归一基和对偶坐标基下的分量分别为

$$\left(\frac{\partial\phi}{\partial r},\, \frac{1}{r}\frac{\partial\phi}{\partial\theta},\, \frac{1}{r\sin\theta}\frac{\partial\phi}{\partial\varphi}\right) \Leftrightarrow \left(\frac{\partial\phi}{\partial r},\, \frac{\partial\phi}{\partial\theta},\, \frac{\partial\phi}{\partial\varphi}\right).$$

$$\text{(2.3.98)}$$
$$\underbrace{\qquad\qquad}_{\text{正交归一基下的分量}}\qquad\underbrace{\qquad\qquad}_{\text{对偶坐标基下的分量}}$$

注意到这些对应关系, 微分几何的运算就自然给出球坐标中的结果了。

为将两个散度对应起来, 须注意: 散度运算中矢量是逆变矢量。对于逆变矢量, 正交归一基与坐标基之间的关系是

$$(e_r, e_\theta, e_\varphi) \Leftrightarrow \left(e_r = \left(\frac{\partial}{\partial r}\right)^a, r e_\theta = \left(\frac{\partial}{\partial \theta}\right)^a, r\sin\theta\, e_\varphi = \left(\frac{\partial}{\partial \varphi}\right)^a \right),$$

$\qquad\qquad$ 正交归一基 $\qquad\qquad\qquad\qquad$ 坐标基 $\qquad\qquad\qquad\qquad$ (2.3.99)

逆变矢量在正交归一基和坐标基下的分量分别为

$$(A_r, A_\theta, A_\varphi) \qquad \Leftrightarrow \qquad \left(A_r, \frac{1}{r}A_\theta, \frac{1}{r\sin\theta}A_\varphi \right) = \left(A^r, A^\theta, A^\varphi \right).$$

$\quad$ 正交归一基下的分量 $\qquad\qquad\qquad$ 坐标基下的分量 $\qquad\qquad\qquad$ (2.3.100)

考虑到这个对应关系, 平直空间球坐标中的散度可以写成

$$\vec{\nabla} \cdot \vec{A} = \frac{1}{r^2}\frac{\partial}{\partial r}\left(r^2 A_r\right) + \frac{1}{\sin\theta}\frac{\partial}{\partial \theta}\left(\sin\theta\frac{A_\theta}{r}\right) + \frac{\partial}{\partial \varphi}\frac{A_\varphi}{r\sin\theta}$$

$$= \frac{1}{r^2}\frac{\partial}{\partial r}\left(r^2 A^r\right) + \frac{1}{\sin\theta}\frac{\partial}{\partial \theta}\left(\sin\theta A^\theta\right) + \frac{\partial A^\varphi}{\partial \varphi} = \frac{1}{\sqrt{g}}\frac{\partial}{\partial x^i}\left(\sqrt{g}A^i\right).$$

它与 2.3.3.1 节给的散度结果一致。

为将两个旋度对应起来, 须注意: 平直空间球坐标的旋度运算中矢量是协变矢量; 在其计算结果中已利用了 Levi-Civita 张量, 将一个 2 秩协变反对称张量转换成一个逆变矢量。协变矢量在正交归一基和对偶坐标基下的分量分别为

$$(A_r, A_\theta, A_\varphi) \qquad \Leftrightarrow \qquad (A_r, r A_\theta, r\sin\theta A_\varphi).$$

$\quad$ 正交归一基下的分量 $\qquad\qquad$ 对偶坐标基下的分量 $\qquad\qquad\qquad$ (2.3.101)

对于逆变矢量, 正交归一基与坐标基之间的关系由 (2.3.99) 式给出。平直空间球坐标的旋度为

$$\vec{\nabla} \times \boldsymbol{A} = \frac{1}{r^2\sin\theta}\left[\frac{\partial}{\partial\theta}\left(r\sin\theta A_\varphi\right) - \frac{\partial}{\partial\varphi}\left(r A_\theta\right)\right]\boldsymbol{e}_r$$

$$+ \frac{1}{r\sin\theta}\left[\frac{\partial A_r}{\partial\varphi} - \frac{\partial}{\partial r}\left(r\sin\theta A_\varphi\right)\right]\boldsymbol{e}_\theta + \frac{1}{r}\left[\frac{\partial\left(r A_\theta\right)}{\partial r} - \frac{\partial A_r}{\partial\theta}\right]\boldsymbol{e}_\varphi$$

$$= \frac{1}{r^2\sin\theta}\left\{\left[\frac{\partial}{\partial\theta}\left(r\sin\theta A_\varphi\right) - \frac{\partial}{\partial\varphi}\left(r A_\theta\right)\right]\boldsymbol{e}_r\right.$$

$$+ \left[\frac{\partial A_r}{\partial \varphi} - \frac{\partial}{\partial r} \left(r \sin \theta A_\varphi \right) \right] r \boldsymbol{e}_\theta + \left[\frac{\partial \left(r A_\theta \right)}{\partial r} - \frac{\partial A_r}{\partial \theta} \right] r \sin \theta \boldsymbol{e}_\varphi \Bigg\}$$

$$= \frac{1}{\sqrt{g}} \left\{ \left[\partial_2 A_3 - \partial_3 A_2 \right] \boldsymbol{e}_r + \left[\partial_3 A_1 - \partial_1 A_3 \right] \left(r \boldsymbol{e}_\theta \right) \right.$$

$$+ \left[\partial_1 A_2 - \partial_2 A_1 \right] \left(r \sin \theta \boldsymbol{e}_\varphi \right) \Big\} .$$

再利用 $\epsilon_{ijk} = g^{1/2} \varepsilon_{ijk}$, $\varepsilon_{123} = \varepsilon_{231} = \varepsilon_{312} = 1$, 即可得到

$$\epsilon_{231} \left(\vec{\nabla} \times \boldsymbol{A} \right)^1 = \partial_2 A_3 - \partial_3 A_2, \quad \epsilon_{312} \left(\vec{\nabla} \times \boldsymbol{A} \right)^2 = \partial_3 A_1 - \partial_1 A_3,$$

$$\epsilon_{123} \left(\vec{\nabla} \times \boldsymbol{A} \right)^3 = \partial_1 A_2 - \partial_2 A_1.$$

它与 2.3.3.1 节给的旋度结果一致。

小结

(1) 协变导数算子: 导数，作用前后都是张量；

线性、遵守莱布尼茨法则、与缩并交换顺序；

作用在标量上就是普通导数，与度规适配。

(2) 联络系数: 变换规律, 协变导数算子, 挠率, 克氏符,

与度规的关系，黎曼时空零联络定理。

这些都是微分几何中最基本的内容，应该熟练掌握。

(3) 重要算子: 梯度、旋度、散度、达朗贝尔 (拉普拉斯) 算子。

这些算子在后面会用到，对理解平直时空中的曲线坐标很有帮助。

2.4　曲线、切矢与切空间

2.4.1　曲线

在一个弯曲的几何 (比如在球面几何) 上画一条曲线 (如图 2.4.1 所示) 很容易，但如何对这样的曲线做严格的数学描述呢？

在微分几何中，曲线 C 是从实数域上一个开区间 $I \subset \mathbb{R}$ 到流形 $\mathcal{M}$ 的一个映射，即 $C : I \to \mathcal{M}$, 如图 2.4.2 所示。V_α 是流形 $\mathcal{M}$ 中某点的一个邻域，$C[I]$ 是流形 $\mathcal{M}$ 中邻域 V_α 内的一条曲线，$\sigma \in I$ 作为曲线的参数，$C(\sigma)$ 是一条参数化的曲线。我们将只研究光滑曲线，即要求 C 是光滑映射。若两映射 $C : I \to \mathcal{M}$ 和 $C' : I' \to \mathcal{M}$ 的像相同 (如图 2.4.3 所示)，它们可看作同一条曲线。$C' : I' \to \mathcal{M}$ 称为 $C : I \to \mathcal{M}$ 的重参数化 (reparameterization)。

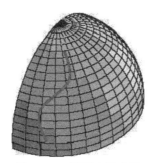

图 2.4.1 流形上的曲线

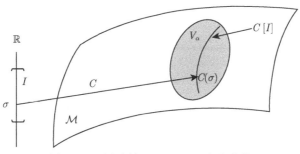

图 2.4.2 用映射 $C: I \to \mathcal{M}$ 定义曲线

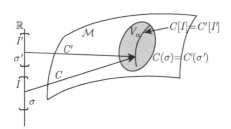

图 2.4.3 曲线的重参数化

曲线可以用坐标来描述，这是因为按照流形的定义，流形中的每个邻域 V_α 都存在一个映射 ϕ_α 将之映射到 $\mathbb{R}^n$ 中的一个开集 $\phi_\alpha (V_\alpha)$(即一个坐标片)，于是，流形中的曲线 C 也就被映到 $\mathbb{R}^n$ 中 (即 $\phi_\alpha \circ C: I \in \mathbb{R} \to \mathbb{R}^n$)，见图 2.4.4，用 $\mathbb{R}^n$ 的坐标来标记曲线上的每一点，就给出这条曲线的坐标描述，$x^\mu = x^\mu(\sigma)$。这 n 个一元函数就是曲线的参数方程。例如：2 维平面上单位圆的参数方程是

$$x = \cos(\sigma), \ y = \sin(\sigma). \tag{2.4.1}$$

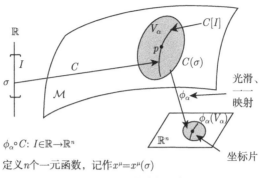

$\phi_\alpha \circ C: I \in \mathbb{R} \to \mathbb{R}^n$

定义n个一元函数，记作$x^\mu = x^\mu(\sigma)$

图 2.4.4　曲线的坐标

2.4.2　切矢

我们在数学分析中已学过 $\mathbb{R}^2$ 与 $\mathbb{R}^3$ 空间中曲线的切矢 (tangent vector)。它们很容易推广到 $\mathbb{R}^n$ 空间中曲线的切矢。设曲线 $\phi_\alpha \circ C: I \in \mathbb{R} \to \mathbb{R}^n$ 的坐标是 $x^\mu(\sigma)$，则 $\mathbb{R}^n$ 空间中曲线 $\phi_\alpha \circ C: I \in \mathbb{R} \to \mathbb{R}^n$ 的切矢是

$$t^\mu = \frac{\mathrm{d}x^\mu}{\mathrm{d}\sigma}. \tag{2.4.2}$$

流形 $\mathcal{M}$ 中曲线 $C: I \to \mathcal{M}$ 的切矢是由 ϕ_α 诱导的映射的像，该映射将图中的矢量扯回到流形上，如图 2.4.5 所示。我们仍用 (2.4.2) 式表示流形 $\mathcal{M}$ 中曲线的切矢。例如，对于 2.4.1 节最后提到的单位圆上任一点的切矢 (如图 2.4.6 所示) 为

$$\frac{\mathrm{d}x}{\mathrm{d}\sigma} = -\sin\sigma, \qquad \frac{\mathrm{d}y}{\mathrm{d}\sigma} = \cos\sigma. \tag{2.4.3}$$

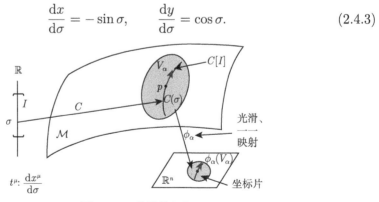

图 2.4.5　曲线的切矢

曲线上每一点的切矢量的集合，就构成一个定义在曲线上的切矢量场。和其他张量场一样，切矢量场也可配上坐标基，写成坐标无关的形式：

$$t^a = t^\mu \left(\frac{\partial}{\partial x^\mu}\right)^a = \frac{\mathrm{d}x^\mu}{\mathrm{d}\sigma}\left(\frac{\partial}{\partial x^\mu}\right)^a = \left(\frac{\partial}{\partial\sigma}\right)^a. \tag{2.4.4}$$

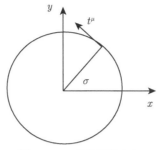

图 2.4.6　单位圆的切矢

由此可见,参数化曲线切矢的坐标无关形式就是 $\left(\dfrac{\partial}{\partial\sigma}\right)^a$。于是,坐标基矢 $\left(\dfrac{\partial}{\partial x^\mu}\right)^a$ 就是坐标曲线 x^μ(以 x^μ 为参数) 的切矢。

对于图 2.4.7 中同一曲线的不同参数化 $C: I \to \mathcal{M}$ 和 $C': I' \to \mathcal{M}$,它们的参数方程分别为

$$x^\mu = x^\mu\left(\sigma\right), \quad x'^\mu = x'^\mu\left(\sigma'\right). \tag{2.4.5}$$

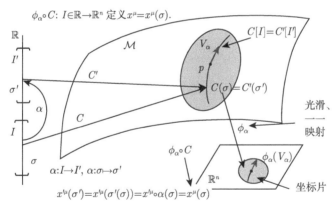

图 2.4.7　曲线重参数化前后切矢的关系

设映射

$$\alpha : I \to I', \quad \alpha : \sigma \mapsto \sigma', \tag{2.4.6}$$

则有

$$x'^\mu\left(\sigma'\right) = x'^\mu\left(\sigma'\left(\sigma\right)\right) = x'^\mu \circ \alpha\left(\sigma\right) = x^\mu\left(\sigma\right). \tag{2.4.7}$$

(2.4.7) 式也可这样看:左边是 $\phi_\alpha \circ C'$,右边是 $\phi_\alpha \circ C$,因 $C(\sigma) = C'(\sigma')$,所以两者相等。由此知,

$$\frac{\mathrm{d}x'^{\mu}\left(\sigma'\left(\sigma\right)\right)}{\mathrm{d}\sigma} = \frac{\mathrm{d}x'^{\mu}}{\mathrm{d}\sigma'}\frac{\mathrm{d}\sigma'}{\mathrm{d}\sigma} = \frac{\mathrm{d}x^{\mu}}{\mathrm{d}\sigma}. \tag{2.4.8}$$

后一等号就是切矢量场在重参数变换下的变换关系。注意：对于切矢量场的坐标无关形式，仍有

$$t'^{a}\frac{\mathrm{d}\sigma'}{\mathrm{d}\sigma} = \left(\frac{\partial}{\partial\sigma'}\right)^{a}\frac{\mathrm{d}\sigma'}{\mathrm{d}\sigma} = \left(\frac{\partial}{\partial\sigma}\right)^{a} = t^{a}, \tag{2.4.9}$$

因为这是重参数化变换，不是坐标变换。

对于给定的一个矢量场 t^{μ}，若曲线 $C(\sigma)$(或曲线汇 $C(\sigma;x)$) 上每一点的切矢量都等于该点的 t^{μ}，则曲线 $C(\sigma)$(或曲线汇 $C(\sigma;x)$) 是矢量场 t^{μ} 的积分曲线 (或积分曲线线汇)。最典型的例子是电力线和磁力线。

2.4.3 切空间

过 p 点所有曲线的切矢的集合称为该点的切空间 (tangent space)，记作 T_{p}。作为例子，图 2.4.8 给出球面上点 p 的切空间。须注意，切空间的维数与流形的维数相同。

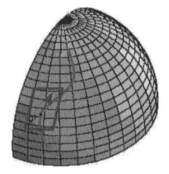

图 2.4.8 切空间

在时空中，曲线上任一点 p 的切矢可分为类时 (timelike)、类空 (spacelike)、类光 (null, lightlike)，它们分别是：

$$g_{\mu\nu}t^{\mu}t^{\nu}\big|_{p} \begin{cases} < 0, & \text{类时}, \\ > 0, & \text{类空}, \\ = 0, & \text{类光}. \end{cases} \tag{2.4.10}$$

若一条曲线上每一点的切矢都是类时的 (或类空、类光的，如图 2.4.9 所示)，则该曲线就称为类时曲线 (或类空、类光曲线)，类时曲线可描述一个质点的运动，又称为世界线 (world line)；类光曲线又称为零曲线。

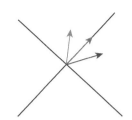

图 2.4.9 切矢的类时、类空、类光性

2.5 张量场沿曲线的平行移动

在平直空间中，比较两不同点的矢量只需将它们放到同一点就可以了。这种做法是否能推广到一般的流形上？本节将介绍比较流形上不同点的张量，研究张量场在流形上变化的方法。

对于标量场 $f(x)$(零阶张量场)，每一点的值是一个数，这时，只需要将一点的值直接移到另一点即可，即

$$f(p \to q) = f(p).\tag{2.5.1}$$

须注意，作为标量场，一般来说，

$$f(p \to q) \neq f(q).\tag{2.5.2}$$

对于其他张量场来说，每一点是一组数，而且这组数还需要满足给定的张量变换性质。简单地将一组数从 p 点移到 q 点，无法保证仍能满足张量变换性质。例如，若按平直空间中的做法，直接将 2 维球面上 p 点的切矢量 $A^\mu(p)$ 搬到 q 点，如图 2.5.1 所示，那么，这个矢量都不在 q 点的切空间中。如何移动矢量，才能保证移动后的矢量在 q 点的切空间中？移到 q 点的矢量与 p 点的矢量又该有什么关系？

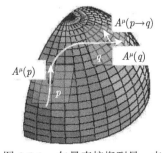

图 2.5.1 矢量直接搬到另一点

设 $A^\mu(x)$ 是在流形 $\mathcal{M}$ 中以 p 为起点、在过 p 点的曲线 $C(\sigma)$ 上有定义的逆变矢量场, t^μ 是曲线 $C(\sigma)$ 的切矢量场, q 是 $C(\sigma)$ 上与 p 相邻的点, p 点坐标为 $x|_p$, p 点处曲线参数为 σ_p。由 (2.1.8) 式知, 逆变矢量场 $A^\mu(x)$ 在 p 点某个邻域内的坐标变换下满足:

$$\tilde{A}^\mu\left(\tilde{x}|_p\right) = \frac{\partial \tilde{x}^\mu}{\partial x^\nu}\bigg|_p A^\nu\left(x|_p\right), \tag{2.5.3}$$

设 p 点的逆变矢量 $A^\mu(p)$ 由 p 点移到 q 点, 记作 $A^\mu(p \to q)$。要求 $A^\mu(p \to q)$ 仍是一个逆变矢量, 即要求它在坐标变换下满足:

$$\tilde{A}^\mu\left(\tilde{x}|_{p \to q}\right) = \frac{\partial \tilde{x}^\mu}{\partial x^\nu}\bigg|_q A^\nu\left(x|_{p \to q}\right)$$

$$= \left(\frac{\partial \tilde{x}^\mu}{\partial x^\nu}\bigg|_p + \left(\frac{\mathrm{d}x^\lambda}{\mathrm{d}\sigma}\frac{\partial}{\partial x^\lambda}\frac{\partial \tilde{x}^\mu}{\partial x^\nu}\right)_p \mathrm{d}\sigma\right)\left(A^\nu\left(x|_p\right) + \delta A^\nu\left(x|_p\right)\right)$$

$$= \frac{\partial \tilde{x}^\mu}{\partial x^\nu}\bigg|_p A^\nu\left(x|_p\right) + \frac{\partial \tilde{x}^\mu}{\partial x^\nu}\bigg|_p \delta A^\nu\left(x|_p\right) + \left(t^\lambda \frac{\partial}{\partial x^\lambda}\frac{\partial \tilde{x}^\mu}{\partial x^\nu}\right)_p A^\nu\left(x|_p\right)\mathrm{d}\sigma, \tag{2.5.4}$$

在上述计算中已略去高阶项 $\delta A^\nu\left(x|_p\right)\mathrm{d}\sigma$, (2.5.4) 式的左边可写成

$$\tilde{A}^\mu\left(\tilde{x}|_{p \to q}\right) = \tilde{A}^\mu\left(\tilde{x}|_p\right) + \delta\tilde{A}^\mu\left(\tilde{x}|_p\right). \tag{2.5.5}$$

利用 (2.5.3) 式知,

$$\delta\tilde{A}^\mu\left(\tilde{x}|_p\right) = \frac{\partial \tilde{x}^\mu}{\partial x^\nu}\bigg|_p \delta A^\nu\left(x|_p\right) + \left(\frac{\partial}{\partial x^\lambda}\frac{\partial \tilde{x}^\mu}{\partial x^\nu}\right)_p t_p^\lambda A^\nu\left(x|_p\right)\mathrm{d}\sigma. \tag{2.5.6}$$

显然, δA^μ 应该既与 A^μ 有关, 又与 $t^\lambda \mathrm{d}\sigma$ 有关, 故可将 δA^μ 写成

$$\delta A^\mu = C^\mu_{\nu\lambda}(x) A^\nu t^\lambda \mathrm{d}\sigma. \tag{2.5.7}$$

于是, (2.5.6) 式可改写成

$$\tilde{C}^\mu_{\nu\lambda}\left(\tilde{x}|_p\right)\tilde{t}_p^\lambda \tilde{A}^\nu\left(x|_p\right) = \left[\frac{\partial \tilde{x}^\mu}{\partial x^\kappa}\bigg|_p C^\kappa_{\nu\lambda}\left(x|_p\right) + \left(\frac{\partial}{\partial x^\lambda}\frac{\partial \tilde{x}^\mu}{\partial x^\nu}\right)_p\right]t_p^\lambda A^\nu\left(x|_p\right), \tag{2.5.8}$$

另一方面, (2.5.8) 式的左边

$$\tilde{C}^\mu_{\nu\lambda}\left(\tilde{x}|_p\right)\tilde{t}_p^\lambda \tilde{A}^\nu\left(x|_p\right) = \tilde{C}^\mu_{\sigma\rho}\left(\tilde{x}|_p\right)\frac{\partial \tilde{x}^\rho}{\partial x^\lambda}\bigg|_p t_p^\lambda \frac{\partial \tilde{x}^\sigma}{\partial x^\nu}\bigg|_p A^\nu\left(x|_p\right), \tag{2.5.9}$$

考虑到逆变矢量场 A^μ 和曲线 $C(\sigma)$ 的任意性，有

$$\tilde{C}^\mu_{\sigma\rho}\left(\tilde{x}\big|_p\right) = \frac{\partial x^\lambda}{\partial \tilde{x}^\rho}\bigg|_p \frac{\partial x^\nu}{\partial \tilde{x}^\sigma}\bigg|_p \left[\frac{\partial \tilde{x}^\mu}{\partial x^\kappa}\bigg|_p C^\kappa_{\nu\lambda}\left(x\big|_p\right) + \left(\frac{\partial}{\partial x^\lambda}\frac{\partial \tilde{x}^\mu}{\partial x^\nu}\right)_p\right], \qquad (2.5.10)$$

即

$$\begin{aligned}
\tilde{C}^\mu_{\sigma\rho}(\tilde{x}) &= \frac{\partial \tilde{x}^\mu}{\partial x^\kappa}\frac{\partial x^\nu}{\partial \tilde{x}^\sigma}\frac{\partial x^\lambda}{\partial \tilde{x}^\rho}C^\kappa_{\nu\lambda}(x) - \frac{\partial x^\lambda}{\partial \tilde{x}^\rho}\frac{\partial \tilde{x}^\mu}{\partial x^\nu}\frac{\partial}{\partial x^\lambda}\frac{\partial x^\nu}{\partial \tilde{x}^\sigma} \\
&= \frac{\partial \tilde{x}^\mu}{\partial x^\kappa}\frac{\partial x^\nu}{\partial \tilde{x}^\sigma}\frac{\partial x^\lambda}{\partial \tilde{x}^\rho}C^\kappa_{\nu\lambda}(x) - \frac{\partial \tilde{x}^\mu}{\partial x^\nu}\frac{\partial^2 x^\nu}{\partial \tilde{x}^\rho \partial \tilde{x}^\sigma}.
\end{aligned} \qquad (2.5.11)$$

比较 (2.5.11) 式与联络的变换式 (2.3.13) 式知

$$C^\mu_{\nu\lambda} = -\Gamma^\mu_{\nu\lambda}. \qquad (2.5.12)$$

所以，

$$\begin{aligned}
A^\mu(p \to q) &= A^\mu(p) + \delta A^\mu(p) = A^\mu(p) - \Gamma^\nu_{\nu\lambda}(p)\,t^\lambda(p)\,A^\nu(p)\,\mathrm{d}\sigma \\
&= A^\mu(p) - \Gamma^\nu_{\nu\lambda}(p)\,A^\nu(p)\,\mathrm{d}x^\lambda.
\end{aligned} \qquad (2.5.13)$$

逆变矢量场若按 (2.5.13) 式沿曲线 $C(\sigma)$ 移动，就可保证移动后的结果仍是一个逆变矢量。这种移动称为逆变矢量 $A^\mu(x)$ 是沿着曲线 $C(\sigma)$ 的平行移动[①]。逆变矢量 $A^\mu(x)$ 在 $x_p = C(\sigma_p)$ 处沿 $C(\sigma)$ 移动 $\mathrm{d}\sigma$ 后到达 $x_q = C(\sigma_q)$，它在 $x_p = C(\sigma_p)$ 附近的泰勒展开 (只保留一阶项) 为

$$\begin{aligned}
A^\mu(x_p \to x_q) &= A^\mu(x_p) + \frac{\mathrm{d}x^\lambda}{\mathrm{d}\sigma}\left(\partial_\lambda A^\mu\right)\mathrm{d}\sigma \\
&= A^\mu(x_p) - \frac{\mathrm{d}x^\lambda}{\mathrm{d}\sigma}\Gamma^\mu_{\nu\lambda}A^\nu\bigg|_p\mathrm{d}\sigma + \frac{\mathrm{d}x^\lambda}{\mathrm{d}\sigma}\left(\partial_\lambda A^\mu + \Gamma^\mu_{\nu\lambda}A^\nu\right)\mathrm{d}\sigma \\
&= A^\mu(x_p) - \Gamma^\mu_{\nu\lambda}A^\nu\big|_p\,\mathrm{d}x^\lambda + t^\lambda\left(\nabla_\lambda A^\mu\right)\mathrm{d}\sigma.
\end{aligned} \qquad (2.5.14)$$

---

① 设 $B^\mu_{\nu\lambda}$ 是 (1,2) 型张量。原则上，

$$C^\mu_{\nu\lambda} = -\Gamma^\mu_{\nu\lambda} + B^\mu_{\nu\lambda},$$

也满足对 C 的变换规律的要求。于是，平行移动就改写为

$$A^\mu(p \to q) = A^\mu(p) - \Gamma^\nu_{\nu\lambda}(p)\,A^\nu(p)\,\mathrm{d}x^\lambda + B^\nu_{\nu\lambda}(p)\,A^\nu(p)\,\mathrm{d}x^\lambda.$$

张量场在时空中的平行移动只与时空的性质有关，故 C(及 B) 都应只与时空的性质有关。另一方面，由黎曼几何基本定理知，与度规 $\boldsymbol{g}$ 适配的无挠 (协变) 导数算子是唯一的，相应的联络系数由度规唯一确定，故在张量的平行移动中不会出现额外的 (1,2) 型张量。对于嘉当时空 (挠率不为零)，上述平行移动的定义就不再唯一确定了。

可见，平行移动的定义可写为：若逆变矢量 $A^\mu(x)$ 满足

$$t^\lambda \nabla_\lambda A^\nu = 0, \tag{2.5.15}$$

则称逆变矢量 $A^\mu(x)$ 是沿着 $C(\sigma)$ 平行移动的。这一平行移动的定义可推广到嘉当时空 (挠率不为零) 中。

在图 2.5.2 所示的例子中，曲线 $C(\sigma)$ 是 2 维球面上的赤道，矢量 A^μ 是指向正北的矢量，它从 p 点平移到 q 点，仍是指向正北的矢量。在这个例子中恰好有 $t^\mu A_\mu = 0$，但平行移动并无此要求。须注意，一般来说，逆变矢量场不满足

$$A^\mu(q) = A^\mu(p \to q). \tag{2.5.16}$$

只有当矢量场是由某点的矢量平行移动所得到时，才满足 (2.5.16) 式。从这个例子中可以看出，若曲线 $C(\sigma)$ 过 p, q 两点，A^μ 是在 $C(\sigma)$ 上有定义且满足 (2.5.15) 式的逆变矢量场，则 p 点处矢量 $A^\mu(p)$ 沿 $C(\sigma)$ 平移到 q 点正好是 q 点处矢量 $A^\mu(q)$，故 q 点处矢量 $A^\mu(q)$ 可看作是 p 点处矢量 $A^\mu(p)$ 沿 $C(\sigma)$ 平移的结果。

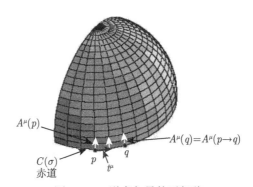

图 2.5.2　逆变矢量的平行移

定理　对于给定联络 $\Gamma^\nu_{\sigma\lambda}$ 的空间，矢量 A^μ 从 p 点沿任一光滑曲线段平行移动的结果由曲线、联络及矢量在初始点 p 的值 $A^\mu|_p$ 唯一确定，且线性地依赖于 $A^\mu|_p$。

证明　平行移动的定义 (2.5.15) 式等价于

$$\frac{\mathrm{d}x^\lambda}{\mathrm{d}\sigma}\left(\frac{\partial A^\nu}{\partial x^\lambda} + \Gamma^\nu_{\kappa\lambda}A^\kappa\right) = 0 \Leftrightarrow \frac{\mathrm{d}A^\nu}{\mathrm{d}\sigma} + \left(\frac{\mathrm{d}x^\lambda}{\mathrm{d}\sigma}\Gamma^\nu_{\kappa\lambda}\right)A^\kappa = 0. \tag{2.5.17}$$

这是一个关于 A^ν 的一阶线性常微分方程组，由于空间的联络已给定，故根据常微分方程组解的存在性和唯一性定理知，只要给定曲线 (亦即给定曲线的切矢场) 和矢量 A^ν 的初值，微分方程就有唯一解。

证毕。

类似地，设 $T^{\mu_1\cdots\mu_k}{}_{\nu_1\cdots\nu_l}(x)$ 是在流形 $\mathcal{M}$ 中沿曲线 $C(\sigma)$ 上有定义的 (k,l) 型张量场，t^μ 是 $C(\sigma)$ 的切矢量场，若 $T^{\mu_1\cdots\mu_k}{}_{\nu_1\cdots\nu_l}(x)$ 满足

$$t^\lambda\nabla_\lambda T^{\mu_1\cdots\mu_k}{}_{\nu_1\cdots\nu_l}(x) = 0. \tag{2.5.18}$$

则称 $T^{\mu_1\cdots\mu_k}{}_{\nu_1\cdots\nu_l}(x)$ 是沿着 $C(\sigma)$ 平行移动的张量场 (tensor field parallelly transported along a curve)。

2.6 沿曲线的协变微分

在前面的讨论中，张量场都至少是定义在一个邻域内的。在物理学中，我们经常要研究测试粒子的运动，这时就会遇到粒子的动量、自旋等在运动中如何变化的问题。显然，粒子的动量、自旋量等张量都是定义在粒子的世界线上。对于这样的问题，我们就需要用沿曲线的协变微分了。

利用 (2.4.2) 式，可把 (2.5.15) 式改写成

$$0 = t^\lambda\nabla_\lambda A^\nu = \frac{\mathrm{d}x^\lambda}{\mathrm{d}\sigma}\left(\partial_\lambda A^\nu + \Gamma^\nu_{\sigma\lambda}A^\sigma\right) = \frac{\mathrm{d}A^\nu}{\mathrm{d}\sigma} + \Gamma^\nu_{\sigma\lambda}t^\lambda A^\sigma. \tag{2.6.1}$$

矢量 A^μ 沿曲线 $C(\sigma)$ 的协变微分 (covariant differentiation along a curve) 定义为

$$\frac{\mathrm{D}A^\nu}{\mathrm{d}\sigma} := \frac{\mathrm{d}A^\nu}{\mathrm{d}\sigma} + \Gamma^\nu_{\sigma\lambda}t^\lambda A^\sigma. \tag{2.6.2}$$

类似地，张量场 $T^{\mu_1\cdots\mu_p}{}_{\nu_1\cdots\nu_q}(x(\sigma))$ 沿曲线 $C(\sigma)$ 的协变微分为

$$\frac{\mathrm{D}T^{\mu_1\cdots\mu_k}{}_{\nu_1\cdots\nu_l}(x(\sigma))}{\mathrm{d}\sigma}$$

$$= T^{\mu_1\cdots\mu_k}{}_{\nu_1\cdots\nu_l;\lambda}(x(\sigma))\,t^\lambda$$

$$= \frac{\mathrm{d}T^{\mu_1\cdots\mu_k}{}_{\nu_1\cdots\nu_l}(x(\sigma))}{\mathrm{d}\sigma} + \Gamma^{\mu_1}_{\sigma\lambda}t^\lambda T^{\sigma\mu_2\cdots\mu_k}{}_{\nu_1\cdots\nu_l}(x(\sigma)) + \cdots$$

$$+ \Gamma^{\mu_k}_{\sigma\lambda}t^\lambda T^{\mu_1\cdots\mu_{k-1}\sigma}{}_{\nu_1\cdots\nu_l}(x(\sigma)) - \Gamma^\sigma_{\nu_1\lambda}t^\lambda T^{\mu_1\cdots\mu_k}{}_{\sigma\nu_2\cdots\nu_l}(x(\sigma))$$

$$- \cdots - \Gamma^\sigma_{\nu_l\lambda}t^\lambda T^{\mu_1\cdots\mu_k}{}_{\nu_1\cdots\nu_{l-1}\sigma}(x(\sigma)). \tag{2.6.3}$$

不难证明，张量场沿曲线的协变微分在坐标变换下，与原张量场遵守相同的变换规律，即

$$\frac{\mathrm{D}}{\mathrm{d}\sigma}\tilde{T}^{\mu_1\cdots\mu_k}{}_{\nu_1\cdots\nu_l}(\tilde{x}(\sigma)) = \frac{\partial\tilde{x}^{\mu_1}}{\partial x^{\rho_1}}\cdots\frac{\partial\tilde{x}^{\mu_k}}{\partial x^{\rho_k}}\frac{\partial x^{\sigma_1}}{\partial\tilde{x}^{\nu_1}}\cdots\frac{\partial x^{\sigma_l}}{\partial\tilde{x}^{\nu_l}}\frac{\mathrm{D}}{\mathrm{d}\sigma}T^{\rho_1\cdots\rho_k}{}_{\sigma_1\cdots\sigma_l}(x(\sigma)).$$

$$\tag{2.6.4}$$

需要特别说明：协变导数要求张量场至少定义在 p 点的一个邻域内，而沿曲线的协变微分要求张量场定义在一条曲线上；协变导数作用在一个 (k, l) 型张量场上, 得到一个 $(k, l+1)$ 型张量场，而沿曲线的协变微分作用在一个 (k, l) 型张量场上，得到的仍是一个 (k, l) 型张量场。二者虽然有很大不同，但两者之间又有着密切的联系：

$$\frac{\mathrm{D}}{\mathrm{d}\sigma} = t^\lambda \nabla_\lambda. \tag{2.6.5}$$

2.5 节中的平行移动可用协变微分表示出来。矢量场 A^μ 沿曲线 $C(\sigma)$ 平行移动满足

$$\frac{\mathrm{D}A^\nu}{\mathrm{d}\sigma} = \frac{\mathrm{d}A^\nu}{\mathrm{d}\sigma} + \Gamma^\nu_{\sigma\lambda} A^\sigma t^\lambda = 0, \tag{2.6.6}$$

张量场 $T^{\mu_1\cdots\mu_k}{}_{\nu_1\cdots\nu_l}(x)$ 沿曲线 $C(\sigma)$ 平行移动满足

$$\frac{\mathrm{D}T^{\mu_1\cdots\mu_k}{}_{\nu_1\cdots\nu_l}(x)}{\mathrm{d}\sigma} = T^{\mu_1\cdots\mu_k}{}_{\nu_1\cdots\nu_l;\lambda}(x)\, t^\lambda = 0. \tag{2.6.7}$$

2.7　测　地　线

2.7.1　测地线的定义

曲线 $C(\sigma)$ 的切矢量场 $t^\mu(x)$ 本身就是定义在 $C(\sigma)$ 上的逆变矢量场，如果切矢量场 $t^\mu(x)$ 满足

$$t^\lambda \nabla_\lambda t^\mu = 0, \tag{2.7.1}$$

或

$$\frac{\mathrm{D}t^\mu}{\mathrm{d}\sigma} = 0 \quad \left(\text{或} \frac{\mathrm{D}^2 x^\mu}{\mathrm{d}\sigma^2} = 0\right), \tag{2.7.2}$$

或

$$\frac{\mathrm{d}^2 x^\mu}{\mathrm{d}\sigma^2} + \Gamma^\mu_{\nu\lambda} \frac{\mathrm{d}x^\nu}{\mathrm{d}\sigma} \frac{\mathrm{d}x^\lambda}{\mathrm{d}\sigma} = 0, \tag{2.7.3}$$

则称 $C(\sigma)$ 为测地线 (geodesic)，(2.7.1)~(2.7.3) 式都称为测地线方程。测地线的充要条件是，曲线的切矢是沿其自身平行移动的。所以，测地线又称为自平行曲线。

下面讨论测地线的几个具体例子。

例 1　在 n 维欧氏空间中，若采用笛卡儿坐标系，克氏符的所有分量都为零。于是，测地线方程化为

$$\frac{\mathrm{d}^2 x^\mu}{\mathrm{d}\sigma^2} = 0. \tag{2.7.4}$$

其通解为

$$x^\mu = a^\mu \sigma + b^\mu,$$ (2.7.5)

其中 a^μ, b^μ 是任意常数。这正是欧氏空间中直线的参数方程。可见，测地线是欧氏空间中直线概念的推广，或者说，测地线是弯曲时空中最直的线。

需要说明的是，即便在 2 维欧氏空间中，圆也不是测地线！因为 2 维空间的度规可写成

$$ds^2 = dr^2 + r^2 d\varphi^2,$$ (2.7.6)

其非零联络系数是

$$\Gamma^r_{\varphi\varphi} = -r, \qquad \Gamma^\varphi_{r\varphi} = \Gamma^\varphi_{\varphi r} = \frac{1}{r}.$$ (2.7.7)

圆的方程是 $r = \text{const.}$, 显然有 $\dfrac{dr}{d\sigma} = 0$, $\dfrac{d^2 r}{d\sigma^2} = 0$, 而

$$\Gamma^r_{\varphi\varphi} \frac{d\varphi}{d\sigma} \frac{d\varphi}{d\sigma} = -r \left(\frac{d\varphi}{d\sigma}\right)^2 \neq 0,$$ (2.7.8)

故圆不满足测地线方程。

例 2 3 维欧氏空间中的 2 维单位球面。若采用球坐标系，其线元为[①]

$$ds^2 = d\theta^2 + \sin^2\theta d\varphi^2,$$ (2.7.9)

2 维黎曼空间的克氏符共有 $2 \times \dfrac{2 \times (2+1)}{2} = 6$ 个独立分量，但非零独立分量只有

$$\Gamma^\theta_{\varphi\varphi} = -\sin\theta\cos\theta, \qquad \Gamma^\varphi_{\varphi\theta} = \cot\theta.$$ (2.7.10)

---

① 若采用球坐标系，2 维单位球面的线元则总可写成 (2.7.9) 式的形式，但若采用其他坐标，完全有可能将之写成具有非对角项的形式。例如，在 3 维欧氏空间中 2 维单位球面的方程为

$$x^2 + y^2 + z^2 = 1$$
$$z^2 = 1 - x^2 - y^2 \Rightarrow zdz = -xdx - ydy$$
$$dz^2 = \frac{(xdx + ydy)^2}{1 - x^2 - y^2}$$

于是，2 维单位球面的线元可写为

$$ds^2 = dx^2 + dy^2 + dz^2 \Big|_{x^2+y^2+z^2=1} = dx^2 + dy^2 + \frac{(xdx + ydy)^2}{1 - x^2 - y^2}$$
$$= \frac{(1 - y^2) dx^2 + (1 - x^2) dy^2 + 2xydxdy}{1 - x^2 - y^2}.$$

于是，测地线方程化为

$$
\begin{cases}
\dfrac{\mathrm{d}^2\theta}{\mathrm{d}\sigma^2} - \sin\theta\cos\theta\,\dfrac{\mathrm{d}\varphi}{\mathrm{d}\sigma}\dfrac{\mathrm{d}\varphi}{\mathrm{d}\sigma} = 0, \\[3mm]
\dfrac{\mathrm{d}^2\varphi}{\mathrm{d}\sigma^2} + 2\cot\theta\,\dfrac{\mathrm{d}\theta}{\mathrm{d}\sigma}\dfrac{\mathrm{d}\varphi}{\mathrm{d}\sigma} = 0.
\end{cases}
\tag{2.7.11}
$$

$$
\text{赤道 } \theta = \pi/2:\quad
\begin{cases}
0 = 0, \\[3mm]
\dfrac{\mathrm{d}^2\varphi}{\mathrm{d}\sigma^2} = 0 \Rightarrow \dfrac{\mathrm{d}\varphi}{\mathrm{d}\sigma} = a \Rightarrow \varphi = a\sigma + b.
\end{cases}
\tag{2.7.12}
$$

$$
\text{极轨 } \dfrac{\mathrm{d}\varphi}{\mathrm{d}\sigma} = 0:\quad
\begin{cases}
\dfrac{\mathrm{d}^2\theta}{\mathrm{d}\sigma^2} = 0 \Rightarrow \theta = a\sigma + b, \\[3mm]
0 - 0 = 0.
\end{cases}
\tag{2.7.13}
$$

可见，对于这两种情况，测地线是球面上的大圆。事实上，对于一般情况，测地线也是球面上的大圆。

证明　由 (2.7.11) 式的第二式得

$$
\frac{\mathrm{d}}{\mathrm{d}\sigma}\ln\left|\frac{\mathrm{d}\varphi}{\mathrm{d}\sigma}\right| = -\frac{\mathrm{d}}{\mathrm{d}\sigma}\ln\left(\sin^2\theta\right) \Rightarrow \frac{\mathrm{d}\varphi}{\mathrm{d}\sigma} = \frac{A}{\sin^2\theta},
\tag{2.7.14}
$$

其中 A 是积分常数，可以吸收到仿射参数 σ 之中，即

$$
\mathrm{d}\sigma = \sin^2\left(\theta\left(\varphi\right)\right)\mathrm{d}\varphi.
\tag{2.7.15}
$$

$\dfrac{\mathrm{d}\theta}{\mathrm{d}\sigma} \times$ (2.7.11) 式的第一个式子，再利用 (2.7.15) 式，得

$$
\frac{\mathrm{d}\theta}{\mathrm{d}\sigma}\frac{\mathrm{d}}{\mathrm{d}\sigma}\frac{\mathrm{d}\theta}{\mathrm{d}\sigma} - \frac{\cos\theta}{\sin^3\theta}\frac{\mathrm{d}\theta}{\mathrm{d}\sigma} = 0 \Rightarrow \frac{\mathrm{d}}{\mathrm{d}\sigma}\left(\frac{\mathrm{d}\theta}{\mathrm{d}\sigma}\right)^2 = -\frac{\mathrm{d}}{\mathrm{d}\sigma}\frac{1}{\sin^2\theta} = -\frac{\mathrm{d}}{\mathrm{d}\sigma}\cot^2\theta,
\tag{2.7.16}
$$

积分，得

$$
\frac{\mathrm{d}\theta}{\mathrm{d}\sigma} = \pm\left(\cot^2\theta_0 - \cot^2\theta\right)^{1/2},
\tag{2.7.17}
$$

其中 $\cot\theta_0$ 是积分常数。由 (2.7.17) 式解出 $\mathrm{d}\sigma$ 代入 (2.7.15) 式，得

$$
\sin^2\theta\,\mathrm{d}\varphi = \pm\frac{\mathrm{d}\theta}{\left(\cot^2\theta_0 - \cot^2\theta\right)^{1/2}},
\tag{2.7.18}
$$

由此解出测地线方程:

$$\mathrm{d}\varphi = \mp \frac{\mathrm{dcot}\theta}{\left(\cot^2\theta_0 - \cot^2\theta\right)^{1/2}} \Rightarrow \varphi = \varphi_0 \mp \arctan\frac{\cot\theta}{\sqrt{\cot^2\theta_0 - \cot^2\theta}}. \qquad (2.7.19)$$

选择初值在 $\theta = \dfrac{\pi}{2}$ 时 (在赤道上), $\varphi = \varphi_0$ 或 $\varphi_0 \mp \pi$。在此初值下, 当 $\theta = \theta_0$ 时, $\varphi = \varphi_0 \mp \dfrac{\pi}{2}$, 即转 1/4 圈后, 达到纬度 (纬度等于 $|\theta - \pi/2|$) 的最大值。易见, (2.7.19) 式说明测地线是球面上的大圆。

前面讲过在曲线参数变换下, 其切矢按 (2.4.8) 式最后一等式变换。设 $C(\sigma)$ 是一条测地线, 其切矢 t^μ 满足测地线方程 (2.7.1); $C'(\sigma')$ 是 $C(\sigma)$ 的重参数化, 其切矢记作 t'^μ。将切矢的参数变换关系 (2.4.8) 式代入测地线方程 (2.7.1), 得

$$0 = t^\lambda \nabla_\lambda t^\mu = \frac{\mathrm{d}\sigma'}{\mathrm{d}\sigma} t'^\lambda \nabla_\lambda \left(t'^\mu \frac{\mathrm{d}\sigma'}{\mathrm{d}\sigma}\right) = \left(\frac{\mathrm{d}\sigma'}{\mathrm{d}\sigma}\right)^2 t'^\lambda \nabla_\lambda t'^\mu + t'^\mu t'^\lambda \nabla_\lambda \frac{\mathrm{d}\sigma'}{\mathrm{d}\sigma}$$

$$= \left(\frac{\mathrm{d}\sigma'}{\mathrm{d}\sigma}\right)^2 t'^\lambda \nabla_\lambda t'^\mu + t'^\mu \frac{\mathrm{d}^2\sigma'}{\mathrm{d}\sigma^2},$$

即

$$t'^\lambda \nabla_\lambda t'^\mu = -\left(\frac{\mathrm{d}\sigma}{\mathrm{d}\sigma'}\right)^2 \frac{\mathrm{d}^2\sigma'}{\mathrm{d}\sigma^2} t'^\mu = a t'^\mu, \qquad (2.7.20)$$

其中 $a = -\left(\dfrac{\mathrm{d}\sigma}{\mathrm{d}\sigma'}\right)^2 \dfrac{\mathrm{d}^2\sigma'}{\mathrm{d}\sigma^2}$ 是曲线 $C(\sigma)$ 上的标量函数。方程 (2.7.20) 与 (2.7.1) 的区别仅仅在于它们的参数化不同。所以, 方程 (2.7.20) 的积分曲线也给出测地线。

能使测地线满足方程 (2.7.1) 的参数称为测地线的仿射参数 (affine parameter), 若测地线满足方程 (2.7.20), 且 $a \neq 0$, 则其参数一定不是仿射参数。须注意: 测地线的仿射参数不是唯一的, 但两个仿射参数之间至多只差一个线性变换。

2.7.2 测地线的性质

我们知道, 在流形中任一点沿任一给定切矢, 有无穷多曲线, 如图 2.7.1 所示。那么, 在流形中任一点沿任一给定切矢, 有多少条测地线呢? 答案是只有唯一的一条测地线! 下面我们来证明这一点。

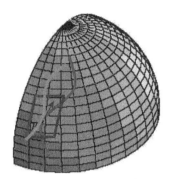

图 2.7.1　过一点的不同曲线可有相同的切矢

考虑流形 $\mathcal{M}$ 上任一点 p 和该点的矢量 t^μ。在 p 点的一个邻域内取坐标系 $\{x^\mu\}$，设 $C(\sigma)$ 是过 p 点切于 t^μ 的测地线，且 σ 是其仿射参数，不失一般地，可令 $C(0)=p$。在坐标系 $\{x^\mu\}$ 下，测地线 $C(\sigma)$ 可写成

$$C\left(\sigma\right)=\left\{x^\mu\left(\sigma\right)\ \middle|\ \frac{\mathrm{d}^2x^\mu}{\mathrm{d}\sigma^2}+\Gamma^\mu_{\nu\lambda}\frac{\mathrm{d}x^\nu}{\mathrm{d}\sigma}\frac{\mathrm{d}x^\lambda}{\mathrm{d}\sigma}=0,x^\mu\left(0\right)=p,\left.\frac{\mathrm{d}x^\mu}{\mathrm{d}\sigma}\right|_{\sigma=0}=t^\mu\right\}. \quad (2.7.21)$$

这是一个 2 阶常微分方程组，在给定初始条件下有唯一解。

与一般曲线类似，测地线分为类时、类空、类光的，其上每一点的切矢都相应地满足：

$$g_{\mu\nu}t^\mu t^\nu\begin{cases}<0, & \text{类时测地线},\\>0, & \text{类空测地线},\\=0, & \text{类光测地线}.\end{cases} \quad (2.7.22)$$

但对于以仿射参数 σ 为参数的测地线 (自平行曲线)，

$$t^\lambda\nabla_\lambda\left(g_{\mu\nu}t^\mu t^\nu\right)=\left(t^\lambda\nabla_\lambda g_{\mu\nu}\right)t^\mu t^\nu+g_{\mu\nu}\left(t^\lambda\nabla_\lambda t^\mu\right)t^\nu+g_{\mu\nu}t^\mu\left(t^\lambda\nabla_\lambda t^\nu\right)=0, \quad (2.7.23)$$

其中第一项为零是因为导数算子与度规适配，第二、三项为零是因为测地线方程 (2.7.1) 成立。(2.7.23) 式说明，测地线切矢的内积沿测地线保持不变，当然也不改变符号。所以，对于给定的测地线及其一点的切矢，就可完全决定整条测地线的类时、类空、类光属性，或者说，测地线的类时、类空、类光属性保持不变。

2.7.3　测地线的长度

设 $C(\sigma)$ 是一条以仿射参数 σ 为参数的类空测地线，其切矢 $t^\mu=\dfrac{\mathrm{d}x^\mu}{\mathrm{d}\sigma}$ 满足 $g_{\mu\nu}t^\mu t^\nu>0$，该测地线从 p 到 q 的弧长为

$$\int_p^q\sqrt{g_{\mu\nu}\mathrm{d}x^\mu\mathrm{d}x^\nu}=\int_p^q\sqrt{g_{\mu\nu}t^\mu t^\nu}\mathrm{d}\sigma=A\int_p^q\mathrm{d}\sigma, \quad (2.7.24)$$

其中第二步用到 $g_{\mu\nu}t^\mu t^\nu$ 沿测地线是常数，并将之记作 A。由仿射参数的性质知，常数 A 可吸收到仿射参数中去。于是得到结论，类空测地线的弧长本身就是该测地线的仿射参数。注意到度规 (2.2.1) 式，当取仿射参数 $\sigma = s$ 时，类空测地线上两点间的弧长就是两点间的间隔。从此以后，类空曲线的切矢都写成

$$V^\mu = \frac{\mathrm{d}x^\mu}{\mathrm{d}s}. \tag{2.7.25}$$

若 $C(\sigma)$ 为一条以仿射参数 σ 为参数的类时测地线，其切矢 $t^\mu = \dfrac{\mathrm{d}x^\mu}{\mathrm{d}\sigma}$ 满足 $g_{\mu\nu}t^\mu t^\nu < 0$。该测地线从 p 到 q 的 "弧长" 为

$$\int_p^q \sqrt{-g_{\mu\nu}\mathrm{d}x^\mu \mathrm{d}x^\nu} = \int_p^q \sqrt{-g_{\mu\nu}t^\mu t^\nu}\,\mathrm{d}\sigma = A\int_p^q \mathrm{d}\sigma, \tag{2.7.26}$$

再次由仿射参数的性质知，常数 A 可吸收到仿射参数中去。于是得到结论，类时测地线的 "弧长" 本身就是该测地线的仿射参数。令

$$\mathrm{d}\tau = -\mathrm{i}\mathrm{d}s. \tag{2.7.27}$$

τ 称为固有时 (3.2 节将看到，它是在相对运动质点静止的局部惯性系中测得的时间)。由线元 (2.2.1) 式知

$$\mathrm{d}\tau^2 = -g_{\mu\nu}\left(x\right)\mathrm{d}x^\mu \mathrm{d}x^\nu, \tag{2.7.28}$$

当取 τ 为仿射参数时，

$$-g_{\mu\nu}t^\mu t^\nu = 1, \tag{2.7.29}$$

类时测地线的 "弧长" 就是两点间的固有时之差。从此以后，类时曲线的切矢都写成

$$U^\mu = \frac{\mathrm{d}x^\mu}{\mathrm{d}\tau}. \tag{2.7.30}$$

设 $C(\sigma)$ 为一条以仿射参数 σ 为参数的类光测地线，其切矢 $t^\mu = \dfrac{\mathrm{d}x^\mu}{\mathrm{d}\sigma}$ 满足 $g_{\mu\nu}t^\mu t^\nu = 0$。该测地线从 p 到 q 的 "弧长" 为

$$\int_p^q \sqrt{\pm g_{\mu\nu}\mathrm{d}x^\mu \mathrm{d}x^\nu} = \int_p^q \sqrt{\pm g_{\mu\nu}t^\mu t^\nu}\,\mathrm{d}\sigma = \sqrt{\pm g_{\mu\nu}t^\mu t^\nu}\int_p^q \mathrm{d}\sigma = 0, \tag{2.7.31}$$

第二个等号用到沿测地线 $\sqrt{\pm g_{\mu\nu}t^\mu t^\nu}$ 仍是常数。上式说明，类光测地线的弧长恒为零，固有时也恒为零。此后类光测地线的切矢记作

$$k^\mu = \frac{\mathrm{d}x^\mu}{\mathrm{d}\lambda}, \tag{2.7.32}$$

其中 λ 为仿射参量。

2.7.4　极值曲线

在欧氏几何中，两点间直线距离最短，如图 2.7.2 所示。在闵氏时空中，在等时面内，类空间隔的两点间，直线距离最短；类时间隔的两点间，直线的固有时最长。在弯曲时空中结果如何？先看黎曼时空中的类空曲线，p 到 q 的弧长由 (2.7.24) 式 (及 (2.7.25) 式) 给出，

$$
\begin{aligned}
0 = \delta s &= \int_p^q \delta \sqrt{g_{\mu\nu}V^\mu V^\nu}\,\mathrm{d}s \\
&= \frac{1}{2}\int_p^q \frac{\left(\delta g_{\mu\nu}\right)V^\mu V^\nu + g_{\mu\nu}\left(\delta V^\mu\right)V^\nu + g_{\mu\nu}V^\mu\left(\delta V^\nu\right)}{\sqrt{g_{\mu\nu}V^\mu V^\nu}}\,\mathrm{d}s \\
&= \frac{1}{2}\int_p^q \left[g_{\mu\nu,\lambda}\delta x^\lambda V^\mu V^\nu + g_{\mu\nu}\frac{\mathrm{d}\delta x^\mu}{\mathrm{d}s}V^\nu + g_{\mu\nu}V^\mu\frac{\mathrm{d}\delta x^\nu}{\mathrm{d}s}\right]\mathrm{d}s \\
&= \frac{1}{2}\int_p^q \left[g_{\mu\nu,\lambda}\delta x^\lambda V^\mu V^\nu - \frac{\mathrm{d}g_{\mu\nu}V^\nu}{\mathrm{d}s}\delta x^\mu - \frac{\mathrm{d}g_{\mu\nu}V^\mu}{\mathrm{d}s}\delta x^\nu\right]\mathrm{d}s \\
&= \frac{1}{2}\int_p^q \left[g_{\mu\nu,\lambda}V^\mu V^\nu - \frac{\mathrm{d}g_{\lambda\nu}}{\mathrm{d}s}V^\nu - g_{\lambda\nu}\frac{\mathrm{d}V^\nu}{\mathrm{d}s} - \frac{\mathrm{d}g_{\mu\lambda}}{\mathrm{d}s}V^\mu - g_{\mu\lambda}\frac{\mathrm{d}V^\mu}{\mathrm{d}s}\right]\delta x^\lambda \mathrm{d}s \\
&= \frac{1}{2}\int_p^q \left[g_{\mu\nu,\lambda}V^\mu V^\nu - g_{\lambda\nu,\mu}V^\mu V^\nu - g_{\lambda\mu,\nu}V^\mu V^\nu - 2g_{\mu\lambda}\frac{\mathrm{d}V^\mu}{\mathrm{d}s}\right]\delta x^\lambda \mathrm{d}s,
\end{aligned}
$$

其中第三行用到 $g_{\mu\nu}V^\mu V^\nu = 1$ 及变分与求导可交换顺序，第四行用到分部积分和边界上的变分为零，上式左边变分为零要求右边被积函数为零，即

图 2.7.2　p、q 间的曲线

$$2g_{\mu\lambda}\frac{\mathrm{d}V^{\mu}}{\mathrm{d}s} + (g_{\lambda\mu,\nu} + g_{\lambda\nu,\mu} - g_{\mu\nu,\lambda})\, V^{\mu}V^{\nu} = 0,$$

$$\frac{\mathrm{d}^2 x^{\sigma}}{\mathrm{d}s^2} + \frac{1}{2}g^{\sigma\lambda}\, (g_{\lambda\mu,\nu} + g_{\lambda\nu,\mu} - g_{\mu\nu,\lambda})\, \frac{\mathrm{d}x^{\mu}}{\mathrm{d}s}\frac{\mathrm{d}x^{\nu}}{\mathrm{d}s} = 0.$$

最后一式不是别的，正是测地线方程 (2.7.3)。

再看黎曼时空中的类时曲线，p 到 q 的 "弧长" 为

$$\tau = \int_p^q \sqrt{-g_{\mu\nu}U^{\mu}U^{\nu}}\,\mathrm{d}\tau =: \int_p^q \mathscr{L}\mathrm{d}\tau, \tag{2.7.33}$$

其中

$$\mathscr{L} = \sqrt{-g_{\mu\nu}U^{\mu}U^{\nu}} = \sqrt{-g_{\mu\nu}\,(x)\,\dot{x}^{\mu}\dot{x}^{\nu}} = 1 \quad (\dot{x}^{\mu} = U^{\mu}) \tag{2.7.34}$$

可视作粒子的拉氏量。至于为什么可把它视作拉氏量的问题，留到第 3 章再讨论。
易见，

$$\frac{\partial \mathscr{L}}{\partial x^{\lambda}} = -\frac{1}{2}g_{\mu\nu,\lambda}\dot{x}^{\mu}\dot{x}^{\nu},$$

$$\frac{\mathrm{d}}{\mathrm{d}\tau}\frac{\partial \mathscr{L}}{\partial \dot{x}^{\lambda}} = \frac{\mathrm{d}}{\mathrm{d}\tau}\left(-g_{\lambda\nu}\dot{x}^{\nu}\right) = -g_{\lambda\nu,\mu}\dot{x}^{\mu}\dot{x}^{\nu} - g_{\lambda\nu}\frac{\mathrm{d}^2 x^{\nu}}{\mathrm{d}\tau^2}.$$

由欧拉-拉格朗日 (Euler-Lagrangian，E-L) 方程

$$\frac{\mathrm{d}}{\mathrm{d}\tau}\frac{\partial \mathscr{L}}{\partial \dot{x}^{\lambda}} - \frac{\partial \mathscr{L}}{\partial x^{\lambda}} = 0, \tag{2.7.35}$$

得

$$0 = \frac{\partial \mathscr{L}}{\partial x^{\lambda}} - \frac{\mathrm{d}}{\mathrm{d}\tau}\frac{\partial \mathscr{L}}{\partial \dot{x}^{\lambda}} = g_{\lambda\nu}\frac{\mathrm{d}^2 x^{\nu}}{\mathrm{d}\tau^2} + g_{\lambda\nu,\mu}\dot{x}^{\mu}\dot{x}^{\nu} - \frac{1}{2}g_{\mu\nu,\lambda}\dot{x}^{\mu}\dot{x}^{\nu},$$

$$\frac{\mathrm{d}^2 x^{\sigma}}{\mathrm{d}\tau^2} + \frac{1}{2}g^{\sigma\lambda}\, (g_{\lambda\nu,\mu} + g_{\lambda\mu,\nu} - g_{\mu\nu,\lambda})\, \dot{x}^{\mu}\dot{x}^{\nu} = 0.$$

后一式再次给出测地线方程 (2.7.3)。它说明，类时测地线也是极值曲线。总之，测
地线就是极值曲线！须强调：这只在无挠时空中成立！

有关极值曲线中的极值是极大值还是极小值的讨论见本章附录 2.A。

2.7.5 计算克氏符的简便方法

前面说过，对于任一给定时空，度规 $g_{\mu\nu}$ 是已知的，由 (2.3.34) 式即可得到该时空的所有联络系数。然而，4 维黎曼时空的联络系数共有 40 个独立分量 (参见 (2.3.26) 式)。对于很多时空，其中的不少分量都为零，若按 (2.3.34) 式计算，实在得不偿失。下面介绍一种计算克氏符的简便方法。

对于给定度规 ((2.2.1) 式)，

$$\mathrm{d}s^2 = g_{\mu\nu}(x)\,\mathrm{d}x^\mu\mathrm{d}x^\nu,$$

总可取拉氏量

$$\mathscr{L} = \sqrt{-g_{\mu\nu}(x)\,\dot{x}^\mu\dot{x}^\nu} = 1$$

$$\left(\text{或}\mathscr{L} = -g_{\mu\nu}(x)\,\dot{x}^\mu\dot{x}^\nu = 1\text{或}\mathscr{L} = -\frac{1}{2}g_{\mu\nu}(x)\,\dot{x}^\mu\dot{x}^\nu = \frac{1}{2}\right). \qquad (2.7.36)$$

具体选哪一种都不重要。利用欧拉-拉格朗日方程，

$$\frac{\mathrm{d}}{\mathrm{d}\tau}\frac{\partial\mathscr{L}}{\partial\dot{x}^\lambda} - \frac{\partial\mathscr{L}}{\partial x^\lambda} = 0, \qquad (2.7.37)$$

写出运动方程，再与测地线方程 (2.7.3) 式比较，即可读出非零联络系数 (克氏符)。在 3.4 节，我们将结合具体时空，进一步介绍这一方法。

小结

测地线是自平行曲线，是平直时空中直线概念的推广。

采用仿射参数时，测地线满足 (2.7.1) 式；采用非仿射参数时，测地线满足 (2.7.20) 式。

过流形上给定点，沿任一方向有且只有一条测地线。

测地线分为类时、类空和类光；测地线切矢的内积沿测地线不变。

对于类空测地线，常取弧长 s 为仿射参数；对于类时测地线，常取固有时 τ 为仿射参数；对于类光测地线，仿射参数常记作 λ。

在一般的黎曼时空中，两点间的测地线仍是极值曲线；在无挠空间中，距离不远的两点间 (即两点间没有类似球的对径点 (称为共轭点)) 的测地线就是这两点间的短程线。

利用测地线方程可快速求得非零联络系数。

2.8 黎曼曲率张量

2.8.1 黎曼曲率张量的定义

已知, 逆变矢量场的协变导数 (2.3.8) 式是一个 $(1,1)$ 型张量场。对它再求一次协变导数[①]:

$$
\begin{aligned}
\nabla_\kappa \nabla_\lambda A^\nu &= \partial_\kappa \left(\nabla_\lambda A^\nu \right) + \Gamma^\nu_{\sigma\kappa} \nabla_\lambda A^\sigma - \Gamma^\sigma_{\lambda\kappa} \nabla_\sigma A^\nu \\
&= \partial_\kappa \left(A^\nu_{,\lambda} + \Gamma^\nu_{\mu\lambda} A^\mu \right) + \Gamma^\nu_{\sigma\kappa} \left(A^\sigma_{,\lambda} + \Gamma^\sigma_{\mu\lambda} A^\mu \right) - \Gamma^\sigma_{\lambda\kappa} \left(A^\nu_{,\sigma} + \Gamma^\nu_{\mu\sigma} A^\mu \right) \\
&= A^\nu_{,\lambda\kappa} + \left(\partial_\kappa \Gamma^\nu_{\mu\lambda} \right) A^\mu + \Gamma^\nu_{\mu\lambda} A^\mu_{,\kappa} + \Gamma^\nu_{\sigma\kappa} A^\sigma_{,\lambda} \\
&\quad + \Gamma^\nu_{\sigma\kappa} \Gamma^\sigma_{\mu\lambda} A^\mu - \Gamma^\sigma_{\lambda\kappa} A^\nu_{,\sigma} - \Gamma^\sigma_{\lambda\kappa} \Gamma^\nu_{\mu\sigma} A^\mu,
\end{aligned}
\tag{2.8.1}
$$

交换求导的顺序, 有

$$
\begin{aligned}
\nabla_\lambda \nabla_\kappa A^\nu = {}& A^\nu_{,\kappa\lambda} + \left(\partial_\lambda \Gamma^\nu_{\mu\kappa} \right) A^\mu + \Gamma^\nu_{\mu\kappa} A^\mu_{,\lambda} + \Gamma^\nu_{\sigma\lambda} A^\sigma_{,\kappa} \\
&+ \Gamma^\nu_{\sigma\lambda} \Gamma^\sigma_{\mu\kappa} A^\mu - \Gamma^\sigma_{\kappa\lambda} A^\nu_{,\sigma} - \Gamma^\sigma_{\kappa\lambda} \Gamma^\nu_{\mu\sigma} A^\mu,
\end{aligned}
\tag{2.8.2}
$$

两者相减, 得

$$
\begin{aligned}
&\nabla_\kappa \nabla_\lambda A^\nu - \nabla_\lambda \nabla_\kappa A^\nu \\
={}& A^\nu_{,\lambda\kappa} - A^\nu_{,\kappa\lambda} + \left(\partial_\kappa \Gamma^\nu_{\mu\lambda} \right) A^\mu - \left(\partial_\lambda \Gamma^\nu_{\mu\kappa} \right) A^\mu + \Gamma^\nu_{\sigma\kappa} \Gamma^\sigma_{\mu\lambda} A^\mu \\
&- \Gamma^\nu_{\sigma\lambda} \Gamma^\sigma_{\mu\kappa} A^\mu - \Gamma^\sigma_{\lambda\kappa} A^\nu_{,\sigma} + \Gamma^\sigma_{\kappa\lambda} A^\nu_{,\sigma} - \Gamma^\sigma_{\lambda\kappa} \Gamma^\nu_{\mu\sigma} A^\mu + \Gamma^\sigma_{\kappa\lambda} \Gamma^\nu_{\mu\sigma} A^\mu \\
={}& \left(\partial_\kappa \Gamma^\nu_{\mu\lambda} - \partial_\lambda \Gamma^\nu_{\mu\kappa} + \Gamma^\nu_{\sigma\kappa} \Gamma^\sigma_{\mu\lambda} - \Gamma^\nu_{\sigma\lambda} \Gamma^\sigma_{\mu\kappa} \right) A^\mu + \left(\Gamma^\sigma_{\kappa\lambda} - \Gamma^\sigma_{\lambda\kappa} \right) A^\nu_{;\sigma} \\
=:{}& R^\nu_{\ \mu\kappa\lambda} A^\mu + T^\sigma_{\kappa\lambda} A^\nu_{;\sigma}.
\end{aligned}
\tag{2.8.3}
$$

黎曼曲率张量 (Riemann curvature tensor) 定义为

$$
R^\nu_{\ \mu\kappa\lambda} := \partial_\kappa \Gamma^\nu_{\mu\lambda} - \partial_\lambda \Gamma^\nu_{\mu\kappa} + \Gamma^\nu_{\sigma\kappa} \Gamma^\sigma_{\mu\lambda} - \Gamma^\nu_{\sigma\lambda} \Gamma^\sigma_{\mu\kappa}.
\tag{2.8.4}
$$

注意: 无论时空有无挠率, 黎曼曲率张量的定义都是相同的。对于无挠时空,

$$
R^\nu_{\ \mu\kappa\lambda} := \partial_\kappa \Gamma^\nu_{\mu\lambda} - \partial_\lambda \Gamma^\nu_{\mu\kappa} + \Gamma^\nu_{\sigma\kappa} \Gamma^\sigma_{\mu\lambda} - \Gamma^\nu_{\sigma\lambda} \Gamma^\sigma_{\mu\kappa}
$$

[①] 注意求多次协变导数时的顺序, 总是应用协变导数公式 (2.3.16) 先求最后一次协变导数 (例如, 在 (2.8.1) 式中, 先将 $\nabla_\lambda A^\nu$ 看作一个整体, 作为一个 $(1,1)$ 型张量场, 求 ∇_κ。), 然后依次向前。倘若先对第一次协变导数应用 (2.3.16) 式 (例: 在 (2.8.1) 式中, 先求 ∇_λ, 再求 ∇_κ。), 很容易出错, 因为求 ∇_λ 所得各项不再是张量, 对非张量的项, 我们不知如何求协变导数。

$$= \partial_\kappa \left\{ \begin{matrix} \nu \\ \mu\lambda \end{matrix} \right\} - \partial_\lambda \left\{ \begin{matrix} \nu \\ \mu\kappa \end{matrix} \right\} + \left\{ \begin{matrix} \nu \\ \sigma\kappa \end{matrix} \right\} \left\{ \begin{matrix} \sigma \\ \mu\lambda \end{matrix} \right\} - \left\{ \begin{matrix} \nu \\ \sigma\lambda \end{matrix} \right\} \left\{ \begin{matrix} \sigma \\ \mu\kappa \end{matrix} \right\}. \tag{2.8.5}$$

无挠时，它又称为黎曼-克里斯多菲曲率张量 (Riemann-Christoffel curvature tensor)。对于有挠时空，(2.8.5) 式中后一等式就**不**成立了。

易证，黎曼曲率张量 $R^\nu{}_{\mu\kappa\lambda}$ 是 (1,3) 型张量场。这是因为，A^ν 是一个 (1,0) 型张量场，$\nabla_\kappa\nabla_\lambda A^\nu$ 是一个 (1,2) 型张量场，方程 (2.8.3) 左边是 (1,2) 型张量场，右边必是 (1,2) 型张量场；又因为 $\nabla_\lambda A^\nu = A^\nu{}_{;\lambda}$ 是 (1,1) 型张量场，而 $T^\sigma{}_{\kappa\lambda}$ 是 (1,2) 型张量场，故 $A^\nu{}_{;\lambda}$ 与 $T^\sigma{}_{\kappa\lambda}$ 的缩并也是 (1,2) 型张量场；由此知，$R^\nu{}_{\mu\kappa\lambda}A^\mu$ 必为一个 (1,2) 型张量场；再次利用 A^ν 是 (1,0) 型张量场，即得结论。

下面，计算协变矢量场 B_ν 的两次协变导数 $\nabla_\kappa\nabla_\lambda B_\mu - \nabla_\lambda\nabla_\kappa B_\mu$。为此，考虑协变矢量场 B_ν 与任一逆变矢量场 A^ν 缩并构成的标量，对它求两次协变导数，并交换顺序再相减，由 (2.3.21) 式得

$$\left(\nabla_\kappa\nabla_\lambda - \nabla_\lambda\nabla_\kappa\right)\left(A^\nu B_\nu\right) = T^\mu{}_{\kappa\lambda}\left(A^\nu B_\nu\right)_{;\mu}, \tag{2.8.6}$$

另一方面[①]，

$$\left(\nabla_\kappa\nabla_\lambda - \nabla_\lambda\nabla_\kappa\right)\left(A^\nu B_\nu\right)$$

$$= \nabla_\kappa\left(\left(\nabla_\lambda A^\nu\right) B_\nu\right) + \nabla_\kappa\left(A^\nu\nabla_\lambda B_\nu\right) - \nabla_\lambda\left(\left(\nabla_\kappa A^\nu\right) B_\nu\right) - \nabla_\lambda\left(A^\nu\nabla_\kappa B_\nu\right)$$

$$= \left(\nabla_\kappa\nabla_\lambda A^\nu\right) B_\nu + \left(\nabla_\lambda A^\nu\right)\left(\nabla_\kappa B_\nu\right) + \left(\nabla_\kappa A^\nu\right)\left(\nabla_\lambda B_\nu\right) + A^\nu\left(\nabla_\kappa\nabla_\lambda B_\nu\right)$$

$$\quad - \left(\nabla_\lambda\nabla_\kappa A^\nu\right) B_\nu - \left(\nabla_\kappa A^\nu\right)\left(\nabla_\lambda B_\nu\right) - \left(\nabla_\lambda A^\nu\right)\left(\nabla_\kappa B_\nu\right) - A^\nu\left(\nabla_\lambda\nabla_\kappa B_\nu\right)$$

$$= \left(\nabla_\kappa\nabla_\lambda A^\nu - \nabla_\lambda\nabla_\kappa A^\nu\right) B_\nu + A^\nu\left(\nabla_\kappa\nabla_\lambda B_\nu - \nabla_\lambda\nabla_\kappa B_\nu\right)$$

$$= R^\nu{}_{\mu\kappa\lambda}A^\mu B_\nu + T^\sigma{}_{\kappa\lambda}A^\nu{}_{;\sigma} B_\nu + A^\nu\left(\nabla_\kappa\nabla_\lambda B_\nu - \nabla_\lambda\nabla_\kappa B_\nu\right)$$

$$= R^\nu{}_{\mu\kappa\lambda}A^\mu B_\nu + T^\sigma{}_{\kappa\lambda}\left(A^\nu B_\nu\right)_{;\sigma} - T^\sigma{}_{\kappa\lambda}A^\mu B_{\mu;\sigma} + A^\mu\left(\nabla_\kappa\nabla_\lambda B_\mu - \nabla_\lambda\nabla_\kappa B_\mu\right), \tag{2.8.7}$$

(2.8.6) 与 (2.8.7) 式相等，注意到逆变矢量场 A^ν 的任意性，得

$$\nabla_\kappa\nabla_\lambda B_\mu - \nabla_\lambda\nabla_\kappa B_\mu = -R^\nu{}_{\mu\kappa\lambda}B_\nu + T^\sigma{}_{\kappa\lambda}B_{\mu;\sigma}. \tag{2.8.8}$$

---

① 不利用协变导数公式 (2.3.16) 将协变导数展成非张量项时，应先求第一次协变导数，再依次求后续的协变导数。

进一步, 求 $\nabla_\kappa \nabla_\lambda S^{\mu\nu} - \nabla_\lambda \nabla_\kappa S^{\mu\nu}$。取任一协变矢量场 B_ν, $S^{\mu\nu}B_\nu$ 是一个逆变矢量场, 作为逆变矢量场, 由 (2.8.3) 式得

$$\nabla_\kappa \nabla_\lambda \left(S^{\mu\nu} B_\nu\right) - \nabla_\lambda \nabla_\kappa \left(S^{\mu\nu} B_\nu\right) = R^\mu{}_{\rho\kappa\lambda} S^{\rho\nu} B_\nu + T^\sigma{}_{\kappa\lambda} \left(S^{\mu\nu} B_\nu\right)_{;\sigma}, \qquad (2.8.9)$$

另一方面,

$$\begin{aligned}
\nabla_\kappa \nabla_\lambda \left(S^{\mu\nu} B_\nu\right) &= \nabla_\kappa \left(B_\nu \nabla_\lambda S^{\mu\nu}\right) + \nabla_\kappa \left(S^{\mu\nu} \nabla_\lambda B_\nu\right) \\
&= \left(\nabla_\kappa \nabla_\lambda S^{\mu\nu}\right) B_\nu + \left(\nabla_\lambda S^{\mu\nu}\right) \left(\nabla_\kappa B_\nu\right) + S^{\mu\nu} \left(\nabla_\kappa \nabla_\lambda B_\nu\right) \\
&\quad + \left(\nabla_\kappa S^{\mu\nu}\right) \left(\nabla_\lambda B_\nu\right),
\end{aligned}$$

交换顺序, 得

$$\begin{aligned}
\nabla_\lambda \nabla_\kappa \left(S^{\mu\nu} B_\nu\right) &= \left(\nabla_\lambda \nabla_\kappa S^{\mu\nu}\right) B_\nu + \left(\nabla_\kappa S^{\mu\nu}\right) \left(\nabla_\lambda B_\nu\right) + S^{\mu\nu} \left(\nabla_\lambda \nabla_\kappa B_\nu\right) \\
&\quad + \left(\nabla_\lambda S^{\mu\nu}\right) \left(\nabla_\kappa B_\nu\right),
\end{aligned}$$

两者相减, 有

$$\begin{aligned}
&\nabla_\kappa \nabla_\lambda \left(S^{\mu\nu} B_\nu\right) - \nabla_\lambda \nabla_\kappa \left(S^{\mu\nu} B_\nu\right) \\
&= \left(\nabla_\kappa \nabla_\lambda S^{\mu\nu} - \nabla_\lambda \nabla_\kappa S^{\mu\nu}\right) B_\nu + S^{\mu\nu} \left(\nabla_\kappa \nabla_\lambda B_\nu - \nabla_\lambda \nabla_\kappa B_\nu\right). \qquad (2.8.10)
\end{aligned}$$

(2.8.9) 与 (2.8.10) 式相等, 得

$$\begin{aligned}
&\left(\nabla_\kappa \nabla_\lambda S^{\mu\nu} - \nabla_\lambda \nabla_\kappa S^{\mu\nu}\right) B_\nu \\
&= R^\mu{}_{\rho\kappa\lambda} S^{\rho\nu} B_\nu + T^\sigma{}_{\kappa\lambda} \left(S^{\mu\nu} B_\nu\right)_{;\sigma} - S^{\mu\nu} \left(\nabla_\kappa \nabla_\lambda B_\nu - \nabla_\lambda \nabla_\kappa B_\nu\right) \\
&= R^\mu{}_{\rho\kappa\lambda} S^{\rho\nu} B_\nu + T^\sigma{}_{\kappa\lambda} S^{\mu\nu}{}_{;\sigma} B_\nu + T^\sigma{}_{\kappa\lambda} S^{\mu\nu} B_{\nu;\sigma} - S^{\mu\nu} \left(\nabla_\kappa \nabla_\lambda B_\nu - \nabla_\lambda \nabla_\kappa B_\nu\right),
\end{aligned}$$
$$\qquad (2.8.11)$$

利用 (2.8.8) 式, 得

$$\left(\nabla_\kappa \nabla_\lambda S^{\mu\nu} - \nabla_\lambda \nabla_\kappa S^{\mu\nu}\right) B_\nu = R^\mu{}_{\rho\kappa\lambda} S^{\rho\nu} B_\nu + R^\nu{}_{\rho\kappa\lambda} S^{\mu\rho} B_\nu + T^\sigma{}_{\kappa\lambda} S^{\mu\nu}{}_{;\sigma} B_\nu,$$
$$\qquad (2.8.12)$$

注意到协变矢量场 B_ν 的任意性, 有

$$\nabla_\kappa \nabla_\lambda S^{\mu\nu} - \nabla_\lambda \nabla_\kappa S^{\mu\nu} = R^\mu{}_{\rho\kappa\lambda} S^{\rho\nu} + R^\nu{}_{\rho\kappa\lambda} S^{\mu\rho} + T^\sigma{}_{\kappa\lambda} S^{\mu\nu}{}_{;\sigma}. \qquad (2.8.13)$$

一般地, 对于 (k, l) 型张量场 $T^{\mu_1 \cdots \mu_k}{}_{\nu_1 \cdots \nu_l}$,

$$\nabla_\kappa \nabla_\lambda T^{\mu_1 \cdots \mu_k}{}_{\nu_1 \cdots \nu_l} - \nabla_\lambda \nabla_\kappa T^{\mu_1 \cdots \mu_k}{}_{\nu_1 \cdots \nu_l}$$

$$= R^{\mu_1}{}_{\rho\kappa\lambda}T^{\rho\mu_2\cdots\mu_k}{}_{\nu_1\cdots\nu_l} + \cdots + R^{\mu_k}{}_{\rho\kappa\lambda}T^{\mu_1\cdots\mu_{k-1}\rho}{}_{\nu_1\cdots\nu_l} - R^{\rho}{}_{\nu_1\kappa\lambda}T^{\mu_1\cdots\mu_k}{}_{\rho\nu_2\cdots\nu_l}$$

$$- \cdots - R^{\rho}{}_{\nu_l\kappa\lambda}T^{\mu_1\cdots\mu_k}{}_{\nu_1\cdots\nu_{l-1}\rho} + T^{\sigma}{}_{\kappa\lambda}T^{\mu_1\cdots\mu_k}{}_{\nu_1\cdots\nu_l;\sigma}, \tag{2.8.14}$$

其中 $T^{\sigma}{}_{\kappa\lambda}$ 是挠率张量, 与 (k,l) 型张量场 $T^{\mu_1\cdots\mu_k}{}_{\nu_1\cdots\nu_l}$ 无关。

2.8.2　挠率和曲率的几何意义

2.8.2.1　挠率的几何意义

在欧几里得几何中, 利用 2 个位移矢量 δx^μ 和 Δx^μ 及它们的平移可构成一个平行四边形 (如图 2.8.1 所示)。下面我们看: 在什么条件下, 在弯曲时空中可以做到这一点?

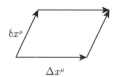

图 2.8.1　平行四边形

前面说过, 坐标 x^μ 不是矢量, 然而相邻两点坐标的差是一个逆变矢量。如图 2.8.2 所示, 矢量 δx^μ 沿 Δx^μ 方向平移 Δx^μ 距离后得到矢量 $\delta x^\mu - \Gamma^{\mu}_{\nu\lambda}\delta x^\nu \Delta x^\lambda$, 该矢量的端点为 q; 矢量 Δx^μ 沿 δx^μ 方向平移 δx^μ 距离后得到矢量 $\Delta x^\mu - \Gamma^{\mu}_{\nu\lambda}\Delta x^\nu \delta x^\lambda$, 该矢量的端点为 q'。q 点与 q' 点的位置差为

$$\Delta = \left[\Delta x^\mu + \left(\delta x^\mu - \Gamma^{\mu}_{\nu\lambda}\delta x^\nu \Delta x^\lambda\right) - \delta x^\mu - \left(\Delta x^\mu - \Gamma^{\mu}_{\nu\lambda}\Delta x^\nu \delta x^\lambda\right)\right]$$

$$= \Gamma^{\mu}_{\nu\lambda}\Delta x^\nu \delta x^\lambda - \Gamma^{\mu}_{\nu\lambda}\delta x^\nu \Delta x^\lambda = \left(\Gamma^{\mu}_{\nu\lambda} - \Gamma^{\mu}_{\lambda\nu}\right)\Delta x^\nu \delta x^\lambda = 2\Gamma^{\mu}_{[\nu\lambda]}\Delta x^\nu \delta x^\lambda. \tag{2.8.15}$$

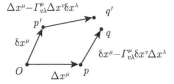

图 2.8.2　有挠时空中的 "平行四边形"

由 (2.8.15) 式可见, 只有当挠率为零时, 平行四边形才封闭。挠率量度平行四边形不封闭的程度。

2.8.2.2　曲率的几何意义

广义相对论关心的是无挠时空——黎曼时空。对于黎曼时空, $T^{\lambda}_{\mu\nu} = 2\Gamma^{\lambda}_{[\mu\nu]} = 0$。

考虑如图 2.8.3 所示的以 O 点为起点的封闭的平行四边形，设 A^λ 是 O 点的一个矢量。将 A^λ 沿平行四边形，经 p 点平移至 q 点，得 $A^\lambda_{O\to p\to q}$；将 A^λ 沿平行四边形，经 p' 点平移至 q 点，得 $A'^\lambda_{O\to p'\to q}$。利用 (2.5.13) 式，得

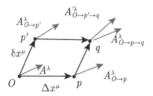

图 2.8.3　黎曼时空中的矢量沿平行四边形平行移动

$$
\begin{aligned}
A^\lambda_{O\to p\to q} =& A^\lambda_{O\to p} - \Gamma^\lambda_{\mu\nu}(p) A^\mu_{O\to p}\delta x^\nu \\
=& \left(A^\lambda_O - \Gamma^\lambda_{\mu\nu}(O) A^\mu_O \Delta x^\nu\right) - \Gamma^\lambda_{\mu\nu}(p)\left(A^\mu_O - \Gamma^\mu_{\kappa\iota}(O) A^\kappa_O \Delta x^\iota\right)\delta x^\nu \\
=& A^\lambda_O - \Gamma^\lambda_{\mu\nu}(O) A^\mu_O \Delta x^\nu - \left(\Gamma^\lambda_{\mu\nu}(O) + \left(\partial_\sigma \Gamma^\lambda_{\mu\nu}(O)\right)\Delta x^\sigma\right) \\
& \times \left(A^\mu_O - \Gamma^\mu_{\kappa\sigma}(O) A^\kappa_O \Delta x^\sigma\right)\delta x^\nu \\
=& A^\lambda_O - \Gamma^\lambda_{\mu\nu}(O) A^\mu_O \Delta x^\nu - \Gamma^\lambda_{\mu\nu}(O) A^\mu_O \delta x^\nu - \left(\partial_\sigma \Gamma^\lambda_{\mu\nu}(O)\right) A^\mu_O \Delta x^\sigma \delta x^\nu \\
& + \Gamma^\lambda_{\mu\nu}(O) \Gamma^\mu_{\kappa\sigma}(O) A^\kappa_O \Delta x^\sigma \delta x^\nu + O(3),
\end{aligned}
\tag{2.8.16}
$$

$$
\begin{aligned}
A'^\lambda_{O\to p'\to q} =& A^\lambda_{O\to p'} - \Gamma^\lambda_{\mu\nu}(p') A^\mu_{O\to p'}\Delta x^\nu \\
=& \left(A^\lambda_O - \Gamma^\lambda_{\mu\nu}(O) A^\mu_O \delta x^\nu\right) - \Gamma^\lambda_{\mu\nu}(p')\left(A^\mu_O - \Gamma^\mu_{\kappa\iota}(O) A^\kappa_O \delta x^\iota\right)\Delta x^\nu \\
=& A^\lambda_O - \Gamma^\lambda_{\mu\nu}(O) A^\mu_O \delta x^\nu - \left(\Gamma^\lambda_{\mu\nu}(O) + \left(\partial_\sigma \Gamma^\lambda_{\mu\nu}(O)\right)\delta x^\sigma\right) \\
& \times \left(A^\mu_O - \Gamma^\mu_{\kappa\iota}(O) A^\kappa_O \delta x^\iota\right)\Delta x^\nu \\
=& A^\lambda_O - \Gamma^\lambda_{\mu\nu}(O) A^\mu_O \delta x^\nu - \Gamma^\lambda_{\mu\nu}(O) A^\mu_O \Delta x^\nu - \left(\partial_\sigma \Gamma^\lambda_{\mu\nu}(O)\right) A^\mu_O \delta x^\sigma \Delta x^\nu \\
& + \Gamma^\lambda_{\mu\nu}(O) \Gamma^\mu_{\kappa\iota}(O) A^\kappa_O \delta x^\iota \Delta x^\nu + O(3),
\end{aligned}
\tag{2.8.17}
$$

两者相减，得

$$
\begin{aligned}
A^\lambda_{O\to p\to q} - A'^\lambda_{O\to p'\to q} =& -\left(\left(\partial_\sigma \Gamma^\lambda_{\mu\nu}(O)\right) A^\mu_O - \Gamma^\lambda_{\mu\nu}(O)\Gamma^\mu_{\kappa\sigma}(O) A^\kappa_O\right)\Delta x^\sigma \delta x^\nu \\
& + \left(\left(\partial_\sigma \Gamma^\lambda_{\mu\nu}(O)\right) A^\mu_O - \Gamma^\lambda_{\mu\nu}(O)\Gamma^\mu_{\kappa\sigma}(O) A^\kappa_O\right)\delta x^\sigma \Delta x^\nu \\
=& -\left(\left(\partial_\sigma \Gamma^\lambda_{\mu\nu}(O)\right) A^\mu_O - \Gamma^\lambda_{\mu\nu}(O)\Gamma^\mu_{\kappa\sigma}(O) A^\kappa_O\right)\Delta x^\sigma \delta x^\nu
\end{aligned}
$$

$$+ \left(\left(\partial_\nu \Gamma^\lambda_{\mu\sigma} (O) \right) A^\mu_O - \Gamma^\lambda_{\mu\sigma} (O) \, \Gamma^\mu_{\kappa\nu} (O) \, A^\kappa_O \right) \Delta x^\sigma \delta x^\nu$$

$$= \left(\partial_\nu \Gamma^\lambda_{\kappa\sigma} - \partial_\sigma \Gamma^\lambda_{\kappa\nu} + \Gamma^\lambda_{\mu\nu} \Gamma^\mu_{\kappa\sigma} - \Gamma^\lambda_{\mu\sigma} \Gamma^\mu_{\kappa\nu} \right) A^\kappa_O \Delta x^\sigma \delta x^\nu$$

$$= R^\lambda_{\kappa\nu\sigma} A^\kappa_O \Delta x^\sigma \delta x^\nu. \tag{2.8.18}$$

在弯曲时空中，一个矢量经一闭合环路平移后，必须附加一个转角才能与原矢量重合！

图 2.8.4 给出球面上沿有限大闭合路径平移矢量的结果。在一般的弯曲时空中，我们讨论的是无穷小闭合路径。

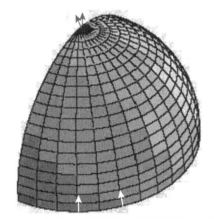

图 2.8.4　球面上矢量场沿有限大闭合路径的平移

2.8.2.3　两个重要定理

在弯曲时空中，一般来说，矢量平移是与路径有关的！那么，什么情况下，矢量平移与路径无关？什么情况下，时空是平直的？

本小节的两个定理回答了这两个问题。

定理 1　在定义了联络的空间中，矢量平移与路径无关的充要条件是曲率张量 $R^\nu{}_{\mu\kappa\lambda}$ 处处为零。

证明　（只证 "⇒"）

记任一逆变矢量 A^μ 的无穷小平移前后的矢量差为

$$ďA^\nu := A^\nu (p \to q) - A^\nu (p) = -\Gamma^\nu_{\mu\lambda} (p) \, A^\mu (p) \, dx^\lambda, \tag{2.8.19}$$

其中 ď 表示非全微分，用以区分全微分 d。沿闭合路径平移前后的矢量差为

$$\Delta_p A^\nu = \oint ďA^\nu = - \oint \Gamma^\nu_{\mu\lambda} A^\mu dx^\lambda. \tag{2.8.20}$$

若矢量平移与路径无关, 则要求 $\Delta_p A^\nu = 0$, 即要求 $\mathrm{d}A^\nu$ 是全微分 $\mathrm{d}A^\mu$, 亦即要求

$$\mathrm{d}A^\nu = -\Gamma^\nu_{\mu\lambda} A^\mu \mathrm{d}x^\lambda = \mathrm{d}A^\nu = \frac{\partial A^\nu}{\partial x^\lambda} \mathrm{d}x^\lambda, \tag{2.8.21}$$

且

$$\frac{\partial^2 A^\nu}{\partial x^\kappa \partial x^\lambda} = \frac{\partial^2 A^\nu}{\partial x^\lambda \partial x^\kappa}. \tag{2.8.22}$$

(2.8.21) 式的第二、三等式给出

$$\frac{\partial A^\nu}{\partial x^\lambda} = -\Gamma^\nu_{\mu\lambda} A^\mu, \tag{2.8.23}$$

将 (2.8.23) 代入 (2.8.22) 式，得

$$\frac{\partial}{\partial x^\kappa} \left(\Gamma^\nu_{\mu\lambda} A^\mu \right) = \frac{\partial}{\partial x^\lambda} \left(\Gamma^\nu_{\mu\kappa} A^\mu \right), \tag{2.8.24}$$

它等价于

$$\left(\partial_\kappa \Gamma^\nu_{\mu\lambda} \right) A^\mu + \Gamma^\nu_{\mu\lambda} A^{\mu,}{}_\kappa = \left(\partial_\lambda \Gamma^\nu_{\mu\kappa} \right) A^\mu + \Gamma^\nu_{\mu\kappa} A^{\mu,}{}_\lambda$$

$$\xLeftrightarrow{\text{再次利用 (2.8.23) 式}} \left(\partial_\kappa \Gamma^\nu_{\mu\lambda} - \partial_\lambda \Gamma^\nu_{\mu\kappa} + \Gamma^\nu_{\sigma\kappa} \Gamma^\sigma_{\mu\lambda} - \Gamma^\nu_{\sigma\lambda} \Gamma^\sigma_{\mu\kappa} \right) A^\mu = 0,$$

即要求:

$$R^\nu{}_{\mu\kappa\lambda} A^\mu = 0 \Leftrightarrow R^\nu{}_{\mu\kappa\lambda} = 0. \tag{2.8.25}$$

证毕。

定理 2　一个黎曼空间 (或时空) 为平直的充要条件是曲率张量 $R^\nu{}_{\mu\kappa\lambda}$ 点点都为零张量。

先以 4 维做一点说明。所谓平直空间 (或时空) 就是在这个空间 (或时空) 中必存在笛卡儿 (或闵氏) 坐标系, 在该系下线元为

$$\mathrm{d}s^2 = \pm \left(\mathrm{d}x^0 \right)^2 + \left(\mathrm{d}x^1 \right)^2 + \left(\mathrm{d}x^2 \right)^2 + \left(\mathrm{d}x^3 \right)^2, \tag{2.8.26}$$

其中 "$+$" 对应于平直空间，"$-$" 对应于平直时空。

证明　(只证 "$\Rightarrow$")

如上所说, 当空间 (或时空) 平直时, 总存在笛卡儿 (或闵氏) 坐标系, 在该系下, 联络系数处处为零, 所以,

$$R^\nu{}_{\mu\kappa\lambda} = 0. \tag{2.8.27}$$

它们作为张量, 在任何坐标系中都成立.

证毕.

需要说明的是, (2.8.27) 式是局域的等式, 对时空或空间的整体拓扑没有限制. 例如, 可以证明, 尽管从 3 维空间看, 圆柱面和环面都是弯曲的 2 维曲面, 但圆柱面和环面上的黎曼曲率张量都为零!

2.8.3　曲率张量和挠率张量的性质

2.8.3.1　曲率张量和挠率张量的对称性与缩并

由黎曼曲率张量定义 (2.8.4) 式知, 黎曼曲率张量关于后两个指标是反对称的, 即

$$R^\nu{}_{\mu\kappa\lambda} = -R^\nu{}_{\mu\lambda\kappa}. \tag{2.8.28}$$

由挠率张量定义知, 挠率张量关于后两个指标也是反对称的, 即

$$T^\nu{}_{\kappa\lambda} = -T^\nu{}_{\lambda\kappa}. \tag{2.8.29}$$

定义

$$R_{\nu\mu\kappa\lambda} = g_{\nu\sigma}R^\sigma{}_{\mu\kappa\lambda}. \tag{2.8.30}$$

不难证明, 对于无挠时空, 黎曼曲率张量 $R_{\nu\mu\kappa\lambda}$ 关于前两个指标也是反对称的, 即

$$R_{\nu\mu\kappa\lambda} = -R_{\mu\nu\kappa\lambda}. \tag{2.8.31}$$

证明　由 (2.8.5) 及 (2.8.30) 式知,

$$
\begin{aligned}
R_{\rho\mu\kappa\lambda} &= g_{\rho\nu}\partial_\kappa\Gamma^\nu_{\mu\lambda} - g_{\rho\nu}\partial_\lambda\Gamma^\nu_{\mu\kappa} + g_{\rho\nu}\Gamma^\nu_{\sigma\kappa}\Gamma^\sigma_{\mu\lambda} - g_{\rho\nu}\Gamma^\nu_{\sigma\lambda}\Gamma^\sigma_{\mu\kappa} \\
&\xlongequal{\text{局部惯性系}} g_{\rho\nu}\partial_\kappa\Gamma^\nu_{\mu\lambda} - g_{\rho\nu}\partial_\lambda\Gamma^\nu_{\mu\kappa} \\
&= \frac{1}{2}g_{\rho\nu}g^{\nu\tau}{}_{,\kappa}\left(g_{\tau\mu,\lambda}+g_{\tau\lambda,\mu}-g_{\mu\lambda,\tau}\right) + \frac{1}{2}g_{\rho\nu}g^{\nu\tau}\left(g_{\tau\mu,\lambda\kappa}+g_{\tau\lambda,\mu\kappa}-g_{\mu\lambda,\tau\kappa}\right) \\
&\quad - \frac{1}{2}g_{\rho\nu}g^{\nu\tau}{}_{,\lambda}\left(g_{\tau\mu,\kappa}+g_{\tau\kappa,\mu}-g_{\mu\kappa,\tau}\right) - \frac{1}{2}g_{\rho\nu}g^{\nu\tau}\left(g_{\tau\mu,\kappa\lambda}+g_{\tau\kappa,\mu\lambda}-g_{\mu\kappa,\tau\lambda}\right) \\
&= -g_{\rho\nu,\kappa}\Gamma^\nu_{\mu\lambda} + g_{\rho\nu,\lambda}\Gamma^\nu_{\mu\kappa} + \frac{1}{2}\left(g_{\rho\lambda,\mu\kappa}+g_{\mu\kappa,\rho\lambda}-g_{\mu\lambda,\rho\kappa}-g_{\rho\kappa,\mu\lambda}\right) \\
&\xlongequal{\text{局部惯性系}} \frac{1}{2}\left(g_{\rho\lambda,\mu\kappa}+g_{\mu\kappa,\rho\lambda}-g_{\mu\lambda,\rho\kappa}-g_{\rho\kappa,\mu\lambda}\right),
\end{aligned}
$$

交换前两个指标,

$$R_{\mu\rho\kappa\lambda} \xlongequal{\text{局部惯性系}} \frac{1}{2}\left(g_{\mu\lambda,\rho\kappa}-g_{\rho\lambda,\mu\kappa}-g_{\mu\kappa,\rho\lambda}+g_{\rho\kappa,\mu\lambda}\right),$$

所以

$$R_{\rho\mu\kappa\lambda} + R_{\mu\rho\kappa\lambda} \xrightarrow{\text{局部惯性系}} 0,$$

即

$$R_{\rho\mu\kappa\lambda} = -R_{\mu\rho\kappa\lambda}.$$

证毕。

这意味着不能将黎曼曲率张量写成 $R^{\mu}_{\nu\kappa\lambda}$！（切记！）但可以写成 $R^{\mu}_{.\nu\kappa\lambda}$，其中的点表明角标的位置。

对于无挠时空，$R_{\mu\nu\kappa\lambda}$ 的前一对指标和后一对指标对称，即

$$R_{\mu\nu\kappa\lambda} = R_{\kappa\lambda\mu\nu}. \tag{2.8.32}$$

证明 在联络系数各分量均为零的局部惯性系中，

$$R_{\mu\nu\kappa\lambda} = g_{\mu\rho}\left(\Gamma^{\rho}_{\nu\lambda,\kappa} - \Gamma^{\rho}_{\nu\kappa,\lambda} + \Gamma^{\rho}_{\sigma\kappa}\Gamma^{\sigma}_{\nu\lambda} - \Gamma^{\rho}_{\sigma\lambda}\Gamma^{\sigma}_{\nu\kappa}\right)$$

$$\xrightarrow{\text{局部惯性系}} g_{\mu\rho}\Gamma^{\rho}_{\nu\lambda,\kappa} - g_{\mu\rho}\Gamma^{\rho}_{\nu\kappa,\lambda} \xrightarrow{\text{局部惯性系}} \{\mu,\nu\lambda\}_{,\kappa} - \{\mu,\nu\kappa\}_{,\lambda}$$

$$= \frac{1}{2}\left(g_{\mu\nu,\lambda\kappa} + g_{\mu\lambda,\nu\kappa} - g_{\nu\lambda,\mu\kappa} - g_{\mu\nu,\kappa\lambda} - g_{\mu\kappa,\nu\lambda} + g_{\nu\kappa,\mu\lambda}\right)$$

$$= \frac{1}{2}\left(g_{\mu\lambda,\nu\kappa} - g_{\nu\lambda,\mu\kappa} - g_{\mu\kappa,\nu\lambda} + g_{\nu\kappa,\mu\lambda}\right), \quad \text{交换顺序,}$$

$$R_{\kappa\lambda\mu\nu} \xrightarrow{\text{局部惯性系}} \frac{1}{2}\left(g_{\kappa\nu,\lambda\mu} - g_{\lambda\nu,\kappa\mu} - g_{\kappa\mu,\lambda\nu} + g_{\lambda\mu,\kappa\nu}\right).$$

显然，(2.8.32) 式成立。

证毕。

对于无挠时空，黎曼曲率张量满足里奇恒等式 (Ricci identities)：

$$R^{\nu}_{\mu\kappa\lambda} + R^{\nu}_{\kappa\lambda\mu} + R^{\nu}_{\lambda\mu\kappa} = 0. \tag{2.8.33}$$

证明 在联络系数各分量均为零的局部惯性系中，

$$R^{\nu}_{\mu\kappa\lambda} + R^{\nu}_{\kappa\lambda\mu} + R^{\nu}_{\lambda\mu\kappa} \xrightarrow{\text{局部惯性系}} \Gamma^{\nu}_{\mu\lambda,\kappa} - \Gamma^{\nu}_{\mu\kappa,\lambda} + \Gamma^{\nu}_{\kappa\mu,\lambda} - \Gamma^{\nu}_{\kappa\lambda,\mu} + \Gamma^{\nu}_{\lambda\kappa,\mu} - \Gamma^{\nu}_{\lambda\mu,\kappa} = 0.$$

证毕。

黎曼曲率张量的缩并可给出两个不同的 (0,2) 型张量，

$$A_{\kappa\lambda} = R^{\nu}_{\nu\kappa\lambda}, \tag{2.8.34}$$

$$R_{\mu\lambda} = R^{\nu}_{\mu\nu\lambda}. \tag{2.8.35}$$

缩并 (2.8.35) 式称为里奇 (Ricci) 曲率张量。挠率张量缩并给出一个协变矢量，

$$T_\lambda = T^\nu{}_{\nu\lambda}. \tag{2.8.36}$$

由于黎曼曲率张量和挠率张量分别关于后两个指标反对称 (见 (2.8.28) 和 (2.8.29) 式)，曲率张量的第一、四指标缩并与挠率张量的第一、三指标缩并不独立，它们分别与 (2.8.35) 和 (2.8.36) 式只差一负号。

对于无挠时空，黎曼-克里斯多菲曲率张量的第一个缩并 $A_{\mu\nu}$ 恒为零，这是因为

$$A_{\kappa\lambda} = R^\nu{}_{\nu\kappa\lambda} = \left\{ {\nu \atop \nu\lambda} \right\}_{,\kappa} - \left\{ {\nu \atop \nu\kappa} \right\}_{,\lambda} + \left\{ {\nu \atop \sigma\kappa} \right\} \left\{ {\sigma \atop \nu\lambda} \right\} - \left\{ {\nu \atop \sigma\lambda} \right\} \left\{ {\sigma \atop \nu\kappa} \right\}$$

$$= \left(\ln\sqrt{-g}\right)_{,\lambda\kappa} - \left(\ln\sqrt{-g}\right)_{,\kappa\lambda} + \left\{ {\nu \atop \sigma\kappa} \right\} \left\{ {\sigma \atop \nu\lambda} \right\} - \left\{ {\sigma \atop \nu\kappa} \right\} \left\{ {\nu \atop \sigma\lambda} \right\} = 0. \tag{2.8.37}$$

事实上，利用定义 (2.8.30) 式，可将 (2.8.34) 式改写为

$$A_{\kappa\lambda} = g^{\nu\mu} R_{\nu\mu\kappa\lambda}. \tag{2.8.38}$$

由于 $g^{\mu\nu}$ 是对称的，黎曼曲率张量的 $R_{\nu\mu\kappa\lambda}$ 关于前两个指标是反对称的，故必有 $A_{\kappa\lambda} = 0$，与 (2.8.37) 式结果一致。

在黎曼时空中，由 (2.8.28)、(2.8.31) 和 (2.8.32) 式知，里奇曲率张量可写成

$$R_{\mu\lambda} = R^\nu{}_{\mu\nu\lambda} = -R^\nu{}_{\mu\lambda\nu} = -R_\mu{}^\nu{}_{\nu\lambda} = R_\mu{}^\nu{}_{\lambda\nu} = R_{\nu\lambda}{}^\nu{}_\mu$$

$$= -R_{\lambda\nu}{}^\nu{}_\mu = R_{\lambda\nu\mu}{}^\nu = -R_{\nu\lambda\mu}{}^\nu = R_{\lambda\mu}, \tag{2.8.39}$$

(2.8.39) 式的最左边与最右边的表达式说明，黎曼时空的里奇曲率张量关于其两个指标是对称，这使得

$$R^\mu{}_\nu = g^{\mu\lambda} R_{\lambda\nu} = R_{\nu\lambda} g^{\lambda\mu} = R_\nu{}^\mu = R^\mu_\nu. \tag{2.8.40}$$

里奇张量与度规张量的收缩

$$R = g^{\mu\lambda} R_{\mu\lambda} \tag{2.8.41}$$

称为曲率标量或标量曲率，抑或里奇曲率标量。

2.8.3.2 黎曼曲率张量 $R^{\nu}{}_{\mu\kappa\lambda}$ 的独立分量数

对于 4 维黎曼时空来说，前两个指标因反对称共有 $\dfrac{4 \times (4-1)}{2} = 6$ 个独立指标；后两个指标因反对称共有 $\dfrac{4 \times (4-1)}{2} = 6$ 个独立指标；前一对指标与后一对指标因对称共有 $\dfrac{6 \times (6+1)}{2} = 21$ 个独立指标。由于在这 21 个分量之间还存在 1 个非平凡的里奇恒等式，

$$R_{0123} + R_{0231} + R_{0312} = 0,$$

故 $R_{\mu\nu\kappa\lambda}$ 有 20 个独立分量。里奇曲率张量共有 $\dfrac{4 \times (4+1)}{2} = 10$ 个独立分量。

对于 2 维黎曼时空来说，前两个指标因反对称共有 $\dfrac{2 \times (2-1)}{2} = 1$ 个独立指标；后两个指标因反对称共有 $\dfrac{2 \times (2-1)}{2} = 1$ 个独立指标；前一对指标与后一对指标因对称共有 $\dfrac{1 \times (1+1)}{2} = 1$ 个独立指标。在 2 维时空中，没有非平凡的里奇恒等式，故 $R_{\mu\nu\kappa\lambda}$ 只有 1 个独立分量。黎曼曲率张量与里奇曲率张量总可写成如下的具体形式：

$$R_{\mu\nu\kappa\lambda} = \frac{1}{2} R \left(g_{\mu\kappa} g_{\nu\lambda} - g_{\mu\lambda} g_{\nu\kappa} \right), \tag{2.8.42}$$

$$R_{\mu\kappa} = \frac{1}{2} g_{\mu\kappa} R. \tag{2.8.43}$$

对于 3 维黎曼时空来说，前两个指标因反对称共有 $\dfrac{3 \times (3-1)}{2} = 3$ 个独立指标；后两个指标因反对称共有 $\dfrac{3 \times (3-1)}{2} = 3$ 个独立指标；前一对指标与后一对指标因对称共有 $\dfrac{3 \times (3+1)}{2} = 6$ 个独立指标。在 3 维时空中，也没有非平凡的里奇恒等式，故 $R_{\mu\nu\kappa\lambda}$ 有 6 个独立分量，与 $R_{\mu\nu}$ 分量数相同。黎曼曲率张量总可用里奇曲率张量与度规张量表示出来：

$$R_{\mu\nu\kappa\lambda} = 2g_{\mu[\kappa} R_{|\nu|\lambda]} - 2g_{\nu[\kappa} R_{|\mu|\lambda]} - R g_{\mu[\kappa} g_{|\nu|\lambda]}. \tag{2.8.44}$$

对于 $n \geqslant 4$ 维黎曼时空来说，前两个指标因反对称共有 $\dfrac{n(n-1)}{2}$ 个独立指标；后两个指标因反对称共有 $\dfrac{n(n-1)}{2}$ 个独立指标；前一对指标与后一对指标因

对称共有 $\dfrac{1}{2}\dfrac{n\left(n-1\right)}{2}\left(\dfrac{n\left(n-1\right)}{2}+1\right)=\dfrac{n\left(n-1\right)\left(n^2-n+2\right)}{8}$ 个独立指标。由

于在这 $\dfrac{n\left(n-1\right)\left(n^2-n+2\right)}{8}$ 个分量之间还存在 $C_n^{n-4}=\dfrac{n!}{4!\left(n-4\right)!}$ 个非平凡的

里奇恒等式，故 $R_{\mu\nu\kappa\lambda}$ 有 $\dfrac{n\left(n-1\right)\left(n^2-n+2\right)}{8}-C_n^{n-4}=\dfrac{n^2\left(n^2-1\right)}{12}$ 个独立

分量。

2.8.4　爱因斯坦张量、比安基恒等式及曲率张量的分解

2.8.4.1　爱因斯坦张量

爱因斯坦张量定义为

$$G_{\mu\nu}:=R_{\mu\nu}-\frac{1}{2}g_{\mu\nu}R.\tag{2.8.45}$$

爱因斯坦张量在相对论性引力理论的引力场方程中起着关键的作用。爱因斯坦张量也是一个对称张量，对于 4 维黎曼时空，共有 $\dfrac{4\times\left(4+1\right)}{2}=10$ 个独立分量。

在 $n\geqslant 4$ 维黎曼时空中，爱因斯坦张量仍定义为

$$G_{\mu\nu}:=R_{\mu\nu}-\frac{1}{2}g_{\mu\nu}R.\tag{2.8.46}$$

n 维里奇张量和爱因斯坦张量也都是对称的，共有 $\dfrac{n\times\left(n+1\right)}{2}$ 个独立分量。

2.8.4.2　比安基恒等式

比安基恒等式 (Bianchi identity) 为

$$R^{\mu}{}_{\nu\kappa\lambda;\sigma}+R^{\mu}{}_{\nu\sigma\kappa;\lambda}+R^{\mu}{}_{\nu\lambda\sigma;\kappa}=0.\tag{2.8.47}$$

证明　在联络系数各分量均为零的局部惯性系中，

$$R^{\mu}{}_{\nu\kappa\lambda;\sigma}+R^{\mu}{}_{\nu\sigma\kappa;\lambda}+R^{\mu}{}_{\nu\lambda\sigma;\kappa}\xrightarrow{\text{局部惯性系}}R^{\mu}{}_{\nu\kappa\lambda,\sigma}+R^{\mu}{}_{\nu\sigma\kappa,\lambda}+R^{\mu}{}_{\nu\lambda\sigma,\kappa}$$

$$=\varGamma^{\mu}{}_{\nu\lambda,\kappa\sigma}-\varGamma^{\mu}{}_{\nu\kappa,\lambda\sigma}+\varGamma^{\mu}{}_{\nu\kappa,\sigma\lambda}-\varGamma^{\mu}{}_{\nu\sigma,\kappa\lambda}+\varGamma^{\mu}{}_{\nu\sigma,\lambda\kappa}-\varGamma^{\mu}{}_{\nu\lambda,\sigma\kappa}=0.$$

证毕。

在 (2.8.47) 式中令 μ 与 κ 收缩，得

$$R_{\nu\lambda;\sigma}-R_{\nu\sigma;\lambda}+R^{\mu}{}_{\nu\lambda\sigma;\mu}=0.\tag{2.8.48}$$

将之与 $g^{\nu\sigma}$ 再收缩, 得

$$0 = R^{\sigma}_{\lambda;\sigma} - R_{;\lambda} + R^{\mu}_{\lambda;\mu} = 2G^{\mu}_{\lambda;\mu}, \tag{2.8.49}$$

即

$$G^{\mu}_{\lambda;\mu} = 0. \tag{2.8.50}$$

第 3 章将看到 (2.8.50) 式在广义相对论中起着非常重要的作用。

2.8.4.3 曲率张量的不可约分解

里奇曲率张量的无迹部分定义为

$$\mathcal{S}_{\mu\nu} := R_{\mu\nu} - \frac{1}{4}g_{\mu\nu}R. \tag{2.8.51}$$

对于 4 维黎曼时空, 里奇张量无迹部分共有 $\dfrac{4 \times (4+1)}{2} - 1 = 9$ 个独立分量。里奇张量 $R_{\mu\nu}$ 的分解为

$$R_{\mu\nu} = \mathcal{S}_{\mu\nu} + \frac{1}{4}g_{\mu\nu}R. \tag{2.8.52}$$

在 4 维黎曼时空中, 外尔曲率张量 (Weyl curvature tensor, 简称外尔张量) 定义为

$$C^{\mu}{}_{\nu\kappa\lambda} := R^{\mu}{}_{\nu\kappa\lambda} - \frac{1}{2}\left(\delta^{\mu}_{\kappa}R_{\nu\lambda} - \delta^{\mu}_{\lambda}R_{\nu\kappa} + g_{\nu\lambda}R^{\mu}_{\kappa} - g_{\nu\kappa}R^{\mu}_{\lambda}\right) + \frac{1}{6}\left(\delta^{\mu}_{\kappa}g_{\nu\lambda} - \delta^{\mu}_{\lambda}g_{\nu\kappa}\right)R. \tag{2.8.53}$$

外尔张量是黎曼曲率张量的完全无迹 (任何两个指标缩并都为零) 部分。对于 4 维黎曼时空, 外尔张量共有 10 个独立分量。对于 2 维、3 维黎曼时空, 外尔张量恒为零。

在 $n \geqslant 4$ 维黎曼时空中, 外尔曲率张量定义为

$$
\begin{aligned}
C^{\mu}{}_{\nu\kappa\lambda} := & R^{\mu}{}_{\nu\kappa\lambda} - \frac{1}{n-2}\left(\delta^{\mu}_{\kappa}R_{\nu\lambda} - \delta^{\mu}_{\lambda}R_{\nu\kappa} + g_{\nu\lambda}R^{\mu}_{\kappa} - g_{\nu\kappa}R^{\mu}_{\lambda}\right) \\
& + \frac{1}{(n-2)(n-3)}\left(\delta^{\mu}_{\kappa}g_{\nu\lambda} - \delta^{\mu}_{\lambda}g_{\nu\kappa}\right)R.
\end{aligned} \tag{2.8.54}
$$

外尔张量仍是黎曼曲率张量的完全无迹部分。外尔张量的独立分量数为 $\dfrac{n^2(n^2-1)}{12}$ $- \dfrac{n(n+1)}{2} = \dfrac{(n-3)n(n+1)(n+2)}{12}$。

黎曼曲率张量可分解为

$$R^\mu{}_{\nu\kappa\lambda} = C^\mu{}_{\nu\kappa\lambda} + \frac{1}{2}\left(\delta^\mu_\kappa S_{\nu\lambda} - \delta^\mu_\lambda S_{\nu\kappa} + g_{\nu\lambda}S^\mu_\kappa - g_{\nu\kappa}S^\mu_\lambda\right) + \frac{1}{12}\left(\delta^\mu_\kappa g_{\nu\lambda} - \delta^\mu_\lambda g_{\nu\kappa}\right)R,$$
$$(2.8.55)$$

或者

$$R^\mu{}_{\nu\kappa\lambda} = C^\mu{}_{\nu\kappa\lambda} + \frac{1}{2}\left(\delta^\mu_\kappa R_{\nu\lambda} - \delta^\mu_\lambda R_{\nu\kappa} + g_{\nu\lambda}R^\mu_\kappa - g_{\nu\kappa}R^\mu_\lambda\right) - \frac{1}{6}\left(\delta^\mu_\kappa g_{\nu\lambda} - \delta^\mu_\lambda g_{\nu\kappa}\right)R.$$
$$(2.8.56)$$

2.8.4.4 共形变换

如果两个黎曼时空 $(\mathcal{M}, \boldsymbol{g})$ 和 $(\mathcal{M}, \tilde{\boldsymbol{g}})$ 满足

$$\tilde{g}_{\mu\nu} = C^2(x)\, g_{\mu\nu},\tag{2.8.57}$$

称这两个时空共形等价 (conformal equivalence)。映射 $C : (\mathcal{M}, \boldsymbol{g}) \to (\mathcal{M}, \tilde{\boldsymbol{g}})$ 称为共形 (conformal) 变换。

共形变换不改变两矢量间的夹角，即

$$\frac{\tilde{g}_{\mu\nu} A^\mu B^\nu}{\sqrt{|\tilde{g}_{\mu\nu} A^\mu A^\nu|}\sqrt{|\tilde{g}_{\mu\nu} B^\mu B^\nu|}} = \frac{g_{\mu\nu} A^\mu B^\nu}{\sqrt{|g_{\mu\nu} A^\mu A^\nu|}\sqrt{|g_{\mu\nu} B^\mu B^\nu|}},\tag{2.8.58}$$

故共形变换又称为保角变换。这意味着,共形变换不改变时空的因果结构。在 $n \geqslant 4$ 维黎曼时空中，共形变换不改变外尔张量。由此知，

$$C^\mu{}_{\nu\kappa\lambda} = 0 \ \Leftrightarrow\ \text{时空是共形平直的},\tag{2.8.59}$$

即

$$g_{\mu\nu} = C^2(x)\, \eta_{\mu\nu}.\tag{2.8.60}$$

3 维黎曼时空共形平直的充要条件是 Cotton-York 张量为零，即

$$Y^{\mu\nu} := 2\varepsilon^{\mu\rho\lambda}\left(R^\nu_\rho - \frac{1}{4}\delta^\nu_\rho R\right)_{;\lambda} = 0.\tag{2.8.61}$$

值得说明的是，所有常曲率空间都是共形平直的。另外，我们这里定义的共形变换不是坐标变换，而是度量的变换。两个时空都采用同样的坐标，但它们时空间隔的量度结果是不同的。也可以称这种变换为外尔伸缩变换。还有一种共形变换是通过坐标变换实现的，两者并不等价。(场论中会用到。)

小结

(1) 黎曼曲率张量：黎曼曲率张量的定义 (2.8.4) 式，黎曼-克里斯多菲曲率张量的定义 (2.8.5) 式；曲率的几何意义；平直时空的曲率张量和挠率张量都为零；矢量平移与路径无关的条件；黎曼-克里斯多菲曲率张量的独立分量数；黎曼曲率张量满足比安基恒等式；黎曼-克里斯多菲曲率张量还满足里奇恒等式。

(2) 里奇曲率张量、里奇标量、爱因斯坦张量：它们的定义、独立分量数；里奇张量的无迹部分；爱因斯坦张量的协变散度为零。

(3) 外尔曲率张量：外尔曲率张量的定义 (2.8.53) 或 (2.8.54) 式；黎曼曲率张量的分解。

(4) 共形变换：其定义 (2.8.57) 式；保角、保因果关系；所有常曲率时空都是共形平直的；共形等价的时空的外尔张量相同。

(5) Cotton-York 张量：其定义 (2.8.61) 式，与 3 维时空共形变换的关系。

2.9 测地线偏离方程

在平面几何中，两条平行测地线间的距离保持不变，如图 2.0.2 所示。在球面几何和双曲几何上，初始平行的两条测地线间的距离一直在变，如图 2.0.3 和图 2.0.5 所示。显然，研究两条相邻测地线间距离的变化，就可以了解时空几何的弯曲程度。

考虑两个相邻的自由下落粒子，其轨迹分别为

$$x^\mu(\tau) \quad \text{和} \quad x^\mu(\tau) + \delta x^\mu(\tau).$$

它们均满足测地线方程，即

$$\frac{\mathrm{d}^2 x^\mu(\tau)}{\mathrm{d}\tau^2} + \Gamma^\mu_{\nu\lambda}(x) \frac{\mathrm{d}x^\nu(\tau)}{\mathrm{d}\tau} \frac{\mathrm{d}x^\lambda(\tau)}{\mathrm{d}\tau} = 0, \tag{2.9.1}$$

$$\frac{\mathrm{d}^2(x^\mu(\tau) + \delta x^\mu(\tau))}{\mathrm{d}\tau^2} + \Gamma^\mu_{\nu\lambda}(x + \delta x) \frac{\mathrm{d}(x^\nu(\tau) + \delta x^\nu(\tau))}{\mathrm{d}\tau} \frac{\mathrm{d}(x^\lambda(\tau) + \delta x^\lambda(\tau))}{\mathrm{d}\tau} = 0. \tag{2.9.2}$$

取 x 点的局部惯性系，则有

$$\Gamma^\mu_{\nu\lambda}(x) = 0, \quad \Gamma^\mu_{\nu\lambda}(x + \delta x) = \Gamma^\mu_{\nu\lambda,\sigma}(x) \delta x^\sigma. \tag{2.9.3}$$

于是，两测地线方程 (2.9.1) 和 (2.9.2) 分别化为

$$\frac{\mathrm{d}^2 x^\mu(\tau)}{\mathrm{d}\tau^2} = 0, \tag{2.9.4}$$

$$\frac{\mathrm{d}^2\left(x^\mu\left(\tau\right)+\delta x^\mu\left(\tau\right)\right)}{\mathrm{d}\tau^2}+\Gamma^\mu_{\nu\lambda,\sigma}\left(x\right)\delta x^\sigma\frac{\mathrm{d}x^\nu\left(\tau\right)}{\mathrm{d}\tau}\frac{\mathrm{d}x^\lambda\left(\tau\right)}{\mathrm{d}\tau}=0. \tag{2.9.5}$$

方程 (2.9.5) 与 (2.9.4) 相减, 得

$$
\begin{aligned}
0 &= \frac{\mathrm{d}^2\delta x^\mu\left(\tau\right)}{\mathrm{d}\tau^2}+\Gamma^\mu_{\nu\lambda,\sigma}\delta x^\sigma\frac{\mathrm{d}x^\nu\left(\tau\right)}{\mathrm{d}\tau}\frac{\mathrm{d}x^\lambda\left(\tau\right)}{\mathrm{d}\tau}\\
&= \frac{\mathrm{d}}{\mathrm{d}\tau}\left(\frac{\mathrm{D}\delta x^\mu}{\mathrm{d}\tau}-\Gamma^\mu_{\nu\sigma}\frac{\mathrm{d}x^\nu}{\mathrm{d}\tau}\delta x^\sigma\right)+\Gamma^\mu_{\nu\lambda,\sigma}\delta x^\sigma\frac{\mathrm{d}x^\nu}{\mathrm{d}\tau}\frac{\mathrm{d}x^\lambda}{\mathrm{d}\tau}\\
&= \frac{\mathrm{d}}{\mathrm{d}\tau}\frac{\mathrm{D}\delta x^\mu}{\mathrm{d}\tau}-\Gamma^\mu_{\nu\sigma,\lambda}\delta x^\sigma\frac{\mathrm{d}x^\nu}{\mathrm{d}\tau}\frac{\mathrm{d}x^\lambda}{\mathrm{d}\tau}+\Gamma^\mu_{\nu\lambda,\sigma}\delta x^\sigma\frac{\mathrm{d}x^\nu}{\mathrm{d}\tau}\frac{\mathrm{d}x^\lambda}{\mathrm{d}\tau}\\
&= \frac{\mathrm{D}}{\mathrm{d}\tau}\frac{\mathrm{D}\delta x^\mu}{\mathrm{d}\tau}+\left(\Gamma^\mu_{\nu\lambda,\sigma}-\Gamma^\mu_{\nu\sigma,\lambda}\right)\delta x^\sigma\frac{\mathrm{d}x^\nu}{\mathrm{d}\tau}\frac{\mathrm{d}x^\lambda}{\mathrm{d}\tau},
\end{aligned}
$$

即

$$\frac{\mathrm{D}}{\mathrm{d}\tau}\frac{\mathrm{D}\delta x^\mu}{\mathrm{d}\tau}+R^\mu{}_{\nu\sigma\lambda}\delta x^\sigma\frac{\mathrm{d}x^\nu}{\mathrm{d}\tau}\frac{\mathrm{d}x^\lambda}{\mathrm{d}\tau}=0. \tag{2.9.6}$$

(2.9.6) 式称为测地线偏离方程 (geodesic deviation equation), 它描述两相邻自由质点 (测地线) 在引力场的作用下产生的偏离。该方程可以改写成

$$\frac{\mathrm{D}^2\delta x^\lambda}{\mathrm{d}\tau^2}=R^\lambda{}_{\mu\nu\sigma}U^\mu U^\nu\delta x^\sigma. \tag{2.9.7}$$

(2.9.7) 式的左边描写两相邻自由质点间的相对 4 加速度 (潮汐加速度), 右边则称为 (4 维) 起潮力。

　　需要说明的是, 测地线偏离方程是一个张量方程。不可能通过一个坐标变换把一个非零的起潮力变成零, 或者说, 不可能通过一个坐标变换把一个非平凡的方程变为一个平凡的方程 (即 0=0 的恒等式)。因而, 测地线偏离方程反映出了引力场与惯性力场的本质区别。另外, 在与自由下落粒子一起运动的参考系中看, 这个自由下落粒子是静止的, 但两相邻的自由下落粒子之间存在相对速度和相对加速度。最后, 引力波探测的理论基础就是测地线偏离方程。

2.10　外微分与联络 1 形式

2.10.1　微分形式与外积

2.10.1.1　微分形式

　　一个完全反对称的对偶张量场 (即: 带基的 $(0,p)$ 型全反对称张量场), 称为一个微分形式 (differential form)。具体地说, 一个 $(0,p)$ 型的全反对称张量场 (带

基)$T_{[a_1 \cdots a_p]}$ 称为一个 p 形式 (p-form)。作为特例，标量场称为 0 形式 (0-form)，记作 f。对偶矢量场称为 1 形式 (1-form), 记作

$$\boldsymbol{\alpha} = \alpha_\mu \mathrm{d} x^\mu. \tag{2.10.1}$$

在局部坐标系中，$\{\mathrm{d} x^\mu\}$ 为一组坐标基。在 n 维时空中，共有 n 个基矢 $\mathrm{d} x^0$, $\mathrm{d} x^1$, $\cdots$, $\mathrm{d} x^{n-1}$，它们也是 1 形式空间的基矢。2 形式空间的坐标基矢记作

$$\mathrm{d} x^\mu \wedge \mathrm{d} x^\nu = \mathrm{d} x^\mu \otimes \mathrm{d} x^\nu - \mathrm{d} x^\nu \otimes \mathrm{d} x^\mu = \delta^{\mu\nu}_{\kappa\lambda} \mathrm{d} x^\kappa \otimes \mathrm{d} x^\lambda. \tag{2.10.2}$$

其中

$$\delta^{\mu\nu}{}_{\kappa\lambda} = \delta^\mu_\kappa \delta^\nu_\lambda - \delta^\mu_\lambda \delta^\nu_\kappa = \begin{vmatrix} \delta^\mu_\kappa & \delta^\mu_\lambda \\ \delta^\nu_\kappa & \delta^\nu_\lambda \end{vmatrix} \tag{2.10.3}$$

称为推广的 Kronecker δ 符号。2 形式空间的维数是 $\begin{pmatrix} n \\ 2 \end{pmatrix} = \dfrac{n!}{2!\,(n-2)!} = \dfrac{n\,(n-1)}{2}$。任意 2 形式可写成

$$\boldsymbol{\alpha}_2 = \frac{1}{2} \alpha_{\mu\nu} \mathrm{d} x^\mu \wedge \mathrm{d} x^\nu, \qquad \alpha_{\mu\nu} = -\alpha_{\nu\mu}. \tag{2.10.4}$$

或者记作 (不用爱因斯坦求和规则)

$$\boldsymbol{\alpha}_2 = \frac{1}{2} \sum_{\mu \neq \nu} \alpha_{\mu\nu} \mathrm{d} x^\mu \wedge \mathrm{d} x^\nu = \sum_{\mu < \nu} \alpha_{\mu\nu} \mathrm{d} x^\mu \wedge \mathrm{d} x^\nu. \tag{2.10.5}$$

2 形式也可记作 α_{ab}，其中 a, b 为抽象指标。用抽象指标后，就不再用黑体了。类似地, p 形式空间的坐标基矢记作

$$\mathrm{d} x^{\mu_1} \wedge \cdots \wedge \mathrm{d} x^{\mu_p} = \sum_{\sigma \in P(p)} \mathrm{Sgn}\,(\sigma) \, (\mathrm{d} x^{\mu_{\sigma_1}} \otimes \cdots \otimes \mathrm{d} x^{\mu_{\sigma_p}})$$

$$= \delta^{\mu_1 \cdots \mu_p}{}_{\kappa_1 \cdots \kappa_p} \mathrm{d} x^{\kappa_1} \otimes \cdots \otimes \mathrm{d} x^{\kappa_p}, \tag{2.10.6}$$

其中 $\mathrm{Sgn}(\sigma)$ 是符号函数；σ 为偶置换时取 $+$, σ 为奇置换时取 $-$。广义的 Kronecker δ 符号为

$$\delta^{\mu_1 \cdots \mu_p}{}_{\kappa_1 \cdots \kappa_p} = \begin{vmatrix} \delta^{\mu_1}_{\kappa_1} & \delta^{\mu_1}_{\kappa_2} & \cdots & \delta^{\mu_1}_{\kappa_p} \\ \delta^{\mu_2}_{\kappa_1} & \delta^{\mu_2}_{\kappa_2} & \cdots & \delta^{\mu_2}_{\kappa_p} \\ \vdots & \vdots & & \vdots \\ \delta^{\mu_p}_{\kappa_1} & \delta^{\mu_p}_{\kappa_2} & \cdots & \delta^{\mu_p}_{\kappa_p} \end{vmatrix} = \begin{cases} +1, & \text{下指标为上指标的偶置换,} \\ -1, & \text{下指标为上指标的奇置换,} \\ 0, & \text{其他情况.} \end{cases} \tag{2.10.7}$$

p 形式空间的基矢共有 $\begin{pmatrix} n \\ p \end{pmatrix} = \dfrac{n!}{p!\,(n-p)!}$ 个独立的基矢。任意 p 形式可写成

$$\boldsymbol{\alpha}_p = \frac{1}{p!}\alpha_{\mu_1\cdots\mu_p}\mathrm{d}x^{\mu_1}\wedge\cdots\wedge\mathrm{d}x^{\mu_p}, \tag{2.10.8}$$

或者写成 (不用爱因斯坦求和规则)

$$\boldsymbol{\alpha}_p = \frac{1}{p!}\sum_{\substack{\mu_i\neq\mu_j\\ \forall i\neq j}}\alpha_{\mu_1\cdots\mu_p}\mathrm{d}x^{\mu_1}\wedge\cdots\wedge\mathrm{d}x^{\mu_p} = \sum_{\mu_1<\cdots<\mu_p}\alpha_{\mu_1\cdots\mu_p}\mathrm{d}x^{\mu_1}\wedge\cdots\wedge\mathrm{d}x^{\mu_p}. \tag{2.10.9}$$

微分形式常用小写希腊字母表示，但也有例外。

n 维时空上只有 0 形式、1 形式、$\cdots$、$n-1$ 形式、n 形式。所有 0 形式构成的空间记作 Λ^0，所有 1 形式构成的空间记作 Λ^1，$\cdots$，所有 p 形式构成的空间记作 Λ^p，$\cdots$，所有 n 形式构成的空间记作 Λ^n。所有微分形式构成的空间记作 Λ，则

$$\Lambda = \Lambda^0 \oplus \Lambda^1 \oplus \cdots \oplus \Lambda^n. \tag{2.10.10}$$

2.10.1.2 外积

须注意，一个 p 形式和一个 q 形式的直积并不是一个 $p+q$ 形式，因为它虽然关于 p 个指标和 q 个指标分别反对称，但对 p 与 q 交叉的指标并不是反对称的，即它关于 $p+q$ 个指标并非完全反对称。为了由一个 p 形式和一个 q 形式得到一个 $p+q$ 形式，需定义外积 (wedge product)。

设 $\boldsymbol{\alpha}_p, \boldsymbol{\beta}_q$ 分别为 p 形式和 q 形式：

$$\boldsymbol{\alpha}_p = \alpha_{[\mu_1\mu_2\cdots\mu_p]}\mathrm{d}x^{\mu_1}\wedge\mathrm{d}x^{\mu_2}\wedge\cdots\wedge\mathrm{d}x^{\mu_p} = \frac{1}{p!}\alpha_{\mu_1\mu_2\cdots\mu_p}\mathrm{d}x^{\mu_1}\wedge\mathrm{d}x^{\mu_2}\wedge\cdots\wedge\mathrm{d}x^{\mu_p}, \tag{2.10.11}$$

$$\boldsymbol{\beta}_q = \beta_{[\mu_1\mu_2\cdots\mu_q]}\mathrm{d}x^{\mu_1}\wedge\mathrm{d}x^{\mu_2}\wedge\cdots\wedge\mathrm{d}x^{\mu_q} = \frac{1}{q!}\beta_{\mu_1\mu_2\cdots\mu_q}\mathrm{d}x^{\mu_1}\wedge\mathrm{d}x^{\mu_2}\wedge\cdots\wedge\mathrm{d}x^{\mu_q}. \tag{2.10.12}$$

它们的外积定为

$$\boldsymbol{\alpha}_p \wedge \boldsymbol{\beta}_q = \frac{(p+q)!}{p!q!}\alpha_{[a_1a_2\cdots a_p}\beta_{b_1b_2\cdots b_q]} = (-1)^{pq}\boldsymbol{\beta}_q \wedge \boldsymbol{\alpha}_p. \tag{2.10.13}$$

外积满足，结合律：

$$(\boldsymbol{\alpha}\wedge\boldsymbol{\beta})\wedge\boldsymbol{\gamma} = \boldsymbol{\alpha}\wedge(\boldsymbol{\beta}\wedge\boldsymbol{\gamma}), \tag{2.10.14}$$

分配律:

$$(a\boldsymbol{\alpha} + b\boldsymbol{\beta}) \wedge \boldsymbol{\gamma} = a\left(\boldsymbol{\alpha} \wedge \boldsymbol{\gamma}\right) + b\left(\boldsymbol{\beta} \wedge \boldsymbol{\gamma}\right), \\ \boldsymbol{\alpha} \wedge (a\boldsymbol{\beta} + b\boldsymbol{\gamma}) = a\left(\boldsymbol{\alpha} \wedge \boldsymbol{\beta}\right) + b\left(\boldsymbol{\alpha} \wedge \boldsymbol{\beta}\right), \quad a, b \in \mathbb{R}, \tag{2.10.15}$$

斜交换律:

$$\boldsymbol{\alpha}_p \wedge \boldsymbol{\beta}_q = (-1)^{pq}\, \boldsymbol{\beta}_q \wedge \boldsymbol{\alpha}_p. \tag{2.10.16}$$

2.10.2 外微分

外微分 (exterior derivative) 是一个一阶线性微分算子, 用 d 表示,

$$\mathrm{d} : \varLambda^p \to \varLambda^{p+1}, \tag{2.10.17}$$

且满足:

(1) 对任一光滑函数 f, $\mathrm{d}f$ 是 f 的全微分, 即

$$\mathrm{d}f = f_{,\mu}\mathrm{d}x^{\mu} = (\partial_{\mu}f)\,\mathrm{d}x^{\mu}; \tag{2.10.18}$$

(2) 对于任一光滑函数 f, 有

$$\mathrm{d}\left(\mathrm{d}f\right) = 0 \quad (\text{或}\,\mathrm{d}^2 f = 0); \tag{2.10.19}$$

(3) 莱布尼茨法则:

$$\mathrm{d}\left(\boldsymbol{\alpha}_p \wedge \boldsymbol{\beta}_q\right) = \left(\mathrm{d}\boldsymbol{\alpha}_p\right) \wedge \boldsymbol{\beta}_q + (-1)^p\,\boldsymbol{\alpha}_p \wedge \left(\mathrm{d}\boldsymbol{\beta}_q\right); \tag{2.10.20}$$

(4) 线性性质:

$$\mathrm{d}\left(a\boldsymbol{\alpha} + b\boldsymbol{\beta}\right) = a\mathrm{d}\boldsymbol{\alpha} + b\mathrm{d}\boldsymbol{\beta}, \quad a, b \in \mathbb{R}. \tag{2.10.21}$$

在给定坐标系下, p 形式的外微分表示为

$$\mathrm{d}\boldsymbol{\alpha}_p = \mathrm{d}\left(\frac{1}{p!}\alpha_{\mu_1\cdots\mu_p}\mathrm{d}x^{\mu_1} \wedge \cdots \wedge \mathrm{d}x^{\mu_p}\right) = \frac{1}{p!}\partial_{\nu}\alpha_{\mu_1\cdots\mu_p}\mathrm{d}x^{\nu} \wedge \mathrm{d}x^{\mu_1} \wedge \cdots \wedge \mathrm{d}x^{\mu_p}$$

$$= \frac{1}{p!\,(p+1)!}\delta^{\nu\mu_1\cdots\mu_p}{}_{\kappa_1\cdots\kappa_{p+1}}\left(\partial_{\nu}\alpha_{\mu_1\cdots\mu_p}\right)\mathrm{d}x^{\kappa_1} \wedge \mathrm{d}x^{\kappa_2} \wedge \cdots \wedge \mathrm{d}x^{\kappa_{p+1}}. \tag{2.10.22}$$

可以证明, 对于任一微分形式, 都有

$$\mathrm{d}\left(\mathrm{d}\boldsymbol{\alpha}\right) = 0 \quad \text{或} \quad \mathrm{d}^2 = 0. \tag{2.10.23}$$

(2.10.23) 式为庞加莱引理, 说明外微分算符是幂零 (nilpotent) 的。对于函数 f, 有

$$\mathrm{d}\left(f\boldsymbol{\alpha}_p\right) = \mathrm{d}f \wedge \boldsymbol{\alpha}_p + f\mathrm{d}\boldsymbol{\alpha}_p. \tag{2.10.24}$$

特别地, 若微分形式 $\boldsymbol{\alpha}$ 满足

$$\mathrm{d}\boldsymbol{\alpha} = 0, \tag{2.10.25}$$

则称 $\boldsymbol{\alpha}$ 是闭形式 (closed form)。若 p 形式 $\boldsymbol{\alpha}_p$ 可整体地表示为某 $p-1$ 形式 $\boldsymbol{\beta}_{p-1}$ 的外微分

$$\boldsymbol{\alpha}_p = \mathrm{d}\boldsymbol{\beta}_{p-1}, \tag{2.10.26}$$

则称 $\boldsymbol{\alpha}_p$ 是恰当形式 (exact form)。显然, 恰当形式一定是闭形式, 反之则不见得。

2.10.3   联络 1 形式

给定余标架 (2.3.51) 式或简单地记成

$$\boldsymbol{e}^I = e^I_\mu \mathrm{d}x^\mu, \tag{2.10.27}$$

即可确定度规

$$g_{\mu\nu} = \eta_{IJ} e^I_\mu e^J_\nu. \tag{2.10.28}$$

对于正交标架,

$$\eta_{IJ} = \mathrm{diag}(\pm 1, \underbrace{1, \cdots, 1}_{n-1\text{个}}), \tag{2.10.29}$$

其中 n 为时空维数。标架指标, 用 η_{IJ} 升降; 时空指标, 用 $g_{\mu\nu}$ 升降。余标架场 $\boldsymbol{e}^I$ 是标架场

$$\boldsymbol{e}_I = e^\mu_I \left(\frac{\partial}{\partial x^\mu}\right) \tag{2.10.30}$$

的对偶, 满足 (2.3.55) 式。逆度规与标架满足

$$g^{\mu\nu} = \eta^{IJ} e^\mu_I e^\nu_J. \tag{2.10.31}$$

当给定 I 时, e^I_μ 是一个 (0,1) 型张量场 (分量形式), 它沿 e^ν_J 的协变微分为

$$e^\nu_J \nabla_\nu e^I_\mu = e^\nu_J \partial_\nu e^I_\mu - \Gamma^\lambda_{\mu\nu} e^\nu_J e^I_\lambda. \tag{2.10.32}$$

仍是一个 (0,1) 型张量场 (分量形式)。该 (0,1) 型张量场可用余标架场展开:

$$e^\nu_J \nabla_\nu e^I_\mu = \gamma_J{}^I{}_K e^K_\mu, \tag{2.10.33}$$

展开系数为

$$\gamma_J{}^I{}_K = \left(e_J^\nu \nabla_\nu e_\mu^I\right) e_K^\mu = -e_J^\nu e_\mu^I \nabla_\nu e_K^\mu. \qquad (2.10.34)$$

联络 1 形式定义为

$$\boldsymbol{\omega}^I{}_K := -e^J \gamma_J{}^I{}_K \qquad (2.10.35)$$

或

$$\omega^I{}_{K\mu} = -e_\mu^J \gamma_J{}^I{}_K = e_\nu^I \nabla_\mu e_K^\nu = e_\nu^I e_{K;\mu}^\nu = -\left(\nabla_\mu e_\nu^I\right) e_K^\nu. \qquad (2.10.36)$$

式中第三个等号右边的表达式中，自由指标出现的顺序与位置相同。联络 1 形式满足：

(1) 反对称性：

$$\omega_{IK\mu} = -\omega_{KI\mu}, \qquad (2.10.37)$$

其中

$$\omega_{IK\mu} := \eta_{IJ} \omega^J{}_{K\mu}. \qquad (2.10.38)$$

(2) 第一嘉当 (Cartan) 结构方程：

$$\mathrm{d}\boldsymbol{e}^I + \boldsymbol{\omega}^I{}_J \wedge \boldsymbol{e}^J = \boldsymbol{T}^I = \frac{1}{2} T^I{}_{JK} \boldsymbol{e}^J \wedge \boldsymbol{e}^K. \qquad (2.10.39)$$

其中 $\boldsymbol{T}^I$ 是挠率 2 形式。

(3) 第二嘉当结构方程：

$$\mathrm{d}\boldsymbol{\omega}^I{}_J + \boldsymbol{\omega}^I{}_K \wedge \boldsymbol{\omega}^K{}_J = \boldsymbol{R}^I{}_J = \frac{1}{2} R^I{}_{JKL} \boldsymbol{e}^K \wedge \boldsymbol{e}^L, \qquad (2.10.40)$$

其中 $\boldsymbol{R}^I{}_J$ 是曲率 2 形式。

证明

(1) 由 (2.10.38)、(2.10.36) 式及协变导数算子与度规的适配性 (2.3.31) 式知

$$\omega_{IK\mu} = \eta_{IJ} e_\nu^J \nabla_\mu e_K^\nu = \eta_{IJ} e_\nu^J \nabla_\mu \left(\eta_{KL} g^{\nu\lambda} e_\lambda^L\right) = \eta_{KL} e_I^\lambda \nabla_\mu e_\lambda^L$$

$$= -\eta_{KL} e_\lambda^L \nabla_\mu e_I^\lambda = -\omega_{KI\mu},$$

其中在第二、第三个等号中利用度规 $g_{\mu\nu}$ 升降时空指标，利用 η_{IJ} 升降标架指标。证毕。

(2) 因为

$$\mathrm{d}\boldsymbol{e}^I = \partial_\nu e_\mu^I \mathrm{d}x^\nu \wedge \mathrm{d}x^\mu = \partial_\mu e_\nu^I \mathrm{d}x^\mu \wedge \mathrm{d}x^\nu,$$

$$\boldsymbol{\omega}^I{}_J \wedge \boldsymbol{e}^J = -\left(\nabla_\mu e_\lambda^I\right) e_J^\lambda e_\nu^J \mathrm{d}x^\mu \wedge \mathrm{d}x^\nu = -\nabla_\mu e_\nu^I \mathrm{d}x^\mu \wedge \mathrm{d}x^\nu,$$

又因

$$\nabla_{[\mu} e^I_{\nu]} = \partial_{[\mu} e^I_{\nu]} - \Gamma^\lambda_{[\mu\nu]} e^I_\lambda = \partial_{[\mu} e^I_{\nu]} - \frac{1}{2} T^\lambda{}_{\mu\nu} e^I_\lambda = \partial_{[\mu} e^I_{\nu]} - \frac{1}{2} T^I{}_{\mu\nu},$$

所以,

$$\mathrm{d} \boldsymbol{e}^I + \boldsymbol{\omega}^I{}_J \wedge \boldsymbol{e}^J = \boldsymbol{T}^I.$$

对于黎曼时空,

$$\mathrm{d} \boldsymbol{e}^I + \boldsymbol{\omega}^I{}_J \wedge \boldsymbol{e}^J = 0. \tag{2.10.41}$$

证毕。

(3) (2.10.40) 式的右边为

$$\frac{1}{2} R^I{}_{JKL} \boldsymbol{e}^K \wedge \boldsymbol{e}^L = \frac{1}{2} R^I{}_{JKL} e^K_\mu e^L_\nu \mathrm{d} x^\mu \wedge \mathrm{d} x^\nu = \frac{1}{2} R^I{}_{J\mu\nu} \mathrm{d} x^\mu \wedge \mathrm{d} x^\nu,$$

(2.10.40) 式的左边为

$$\mathrm{d} \boldsymbol{\omega}^I{}_J + \boldsymbol{\omega}^I{}_K \wedge \boldsymbol{\omega}^K{}_J = \left(\partial_{[\mu} \omega^I{}_{|J|\nu]} + \omega^I{}_{K[\mu} \omega^K{}_{|J|\nu]} \right) \mathrm{d} x^\mu \wedge \mathrm{d} x^\nu,$$

前一项为

$$\partial_{[\mu} \omega^I{}_{|J|\nu]} = - \left(\partial_{[\mu} e^\kappa_{|J|} \right) \left(\partial_{\nu} e^I_\kappa - \Gamma^\lambda_{|\kappa|\nu]} e^I_\lambda \right) + e^\kappa_J \left(\left(\partial_{[\mu} \Gamma^\lambda_{|\kappa|\nu]} \right) e^I_\lambda + \Gamma^\lambda_{\kappa[\nu} \partial_{\mu]} e^I_\lambda \right)$$

$$= - \left(\partial_{[\mu} e^\kappa_{|J|} \right) \left(\partial_{\nu]} e^I_\kappa \right) + e^I_\lambda \left(\partial_{[\mu} e^\kappa_{|J|} \right) \Gamma^\lambda_{\kappa|\nu]} + e^I_\lambda e^\kappa_J \partial_{[\mu} \Gamma^\lambda_{|\kappa|\nu]} + e^\kappa_J \Gamma^\lambda_{\kappa[\nu} \partial_{\mu]} e^I_\lambda,$$

其中用到 $\omega^I{}_{J\nu} = - e^\kappa_J \nabla_\nu e^I_\kappa = - e^\kappa_J \left(\partial_\nu e^I_\kappa - \Gamma^\lambda_{\kappa\nu} e^I_\lambda \right)$, 后一项为

$$\omega^I{}_{K[\mu} \omega^K{}_{|J|\nu]} = e^\kappa_K \left(\partial_{[\mu} e^I_{|\kappa|} - e^I_\lambda \Gamma^\lambda_{\kappa[\mu} \right) \left(\partial_{\nu]} e^K_\rho - \Gamma^\sigma_{|\rho|\nu]} e^K_\sigma \right) e^\rho_J$$

$$= e^\kappa_K e^\rho_J \left(\partial_{[\mu} e^I_{|\kappa|} \right) \left(\partial_{\nu]} e^K_\rho \right) - e^\rho_J \left(\partial_{[\mu} e^I_{|\kappa|} \right) \Gamma^\kappa_{\rho|\nu]}$$

$$- e^\kappa_K e^I_\lambda e^\rho_J \Gamma^\lambda_{\kappa[\mu} \left(\partial_{\nu]} e^K_\rho \right) + e^I_\lambda e^\rho_J \Gamma^\lambda_{\kappa[\mu} \Gamma^\kappa_{\nu]\rho}.$$

两项合计:

$$\partial_{[\mu} \omega^I{}_{|J|\nu]} + \omega^I{}_{K[\mu} \omega^K{}_{|J|\nu]} = e^I_\lambda e^\kappa_J \left(\partial_{[\mu} \Gamma^\lambda_{|\kappa|\nu]} + \Gamma^\lambda_{\rho[\mu} \Gamma^\rho_{\nu]\kappa} \right) = \frac{1}{2} e^I_\lambda e^\kappa_J R^\lambda{}_{\kappa\mu\nu} = \frac{1}{2} R^I{}_{J\mu\nu}.$$

证毕。

除此之外, 联络 1 形式还满足如下恒等式:

$$\mathrm{d} \boldsymbol{T}^I + \boldsymbol{\omega}^I{}_J \wedge \boldsymbol{T}^J = \boldsymbol{R}^I{}_J \wedge \boldsymbol{e}^J, \tag{2.10.42}$$

$$\mathrm{d}\boldsymbol{R}^I{}_J + \boldsymbol{\omega}^I{}_K \wedge \boldsymbol{R}^K{}_J - \boldsymbol{\omega}^K{}_J \wedge \boldsymbol{R}^I{}_K = 0. \tag{2.10.43}$$

证明 由第一嘉当结构方程 (2.10.39) 知

$$\mathrm{d}\left(\mathrm{d}\boldsymbol{e}^I + \boldsymbol{\omega}^I{}_J \wedge \boldsymbol{e}^J - \boldsymbol{T}^I\right) = 0,$$

即

$$\mathrm{d}\boldsymbol{T}^I - \left(\mathrm{d}\boldsymbol{\omega}^I{}_J\right) \wedge \boldsymbol{e}^J + \boldsymbol{\omega}^I{}_J \wedge \mathrm{d}\boldsymbol{e}^J = 0.$$

在上式中利用第一、第二嘉当结构方程 (2.10.39)、(2.10.40) 即得恒等式 (2.10.42)。

类似地，由第二嘉当结构方程 (2.10.40) 知

$$\mathrm{d}\left(\mathrm{d}\boldsymbol{\omega}^I{}_J + \boldsymbol{\omega}^I{}_K \wedge \boldsymbol{\omega}^K{}_J - \boldsymbol{R}^I{}_J\right) = 0,$$

即

$$\mathrm{d}\boldsymbol{R}^I{}_J - \left(\mathrm{d}\boldsymbol{\omega}^I{}_K\right) \wedge \boldsymbol{\omega}^K{}_J + \boldsymbol{\omega}^I{}_K \wedge \mathrm{d}\boldsymbol{\omega}^K{}_J = 0.$$

在上式中利用第二嘉当结构方程 (2.10.40) 即得恒等式 (2.10.43)。

证毕。

特别地，当挠率为零时，恒等式 (2.10.42) 化为

$$\boldsymbol{R}^I{}_J \wedge \boldsymbol{e}^J = 0. \tag{2.10.44}$$

将 (2.10.44) 式展开，得

$$\frac{1}{2}R^I{}_{J\mu\nu}e^J_\lambda \mathrm{d}x^\mu \wedge \mathrm{d}x^\nu \wedge \mathrm{d}x^\lambda = 0,$$

即

$$\frac{1}{2}e^I_\kappa R^\kappa{}_{\lambda\mu\nu}\mathrm{d}x^\mu \wedge \mathrm{d}x^\nu \wedge \mathrm{d}x^\lambda = 3e^I_\kappa R^\kappa{}_{[\lambda\mu\nu]}\mathrm{d}x^\mu \wedge \mathrm{d}x^\nu \wedge \mathrm{d}x^\lambda = 0 \Leftrightarrow R^\kappa{}_{[\lambda\mu\nu]} = 0.$$

所以，(2.10.44) 式就是里奇恒等式的外微分形式。

本章附录 2.B 给出证明，(2.10.43) 式是比安基恒等式 (2.8.47) 在挠率不为零时的推广。

2.10.4 用标架计算无挠联络系数和曲率张量

本小节以一个具体例子说明如何利用外微分计算无挠联络系数和曲率张量。

例 已知度规

$$\mathrm{d}s^2 = -\mathrm{e}^{2\nu(r)}\mathrm{d}t^2 + \mathrm{e}^{2\mu(r)}\mathrm{d}r^2 + r^2\left(\mathrm{d}\theta^2 + \sin^2\theta\mathrm{d}\varphi^2\right), \tag{2.10.45}$$

求其联络系数和曲率张量。

解 取余标架：

$$\boldsymbol{e}^0 = \mathrm{e}^{\nu(r)}\mathrm{d}t, \quad \boldsymbol{e}^1 = \mathrm{e}^{\mu(r)}\mathrm{d}r, \quad \boldsymbol{e}^2 = r\mathrm{d}\theta, \quad \boldsymbol{e}^3 = r\sin\theta\mathrm{d}\varphi, \tag{2.10.46}$$

显然，有

$$g_{\mu\nu} = -e^0_\mu \otimes e^0_\nu + e^1_\mu \otimes e^1_\nu + e^2_\mu \otimes e^2_\nu + e^3_\mu \otimes e^3_\nu = \eta_{IJ} e^I_\mu \otimes e^J_\nu. \tag{2.10.47}$$

对 (2.10.46) 式求外微分：

$$\mathrm{d}\boldsymbol{e}^0 = -\nu'\mathrm{e}^{\nu(r)}\mathrm{d}t\wedge\mathrm{d}r, \quad \mathrm{d}\boldsymbol{e}^1 = 0, \quad \mathrm{d}\boldsymbol{e}^2 = \mathrm{d}r\wedge\mathrm{d}\theta, \quad \mathrm{d}\boldsymbol{e}^3 = \sin\theta\mathrm{d}r\wedge\mathrm{d}\varphi + r\cos\theta\mathrm{d}\theta\wedge\mathrm{d}\varphi, \tag{2.10.48}$$

其中撇代表对 r 求导，(2.10.48) 式可写成

$$\begin{aligned}
&\mathrm{d}\boldsymbol{e}^0 + \nu'\mathrm{e}^{\nu(r)}\mathrm{d}t \wedge \mathrm{d}r = 0, \\
&\mathrm{d}\boldsymbol{e}^1 = 0, \\
&\mathrm{d}\boldsymbol{e}^2 - \mathrm{d}r \wedge \mathrm{d}\theta = 0, \\
&\mathrm{d}\boldsymbol{e}^3 - \sin\theta\mathrm{d}r \wedge \mathrm{d}\varphi - r\cos\theta\mathrm{d}\theta \wedge \mathrm{d}\varphi = 0,
\end{aligned} \tag{2.10.49}$$

(2.10.49) 式与无挠时的第一嘉当结构方程 (2.10.41) 比较，可定出联络 1 形式。

当 $I = 0$ 时，有

$$\omega^0{}_{J\mu}e^J_\nu\mathrm{d}x^\mu \wedge \mathrm{d}x^\nu = \nu'\mathrm{e}^{\nu(r)}\mathrm{d}t \wedge \mathrm{d}r, \tag{2.10.50}$$

(2.10.50) 式左边为

$$\begin{aligned}
&\left(\omega^0{}_{Jt}e^J_r - \omega^0{}_{Jr}e^J_t\right)\mathrm{d}t \wedge \mathrm{d}r + \left(\omega^0{}_{Jt}e^J_\theta - \omega^0{}_{J\theta}e^J_t\right)\mathrm{d}t \wedge \mathrm{d}\theta \\
&+ \left(\omega^0{}_{Jt}e^J_\varphi - \omega^0{}_{J\varphi}e^J_t\right)\mathrm{d}t \wedge \mathrm{d}\varphi \\
&+ \left(\omega^0{}_{Jr}e^J_\theta - \omega^0{}_{J\theta}e^J_r\right)\mathrm{d}r \wedge \mathrm{d}\theta + \left(\omega^0{}_{Jr}e^J_\varphi - \omega^0{}_{J\varphi}e^J_r\right)\mathrm{d}r\wedge\mathrm{d}\varphi \\
&+ \left(\omega^0{}_{J\theta}e^J_\varphi - \omega^0{}_{J\varphi}e^J_\theta\right)\mathrm{d}\theta\wedge\mathrm{d}\varphi \\
=\ &\omega^0{}_{1t}\mathrm{e}^{\mu(r)}\mathrm{d}t \wedge \mathrm{d}r + \omega^0{}_{2t}r\mathrm{d}t \wedge \mathrm{d}\theta + \omega^0{}_{3t}r\sin\theta\mathrm{d}t \wedge \mathrm{d}\varphi \\
&+ \left(\omega^0{}_{2r}r - \omega^0{}_{1\theta}\mathrm{e}^{\mu(r)}\right)\mathrm{d}r \wedge \mathrm{d}\theta \\
&+ \left(\omega^0{}_{3r}r\sin\theta - \omega^0{}_{1\varphi}\mathrm{e}^{\mu(r)}\right)\mathrm{d}r \wedge \mathrm{d}\varphi + r\left(\omega^0{}_{3\theta}\sin\theta - \omega^0{}_{2\varphi}\right)\mathrm{d}\theta \wedge \mathrm{d}\varphi,
\end{aligned}$$

与 (2.10.50) 式右边比较，知

$$\omega^0{}_{1t} = \mathrm{e}^{\nu(r)-\mu(r)}\nu'(r), \quad \omega^0{}_{2t} = \omega^0{}_{3t} = 0, \quad \omega^0{}_{2r}r = \omega^0{}_{1\theta}\mathrm{e}^{\mu(r)},$$

$$\omega^0{}_{3r}r\sin\theta = \omega^0{}_{1\varphi}e^{\mu(r)}, \quad \omega^0{}_{3\theta}\sin\theta = \omega^0{}_{2\varphi}; \tag{2.10.51}$$

类似地，对于 $I = 1$，

$$0 = \omega^1{}_{J\mu}e^J_\nu dx^\mu \wedge dx^\nu = -\omega^1{}_{0r}e^{\nu(r)}dt \wedge dr + \left(\omega^1{}_{2t}r - \omega^1{}_{0\theta}e^{\nu(r)}\right)dt \wedge d\theta$$

$$+ \left(\omega^1{}_{3t}r\sin\theta - \omega^1{}_{0\varphi}e^{\nu(r)}\right)dt \wedge d\varphi$$

$$+ \omega^1{}_{2r}rdr \wedge d\theta + \omega^1{}_{3r}r\sin\theta dr \wedge d\varphi + r\left(\omega^1{}_{3\theta}\sin\theta - \omega^1{}_{2\varphi}\right)d\theta \wedge d\varphi,$$

由此得

$$\omega^1{}_{0r} = \omega^1{}_{2r} = \omega^1{}_{3r} = 0, \quad \omega^1{}_{2t}r = \omega^1{}_{0\theta}e^{\nu(r)},$$

$$\omega^1{}_{3t}r\sin\theta = \omega^1{}_{0\varphi}e^{\nu(r)}, \quad \omega^1{}_{3\theta}\sin\theta = \omega^1{}_{2\varphi}; \tag{2.10.52}$$

对于 $I = 2$，

$$-dr \wedge d\theta = \omega^2{}_{J\mu}e^J_\nu dx^\mu \wedge dx^\nu$$

$$= \left(\omega^2{}_{1t}e^{\mu(r)} - \omega^2{}_{0r}e^{\nu(r)}\right)dt \wedge dr - \omega^2{}_{0\theta}e^{\nu(r)}dt \wedge d\theta$$

$$+ \left(\omega^2{}_{3t}r\sin\theta - \omega^2{}_{0\varphi}e^{\nu(r)}\right)dt \wedge d\varphi - \omega^2{}_{1\theta}e^{\mu(r)}dr \wedge d\theta$$

$$+ \left(\omega^2{}_{3r}r\sin\theta - \omega^2{}_{1\varphi}e^{\mu(r)}\right)dr \wedge d\varphi + \omega^2{}_{3\theta}r\sin\theta d\theta \wedge d\varphi,$$

由此得

$$\omega^2{}_{0\theta} = \omega^2{}_{3\theta} = 0, \quad \omega^2{}_{1\theta} = e^{-\mu(r)}, \quad \omega^2{}_{1t}e^{\mu(r)} = \omega^2{}_{0r}e^{\nu(r)},$$

$$\omega^2{}_{3t}r\sin\theta = \omega^2{}_{0\varphi}e^{\nu(r)}, \quad \omega^2{}_{3r}r\sin\theta = \omega^2{}_{1\varphi}e^{\mu(r)}; \tag{2.10.53}$$

对于 $I = 3$，

$$-\sin\theta dr \wedge d\varphi - r\cos\theta d\theta \wedge d\varphi = \omega^3{}_{J\mu}e^J_\nu dx^\mu \wedge dx^\nu$$

$$= \left(\omega^3{}_{1t}e^{\mu(r)} - \omega^3{}_{0r}e^{\nu(r)}\right)dt \wedge dr + \left(\omega^3{}_{2t}r - \omega^3{}_{0\theta}e^{\nu(r)}\right)dt \wedge d\theta - \omega^3{}_{0\varphi}e^{\nu(r)}dt \wedge d\varphi$$

$$+ \left(\omega^3{}_{2r}r - \omega^3{}_{1\theta}e^{\mu(r)}\right)dr \wedge d\theta - \omega^3{}_{1\varphi}e^{\mu(r)}dr \wedge d\varphi - \omega^3{}_{2\varphi}rd\theta \wedge d\varphi,$$

由此得

$$\omega^3{}_{1t}e^{\mu(r)} = \omega^3{}_{0r}e^{\nu(r)}, \quad \omega^3{}_{2t}r = \omega^3{}_{0\theta}e^{\nu(r)}, \quad \omega^3{}_{0\varphi} = 0,$$

$$\omega^3{}_{2r}r = \omega^3{}_{1\theta}e^{\mu(r)}, \quad \omega^3{}_{1\varphi} = e^{-\mu(r)}\sin\theta, \quad \omega^3{}_{2\varphi} = \cos\theta. \tag{2.10.54}$$

利用 (2.10.37)、(2.10.38) 式及 (2.10.51)~(2.10.54) 式，得

已确定的零分量：

$$\omega_{01r} = \omega_{02t} = \omega_{02\theta} = \omega_{03t} = \omega_{03\varphi} = \omega_{12r} = \omega_{13r} = \omega_{23\theta} = 0;$$

已确定的非零分量：

$$\omega_{01t} = -\mathrm{e}^{\nu(r)-\mu(r)}\nu'(r), \quad \omega_{12\theta} = -\mathrm{e}^{-\mu(r)}, \quad \omega_{13\varphi} = -\mathrm{e}^{-\mu(r)}\sin\theta, \quad \omega_{23\varphi} = -\cos\theta;$$

$12t - 02r - 01\theta$分量：

$$\omega_{02r}r = \omega_{01\theta}\mathrm{e}^{\mu(r)}, \quad \omega_{12\theta}\mathrm{e}^{\mu(r)} = \omega_{02r}\mathrm{e}^{\nu(r)}, \quad \omega_{12t}r = -\omega_{01\theta}\mathrm{e}^{\nu(r)};$$

$13t - 03r - 01\varphi$分量：

$$\omega_{03r}r\sin\theta = \omega_{01\varphi}\mathrm{e}^{\mu(r)}, \quad \omega_{13t}r\sin\theta = -\omega_{01\varphi}\mathrm{e}^{\nu(r)}, \quad \omega_{13t}\mathrm{e}^{\mu(r)} = \omega_{03r}\mathrm{e}^{\nu(r)};$$

$23t - 03\theta - 02\varphi$分量：

$$\omega_{03\theta}\sin\theta = \omega_{02\varphi}, \quad \omega_{23t}r\sin\theta = -\omega_{02\varphi}\mathrm{e}^{\nu(r)}, \quad \omega_{23t}r = \omega_{03\theta}\mathrm{e}^{\nu(r)};$$

$23r - 13\theta - 12\varphi$分量：

$$\omega_{13\theta}\sin\theta = \omega_{12\varphi}, \quad \omega_{23r}r\sin\theta = -\omega_{12\varphi}\mathrm{e}^{\mu(r)}, \quad \omega_{23r}r = \omega_{13\theta}\mathrm{e}^{\mu(r)}. \tag{2.10.55}$$

上式中最后四行的每一行都是一组齐次代数方程组，只有零解，故由此得非零联络 1 形式：

$$\begin{aligned}
\boldsymbol{\omega}^0{}_1 &= \boldsymbol{\omega}^1{}_0 = \mathrm{e}^{\nu(r)-\mu(r)}\nu'(r)\,\mathrm{d}t, \\
\boldsymbol{\omega}^1{}_2 &= -\boldsymbol{\omega}^2{}_1 = -\mathrm{e}^{-\mu(r)}\mathrm{d}\theta, \\
\boldsymbol{\omega}^1{}_3 &= -\boldsymbol{\omega}^3{}_1 = -\mathrm{e}^{-\mu(r)}\sin\theta\mathrm{d}\varphi, \\
\boldsymbol{\omega}^2{}_3 &= -\boldsymbol{\omega}^3{}_2 = -\cos\theta\mathrm{d}\varphi.
\end{aligned} \tag{2.10.56}$$

利用第二嘉当结构方程得

$$\begin{aligned}
\boldsymbol{R}^0{}_1 &= \mathrm{d}\boldsymbol{\omega}^0{}_1 + \boldsymbol{\omega}^0{}_K \wedge \boldsymbol{\omega}^K{}_1 = \mathrm{d}\boldsymbol{\omega}^0{}_1 \\
&= -\mathrm{e}^{\nu(r)-\mu(r)}\left[\nu''(r) + \nu'(r)\left(\nu'(r) - \mu'(r)\right)\right]\mathrm{d}t \wedge \mathrm{d}r, \\
R^0{}_{1tr} &= -\mathrm{e}^{\nu(r)-\mu(r)}\left[\nu''(r) + \nu'(r)\left(\nu'(r) - \mu'(r)\right)\right], \\
R^t{}_{rtr} &= e^t_0 e^1_r R^0{}_{1tr} = -\left[\nu''(r) + \nu'(r)\left(\nu'(r) - \mu'(r)\right)\right];
\end{aligned} \tag{2.10.57}$$

类似地，

$$\boldsymbol{R}^0{}_3 = \mathrm{d}\boldsymbol{\omega}^0{}_3 + \boldsymbol{\omega}^0{}_K \wedge \boldsymbol{\omega}^K{}_3 = \boldsymbol{\omega}^0{}_1 \wedge \boldsymbol{\omega}^1{}_3 = -\mathrm{e}^{\nu(r)-2\mu(r)}\nu'(r)\sin\theta\mathrm{d}t \wedge \mathrm{d}\varphi,$$

$$R^0{}_{3t\varphi} = -\mathrm{e}^{\nu(r)-2\mu(r)}\nu'(r)\sin\theta, \quad R^t{}_{\varphi t\varphi} = e^t_0 e^3_\varphi R^0{}_{3t\varphi} = -\mathrm{e}^{-2\mu(r)}r\nu'(r)\sin^2\theta;$$

$$\tag{2.10.58}$$

$$\boldsymbol{R}^1{}_2 = \mathrm{d}\boldsymbol{\omega}^1{}_2 + \boldsymbol{\omega}^1{}_K \wedge \boldsymbol{\omega}^K{}_2 = \mathrm{d}\boldsymbol{\omega}^1{}_2 = \mathrm{e}^{-\mu(r)}\mu'(r)\,\mathrm{d}r \wedge \mathrm{d}\theta,$$
$$R^1{}_{2r\theta} = \mathrm{e}^{-\mu(r)}\mu'(r)\,, \quad R^r{}_{\theta r\theta} = e^r_1 e^2_\theta R^1{}_{2r\theta} = r\mathrm{e}^{-2\mu(r)}\mu'(r)\,; \tag{2.10.59}$$

$$\boldsymbol{R}^1{}_3 = \mathrm{d}\boldsymbol{\omega}^1{}_3 + \boldsymbol{\omega}^1{}_K \wedge \boldsymbol{\omega}^K{}_3 = \mathrm{d}\boldsymbol{\omega}^1{}_3 + \boldsymbol{\omega}^1{}_2 \wedge \boldsymbol{\omega}^2{}_3 = \mathrm{e}^{-\mu(r)}\mu'(r)\sin\theta\mathrm{d}r \wedge \mathrm{d}\varphi,$$
$$R^1{}_{3r\varphi} = \mathrm{e}^{-\mu(r)}\mu'(r)\sin\theta, \quad R^r{}_{\varphi r\varphi} = e^r_1 e^3_\varphi R^1{}_{3r\varphi} = r\mathrm{e}^{-2\mu(r)}\mu'(r)\sin^2\theta;$$
$$\tag{2.10.60}$$

$$\boldsymbol{R}^2{}_3 = \mathrm{d}\boldsymbol{\omega}^2{}_3 + \boldsymbol{\omega}^2{}_K \wedge \boldsymbol{\omega}^K{}_3 = \mathrm{d}\boldsymbol{\omega}^2{}_3 + \boldsymbol{\omega}^2{}_1 \wedge \boldsymbol{\omega}^1{}_3$$

$$= \sin\theta\mathrm{d}\theta \wedge \mathrm{d}\varphi - \mathrm{e}^{-2\mu(r)}\sin\theta\mathrm{d}\theta \wedge \mathrm{d}\varphi,$$

$$R^2{}_{3\theta\varphi} = \left(1 - \mathrm{e}^{-2\mu(r)}\right)\sin\theta,$$

$$R^\theta{}_{\varphi r\varphi} = e^\theta_2 e^3_\varphi R^2{}_{3\theta\varphi} = \left(1 - \mathrm{e}^{-2\mu(r)}\right)\sin^2\theta. \tag{2.10.61}$$

最后，再由曲率张量的对称性给出曲率的所有非零分量。

采用标架计算曲率张量的优点是，可避免具体计算一堆实际为零的分量，且不易漏求某些分量。

小结

(1) 微分形式：微分形式，外积，外代数。

(2) 外微分运算：幂零性，闭形式，恰当形式。

(3) 联络 1 形式：反对称，第一嘉当结构方程，第二嘉当结构方程，两个恒等式。

(4) 利用外微分求曲率张量。

2.11　微分同胚与李导数

2.11.1　微分同胚

广义协变性原理要求物理规律在任意坐标变换下保持形式不变。由直角坐标系到球坐标系的变换是坐标变换，由闵氏坐标系到类光坐标系的变换也是坐标变换……如何一般地研究任意坐标变换呢？为解决这个问题，我们需引入微分同胚 (diffeomorphism) 的概念。

设 $\mathcal{M}$ 和 $\mathcal{M}'$ 是两个 C^∞ 微分流形。若存在一一到上的映射

$$\psi : \mathcal{M} \to \mathcal{M}', \tag{2.11.1}$$

其中 ψ 和 ψ^{-1} 都是 C^∞ 的，则称 $\mathcal{M}$ 与 $\mathcal{M}'$ 互为微分同胚，如图 2.11.1 所示。互为微分同胚的两个微分流形可作为同一微分流形。坐标变换可看作是流形到自

身的微分同胚变换 (如图 2.11.2 所示), 记作

$$\psi : \mathcal{M} \to \mathcal{M}. \tag{2.11.2}$$

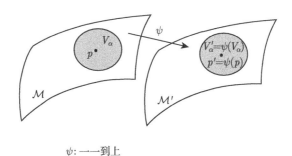

ψ: ——到上
ψ, ψ^{-1}: C^∞

图 2.11.1　两流形间的微分同胚

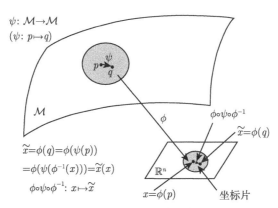

图 2.11.2　流形到其自身的微分同胚

在讨论微分同胚时, 有两种等价的观点: 一种是主动观点 (active viewpoint); 另一种是被动观点 (passive viewpoint)。所谓主动观点是, 坐标系作为固定的框架, 微分同胚变换使得流形上的点移动了。简单说就是, 坐标不动, 点动。所谓被动观点是, 流形上的点未动, 微分同胚变换只是做了一个坐标变换。简单说就是, 点不动, 坐标动。在下面的讨论中, 我们采用主动观点。

进一步, 我们将微分同胚变换限制在无穷小 (用下标 ε 表示无穷小), 即考虑

$$\psi_\varepsilon : \mathcal{M} \to \mathcal{M}, \tag{2.11.3}$$

使得变换前后的两点在同一坐标片内, 两点的坐标分别用 x^μ 和 $\tilde{x}^\mu$ 表示, 则微分

同胚变换为

$$\tilde{x}^\mu = \tilde{x}^\mu(x). \tag{2.11.4}$$

无穷小微分同胚变换可以写为

$$\tilde{x}^\mu = x^\mu + \varepsilon\xi^\mu, \tag{2.11.5}$$

其中 ε 是一个无穷小参量，ξ^μ 是一任意给定的 C^∞ 矢量场，代表每一点在变换下移动的方向。须注意：(2.11.5) 式中的 ξ^μ、$\tilde{x}^\mu$ 及 x^μ 都是时空点的函数，时空点就由它的坐标来标记。

流形 $\mathcal{M}$ 上的所有微分同胚变换构成一个群，该群称为流形 $\mathcal{M}$ 的微分同胚群。一个 C^∞ 的矢量场 ξ^μ，就是该微分同胚群的一个生成元。显然，微分同胚群有无限多生成元，也就是说微分同胚群的维数是无限的。一个 C^∞ 的矢量场 ξ^μ 生成一个微分同胚群的单参数子群。

2.11.2 李导数

前面已学过，两矢量场的对易子 (2.1.22) 式；协变导数 (2.3.16) 式；沿曲线的协变微分 (2.6.3) 式；外微分 (2.10.17) 式及 (2.10.22) 式。现在学一种新的微分运算——李导数 (Lie derivative)。

流形上任一 (k,l) 型张量场 $T^{\mu_1\cdots\mu_k}{}_{\nu_1\cdots\nu_l}$ 沿矢量场 ξ^μ 的李导数定义为

$$\mathcal{L}_\xi T^{\mu_1\cdots\mu_k}{}_{\nu_1\cdots\nu_l} := \lim_{\varepsilon\to 0} \frac{T^{\mu_1\cdots\mu_k}{}_{\nu_1\cdots\nu_l}\big|_{\tilde{x}} - T^{\mu_1\cdots\mu_k}{}_{\nu_1\cdots\nu_l}\big|_{x\to\tilde{x}}}{\varepsilon}. \tag{2.11.6}$$

其中 $T^{\mu_1\cdots\mu_k}{}_{\nu_1\cdots\nu_l}\big|_{x\to\tilde{x}}$ 是将 x 点的张量映射到 $\tilde{x}$ 点的值，或者说是 x 点的张量在微分同胚 $\psi_\varepsilon: x \mapsto \tilde{x}$ 下的像[①]。显然，$\mathcal{L}_\xi T^{\mu_1\cdots\mu_k}{}_{\nu_1\cdots\nu_l}$ 与 $T^{\mu_1\cdots\mu_k}{}_{\nu_1\cdots\nu_l}$ 是同阶张量。定义 (2.11.6) 式并不易于对具体张量场进行计算。下面我们给出李导数作用于具体张量场的计算公式。

对于标量场 $f(x)$，x 点的标量映射到 $\tilde{x}$ 点的值就是标量在 x 点的取值，即

$$f|_{x\to\tilde{x}} = f(x). \tag{2.11.7}$$

$$\mathcal{L}_\xi f = \lim_{\varepsilon\to 0}\frac{f(\tilde{x}) - f(x\to\tilde{x})}{\varepsilon} = \lim_{\varepsilon\to 0}\frac{f(x) + \varepsilon\xi^\mu\partial_\mu f(x) - f(x)}{\varepsilon} = \xi^\mu\partial_\mu f.$$

即

$$\mathcal{L}_\xi f = \xi^\mu\partial_\mu f =: \xi(f). \tag{2.11.8}$$

---

① 严格地说，微分同胚变换 $\psi_\varepsilon: x \mapsto \tilde{x}$ 是作用在流形上的，而张量场则定义在流形上的张量场空间中的元素，故微分同胚变换并不直接作用于张量场空间，但它会在张量场空间之间诱导一个映射，这里说的在微分同胚 $\psi_\varepsilon: x \mapsto \tilde{x}$ 下的像实际是指这个诱导映射下的像。有关这方面的讨论已超出本课程的范围，这里不再详述。

(2.11.8) 式右端的记号表示矢量场 ξ^a 作用于标量场 f, 其定义就是中间的表达式。

再看李导数算子作用于逆变矢量场 $A^\mu(x)$ 的结果。逆变矢量场 $A^\mu(x)$ 总可以看作是过 x 点的某一曲线 C 的切矢量, 如图 2.11.3 所示。用 C^μ 表示曲线 C 的坐标, 则

$$A^\mu(x) = \left.\frac{\mathrm{d}C^\mu}{\mathrm{d}\sigma}\right|_x = \left.\frac{\mathrm{d}x^\mu}{\mathrm{d}\sigma}\right|_x. \tag{2.11.9}$$

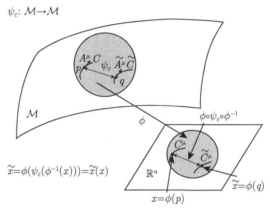

图 2.11.3   曲线的微分同胚变换

微分同胚变换 ψ_ε 将过 x 点的曲线 C 变到过 $\tilde{x}$ 点的曲线 $\tilde{C}$, 曲线 $\tilde{C}$ 在 $\tilde{x}$ 点的切矢是 $\tilde{x}$ 点逆变矢量:

$$\tilde{A}^\mu(\tilde{x}) = \left.\frac{\mathrm{d}\tilde{C}^\mu}{\mathrm{d}\sigma}\right|_{\tilde{x}} = \left.\frac{\mathrm{d}\tilde{x}^\mu}{\mathrm{d}\sigma}\right|_{\tilde{x}}. \tag{2.11.10}$$

在微分同胚 ψ_ε 作用下, x 点及与它相邻的 $x+\mathrm{d}x$ 点分别变到

$$\begin{array}{ccc} x^\mu & & \tilde{x}^\mu = x^\mu + \varepsilon\xi^\mu(x), \\ x^\mu + \mathrm{d}x^\mu & \rightarrow & \tilde{x}^\mu + \mathrm{d}\tilde{x}^\mu = x^\mu + \mathrm{d}x^\mu + \varepsilon\xi^\mu(x+\mathrm{d}x), \end{array} \tag{2.11.11}$$

上下两行相减, 得

$$\mathrm{d}\tilde{x}^\mu = \mathrm{d}x^\mu + \varepsilon\xi^\mu(x+\mathrm{d}x) - \varepsilon\xi^\mu(x) = \mathrm{d}x^\mu + \varepsilon\xi^\mu{}_{,\nu}\mathrm{d}x^\nu. \tag{2.11.12}$$

所以, 在微分同胚变换下, 切矢映射为

$$\tilde{A}^\mu(\tilde{x}) = \left.A^\mu\right|_{x\to\tilde{x}} = \frac{\mathrm{d}\tilde{x}^\mu}{\mathrm{d}\sigma} = \frac{\mathrm{d}x^\mu}{\mathrm{d}\sigma} + \varepsilon\xi^\mu{}_{,\nu}\frac{\mathrm{d}x^\nu}{\mathrm{d}\sigma} = A^\mu(x) + \varepsilon\xi^\mu{}_{,\nu}A^\nu(x), \tag{2.11.13}$$

由李导数的定义 (2.11.6) 式, 得

$$\mathcal{L}_\xi A^\mu = \lim_{\varepsilon\to 0}\frac{A^\mu(\tilde{x}) - A^\mu(x\to\tilde{x})}{\varepsilon} = \lim_{\varepsilon\to 0}\frac{\varepsilon A^\mu{}_{,\nu}\xi^\nu - \varepsilon\xi^\mu{}_{,\nu}A^\nu}{\varepsilon} = A^\mu{}_{,\nu}\xi^\nu - \xi^\mu{}_{,\nu}A^\nu.$$
(2.11.14)

利用 (2.1.22) 式，知

$$\mathcal{L}_\xi A^\mu = \xi^\nu\partial_\nu A^\mu - A^\nu\partial_\nu\xi^\mu = [\xi, A]^\mu.$$
(2.11.15)

注意，这里用的是普通导数。

对于协变矢量场 $B_\mu(x)$，取任一逆变矢量场 $A^\mu(x)$ 与 $B_\mu(x)$ 缩并，构成一个标量函数。

$$\begin{aligned}
\mathcal{L}_\xi(A^\mu B_\mu) &= \xi^\nu\partial_\nu(A^\mu B_\mu) = A^\mu{}_{,\nu}\xi^\nu B_\mu + A^\mu B_{\mu,\nu}\xi^\nu\\
&= (\mathcal{L}_\xi A^\mu + \xi^\mu{}_{,\nu}A^\nu)B_\mu + A^\mu B_{\mu,\nu}\xi^\nu\\
&= (\mathcal{L}_\xi A^\mu)B_\mu + A^\mu(\xi^\nu{}_{,\mu}B_\nu + B_{\mu,\nu}\xi^\nu),
\end{aligned}$$
(2.11.16)

左边得到

$$\mathcal{L}_\xi(A^\mu B_\mu) = (\mathcal{L}_\xi A^\mu)B_\mu + A^\mu(\mathcal{L}_\xi B_\mu),$$
(2.11.17)

比较两式，并考虑到 $A^\mu(x)$ 的任意性，得

$$\mathcal{L}_\xi B_\mu = B_{\mu,\nu}\xi^\nu + \xi^\nu{}_{,\mu}B_\nu.$$
(2.11.18)

一般地，对于 (k, l) 型张量场，

$$\begin{aligned}
\mathcal{L}_\xi T^{\mu_1\cdots\mu_k}{}_{\nu_1\cdots\nu_l} = {}&T^{\mu_1\cdots\mu_k}{}_{\nu_1\cdots\nu_l,\lambda}\xi^\lambda\\
&\underbrace{-\xi^{\mu_1}{}_{,\lambda}T^{\lambda\mu_2\cdots\mu_k}{}_{\nu_1\cdots\nu_l} - \cdots - \xi^{\mu_k}{}_{,\lambda}T^{\mu_1\cdots\mu_{k-1}\lambda}{}_{\nu_1\cdots\nu_l}}_{k\text{项}}\\
&\underbrace{+\xi^\lambda{}_{,\nu_1}T^{\mu_1\cdots\mu_k}{}_{\lambda\nu_2\cdots\nu_l} + \cdots + \xi^\lambda{}_{,\nu_l}T^{\mu_1\cdots\mu_k}{}_{\nu_1\cdots\nu_{l-1}\lambda}}_{l\text{项}}.
\end{aligned}$$
(2.11.19)

须记住，李导数既取决于张量场本身，也依赖于矢量场 ξ^μ。它描写的是张量场在由给定矢量场 ξ^μ 所诱导的无穷小单参数微分同胚变换下的变化。还必须指出，李导数可以定义在任何微分流形上，不需要有度规，也不需要有联络。2.3 节定义的协变导数要求流形上必须有联络，其定义只与张量场本身及流形上的联络有关，不需要引入另一个矢量场。

如果流形上有联络，且将李导数计算公式中的普通导数替换为协变导数，则联络的对称部分将会自动全部抵消。例如，在无挠空间中，

$$\mathcal{L}_\xi A^\mu = A^\mu{}_{,\lambda}\xi^\lambda - \xi^\mu{}_{,\lambda}A^\lambda = (A^\mu{}_{;\lambda} - \Gamma^\mu_{\nu\lambda}A^\nu)\xi^\lambda - (\xi^\mu{}_{;\lambda} - \Gamma^\mu_{\nu\lambda}\xi^\nu)A^\lambda$$

$$= A^{\mu}{}_{;\lambda}\xi^{\lambda} - \xi^{\mu}{}_{;\lambda}A^{\lambda} - \left(\Gamma^{\mu}_{\nu\lambda} - \Gamma^{\mu}_{\lambda\nu}\right)A^{\nu}\xi^{\lambda} = A^{\mu}{}_{;\lambda}\xi^{\lambda} - \xi^{\mu}{}_{;\lambda}A^{\lambda}. \quad (2.11.20)$$

对于无挠时空中 (k, l) 型张量来说，

$$\mathcal{L}_{\xi}T^{\mu_1\cdots\mu_k}{}_{\nu_1\cdots\nu_l} = T^{\mu_1\cdots\mu_k}{}_{\nu_1\cdots\nu_l;\lambda}\xi^{\lambda}$$

$$\underbrace{-\xi^{\mu_1}{}_{;\lambda}T^{\lambda\mu_2\cdots\mu_k}{}_{\nu_1\cdots\nu_l} - \cdots - \xi^{\mu_k}{}_{;\lambda}T^{\mu_1\cdots\mu_{k-1}\lambda}{}_{\nu_1\cdots\nu_l}}_{k\text{项}}$$

$$\underbrace{+\xi^{\lambda}{}_{;\nu_1}T^{\mu_1\cdots\mu_k}{}_{\lambda\nu_2\cdots\nu_l} + \cdots + \xi^{\lambda}{}_{;\nu_l}T^{\mu_1\cdots\mu_k}{}_{\nu_1\cdots\nu_{l-1}\lambda}}_{l\text{项}}. \quad (2.11.21)$$

注意，(2.11.19) 式与 (2.11.21) 式的区别在于将普通导数换成了协变导数。(2.11.19) 式对于任何时空都成立，而 (2.11.21) 式只在黎曼时空中成立。在广义相对论中，两个式子是等价的。

特别地，在无挠时空中，度规张量在 ξ^{μ} 方向的李导数为

$$\mathcal{L}_{\xi}g_{\mu\nu} = g_{\mu\nu;\lambda}\xi^{\lambda} + \xi^{\lambda}{}_{;\mu}g_{\lambda\nu} + \xi^{\lambda}{}_{;\nu}g_{\mu\lambda} = \xi_{\mu;\nu} + \xi_{\nu;\mu}. \quad (2.11.22)$$

这个表达式在研究时空对称性时很有用。

小结

微分同胚变换、李导数。

2.12　超　曲　面

我们已学过微分流形及流形中的曲线。那么，如何研究 n 维流形中的曲面及其他 $n \geqslant p > 1$ 的子流形呢？

设 $\mathcal{S}$ 是一个 p 维流形，且 $p \leqslant n$，若映射

$$\psi : \mathcal{S} \to \mathcal{M} \quad (\text{即}\psi : p(\in \mathcal{S}) \mapsto \psi(p)(\in \mathcal{M})), \quad (2.12.1)$$

是整体一一的、C^{∞} 的，则 $\mathcal{S}$ 在 $\mathcal{M}$ 中的像 $\psi[\mathcal{S}]$ 称为 $\mathcal{M}$ 的嵌入子流形。$\mathcal{M}$ 中的一个 $p = n-1$ 维嵌入子流形，称为 $\mathcal{M}$ 中的一个超曲面 (hypersurface)，记作 Σ。

例 1　设 $\mathcal{S}$ 是 $\mathcal{M}$ 中的某个开集，$\psi : \mathcal{S} \to \mathcal{M}$ 是恒等映射，则 $\mathcal{S}$ 是 $\mathcal{M}$ 的一个 (同维) 嵌入子流形。反过来，可以说 $\mathcal{M}$ 是 $\mathcal{S}$ 的延拓 (extension)。

例 2　设 $\mathcal{S} = \mathcal{S}^2$ 是单位球面，$\psi : \mathcal{S} \to \mathbb{R}^3$ 是恒等映射，则 $\mathcal{S}$ 是 $\mathbb{R}^3$ 中的一个超曲面。

在 $\mathcal{M}$ 中指定一个超曲面 $\mathcal{S}$ 的方法是，令坐标的某个函数等于常数，即

$$f(x^{\mu}) = C. \quad (2.12.2)$$

例如，$\mathbb{R}^3$ 中的单位球面由 $x^2 + y^2 + z^2 = 1$ 给出。

矢量场 $n^\mu = g^{\mu\nu} \nabla_\nu f$ 为该超曲面的法矢量场，它在超曲面上每一点都有定义，且每一点的法矢量与该点处超曲面的所有切矢量正交。例如，$\mathbb{R}^3$ 中的单位球面的法矢量场是 $n^\mu = g^{\mu\nu} \nabla_\nu f = 2(x, y, z)$，它刚好沿径向。

设超曲面的法矢量场是 n^μ，超曲面可依据其法线的类时、类空、类光性 (2.12.3) 式，分为类时超曲面、类空超曲面、类光超曲面，见图 2.12.1。

$$g_{\mu\nu} n^\mu n^\nu < 0 \Leftrightarrow 法矢是类时的 \Leftrightarrow 类空超曲面,$$

$$g_{\mu\nu} n^\mu n^\nu > 0 \Leftrightarrow 法矢是类空的 \Leftrightarrow 类时超曲面, \qquad (2.12.3)$$

$$g_{\mu\nu} n^\mu n^\nu = 0 \Leftrightarrow 法矢是类光的 \Leftrightarrow 类光超曲面.$$

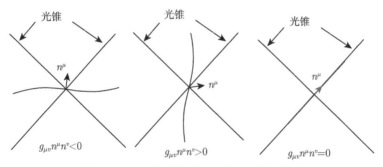

图 2.12.1　超曲面的类时、类空、类光性质

设在 p 维流形 $\mathcal{S}$ 上有一个度规 h_{ij}，由 h_{ij} 可计算出其黎曼-克里斯多菲曲率张量。这个曲率张量称为内禀曲率，它完全由 $\mathcal{S}$ 上的张量场 h_{ij} 决定 (对于黎曼空间，其上的联络系数由度规场唯一决定。)。当 $\mathcal{S}$ 被映射到 $\mathcal{M}$ 中的 $\psi[\mathcal{S}]$ 时，内禀曲率不变。

由 $\mathcal{S}$ 嵌入高维空间 $\mathcal{M}$ 中的方式不同所引起的弯曲称为外曲率 (extrinsic curvature)。例如，图 2.12.2 给出超平面的两种不同嵌入方式，两种映射都是整体一一的、C^∞ 的，但前者没有弯曲，而后者弯曲了。外曲率就是刻画这种由映射带来的弯曲。

设 $\mathcal{M}$ 的度规为 $g_{\mu\nu}$，$\mathcal{M}$ 内有一超曲面，其单位法矢量场为 n^μ，则度规 $g_{\mu\nu}$ 在超曲面上的诱导度规为

$$h_{\mu\nu} = g_{\mu\nu} \pm n_\mu n_\nu, \qquad (2.12.4)$$

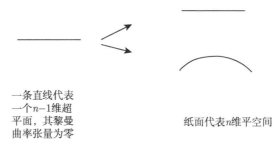

一条直线代表
一个$n-1$维超
平面，其黎曼
曲率张量为零

纸面代表n维平空间

图 2.12.2　超平面的两种不同嵌入方式

其中 "$\pm$" 分别对应类空、类时超曲面。它满足

$$n^\mu h_{\mu\nu} = h_{\mu\nu} n^\nu = 0, \tag{2.12.5}$$

即 $h_{\mu\nu}$ 与 n^μ 是正交的。对于 4 维时空，$g_{\mu\nu}$ 是秩为 4 的矩阵，类空或类时超曲面上的诱导度规 $h_{\mu\nu}$ 是秩为 3 的矩阵。(类光超曲面的诱导度规是退化的，其秩为 2。)

外曲率为

$$K_{\mu\nu} = \frac{1}{2}\mathcal{L}_n g_{\mu\nu}. \tag{2.12.6}$$

外曲率依赖于超曲面上诱导度规在超曲面法方向如何变化。

本节内容将在黑洞物理中用到。

小结

嵌入子流形、超曲面、类时类空性质、诱导规度、内禀曲率、外曲率。

2.13　基灵矢量场和时空对称性

2.13.1　基灵矢量场

本节只讨论黎曼时空。我们考虑一类特殊的微分同胚变换：由矢量场 ξ^μ 诱导的无穷小微分同胚变换

$$\psi_\varepsilon : \mathcal{M} \to \mathcal{M}, \tag{2.13.1}$$

使得度规张量 $g_{\mu\nu}$ 沿矢量场 ξ^μ 的李导数为零，即

$$\mathcal{L}_\xi g_{\mu\nu} = \xi_{\mu;\nu} + \xi_{\nu;\mu} = 0. \tag{2.13.2}$$

这个矢量场称为基灵矢量场 (Killing vector field)，方程 (2.13.2) 的第一个等号是度规沿 ξ^μ 方向李导数的结果，第二个等式称为基灵方程。

由基灵方程 (2.13.2) 及李导数的定义 (2.11.6) 式

$$0 = \mathcal{L}_\xi g_{\mu\nu} = \lim_{\varepsilon \to 0} \frac{g_{\mu\nu}|_{\tilde{x}} - g_{\mu\nu}|_{x \to \tilde{x}}}{\varepsilon} \tag{2.13.3}$$

知，沿 ξ^μ 方向无穷小微分同胚变换前后，度规保持不变：

$$g_{\mu\nu}|_{\tilde{x}} = g_{\mu\nu}|_{x \to \tilde{x}} \quad (\text{等度规}). \tag{2.13.4}$$

即两相邻点的间隔 (或者矢量长度) 沿 ξ^μ 方向保持不变，故这种微分同胚变换称为等度规 (isometry) 变换。如果基灵方程在全时空上成立，则上述微分同胚变换也不限于无穷小。

由基灵方程知，基灵矢量场的协变微分是反对称的，即

$$\xi_{\mu;\nu} = -\xi_{\nu;\mu}, \tag{2.13.5}$$

故有如下定理。

定理 1 设 ξ^μ 是一个基灵矢量场，U^μ 是采用仿射参数的测地线的切矢，则 $U^\mu \xi_\mu$ 在测地线是上常数，即

$$U^\mu \nabla_\mu (U^\nu \xi_\nu) = 0. \tag{2.13.6}$$

证明

$$U^\mu \nabla_\mu (U^\nu \xi_\nu) = \xi_\nu U^\mu \nabla_\mu U^\nu + U^\mu U^\nu \nabla_\mu \xi_\nu = 0,$$

其中第一个等号右边的第一项等于零是因为测地线方程，第二项等于零是因为反对称张量与对称张量的缩并为零。

证毕。

例 1 求 2 维平面

$$ds^2 = dx^2 + dy^2$$

上的基灵矢量场。

解 易见，

$$\frac{\partial g_{\mu\nu}}{\partial x} = 0, \qquad \forall \mu, \nu,$$
$$\frac{\partial g_{\mu\nu}}{\partial y} = 0, \qquad \forall \mu, \nu, \tag{2.13.7}$$

由 (2.11.19) 及 (2.13.7) 式知，

$$\xi_1^\mu = \delta_x^\mu,$$
$$\xi_2^\mu = \delta_y^\mu, \tag{2.13.8}$$

是 2 维平面上的两个基灵矢量场。但这不是 2 维平面上的全部基灵矢量场！为得到全部基灵矢量场，还需从基灵方程入手。2 维平面上的基灵方程为

$$
\begin{aligned}
\xi_{x;x} = 0 &\quad\Rightarrow\quad \xi^x_{,x} = 0, \\
\xi_{x;y} + \xi_{y;x} = 0 &\quad\Rightarrow\quad \xi^x_{,y} + \xi^y_{,x} = 0, \\
\xi_{y;y} = 0 &\quad\Rightarrow\quad \xi^y_{,y} = 0.
\end{aligned}
\tag{2.13.9}
$$

该线性微分方程组通解为

$$
\xi^x = -by + a^x, \qquad \xi^y = bx + a^y,
\tag{2.13.10}
$$

它含有 3 个积分常数 a^x, a^y, b。它们可给出 3 个线性独立的解

$$
\begin{aligned}
\xi^\mu_1 &= (1, 0), \\
\xi^\mu_2 &= (0, 1), \\
\xi^\mu_3 &= (-y, x).
\end{aligned}
\tag{2.13.11}
$$

前两个公式就是 (2.13.8) 式给出的基灵矢量场，它们给出度规的平移不变性，后一个公式给出度规的转动不变性。进一步，作坐标变换：

$$
\left\{
\begin{aligned}
x &= \rho\cos\theta, \\
y &= \rho\sin\theta,
\end{aligned}
\right.
\quad\Rightarrow\quad
\left\{
\begin{aligned}
\rho &= \sqrt{x^2 + y^2}, \\
\theta &= \arctan\frac{y}{x},
\end{aligned}
\right.
\tag{2.13.12}
$$

则 2 维平面线元可写成极坐标的形式

$$
\mathrm{d}s^2 = \mathrm{d}\rho^2 + \rho^2\mathrm{d}\theta^2.
\tag{2.13.13}
$$

最后一个基灵矢量场在坐标变换下变为

$$
\tilde{\xi}^\mu_3 = \frac{\partial \tilde{x}^\mu}{\partial x^\nu}\xi^\nu_3 = -y\frac{\partial \tilde{x}^\mu}{\partial x} + x\frac{\partial \tilde{x}^\mu}{\partial y},
\tag{2.13.14}
$$

即

$$
\begin{aligned}
\tilde{\xi}^\rho_3 &= -y\frac{\partial\rho}{\partial x} + x\frac{\partial\rho}{\partial y} = -y\frac{x}{\rho} + x\frac{y}{\rho} = 0, \\
\tilde{\xi}^\theta_3 &= -y\frac{\partial\theta}{\partial x} + x\frac{\partial\theta}{\partial y} = y\frac{y}{x^2 + y^2} + x\frac{x}{x^2 + y^2} = 1.
\end{aligned}
\tag{2.13.15}
$$

在新坐标系中，最后一个基灵矢量场为

$$
\tilde{\xi}^\mu_3 = \delta^\mu_\theta.
\tag{2.13.16}
$$

这时，有

$$\frac{\partial \tilde{g}_{\mu\nu}}{\partial \theta} = 0, \qquad \forall \mu, \nu. \tag{2.13.17}$$

例 2 求 2 维单位球面

$$\mathrm{d}s^2 = \mathrm{d}\theta^2 + \sin^2\theta \mathrm{d}\varphi^2 \tag{2.13.18}$$

上的基灵矢量场。

解 易见，

$$\frac{\partial g_{\mu\nu}}{\partial \varphi} = 0, \quad \forall \mu, \nu. \tag{2.13.19}$$

所以，

$$\xi^\mu = \delta^\mu_\varphi \tag{2.13.20}$$

是 2 维单位球面上的一个基灵矢量场。与平面情形类似，为得到全部基灵矢量场，还需求解基灵方程。基灵方程为

$$\begin{aligned}
&\xi_{\theta;\theta} = 0 \Rightarrow \xi^\theta{}_{,\theta} = 0, \\
&\xi_{\theta;\varphi} + \xi_{\varphi;\theta} = 0 \;\Rightarrow\; g_{\theta\theta}\xi^\theta{}_{;\varphi} + g_{\varphi\varphi}\xi^\varphi{}_{;\theta} = 0 \;\Rightarrow\; \\
&\xi^\theta{}_{,\varphi} + \Gamma^\theta_{\varphi\varphi}\xi^\varphi + \sin^2\theta\xi^\varphi{}_{,\theta} + \sin^2\theta\ \Gamma^\varphi_{\varphi\theta}\xi^\varphi = 0 \\
&\qquad \Rightarrow\; \xi^\theta{}_{,\varphi} + \xi^\varphi{}_{,\theta}\sin^2\theta = 0, \\
&\xi_{\varphi;\varphi} = 0 \;\Rightarrow\; g_{\varphi\varphi}\xi^\varphi{}_{;\varphi} = 0 \\
&\Rightarrow \sin^2\theta\xi^\varphi{}_{,\varphi} + \sin^2\theta\ \Gamma^\varphi_{\theta\varphi}\xi^\theta = 0 \;\Rightarrow\; \xi^\varphi{}_{,\varphi}\sin\theta + \xi^\theta\cos\theta = 0,
\end{aligned} \tag{2.13.21}$$

其中用到非零独立的联络系数只有 $\Gamma^\theta_{\varphi\varphi} = -\sin\theta\cos\theta$, $\Gamma^\varphi_{\theta\varphi} = \cot\theta$。其通解为

$$\xi^\theta = A\sin(\varphi - \alpha), \quad \xi^\varphi = A\cos(\varphi - \alpha)\cot\theta + b, \tag{2.13.22}$$

或写成

$$\begin{aligned}
&\xi^\theta = A\cos\alpha\sin\varphi - A\sin\alpha\cos\varphi, \\
&\xi^\varphi = A\cos\alpha\cos\varphi\cot\theta + A\sin\alpha\sin\varphi\cot\theta + b.
\end{aligned} \tag{2.13.23}$$

可得到 3 个线性独立的基灵矢量场 $[(A,\alpha,b) = (-1,0,0), (-1,\pi/2,0), (0,0,1)]$:

$$\begin{aligned}
&\xi^\mu_1 = (-\sin\varphi, -\cot\theta\cos\varphi), \\
&\xi^\mu_2 = (\cos\varphi, \ -\cot\theta\sin\varphi), \\
&\xi^\mu_3 = (0,1).
\end{aligned} \tag{2.13.24}$$

或者写成坐标无关的形式

$$\xi^a = \xi^\mu \left(\frac{\partial}{\partial x^\mu} \right)^a, \quad \frac{\partial}{\partial x^1} = \frac{\partial}{\partial \theta}, \quad \frac{\partial}{\partial x^2} = \frac{\partial}{\partial \varphi}, \tag{2.13.25}$$

$$\boldsymbol{\xi}_1 = \xi_1^\mu \partial_\mu = -\sin\varphi \frac{\partial}{\partial\theta} - \cot\theta \cos\varphi \frac{\partial}{\partial\varphi} = \frac{\mathrm{i}}{\hbar} \hat{L}_x,$$

$$\boldsymbol{\xi}_2 = \xi_2^\mu \partial_\mu = \cos\varphi \frac{\partial}{\partial\theta} - \cot\theta \sin\varphi \frac{\partial}{\partial\varphi} = \frac{\mathrm{i}}{\hbar} \hat{L}_y, \tag{2.13.26}$$

$$\boldsymbol{\xi}_3 = \xi_3^\mu \partial_\mu = \frac{\partial}{\partial\varphi} = \frac{\mathrm{i}}{\hbar} \hat{L}_z.$$

其中 $\hat{L}_x, \hat{L}_y, \hat{L}_z$ 是量子力学中的角动量算子。

例 3　求 2 维闵氏时空

$$\mathrm{d}s^2 = -\mathrm{d}t^2 + \mathrm{d}x^2 \tag{2.13.27}$$

上的基灵矢量场。

解　易见，

$$\frac{\partial g_{\mu\nu}}{\partial t} = 0, \qquad \forall \mu, \nu,$$
$$\frac{\partial g_{\mu\nu}}{\partial x} = 0, \qquad \forall \mu, \nu, \tag{2.13.28}$$

所以，

$$\xi_1^\mu = \delta_t^\mu,$$
$$\xi_2^\mu = \delta_x^\mu, \tag{2.13.29}$$

是 2 维闵氏时空的两个基灵矢量场。2 维闵氏时空中更多的基灵矢量场要由基灵方程确定！2 维闵氏时空中基灵方程为

$$\xi_{t;t} = 0 \Rightarrow \xi^t{}_{,t} = 0,$$
$$\xi_{t;x} + \xi_{x;t} = 0 \Rightarrow -\xi^t{}_{,x} + \xi^x{}_{,t} = 0, \tag{2.13.30}$$
$$\xi_{x;x} = 0 \Rightarrow \xi^x{}_{,x} = 0,$$

该线性微分方程组通解为

$$\xi^t = bx + a^t, \quad \xi^x = bt + a^x, \tag{2.13.31}$$

它包含 3 个积分常数

$$\xi_1^\mu = (1, 0),$$
$$\xi_2^\mu = (0, 1), \tag{2.13.32}$$
$$\xi_3^\mu = (x, t).$$

在时空中基灵矢量场可分为类时的、类空的、类光的。稍后将看到, (2.13.32) 式中第一个基灵矢量场是类时的, 它给出度规的时间平移不变性; 第二个基灵矢量场是类空的, 它给出度规的空间平移不变性; 第三个基灵矢量场是推进 (boost) 变换, 其类时、类空性质由 t, x 的值确定。

从这三个例子, 我们可以得到以下三点启示。

(1) 基灵矢量场反映了黎曼空间 (或黎曼时空) 的几何对称性。

(2) 在给定的坐标系中, $\dfrac{\partial g_{\mu\nu}}{\partial x^1} = 0$, $(\forall \mu, \nu)$ 只是存在基灵矢量场的充分条件, 而不是存在基灵矢量场的必要条件。要确定一个时空的全部基灵矢量场, 还需求基灵方程的通解。可以证明, 对于一个基灵矢量场, 总可通过坐标变换, 使得坐标变换后的度规张量不依赖于某个坐标。

(3) 在平直时空中基灵矢量场 $\xi_1^\mu = \delta_t^\mu$ 是类时的, 因为

$$g_{\mu\nu}\xi_1^\mu\xi_1^\nu = -1 < 0; \tag{2.13.33}$$

而基灵矢量场 $\xi_2^\mu = \delta_x^\mu$ 是类空的, 因为

$$g_{\mu\nu}\xi_2^\mu\xi_2^\nu = 1 > 0. \tag{2.13.34}$$

对于基灵矢量场 $\xi_3^\mu = x\delta_t^\mu + t\delta_x^\mu$, 由于

$$g_{\mu\nu}\xi_3^\mu\xi_3^\nu = -x^2 + t^2, \tag{2.13.35}$$

其类空、类时、类光性质决定于 ξ_3^μ 在原点的光锥内外, 抑或在光锥上。

一个时空, 若存在类时基灵矢量场, 则该时空称为稳态 (stationary) 时空。

2.13.2　关于时空对称性的两个重要定理

一个时空 (或空间) 最多有多少基灵矢量场?

定理 2　一个 n 维黎曼空间 (或黎曼时空)$(\mathcal{M}, \boldsymbol{g})$ 至多有 $n(n+1)/2$ 个基灵矢量场。

对于 4 维时空, 最多有 10 个基灵矢量场。对于 2 维时空, 最多有 3 个基灵矢量场。(在前面的例子中也确实给出 3 个线性独立的基灵矢量场。)

证明　设 ξ^μ 为一个基灵矢量场。在无挠的情况下, 由 (2.8.8) 式给出

$$\nabla_\kappa\nabla_\lambda\xi_\mu - \nabla_\lambda\nabla_\kappa\xi_\mu = -R^\nu{}_{\mu\kappa\lambda}\xi_\nu, \tag{2.13.36}$$

3 个指标轮换并相加，得

$$\nabla_\kappa \nabla_\lambda \xi_\mu - \nabla_\lambda \nabla_\kappa \xi_\mu + \nabla_\mu \nabla_\kappa \xi_\lambda - \nabla_\kappa \nabla_\mu \xi_\lambda + \nabla_\lambda \nabla_\mu \xi_\kappa - \nabla_\mu \nabla_\lambda \xi_\kappa$$
$$= -\left(R^\nu{}_{\mu\kappa\lambda} + R^\nu{}_{\lambda\mu\kappa} + R^\nu{}_{\kappa\lambda\mu} \right) \xi_\nu = 0, \tag{2.13.37}$$

最后一个等号用到里奇恒等式 (2.8.33)。再利用基灵方程 (2.13.2) 和 (2.13.37) 式可改写成

$$\nabla_\kappa \nabla_\lambda \xi_\mu - \nabla_\lambda \nabla_\kappa \xi_\mu + \nabla_\mu \nabla_\kappa \xi_\lambda = 0. \tag{2.13.38}$$

再次利用 (2.13.36) 式，得

$$\nabla_\mu \nabla_\kappa \xi_\lambda = R^\nu{}_{\mu\kappa\lambda} \xi_\nu. \tag{2.13.39}$$

(2.13.39) 式是基灵矢量场的一个重要性质：ξ_μ 的 2 阶协变导数可用 ξ_ν 表示出来。利用这一性质，可将 ξ_μ 的 3 次及更高次协变导数改写为

$$\nabla_\sigma \nabla_\mu \nabla_\kappa \xi_\lambda = \xi_\nu \nabla_\sigma R^\nu{}_{\mu\kappa\lambda} + R^\nu{}_{\mu\kappa\lambda} \nabla_\sigma \xi_\nu, \tag{2.13.40}$$

$$\nabla_\rho \nabla_\sigma \nabla_\mu \nabla_\kappa \xi_\lambda = \left(\nabla_\rho \xi_\nu \right) \nabla_\sigma R^\nu{}_{\mu\kappa\lambda} + \xi_\nu \nabla_\rho \nabla_\sigma R^\nu{}_{\mu\kappa\lambda}$$
$$+ \left(\nabla_\sigma \xi_\nu \right) \nabla_\rho R^\nu{}_{\mu\kappa\lambda} + R^\nu{}_{\mu\kappa\lambda} \nabla_\rho \nabla_\sigma \xi_\nu$$
$$= \left(R^\nu{}_{\mu\kappa\lambda;\sigma\rho} + R^\tau{}_{\mu\kappa\lambda} R^\nu{}_{\rho\sigma\tau} \right) \xi_\nu + 2\xi_{\nu;(\rho} \nabla_{\sigma)} R^\nu{}_{\mu\kappa\lambda}, \tag{2.13.41}$$

$$\cdots\cdots$$

即 ξ_μ 的任一阶协变导数都可用 ξ_μ 和 $\xi_{\mu;\nu}$ 的线性组合表示出来！

考虑 $\xi_\nu(x)$ 在某给定点 X 附近的泰勒展开。利用上述基灵矢量场的性质，泰勒级数总可写成

$$\xi_\mu(x) = A_\mu{}^\nu(x;X) \xi_\nu(X) + B_\mu{}^{\nu\lambda}(x;X) \xi_{\nu;\lambda}(X). \tag{2.13.42}$$

在该展开式中，最多有 n 个 $\xi_\nu(X)$ 和 $n(n-1)/2$ 个 $\xi_{\nu;\lambda}(X)$ 作为独立参数，它们最多张成一个 $n(n+1)/2$ 维线性空间，给出 $n(n+1)/2$ 个线性独立的基灵矢量场[①]。

证毕。

---

① 设 $\xi_\mu^{(\alpha)}$ 是一组基灵矢量场。若线性方程

$$\sum_{(\alpha)} C_{(\alpha)} \xi_\mu^{(\alpha)}(x) = 0$$

只在所有常数 $C_{(\alpha)} = 0$ 时才成立，则这组基灵矢量场是相互线性独立的。

若一个空间 (或时空) 的黎曼曲率张量可写成

$$R_{\nu\sigma\kappa\lambda} = \kappa\left(g_{\lambda\sigma}g_{\nu\kappa} - g_{\sigma\kappa}g_{\nu\lambda}\right), \tag{2.13.43}$$

其中 κ 是常数, 则称这个空间 (或时空) 是常曲率时空. 对于空间而言, 从局部看, κ 大于零、等于零、小于零分别对应于球、平坦空间、双曲空间; 对于时空而言, 从局部看, κ 大于零、等于零、小于零分别对应于 de Sitter 时空、闵氏时空、反 de Sitter 时空. 附录 2.C 说明在常曲率空间 (或时空) 中, 任一点任意方向的黎曼曲率 (注意: 不是黎曼曲率张量, 其定义见附录 2.C.) 都是常数.

定理 3 具有最大对称性的黎曼空间 (或黎曼时空) 一定是常曲率空间 (或常曲率时空).

证明 在 (2.13.40) 式中, 交换 σ 和 μ 的位置, 并相减, 得

$$(\nabla_\sigma\nabla_\mu - \nabla_\mu\nabla_\sigma)(\nabla_\kappa\xi_\lambda) = \xi_\nu\nabla_\sigma R^\nu{}_{\mu\kappa\lambda} + R^\nu{}_{\mu\kappa\lambda}\nabla_\sigma\xi_\nu - \xi_\nu\nabla_\mu R^\nu{}_{\sigma\kappa\lambda} - R^\nu{}_{\sigma\kappa\lambda}\nabla_\mu\xi_\nu, \tag{2.13.44}$$

将 $\nabla_\kappa\xi_\lambda$ 看作一个 (0,2) 型张量, 再利用 (2.8.14) 式, 则 (2.13.44) 式的左边化为

$$(\nabla_\sigma\nabla_\mu - \nabla_\mu\nabla_\sigma)(\nabla_\kappa\xi_\lambda) = -R^\nu{}_{\kappa\sigma\mu}(\nabla_\nu\xi_\lambda) - R^\nu{}_{\lambda\sigma\mu}(\nabla_\kappa\xi_\nu). \tag{2.13.45}$$

(2.13.44) 式的右边与 (2.13.45) 式的右边相等, 得

$$\begin{aligned}
&\xi_\nu\left(\nabla_\sigma R^\nu{}_{\mu\kappa\lambda} - \nabla_\mu R^\nu{}_{\sigma\kappa\lambda}\right)\\
&= -R^\nu{}_{\kappa\sigma\mu}(\nabla_\nu\xi_\lambda) - R^\nu{}_{\lambda\sigma\mu}(\nabla_\kappa\xi_\nu) - R^\nu{}_{\mu\kappa\lambda}\nabla_\sigma\xi_\nu + R^\nu{}_{\sigma\kappa\lambda}\nabla_\mu\xi_\nu\\
&= R^\nu{}_{\kappa\sigma\mu}(\nabla_\lambda\xi_\nu) - R^\nu{}_{\lambda\sigma\mu}(\nabla_\kappa\xi_\nu) - R^\nu{}_{\mu\kappa\lambda}\nabla_\sigma\xi_\nu + R^\nu{}_{\sigma\kappa\lambda}\nabla_\mu\xi_\nu\\
&= (\nabla_\rho\xi_\nu)\left(R^\nu{}_{\kappa\sigma\mu}\delta^\rho_\lambda - R^\nu{}_{\lambda\sigma\mu}\delta^\rho_\kappa - R^\nu{}_{\mu\kappa\lambda}\delta^\rho_\sigma + R^\nu{}_{\sigma\kappa\lambda}\delta^\rho_\mu\right),
\end{aligned} \tag{2.13.46}$$

其中第二个等式中用到基灵方程.

对于最大对称空间来说, $\xi_\nu(X), \nabla_\rho\xi_\nu(X)$ 是线性独立的, 方程 (2.13.46) 两边必须分别为零. 左边为零要求

$$\nabla_\sigma R^\nu{}_{\mu\kappa\lambda} = \nabla_\mu R^\nu{}_{\sigma\kappa\lambda}. \tag{2.13.47}$$

注意到 $\nabla_\rho\xi_\nu$ 关于 ρ, ν 是反对称的, 右边为零要求后一个括号内的量关于 ρ, ν 对称即可, 即有

$$R^\nu{}_{\kappa\sigma\mu}\delta^\rho_\lambda - R^\nu{}_{\lambda\sigma\mu}\delta^\rho_\kappa - R^\nu{}_{\mu\kappa\lambda}\delta^\rho_\sigma + R^\nu{}_{\sigma\kappa\lambda}\delta^\rho_\mu = R^\rho{}_{\kappa\sigma\mu}\delta^\nu_\lambda - R^\rho{}_{\lambda\sigma\mu}\delta^\nu_\kappa - R^\rho{}_{\mu\kappa\lambda}\delta^\nu_\sigma + R^\rho{}_{\sigma\kappa\lambda}\delta^\nu_\mu. \tag{2.13.48}$$

(2.13.48) 式对 ρ, μ 收缩，得

$$R^{\nu}{}_{\kappa\sigma\lambda} - R^{\nu}{}_{\lambda\sigma\kappa} - R^{\nu}{}_{\sigma\kappa\lambda} + nR^{\nu}{}_{\sigma\kappa\lambda} = -R_{\kappa\sigma}\delta^{\nu}_{\lambda} + R_{\lambda\sigma}\delta^{\nu}_{\kappa} + R^{\nu}{}_{\sigma\kappa\lambda}, \qquad (2.13.49)$$

利用里奇恒等式 (2.8.33)，得

$$(n-1)\,R^{\nu}{}_{\sigma\kappa\lambda} = -R_{\kappa\sigma}\delta^{\nu}_{\lambda} + R_{\lambda\sigma}\delta^{\nu}_{\kappa}. \qquad (2.13.50)$$

将 ν 降下来：

$$(n-1)\,R_{\nu\sigma\kappa\lambda} = -R_{\kappa\sigma}g_{\nu\lambda} + R_{\lambda\sigma}g_{\nu\kappa}, \qquad (2.13.51)$$

交换 ν, σ：

$$(n-1)\,R_{\sigma\nu\kappa\lambda} = -R_{\kappa\nu}g_{\sigma\lambda} + R_{\lambda\nu}g_{\sigma\kappa}. \qquad (2.13.52)$$

(2.13.51) 式与 (2.13.52) 式之和为

$$R_{\lambda\sigma}g_{\nu\kappa} - R_{\kappa\sigma}g_{\nu\lambda} + R_{\lambda\nu}g_{\sigma\kappa} - R_{\kappa\nu}g_{\sigma\lambda} = 0, \qquad (2.13.53)$$

(2.13.53) 式与 $g^{\nu\lambda}$ 收缩，得

$$-(n-1)\,R_{\kappa\sigma} + Rg_{\sigma\kappa} - R_{\kappa\sigma} = 0, \qquad (2.13.54)$$

即

$$R_{\kappa\sigma} = \frac{1}{n}Rg_{\sigma\kappa}. \qquad (2.13.55)$$

将之代入 (2.13.50) 式，得

$$R^{\nu}{}_{\sigma\kappa\lambda} = \frac{1}{n-1}\left(R_{\lambda\sigma}\delta^{\nu}_{\kappa} - R_{\kappa\sigma}\delta^{\nu}_{\lambda}\right) = \frac{R}{(n-1)\,n}\left(g_{\lambda\sigma}\delta^{\nu}_{\kappa} - g_{\sigma\kappa}\delta^{\nu}_{\lambda}\right). \qquad (2.13.56)$$

注意，到此为止，我们只用了 (2.13.48) 式。下面将 (2.13.56) 式代入 (2.13.47) 式，得

$$\left(g_{\lambda\mu}\delta^{\nu}_{\kappa} - g_{\mu\kappa}\delta^{\nu}_{\lambda}\right)\nabla_{\sigma}R = \left(g_{\lambda\sigma}\delta^{\nu}_{\kappa} - g_{\sigma\kappa}\delta^{\nu}_{\lambda}\right)\nabla_{\mu}R, \qquad (2.13.57)$$

μ, ν 缩并，得

$$g_{\lambda\sigma}\nabla_{\kappa}R - g_{\sigma\kappa}\nabla_{\lambda}R = 0. \qquad (2.13.58)$$

λ, σ 缩并，得

$$(n-1)\,\nabla_{\kappa}R = 0 \Rightarrow R\text{为常数}. \qquad (2.13.59)$$

R 可大于零、等于零、小于零。(2.13.59)、(2.13.55) 及 (2.13.56) 式说明该空间 (或时空) 是常曲率空间 (或常曲率时空)。

　　证毕。

　　从上述证明中也可以看出，对于常曲率空间，黎曼-克里斯托菲曲率张量只有一个独立分量。

小结

(1) 基灵矢量场。

等度规映射, 基灵矢量场, 基灵方程, 基灵矢量场反映时空对称性 (symmetry of space-time)。

(2) 最大对称时空 (两个重要定理)。

n 维时空至多有 $n(n+1)/2$ 个基灵矢量场, 最大对称时空必为常曲率时空。

2.14 黎曼时空中的积分

我们已学习了几种新的导数运算, 包括两矢量场的对易子 $[A, B]^\mu = A^\nu \partial_\nu B^\mu - B^\nu \partial_\nu A^\mu$、协变导数算子 $\nabla_\mu T^\kappa{}_\lambda = T^\kappa{}_{\lambda,\mu} + \Gamma^\kappa_{\sigma\mu} T^\sigma{}_\lambda - \Gamma^\sigma_{\lambda\mu} T^\kappa{}_\sigma$、沿曲线的协变微分 $\dfrac{\mathrm{D}}{\mathrm{d}\sigma} = t^\mu \nabla_\mu$、外微分 d: p 形式 $\mapsto p+1$ 形式且 $\mathrm{d}^2 = 0$、沿向量场 ξ^μ 的李导数 $\mathcal{L}_\xi T^\mu_\nu = T^\mu_{\nu,\lambda} \xi^\lambda - \xi^\mu_{,\lambda} T^\lambda_\nu + \xi^\lambda_{,\nu} T^\mu_\lambda$。核心思想是: 导数运算前后都是张量。那么, 在黎曼时空上积分该如何定义?

积分运算实质上是一个加法运算。首先, 我们知道在黎曼时空上存在不变体积元 (2.2.41) 式, 它在坐标变换下保持不变。若 $f(x)$ 是标量函数 (它在坐标变换下是不变的), 则积分

$$\iiiint f(x) \sqrt{-g} \mathrm{d}^4 x \tag{2.14.1}$$

是有意义的, 这是因为不同点的标量 $f(x) \sqrt{-g} \mathrm{d}^4 x$ 可以移到同一点, 直接相加。积分 (2.14.1) 式是标量函数 $f(x)$ 在 4 维时空中的 4 维体积分。

其次, 若 $f_\mu(x)$ 是一个协变矢量场, 则 $f_\mu(x) \mathrm{d}x^\mu$ 是一个标量, 这样的表达式在不同点的值也是可以直接相加的, 所以积分

$$\int f_\mu(x) \mathrm{d}x^\mu \tag{2.14.2}$$

是有意义的。(2.14.2) 式也是 1 形式 $f_\mu(x) \mathrm{d}x^\mu$ 在曲线上的积分。

如何定义 2 维曲面上的面积分和 3 维超曲面上的体积分?

在 3 维超曲面上可定义 3 维协变体元:

$$\mathrm{d}\Sigma_\mu = \sqrt{|g|} \varepsilon_{\mu\nu\kappa\lambda} \mathrm{d}V^{\nu\kappa\lambda}, \tag{2.14.3}$$

其中 $\mathrm{d}V^{\nu\kappa\lambda} = \mathrm{d}x^\nu \delta x^\kappa \Delta x^\lambda$, 采用 d, δ, Δ 的目的仅为区分不同方向。在坐标变换下,

$$\mathrm{d}\Sigma_\mu \to \mathrm{d}\tilde{\Sigma}_\mu = \sqrt{|\tilde{g}|} \tilde{\varepsilon}_{\mu\nu\kappa\lambda} \mathrm{d}\tilde{V}^{\nu\kappa\lambda} = J^{-1} \sqrt{|g|} \tilde{\varepsilon}_{\varsigma\nu\kappa\lambda} \underbrace{\frac{\partial x^\omega}{\partial \tilde{x}^\mu} \frac{\partial \tilde{x}^\varsigma}{\partial x^\omega}}_{\delta^\varsigma_\mu} \frac{\partial \tilde{x}^\nu}{\partial x^\rho} \frac{\partial \tilde{x}^\kappa}{\partial x^\sigma} \frac{\partial \tilde{x}^\lambda}{\partial x^\tau} \mathrm{d}V^{\rho\sigma\tau}$$

$$= \frac{\partial x^\omega}{\partial \tilde{x}^\mu} J^{-1} \sqrt{|g|} J \varepsilon_{\omega\rho\sigma\tau} \mathrm{d}V^{\rho\sigma\tau} = \frac{\partial x^\omega}{\partial \tilde{x}^\mu} \sqrt{|g|} \varepsilon_{\omega\rho\sigma\tau} \mathrm{d}V^{\rho\sigma\tau} = \frac{\partial x^\omega}{\partial \tilde{x}^\mu} \mathrm{d}\Sigma_\omega,$$

即在坐标变换下 $\mathrm{d}\Sigma_\mu$ 按协变矢量变换. 若 $f^\mu(x)$ 是一个逆变矢量场, 则

$$f^\mu \mathrm{d}\Sigma_\mu = f^\mu \sqrt{|g|} \varepsilon_{\mu\nu\kappa\lambda} \mathrm{d}V^{\nu\kappa\lambda} \tag{2.14.4}$$

是一个标量, 这样的表达式在不同点的值是可以相加的, 积分

$$\iiint f^\mu \mathrm{d}\Sigma_\mu = \iiint f^\mu \sqrt{|g|} \varepsilon_{\mu\nu\kappa\lambda} \mathrm{d}V^{\nu\kappa\lambda} \tag{2.14.5}$$

是有意义的. 可以证明,

$$n^\mu \sqrt{|g|} \varepsilon_{\mu\nu\kappa\lambda} \mathrm{d}V^{\nu\kappa\lambda} = \sqrt{|h|} \varepsilon_{ijk} \mathrm{d}V^{ijk}, \tag{2.14.6}$$

其中 n^μ 是超曲面的单位法矢量, $h_{\mu\nu}$ 是时空度规 $g_{\mu\nu}$ 在 3 维超曲面上的诱导度规. 由此可得

$$\iiint f^\mu \mathrm{d}\Sigma_\mu = \pm \iiint f^\mu n_\mu \sqrt{|h|} \mathrm{d}^3 x, \tag{2.14.7}$$

其中 n^μ 在类空时为 $+$, 类时时为 $-$, 证明从略. (2.14.7) 式就是逆变矢量场在 3 维超曲面法矢上投影在 3 维超曲面上的体积分.

在 2 维曲面的面元:

$$\mathrm{d}\sigma^{\mu\nu} = \mathrm{d}x^\mu \delta x^\nu \tag{2.14.8}$$

在 2 维曲面上可定义 2 维协变体元:

$$\mathrm{d}S_{\mu\nu} = \sqrt{|g|} \varepsilon_{\mu\nu\kappa\lambda} \mathrm{d}\sigma^{\kappa\lambda}. \tag{2.14.9}$$

在坐标变换下,

$$\mathrm{d}S_{\mu\nu} \to \mathrm{d}\tilde{S}_{\mu\nu} = \sqrt{|\tilde{g}|} \tilde{\varepsilon}_{\mu\nu\kappa\lambda} \mathrm{d}\tilde{\sigma}^{\kappa\lambda} = J^{-1} \sqrt{|g|} \tilde{\varepsilon}_{\varsigma\pi\kappa\lambda} \underbrace{\frac{\partial x^\omega}{\partial \tilde{x}^\mu} \frac{\partial \tilde{x}^\varsigma}{\partial x^\omega}}_{\delta_\mu^\varsigma} \underbrace{\frac{\partial x^\rho}{\partial \tilde{x}^\nu} \frac{\partial \tilde{x}^\pi}{\partial x^\rho}}_{\delta_\nu^\pi} \frac{\partial \tilde{x}^\kappa}{\partial x^\sigma} \frac{\partial \tilde{x}^\lambda}{\partial x^\tau} \mathrm{d}\sigma^{\sigma\tau}$$

$$= \frac{\partial x^\omega}{\partial \tilde{x}^\mu} \frac{\partial x^\rho}{\partial \tilde{x}^\nu} J^{-1} \sqrt{|g|} J \varepsilon_{\omega\rho\sigma\tau} \mathrm{d}\sigma^{\sigma\tau} = \frac{\partial x^\omega}{\partial \tilde{x}^\mu} \frac{\partial x^\rho}{\partial \tilde{x}^\nu} \sqrt{|g|} \varepsilon_{\omega\rho\sigma\tau} \mathrm{d}\sigma^{\sigma\tau}$$

$$= \frac{\partial x^\omega}{\partial \tilde{x}^\mu} \frac{\partial x^\rho}{\partial \tilde{x}^\nu} \mathrm{d}S_{\omega\rho},$$

即在坐标变换下 $\mathrm{d}S_{\mu\nu}$ 按 (0,2) 型张量变换. 若 $f^{\mu\nu}(x)$ 是一个二阶反对称逆变张量场, 则

$$f^{\mu\nu} \mathrm{d}S_{\mu\nu} \tag{2.14.10}$$

是一个标量, 这样的表达式在不同点的值是可以相加的, 积分

$$\iint f^{\mu\nu}\mathrm{d}S_{\mu\nu} \tag{2.14.11}$$

是有意义的。

若 $f_{\mu\nu}(x)$ 是一个二阶协变反对称张量场, 则

$$f_{\mu\nu}\mathrm{d}\sigma^{\mu\nu} \tag{2.14.12}$$

也是一个标量, 这样的表达式在不同点的值是可以相加的, 积分

$$\iint f_{\mu\nu}\mathrm{d}\sigma^{\mu\nu} \tag{2.14.13}$$

也是有意义的。实际上, (2.14.13) 式就是 2 形式 $f_{\mu\nu}(x)\,\mathrm{d}x^\mu \wedge \mathrm{d}x^\nu$ 在 2 维曲面上的积分。

高斯定理:

$$\oiiint f^{\mu}\mathrm{d}\Sigma_{\mu} = \iiiint f^{\mu}{}_{;\mu}\sqrt{-g}\,\mathrm{d}^4 x = \iiiint \left(\sqrt{-g}f^{\mu}\right)_{,\mu}\mathrm{d}^4 x, \tag{2.14.14}$$

$$\oiint f^{\mu\nu}\mathrm{d}S_{\mu\nu} = \iiint f^{\mu\nu}{}_{;\nu}\mathrm{d}\Sigma_{\mu}. \tag{2.14.15}$$

证明从略。

斯托克斯定理:

$$\oint f_{\mu}\mathrm{d}x^{\mu} = \iint \mathrm{curl}_{\mu\nu}\left(\boldsymbol{f}\right)\mathrm{d}\sigma^{\mu\nu} = \iint \left(\partial_{\mu}f_{\nu} - \partial_{\nu}f_{\mu}\right)\mathrm{d}\sigma^{\mu\nu}. \tag{2.14.16}$$

$$\oiint f_{\mu\nu}\mathrm{d}\sigma^{\mu\nu} = \iiint \mathrm{curl}_{\mu\nu\kappa}\left(\boldsymbol{f}\right)\mathrm{d}V^{\mu\nu\kappa} = \iiint \left(\nabla_{\mu}f_{\nu\kappa} + \nabla_{\nu}f_{\kappa\mu} + \nabla_{\kappa}f_{\mu\nu}\right)\mathrm{d}V^{\mu\nu\kappa}. \tag{2.14.17}$$

证明从略。

在本节的最后, 给出流形上微分形式的积分的完整定义。首先, 若 n 维光滑流形 $\mathcal{M}$ 上存在一个处处非零的、连续的 n 形式 $\boldsymbol{\varepsilon}$, 则称流形 $\mathcal{M}$ 是可定向的。若流形 $\mathcal{M}$ 上给定了这样一个 n 形式 $\boldsymbol{\varepsilon}$, 则称流形 $\mathcal{M}$ 是定向的。在给定局部坐标系下, 可取

$$\boldsymbol{\varepsilon} = \mathrm{d}x^0 \wedge \mathrm{d}x^1 \wedge \cdots \wedge \mathrm{d}x^{n-1}. \tag{2.14.18}$$

其次, 在流形 $\mathcal{M} = \bigcup\limits_{\alpha} V_\alpha$ 上存在一组光滑函数 $\{\rho_\alpha(x)\}$, 称为单位分解 (partition of unity), 它满足:

(1) $0 \leqslant \rho_\alpha(x) \leqslant 1$;

(2) 当 $x \notin V_\alpha$ 时, $\rho_\alpha(x) = 0$;

(3) $\sum\limits_{\alpha} \rho_\alpha(x) = 1$.

再次, 设 $\boldsymbol{\omega}$ 是 n 维定向的光滑流形 $\mathcal{M}$ 的 n 形式, 它在局部坐标系下可总写成

$$\boldsymbol{\omega} = f(x)\, \mathrm{d}x^0 \wedge \mathrm{d}x^1 \wedge \cdots \wedge \mathrm{d}x^{n-1}. \tag{2.14.19}$$

于是, $\boldsymbol{\omega}$ 在 $\mathcal{M}$ 上的积分定义为

$$\int_{\mathcal{M}} \boldsymbol{\omega}_n = \sum_{\alpha} \int_{\mathcal{M}} \rho_\alpha(x) \cdot \boldsymbol{\omega}_n(x). \tag{2.14.20}$$

可以证明, 积分结果与单位分解的选取无关.

用类似办法可定义, 任一 p 形式在 $\mathcal{M}$ 的 p 维嵌入子流形上的积分. (2.14.2) 和 (2.14.13) 式就是这类积分.

小结

标量函数可加, 协变矢量场的线积分, 标量场的 4 维体积分, 超曲面上的积分, 2 维曲面上的积分, 高斯公式, 斯托克斯公式, 微分形式在流形上的积分.

附录 2.A   短程线与长时线

在 2.7 节已证明, 在无挠空间中测地线是极值曲线, 即

$$0 = \delta s = -\int_p^q \left[g_{\mu\lambda} \left(\frac{\mathrm{d}V^\mu}{\mathrm{d}s} + \Gamma^\mu_{\kappa\nu} V^\kappa V^\nu \right) \right] \delta x^\lambda \mathrm{d}s, \tag{2.A.1}$$

其中 V^μ 是测地线的单位切矢. 为了解这个极值曲线是极小值, 还是极大值, 需再做一次变分,

$$\delta^2 s\big|_{\delta s=0} = -\int_p^q g_{\mu\lambda} \delta \left(\frac{\mathrm{d}V^\mu}{\mathrm{d}s} + \Gamma^\mu_{\rho\sigma} V^\rho V^\sigma \right) \delta x^\lambda \mathrm{d}s$$

$$\xrightarrow{\text{在 “局部惯性系” 中}} -\int_p^q \left[g_{\mu\lambda} \left(\frac{\mathrm{d}^2 \delta x^\mu}{\mathrm{d}s^2} + \Gamma^\mu_{\rho\sigma,\tau} V^\rho V^\sigma \delta x^\tau \right) \right] \delta x^\lambda \mathrm{d}s$$

$$= -\int_p^q \left[g_{\mu\lambda} \left(\frac{\mathrm{d}}{\mathrm{d}s} \left(\frac{\mathrm{D}\delta x^\mu}{\mathrm{d}s} - \Gamma^\mu_{\rho\sigma} \delta x^\rho V^\sigma \right) + \Gamma^\mu_{\rho\sigma,\tau} V^\rho V^\sigma \delta x^\tau \right) \right] \delta x^\lambda \mathrm{d}s$$

$$\underline{\underline{\text{在 "局部惯性系" 中}}} \int_p^q \left[g_{\mu\lambda} \left(\left(\partial_\rho \Gamma_{\tau\sigma}^\mu - \partial_\tau \Gamma_{\rho\sigma}^\mu \right) V^\sigma V^\rho \delta x^\tau - \frac{\mathrm{D}}{\mathrm{d}s} \frac{\mathrm{D}\delta x^\mu}{\mathrm{d}s} \right) \right] \delta x^\lambda \mathrm{d}s$$

$$\underline{\underline{\text{无挠}}} \int_p^q R_{\lambda\sigma\rho\tau} V^\sigma V^\rho \delta x^\lambda \delta x^\tau \mathrm{d}s - \int_p^q \mathrm{D} \left(g_{\mu\lambda} \frac{\mathrm{D}\delta x^\mu}{\mathrm{d}s} \right) \delta x^\lambda$$

$$= - \int_p^q R_{\lambda\sigma\tau\rho} V^\sigma \delta x^\lambda V^\rho \delta x^\tau \mathrm{d}s + \int_p^q g_{\mu\lambda} \frac{\mathrm{D}\delta x^\mu}{\mathrm{d}s} \frac{\mathrm{D}\delta x^\lambda}{\mathrm{d}s} \mathrm{d}s. \tag{2.A.2}$$

最后一步用到分部积分, 且在边界点处变分为零。定义变分方向的单位矢量

$$W^\mu = \frac{\delta x^\mu}{\sqrt{g_{\kappa\lambda} \delta x^\kappa \delta x^\lambda}}. \tag{2.A.3}$$

于是, (2.A.2) 式化为

$$\delta^2 s = - \int_p^q R_{\lambda\sigma\tau\rho} V^\sigma W^\lambda V^\rho W^\tau \left(\delta x \right)^2 \mathrm{d}s + \int_p^q g_{\mu\lambda} \frac{\mathrm{D}\delta x^\mu}{\mathrm{d}s} \frac{\mathrm{D}\delta x^\lambda}{\mathrm{d}s} \mathrm{d}s, \tag{2.A.4}$$

其中 $(\delta x)^2$ 是 δx^μ 的模长平方。

对于黎曼空间 (正定几何) 中的测地线, (2.A.4) 式右边第二项总是大于零的。进一步, 若黎曼空间是平直的, 则 $\delta^2 s > 0$, 测地线是短程线。对于具有最大对称性的常曲率空间, 由 (2.13.56) 式知, (2.A.4) 式右边第一项为

$$- \frac{R}{(n-1)\,n} \int_p^q \left(g_{\lambda\tau} g_{\sigma\rho} - g_{\lambda\rho} g_{\sigma\tau} \right) V^\sigma W^\lambda V^\rho W^\tau \left(\delta x \right)^2 \mathrm{d}s$$

$$= - \frac{R}{(n-1)\,n} \int_p^q \left[\left(\delta x \right)^2 - \left(g_{\lambda\rho} V^\rho \delta x^\lambda \right)^2 \right] \mathrm{d}s, \tag{2.A.5}$$

$\left(g_{\lambda\rho} V^\rho \delta x^\lambda \right)^2$ 是 δx 在测地线方向单位矢量上投影的平方, 故

$$\left(\delta x \right)^2 - \left(V_\lambda \delta x^\lambda \right)^2 \geqslant 0, \tag{2.A.6}$$

所以, 当 $R \leqslant 0$ 时, 测地线总是短程线; 当 $R > 0$ 时, 若

$$\int_p^q g_{\mu\lambda} \frac{\mathrm{D}\delta x^\mu}{\mathrm{d}s} \frac{\mathrm{D}\delta x^\lambda}{\mathrm{d}s} \mathrm{d}s > \frac{R}{(n-1)\,n} \int_p^q \left[\left(\delta x \right)^2 - \left(V_\sigma \delta x^\sigma \right)^2 \right] \mathrm{d}s, \tag{2.A.7}$$

则测地线仍是短程线; 若不等式 (2.A.7) 式不成立, 则测地线不再是短程线。例如, 在球面上, 当测地线包含对径点时, 就不再是短程线了。

对于一般的黎曼空间，情况较为复杂。由 (2.C.4) 式知

$$R_{\lambda\sigma\tau\rho}V^{\sigma}W^{\lambda}V^{\rho}W^{\tau} = \kappa\left(g_{\lambda\tau}g_{\sigma\rho} - g_{\lambda\rho}g_{\sigma\tau}\right)V^{\sigma}W^{\lambda}V^{\rho}W^{\tau} = \kappa\left(1 - (g_{\sigma\tau}V^{\sigma}W^{\tau})^2\right),$$
$$\text{(2.A.8)}$$

其中 κ 是黎曼空间内给定点处由单位矢量 V^{μ} 和 W^{μ} 所定向的黎曼曲率。于是，(2.A.4) 式的第一项变为

$$-\int_{p}^{q} R_{\lambda\sigma\tau\rho}V^{\sigma}W^{\lambda}V^{\rho}W^{\tau}\left(\delta x\right)^2 \mathrm{d}s = -\int_{p}^{q}\kappa\left(1 - (V_{\sigma}W^{\sigma})^2\right)\left(\delta x\right)^2 \mathrm{d}s$$

$$= -\int_{p}^{q}\kappa\left[\left(\delta x\right)^2 - (V_{\sigma}\delta x^{\sigma})^2\right]\mathrm{d}s. \tag{2.A.9}$$

若

$$\int_{p}^{q} g_{\mu\lambda}\frac{\mathrm{D}\delta x^{\mu}}{\mathrm{d}s}\frac{\mathrm{D}\delta x^{\lambda}}{\mathrm{d}s}\mathrm{d}s > \int_{p}^{q}\kappa\left[\left(\delta x\right)^2 - (V_{\sigma}\delta x^{\sigma})^2\right]\mathrm{d}s, \tag{2.A.10}$$

则测地线是短程线; 若不等式 (2.A.9) 式不成立，则测地线不再是短程线。

在无挠时空的等时超曲面 (类空超曲面) 内的类空测地线，与黎曼空间中的情形类似。

对于无挠时空中类时测地线，

$$0 = \delta\tau = \int_{p}^{q}\left[g_{\mu\lambda}\left(\frac{\mathrm{d}U^{\mu}}{\mathrm{d}\tau} + \Gamma_{\kappa\nu}^{\mu}U^{\kappa}U^{\nu}\right)\right]\delta x^{\lambda}\mathrm{d}\tau.$$

二阶变分为

$$\delta^2\tau\big|_{\delta\tau=0} = \int_{p}^{q}\left[g_{\mu\lambda}\delta\left(\frac{\mathrm{d}U^{\mu}}{\mathrm{d}\tau} + \Gamma_{\kappa\nu}^{\mu}U^{\kappa}U^{\nu}\right)\right]\delta x^{\lambda}\mathrm{d}\tau$$

$$\xlongequal{\text{在 "局部惯性系" 中}} \int_{p}^{q}\left[g_{\mu\lambda}\left(\frac{\mathrm{D}}{\mathrm{d}\tau}\frac{\mathrm{D}\delta x^{\mu}}{\mathrm{d}\tau} - \left(\partial_{\rho}\Gamma_{\tau\sigma}^{\mu} - \partial_{\tau}\Gamma_{\rho\sigma}^{\mu}\right)U^{\sigma}U^{\rho}\delta x^{\tau}\right)\right]\delta x^{\lambda}\mathrm{d}\tau$$

$$\xlongequal{\text{无挠}} \int_{p}^{q}\mathrm{D}\left(g_{\mu\lambda}\frac{\mathrm{D}\delta x^{\mu}}{\mathrm{d}\tau}\right)\delta x^{\lambda} - \int_{p}^{q}R_{\lambda\sigma\rho\tau}U^{\sigma}U^{\rho}\delta x^{\lambda}\delta x^{\tau}\mathrm{d}\tau$$

$$= \int_{p}^{q}R_{\lambda\sigma\tau\rho}U^{\sigma}\delta x^{\lambda}U^{\rho}\delta x^{\tau}\mathrm{d}\tau - \int_{p}^{q}g_{\mu\lambda}\frac{\mathrm{D}\delta x^{\mu}}{\mathrm{d}\tau}\frac{\mathrm{D}\delta x^{\lambda}}{\mathrm{d}\tau}\mathrm{d}\tau. \tag{2.A.11}$$

不仿设 δx^{μ} 是类空的，利用 (2.A.3) 和 (2.C.4) 式，可将 (2.A.11) 式改写为

$$\delta^2\tau\big|_{\delta\tau=0} = \int_{p}^{q}R_{\lambda\sigma\tau\rho}U^{\sigma}W^{\lambda}U^{\rho}W^{\tau}\left(\delta x\right)^2\mathrm{d}s - \int_{p}^{q}g_{\mu\lambda}\frac{\mathrm{D}\delta x^{\mu}}{\mathrm{d}\tau}\frac{\mathrm{D}\delta x^{\lambda}}{\mathrm{d}\tau}\mathrm{d}\tau \tag{2.A.12}$$

$$= -\int_p^q \kappa \left(1 + \left(U_\lambda W^\lambda\right)^2\right) (\delta x)^2 \, \mathrm{d}s - \int_p^q g_{\mu\lambda} \frac{\mathrm{D}\delta x^\mu}{\mathrm{d}\tau} \frac{\mathrm{D}\delta x^\lambda}{\mathrm{d}\tau} \mathrm{d}\tau. \quad (2.\mathrm{A}.12')$$

由 (2.7.28) 式知

$$\delta \left(g_{\mu\lambda} U^\mu U^\lambda\right) = 0,$$

即

$$
\begin{aligned}
0 &= 2g_{\mu\lambda} U^\mu \frac{\mathrm{d}\delta x^\lambda}{\mathrm{d}\tau} + g_{\mu\lambda,\kappa} U^\mu U^\lambda \delta x^\kappa \\
&= 2g_{\mu\lambda} U^\mu \left(\frac{\mathrm{D}\delta x^\lambda}{\mathrm{d}\tau} - \Gamma_{\kappa\nu}^\lambda \delta x^\kappa U^\nu \right) + g_{\mu\lambda,\kappa} U^\mu U^\lambda \delta x^\kappa \xrightarrow{\text{局部惯性坐标系}} 2g_{\mu\lambda} U^\mu \frac{\mathrm{D}\delta x^\lambda}{\mathrm{d}\tau}.
\end{aligned}
$$
$$(2.\mathrm{A}.13)$$

(2.A.13) 式说明 $\dfrac{\mathrm{D}\delta x^\lambda}{\mathrm{d}\tau}$ 与 U^μ 正交, 故 $\dfrac{\mathrm{D}\delta x^\lambda}{\mathrm{d}\tau}$ 是类空矢量, (2.A.12) 式右边第二项总是小于零的。对于平直时空, (2.A.12) 式右边第一项恒为零, 故 $\delta^2\tau\big|_{\delta\tau=0} < 0$, 所以, 类时测地线是长时线——固有时极长的线。对于黎曼曲率大于零的黎曼时空, (2.A.12′) 式右边的第一项也是小于零的, 故其中的类时测地线也是长时线。对于黎曼曲率小于零的黎曼时空, (2.A.12′) 式右边的第一项是大于零的, 若

$$\int_p^q g_{\mu\lambda} \frac{\mathrm{D}\delta x^\mu}{\mathrm{d}s} \frac{\mathrm{D}\delta x^\lambda}{\mathrm{d}s} \mathrm{d}s > -\int_p^q \kappa \left[(\delta x)^2 + (V_\sigma \delta x^\sigma)^2 \right] \mathrm{d}s, \quad (2.\mathrm{A}.14)$$

则类时测地线是长时线, 但若不等式 (2.A.14) 不成立, 则类时测地线就不是长时线了。例如, 在反 de Sitter 时空中, (2.A.12) 式化为

$$\delta^2\tau\big|_{\delta\tau=0} = -\frac{R}{(n-1)\,n} \int_p^q \left(1 + \left(U_\lambda W^\lambda\right)^2\right) (\delta x)^2 \, \mathrm{d}s - \int_p^q g_{\mu\lambda} \frac{\mathrm{D}\delta x^\mu}{\mathrm{d}\tau} \frac{\mathrm{D}\delta x^\lambda}{\mathrm{d}\tau} \mathrm{d}\tau.$$
$$(2.\mathrm{A}.15)$$

当类时线的长度超过图 2.A.1 的对径双曲线时, 类时测地线就不再是长时线了。

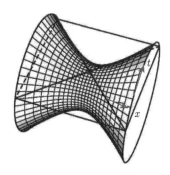

图 2.A.1　反 de Sitter 时空有闭合类时线

附录 2.B 挠率不为零时的比安基恒等式

挠率不为零时的比安基恒等式为

$$R^\mu{}_{\nu\kappa\lambda;\sigma} + R^\mu{}_{\nu\sigma\kappa;\lambda} + R^\mu{}_{\nu\lambda\sigma;\kappa} + T^\rho{}_{\kappa\lambda}R^\mu{}_{\nu\sigma\rho} + T^\rho{}_{\sigma\kappa}R^\mu{}_{\nu\lambda\rho} + T^\rho{}_{\lambda\sigma}R^\mu{}_{\nu\kappa\rho} = 0. \quad (2.B.1)$$

证明 由 (2.3.16) 式知，

$$R^\mu{}_{\nu\kappa\lambda;\sigma} + R^\mu{}_{\nu\sigma\kappa;\lambda} + R^\mu{}_{\nu\lambda\sigma;\kappa}$$

$$= R^\mu{}_{\nu\kappa\lambda,\sigma} + \Gamma^\mu{}_{\rho\sigma}R^\rho{}_{\nu\kappa\lambda} - \Gamma^\rho{}_{\nu\sigma}R^\mu{}_{\rho\kappa\lambda} - \Gamma^\rho{}_{\kappa\sigma}R^\mu{}_{\nu\rho\lambda} - \Gamma^\rho{}_{\lambda\sigma}R^\mu{}_{\nu\kappa\rho}$$

$$\quad + R^\mu{}_{\nu\sigma\kappa,\lambda} + \Gamma^\mu{}_{\rho\lambda}R^\rho{}_{\nu\sigma\kappa} - \Gamma^\rho{}_{\nu\lambda}R^\mu{}_{\rho\sigma\kappa} - \Gamma^\rho{}_{\sigma\lambda}R^\mu{}_{\nu\rho\kappa} - \Gamma^\rho{}_{\kappa\lambda}R^\mu{}_{\nu\sigma\rho}$$

$$\quad + R^\mu{}_{\nu\lambda\sigma,\kappa} + \Gamma^\mu{}_{\rho\kappa}R^\rho{}_{\nu\lambda\sigma} - \Gamma^\rho{}_{\nu\kappa}R^\mu{}_{\rho\lambda\sigma} - \Gamma^\rho{}_{\lambda\kappa}R^\mu{}_{\nu\rho\sigma} - \Gamma^\rho{}_{\sigma\kappa}R^\mu{}_{\nu\lambda\rho}$$

$$= \Gamma^\mu{}_{\nu\lambda,\kappa\sigma} - \Gamma^\mu{}_{\nu\kappa,\lambda\sigma} + \Gamma^\mu{}_{\rho\kappa,\sigma}\Gamma^\rho{}_{\nu\lambda} + \Gamma^\mu{}_{\rho\kappa}\Gamma^\rho{}_{\nu\lambda,\sigma} - \Gamma^\mu{}_{\rho\lambda,\sigma}\Gamma^\rho{}_{\nu\kappa}$$

$$\quad - \Gamma^\mu{}_{\rho\lambda}\Gamma^\rho{}_{\nu\kappa,\sigma} + \Gamma^\mu{}_{\rho\sigma}R^\rho{}_{\nu\kappa\lambda} - \Gamma^\rho{}_{\nu\sigma}R^\mu{}_{\rho\kappa\lambda} - \Gamma^\rho{}_{\kappa\sigma}R^\mu{}_{\nu\rho\lambda} - \Gamma^\rho{}_{\lambda\sigma}R^\mu{}_{\nu\kappa\rho}$$

$$\quad + \Gamma^\mu{}_{\nu\kappa,\sigma\lambda} - \Gamma^\mu{}_{\nu\sigma,\kappa\lambda} + \Gamma^\mu{}_{\rho\sigma,\lambda}\Gamma^\rho{}_{\nu\kappa} + \Gamma^\mu{}_{\rho\sigma}\Gamma^\rho{}_{\nu\kappa,\lambda} - \Gamma^\mu{}_{\rho\kappa,\lambda}\Gamma^\rho{}_{\nu\sigma}$$

$$\quad - \Gamma^\mu{}_{\rho\kappa}\Gamma^\rho{}_{\nu\sigma,\lambda} + \Gamma^\mu{}_{\rho\lambda}R^\rho{}_{\nu\sigma\kappa} - \Gamma^\rho{}_{\nu\lambda}R^\mu{}_{\rho\sigma\kappa} - \Gamma^\rho{}_{\sigma\lambda}R^\mu{}_{\nu\rho\kappa} - \Gamma^\rho{}_{\kappa\lambda}R^\mu{}_{\nu\sigma\rho}$$

$$\quad + \Gamma^\mu{}_{\nu\sigma,\lambda\kappa} - \Gamma^\mu{}_{\nu\lambda,\sigma\kappa} + \Gamma^\mu{}_{\rho\lambda,\kappa}\Gamma^\rho{}_{\nu\sigma} + \Gamma^\mu{}_{\rho\lambda}\Gamma^\rho{}_{\nu\sigma,\kappa} - \Gamma^\mu{}_{\rho\sigma,\kappa}\Gamma^\rho{}_{\nu\lambda}$$

$$\quad - \Gamma^\mu{}_{\rho\sigma}\Gamma^\rho{}_{\nu\lambda,\kappa} + \Gamma^\mu{}_{\rho\kappa}R^\rho{}_{\nu\lambda\sigma} - \Gamma^\rho{}_{\nu\kappa}R^\mu{}_{\rho\lambda\sigma} - \Gamma^\rho{}_{\lambda\kappa}R^\mu{}_{\nu\rho\sigma} - \Gamma^\rho{}_{\sigma\kappa}R^\mu{}_{\nu\lambda\rho}$$

$$= \left(\Gamma^\mu{}_{\rho\kappa,\sigma} - \Gamma^\mu{}_{\rho\sigma,\kappa}\right)\Gamma^\rho{}_{\nu\lambda} + \Gamma^\mu{}_{\rho\kappa}\left(\Gamma^\rho{}_{\nu\lambda,\sigma} - \Gamma^\rho{}_{\nu\sigma,\lambda}\right) + \left(\Gamma^\mu{}_{\rho\sigma,\lambda} - \Gamma^\mu{}_{\rho\lambda,\sigma}\right)\Gamma^\rho{}_{\nu\kappa}$$

$$\quad + \Gamma^\mu{}_{\rho\lambda}\left(\Gamma^\rho{}_{\nu\sigma,\kappa} - \Gamma^\rho{}_{\nu\kappa,\sigma}\right) + \Gamma^\mu{}_{\rho\sigma}\left(\Gamma^\rho{}_{\nu\kappa,\lambda} - \Gamma^\rho{}_{\nu\lambda,\kappa}\right)$$

$$\quad + \left(\Gamma^\mu{}_{\rho\lambda,\kappa} - \Gamma^\mu{}_{\rho\kappa,\lambda}\right)\Gamma^\rho{}_{\nu\sigma} + \Gamma^\mu{}_{\rho\sigma}R^\rho{}_{\nu\kappa\lambda} - \Gamma^\rho{}_{\nu\sigma}R^\mu{}_{\rho\kappa\lambda} - \Gamma^\rho{}_{\kappa\sigma}R^\mu{}_{\nu\rho\lambda}$$

$$\quad - \Gamma^\rho{}_{\lambda\sigma}R^\mu{}_{\nu\kappa\rho} + \Gamma^\mu{}_{\rho\lambda}R^\rho{}_{\nu\sigma\kappa} - \Gamma^\rho{}_{\nu\lambda}R^\mu{}_{\rho\sigma\kappa} - \Gamma^\rho{}_{\sigma\lambda}R^\mu{}_{\nu\rho\kappa}$$

$$\quad - \Gamma^\rho{}_{\kappa\lambda}R^\mu{}_{\nu\sigma\rho} + \Gamma^\mu{}_{\rho\kappa}R^\rho{}_{\nu\lambda\sigma} - \Gamma^\rho{}_{\nu\kappa}R^\mu{}_{\rho\lambda\sigma} - \Gamma^\rho{}_{\lambda\kappa}R^\mu{}_{\nu\rho\sigma} - \Gamma^\rho{}_{\sigma\kappa}R^\mu{}_{\nu\lambda\rho}$$

$$= \left(R^\mu{}_{\rho\sigma\kappa} - \Gamma^\mu{}_{\tau\sigma}\Gamma^\tau{}_{\rho\kappa} + \Gamma^\mu{}_{\tau\kappa}\Gamma^\tau{}_{\rho\sigma}\right)\Gamma^\rho{}_{\nu\lambda} + \Gamma^\mu{}_{\rho\kappa}\left(R^\rho{}_{\nu\sigma\lambda} - \Gamma^\rho{}_{\tau\sigma}\Gamma^\tau{}_{\nu\lambda} + \Gamma^\rho{}_{\tau\lambda}\Gamma^\tau{}_{\nu\sigma}\right)$$

$$\quad + \left(R^\mu{}_{\rho\lambda\sigma} - \Gamma^\mu{}_{\tau\lambda}\Gamma^\tau{}_{\rho\sigma} + \Gamma^\mu{}_{\tau\sigma}\Gamma^\tau{}_{\rho\lambda}\right)\Gamma^\rho{}_{\nu\kappa}$$

$$\quad + \Gamma^\mu{}_{\rho\lambda}\left(R^\rho{}_{\nu\kappa\sigma} - \Gamma^\rho{}_{\tau\kappa}\Gamma^\tau{}_{\nu\sigma} + \Gamma^\rho{}_{\tau\sigma}\Gamma^\tau{}_{\nu\kappa}\right) + \Gamma^\mu{}_{\rho\sigma}\left(R^\rho{}_{\nu\lambda\kappa} - \Gamma^\rho{}_{\tau\lambda}\Gamma^\tau{}_{\nu\kappa} + \Gamma^\rho{}_{\tau\kappa}\Gamma^\tau{}_{\nu\lambda}\right)$$

$$\quad + \left(R^\mu{}_{\rho\kappa\lambda} - \Gamma^\mu{}_{\tau\kappa}\Gamma^\tau{}_{\rho\lambda} + \Gamma^\mu{}_{\tau\lambda}\Gamma^\tau{}_{\rho\kappa}\right)\Gamma^\rho{}_{\nu\sigma}$$

$$\quad + \Gamma^\mu{}_{\rho\sigma}R^\rho{}_{\nu\kappa\lambda} - \Gamma^\rho{}_{\nu\sigma}R^\mu{}_{\rho\kappa\lambda} - \Gamma^\rho{}_{\kappa\sigma}R^\mu{}_{\nu\rho\lambda} - \Gamma^\rho{}_{\lambda\sigma}R^\mu{}_{\nu\kappa\rho} + \Gamma^\mu{}_{\rho\lambda}R^\rho{}_{\nu\sigma\kappa}$$

$$- \Gamma^{\rho}_{\ \nu\lambda} R^{\mu}_{\ \rho\sigma\kappa} - \Gamma^{\rho}_{\ \sigma\lambda} R^{\mu}_{\ \nu\rho\kappa} - \Gamma^{\rho}_{\ \kappa\lambda} R^{\mu}_{\ \nu\sigma\rho}$$

$$+ \Gamma^{\mu}_{\ \rho\kappa} R^{\rho}_{\ \nu\lambda\sigma} - \Gamma^{\rho}_{\ \nu\kappa} R^{\mu}_{\ \rho\lambda\sigma} - \Gamma^{\rho}_{\ \lambda\kappa} R^{\mu}_{\ \nu\rho\sigma} - \Gamma^{\rho}_{\ \sigma\kappa} R^{\mu}_{\ \nu\lambda\rho}$$

$$= T^{\rho}_{\ \lambda\sigma} R^{\mu}_{\ \nu\rho\kappa} + T^{\rho}_{\ \kappa\lambda} R^{\mu}_{\ \nu\rho\sigma} + T^{\rho}_{\ \kappa\sigma} R^{\mu}_{\ \nu\lambda\rho}$$

$$= T^{\rho}_{\ \sigma\lambda} R^{\mu}_{\ \nu\kappa\rho} + T^{\rho}_{\ \lambda\kappa} R^{\mu}_{\ \nu\sigma\rho} + T^{\rho}_{\ \kappa\sigma} R^{\mu}_{\ \nu\lambda\rho},$$

其中第二、第四个等号用到黎曼曲率张量的定义 (2.8.4) 式,第三、第五、第六个等号是整理。

证毕。

比安基恒等式 (2.B.1) 式也可通过对第二嘉当方程 (2.10.40) 式再做一次外微分得到,即

$$\mathrm{d}\boldsymbol{R}^{I}_{\ J} - \mathrm{d}^{2}\boldsymbol{\omega}^{I}_{\ J} + \boldsymbol{\omega}^{I}_{\ K} \wedge \mathrm{d}\boldsymbol{\omega}^{K}_{\ J} - \mathrm{d}\boldsymbol{\omega}^{I}_{\ K} \wedge \boldsymbol{\omega}^{K}_{\ J} = 0. \tag{2.B.2}$$

利用外微分的幂零性 (2.10.23) 式及第二嘉当方程 (2.10.40) 式,上式化为

$$0 = \mathrm{d}\boldsymbol{R}^{I}_{\ J} + \boldsymbol{\omega}^{I}_{\ K} \wedge \boldsymbol{R}^{K}_{\ J} - \boldsymbol{\omega}^{I}_{\ K} \wedge \boldsymbol{\omega}^{K}_{\ L} \wedge \boldsymbol{\omega}^{L}_{\ J} - \boldsymbol{\omega}^{K}_{\ J} \wedge \boldsymbol{R}^{I}_{\ K} + \boldsymbol{\omega}^{K}_{\ J} \wedge \boldsymbol{\omega}^{I}_{\ L} \wedge \boldsymbol{\omega}^{L}_{\ K}$$

$$= \mathrm{d}\boldsymbol{R}^{I}_{\ J} + \boldsymbol{\omega}^{I}_{\ K} \wedge \boldsymbol{R}^{K}_{\ J} - \boldsymbol{\omega}^{K}_{\ J} \wedge \boldsymbol{R}^{I}_{\ K},$$

即

$$0 = \frac{1}{2}\left(R^{I}_{\ J\mu\nu,\lambda} + \omega^{I}_{\ K\lambda} R^{K}_{\ J\mu\nu} - \omega^{K}_{\ J\lambda} R^{I}_{\ K\mu\nu} \right) \mathrm{d}x^{\lambda} \wedge \mathrm{d}x^{\mu} \wedge \mathrm{d}x^{\nu}$$

$$= \frac{1}{2}[R^{I}_{\ J\mu\nu,\lambda} + \left(e^{I}_{\sigma} e^{\sigma}_{K,\lambda} + e^{I}_{\sigma} \Gamma^{\sigma}_{\ \kappa\lambda} e^{\kappa}_{K} \right) R^{K}_{\ J\mu\nu}$$

$$- \left(e^{K}_{\sigma} e^{\sigma}_{J,\lambda} + e^{K}_{\sigma} \Gamma^{\sigma}_{\ \kappa\lambda} e^{\kappa}_{J} \right) R^{I}_{\ K\mu\nu}]\mathrm{d}x^{\lambda} \wedge \mathrm{d}x^{\mu} \wedge \mathrm{d}x^{\nu}$$

$$= \frac{1}{2}[R^{I}_{\ J\mu\nu,\lambda} - e^{I}_{\sigma,\lambda} e^{\rho}_{J} R^{\sigma}_{\ \rho\mu\nu} - e^{I}_{\rho} e^{\sigma}_{J,\lambda} R^{\rho}_{\ \sigma\mu\nu} + e^{I}_{\sigma} \Gamma^{\sigma}_{\ \kappa\lambda} R^{\kappa}_{\ J\mu\nu}$$

$$- \Gamma^{\sigma}_{\ \kappa\lambda} e^{\kappa}_{J} R^{I}_{\ \sigma\mu\nu}]\mathrm{d}x^{\lambda} \wedge \mathrm{d}x^{\mu} \wedge \mathrm{d}x^{\nu}$$

$$= \frac{1}{2}\left[e^{I}_{\sigma} e^{\rho}_{J} R^{\sigma}_{\ \rho\mu\nu,\lambda} + e^{I}_{\sigma} e^{\rho}_{J} \Gamma^{\sigma}_{\ \kappa\lambda} R^{\kappa}_{\ \rho\mu\nu} - e^{I}_{\sigma} e^{\rho}_{J} \Gamma^{\kappa}_{\ \rho\lambda} R^{\sigma}_{\ \kappa\mu\nu} \right] \mathrm{d}x^{\lambda} \wedge \mathrm{d}x^{\mu} \wedge \mathrm{d}x^{\nu}$$

$$= \frac{1}{2} e^{I}_{\sigma} e^{\rho}_{J} \left[R^{\sigma}_{\ \rho\mu\nu;\lambda} + \Gamma^{\kappa}_{\ \mu\lambda} R^{\sigma}_{\ \rho\kappa\nu} + \Gamma^{\kappa}_{\ \nu\lambda} R^{\sigma}_{\ \rho\mu\kappa} \right] \mathrm{d}x^{\lambda} \wedge \mathrm{d}x^{\mu} \wedge \mathrm{d}x^{\nu}$$

$$= \frac{1}{2} e^{I}_{\sigma} e^{\rho}_{J} \left[R^{\sigma}_{\ \rho\mu\nu;\lambda} + \Gamma^{\kappa}_{\ \lambda\mu} R^{\sigma}_{\ \rho\nu\kappa} - \Gamma^{\kappa}_{\ \mu\lambda} R^{\sigma}_{\ \rho\nu\kappa} \right] \mathrm{d}x^{\lambda} \wedge \mathrm{d}x^{\mu} \wedge \mathrm{d}x^{\nu}$$

$$= \frac{1}{2} e^{I}_{\sigma} e^{\rho}_{J} \left[R^{\sigma}_{\ \rho\mu\nu;\lambda} + T^{\kappa}_{\ \lambda\mu} R^{\sigma}_{\ \rho\nu\kappa} \right] \mathrm{d}x^{\lambda} \wedge \mathrm{d}x^{\mu} \wedge \mathrm{d}x^{\nu}$$

$$= \frac{1}{2} e^{I}_{\sigma} e^{\rho}_{J} \left[R^{\sigma}_{\ \rho[\mu\nu;\lambda]} + T^{\kappa}_{\ [\lambda\mu} R^{\sigma}_{\ |\rho|\nu]\kappa} \right] \mathrm{d}x^{\lambda} \wedge \mathrm{d}x^{\mu} \wedge \mathrm{d}x^{\nu},$$

其中，第二个等号用到 (2.10.36) 式，在第三、第四步的整理中用到标架指标与时空指标的互换 (见 (2.3.56)、(2.3.56′)、(2.3.47) 和 (2.3.51) 式)，在第五个等号中利用黎曼曲率张量的定义 (2.8.4) 式把普通导数换成了协变导数，在第六、第八个等号中用到外微分式中括号内的量关于 λ、μ、ν 全反对称，第七步用到挠率的定义。所以，等式中方括号内的量必为零，这就是比安基恒等式。

比安基恒等式 (2.B.1) 对 μ, κ 收缩给出

$$R_{\nu\lambda;\sigma} - R_{\nu\sigma;\lambda} + R^{\mu}{}_{\nu\lambda\sigma;\mu} + T^{\rho}{}_{\mu\lambda}R^{\mu}{}_{\nu\sigma\rho} + T^{\rho}{}_{\sigma\mu}R^{\mu}{}_{\nu\lambda\rho} + T^{\rho}{}_{\lambda\sigma}R_{\nu\rho} = 0, \quad (2.B.3)$$

$g^{\nu\sigma}$ 与 (2.B.3) 式收缩给出

$$R^{\sigma}{}_{\lambda;\sigma} - \frac{1}{2}R_{;\lambda} + T^{\rho}{}_{\lambda\sigma}R^{\sigma}{}_{\rho} + \frac{1}{2}T^{\rho}{}_{\sigma\mu}R^{\mu\sigma}{}_{\lambda\rho} = 0,$$

即

$$G^{\sigma}{}_{\lambda;\sigma} = T^{\rho}{}_{\sigma\lambda}R^{\sigma}{}_{\rho} - \frac{1}{2}T^{\rho}{}_{\mu\sigma}R^{\mu\sigma}{}_{\rho\lambda}. \quad (2.B.4)$$

附录 2.C　法曲率、平均曲率、高斯曲率与黎曼曲率

过 2 维曲面上任一给定点的法方向可作无穷多平面，每个平面与 2 维曲面的交是一条曲线，每条曲线的曲率都是这个曲面在给定点的一个法曲率 (normal curvature, 或正交曲率)。在这些曲线中存在法曲率极大和极小的两条曲线，它们所在平面是正交的。极大和极小法曲率分别记作 κ_1 和 κ_2，这两个曲率称为该曲面在该点的主曲率 (principle curvature)。由两个主曲率可定义曲面的平均曲率 (mean curvature)：

$$\kappa_m = \frac{1}{2}\left(\kappa_1 + \kappa_2\right), \quad (2.C.1)$$

和高斯曲率 (Gauss curvature)，

$$\kappa_G = \kappa_1\kappa_2. \quad (2.C.2)$$

在 n 维空间中任一点的切空间中取两线性独立的单位矢量 V^{μ}、W^{μ}，由这两个单位矢量可确定一个单位矢量族

$$t^{\mu} = \frac{a}{\sqrt{a^2 + b^2 + 2abV_{\lambda}W^{\lambda}}}V^{\mu} + \frac{b}{\sqrt{a^2 + b^2 + 2abV_{\lambda}W^{\lambda}}}W^{\mu}, \quad a, b \in R, \quad (2.C.3)$$

由这个单位矢量族决定唯一一个由测地线构成的 2 维曲面，称为 2 维测地面。这个 2 维测地面的高斯曲率称为 n 维空间中由单位矢量 V^{μ}、W^{μ} 定向的黎曼曲率，记作 κ。

定理　n 维空间中由单位矢量 V^μ、W^μ 定向的黎曼曲率总可以表示成

$$\kappa = \frac{R_{\lambda\sigma\tau\rho}V^\sigma W^\lambda V^\rho W^\tau}{(g_{\lambda\tau}g_{\sigma\rho} - g_{\lambda\rho}g_{\sigma\tau})V^\sigma W^\lambda V^\rho W^\tau}. \tag{2.C.4}$$

对于 n 维时空，V^μ、W^μ 可能是类空的，也可能是类时的，亦或是类光的。为构造单位矢量，(2.C.3) 式应改为

$$t^\mu = \frac{a}{\sqrt{a^2 V_\lambda V^\lambda + b^2 W_\lambda W^\lambda + 2ab V_\lambda W^\lambda}}V^\mu + \frac{b}{\sqrt{a^2 V_\lambda V^\lambda + b^2 W_\lambda W^\lambda + 2ab V_\lambda W^\lambda}}W^\mu,$$
$$a, b \in R, \quad a^2 V_\lambda V^\lambda + b^2 W_\lambda W^\lambda + 2ab V_\lambda W^\lambda \neq 0, \tag{2.C.5}$$

当 $a^2 V_\lambda V^\lambda + b^2 W_\lambda W^\lambda + 2ab V_\lambda W^\lambda = 0$ 时，

$$t^\mu = aV^\mu + bW^\mu, \quad a, b \in R, \tag{2.C.6}$$

是类光矢量。对于 n 维时空中一点的由矢量 V^μ、W^μ 定向的黎曼曲率 κ 仍由 (2.C.5) 和 (2.C.6) 式确定的 2 维测地面的高斯曲率给出，且满足 (2.C.4) 式。

附录 2.D　第 2 章复习

张量分析

- 张量加减法
- 张量对称化
- 张量反对称化
- 张量直积
- 张量缩并
- 普通导数 $T^\mu{}_{\nu,\lambda}$ 不是张量!
- 两矢量场的对易子 $[A, B]^\mu = A^\nu \partial_\nu B^\mu - B^\nu \partial_\nu A^\mu$

至此，还没有涉及联络。

- 协变导数算子 $\nabla_\mu T^\kappa{}_\lambda = T^\kappa{}_{\lambda,\mu} + \Gamma^\kappa_{\sigma\mu}T^\sigma{}_\lambda - \Gamma^\sigma_{\lambda\mu}T^\kappa{}_\sigma$,

$$\Gamma^\lambda_{\mu\nu} = \frac{1}{2}g^{\lambda\sigma}(g_{\sigma\mu,\nu} + g_{\sigma\nu,\mu} - g_{\mu\nu,\sigma})$$

- 张量的平行移动 $T^\mu{}_\nu(p \to q) = A^\mu{}_\nu(p) - \Gamma^\mu_{\kappa\lambda}(p)A^\kappa{}_\nu(p)\delta x^\lambda_{p\to q}$
$$+ \Gamma^\kappa_{\nu\lambda}(p)A^\mu{}_\kappa(p)\delta x^\lambda_{p\to q}$$

- 沿曲线的协变微分 $\dfrac{\mathrm{D}}{\mathrm{d}\sigma} = t^\mu \nabla_\mu$，$t^\mu$ 是曲线的切矢，σ 是曲线的参数。
- 外微分 $\mathrm{d}^2 = 0$
- 沿向量场 ξ^μ 的李导数 $\mathcal{L}_\xi T^\mu{}_\nu = T^\mu{}_{\nu,\lambda}\xi^\lambda - \xi^\mu{}_{,\lambda}T^\lambda{}_\nu + \xi^\lambda{}_{,\nu}T^\mu{}_\lambda$
- $\displaystyle\int f_\mu(x)\,\mathrm{d}x^\mu$
- $\displaystyle\iiiint f(x)\sqrt{-g}\mathrm{d}^4x$
- $\displaystyle\iiint f^\mu\mathrm{d}\Sigma_\mu$
- $\displaystyle\iint f_{\mu\nu}\mathrm{d}\sigma^{\mu\nu}$
- $\displaystyle\int_{\mathcal{M}}\boldsymbol{\omega}$

特殊张量

- Kronecker 记号: $(1,1)$ 型常张量 δ^μ_ν
- Levi-Civita 张量 (全反对称张量) $\epsilon_{\mu\nu\lambda\sigma} = \sqrt{-g}\varepsilon_{\mu\nu\lambda\sigma}$
- Levi-Civita 张量密度 $\varepsilon_{\mu\nu\lambda\sigma}$
- 度规张量 (对称, 非退化) $g_{\mu\nu}$
- 仿射张量 (联络系数) $\Gamma^\lambda_{\mu\nu} = \dfrac{1}{2}g^{\lambda\sigma}\left(g_{\sigma\mu,\nu} + g_{\sigma\nu,\mu} - g_{\mu\nu,\sigma}\right)$
- 挠率张量 (联张系数的反对称部分)　$T^\lambda{}_{\mu\nu}$
- 黎曼曲率张量 $R^\nu{}_{\mu\kappa\lambda} = \Gamma^\nu_{\mu\lambda,\kappa} - \Gamma^\nu_{\mu\kappa,\lambda} + \Gamma^\nu_{\sigma\kappa}\Gamma^\sigma_{\mu\lambda} - \Gamma^\nu_{\sigma\lambda}\Gamma^\sigma_{\mu\kappa}$
- 里奇张量, 标量曲率 $R_{\mu\nu} = R^\lambda{}_{\mu\lambda\nu}$, $R = R^\mu{}_\mu$
- 爱因斯坦张量 $G_{\mu\nu} = R_{\mu\nu} - \dfrac{1}{2}g_{\mu\nu}R$
- 外尔张量 $C^\mu{}_{\nu\kappa\lambda} = R^\mu{}_{\nu\kappa\lambda} + g_{\nu[\kappa}R^\mu_{\lambda]} - \delta^\mu_{[\kappa}R_{|\nu|\lambda]} + \dfrac{1}{3}R\delta^\mu_{[\kappa}g_{|\nu|\lambda]}$
- 诱导度规 $h_{\mu\nu} = g_{\mu\nu} \pm n_\mu n_\nu$,
- 基灵矢量场 $\mathcal{L}_\xi g_{\mu\nu} = \xi_{\mu;\nu} + \xi_{\nu;\mu} = 0$
- 外曲率 $K_{\mu\nu} = \dfrac{1}{2}\mathcal{L}_n g_{\mu\nu}$

几何对象

- 流形

- 时空 (度量空间)
- 曲线 (类时, 类空, 类光) 与世界线
- 切矢 (类时, 类空, 类光)
- 切空间
- 测地线 (类时, 类空, 类光)
- 仿射参数与非仿射参数
- 微分同胚
- 超曲面
- 最大对称空间

方程

- 测地线方程 $t^\lambda \nabla_\lambda t^\mu = 0$, (或 $\dfrac{\mathrm{D}t^\mu}{\mathrm{d}\sigma} = 0$, $\dfrac{\mathrm{d}^2 x^\mu}{\mathrm{d}\sigma^2} + \Gamma^\mu_{\nu\lambda} \dfrac{\mathrm{d}x^\nu}{\mathrm{d}\sigma} \dfrac{\mathrm{d}x^\lambda}{\mathrm{d}\sigma} = 0$)

- 短程线方程 $\dfrac{\mathrm{d}^2 x^\mu}{\mathrm{d}\sigma^2} + \left\{ \begin{array}{c} \mu \\ \nu\lambda \end{array} \right\} \dfrac{\mathrm{d}x^\nu}{\mathrm{d}\sigma} \dfrac{\mathrm{d}x^\lambda}{\mathrm{d}\sigma} = 0$

- 测地线偏离方程 $\dfrac{\mathrm{D}^2 \delta x^\lambda}{\mathrm{d}\tau^2} + R^\lambda{}_{\mu\sigma\nu} U^\mu \delta x^\sigma U^\nu = 0$

- 基灵方程 $\xi_{\mu;\nu} + \xi_{\nu;\mu} = 0$

定理

- 黎曼时空中存在唯一的与度规适配的无挠导数算子。
- 黎曼时空中每一点 p, 都存在 $\Gamma^\mu_{\nu\lambda}|_p = 0$ 的局域坐标系。
- 黎曼时空中矢量平移与路径无关 $\Leftrightarrow$ 曲率张量处处为零。
- 黎曼空间平直 $\Leftrightarrow$ 曲率张量点点为零。
- 基灵矢量场 ξ^μ 与测地线的切矢 U^μ 的内积 $U^\mu \xi_\mu$ 在测地线上是常数, 即 $U^\mu \nabla_\mu (U^\nu \xi_\nu) = 0$
- n 维黎曼空间至多有 $n(n+1)/2$ 个基灵矢量场。
- 最大对称的黎曼空间必是常曲率空间。
- 高斯定理: $\oiint f^\mu \mathrm{d}\Sigma_\mu = \iiint f^\mu_{;\mu} \sqrt{-g} \mathrm{d}^4 x$,

  $$\oiint f_{\mu\nu} \mathrm{d}\sigma^{\mu\nu} = \iiint \mathrm{curl}_{\mu\nu\kappa}(f) \mathrm{d}V^{\mu\nu\kappa}$$

- 斯托克斯定理: $\oint f_\mu \mathrm{d}x^\mu = \iint \mathrm{curl}_{\mu\nu}(f) \mathrm{d}\sigma^{\mu\nu}$

附录 2.E　不同符号约定及其关系

度规的号差 (signature) 可以取 $(-,+,+,+)$, 也可以取 $(+,-,-,-)$。黎曼曲率张量的定义可以是

$$R^{\mu}{}_{\nu\lambda\sigma} = \partial_\lambda \Gamma^{\mu}_{\nu\sigma} - \partial_\sigma \Gamma^{\mu}_{\nu\lambda} + \Gamma^{\mu}_{\rho\lambda} \Gamma^{\rho}_{\nu\sigma} - \Gamma^{\mu}_{\rho\sigma} \Gamma^{\rho}_{\nu\lambda}, \tag{2.E.1}$$

也可以是

$$R^{\mu}{}_{\nu\lambda\sigma} = \Gamma^{\mu}_{\nu\lambda,\sigma} - \Gamma^{\mu}_{\nu\sigma,\lambda} - \Gamma^{\mu}_{\rho\lambda} \Gamma^{\rho}_{\nu\sigma} + \Gamma^{\mu}_{\rho\sigma} \Gamma^{\rho}_{\nu\lambda}. \tag{2.E.2}$$

里奇张量的定义可以是

$$R_{\mu\nu} = R^{\lambda}{}_{\mu\lambda\nu}, \tag{2.E.3}$$

也可以是

$$R_{\mu\nu} = R^{\lambda}{}_{\mu\nu\lambda}. \tag{2.E.4}$$

度规号差的改变不影响

$$\Gamma^{\mu}_{\nu\sigma}, \ R^{\mu}{}_{\nu\lambda\sigma}, \ R_{\mu\nu}, \ G_{\mu\nu} = \ R_{\mu\nu} - \frac{1}{2} g_{\mu\nu} R, \ T_{\mu\nu}, \tag{2.E.5}$$

但改变

$$R^{\mu}_{\nu}, \ R \tag{2.E.6}$$

的符号。曲率张量和里奇张量的定义决定

$$G_{\mu\nu} = \ R_{\mu\nu} - \frac{1}{2} g_{\mu\nu} R \tag{2.E.7}$$

的符号。三者共同决定爱因斯坦场方程中的符号

$$G_{\mu\nu} = \ R_{\mu\nu} - \frac{1}{2} g_{\mu\nu} R = \pm 8\pi G T_{\mu\nu}. \tag{2.E.8}$$

MTW 符号约定[1]

---

[1] Misner C W, Thorne K S, Wheeler J A, et al. Gravitation. San Francisco: Freeman and Company, 1973.

表 2.E.1 给出不同书籍采用的符号约定列表。

表 2.E.1 符号约定列表

文献	度量	黎曼	爱因斯坦
Misner,Thorne,Wheeler (1973), Gravitation	+	+	+
Bergmann (1942), Introduction to the Theory of Relativity	−	−	−
Birrel & Davis (1982), Quantum Fields in Curved Spaces	−	−	−
Carmeli (1982), Classical Fields: GR & GT	−	+	+
Carrol (2004), Spacetime & Geometry	+	+	+
Chandrasekar (1983), The Mathematical Theory of Black Holes	−	+	−
Einstein (1950), The Meaning of Relativity	−	+	−
Fock (1959), Theory of Space, Time and Gravitation	−	−	−
Fokker (1965), Time & Space, Weight & Inertia	−	−	+
Hawking & Ellis (1973), Large Scale Structure of Spacetime	+	+	+
Kramer et al (1980), Exact Solutions of Einstein Field Equations	+	+	+
Møller (1952), The Theory of Relativity	+	−	−
Ohanian (1976), Gravitation and Spacetime	−	+	−
Pauli (1958), Theory of Relativity	+	−	−
Penrose & Rindler (1984), Spinors and Space-time	−	−	−
Rindler, (1977) Essential Relativity	−	+	−
Sachs & Wu (2000), GR for Mathematicians	+	+	+
Stephani (1982), General Relativity	+	+	+
Stewart (1990), Advanced General Relativity	−	−	−
Synge (1960), Relativity, The general theory	+	+	−
Wald (1984), General Relativity	+	+	+
Weinberg (1972), Gravitation & Cosmology	+	−	−
Weyl (1922), Space-Time-Matter	−	+	+
Will(1981), Theory and Experiment in Gravitational Physics	+	+	+
赵峥、刘文彪	+	+	+
梁灿彬、周彬	+	+	+
本书采用	+	+	+

习 题

1. 证明缩并运算的结果仍是张量。

2. 设 $B^{\mu_1\cdots\mu_k}{}_{\nu_1\cdots\nu_l}$ 是一个 (k,l) 型数组，若它与任一逆变矢量场 C^ν 的内积按照 $(k,l-1)$ 型张量变化，则它是一个 (k,l) 型张量。(张量运算的商定理。)

3. 设 A, B, C 是流形上 3 个光滑逆变矢量场，证明它们的对易子满足雅可比 (Jacobi) 恒等式

$$[[A,B],C] + [[C,A],B] + [[B,C],A] = 0.$$

4. 证明若 3 阶张量关于前两个指标和后两个指标都对称 (反称)，则关于第一和第三个指标也对称 (反称)，即全对称 (反称)。

5. 证明 $(0,2)$ 型反对称张量 $A_{\mu\nu}$ 与 $(2,0)$ 型对称场量 $S^{\mu\nu}$ 的缩并为零，即

$$S^{\mu\nu}A_{\mu\nu} = 0.$$

6. 计算如下 Rindler 时空的克氏符

$$ds^2 = -x^2 \mathrm{d}\,(ct)^2 + \mathrm{d}x^2 + \mathrm{d}y^2 + \mathrm{d}z^2.$$

7. 若协变矢量场沿曲线的平行移动由 $t^\lambda \nabla_\lambda A_\mu\,(x) = 0$ 定义，其中 t^λ 是曲线的切矢，试证明协变矢量 A_μ 从 p 点到 q 点的平行移动为

$$A_\mu\,(p \to q) = A_\mu\,(p) + \Gamma_{\mu\lambda}^\nu\,(p)\,A_\nu\,(p)\,\delta x_{p \to q}^\lambda.$$

8. 证明

$$g_{\mu\nu,\lambda} = g_{\mu\sigma}\Gamma_{\nu\lambda}^\sigma + g_{\nu\sigma}\Gamma_{\mu\lambda}^\sigma,$$
$$g^{\mu\nu}{}_{,\lambda} = -g^{\mu\sigma}\Gamma_{\sigma\lambda}^\nu - g^{\nu\sigma}\Gamma_{\sigma\lambda}^\mu.$$

9. 证明 $\mathrm{d}s^2 = g_{\mu\nu}\mathrm{d}x^\mu\mathrm{d}x^\nu$ 是测地线方程

$$\frac{\mathrm{d}^2 x^\mu}{\mathrm{d}\sigma^2} + \Gamma_{\nu\lambda}^\mu \frac{\mathrm{d}x^\nu}{\mathrm{d}\sigma}\frac{\mathrm{d}x^\lambda}{\mathrm{d}\sigma} = 0$$

的初积分 (或称首次积分)。(注：初积分是对原微分方程积分一次达到降阶一次的目的。)

10. 试说明 Rindler 时空

$$\mathrm{d}s^2 = -x^2\mathrm{d}t^2 + \mathrm{d}x^2 + \mathrm{d}y^2 + \mathrm{d}z^2$$

中，$(t,\,x,\,y),\,(t,\,x,\,z),\,(t,\,y,\,z),\,(x,\,y,\,z)$ 分别为常数的时空曲线是否是测地线。

11. 计算 2 维圆柱面

$$\mathrm{d}s^2 = \rho^2\mathrm{d}\theta^2 + \mathrm{d}z^2 \quad \left(\rho\text{为常数}\right)$$

的黎曼曲率张量。

12. 计算 2 维单位球面

$$\mathrm{d}s^2 = \mathrm{d}\theta^2 + \sin^2\theta\mathrm{d}\varphi^2$$

的黎曼曲率张量。

13. 证明在黎曼时空中，对于任一 (2,0) 型张量 $A^{\mu\nu}$ 都有

$$A^{\mu\nu}{}_{;\mu\nu} = A^{\mu\nu}{}_{;\nu\mu}.$$

*14. 已知黎曼-克里斯多菲曲率张量满足比安基恒等式，试证明协变的外尔曲率张量满足

$$C_{\mu\nu[\kappa\lambda;\sigma]} = R_{\mu[\lambda;\sigma}g_{\kappa]\nu} - R_{\nu[\lambda;\sigma}g_{\kappa]\mu} - \frac{1}{6}\left(g_{\mu[\lambda}R_{;\sigma}g_{\kappa]\nu} - g_{\nu[\lambda}R_{;\sigma}g_{\kappa]\mu}\right).$$

*15. 考虑 n 维空间中的 2 形式

$$\boldsymbol{\alpha} = f\left(x^1,\cdots,x^n\right)\mathrm{d}x^1 \wedge \mathrm{d}x^2.$$

假定在包含 $x^1 = 0$ 的某个空间区域，构造 1 形式 $\boldsymbol{\beta} = \left[x^1\int_0^1 f\left(\xi x^1,\cdots,x^n\right)\mathrm{d}\xi\right]\mathrm{d}x^2$，试证 $\boldsymbol{\alpha} = \mathrm{d}\boldsymbol{\beta}$。

带 * 的习题为选做

16. 试证明在无挠时空中 $(2,0)$ 型张量 $T^{\mu\nu}$ 和 $(1,1)$ 型张量场 T^{μ}_{ν} 沿矢量场 x^{μ} 的李导数分别为

$$\mathcal{L}_{\xi}T^{\mu\nu} = T^{\mu\nu}{}_{,\lambda}\xi^{\lambda} - \xi^{\mu}{}_{,\lambda}T^{\lambda\nu} - \xi^{\nu}{}_{,\lambda}T^{\mu\lambda}$$

$$= T^{\mu\nu}{}_{;\lambda}\xi^{\lambda} - \xi^{\mu}{}_{;\lambda}T^{\lambda\nu} - \xi^{\nu}{}_{;\lambda}T^{\mu\lambda},$$

$$\mathcal{L}_{\xi}T^{\mu}{}_{\nu} = T^{\mu}{}_{\nu,\lambda}\xi^{\lambda} - \xi^{\mu}{}_{,\lambda}T^{\lambda}{}_{\nu} + \xi^{\lambda}{}_{,\nu}T^{\mu}{}_{\lambda}$$

$$= T^{\mu}{}_{\nu;\lambda}\xi^{\lambda} - \xi^{\mu}{}_{;\lambda}T^{\lambda}{}_{\nu} + \xi^{\lambda}{}_{;\nu}T^{\mu}{}_{\lambda}.$$

*17. 设 A^{μ} 和 B^{ν} 是两个光滑矢量场, 证明算子方程

$$\mathcal{L}_{[A,B]} = [\mathcal{L}_A, \mathcal{L}_B] := \mathcal{L}_A\mathcal{L}_B - \mathcal{L}_B\mathcal{L}_A$$

作用于任何张量场都成立。

18. 设 A^a 和 $\boldsymbol{\omega}_p$ 分别为流形 $\mathcal{M}$ 上的矢量场和 p 形式场, 试证
*(1) $\mathcal{L}_A\boldsymbol{\omega}_p = (\mathrm{d}\boldsymbol{\mu}_{p-1})_{a_1\cdots a_p} + A^b\,(\mathrm{d}\boldsymbol{\omega}_p)_{ba_1\cdots a_p}$,
其中 $\boldsymbol{\mu}_{p-1} = A^b\omega_{ba_2\cdots a_p}$;
(2) $\mathcal{L}_A\,(\mathrm{d}\boldsymbol{\omega}_p) = d\,(\mathcal{L}_A\boldsymbol{\omega}_p)$,
即外微分算子与李导数算子可交换。
提示:
(a) 先证 $p=2$ 的特例, 再证一般情况;
(b) 利用 (1) 的结果证明 (2)。

19. (1) 证明线元

$$\mathrm{d}s^2 = \mathrm{d}x^2 + \mathrm{d}y^2 + \mathrm{d}z^2 - \left(\frac{3}{13}\mathrm{d}x + \frac{4}{13}\mathrm{d}y + \frac{12}{13}\mathrm{d}z\right)^2$$

实际描述一个 2 维空间。
(2) 证明存在新坐标 x, h 使得该线元可写成

$$\mathrm{d}s^2 = \mathrm{d}\xi^2 + \mathrm{d}\eta^2.$$

20. 设 ξ^{μ} 和 ζ^{μ} 是黎曼时空中两个基灵矢量场, 则

$$\xi^{\nu}\partial_{\nu}\zeta^{\mu} - \zeta^{\nu}\partial_{\nu}\xi^{\mu} = \xi^{\nu}\nabla_{\nu}\zeta^{\mu} - \zeta^{\nu}\nabla_{\nu}\xi^{\mu}$$

和

$$c_1\xi^{\mu} + c_2\zeta^{\mu} \ (c_1和c_2都是常数)$$

也都是该黎曼时空的基灵矢量场。

21. 在狭义相对论中, 若两个粒子的运动速度分别为 $\boldsymbol{v}_1$、$\boldsymbol{v}_2$, 则在 $c=1$ 单位制中这两个粒子的相对速度为

$$v_r^2 = \frac{(\boldsymbol{v}_1 - \boldsymbol{v}_2)^2 - (\boldsymbol{v}_1 \times \boldsymbol{v}_2)^2}{(1 - \boldsymbol{v}_1 \cdot \boldsymbol{v}_2)^2}.$$

现构造一个速度空间，速度空间中每一点代表一个速度，速度空间中两相邻点的距离由两相邻速度之间的相对速度给出。

(1) 试证速度空间的度规可以写成

$$ds^2 = d\chi^2 + \sinh^2 \chi \left(d\theta^2 + \sin^2 \theta d\varphi^2 \right),$$

其中 χ 与速度的大小 v 的关系由 $v = \tanh\chi$ 给出；

(2) 求该度规的里奇曲率张量并说明这是一个常曲率空间；

(3) 说明该度规也是 4 维平直空间的 1 个 3 维超双曲面的度规；

(4) 求出该空间的全部线性独立的基灵矢量场；

(5) 写出该空间的不变体元。

22. 试证明在里奇平坦的时空 ($R_{\mu\nu} = 0$ 的时空) 中，所有基灵矢量都满足

$$\Box \xi^\mu = g^{\kappa\lambda} \nabla_\kappa \nabla_\lambda \xi^\mu = 0.$$

第 3 章　引力场方程及广义相对论的实验检验

3.1　弯曲时空中的物理量

3.1.1　质点动力学

3.1.1.1　基本定义

当时空从平直的闵氏时空过渡到弯曲时空时，粒子在时空中运动的轨迹为 $x^\mu(\tau)$，其 4 速度矢量仍为 (1.2.31) 式，它在狭义相对论 (SR) 所满足的关系需过渡到在广义相对论 (GR) 中需满足的关系：

$$\eta_{\mu\nu}U^\mu U^\nu = -1\,(\text{SR}) \Rightarrow g_{\mu\nu}U^\mu U^\nu = -1\,(\text{GR})\,, \tag{3.1.1}$$

其中 τ 是粒子的固有时。轨迹 $x^\mu(\tau)$ 是一条类时曲线；设粒子的静止质量为 m，该粒子的 4 动量为

$$p_\mu = m\eta_{\mu\nu}U^\nu\,(\text{SR}) \Rightarrow p_\mu = mg_{\mu\nu}U^\nu\,(\text{GR})\,; \tag{3.1.2}$$

爱因斯坦关系为

$$\eta^{\mu\nu}p_\mu p_\nu = -m^2\,(\text{SR}) \Rightarrow g^{\mu\nu}p_\mu p_\nu = -m^2\,(\text{GR})\,; \tag{3.1.3}$$

粒子的 4 加速度为

$$a^\mu = \frac{\mathrm{d}U^\mu}{\mathrm{d}\tau} = \frac{\mathrm{d}^2 x^\mu}{\mathrm{d}\tau^2}\,(\text{SR}) \Rightarrow a^\mu = \frac{\mathrm{D}U^\mu}{\mathrm{d}\tau} = \frac{\mathrm{D}^2 x^\mu}{\mathrm{d}\tau^2}\,(\text{GR})\,; \tag{3.1.4}$$

用 f^μ 记 4 维力，则牛顿第二定律的 4 维形式为

$$f^\mu = m\frac{\mathrm{d}^2 x^\mu}{\mathrm{d}\tau^2}\,(\text{SR}) \Rightarrow f^\mu = m\frac{\mathrm{D}U^\mu}{\mathrm{d}\tau} = m\frac{\mathrm{D}^2 x^\mu}{\mathrm{d}\tau^2}\,(\text{GR})\,; \tag{3.1.5}$$

自由粒子的运动方程

$$\frac{\mathrm{d}^2 x^\mu}{\mathrm{d}\tau^2} = 0\,(\text{SR}) \Rightarrow \frac{\mathrm{D}U^\mu}{\mathrm{d}\tau} = 0\,(\text{GR})\,; \tag{3.1.6}$$

(3.1.6) 式就是测地线方程，它意味着 4 加速度等于 0。

由 (3.1.1) 式得

$$U^\lambda\nabla_\lambda\left(U^\mu U_\mu\right) = 0 \Rightarrow 2U_\mu U^\lambda\nabla_\lambda U^\mu = 0 \Rightarrow U_\mu a^\mu = 0\,, \tag{3.1.7}$$

这表明粒子的 4 加速度总是与 4 速度垂直！

3.1.1.2　转动参考系与等效原理的应用

下面，我们考虑转动参考系中的力学。在闵氏时空 (1.2.6) 式中，考虑如下坐标变换，

$$t = \tilde{t}, \quad x = r \cos\left(\theta + \omega\tilde{t}\right), \quad y = r \sin\left(\theta + \omega\tilde{t}\right), \quad z = \tilde{z} \quad (r\omega < c), \quad (3.1.8)$$

其中 $\tilde{x}^0 = c\tilde{t}, \tilde{x}^1 = r, \tilde{x}^2 = \theta, \tilde{x}^3 = \tilde{z}$，变换矩阵是

$$\frac{\partial x^\mu}{\partial \tilde{x}^\nu} = \begin{pmatrix} 1 & 0 & 0 & 0 \\ -\dfrac{r\omega}{c}\sin\left(\theta+\omega\tilde{t}\right) & \cos\left(\theta+\omega\tilde{t}\right) & -r\sin\left(\theta+\omega\tilde{t}\right) & 0 \\ \dfrac{r\omega}{c}\cos\left(\theta+\omega\tilde{t}\right) & \sin\left(\theta+\omega\tilde{t}\right) & r\cos\left(\theta+\omega\tilde{t}\right) & 0 \\ 0 & 0 & 0 & 1 \end{pmatrix}. \quad (3.1.9)$$

时空度规 (1.2.6) 式化为

$$\tilde{g}_{\mu\nu} = \frac{\partial x^\kappa}{\partial \tilde{x}^\mu}\frac{\partial x^\lambda}{\partial \tilde{x}^\nu}\eta_{\kappa\lambda} = \begin{pmatrix} -1 + \dfrac{r^2\omega^2}{c^2} & 0 & \dfrac{r^2\omega}{c} & 0 \\ 0 & 1 & 0 & 0 \\ \dfrac{r^2\omega}{c} & 0 & r^2 & 0 \\ 0 & 0 & 0 & 1 \end{pmatrix}. \quad (3.1.10)$$

对于 $r, \theta, \tilde{z}$ 为常数的观察者的 4 速度为

$$\tilde{U}^\mu = \frac{\mathrm{d}\tilde{x}^\mu}{\mathrm{d}\tau} = \left(\frac{c}{\left(1 - r^2\omega^2/c^2\right)^{1/2}}, 0, 0, 0\right), \quad \tilde{g}_{\mu\nu}\tilde{U}^\mu\tilde{U}^\nu = -c^2. \quad (3.1.11)$$

4 加速度为

$$a^\mu = \tilde{U}^\nu\nabla_\nu\tilde{U}^\mu = \tilde{\Gamma}^\mu_{00}\tilde{U}^0\tilde{U}^0 = -\frac{\omega^2 r}{1 - r^2\omega^2/c^2}\delta^\mu_1, \quad (3.1.12)$$

其中已用 (2.3.34) 式计算出度规 (3.1.10) 式的联络系数，加速度的大小为

$$a = \left(g_{\mu\nu}a^\mu a^\nu\right)^{1/2} = \frac{\omega^2 r}{1 - r^2\omega^2/c^2}. \quad (3.1.13)$$

当 $\omega r/c \ll 1$ 时，

$$a^\mu \approx c^2\tilde{\Gamma}^\mu_{00} = -\frac{c^2}{2}\tilde{g}_{00,r}\delta^\mu_1 = -r\omega^2\delta^\mu_1, \quad (3.1.14)$$

其中用到 $\tilde{g}_{00} = -1 + r^2\omega^2/c^2$。(3.1.14) 式正是牛顿力学中转动观察者的向心加速度。

$$\text{粒子受到的惯性离心力} = mr\omega^2. \tag{3.1.15}$$

按照爱因斯坦的等效原理，引力与惯性力局部等价。惯性离心力可用一个"引力场"来等效地描写，而引力场场强 (单位质量所受到的引力) 等于"引力势" ϕ 的负梯度，即

$$\text{引力场场强} = -\partial_1\phi = r\omega^2. \tag{3.1.16}$$

对 (3.1.16) 式积分，得

$$\phi = -\int_0^r \omega^2 r \mathrm{d}r = -\frac{\omega^2 r^2}{2}, \tag{3.1.17}$$

或

$$-2\phi = \omega^2 r^2. \tag{3.1.18}$$

广义相对论把引力归结于几何，比较"引力势"(3.1.17) 式与转盘上的度规 (3.1.10) 式知，

$$\tilde{g}_{00} = -1 + \frac{\omega^2 r^2}{c^2} = -1 - \frac{2\phi}{c^2}, \tag{3.1.19}$$

或

$$\phi = -\frac{1}{2}c^2 \left(1 + \tilde{g}_{00}\right). \tag{3.1.20}$$

(3.1.20) 式建立了引力势与时空度规的关系。在后面研究引力场的牛顿近似时还会反复用到此关系。须注意，此处 g_{00} 上的 "~" 源自坐标变换 (3.1.10) 式，对于一般的讨论，"~" 应略去。对于引力势与度规的关系，需补充说明如下。在牛顿引力理论中，时间和空间是相互独立的，引力势是空间的标量。时空统一用度规描述后，

$$g_{\mu\nu} = \begin{pmatrix} g_{00} & g_{0j} \\ g_{i0} & g_{ij} \end{pmatrix}, \tag{3.1.21}$$

其中 g_{00} 是 3 维空间的标量，g_{i0} 和 g_{0j} 是 3 维空间的矢量，g_{ij} 是 3 维空间的张量。所以，牛顿引力势 ϕ 只与 g_{00} 有关，与度规的其他分量无关。

3.1.1.3 零质量粒子 (光子) 的运动方程

在狭义相对论中，零质量粒子的轨迹满足

$$0 = \mathrm{d}s^2 = -\mathrm{d}t^2 + \mathrm{d}x^2 + \mathrm{d}y^2 + \mathrm{d}z^2 = \eta_{\mu\nu}\mathrm{d}x^\mu\mathrm{d}x^\nu,$$

过渡到广义相对论，零质量粒子的轨迹仍满足

$$0 = \mathrm{d}s^2 = g_{\mu\nu}\mathrm{d}x^\mu\mathrm{d}x^\nu. \tag{3.1.22}$$

3.1.2 （真空中的）电动力学

4 维电流密度矢量形式不变，仍是 (1.2.65) 式。电荷守恒律为

$$\partial_\mu J_e^\mu = 0\,(\mathrm{SR}) \Rightarrow 0 = \nabla_\mu J_e^\mu = \frac{1}{\sqrt{-g}}\partial_\mu\left(\sqrt{-g}J_e^\mu\right)(\mathrm{GR}). \tag{3.1.23}$$

电磁 4 维矢势形式不变，仍是 (1.2.59) 式。电磁场场强张量

$$F_{\mu\nu} = \partial_\mu A_\nu - \partial_\nu A_\mu\,(\mathrm{SR}) \Rightarrow F_{\mu\nu} = \nabla_\mu A_\nu - \nabla_\nu A_\mu = \partial_\mu A_\nu - \partial_\nu A_\mu\,(\mathrm{GR}). \tag{3.1.24}$$

$F_{\mu\nu}$ 的反对称性导致其形式不变 (在广义相对论中，我们只考虑无挠时空。)。4 维洛伦兹力

$$f^\mu = q\eta^{\mu\nu}F_{\nu\rho}U^\rho\,(\mathrm{SR}) \Rightarrow f^\mu = qg^{\mu\nu}F_{\nu\rho}U^\rho\,(\mathrm{GR}), \tag{3.1.25}$$

其中 q 是粒子电量。

真空麦克斯韦方程为

$$\partial_\mu F_{\nu\sigma} + \partial_\nu F_{\sigma\mu} + \partial_\sigma F_{\mu\nu} = 0\,(\mathrm{SR}) \Rightarrow 0 = \nabla_\mu F_{\nu\sigma} + \nabla_\nu F_{\sigma\mu} + \nabla_\sigma F_{\mu\nu}$$
$$= \partial_\mu F_{\nu\sigma} + \partial_\nu F_{\sigma\mu} + \partial_\sigma F_{\mu\nu}\,(\mathrm{GR}), \tag{3.1.26}$$

$$\partial_\nu F^{\mu\nu} = \mu_0 J^\mu\,(\mathrm{SR}) \Rightarrow \nabla_\nu F^{\mu\nu} = \mu_0 J^\mu = \frac{1}{\sqrt{-g}}\partial_\mu\left(\sqrt{-g}F^{\mu\nu}\right)(\mathrm{GR}), \tag{3.1.27}$$

其中

$$F^{\mu\nu} = \eta^{\mu\rho}\eta^{\nu\sigma}F_{\rho\sigma}\,(\mathrm{SR}) \Rightarrow F^{\mu\nu} = g^{\mu\rho}g^{\nu\sigma}F_{\rho\sigma}\,(\mathrm{GR}). \tag{3.1.28}$$

$F_{\mu\nu}$ 的反对称性导致 (3.1.26) 式仍保持平直时空中相应方程的形式。

电磁场的能量-动量-应力张量为

$$T^{\mu\nu} = \frac{1}{\mu_0}\left(F^\mu{}_\sigma F^{\nu\sigma} - \frac{1}{4}\eta^{\mu\nu}F_{\rho\sigma}F^{\rho\sigma}\right)(\mathrm{SR})$$
$$\Rightarrow T^{\mu\nu} = \frac{1}{\mu_0}\left(F^\mu{}_\sigma F^{\nu\sigma} - \frac{1}{4}g^{\mu\nu}F_{\rho\sigma}F^{\rho\sigma}\right)(\mathrm{GR}), \tag{3.1.29}$$

采用 $c = 1$ 单位制时，不再考虑 $1/\mu_0$ 因子。电磁场的能量-动量-应力张量的对称性质 (1.2.76) 式仍保持；无迹性质也保持，即

$$\eta_{\mu\nu}T^{\mu\nu} = 0\,(\mathrm{SR}) \Rightarrow g_{\mu\nu}T^{\mu\nu} = 0\,(\mathrm{GR}). \tag{3.1.30}$$

能动张量的守恒方程需过渡到协变守恒方程:

$$\text{无源情况:} \quad \partial_\mu T^{\mu\nu} = 0 \,(\text{SR}) \Rightarrow \nabla_\mu T^{\mu\nu} = 0 \,(\text{GR}), \tag{3.1.31}$$

$$\text{有源情况:} \quad \partial_\mu T^{\mu\nu} = -F^\nu{}_\sigma J^\sigma \,(\text{SR}) \Rightarrow \nabla_\mu T^{\mu\nu} = -F^\nu{}_\sigma J^\sigma \,(\text{GR}). \tag{3.1.32}$$

3.1.3 相对论理想流体力学

理想流体的能量-动量张量为

$$T^{\mu\nu} = p\eta^{\mu\nu} + (\rho + p)\,U^\mu U^\nu \,(\text{SR}) \Rightarrow T^{\mu\nu} = pg^{\mu\nu} + (\rho + p)\,U^\mu U^\nu \,(\text{GR}), \tag{3.1.33}$$

其中 ρ 和 p 分别称为固有能量密度和 (各向同性) 压强。关于 ρ 和 p 的进一步说明会在 3.2 节给出。理想流体的粒子流 (密度) 4 矢量保持不变, 仍是 (1.2.93) 式。能量-动量张量守恒方程改为协变守恒,

$$0 = \partial_\nu T^{\mu\nu} = \eta^{\mu\nu}\partial_\nu p + \partial_\nu \left[(\rho + p)\,U^\mu U^\nu\right] (\text{SR})$$

$$\Rightarrow 0 = \nabla_\nu T^{\mu\nu} = g^{\mu\nu}\nabla_\nu p + \nabla_\nu \left[(\rho + p)\,U^\mu U^\nu\right] (\text{GR}), \tag{3.1.34}$$

(3.1.34) 式的两边同乘 U_μ, 得

$$0 = U_\mu g^{\mu\nu}\nabla_\nu p + U_\mu \nabla_\nu \left[(\rho + p)\,U^\mu U^\nu\right]$$

$$= U^\nu \nabla_\nu p - \nabla_\nu \left[(\rho + p)\,U^\nu\right] + (\rho + p)\,U^\mu U^\nu \nabla_\nu U_\mu$$

$$= -U^\nu \nabla_\nu \rho - (\rho + p)\,\nabla_\nu U^\nu, \tag{3.1.35}$$

其中第二个等号右边最后一项为零, 是因为粒子的 4 加速度与 4 速度总是垂直的。将 (3.1.35) 式代回协变守恒方程 (3.1.34), 得

$$0 = g^{\mu\nu}\nabla_\nu p + \nabla_\nu \left[(\rho + p)\,U^\mu U^\nu\right]$$

$$= (g^{\mu\nu} + U^\mu U^\nu)\,\nabla_\nu p + U^\mu U^\nu \nabla_\nu \rho + U^\mu\,(\rho + p)\,\nabla_\nu U^\nu + (\rho + p)\,U^\nu \nabla_\nu U^\mu$$

$$= (g^{\mu\nu} + U^\mu U^\nu)\,\nabla_\nu p + (\rho + p)\,U^\nu \nabla_\nu U^\mu,$$

由此得

$$U^\nu \nabla_\nu U^\mu = -\frac{1}{\rho + p}\,(g^{\mu\nu} + U^\mu U^\nu)\,\nabla_\nu p. \tag{3.1.36}$$

这是欧拉方程 (1.2.103) 在广义相对论中的推广。粒子数守恒方程为

$$0 = \partial_\mu (nU^\mu) = U^\mu \partial_\mu n + n\partial_\mu U^\mu \,(\text{SR}) \Rightarrow 0 = \nabla_\mu (nU^\mu) = U^\mu \nabla_\mu n + n\nabla_\mu U^\mu \,(\text{GR}). \tag{3.1.37}$$

由 (3.1.35) 和 (3.1.37) 式得

$$U^\nu \nabla_\nu \rho = \frac{(\rho + p)}{n} U^\mu \nabla_\mu n, \tag{3.1.38}$$

由此得

$$U^\mu \nabla_\mu \frac{\rho}{n} = -p U^\mu \nabla_\mu \frac{1}{n}, \tag{3.1.39}$$

即

$$U^\mu \nabla_\mu \varepsilon = -p U^\mu \nabla_\mu \mathfrak{v} \tag{3.1.40}$$

其中 ε 是比能量、$\mathfrak{v}$ 是比体积。比较 (3.1.40) 式与热力学第一定律 (1.2.113) 式知，在弯曲时空中仍有，对于理想流体，比熵 $\mathfrak{s}$ 在任何随流体运动的点上不随时间变化：

$$U^\mu \nabla_\mu \mathfrak{s} = 0. \tag{3.1.41}$$

小结

在弯曲时空中，只需在狭义相对论的表达式中做如下替换即可

$$\eta_{\mu\nu} \to g_{\mu\nu}, \quad \partial_\mu \to \nabla_\mu, \quad \frac{\mathrm{d}}{\mathrm{d}\tau} \to \frac{\mathrm{D}}{\mathrm{d}\tau}.$$

这就是等效原理的意义所在。

3.2　广义相对论中的基本测量

在 SR 中，时空的惯性坐标系具有测量意义：其中时间坐标的差值就代表测量到的时间间隔，空间坐标的差值则代表测量到的空间距离。在 GR 中，时空坐标没有直接测量意义，它们只是事件 (event) 的标识，其差值并不代表时间间隔或空间距离。那么，在 GR 中有测量意义的量是什么呢？

回答这个问题，首先要明确，测量一定有主体，称为观察者，所谓观察者可以是携带仪器的人，也可以是一个自动记录仪。无论为何，他们都沿着某条类时线运动。

其次，需对测量提出如下要求：

(1) 测量必须在观察者 O 与被测质点 P 两世界线的交点的某个邻域内 (见图 3.2.1) 进行；

(2) 观测者已配备 SR 意义上校准了的标准钟和标准尺，标准钟和标准尺作为局部惯性系的一部分；

图 3.2.1 局部测量

(3) 观测到的物理量是由观测者局部惯性系的 4 个正交归一化矢量与所要观测的粒子的物理量构成的标量, 它是广义坐标的不变量。

最后, 需建立局部惯性系。我们按如下方式建立局部惯性系。

(1) 在观测点以观察者的 4 速度 U^μ (见 (1.2.31) 式, 满足 (3.1.1) 式) 作为局部惯性系的时间方向;

(2) 在观测点选 3 个正交归一的类空矢量, 记作 $V_1^\mu, V_2^\mu, V_3^\mu$, 3 个矢量构成右手系, 且满足

与时轴正交: $g_{\mu\nu}V_1^\mu U^\nu = 0$, $\quad g_{\mu\nu}V_2^\mu U^\nu = 0$, $\quad g_{\mu\nu}V_3^\mu U^\nu = 0$,

归一条件: $g_{\mu\nu}V_1^\mu V_1^\nu = 1$, $\quad g_{\mu\nu}V_2^\mu V_2^\nu = 1$, $\quad g_{\mu\nu}V_3^\mu V_3^\nu = 1$, $\hspace{2em}$ (3.2.1)

正交条件: $g_{\mu\nu}V_1^\mu V_2^\nu = 0$, $\quad g_{\mu\nu}V_1^\mu V_3^\nu = 0$, $\quad g_{\mu\nu}V_2^\mu V_3^\nu = 0$.

注意: 一般来说, $V_1^\mu, V_2^\mu, V_3^\mu$ 不一定能写成 $\dfrac{\mathrm{d}x^\mu}{\mathrm{d}s}$ 的形式。可以证明, 度规的逆可用这 4 个矢量表示如下:

$$g^{\mu\nu} = -U^\mu U^\nu + \delta^{ij}V_i^\mu V_j^\nu, \hspace{2em} (3.2.2)$$

其中 μ, ν 是时空指标, i, j 不是时空指标, 它们仅表示是第几个类空矢量。

证明 先记 (3.2.2) 式的右边为 $B^{\mu\nu}$, 即

$$-U^\mu U^\nu + \delta^{ij}V_i^\mu V_j^\nu =: B^{\mu\nu}, \hspace{2em} (3.2.3)$$

(3.2.3) 式左边显然是对称的, 非退化的。又因为 (3.1.1) 式和 (3.2.1) 式,

$$B^{\mu\nu}U_\nu = \left(-U^\mu U^\nu + \delta^{ij}V_i^\mu V_j^\nu\right)U_\nu = U^\mu, \hspace{2em} (3.2.4)$$

$$B^{\mu\nu}V_{i\nu} = \left(-U^\mu U^\nu + \delta^{jk}V_j^\mu V_k^\nu\right)V_{i\nu} = V_i^\mu, \hspace{2em} (3.2.5)$$

其中 $U_\nu = g_{\nu\lambda}U^\lambda$, $V_{i\nu} = g_{\nu\lambda}V_i^\lambda$, 所以,

$$(B^{\mu\nu} - g^{\mu\nu})U_\nu = 0, \tag{3.2.6}$$

$$(B^{\mu\nu} - g^{\mu\nu})V_{i\nu} = 0. \tag{3.2.7}$$

由于 $U^\mu, V_1^\mu, V_2^\mu, V_3^\mu$ 是切空间的 4 个线性独立的基矢, 故上述方程对任何矢量都成立, 所以,

$$B^{\mu\nu} = g^{\mu\nu}. \tag{3.2.8}$$

证毕.

U^μ, V_i^μ 构成一组标架 (tetrad 或 vierbein), 就是 2.10.3 节中介绍的标架 $e_I^\mu(I = 0,1,2,3)$。

在所有测量中, 最基本的测量是时间间隔和空间距离的测量。我们需先确定如何测量时间间隔和空间距离, 即要解决观察者 O 如何测量运动质点 P 由点 x^μ 运动到点 $x^\mu + \mathrm{d}x^\mu$ 所用时间间隔和所走空间距离的问题。先看, 观察者 O 测量运动质点 P 由点 x^μ 运动到点 $x^\mu + \mathrm{d}x^\mu$ 所用的时间间隔。在与观察者随动的参考系中总有

$$U^\mu = \left(\frac{1}{\sqrt{-g_{00}}}, 0, 0, 0\right), \tag{3.2.9}$$

$\mathrm{d}x^\mu$ 在观察者 4 速度 U^μ 上的投影为

$$-g_{\mu\nu}U^\mu\mathrm{d}x^\nu = -\frac{g_{0\nu}\mathrm{d}x^\nu}{\sqrt{-g_{00}}}. \tag{3.2.10}$$

这是一个标量。如果运动质点恰好与观察者一起运动 (即质点的 4 速度与观察者的 4 速度相等), 则有 $\mathrm{d}x^i = 0$, $\mathrm{d}t \neq 0$, 于是, (3.2.10) 式给出

$$-g_{\mu\nu}U^\mu\mathrm{d}x^\nu = \sqrt{-g_{00}}\mathrm{d}t = \mathrm{d}\tau. \tag{3.2.11}$$

即固有时间隔 $\mathrm{d}\tau$ 是在与粒子随动的局部惯性系中测得的时间间隔。如果质点与观察者的 4 速度不相等, 在时轴正交系 (即 $g_{0i} = 0$ 的坐标系) 中, (3.2.10) 式同样得到 (3.2.11) 式, 所以, 此时观察者所测到的也是固有时间隔, 而非坐标时间隔!

再看, 观察者 O 测量运动质点 P 由点 x^μ 运动到点 $x^\mu + \mathrm{d}x^\mu$ 所走的空间距离。质点 4 速度与观察者 4 速度相同时, 在随动的局部惯性系中, 移动的空间距离总是零, 故只需讨论质点 4 速度与观察者 4 速度不同的情况。$\mathrm{d}x^\mu$ 在 $V_1^\mu, V_2^\mu, V_3^\mu$ 上的投影分别为

$$g_{\mu\nu}V_1^\mu\mathrm{d}x^\nu, \quad g_{\mu\nu}V_2^\mu\mathrm{d}x^\nu, \quad g_{\mu\nu}V_3^\mu\mathrm{d}x^\nu. \tag{3.2.12}$$

它们是 3 个标量。质点所走的距离的平方是

$$
\begin{aligned}
\mathrm{d}l^2 &= \delta^{ij} g_{\mu\nu} V_i^{\mu} \mathrm{d}x^{\nu} g_{\kappa\lambda} V_j^{\kappa} \mathrm{d}x^{\lambda} = g_{\mu\nu} g_{\kappa\lambda} \left(-U^{\mu}U^{\kappa} + \delta^{ij} V_i^{\mu} V_j^{\kappa} + U^{\mu}U^{\kappa} \right) \mathrm{d}x^{\nu} \mathrm{d}x^{\lambda} \\
&= g_{\mu\nu} \mathrm{d}x^{\mu} \mathrm{d}x^{\nu} - \frac{g_{0\nu} g_{0\lambda}}{g_{00}} \mathrm{d}x^{\nu} \mathrm{d}x^{\lambda} = \left(g_{\mu\nu} - \frac{g_{0\mu} g_{0\nu}}{g_{00}} \right) \mathrm{d}x^{\mu} \mathrm{d}x^{\nu} \\
&= \left(g_{ij} - \frac{g_{0i} g_{0j}}{g_{00}} \right) \mathrm{d}x^i \mathrm{d}x^j =: h_{ij} \mathrm{d}x^i \mathrm{d}x^j,
\end{aligned}
\tag{3.2.13}
$$

其中第三个等号用到 (3.2.2)、(2.2.14) 和 (3.2.10) 式；第五个等号成立是因为 μ, ν 中只要有一个取 0，则括号内的量就为零。可见，观察者所测到的是两点间的固有距离，而非坐标距离！

在稳态时空中测量距离的另一种方法是，如图 3.2.2 所示，从世界线 A 点发出一束光，射向世界线 B，到达 B 后反射回 A。设

$$
\mathrm{d}t_{(1)} = t_B - t_{A1}, \quad \mathrm{d}t_{(2)} = t_{A2} - t_B,
\tag{3.2.14}
$$

光往返总耗时为

$$
\Delta t = \mathrm{d}t_{(1)} + \mathrm{d}t_{(2)}.
\tag{3.2.15}
$$

光走零曲线，故有

$$
0 = \mathrm{d}s^2 = g_{00} \mathrm{d}t^2 + 2 g_{0i} \mathrm{d}t \mathrm{d}x^i + g_{ij} \mathrm{d}x^i \mathrm{d}x^j.
\tag{3.2.16}
$$

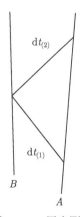

图 3.2.2　用光测距

由此解出 $\mathrm{d}t$：

$$
\mathrm{d}t_{(1)} = \frac{-g_{0i} \mathrm{d}x^i - \sqrt{(g_{0i} g_{0j} - g_{00} g_{ij}) \mathrm{d}x^i \mathrm{d}x^j}}{g_{00}},
$$

$$\mathrm{d}t_{(2)} = \frac{-g_{0i}\mathrm{d}x^i - \sqrt{(g_{0i}g_{0j} - g_{00}g_{ij})\,\mathrm{d}x^i\mathrm{d}x^j}}{g_{00}}. \tag{3.2.17}$$

(因为 $g_{00} < 0$，所以 2 次方程 (3.2.16) 的上述解才能保证 $\mathrm{d}t > 0$。) 注意，对于稳态时空，g_{0i} 不依赖于时间坐标，$A \to B$ 与 $B \to A$ 的表达式形式上相同，但 $\mathrm{d}x^i$ 正好反号。所以，由 (3.2.15) 和 (3.2.17) 式得

$$\Delta t = \frac{-2\sqrt{(g_{0i}g_{0j} - g_{00}g_{ij})\,\mathrm{d}x^i\mathrm{d}x^j}}{g_{00}}. \tag{3.2.18}$$

平均单程坐标时间为 $\frac{1}{2}\Delta t$。在局部惯性系中，坐标时换算成固有时，有

$$\frac{1}{2}\Delta\tau = \frac{1}{2}\sqrt{-g_{00}}\Delta t = \sqrt{\left(g_{ij} - \frac{g_{0i}g_{0j}}{g_{00}}\right)\mathrm{d}x^i\mathrm{d}x^j}, \tag{3.2.19}$$

两地的距离 (在 $c = 1$ 的单位制中) 就是

$$\mathrm{d}l = \frac{1}{2}\Delta\tau = \sqrt{h_{ij}\mathrm{d}x^i\mathrm{d}x^j}, \tag{3.2.20}$$

其中

$$h_{ij} = g_{ij} - \frac{g_{0i}g_{0j}}{g_{00}}. \tag{3.2.21}$$

它与 (3.2.13) 式结果一致。(3.2.13) 与 (3.2.20) 式虽然有相同的表达式，但它们的测量对象还是有很大区别的，(3.2.13) 式完全是局域的测量结果，测量是在观察者与质点的世界线相交的一个小邻域内进行的。而 (3.2.20) 式则是观察者借助光来测量他与自身世界线不相交的粒子间的距离。但需指出，即便是后一种方法，也只能在很有限的时空区域内使用，无法用它来测量宇宙尺度的距离，这首先是因为远方的天体离我们太远，我们无法等待光走一个来回；更重要的是因为宇宙在不断地膨胀，光往返的总时间也不能写成 (3.2.18) 式的形式，将距离定义为光往返时间的一半也是不合理的。对于宇宙尺度距离的定义，我们会在第 7 章提到一点，深入的讨论超出了本课程的范围。

另一类重要的测量是质点能量、动量的测量。设运动质点 P 的 4 动量为 p_μ，观察者 O 测量到质点 P 的能量为

$$E = -p_\mu U^\mu. \tag{3.2.22}$$

这也是一个标量。在观察者的随动参考系中

$$E = -p_0 U^0 = -p_0\left(-g_{00}\right)^{-1/2}. \tag{3.2.23}$$

所以,

$$-p_0 = E \left(-g_{00}\right)^{1/2} > 0. \tag{3.2.24}$$

观察者 O 测量到质点 P 的动量各分量为

$$P_i = p_\mu V_i^\mu. \tag{3.2.25}$$

动量的模方为

$$\delta^{ij} P_i P_j = \delta^{ij} p_\mu V_i^\mu p_\nu V_j^\nu = p_\mu p_\nu \left(-U^\mu U^\nu + \delta^{ij} V_i^\mu V_j^\nu + U^\mu U^\nu\right)$$

$$= p_\mu p_\nu g^{\mu\nu} + E^2 = -m^2 + E^2. \tag{3.2.26}$$

这正好给出了局部惯性系中观测量之间的爱因斯坦关系。

最后,我们从上述的测量角度来讨论一下理想流体能量-动量张量 (3.1.33) 式中两个参数的意义。设观察者的 4 速度为 u^μ。由任一物质场的能量-动量张量 $T_{\mu\nu}$ 和观察者的 4 速度 u^μ 定义出相应场的能流密度 4 矢量 $T_{\mu\nu}u^\nu$ 及能量密度 (标量) $T_{\mu\nu}u^\mu u^\nu$。将这一结果用于理想流体。考虑相对流体静止的观察者,即

$$u^\mu = U^\mu. \tag{3.2.27}$$

该观察者观测到的能流密度 4 矢量为

$$T_{\mu\nu}U^\nu = [pg_{\mu\nu} + (\rho + p) U_\mu U_\nu] U^\nu = -\rho U_\mu, \tag{3.2.28}$$

观测到的能量密度是

$$T_{\mu\nu}U^\mu U^\nu = [pg_{\mu\nu} + (\rho + p) U_\mu U_\nu] U^\mu U^\nu = \rho. \tag{3.2.29}$$

(3.2.29) 式说明,理想流体能量-动量张量中的 ρ 是随流体一起运动的观察者观测到的流体的能量密度,即流体的固有能量密度 (在相对论单位制 ($c = 1$) 中,它也是流体的固有质量密度)。类似地,随流体一起流动的观察者观测到的压强 (标量) 是

$$T_{\mu\nu}V_i^\mu V_j^\nu = [pg_{\mu\nu} + (\rho + p) U_\mu U_\nu] V_i^\mu V_j^\nu = p\delta_{ij}, \tag{3.2.30}$$

其中 V_i^μ 与 U^μ 一起构成局部惯性参考系。由 (3.2.30) 式可见,p 是随流体一起流动的观察者观测到的各向同性压强。

3.3 引力场方程的建立

3.3.1 引力场方程

3.3.1.1 建立引力场方程的基本要求

如 1.1 节所述,牛顿万有引力理论能够很好地解释我们周围的引力现象,因而建立引力场方程的第一个基本要求是,新的引力理论在弱场近似下给出牛顿的

万有引力定律。第 1 章已指出牛顿万有引力理论与相对论不符，为得到满足相对论的引力理论，建立引力场方程的第二个基本要求是，新的引力理论必须是广义协变的。根据第 2 章的讨论，广义协变的理论应该是一个张量方程，从而保证在任何坐标系下，方程的形式都保持不变。鉴于标量引力理论、矢量引力理论的尝试都不成功，基于理论应尽可能简单的原则，建立引力场方程的第三个基本要求是，新的引力理论是关于二阶张量的方程 (至于是 (0,2) 型张量，还是 (1,1) 型张量，抑或是 (2,0) 型张量，并不重要，我们可用度规及其逆升降指标。)。在此之前的物理学规律都不含高阶导数，从简单性出发，建立引力场方程的第四个基本要求是，新的引力理论至多含 $g_{\mu\nu}$ 的二阶导数。最后，我们知道在物理学中守恒律起着重要的作用，因而，建立引力场方程的第五个基本要求是，新的引力理论满足协变守恒律。

3.3.1.2　引力场方程的建立

第一条基本要求告诉我们，出发点应该是牛顿引力。我们从泊松方程 ((1.1.20) 式)

$$\Delta \phi = 4\pi G \rho$$

入手。(1.1.20) 式左边的 ϕ 为牛顿引力势，由等效原理 ((3.1.20) 式) 知，

$$\phi = -\frac{1}{2}c^2 (1 + g_{00}),$$

Δ 为拉普拉斯算子，故 (1.1.20) 式的左边化为

$$\Delta \phi = -\frac{1}{2}c^2 \Delta g_{00}. \tag{3.3.1}$$

(1.1.20) 式右边的 G 为牛顿引力常数，ρ 为物质的质量密度，利用爱因斯坦质能关系，

$$\rho c^2 = T_{00}, \tag{3.3.2}$$

其中 T_{00} 是能量密度，于是，(1.1.20) 式的右边化为

$$4\pi G \rho = \frac{4\pi G}{c^2} T_{00}. \tag{3.3.3}$$

所以，泊松方程 (1.2.20) 式可改写为

$$-\Delta g_{00} = \frac{8\pi G}{c^4} T_{00}. \tag{3.3.4}$$

在 $c = 1$ 的单位制下, (3.3.4) 式简化为

$$-\Delta g_{00} = 8\pi G T_{00}. \qquad (3.3.5)$$

(3.3.5) 式已显示, 在弱场近似中, g_{00} 和 T_{00} 都是二阶张量场的 00 分量。由第二、第三条基本要求知, 引力场方程是一个关于 $g_{\mu\nu}$ 及其导数和 $T_{\mu\nu}$ 的二阶张量方程。

第四条基本要求——至多含 $g_{\mu\nu}$ 的二阶导数。至多包含 $g_{\mu\nu}$ 的二阶导数的二阶张量只能是里奇曲率张量、曲率标量与度规的乘积及度规张量本身, 即仅含有如下形式的几何量

$$aR_{\mu\nu} + bRg_{\mu\nu} + cg_{\mu\nu}, \qquad (3.3.6)$$

其中 a, b, c 都是待定常数。结合 (3.3.5) 式, 场方程应具有

$$aR_{\mu\nu} + bRg_{\mu\nu} + cg_{\mu\nu} = 8\pi G T_{\mu\nu} \qquad (3.3.7)$$

或

$$aR^{\mu\nu} + bRg^{\mu\nu} + cg^{\mu\nu} = 8\pi G T^{\mu\nu} \qquad (3.3.8)$$

的形式。

在平直时空中, 自由物质场的能动张量满足守恒律:

$$T^{\mu\nu}{}_{,\nu} = 0, \qquad (3.3.9)$$

在弯曲时空中, 只与引力场相互作用的物质场的能动张量应满足协变守恒律, 即

$$T^{\mu\nu}{}_{;\nu} = 0. \qquad (3.3.10)$$

结合 (3.3.8) 式, 协变守恒律要求

$$aR^{\mu\nu}{}_{;\nu} + bR_{;\nu}g^{\mu\nu} = 8\pi G T^{\mu\nu}{}_{;\nu} = 0. \qquad (3.3.11)$$

由比安基恒等式的收缩形式 (2.8.49) 式, 知 $b = -a/2$, 同时不妨取 $c = a\Lambda$, 所以有

$$a\left(R_{\mu\nu} - \frac{1}{2}Rg_{\mu\nu} + \Lambda g_{\mu\nu}\right) = 8\pi G T_{\mu\nu}, \qquad (3.3.12)$$

其中 Λ 称为宇宙学常数, 只有在考虑宇宙学问题时, 其贡献才比较显著。

为确定常数 a, 考虑静态、弱场、小尺度、非相对论近似。

(1) 对于非宇宙学尺度, 方程可写成

$$a\left(R_{\mu\nu} - \frac{1}{2}Rg_{\mu\nu}\right) = 8\pi G T_{\mu\nu}. \qquad (3.3.13)$$

(2) 因为 T_{00} 中包含静止质量密度对能量密度的贡献，这是一个很大的数，所以，在非相对论近似下，$|T_{ij}| \ll T_{00}$，即 $T_{ij} \approx 0$，且 $g_{ij} \approx \eta_{ij} = \delta_{ij}$ (即取直角坐标)，所以，

$$a\left(R_{ij} - \frac{1}{2}Rg_{ij}\right) \approx 0 \Rightarrow R_{ij} \approx \frac{1}{2}Rg_{ij} \approx \frac{1}{2}R\delta_{ij} \approx \frac{1}{2}\left(R_{kl}\delta^{kl} - R_{00}\right)\delta_{ij}, \quad (3.3.14)$$

$$R_{ij}\delta^{ij} \approx \frac{3}{2}\left(R_{kl}\delta^{kl} - R_{00}\right) \Rightarrow 3R_{00} \approx R_{kl}\delta^{kl} \Rightarrow R \approx 2R_{00}. \quad (3.3.15)$$

由 (3.3.13)~(3.3.15) 式知，

$$8\pi G T_{00} = aG_{00} \approx a\left(R_{00} - R_{00}g_{00}\right) \Rightarrow aR_{00} \approx 4\pi G T_{00}, \quad (3.3.16)$$

在得到 (3.3.16) 式最后的约等号时，已考虑弱场近似时，$R_{00}g_{00} \approx R_{00}\eta_{00}$。对于静态引力场，对时间的导数为零；在弱场近似下，只保留相对闵氏度规偏离的线性项，于是联络系数的高阶项都可忽略，所以，

$$R_{\mu\lambda} = R^{\nu}{}_{\mu\nu\lambda} \approx \Gamma^{\nu}_{\mu\lambda,\nu} - \Gamma^{\nu}_{\mu\nu,\lambda} \quad (3.3.17)$$

$$R_{00} \approx \Gamma^{\nu}_{00,\nu} - \Gamma^{\nu}_{0\nu,0} = \Gamma^{i}_{00,i} \approx -\frac{1}{2}g_{00,ii} = -\frac{1}{2}\Delta g_{00}, \quad (3.3.18)$$

由于空间的度规近似为 δ_{ij}，上式第三个 (约) 等号右边对重复出现的下标也应用爱因斯坦求和规则。把 (3.3.18) 式代入 (3.3.16) 式得

$$-\frac{a}{2}\Delta g_{00} \approx 4\pi G T_{00}. \quad (3.3.19)$$

与泊松方程的变形 (3.3.5) 式比较，知 $a = 1$。于是，得到爱因斯坦引力场方程

$$R_{\mu\nu} - \frac{1}{2}Rg_{\mu\nu} + \Lambda g_{\mu\nu} = 8\pi G T_{\mu\nu}, \quad (3.3.20)$$

$$R^{\mu\nu} - \frac{1}{2}Rg^{\mu\nu} + \Lambda g^{\mu\nu} = 8\pi G T^{\mu\nu}, \quad (3.3.21)$$

$$R^{\mu}_{\nu} - \frac{1}{2}R\delta^{\mu}_{\nu} + \Lambda\delta^{\mu}_{\nu} = 8\pi G T^{\mu}_{\nu}. \quad (3.3.22)$$

$8\pi G$ 通常简记为 κ。恢复到国际单位制后，爱因斯坦引力场方程为

$$R_{\mu\nu} - \frac{1}{2}Rg_{\mu\nu} + \Lambda g_{\mu\nu} = \frac{8\pi G}{c^4}T_{\mu\nu}. \quad (3.3.23)$$

当宇宙学常数为零时, 爱因斯坦引力场方程为

$$R_{\mu\nu} - \frac{1}{2}Rg_{\mu\nu} = 8\pi GT_{\mu\nu}, \tag{3.3.24}$$

与 $g^{\mu\nu}$ 收缩, 得

$$R - 2R = 8\pi GT \Rightarrow -R = 8\pi GT, \tag{3.3.25}$$

将这一结果代入场方程得

$$R_{\mu\nu} = 8\pi G\left(T_{\mu\nu} - \frac{1}{2}Tg_{\mu\nu}\right). \tag{3.3.26}$$

对于真空情况,

$$R_{\mu\nu} = 0. \tag{3.3.27}$$

满足此方程的黎曼时空称为里奇平坦时空.

3.3.2 对爱因斯坦引力场方程的讨论

牛顿引力理论认为引力是平直时空背景上真实的力, 而广义相对论则将引力归为时空几何. 广义相对论认为, 所谓引力并非真实存在的力, 而是时空的弯曲. 因而, 广义相对论与牛顿引力理论有着本质的不同.

爱因斯坦引力场方程是关于 $g_{\mu\nu}$ 的高度非线性方程, 因而线性叠加原理不适用于引力场. 这使得求解爱因斯坦场方程成为一项非常艰巨的任务.

很显然, $\eta_{\mu\nu}$ 是无宇宙学常数的真空爱因斯坦场方程的解, 但 $\eta_{\mu\nu}$ 却不是无宇宙学常数的真空爱因斯坦场方程的唯一解.

爱因斯坦引力场方程已包含了物质的运动方程. 为说明这一点, 我们先考虑从爱因斯坦引力场方程导出真空麦克斯韦方程. 真空电磁场的能量-动量-应力张量由 (3.1.29) 式给出, 将这一能量-动量-应力张量放在爱因斯坦引力场方程 (3.3.21) 的右边, 就是与电磁场耦合的爱因斯坦引力场方程. 由比安基恒等式 (的缩并形式)(2.8.49) 式得到 (3.3.10) 式, 即

$$\left(F^{\mu}_{\ \sigma}F^{\nu\sigma} - \frac{1}{4}g^{\mu\nu}F_{\rho\sigma}F^{\rho\sigma}\right)_{;\nu} = 0,$$

$$\Rightarrow F^{\mu}_{\ \sigma;\nu}F^{\nu\sigma} + F^{\mu}_{\ \sigma}F^{\nu\sigma}_{\ \ ;\nu} - \frac{1}{2}g^{\mu\nu}F_{\rho\sigma;\nu}F^{\rho\sigma} = 0,$$

将 μ 指标降下来,

$$F_{\mu\sigma;\nu}F^{\nu\sigma} - \frac{1}{2}F_{\rho\sigma;\mu}F^{\rho\sigma} - F_{\mu\sigma}F^{\sigma\nu}_{\ \ ;\nu} = 0,$$

第一项拆成两项, 得

$$\frac{1}{2}\left(F_{\mu\sigma;\rho} - F_{\sigma\mu;\rho} - F_{\rho\sigma;\mu}\right) F^{\rho\sigma} - F_{\mu\sigma}F^{\sigma\nu}{}_{;\nu} = 0,$$

利用 $F^{\rho\sigma}$ 的反对称性质,

$$-\frac{1}{2}\left(F_{\mu\rho;\sigma} + F_{\sigma\mu;\rho} + F_{\rho\sigma;\mu}\right) F^{\rho\sigma} - F_{\mu\sigma}F^{\sigma\nu}{}_{;\nu} = 0,$$

第一项括号内的项是电磁场的比安基恒等式 (由 $F_{\mu\nu} = \nabla_\mu A_\nu - \nabla_\nu A_\mu$ 可得), 第二项导致真空麦克斯韦方程 $F^{\sigma\nu}{}_{;\nu} = 0$。

再看从爱因斯坦引力场方程导出理想流体力学方程。由爱因斯坦引力场方程及比安基恒等式得到理想流体的能量-动量-应力张量的协变守恒, 3.1 节已由协变守恒律得到理想流体力学方程 (3.1.35) 和 (3.1.36) 式。

再来看从爱因斯坦引力场方程导出测试粒子的运动方程。如前, 考虑松散介质的能量-动量-应力张量为

$$T^{\mu\nu} = \rho U^\mu U^\nu. \tag{3.3.28}$$

由爱因斯坦引力场方程及比安基恒等式得到理想流体的能量-动量-应力张量的协变守恒律, 这时的协变守恒律给出 $p = 0$ 时 (3.1.35) 和 (3.1.36) 式的特例:

$$\rho_{,\nu}U^\nu + \rho U^\nu{}_{;\nu} = 0, \tag{3.3.29}$$

$$\rho U^\mu{}_{;\nu}U^\nu = 0. \tag{3.3.30}$$

(3.3.29) 式是连续性方程, (3.3.30) 式是测地线方程。当

$$\rho = m\delta^3\left(x, x_p\right) \tag{3.3.31}$$

时, (3.3.30) 式就是测试粒子的运动方程, 其中 x_p 是测试粒子的轨迹。在 (3.3.28) 式中, 质量密度 ρ 作为引力场的源进入爱因斯坦引力场方程, 它是引力质量密度。(3.3.30) 式中的质量密度 ρ 是惯性质量密度。上述推导说明, 在广义相对论中, 必然有引力质量等于惯性质量, 此即弱等效原理。总之, 爱因斯坦引力场方程不仅给出物质分布与运动如何决定引力场的信息, 还给出了物质在引力场中如何运动的信息。

度规张量 $g_{\mu\nu}$ 共 10 个独立变量, 真空爱因斯坦方程 (3.3.27) 共有 10 个分量方程, 看似可以确定度规的 10 个分量, 但因存在 4 个比安基恒等式 (2.8.49), 10 个分量方程并不独立, 故场方程不足以确定度规的所有分量。在非真空情况下, 时空几何量存在比安基恒等式, 物质场存在协变守恒律。因而, 爱因斯坦场方程同

样不足以确定度规的所有分量。另一方面，广义协变性要求，爱因斯坦场方程是一个张量方程。这进一步要求，如果 $g_{\mu\nu}$ 是爱因斯坦场方程的一个解，经一个坐标变换后的 $\tilde{g}_{\mu\nu}$ 也是爱因斯坦场方程的解。这就是说，广义协变性原理要求，不能只用场方程来确定度规的所有分量。为确定 $g_{\mu\nu}$ 的所有分量需要补充 4 个坐标条件 (具体坐标条件将在后面结合具体解来讨论。)。类似的情况在电动力学中也曾遇到过。4 个麦克斯韦方程不足以完全确定电磁 4 矢势 A_{μ} 的 4 个分量。若 A_{μ} 是麦克斯韦方程的解，经规范变换后得到新的 A_{μ} 也是麦克斯韦方程的解，为完全确定 A_{μ}，需要补充规范条件。

爱因斯坦引力场方程 (3.3.20) 是一个偏微分方程组，欲定解，还需加入边界条件。

广义协变性原理要求物理规律在广义坐标变换下是协变的，即爱因斯坦引力场方程 (3.3.20) 是协变的方程组。但坐标条件和边界条件在广义坐标变换下不是协变的。特别地，边界条件反映了引力系统的外部环境。

爱因斯坦引力场方程是一个双曲型微分方程组，对于双曲型场方程可以问在给定初值后，能否确定未来的演化？具体地说，就是在 t 时刻给定 $g_{\mu\nu}$ 和 $\dot{g}_{\mu\nu}$ (点代表对时间坐标 t 的导数) 后，能否利用场方程确定 $t+\mathrm{d}t$ 时刻的 $g_{\mu\nu}$ 和 $\dot{g}_{\mu\nu}$？由比安基恒等式 (2.8.49) 知，

$$G^{\mu\nu}{}_{;\nu} = 0 \Rightarrow G^{\mu\nu}{}_{,\nu} + \Gamma^{\mu}_{\lambda\nu}G^{\lambda\nu} + \Gamma^{\nu}_{\lambda\nu}G^{\mu\lambda} = 0,$$

即

$$\partial_t G^{\mu 0} = -\partial_i G^{\mu i} - \Gamma^{\mu}_{\lambda\nu}G^{\lambda\nu} - \Gamma^{\nu}_{\lambda\nu}G^{\mu\lambda}. \tag{3.3.32}$$

右边三项都不含 $\dfrac{\partial^3}{\partial t^3}g_{\mu\nu}$ 及对 t 的更高阶导数项，故 $G^{\mu 0}$ 至多只含 $\partial_t g_{\mu\nu}$，即方程 $G^{\mu 0} = \kappa T^{\mu 0}$ 是确定初始条件 $g_{\mu\nu}$ 和 $\dot{g}_{\mu\nu}$ 的约束方程，而非动力学方程。动力学方程只有 $G^{ij} = \kappa T^{ij}$，共 6 个，可确定 $\ddot{g}_{ij}$，而 $\ddot{g}_{0\mu}$ 尚未确定。为确定它们，需附加坐标条件。有关这一问题的进一步介绍，见 8.2 节。

爱因斯坦引力场方程是一个双曲型微分方程组，对于双曲型场方程还可以问：① 是否存在引力波？② 波动以什么样的速度传播？对于问题 ① 的回答是肯定的。对于问题 ② 的回答是以光速传播。

虽然广义相对论把引力归结为时空几何的弯曲，但并不宜简单地将引力与几何画等号。原因是：① 闵氏时空也是时空几何，但它描写的是无引力的情况。② 闵氏时空是具有最大对称性的平直时空, de Sitter (dS) 时空和 anti-de Sitter (AdS) 时空分别是具有最大对称性的正曲率和负曲率时空，其上完全没有物质，对比欧氏几何与非欧几何, de Sitter 时空和 anti-de Sitter 时空也可看作是没有引力的时空。事实上，可以在 de Sitter 时空和 anti-de Sitter 时空上建立狭义相对论。

3.4　静态球对称解

3.4.1　对称性分析

本节探讨稳态、球对称、真空解。所谓稳态，就是存在类时基灵矢量场：

$$\xi^{\mu}_{(t)} = (1, 0, 0, 0),\tag{3.4.1}$$

即存在时间坐标 t，使得度规 $g_{\mu\nu}$ 不依赖于 t。对于球对称时空，采用球坐标

$$x^{\mu} = (t, r, \theta, \varphi)\tag{3.4.2}$$

是方便的。根据 2.13 节例 2 的讨论，对于球对称时空，存在 3 个类空基灵矢量场，

$$\xi^{\mu}_{(1)} = (0, 0, -\sin\varphi, -\cot\theta\cos\varphi),\tag{3.4.3}$$

$$\xi^{\mu}_{(2)} = (0, 0, \cos\varphi, -\cot\theta\sin\varphi),\tag{3.4.4}$$

$$\xi^{\mu}_{(\varphi)} = (0, 0, 0, 1).\tag{3.4.5}$$

$\xi^{\mu}_{(\varphi)}$ 意味着度规 $g_{\mu\nu}$ 不依赖于 φ。于是，时空线元一般可写成

$$\begin{aligned}
\mathrm{d}s^2 &= g_{tt}(r,\theta)\,\mathrm{d}t^2 + g_{rr}(r,\theta)\,\mathrm{d}r^2 + g_{\theta\theta}(r,\theta)\left(\mathrm{d}\theta^2 + \sin^2\theta\mathrm{d}\varphi^2\right) + 2g_{tr}(r,\theta)\,\mathrm{d}t\mathrm{d}r \\
&\quad + 2g_{t\theta}(r,\theta)\,\mathrm{d}t\mathrm{d}\theta + 2g_{t\varphi}(r,\theta)\,\mathrm{d}t\mathrm{d}\varphi + 2g_{r\theta}(r,\theta)\,\mathrm{d}r\mathrm{d}\theta + 2g_{r\varphi}(r,\theta)\,\mathrm{d}r\mathrm{d}\varphi,
\end{aligned}\tag{3.4.6}$$

在球坐标系下的球对称度规度，不会出现 $g_{\theta\varphi}$ 且 $g_{\theta\theta}$ 与 $g_{\varphi\varphi}$ 的关系固定，故只有 8 个独立分量。度规沿 $\xi^{\mu}_{(1)}$ 和 $\xi^{\mu}_{(2)}$ 方向的李导数为零，即

$$0 = \mathcal{L}_{\xi_{(\alpha)}} g_{\mu\nu} = g_{\mu\nu,\lambda}\xi^{\lambda}_{(\alpha)} + g_{\lambda\nu}\xi^{\lambda}_{(\alpha),\mu} + g_{\mu\lambda}\xi^{\lambda}_{(\alpha),\nu} \quad (\alpha = 1, 2).\tag{3.4.7}$$

现计算沿 $\xi^{\mu}_{(1)}$ 方向的李导数。由 (2.11.19) 式得

$$\begin{aligned}
0 = \mathcal{L}_{\xi_{(1)}} g_{\mu\nu} &= g_{\mu\nu,\theta}\xi^{\theta}_{(1)} + g_{\mu\nu,\varphi}\xi^{\varphi}_{(1)} + g_{\theta\nu}\xi^{\theta}_{(1),\mu} + g_{\varphi\nu}\xi^{\varphi}_{(1),\mu} + g_{\mu\theta}\xi^{\theta}_{(1),\nu} + g_{\mu\varphi}\xi^{\varphi}_{(1),\nu} \\
&= -g_{\mu\nu,\theta}\sin\varphi - (g_{\theta\nu}\cos\varphi - g_{\varphi\nu}\cot\theta\sin\varphi)\,\delta^{\varphi}_{\mu} + g_{\varphi\nu}\csc^2\theta\cos\varphi\delta^{\theta}_{\mu} \\
&\quad - (g_{\mu\theta}\cos\varphi - g_{\mu\varphi}\cot\theta\sin\varphi)\,\delta^{\varphi}_{\nu} + g_{\mu\varphi}\csc^2\theta\cos\varphi\delta^{\theta}_{\nu},
\end{aligned}\tag{3.4.8}$$

由此立即得

$$g_{tt,\theta} = g_{tr,\theta} = g_{rr,\theta} = g_{\theta\theta,\theta} = 0,\tag{3.4.9}$$

且当 $(\mu, \nu) = (t, \theta)$ 时： $\quad g_{t\theta,\theta}\sin\varphi - g_{t\varphi}\csc^2\theta\cos\varphi = 0;$

当 $(\mu, \nu) = (t, \varphi)$ 时： $\quad g_{t\varphi,\theta}\sin\varphi + g_{t\theta}\cos\varphi - g_{t\varphi}\cot\theta\sin\varphi = 0;$

当 $(\mu, \nu) = (r, \theta)$ 时： $\quad g_{r\theta,\theta}\sin\varphi - g_{r\varphi}\csc^2\theta\cos\varphi = 0;$

当 $(\mu, \nu) = (r, \varphi)$ 时： $\quad g_{r\varphi,\theta}\sin\varphi + g_{r\theta}\cos\varphi - g_{r\varphi}\cot\theta\sin\varphi = 0.$

因 $g_{\mu\nu}$ 与 φ 无关, 所以上述 4 式成立, 只能有

$$g_{t\theta,\theta} = g_{t\varphi,\theta} = g_{r\theta,\theta} = g_{r\varphi,\theta} = g_{t\theta} = g_{t\varphi} = g_{r\theta} = g_{r\varphi} = 0. \tag{3.4.10}$$

于是, 时空线元可写成

$$ds^2 = g_{tt}(r)\,dt^2 + g_{rr}(r)\,dr^2 + 2g_{tr}(r)\,dtdr + g_{\theta\theta}(r)\left(d\theta^2 + \sin^2\theta d\varphi^2\right). \tag{3.4.11}$$

可以证明, 度规沿另一基灵矢量场 $\xi^\mu_{(2)}$ 方向的李导数等于零不给出新的限制。进一步, (3.4.11) 式可改写成时轴正交的形式 (无 g_{ti} 的项),

$$ds^2 = g_{tt}(r)\left(dt + \frac{g_{tr}(r)}{g_{tt}(r)}dr\right)^2 + \left[g_{rr}(r) - \frac{(g_{tr}(r))^2}{g_{tt}(r)}\right]dr^2$$

$$+ g_{\theta\theta}(r)\left(d\theta^2 + \sin^2\theta d\varphi^2\right). \tag{3.4.12}$$

令

$$d\tilde{t} = dt + \frac{g_{tr}(r)}{g_{tt}(r)}dr, \quad \tilde{g}_{rr}(r) = g_{rr}(r) - \frac{(g_{tr}(r))^2}{g_{tt}(r)}, \tag{3.4.13}$$

变换后, 再去掉 "~", 得

$$ds^2 = g_{tt}(r)\,dt^2 + g_{rr}(r)\,dr^2 + g_{\theta\theta}(r)\left(d\theta^2 + \sin^2\theta d\varphi^2\right). \tag{3.4.14}$$

再令

$$\bar{r}^2 = g_{\theta\theta}(r), \quad \bar{g}_{\bar{r}\bar{r}} = \frac{4g_{rr}g_{\theta\theta}}{(g_{\theta\theta,r})^2}, \tag{3.4.15}$$

整理后, 再略去 "-", 得

$$ds^2 = g_{tt}(r)\,dt^2 + g_{rr}(r)\,dr^2 + r^2\left(d\theta^2 + \sin^2\theta d\varphi^2\right). \tag{3.4.16}$$

这就是稳态 (stationary) 球对称时空线元的最一般形式。

如果一个稳态时空的线元中没有 $dtdx^i$ 项, 则称该时空为静态 (static) 时空。(3.4.16) 式实际是一个静态时空。

3.4.2　史瓦西解

到此为止，我们只利用了对称性，还没用到爱因斯坦引力场方程。为求得真空解，还需要用到真空爱因斯坦引力场方程。3.4.1 节说过，对于没有宇宙学常数的真空情况，时空一定是里奇平坦的，即满足 $R_{\mu\nu} = 0$。为求解真空爱因斯坦引力场方程，就需先计算度规 (3.4.16) 式的联络系数和曲率张量。为计算方便，现将度规改写成 (2.10.45) 式的形式，度规行列式为

$$\sqrt{-g} = r^2 \mathrm{e}^{\nu+\mu} \sin\theta. \tag{3.4.17}$$

为计算度规 (2.10.45) 式的联络系数，考虑拉氏量

$$\mathscr{L} = \frac{1}{2}\left[\mathrm{e}^{2\nu}\dot{t}^2 - \mathrm{e}^{2\mu}\dot{r}^2 - r^2\left(\dot{\theta}^2 + \sin^2\theta\dot{\varphi}^2\right)\right], \tag{3.4.18}$$

其中点代表对固有时 τ 求导。由欧拉-拉格朗日方程

$$\frac{\mathrm{d}}{\mathrm{d}\tau}\frac{\partial\mathscr{L}}{\partial\dot{x}^\lambda} - \frac{\partial\mathscr{L}}{\partial x^\lambda} = 0$$

知[①]，

$$x^\lambda = t: \quad \frac{\mathrm{d}}{\mathrm{d}\tau}\left(\mathrm{e}^{2\nu}\dot{t}\right) = 0 \Rightarrow \ddot{t} + 2\nu'\dot{t}\dot{r} = 0 \Rightarrow \Gamma^t_{tr} = \nu',$$

$$x^\lambda = \varphi: \quad -\frac{\mathrm{d}}{\mathrm{d}\tau}\left(r^2\sin^2\theta\dot{\varphi}\right) = 0 \Rightarrow \ddot{\varphi} + \frac{2}{r}\dot{r}\dot{\varphi} + 2\cot\theta\dot{\theta}\dot{\varphi} = 0$$

$$\Rightarrow \Gamma^\varphi_{r\varphi} = \frac{1}{r}, \Gamma^\varphi_{\theta\varphi} = \cot\theta,$$

$$x^\lambda = r: \quad -\frac{\mathrm{d}}{\mathrm{d}\tau}\left(\mathrm{e}^{2\mu}\dot{r}\right) - \mathrm{e}^{2\nu}\nu'\dot{t}^2 + \mathrm{e}^{2\mu}\mu'\dot{r}^2 + r\left(\dot{\theta}^2 + \sin^2\theta\dot{\varphi}^2\right) = 0$$

$$\Rightarrow \ddot{r} + \mathrm{e}^{2\nu-2\mu}\nu'\dot{t}^2 + \mu'\dot{r}^2 - r\mathrm{e}^{-2\mu}\left(\dot{\theta}^2 + \sin^2\theta\dot{\varphi}^2\right) = 0$$

$$\Rightarrow \Gamma^r_{tt} = \mathrm{e}^{2\nu-2\mu}\nu', \quad \Gamma^r_{rr} = \mu', \quad \Gamma^r_{\theta\theta} = -r\mathrm{e}^{-2\mu}, \quad \Gamma^r_{\varphi\varphi} = -r\mathrm{e}^{-2\mu}\sin^2\theta,$$

$$x^\lambda = \theta: \quad -\frac{\mathrm{d}}{\mathrm{d}\tau}\left(r^2\dot{\theta}\right) + r^2\sin\theta\cos\theta\dot{\varphi}^2 = 0 \Rightarrow \ddot{\theta} + \frac{2}{r}\dot{r}\dot{\theta} - \sin\theta\cos\theta\dot{\varphi}^2 = 0$$

$$\Rightarrow \Gamma^\theta_{r\theta} = \frac{1}{r}, \quad \Gamma^\theta_{\varphi\varphi} = -\sin\theta\cos\theta.$$

[①] 利用欧拉-拉格朗日方程得到粒子运动方程后，坐标导数平方项前的系数就是相应的联络系数，如 $x^\lambda = r$ 的方程中 $\dot{t}^2$ 前的系数就是 Γ^r_{tt}，坐标导数交叉项前的系数的 1/2 是相应的联络系数，如 $x^\lambda = t$ 的方程中 $\dot{t}\dot{r}$ 前的系数的 1/2 是 $\Gamma^t_{tr} = \Gamma^t_{rt}$。

非零联络系数为

$$
\Gamma_{tr}^{t} = \Gamma_{rt}^{t} = \nu', \quad \Gamma_{tt}^{r} = \mathrm{e}^{2\nu - 2\mu}\nu', \quad \Gamma_{rr}^{r} = \mu', \quad \Gamma_{\theta\theta}^{r} = -r\mathrm{e}^{-2\mu},
$$

$$
\Gamma_{\varphi\varphi}^{r} = -r\mathrm{e}^{-2\mu}\sin^2\theta, \quad \Gamma_{r\theta}^{\theta} = \Gamma_{\theta r}^{\theta} = \frac{1}{r}, \quad \Gamma_{\varphi\varphi}^{\theta} = -\sin\theta\cos\theta,
$$

$$
\Gamma_{r\varphi}^{\varphi} = \Gamma_{\varphi r}^{\varphi} = \frac{1}{r}, \quad \Gamma_{\theta\varphi}^{\varphi} = \Gamma_{\varphi\theta}^{\varphi} = \cot\theta. \tag{3.4.19}
$$

由黎曼-克里斯多菲曲率张量 (2.8.5) 式及里奇张量定义 (2.8.35) 式，知

$$
\begin{aligned}
R_{\mu\nu} &= \partial_\kappa \Gamma_{\mu\nu}^{\kappa} - \partial_\nu \Gamma_{\mu\kappa}^{\kappa} + \Gamma_{\sigma\kappa}^{\kappa}\Gamma_{\mu\nu}^{\sigma} - \Gamma_{\sigma\nu}^{\kappa}\Gamma_{\mu\kappa}^{\sigma} \\
&= \partial_\kappa \Gamma_{\mu\nu}^{\kappa} - \partial_\nu \partial_\mu \ln\sqrt{-g} + \Gamma_{\mu\nu}^{\sigma}\partial_\sigma \ln\sqrt{-g} - \Gamma_{\sigma\nu}^{\kappa}\Gamma_{\mu\kappa}^{\sigma}. \tag{3.4.20}
\end{aligned}
$$

由此得

$$
\begin{aligned}
R_{tt} &= \partial_r \Gamma_{tt}^{r} + \Gamma_{tt}^{r}\partial_r \ln\sqrt{-g} - \Gamma_{tt}^{\kappa}\Gamma_{t\kappa}^{t} - \Gamma_{rt}^{\kappa}\Gamma_{t\kappa}^{r} \\
&= \partial_r\left(\mathrm{e}^{2\nu - 2\mu}\nu'\right) + \mathrm{e}^{2\nu - 2\mu}\nu'\partial_r\left(r^2\mathrm{e}^{\nu + \mu}\sin\theta\right) - 2\mathrm{e}^{2\nu - 2\mu}\nu'^2 \\
&= \mathrm{e}^{2\nu - 2\mu}\left(\nu'' + \left(\nu' - \mu' + \frac{2}{r}\right)\nu'\right),
\end{aligned}
$$

$$
R_{tr} = 0, \quad R_{t\theta} = 0, \quad R_{t\varphi} = 0,
$$

$$
\begin{aligned}
R_{rr} &= \partial_r \Gamma_{rr}^{r} - \partial_r\partial_r \ln\sqrt{-g} + \Gamma_{rr}^{r}\partial_r \ln\sqrt{-g} - \Gamma_{tr}^{t}\Gamma_{rt}^{t} - \Gamma_{rr}^{r}\Gamma_{rr}^{r} - \Gamma_{\theta r}^{\theta}\Gamma_{r\theta}^{\theta} - \Gamma_{\varphi r}^{\varphi}\Gamma_{r\varphi}^{\varphi} \\
&= -\nu'' - \left(\nu' - \mu'\right)\nu' + \frac{2\mu'}{r},
\end{aligned}
$$

$$
R_{r\theta} = 0, \quad R_{r\varphi} = 0,
$$

$$
\begin{aligned}
R_{\theta\theta} &= \partial_r \Gamma_{\theta\theta}^{r} - \partial_\theta\partial_\theta \ln\sin\theta + \Gamma_{\theta\theta}^{r}\partial_r \ln\sqrt{-g} - 2\Gamma_{r\theta}^{\theta}\Gamma_{\theta\theta}^{r} - \Gamma_{\varphi\theta}^{\varphi}\Gamma_{\theta\varphi}^{\varphi} \\
&= -\partial_r\left(r\mathrm{e}^{-2\mu}\right) + \frac{1}{\sin^2\theta} - r\mathrm{e}^{-2\mu}\left(\nu' + \mu' + \frac{2}{r}\right) + 2\mathrm{e}^{-2\mu} - \cot^2\theta \\
&= \mathrm{e}^{-2\mu}\left(r\left(\mu' - \nu'\right) + \mathrm{e}^{2\mu} - 1\right),
\end{aligned}
$$

$$
R_{\theta\varphi} = 0,
$$

$$
\begin{aligned}
R_{\varphi\varphi} &= \partial_r \Gamma_{\varphi\varphi}^{r} + \partial_\theta \Gamma_{\varphi\varphi}^{\theta} + \Gamma_{\varphi\varphi}^{r}\partial_r \ln\sqrt{-g} + \Gamma_{\varphi\varphi}^{\theta}\partial_\theta \ln\sqrt{-g} - 2\Gamma_{r\varphi}^{\varphi}\Gamma_{\varphi\varphi}^{r} - 2\Gamma_{\theta\varphi}^{\varphi}\Gamma_{\varphi\varphi}^{\theta} \\
&= \left(\partial_r \Gamma_{\theta\theta}^{r} + \Gamma_{\theta\theta}^{r}\partial_r \ln\sqrt{-g} - \frac{2}{r}\Gamma_{\theta\theta}^{r} + 1\right)\sin^2\theta = R_{\theta\theta}\sin^2\theta.
\end{aligned}
$$

里奇张量的非零分量为

$$R_{tt} = \mathrm{e}^{2\nu-2\mu} \left(\nu'' + \left(\nu' - \mu' + \frac{2}{r} \right) \nu' \right), \quad R_{rr} = -\nu'' - \left(\nu' - \mu' \right) \nu' + \frac{2\mu'}{r},$$

$$R_{\theta\theta} = \mathrm{e}^{-2\mu} \left(r \left(\mu' - \nu' \right) + \mathrm{e}^{2\mu} - 1 \right), \quad R_{\varphi\varphi} = R_{\theta\theta} \sin^2 \theta.$$

$$(3.4.21)$$

也可由黎曼-克里斯多菲曲率张量定义 (2.8.5) 式或由第二嘉当结构方程 (2.10.40) 式得到黎曼-克里斯多菲曲率张量的非零分量 (见 (2.10.57)~(2.10.61) 式):

$$R^t{}_{rtr} = -\left[\nu''\left(r\right) + \nu'\left(r\right)\left(\nu'\left(r\right) - \mu'\left(r\right)\right) \right],$$

$$R^t{}_{\theta t\theta} = -\mathrm{e}^{-2\mu(r)} r\nu'\left(r\right),$$

$$R^t{}_{\varphi t\varphi} = -\mathrm{e}^{-2\mu(r)} r\nu'\left(r\right) \sin^2 \theta,$$

$$R^r{}_{\theta r\theta} = r\mathrm{e}^{-2\mu(r)} \mu'\left(r\right),$$

$$R^r{}_{\varphi r\varphi} = r\mathrm{e}^{-2\mu(r)} \mu'\left(r\right) \sin^2 \theta,$$

$$R^\theta{}_{\varphi r\varphi} = \left(1 - \mathrm{e}^{-2\mu(r)} \right) \sin^2 \theta.$$

再缩并得到里奇曲率张量的非零分量:

$$R_{tt} = R^r{}_{trt} + R^\theta{}_{t\theta t} + R^\varphi{}_{t\varphi t} = g^{rr} g_{tt} R^t{}_{rtr} + g^{\theta\theta} g_{tt} R^t{}_{\theta t\theta} + g^{\varphi\varphi} g_{tt} R^t{}_{\varphi t\varphi}$$

$$= \mathrm{e}^{2\nu(r)-2\mu(r)} \left[\nu''\left(r\right) + \nu'\left(r\right)\left(\nu'\left(r\right) - \mu'\left(r\right) + \frac{2}{r} \right) \right],$$

$$R_{rr} = R^t{}_{rtr} + R^\theta{}_{r\theta r} + R^\varphi{}_{r\varphi r} = R^t{}_{rtr} + g^{\theta\theta} g_{rr} R^r{}_{\theta r\theta} + g^{\varphi\varphi} g_{rr} R^r{}_{\varphi r\varphi}$$

$$= -\left[\nu''\left(r\right) + \nu'\left(r\right)\left(\nu'\left(r\right) - \mu'\left(r\right) \right) \right] + \frac{2}{r}\mu'\left(r\right),$$

$$R_{\theta\theta} = R^t{}_{\theta t\theta} + R^r{}_{\theta r\theta} + R^\varphi{}_{\theta\varphi\theta} = R^t{}_{rtr} + R^r{}_{\theta r\theta} + g^{\varphi\varphi} g_{\theta\theta} R^\theta{}_{\varphi\theta\varphi}$$

$$= -\mathrm{e}^{-2\mu(r)} \left[r\left(\nu'\left(r\right) - \mu'\left(r\right) \right) + 1 - \mathrm{e}^{2\mu(r)} \right],$$

$$R_{\varphi\varphi} = R^t{}_{\varphi t\varphi} + R^r{}_{\varphi r\varphi} + R^\theta{}_{\varphi\theta\varphi} = R_{\theta\theta} \sin^2 \theta,$$

其余全为零。

真空爱因斯坦引力场方程为

$$\nu'' + \left(\nu' - \mu' \right) \nu' + \frac{2}{r} \nu' = 0, \tag{3.4.22}$$

$$\nu'' + \left(\nu' - \mu' \right) \nu' - \frac{2\mu'}{r} = 0, \tag{3.4.23}$$

$$r\left(\mu' - \nu'\right) + \mathrm{e}^{2\mu} - 1 = 0. \tag{3.4.24}$$

由 (3.4.22) 和 (3.4.23) 式知,

$$\nu' = -\mu'. \tag{3.4.25}$$

将 (3.4.25) 式代入 (3.4.24) 式得

$$\left(r\mathrm{e}^{-2\mu}\right)' = 1,$$

积分得

$$\mathrm{e}^{-2\mu} = 1 - \frac{2GM}{r}, \tag{3.4.26}$$

其中 G 为牛顿引力常量, M 为积分常数。再次利用 (3.4.25) 式, 得

$$\mathrm{e}^{2\nu} = C^2\left(1 - \frac{2GM}{r}\right), \tag{3.4.27}$$

其中 C 是积分常数。于是, 得到真空解:

$$\mathrm{d}s^2 = -\left(1 - \frac{2GM}{r}\right)C^2\mathrm{d}t^2 + \left(1 - \frac{2GM}{r}\right)^{-1}\mathrm{d}r^2 + r^2\mathrm{d}\Omega^2, \tag{3.4.28}$$

式中 $\mathrm{d}\Omega^2 = \mathrm{d}\theta^2 + \sin^2\theta\mathrm{d}\varphi^2$ 是单位球面的线元。重新标度 t, 使 $C=1$, 于是得到史瓦西 (Schwarzschild) 解:

$$\mathrm{d}s^2 = -\left(1 - \frac{2GM}{r}\right)\mathrm{d}t^2 + \left(1 - \frac{2GM}{r}\right)^{-1}\mathrm{d}r^2 + r^2\mathrm{d}\Omega^2. \tag{3.4.29}$$

当 $\dfrac{2GM}{r} \ll 1$ 时, 史瓦西解是弱场, 由 (3.1.20) 和 (3.4.29) 式得

$$\phi = -\frac{1}{2}\left(1 + g_{00}\right) = -\frac{GM}{r}. \tag{3.4.30}$$

易见, 若 M 是星体质量, ϕ 正好是牛顿引力势! 这就给出了积分常数 M 的物理意义。

3.4.3 对史瓦西解的说明

恢复到国际单位制,

$$\mathrm{d}s^2 = -\left(1 - \frac{2GM}{c^2r}\right)c^2\mathrm{d}t^2 + \left(1 - \frac{2GM}{c^2r}\right)^{-1}\mathrm{d}r^2 + r^2\mathrm{d}\Omega^2. \tag{3.4.31}$$

在广义相对论中，还常用到几何单位制 (即 $c = G = 1$ 的单位制)，在这个单位制中，史瓦西解 (Schwarzschild solution) 可简写为

$$ds^2 = -\left(1 - \frac{2M}{r}\right)dt^2 + \left(1 - \frac{2M}{r}\right)^{-1}dr^2 + r^2 d\Omega^2. \tag{3.4.32}$$

史瓦西解只在球对称引力源外部真空区域有效，故又称为**史瓦西外解** (Schwarzschild exterior solution)。

当 $r \to \infty$ 时，史瓦西解回到闵氏时空的球坐标系形式：

$$ds^2 = -dt^2 + dr^2 + r^2 d\Omega^2.$$

r 称为**面积半径** (area radius) 或光度半径 (luminous radius)，它不是等时面内两点之间的径向固有距离，而是在平直空间假设下按照光度计算出的光源与观察者之间的距离[①]。t 不是静止观测者的固有时，当 $r \to \infty$ 时，t 回到静止观测者的固有时。t 与时空位置无关。这种与时空位置无关的时间称为**世界时** (universal time)，t 就是史瓦西时空的世界时。

史瓦西解存在奇异性。当 $r = 2GM$ 时，$g_{tt} \to 0$, $g_{rr} \to \infty$；当 $r \to 0$ 时，$g_{tt} \to \infty$, $g_{rr} \to 0$。

史瓦西解存在多种形式。例如，在 (3.4.29) 式中，令

$$r = \left(1 + \frac{GM}{2\tilde{r}}\right)^2 \tilde{r}, \tag{3.4.33}$$

则史瓦西解变为

$$ds^2 = -\frac{\left(1 - \dfrac{GM}{2\tilde{r}}\right)^2}{\left(1 + \dfrac{GM}{2\tilde{r}}\right)^2}dt^2 + \left(1 + \frac{GM}{2\tilde{r}}\right)^4 \left(d\tilde{r}^2 + \tilde{r}^2 d\Omega^2\right), \tag{3.4.34}$$

最后一个括号内的项可写成 $dx^2 + dy^2 + dz^2$ 的形式。(3.4.29) 和 (3.4.34) 式描写同一解。(3.4.29) 式中的坐标称为史瓦西坐标，(3.4.34) 式中的坐标称为各向同性坐标。在 (3.4.32) 式中令

$$r = \frac{1}{2}\left(R_+ + R_- + 2M\right),$$
$$\cos\theta = \frac{R_+ - R_-}{2M}, \tag{3.4.35}$$

---

① 它是传统物理学、天文学中所认知的距离。

其中 R_+ 和 R_- 的意义如图 3.4.1 所示，则史瓦西解变为

$$ds^2 = -\frac{R_+ + R_- - 2M}{R_+ + R_- + 2M}dt^2$$

$$+ \frac{R_+ + R_- + 2M}{R_+ + R_- - 2M}\left(\frac{(R_+ + R_-)^2 - 4M^2}{4R_+ R_-}(d\rho^2 + dz^2) + \rho^2 d\varphi^2\right),$$

$$(3.4.36)$$

(t, ρ, φ, z) 称为外尔 (正则) 坐标。在外尔坐标下，$r = 2M$ 的球面变成在 z 轴上从 $-M$ 到 $+M$ 的一根有限长的"棍"！史瓦西解的外尔坐标描述充分显示，在 GR 中坐标可能有很大的欺骗性。有关外尔坐标下几何对称性的更多讨论见附录 3.A。这个例子说明，在 GR 中坐标没有物理意义！这是 GR 的主流观点，简称为坐标无关论。这与牛顿力学及 SR 中坐标具有确定的物理意义完全不同。同一个解在不同坐标下有不同的形式，从侧面说明，要完全确定 $g_{\mu\nu}$，需要加坐标条件。

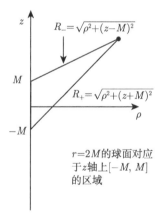

图 3.4.1 外尔坐标下的史瓦西解

由于史瓦西解是真空球对称解，故这里可以不考虑边界条件的问题。在第 5 章将讨论球对称内解，那时就必须考虑边界条件了。又由于史瓦西解是稳态解，该解不随时间变化，故这里不存在初始条件的问题。

3.5 伯克霍夫定理

在 3.4 节，我们考察的是稳态、球对称、真空解。在本节中，我们寻求爱因斯坦引力场方程的球对称真空解，而不再先验地要求解是稳态的，这时就不再存在类时基灵矢量场了，度规分量不仅依赖于 r, θ, 还依赖于时间坐标 t, 但解仍有

3 个类空基灵矢量场 (3.4.3)～(3.4.5) 式。(3.4.5) 式再次意味着度规 $g_{\mu\nu}$ 不依赖于 φ。于是，时空线元可写成

$$
\begin{aligned}
\mathrm{d}s^2 = {} & g_{tt}\left(t,r,\theta\right)\mathrm{d}t^2 + g_{rr}\left(t,r,\theta\right)\mathrm{d}r^2 + 2g_{tr}\left(t,r,\theta\right)\mathrm{d}t\mathrm{d}r \\
& + g_{\theta\theta}\left(t,r,\theta\right)\left(\mathrm{d}\theta^2 + \sin^2\theta\mathrm{d}\varphi^2\right) + 2g_{t\theta}\left(t,r,\theta\right)\mathrm{d}t\mathrm{d}\theta + 2g_{t\varphi}\left(t,r,\theta\right)\mathrm{d}t\mathrm{d}\varphi \\
& + 2g_{r\theta}\left(t,r,\theta\right)\mathrm{d}r\mathrm{d}\theta + 2g_{r\varphi}\left(t,r,\theta\right)\mathrm{d}r\mathrm{d}\varphi.
\end{aligned}
\tag{3.5.1}
$$

度规沿 $\xi_{(1)}^{\mu}$ 和 $\xi_{(2)}^{\mu}$ 方向的李导数仍由 (3.4.7) 式给出。沿 $\xi_{(1)}^{\mu}$ 方向的李导数仍是 (3.4.8) 式，所不同的只是其中的 $g_{\mu\nu}$ 都与 t 有关，它们不改变对度规分量的要求，即

$$
g_{tt,\theta} = g_{tr,\theta} = g_{rr,\theta} = g_{\theta\theta,\theta} = 0,
\tag{3.5.2}
$$

$$
g_{t\theta,\theta} = g_{t\varphi,\theta} = g_{r\theta,\theta} = g_{r\varphi,\theta} = g_{t\theta} = g_{t\varphi} = g_{r\theta} = g_{r\varphi} = 0.
\tag{3.5.3}
$$

于是，时空线元可写成

$$
\mathrm{d}s^2 = g_{tt}\left(t,r\right)\mathrm{d}t^2 + g_{rr}\left(t,r\right)\mathrm{d}r^2 + 2g_{tr}\left(t,r\right)\mathrm{d}t\mathrm{d}r + g_{\theta\theta}\left(t,r\right)\left(\mathrm{d}\theta^2 + \sin^2\theta\mathrm{d}\varphi^2\right).
\tag{3.5.4}
$$

与 3.4 节一样，度规对另一基灵矢量的李导数也等于零，不给出新的限制。

我们将时空线元 (3.5.4) 式改写成

$$
\mathrm{d}s^2 = -C^2\left(t,r\right)\mathrm{d}t^2 + D^2\left(t,r\right)\mathrm{d}r^2 + 2E\left(t,r\right)\mathrm{d}t\mathrm{d}r + F^2\left(t,r\right)r^2\left(\mathrm{d}\theta^2 + \sin^2\theta\mathrm{d}\varphi^2\right).
\tag{3.5.5}
$$

令

$$
r' = Fr,
\tag{3.5.6}
$$

则

$$
\mathrm{d}r' = r\frac{\partial F}{\partial t}\mathrm{d}t + r\frac{\partial F}{\partial r}\mathrm{d}r + F\mathrm{d}r \Rightarrow \mathrm{d}r = \frac{\mathrm{d}r' - r\dfrac{\partial F}{\partial t}\mathrm{d}t}{F + r\dfrac{\partial F}{\partial r}}.
\tag{3.5.7}
$$

将之代入 (3.5.5) 式，得

$$
\mathrm{d}s^2 = -\left(C^2 + \frac{2Er\dfrac{\partial F}{\partial t}}{F + r\dfrac{\partial F}{\partial r}} - \frac{D^2r^2\left(\dfrac{\partial F}{\partial t}\right)^2}{\left(F + r\dfrac{\partial F}{\partial r}\right)^2}\right)\mathrm{d}t^2 + \frac{D^2}{\left(F + r\dfrac{\partial F}{\partial r}\right)^2}\mathrm{d}r'^2
$$

$$+ 2 \left(\frac{E}{F + r\frac{\partial F}{\partial r}} - \frac{D^2 r \frac{\partial F}{\partial t}}{\left(F + r\frac{\partial F}{\partial r} \right)^2} \right) \mathrm{d}t\mathrm{d}r' + r'^2 \mathrm{d}\Omega^2$$

$$=: -C'^2 \left(t, r' \right) \mathrm{d}t^2 + D'^2 \left(t, r' \right) \mathrm{d}r'^2 + 2E' \left(t, r' \right) \mathrm{d}t\mathrm{d}r' + r'^2 \mathrm{d}\Omega^2. \qquad (3.5.8)$$

不失一般地, 略去所有的撇, 得

$$\mathrm{d}s^2 = -C^2 \left(t, r \right) \mathrm{d}t^2 + D^2 \left(t, r \right) \mathrm{d}r^2 + 2E \left(t, r \right) \mathrm{d}t\mathrm{d}r + r^2 \mathrm{d}\Omega^2. \qquad (3.5.9)$$

再令

$$\mathrm{d}t' = \eta \left(t, r \right) \left(C^2 \left(t, r \right) \mathrm{d}t - E \left(t, r \right) \mathrm{d}r \right), \qquad (3.5.10)$$

其中 $\eta(t, r)$ 是待定的积分因子, 它使得 $\mathrm{d}t'$ 是全微分, 即要满足

$$\frac{\partial}{\partial r} \left[\eta \left(t, r \right) C^2 \left(t, r \right) \right] = -\frac{\partial}{\partial t} \left[\eta \left(t, r \right) E \left(t, r \right) \right]. \qquad (3.5.11)$$

由 (3.5.10) 式解出 $\mathrm{d}t$, 得

$$\mathrm{d}t = \frac{1}{C^2 \left(t, r \right)} \left(\frac{1}{\eta \left(t, r \right)} \mathrm{d}t' + E \left(t, r \right) \mathrm{d}r \right). \qquad (3.5.12)$$

将 (3.5.12) 式代入 (3.5.9) 式, 得

$$\mathrm{d}s^2 = -\frac{1}{\eta^2 \left(t, r \right) C^2 \left(t, r \right)} \mathrm{d}t'^2 + \left(D^2 \left(t, r \right) - \frac{E^2 \left(t, r \right)}{C^2 \left(t, r \right)} \right) \mathrm{d}r^2$$

$$- \frac{2E \left(t, r \right)}{\eta \left(t, r \right) C^2 \left(t, r \right)} \mathrm{d}t'\mathrm{d}r + 2\frac{E \left(t, r \right)}{\eta \left(t, r \right) C^2 \left(t, r \right)} \mathrm{d}t'\mathrm{d}r$$

$$+ 2\frac{E^2 \left(t, r \right)}{C^2 \left(t, r \right)} \mathrm{d}r^2 + r^2 \mathrm{d}\Omega^2$$

$$= -\frac{1}{\eta^2 \left(t, r \right) C^2 \left(t, r \right)} \mathrm{d}t'^2 + \left(D^2 \left(t, r \right) + \frac{E^2 \left(t, r \right)}{C^2 \left(t, r \right)} \right) \mathrm{d}r^2 + r^2 \mathrm{d}\Omega^2$$

$$=: -C'^2 \left(t', r \right) \mathrm{d}t'^2 + D'^2 \left(t', r \right) \mathrm{d}r^2 + r^2 \mathrm{d}\Omega^2, \qquad (3.5.13)$$

即 (再次略去撇) 度规可一般地写成

$$\mathrm{d}s^2 = -C^2 \left(t, r \right) \mathrm{d}t^2 + D^2 \left(t, r \right) \mathrm{d}r^2 + r^2 \mathrm{d}\Omega^2, \qquad (3.5.14)$$

或

$$\mathrm{d}s^2 = -\mathrm{e}^{2\nu(t,r)} \mathrm{d}t^2 + \mathrm{e}^{2\mu(t,r)} \mathrm{d}r^2 + r^2 \mathrm{d}\Omega^2. \qquad (3.5.15)$$

度规能写成 (3.5.15) 式的前提是，关于积分因子的偏微分方程 (3.5.11) 有非平凡解。方程 (3.5.11) 式可改写成

$$C^2(t,r)\frac{\partial \eta(t,r)}{\partial r} + E(t,r)\frac{\partial \eta(t,r)}{\partial t} = -\eta(t,r)\left[\frac{\partial C^2(t,r)}{\partial r} + \frac{\partial E(t,r)}{\partial t}\right], \quad (3.5.16)$$

它可进一步改写为

$$C^2(t,r)\frac{\partial \ln\eta(t,r)}{\partial r} + E(t,r)\frac{\partial \ln\eta(t,r)}{\partial t} = -\left[\frac{\partial C^2(t,r)}{\partial r} + \frac{\partial E(t,r)}{\partial t}\right],$$

或

$$\frac{\partial \ln\eta(t,r)}{\partial t} = -\frac{1}{E(t,r)}\left[\frac{\partial C^2(t,r)}{\partial r} + \frac{\partial E(t,r)}{\partial t} + C^2(t,r)\frac{\partial \ln\eta(t,r)}{\partial r}\right]. \quad (3.5.17)$$

$C^2(t,r)$ 和 $E(t,r)$ 是已知函数，在任意初时刻 t_0，只要给定 $\ln\eta(t_0,r)$ 作为 r 的函数，(3.5.17) 式作为初值问题，就可解出任意时刻的 $\ln\eta(t,r)$。也就是说，(3.5.17) 式或 (3.5.11) 式必存在非平凡解，且不唯一。

回到度规 (3.5.15) 式。它的非零联络系数为

$$\Gamma^0_{00} = \dot\nu, \quad \Gamma^0_{11} = \mathrm{e}^{2\mu-2\nu}\dot\mu, \quad \Gamma^0_{10} = \Gamma^0_{01} = \nu', \quad \Gamma^1_{00} = \mathrm{e}^{2\nu-2\mu}\nu',$$

$$\Gamma^1_{01} = \Gamma^1_{10} = \dot\mu, \quad \Gamma^1_{11} = \mu', \quad \Gamma^1_{22} = -r\mathrm{e}^{-2\mu},$$

$$\Gamma^1_{33} = -r\mathrm{e}^{-2\mu}\sin^2\theta, \quad \Gamma^2_{12} = \Gamma^2_{21} = \frac{1}{r}, \quad \Gamma^2_{33} = -\sin\theta\cos\theta, \quad (3.5.18)$$

$$\Gamma^3_{13} = \Gamma^3_{31} = \frac{1}{r}, \quad \Gamma^3_{23} = \Gamma^3_{32} = \cot\theta,$$

注意，这里的点代表对 t 求导，而非对 τ, σ 或 λ 求导。与 3.4 节中的 (3.4.19) 式相比，多了一些包含对时间求导的分量。里奇张量的非零分量为

$$R_{00} = -\ddot\mu - \dot\mu(\dot\mu - \dot\nu) + \mathrm{e}^{2\nu-2\mu}\left[\nu'' + \frac{2\nu'}{r} + \nu'(\nu' - \mu')\right],$$

$$R_{11} = \mathrm{e}^{2\mu-2\nu}[\ddot\mu + \dot\mu(\dot\mu - \dot\nu)] - \nu'' + \frac{2\mu'}{r} - \nu'(\nu' - \mu'), \quad (3.5.19)$$

$$R_{22} = \mathrm{e}^{-2\mu}\left[\mathrm{e}^{2\mu} - 1 + r(\mu' - \nu')\right], \quad R_{33} = R_{22}\sin^2\theta, \quad R_{01} = R_{10} = \frac{2}{r}\dot\mu.$$

由真空爱因斯坦方程 $R_{01} = 0$ 得

$$\dot\mu = 0 \Rightarrow \mu = \mu(r). \quad (3.5.20)$$

于是，里奇张量的非零分量在形式上与 3.4 节中的 (3.4.21) 式完全相同，不同的只是这时的 ν 不仅依赖于 r，还依赖于 t。由真空爱因斯坦场方程 $R_{00} = R_{11} = 0$，再次得到 (3.4.25) 式。将之代入 $R_{22} = 0$，得

$$\left(re^{-2\mu}\right)' = 1 \Rightarrow re^{-2\mu} = r - 2GM, \quad M \text{ 为积分常数}, \tag{3.5.21}$$

即得到与前面静态结果一致的结果：

$$e^{-2\mu} = 1 - \frac{2GM}{r}. \tag{3.5.22}$$

利用 (3.4.25) 式，得

$$\nu' = -\mu' = \frac{1}{1 - \dfrac{2GM}{r}} \frac{GM}{r^2} \Rightarrow \nu(t, r) = \frac{1}{2} \ln\left(1 - \frac{2GM}{r}\right) + \ln f(t), \quad (3.5.23)$$

其中 $f(t)$ 是依赖时间坐标 t 的积分常数，故

$$e^{2\nu} = f^2(t)\left(1 - \frac{2GM}{r}\right), \tag{3.5.24}$$

引入新时间坐标 $t' = \displaystyle\int^t f(t)\,\mathrm{d}t$ 后，度规化为静态的：

$$\mathrm{d}s^2 = -\left(1 - \frac{2GM}{r}\right)\mathrm{d}t^2 + \left(1 - \frac{2GM}{r}\right)^{-1}\mathrm{d}r^2 + r^2\mathrm{d}\Omega^2. \tag{3.5.25}$$

于是，我们得到伯克霍夫定理 (Birkhoff theorem)，真空球对称引力场必定能写成静态形式，其度规可由史瓦西解给出。

伯克霍夫定理的意义在于：① 球对称物体外面的引力场如同该物体的全部质量集中在中心时一样，这一点与牛顿引力相同；② 脉动的球对称物体不会向外辐射引力波；③ 不存在严格球对称的引力波；④ 球对称物质壳内部的真空引力场总可以写成静态形式 (3.5.25) 式。(当然，不排除为与球壳外度规外光滑连接，内部度规 g_{00} 分量写成形如 (3.5.24) 式的含时形式的可能性。)

3.6 引 力 红 移

3.6.1 引力红移的理论

静止在静态引力场 (3.4.29) 式中，标准钟 (记录固有时的流逝) 与坐标钟 (记录坐标时的流逝) 的关系是

$$\mathrm{d}\tau = \left(1 - \frac{2GM}{r}\right)^{1/2}\mathrm{d}t. \tag{3.6.1}$$

注意, 在史瓦西时空中, 坐标时 t 是世界时, 在时空中各点, t 的流逝速率是相同的。所以, 在引力场中, 依照不同位置的标准钟计时, 时间流逝的速率是不同的。

设光源 (source) 与观察者 (observer) 分别静止于 r_s 和 r_o。光源和观察者处静止的标准钟与坐标钟的关系分别为

$$\mathrm{d}\tau_s = \left(1 - \frac{2GM}{r_s}\right)^{1/2} \mathrm{d}t, \quad \mathrm{d}\tau_o = \left(1 - \frac{2GM}{r_o}\right)^{1/2} \mathrm{d}t. \tag{3.6.2}$$

设光源在坐标时 t_1 时刻发出一波前, 于坐标时 t_2 时刻传播到观察者; 光源在坐标时 $t_1 + \delta t_1$ 时刻发出下一个波前, 于坐标时 $t_2 + \delta t_2$ 时刻传播到观察者, 如图 3.6.1 所示。光在引力场中总是走零测地线, 故有

$$0 = -\left(1 - \frac{2GM}{r}\right)\mathrm{d}t^2 + \left(1 - \frac{2GM}{r}\right)^{-1}\mathrm{d}r^2 + r^2\mathrm{d}\Omega^2. \tag{3.6.3}$$

为简单计, 只考虑光沿径向运动,

$$\mathrm{d}t = \pm\left(1 - \frac{2GM}{r}\right)^{-1}\mathrm{d}r. \tag{3.6.4}$$

图 3.6.1   波前的传播与红移

由于引力场是静态的, 所以,

$$t_2 - t_1 = \pm\int_{r_s}^{r_o}\left(1 - \frac{2GM}{r}\right)^{-1}\mathrm{d}r = t_2 + \delta t_2 - t_1 - \delta t_1 \Rightarrow \delta t_2 = \delta t_1, \tag{3.6.5}$$

即用坐标时来衡量, 光源发射两波前的时间差与观察者观测到两波前的时间差相同, 记作 δt。由 (3.6.2) 式知, 用标准钟来衡量, 光源处发射两波前的时间差与观

察者处观测到两波前的时间差满足,

$$\frac{\delta\tau_o}{\delta\tau_s} = \frac{\left(1 - \frac{2GM}{r_o}\right)^{1/2}}{\left(1 - \frac{2GM}{r_s}\right)^{1/2}} \Rightarrow \frac{\lambda_o}{\lambda_s} = \frac{\left(1 - \frac{2GM}{r_o}\right)^{1/2}}{\left(1 - \frac{2GM}{r_s}\right)^{1/2}}, \quad \frac{\nu_o}{\nu_s} = \frac{\left(1 - \frac{2GM}{r_s}\right)^{1/2}}{\left(1 - \frac{2GM}{r_o}\right)^{1/2}}.$$

$$(3.6.6)$$

谱线红移定义为

$$z := \frac{\lambda_r - \lambda_e}{\lambda_e}, \tag{3.6.7}$$

下标 e 表示发射 (emitted),r 表示接收 (received)。

静止于 r_o 处的观察者接收到发自静止于 r_s 处的光源发出光的红移为

$$z := \frac{\lambda_r - \lambda_e}{\lambda_e} = \frac{\left(1 - \frac{2GM}{r_o}\right)^{1/2}}{\left(1 - \frac{2GM}{r_s}\right)^{1/2}} - 1 \approx \frac{GM}{r_s r_o}(r_o - r_s), \tag{3.6.8}$$

其中第二个等号用到 $\lambda_e \equiv \lambda_s, \lambda_r \equiv \lambda_o$。须注意,在史瓦西时空中,第二个等号总是成立的,而最后的约等号并非普遍成立,它只在 r_s, r_o 都远大于 $2GM$ 时成立。这种由于光源与观察者静止于静态引力场中不同位置而引起的光谱红移称为**引力红移** (gravitational redshift)。

当观察者在无穷远时,红移为

$$z = \frac{\lambda_r}{\lambda_e} - 1 = \frac{GM}{r_s}, \tag{3.6.9}$$

采用国际单位制,则是

$$z = \frac{GM}{c^2 r_s}. \tag{3.6.10}$$

当观察者与光源都位于地球表面,且存在高度差 $h = r_o - r_s$ 时,忽略地球的转动,红移为

$$z = \frac{\lambda_r}{\lambda_e} - 1 = \frac{GM}{R_\oplus^2}h = gh, \tag{3.6.11}$$

其中 $R_\oplus$ 是地球半径。采用国际单位制,则是

$$z = \frac{gh}{c^2}, \tag{3.6.12}$$

其中 g 是地球表面重力加速度。光源在下、观察者在上时,谱线红移,$z > 0$;光源在上、观察者在下时,谱线蓝移,$z < 0$。

3.6.2　实验检验

太阳质量为 $M_\odot = 1.989 \times 10^{30} \mathrm{kg}$，太阳平均半径为 $R_\odot = 6.9599 \times 10^5 \mathrm{km}$，特征长度为 $GM_\odot/c^2 = 1.475\ \mathrm{km}$。按照 GR，太阳表面发出光的红移为

$$z = \frac{GM_\odot}{c^2 R_\odot} = 2.12 \times 10^{-6}, \tag{3.6.13}$$

实际观测值如下：

1959 年的测量结果是[①]

$$z = 2 \times 10^{-6}. \tag{3.6.14}$$

1980, Gravity Probe-A 给出的结果是[②,③]

$$z = (1+\alpha)\frac{GM_\odot}{c^2 R_\odot}, \quad |\alpha| < 2 \times 10^{-4}. \tag{3.6.15}$$

1958 年，穆斯堡尔 (R. L. Mössbauer) 发现穆斯堡尔效应[④]。它使得在实验室里检验引力红移效应成为可能。1960 年，两组人利用 $^{57}\mathrm{Fe}$ 的穆斯堡尔效应对引

---

① Adam M G. A new determination of the centre to limb change in solar wave-lengths. Mon. Not. Roy. Astron. Soc., 1959, 119: 460-474.

② Vessot R F C, et al. Test of Relativistic Gravitation with a Space-Borne Hydrogen Maser. Phys. Rev. Lett., 1980, 45: 2081-2084.

③ GP-A 是空间等效原理检验实验，由史密松天文物理台 (SAO) 和美国国家航空航天局 (NASA) 主导，1976 年成功发射，在太空中按计划停留 1 小时 55 分钟后溅落大西洋。GP-A 的目标是测量引力势对钟的速率的影响，测量结果与理论预言符合得很好，精确度达到 70ppm，即 7×10^{-5}。ppm：百万分之几 (parts per million)。

④ 穆斯堡尔效应理论上，当一个原子核由激发态跃迁到基态时，发出一个 γ 射线光子。当这个光子遇到另一个同样的原子核时，就能够被共振吸收。但因为在自由原子核放出一个光子的时候，自身也具有了一个反冲动量，这个反冲动量会使光子的能量减少；同理，吸收光子的原子核，由于反冲效应，吸收的光子能量需有所增大。这就造成相同原子核的发射谱和吸收谱有一定差异，导致自由的原子核很难实现共振吸收，这使得人们长时间没有观测到这种共振吸收。1958 年，穆斯堡尔 (1929—2011, 见图 3.6.2) 将铱原子核 (Ir) 置于固体晶格中，消除反冲，从而首次观测到 γ 射线光子的共振吸收。反冲能量很小，说明线宽很窄。用它可测量谱线的微小变化。1961 年穆斯堡尔获得诺贝尔物理学奖，时年 32 岁。

图 3.6.2　穆斯堡尔

力红移做了检验。Cranshow 率先发表了他的实验结果[1]，实验中光源与观察者的高度差为 $\Delta h = 12.5\text{m}$,

$$\text{理论值：} |z| = \left| \frac{\lambda_o}{\lambda_e} - 1 \right| = 1.36 \times 10^{-15}; \tag{3.6.16}$$

$$\text{实验值：} |z| = (0.96 \pm 0.45) \times 1.36 \times 10^{-15}. \tag{3.6.17}$$

Pound 和 Rebka 紧随其后发表了他们的实验结果[2]，实验中光源与观察者的高度差为 $\Delta h = 22.6\text{m}$,

$$\text{理论值：} |z| = \left| \frac{\lambda_o}{\lambda_e} - 1 \right| = 2.46 \times 10^{-15}; \tag{3.6.18}$$

$$\text{实验值：} z = (2.57 \pm 0.26) \times 10^{-15}. \tag{3.6.19}$$

Pound 和 Rebka 的实验以高精度证实了 GR 对引力红移的预言，故后来把这个实验称为 Pound-Rebka 实验。

^{103}Rh (铑) 的线宽更窄，可用来检验微小高度差引起的引力红移[3]。

3.6.3 讨论

引力红移可推广到一般的稳态时空中

$$z := \frac{\lambda_r - \lambda_e}{\lambda_e} = \frac{\sqrt{-g_{tt}(r_o)}}{\sqrt{-g_{tt}(r_s)}} - 1. \tag{3.6.20}$$

引力红移是等效原理的结果。这是因为度规

$$\mathrm{d}s^2 = -\left(1 - \frac{2GM}{r}\right)\mathrm{d}t^2 + \mathrm{d}r^2 + r^2\mathrm{d}\Omega^2 \tag{3.6.21}$$

虽不是真空爱因斯坦方程的解，但也能给出同样的引力红移预言。

多普勒红移是光源与观察者相对运动的结果，与时空是否弯曲无关；而引力红移则纯粹由引力场引起，这时光源与观察者是相对静止的。两者对谱线影响的结果是一致的，一般来说，谱线红移既有多普勒红移又有引力红移。

---

[1] Cranshow T E, Schiffer J P, Whitehead A B. Measurement of the gravitational red shift using the mössbauer effect in Fe^{57}. Phys. Rev. Lett., 1960, 4: 163.

[2] Pound R V, Jr Rebka G A. Apparent weight of photon. Phys. Rev. Lett., 1960, 4: 337-341.

[3] Cheng Y, et al. Rhodium mössbauer effect generated by bremsstrahlung excitation. Chin. Phys. Lett., 2005, 22(10): 2530-2533.

3.7　真空球对称引力场中的轨道运动

3.7.1　牛顿力学中测试粒子的运动

我们先来复习一下牛顿力学中测试粒子在球对称引力场中的运动。在球对称引力场中，测试粒子总可看作在黄道 (ecliptic) 面内运动，即有 $\theta = \pi/2$。粒子在中心力场中运动有两个守恒量，它们是

单位质量的角动量：$L = r^2 \dfrac{\mathrm{d}\varphi}{\mathrm{d}t} \Rightarrow \dfrac{\mathrm{d}\varphi}{\mathrm{d}t} = \dfrac{L}{r^2}$,　　　　　　　　(3.7.1)

单位质量的能量：$E = \dfrac{1}{2}\left(\dfrac{\mathrm{d}r}{\mathrm{d}t}\right)^2 + \dfrac{L^2}{2r^2} - \dfrac{GM}{r} \Rightarrow \dfrac{1}{2}\left(\dfrac{\mathrm{d}r}{\mathrm{d}t}\right)^2 = E + \dfrac{GM}{r} - \dfrac{L^2}{2r^2}$.

$$\text{(3.7.2)}$$

利用 (3.7.1) 式可将 (3.7.2) 式写成

$$\frac{1}{2}\left(\frac{\mathrm{d}\varphi}{\mathrm{d}t}\frac{\mathrm{d}r}{\mathrm{d}\varphi}\right)^2 = E + \frac{GM}{r} - \frac{L^2}{2r^2} \Rightarrow \frac{1}{2}\left(\frac{L}{r^2}\frac{\mathrm{d}r}{\mathrm{d}\varphi}\right)^2 = E + \frac{GM}{r} - \frac{L^2}{2r^2}, \quad (3.7.3)$$

即

$$\left(\frac{\mathrm{d}}{\mathrm{d}\varphi}\frac{1}{r}\right)^2 = \frac{2E}{L^2} + \frac{2GM}{L^2 r} - \frac{1}{r^2}. \tag{3.7.4}$$

(3.7.4) 式对 φ 求导并消掉 $\dfrac{\mathrm{d}}{\mathrm{d}\varphi}\dfrac{1}{r}$, 得

$$\frac{\mathrm{d}^2}{\mathrm{d}\varphi^2}\frac{1}{r} = \frac{GM}{L^2} - \frac{1}{r}, \tag{3.7.5}$$

此即比内 (Binet) 方程。它决定着牛顿引力场中粒子运动的轨迹。

在理论力学中，我们知道，在引力场中运动的自由粒子的拉氏量为

$$\mathscr{L} = T - V = \frac{1}{2}mv^2 - m\phi, \tag{3.7.6}$$

其中 $T = \dfrac{1}{2}mv^2$ 是粒子的动能，$V = m\phi$ 是粒子的引力势能，ϕ 是引力势。

3.7.2　广义相对论中测试粒子的拉氏量

注意到，对于质点运动，

$$\mathrm{d}s^2 = -\mathrm{d}\tau^2. \tag{3.7.7}$$

由 (3.5.15) 式得

$$\mathrm{d}\tau^2 = \mathrm{e}^{2\nu(t,r)}\mathrm{d}t^2 - \mathrm{e}^{2\mu(t,r)}\mathrm{d}r^2 - r^2\left(\mathrm{d}\theta^2 + \sin^2\theta\mathrm{d}\varphi^2\right). \tag{3.7.8}$$

在 2.7 节中介绍过，类时测地线是固有时取极值的曲线。仿照狭义相对论中测试粒子作用量的写法 (见 (1.B.29) 及 (1.B.32) 式)，在 GR 中测试粒子的作用量很自然地取为

$$S = -mc^2 \int \mathrm{d}\tau \xrightarrow{c=1} -m \int \mathrm{d}\tau. \tag{3.7.9}$$

利用 (3.7.8) 式，测试粒子的拉氏量为

$$\begin{aligned}
\mathscr{L} &= -m\sqrt{\mathrm{e}^{2\nu}\left(\frac{\mathrm{d}t}{\mathrm{d}\tau}\right)^2 - \mathrm{e}^{2\mu}\left(\frac{\mathrm{d}r}{\mathrm{d}\tau}\right)^2 - r^2\left(\frac{\mathrm{d}\theta}{\mathrm{d}\tau}\right)^2 - r^2\sin^2\theta\left(\frac{\mathrm{d}\varphi}{\mathrm{d}\tau}\right)^2} \\
&= -m\sqrt{-g_{\mu\nu}\frac{\mathrm{d}x^\mu}{\mathrm{d}\tau}\frac{\mathrm{d}x^\nu}{\mathrm{d}\tau}}.
\end{aligned} \tag{3.7.10}$$

(3.7.10) 式是牛顿引力中粒子拉氏量的推广，这是因为在弱场、低速近似下，

$$\begin{aligned}
\mathscr{L} &= -m\sqrt{(1+2\phi)\left(\frac{\mathrm{d}t}{\mathrm{d}\tau}\right)^2 - (1-2\phi)^{-1}\left(\frac{\mathrm{d}r}{\mathrm{d}\tau}\right)^2 - r^2\left(\frac{\mathrm{d}\theta}{\mathrm{d}\tau}\right)^2 - r^2\sin^2\theta\left(\frac{\mathrm{d}\varphi}{\mathrm{d}\tau}\right)^2} \\
&\approx -m\sqrt{1+2\phi - \left(\frac{\mathrm{d}r}{\mathrm{d}t}\right)^2 - r^2\left(\frac{\mathrm{d}\theta}{\mathrm{d}t}\right)^2 - r^2\sin^2\theta\left(\frac{\mathrm{d}\varphi}{\mathrm{d}t}\right)^2} \\
&\approx -m\left[1 + \phi - \frac{1}{2}\left(\left(\frac{\mathrm{d}r}{\mathrm{d}t}\right)^2 + r^2\left(\frac{\mathrm{d}\theta}{\mathrm{d}t}\right)^2 + r^2\sin^2\theta\left(\frac{\mathrm{d}\varphi}{\mathrm{d}t}\right)^2\right)\right] \\
&= \frac{1}{2}mv^2 - m\phi - m = T - V - m,
\end{aligned}$$

其中第一个约等号用到在弱场低速时，坐标时约等于固有时，$\mathrm{d}t \approx \mathrm{d}\tau$；在牛顿力学中，引力势与质点运动速度的平方同量级，故 $\phi\left(\dfrac{\mathrm{d}r}{\mathrm{d}\tau}\right)^2$ 是高阶小量，略去。此式与理论力学中自由粒子的拉氏量 (3.7.6) 式只差一个常数。

顺便说一句，对于利用拉氏量及 E-L 方程求质点运动的轨迹来说，拉氏量的正负号及质点的静止质量 m，都不会影响质点运动的轨迹；甚至对拉氏量再做一点变形，只要是 $g_{\mu\nu}\dfrac{\mathrm{d}x^\mu}{\mathrm{d}\tau}\dfrac{\mathrm{d}x^\nu}{\mathrm{d}\tau}$ 的某个函数，就不会影响质点运动的轨迹。

3.7.3 广义相对论球对称引力场中测试粒子的运动

3.7.3.1 质点的运动

考虑质点的拉氏量 (3.4.18) 式，粒子的运动由 E-L 方程 (2.7.35) 给出

$$x^\lambda = t: \frac{\mathrm{d}}{\mathrm{d}\tau}\left(\mathrm{e}^{2\nu}\dot{t}\right) = 0 \Rightarrow \mathrm{e}^{2\nu}\dot{t} =: E = \mathrm{const.}(\text{守恒量}) \Rightarrow \dot{t} = E\mathrm{e}^{-2\nu}, \quad (3.7.11)$$

$$x^\lambda = \varphi: -\frac{\mathrm{d}}{\mathrm{d}\tau}\left(r^2\sin^2\theta\dot{\varphi}\right) = 0 \Rightarrow \text{取 } \theta = \frac{\pi}{2}, r^2\dot{\varphi} =: L = \mathrm{const.}\,(\text{守恒量}) \Rightarrow \dot{\varphi} = \frac{L}{r^2},$$
$$(3.7.12)$$

其中点代表对固有时 τ 求导，E 是测试粒子单位质量的能量，L 是测试粒子单位质量的角动量，它们都是守恒的。将 (3.7.11) 和 (3.7.12) 式及 $\theta = \pi/2$ 代入 4 速度归一条件 (3.1.1) 式，得

$$E^2\mathrm{e}^{-2\nu} - \mathrm{e}^{2\mu}\dot{r}^2 - \frac{L^2}{r^2} = 1. \quad (3.7.13)$$

注意到，

$$\dot{r} = \frac{\mathrm{d}r}{\mathrm{d}\tau} = \frac{\mathrm{d}\varphi}{\mathrm{d}\tau}\frac{\mathrm{d}r}{\mathrm{d}\varphi} = \frac{L}{r^2}\frac{\mathrm{d}r}{\mathrm{d}\varphi}, \quad (3.7.14)$$

(3.7.13) 式可写为

$$E^2\mathrm{e}^{-2\nu} - \frac{L^2\mathrm{e}^{2\mu}}{r^4}\left(\frac{\mathrm{d}r}{\mathrm{d}\varphi}\right)^2 - \frac{L^2}{r^2} = 1,$$

即

$$\left(\frac{\mathrm{d}}{\mathrm{d}\varphi}\frac{1}{r}\right)^2 = \frac{\mathrm{e}^{-2\mu}}{L^2}\left(E^2\mathrm{e}^{-2\nu} - 1 - \frac{L^2}{r^2}\right). \quad (3.7.15)$$

3.7.3.2 光的运动

对于光，没有固有时的概念，在时空中轨迹的切矢为 $k^\mu = \dfrac{\mathrm{d}x^\mu}{\mathrm{d}\lambda}$，满足

$$k^\mu k_\mu = 0, \quad (3.7.16)$$

其中 λ 为仿射参量。取拉氏量

$$\mathscr{L} = \frac{1}{2}\left[\mathrm{e}^{2\nu}\dot{t}^2 - \mathrm{e}^{2\mu}\dot{r}^2 - r^2\left(\dot{\theta}^2 + \sin^2\theta\dot{\varphi}^2\right)\right] = 0, \quad (3.7.17)$$

其中

$$k^0 = \dot{t} = \frac{\mathrm{d}t}{\mathrm{d}\lambda}, \quad k^1 = \dot{r} = \frac{\mathrm{d}r}{\mathrm{d}\lambda}, \quad k^2 = \dot{\theta} = \frac{\mathrm{d}\theta}{\mathrm{d}\lambda}, \quad k^3 = \dot{\varphi} = \frac{\mathrm{d}\varphi}{\mathrm{d}\lambda}. \tag{3.7.18}$$

由 E-L 方程 (2.7.35) 再次得到

$$\mu = t: \frac{\mathrm{d}}{\mathrm{d}\lambda}\left(\mathrm{e}^{2\nu}\dot{t}\right) = 0 \Rightarrow \mathrm{e}^{2\nu}\dot{t} = \mathrm{const.}(守恒量) \Rightarrow \dot{t} = \mathrm{e}^{-2\nu}, \tag{3.7.19}$$

在最后一步中，已重新定义了仿射参数，使得积分常数为 1。

$$\mu = \varphi: -\frac{\mathrm{d}}{\mathrm{d}\lambda}\left(r^2 \sin^2\theta\, \dot{\varphi}\right) = 0 \Rightarrow \text{在 } \theta = \frac{\pi}{2} \text{ 时,}$$

$$r^2\dot{\varphi} =: L = \mathrm{const.}(守恒量) \Rightarrow \dot{\varphi} = \frac{L}{r^2}, \tag{3.7.20}$$

其中 L 是光子的守恒角动量 (以新仿射参数量度)。将 (3.7.19) 和 (3.7.20) 式及 $\theta = \pi/2$ 代入 (3.7.16) 式，得

$$\mathrm{e}^{-2\nu} - \mathrm{e}^{2\mu}\dot{r}^2 - \frac{L^2}{r^2} = 0, \tag{3.7.21}$$

因为

$$\dot{r} = \frac{\mathrm{d}r}{\mathrm{d}\lambda} = \frac{\mathrm{d}\varphi}{\mathrm{d}\lambda}\frac{\mathrm{d}r}{\mathrm{d}\varphi} = \frac{L}{r^2}\frac{\mathrm{d}r}{\mathrm{d}\varphi}, \tag{3.7.22}$$

(3.7.21) 式可改写为

$$\mathrm{e}^{-2\nu} - \frac{L^2\mathrm{e}^{2\mu}}{r^4}\left(\frac{\mathrm{d}r}{\mathrm{d}\varphi}\right)^2 - \frac{L^2}{r^2} = 0, \tag{3.7.23}$$

即

$$\left(\frac{\mathrm{d}}{\mathrm{d}\varphi}\frac{1}{r}\right)^2 = \frac{\mathrm{e}^{-2\mu}}{L^2}\left(\mathrm{e}^{-2\nu} - \frac{L^2}{r^2}\right). \tag{3.7.24}$$

3.7.3.3 质点和光的统一描述

将质点和光满足的方程 (3.7.15) 和 (3.7.24) 统一写成

$$\left(\frac{\mathrm{d}}{\mathrm{d}\varphi}\frac{1}{r}\right)^2 = \frac{\zeta E^2}{L^2}\mathrm{e}^{-2\nu-2\mu} + \frac{1-\zeta}{L^2}\mathrm{e}^{-2\nu-2\mu} - \frac{\zeta}{L^2}\mathrm{e}^{-2\mu} - \frac{1}{r^2}\mathrm{e}^{-2\mu}, \quad \zeta = \begin{cases} 1, & 质点, \\ 0, & 光子. \end{cases}$$
$$\tag{3.7.25}$$

对于史瓦西解来说，

$$\left(\frac{\mathrm{d}}{\mathrm{d}\varphi}\frac{1}{r}\right)^2 = \frac{\zeta E^2}{L^2} + \frac{1-\zeta}{L^2} - \frac{\zeta}{L^2}\left(1 - \frac{2GM}{r}\right) - \frac{1}{r^2}\left(1 - \frac{2GM}{r}\right). \quad (3.7.26)$$

对上述方程做无量纲化处理。令

$$u = \frac{GM}{r}, \quad \tilde{L} = \frac{L}{GM}, \quad (3.7.27)$$

(3.7.26) 式化为

$$\left(\frac{\mathrm{d}u}{\mathrm{d}\varphi}\right)^2 = \frac{\zeta E^2 + 1 - 2\zeta}{\tilde{L}^2} + \frac{2\zeta}{\tilde{L}^2}u - u^2 + 2u^3. \quad (3.7.28)$$

3.7.4　史瓦西时空中运动方程解的定性分析

(3.7.28) 式右边是 u 的三次函数，它可整理为

$$2\left(u^3 - \frac{1}{2}u^2 + \frac{\zeta}{\tilde{L}^2}u + \frac{\zeta E^2 + 1 - 2\zeta}{2\tilde{L}^2}\right) = 2(u - u_1)(u - u_2)(u - u_3) =: 2f(u),$$
$$(3.7.29)$$

其中 u_1, u_2, u_3 是三次方程

$$f(u) = 0 \quad (3.7.30)$$

的三个根，它们满足

$$u_1 + u_2 + u_3 = \frac{1}{2}, \quad (3.7.31)$$

$$u_1 u_2 + u_2 u_3 + u_3 u_1 = \frac{\zeta}{\tilde{L}^2}, \quad (3.7.32)$$

$$u_1 u_2 u_3 = -\frac{\zeta E^2 + 1 - 2\zeta}{2\tilde{L}^2}. \quad (3.7.33)$$

由于物理要求 $0 < r < \infty$，必有 $0 < u < \infty$。由于 (3.7.28) 式左边是 $\left(\frac{\mathrm{d}u}{\mathrm{d}\varphi}\right)^2 \geqslant 0$，所以，亦有 $f(u) \geqslant 0$。当 u 足够大时 (即 r 足够小时)，$f(u)$ 是 u 的单调增函数，这一性质已反映在图 3.7.1 和图 3.7.2 中。当 (3.7.30) 式成立时，$\left(\frac{\mathrm{d}u}{\mathrm{d}\varphi}\right)^2 = 0$，轨道半径取极值 (即达到近日点或远日点)。

对于星体运动或光的传播来说, 必有一近日点。对于抛物来说 (如太阳表面的日珥), 可有一远日点, 而无近日点。我们只讨论前者。

一元三次代数方程 (3.7.30) 存在两类解: 一类, 只有一个实根; 另一类, 有三个实根。当只有一个实根 (将其记作 u^*) 时, 假定实根是正的, 否则无意义。前面已说过, 我们只讨论近日点, 即要求实根对应于近日点, 而近日点要求 $r > r*$ 或 $u < u^*$。由于 $f(u)$ 在 u 足够大时是单调增函数, 故 $f(u)$ 只能有图 3.7.1 所示的两种形式。在这两种情况中, 当 $u < u^*$ 时, $f(u) < 0$, 即这两种情况都不能满足 $f(u) > 0$ 的要求。故这种情况不在讨论之列。

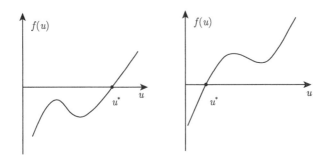

图 3.7.1　三次方程 (3.7.30) 的单实根情况

$f(u)$ 有 3 个实根的情况。不失一般地假定 3 个实根满足 $u_1 \leqslant u_2 < u_3$。由 3 次函数的走向知, 最小的实根和最大的实根都不可能对应近日点, 原因与前面单实根的情况相同。故只能是中间的一个实根 (且必须大于零) 对应于近日点 (因当 $u_1 \leqslant u \leqslant u_2$ 时, 有 $f(u) \geqslant 0$)。在这种情况下, 3 个实根可进一步分为 3 种情况:

(1) 3 个根都大于零, 如图 3.7.2 (a) 所示, 这时, 存在近日点和远日点。这时的轨道是束缚轨道 (近似椭圆, $r_1 \geqslant r \geqslant r_2$), 圆轨道作为椭圆轨道的特例归入此种情况, 此时, $r_1 = r_2$ 是重根。

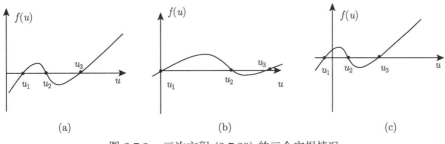

(a)　　　　　　　　　(b)　　　　　　　　　(c)

图 3.7.2　三次方程 (3.7.30) 的三个实根情况

(2) 2 个根大于 0, 1 个根等于 0, 如图 3.7.2 (b) 所示, 这时的轨道是非束缚轨道 (近似抛物线, $\infty > r \geqslant r_2$)。

(3) 2 个根大于 0, 1 个根小于 0, 如图 3.7.2 (c) 所示, 这时的轨道也是非束缚轨道 (近似双曲线, $\infty > r \geqslant r_2$)。(中间一个实根必须大于 0, 否则无意义。)

另外, 按照 (3.7.27) 式的定义, 并注意到当 $r = 2GM$ (即 $u = 1/2$) 时, 史瓦西度规退化。所以, $r > 2GM$, $u < 1/2$; 即有物理意义的 u 的取值区间为 $(0, 1/2)$。

3.8 水星近日点的进动

3.8.1 牛顿力学中水星的运动

从 Binet 方程 (3.7.5) 出发, 利用 (3.7.27) 式对 Binet 方程无量纲化, 得

$$\frac{\mathrm{d}^2 u}{\mathrm{d}\varphi^2} + u = \frac{1}{\tilde{L}^2}. \tag{3.8.1}$$

(3.8.1) 式的解为[①]

$$u = \frac{1}{\tilde{L}^2}\left(1 + e\cos\varphi\right) \Rightarrow r = \frac{L^2}{GM}\frac{1}{1 + e\cos\varphi}, \tag{3.8.2}$$

其中 e 为偏心率。太阳为原点, 近日点方向为 $\varphi = 0$。在理论上, 轨迹是闭合的椭圆, 如图 3.8.1 所示。实际水星轨道并不是闭合的椭圆, 如示意图 3.8.2 所示, 水星近日点在不停地进动。近日点进动的观测值为 $5600.73'' \pm 0.41''$/百年, 其中

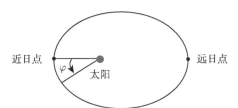

图 3.8.1 牛顿力学中的水星理论运动轨道

① 《数学手册》上极坐标下圆锥曲线方程通常是

$$\rho = \frac{ep}{1 - e\cos\varphi} \begin{cases} e < 1, & \text{椭圆,} \\ e > 1, & \text{双曲,} \\ e = 1, & \text{抛物.} \end{cases}$$

此时, 焦点为原点, 远焦点的方向为 $\varphi = 0$ 的方向。

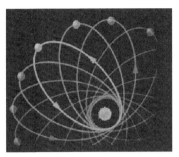

图 3.8.2　　水星运动轨道的示意图

岁差[①]为 $5025''$/百年，其他行星摄动：$532''$/百年 ······ 用牛顿力学能够解释的部分合计为 $5557.62'' \pm 0.20''$/百年，仍有 $43.11'' \pm 0.45''$/百年无法解释。1859 年 Leverrier 首先注意到 $40''$/百年的进动无法解释，1882 年 Duncombe 首先精确地给出无法解释的差值为 $43''$/百年。

为后面计算方便，先来看 (3.8.2) 式中的系数 $\dfrac{L^2}{GM}$ 如何用轨道参数来表达。在近日点与远日点的能量是相等的，即

$$\frac{1}{2}r_p^2\dot{\varphi}_p^2 - \frac{GM}{r_p} = \frac{1}{2}r_a^2\dot{\varphi}_a^2 - \frac{GM}{r_a}, \tag{3.8.3}$$

其中 r_p 为近日点半径，r_a 为远日点半径。由此得

$$\frac{L^2}{2}\left(\frac{1}{r_p^2} - \frac{1}{r_a^2}\right) = GM\left(\frac{1}{r_p} - \frac{1}{r_a}\right) \Rightarrow \frac{L^2}{2}\frac{r_a + r_p}{r_p r_a} = GM. \tag{3.8.4}$$

---

① 岁差是指地球自转轴长期进动，引起春分点沿黄道西移，致使回归年短于恒星年的现象，见图 3.8.3。进动一周约为 25800 年，即约 $5000''$/百年。

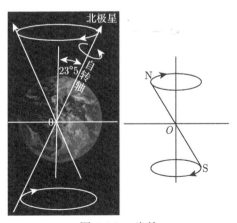

图 3.8.3　　岁差

如图 3.8.4 所示，设椭圆的半长轴为 a，半焦距为 c。因 $r_p = a - c$，$r_a = a + c$，$r_p + r_a = 2a$，故 (3.8.4) 式为

$$\frac{L^2}{2}\frac{2a}{(a-c)(a+c)} = GM. \tag{3.8.5}$$

由此得

$$L^2 = a\left(1 - e^2\right)GM. \tag{3.8.6}$$

水星轨道半长轴 $a = 5.79 \times 10^{10}\mathrm{m}$，轨道偏心率 $e = 0.2056$，$GM_\odot = 1.475 \times 10^3\mathrm{m}$，由此可定出 L^2。水星轨道运动的周期是 0.24085 年。

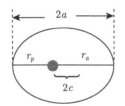

图 3.8.4　水星轨道参数

3.8.2　狭义相对论的修正

狭义相对论认为时空是平直的，假设引力仍是牛顿万有引力，引力质量等于惯性质量 (即弱等效原理成立)，只考虑行星运动带来的狭义相对论效应。

我们不加证明地指出，这时行星的运动方程变为

$$\frac{\mathrm{d}^2 u}{\mathrm{d}\varphi^2} + \left(1 + \frac{1}{\tilde{L}^2}\right)u = \frac{1}{\tilde{L}^2}. \tag{3.8.7}$$

令

$$\tilde{\varphi} = \left(1 + \frac{1}{\tilde{L}^2}\right)^{1/2}\varphi, \tag{3.8.8}$$

(3.8.7) 式化为

$$\frac{\mathrm{d}^2 u}{\mathrm{d}\tilde{\varphi}^2} + u = \frac{1}{\tilde{L}^2 + 1}. \tag{3.8.9}$$

其解为

$$u = \frac{1}{\tilde{L}^2 + 1}\left(1 + e\cos\tilde{\varphi}\right), \tag{3.8.10}$$

第 n 次达到 u 的极大时，φ 的值为

$$\varphi_n = \frac{2n\pi}{\left(1 + \dfrac{1}{\tilde{L}^2}\right)^{1/2}} \approx 2n\pi \left(1 - \frac{1}{2\tilde{L}^2}\right). \tag{3.8.11}$$

此时，轨道不再封闭，单圈进动为

$$\Delta\varphi \approx 2\pi\left(1 - \frac{1}{2\tilde{L}^2}\right) - 2\pi = -\frac{\pi G^2 M^2}{L^2} = -\frac{\pi GM}{a\left(1 - e^2\right)} = -0.0172''/\text{圈}, \tag{3.8.12}$$

折合每百年约 $-7.15''$。此值不足以解释 $43''$/百年的值，更重要的是，它与观测到的进动方向相反！

3.8.3 广义相对论的修正

对于水星近日点进动问题，我们只需考虑对质点运动的修正，在 (3.7.28) 式中取 $\zeta = 1$，即

$$\left(\frac{\mathrm{d}u}{\mathrm{d}\varphi}\right)^2 = \frac{E^2 - 1}{\tilde{L}^2} + \frac{2}{\tilde{L}^2}u - u^2 + 2u^3, \tag{3.8.13}$$

(3.8.13) 式对 φ 求导并消掉 $\dfrac{\mathrm{d}u}{\mathrm{d}\varphi}$，得

$$\frac{\mathrm{d}^2 u}{\mathrm{d}\varphi^2} + u = \frac{1}{\tilde{L}^2} + 3u^2, \tag{3.8.14}$$

(3.8.14) 式左边的项与 (3.8.14) 式右边第一项就是牛顿力学的 Binet 方程，右边第二项是广义相对论的修正。水星平均轨道半径[①] 为 5.79×10^{10}m，故有

---

① 水星轨道平均半径为

$$\bar{r} - \frac{\displaystyle\int_T rv\mathrm{d}t}{\displaystyle\int_T v\mathrm{d}t} = \frac{\displaystyle\int_0^{2\pi} \frac{rv}{\dot{\varphi}}\mathrm{d}\varphi}{\displaystyle\int_0^{2\pi} \frac{v}{\dot{\varphi}}\mathrm{d}\varphi} = \frac{\displaystyle\int_0^{2\pi} \frac{r^3 v}{L}\mathrm{d}\varphi}{\displaystyle\int_0^{2\pi} \frac{r^2 v}{L}\mathrm{d}\varphi} = \frac{\displaystyle\int_0^{2\pi} r^3 v\mathrm{d}\varphi}{\displaystyle\int_0^{2\pi} r^2 v\mathrm{d}\varphi},$$

其中 T 是轨道的周期，v 为水星轨道运动速率，L 是单位质量的守恒角动量。在牛顿引力中，水星运动满足

$$\frac{1}{2}v^2 - \frac{GM}{r} = -\frac{GM}{2a} \Rightarrow v = \sqrt{2GM}\sqrt{\frac{1}{r} - \frac{1}{2a}} \xlongequal{(3.8.2)\ \text{式}} \sqrt{2GM}\sqrt{\frac{GM}{L^2}(1 + e\cos\varphi) - \frac{1}{2a}}$$

$$\xlongequal{(3.8.6)\ \text{式}} \sqrt{\frac{GM}{a\left(1 - e^2\right)}}\sqrt{1 + e^2 + 2e\cos\varphi},$$

水星轨道半长轴 $a = 5.79 \times 10^{10}$m，偏心率 $e = 0.2056$。所以，

$$\bar{r} = \frac{L^2}{GM} \frac{\displaystyle\int_0^{2\pi} \frac{\sqrt{1 + e^2 + 2e\cos\varphi}}{(1 + e\cos\varphi)^3}\mathrm{d}\varphi}{\displaystyle\int_0^{2\pi} \frac{\sqrt{1 + e^2 + 2e\cos\varphi}}{(1 + e\cos\varphi)^2}\mathrm{d}\varphi} = a\left(1 - e^2\right) \times 1.04414 \approx 5.79 \times 10^{10}\text{m}.$$

$$u = \frac{GM_\odot}{r} \sim 2.55 \times 10^{-8}, \quad (3.8.6) \text{ 式} \Rightarrow \frac{1}{\tilde{L}^2} = \frac{GM}{a(1-e^2)} = 2.66 \times 10^{-8}, \quad (3.8.15)$$

方程修正项的量级: $3u^2 \sim 1.95 \times 10^{-15}$。可见, 修正项很小, 可用迭代法求解。将 Binet 方程的解 (3.8.2) 式代入修正项, 得

$$\frac{\mathrm{d}^2 u}{\mathrm{d}\varphi^2} + u = \frac{1}{\tilde{L}^2} + \frac{3}{\tilde{L}^4} + \frac{6e\cos\varphi}{\tilde{L}^4} \quad (e^2 \text{ 项已略去}), \quad (3.8.16)$$

常数项 $3\tilde{L}^{-4}$ 只改变椭圆轨道的半径, 不改变轨道的封闭性, 且它比 $\tilde{L}^{-2}$ 小得多, 故可忽略。(附录 3.B 给出 $3\tilde{L}^{-4}$ 项和 e^2 项的影响。) 于是, 我们只需考虑方程

$$\frac{\mathrm{d}^2 u}{\mathrm{d}\varphi^2} + u = \frac{1}{\tilde{L}^2} + \frac{6e\cos\varphi}{\tilde{L}^4} \quad (3.8.17)$$

的解。设

$$u = u_1 + u_2, \quad (3.8.18)$$

其中 u_1, u_2 分别满足 (3.8.1) 式和

$$\frac{\mathrm{d}^2 u_2}{\mathrm{d}\varphi^2} + u_2 = \frac{6e\cos\varphi}{\tilde{L}^4}, \quad (3.8.19)$$

u_1 形如 (3.8.2) 和 (3.8.19) 式的解为

$$u_2 = \frac{3}{\tilde{L}^4} e\varphi \sin\varphi. \quad (3.8.20)$$

所以,

$$u = \frac{1}{\tilde{L}^2}\left(1 + e\cos\varphi + \frac{3}{\tilde{L}^2}e\varphi\sin\varphi\right) \approx \frac{1}{\tilde{L}^2}\left\{1 + e\cos\left[\left(1 - \frac{3}{\tilde{L}^2}\right)\varphi\right]\right\}. \quad (3.8.21)$$

由 $\cos\left[\left(1 - \dfrac{3}{\tilde{L}^2}\right)\varphi\right]$ 知: 若行星从近日点出发, 经 $\left(1 - \dfrac{3}{\tilde{L}^2}\right)\varphi_n = 2n\pi$ (n 为整数) 后, 重新 "回到" 近日点。由此得

$$\varphi_n = \frac{2n\pi}{1 - \dfrac{3}{\tilde{L}^2}} \approx 2n\pi\left(1 + \frac{3}{\tilde{L}^2}\right). \quad (3.8.22)$$

单圈进动:

$$\Delta\varphi = \varphi_{n+1} - \varphi_n - 2\pi \approx \frac{6\pi}{\tilde{L}^2} = \frac{6\pi G^2 M^2}{L^2}. \quad (3.8.23)$$

这一结果是狭义相对论修正的 -6 倍, 将 (3.8.6) 式及水星轨道参数代入得水星近日点进动 (precession of the perihelion of Mercury) 值为

$$\Delta\varphi \approx \frac{6\pi G^2 M^2}{L^2} = \frac{6\pi GM}{a\left(1-e^2\right)} = 0.103769''/圈 = 43.1''/百年. \tag{3.8.24}$$

爱因斯坦在给他朋友埃伦菲斯特 (Ehrenfest) 的信中写道:"方程给出了水星近日点的正确数字, 你可以想象我有多么高兴! 有好些天, 我高兴得不知怎样才好。"

广义相对论不仅能很好地解释水星近日点的进动, 也能解释其他行星的进动。表 3.8.1 给出部分行星轨道百年进动理论值与观测值[①].

表 3.8.1　行星轨道百年进动理论值与观测值

行星	半长轴 $a/(\times10^6\mathrm{km})$	偏心率 e	$\dfrac{6\pi GM}{L}$	圈/百年	θ_{GR}/百年	θ_{obs}/百年
水星	57.91	0.205615	$0.1038''$	416	$43.03''$	$43.11'' \pm 0.45''$
金星	108.21	0.006820	$0.058''$	149	$8.6''$	$8.4'' \pm 4.8''$
地球	149.60	0.016750	$0.038''$	100	$3.8''$	$5.0'' \pm 1.2''$
火星		0.093312		53	$1.35''$	
木星		0.048332		8.4	$0.06''$	
Icarus	161.0	0.827	$0.115''$	89	10.3	$9.8'' \pm 0.8''$

3.8.4　引力变形导致的修正*

若引力偏离 GR, 但仍是度规理论, 则在各向同性坐标系中, 时空度规为

$$\mathrm{d}s^2 = -\left(1 - \alpha\frac{2GM}{r} + \beta\frac{2G^2M^2}{r^2} + \cdots\right)\mathrm{d}t^2$$
$$+ \left(1 + \gamma\frac{2GM}{r} + \cdots\right)\left[\mathrm{d}r^2 + r^2\left(\mathrm{d}\theta^2 + \sin^2\theta\mathrm{d}\varphi^2\right)\right], \tag{3.8.25}$$

利用坐标变换 (3.4.33) 式 ((3.8.25) 式中的 r 为 (3.4.33) 式中的 $\tilde{r}$), 将 (3.8.25) 式变换到史瓦西坐标系, 有

$$\mathrm{e}^{2\nu} = 1 - \alpha\frac{2GM}{r} + 2\left(\beta - \alpha\gamma\right)\frac{G^2M^2}{r^2} + \cdots,$$
$$\mathrm{e}^{2\mu} = 1 + \gamma\frac{2GM}{r} + \cdots. \tag{3.8.26}$$

弱等效原理只要求 $\alpha = 1$ 即可, 对 β, γ 等没有要求。将之代入 (3.7.15) 式, 得

$$\left(\frac{\mathrm{d}}{\mathrm{d}\varphi}\frac{1}{r}\right)^2 = \left(\frac{E^2}{L^2}\mathrm{e}^{-2\nu} - \frac{1}{L^2} - \frac{1}{r^2}\right)\left(1 - \gamma\frac{2GM}{r} + \cdots\right)$$

① Weinberg S W. Gravitation and Cosmology. New York: John Wiley, 1972.

$$= \left(\frac{E^2}{L^2} \left(1 + \alpha \frac{2GM}{r} - 2 \left(\beta - \alpha\gamma - 2\alpha^2 \right) \frac{G^2 M^2}{r^2} \right) - \frac{1}{L^2} - \frac{1}{r^2} \right)$$
$$\times \left(1 - \gamma \frac{2GM}{r} \right) + \cdots$$
$$= \frac{E^2}{L^2} - \frac{1}{L^2} - \frac{1}{r^2} + 2\alpha \frac{E^2}{L^2} \frac{GM}{r} - 2 \left(\beta - \alpha\gamma - 2\alpha^2 \right) \frac{E^2}{L^2} \frac{G^2 M^2}{r^2}$$
$$- 2\gamma \left(\frac{E^2}{L^2} - \frac{1}{L^2} - \frac{1}{r^2} \right) \frac{GM}{r} - 4\alpha\gamma \frac{E^2}{L^2} \frac{G^2 M^2}{r^2} + \cdots$$
$$= \frac{E^2}{L^2} - \frac{1}{L^2} - \frac{1}{r^2} + 2 \left((\alpha - \gamma) \frac{E^2}{L^2} + \gamma \left(\frac{1}{L^2} + \frac{1}{r^2} \right) \right) \frac{GM}{r}$$
$$- 2 \left(\beta + \alpha\gamma - 2\alpha^2 \right) \frac{E^2}{L^2} \frac{G^2 M^2}{r^2} + \cdots . \tag{3.8.27}$$

(3.8.27) 式对 φ 求导，并无量纲化，

$$\frac{d^2 u}{d\varphi^2} + u = \frac{1}{\tilde{L}^2} \left(\gamma + (\alpha - \gamma) E^2 \right) + 3\gamma u^2 - 2 \frac{E^2}{\tilde{L}^2} \left(\beta + \alpha\gamma - 2\alpha^2 \right) u, \tag{3.8.28}$$

其中 $u, \tilde{L}$ 仍由 (3.7.27) 式定义。与 GR 的方程 (3.8.14) 式比较知，当 $\alpha = \beta = \gamma = 1$ 时，给出 GR 的结果。令

$$\tilde{\varphi} = \left[1 + 2 \frac{E^2}{\tilde{L}^2} \left(\beta + \alpha\gamma - 2\alpha^2 \right) \right]^{1/2} \varphi, \tag{3.8.29}$$

将之代入 (3.8.28) 式，得

$$\frac{d^2 u}{d\tilde{\varphi}^2} + u = \frac{\gamma + (\alpha - \gamma) E^2}{\tilde{L}^2 + 2 \left(\beta + \alpha\gamma - 2\alpha^2 \right) E^2} + \frac{3\gamma \tilde{L}^2}{\tilde{L}^2 + 2 \left(\beta + \alpha\gamma - 2\alpha^2 \right) E^2} u^2$$
$$\approx \left(\frac{\gamma}{\tilde{L}^2} + (\alpha - \gamma) \frac{E^2}{\tilde{L}^2} \right) \left(1 - 2 \frac{E^2}{\tilde{L}^2} \left(\beta + \alpha\gamma - 2\alpha^2 \right) \right)$$
$$+ 3\gamma \left(1 - 2 \frac{E^2}{\tilde{L}^2} \left(\beta + \alpha\gamma - 2\alpha^2 \right) \right) u^2$$
$$\approx \frac{\gamma}{\tilde{L}^2} + \frac{E^2}{\tilde{L}^2} \left((\alpha - \gamma) - 2 \frac{\gamma}{\tilde{L}^2} \left(\beta + \alpha\gamma - 2\alpha^2 \right) \right)$$
$$+ 3\gamma \left(1 - 2 \frac{E^2}{\tilde{L}^2} \left(\beta + \alpha\gamma - 2\alpha^2 \right) \right) u^2. \tag{3.8.30}$$

令

$$
\frac{\gamma}{\tilde{L}^2} + \frac{E^2}{\tilde{L}^2} \left((\alpha - \gamma) - 2\frac{\gamma}{\tilde{L}^2} \left(\beta + \alpha\gamma - 2\alpha^2 \right) \right) =: \frac{1}{P^2},
$$

$$
\gamma \left(1 - 2\frac{E^2}{\tilde{L}^2} \left(\beta + \alpha\gamma - 2\alpha^2 \right) \right) =: Q^2. \tag{3.8.31}
$$

(3.8.30) 式化为

$$
\frac{\mathrm{d}^2 u}{\mathrm{d}\tilde{\varphi}^2} + u \approx \frac{1}{P^2} + 3Q^2 u^2. \tag{3.8.32}
$$

迭代求解。将牛顿解代入 (3.8.32) 式右边第二项，得

$$
\frac{\mathrm{d}^2 u}{\mathrm{d}\tilde{\varphi}^2} + u \approx \frac{1}{P^2} + \frac{6Q^2 e}{P^4} \cos \tilde{\varphi}, \tag{3.8.33}
$$

其解为

$$
u = \frac{1}{P^2} \left(1 + e \cos \varphi + \frac{3Q^2}{P^2} e\tilde{\varphi} \sin \tilde{\varphi} \right) = \frac{1}{P^2} \left\{ 1 + e \cos \left[\left(1 - \frac{3Q^2}{P^2} \right) \tilde{\varphi} \right] \right\},
$$
$$
\tag{3.8.34}
$$

由 (3.8.34) 式和

$$
\cos \left[\left(1 - \frac{3Q^2}{P^2} \right) \tilde{\varphi} \right] = 1, \tag{3.8.35}
$$

确定近日点，由此定出

$$
\left(1 - \frac{3Q^2}{P^2} \right) \tilde{\varphi}_n = 2n\pi, \tag{3.8.36}
$$

再利用 (3.8.29) 式，得

$$
\varphi_n = \left[1 + 2\frac{E^2}{\tilde{L}^2} \left(\beta + \alpha\gamma - 2\alpha^2 \right) \right]^{-1/2} \frac{2n\pi}{1 - \dfrac{3Q^2}{P^2}}
$$

$$
\approx 2n\pi - 2n\pi \left[\frac{E^2}{\tilde{L}^2} \left(\beta + \alpha\gamma - 2\alpha^2 \right) - 3\frac{Q^2}{P^2} \right]. \tag{3.8.37}
$$

近日点单圈进动为

$$
\Delta\varphi = \varphi_{n+1} - \varphi_n - 2\pi
$$

$$
\approx -2(n+1)\pi \left[\frac{E^2}{\tilde{L}^2} \left(\beta + \alpha\gamma - 2\alpha^2 \right) - 3\frac{Q^2}{P^2} \right]
$$

$$+ 2n\pi \left[\frac{E^2}{\tilde{L}^2} \left(\beta + \alpha\gamma - 2\alpha^2 \right) - 3\frac{Q^2}{P^2} \right]$$

$$= 6\pi \left[\frac{Q^2}{P^2} - \frac{E^2}{3\tilde{L}^2} \left(\beta + \alpha\gamma - 2\alpha^2 \right) \right]$$

$$\approx \frac{6\pi G^2 M^2}{L^2} \left[\gamma \left(\gamma + (\alpha - \gamma) E^2 \right) - \frac{E^2}{3} \left(\beta + \alpha\gamma - 2\alpha^2 \right) \right]$$

$$= \frac{6\pi G^2 M^2}{L^2} \left[\gamma^2 + \frac{E^2}{3} \left(2\alpha^2 + 2\alpha\gamma - 3\gamma^2 - \beta \right) \right]. \tag{3.8.38}$$

当 $\alpha = \beta = \gamma = 1$ 时, 给出 GR 的结果。

3.8.5　讨论

GR 很好地解释了水星及其他行星近日点的进动。在这些问题中, 引力场都属于弱场。在太阳系中, 水星的效应最大, 只有 $43''$/百年。

GR 也能很好地解释 PSR1913+16 脉冲双星的近星点 (periastron) 的进动。这时的引力场比较强, 进动值为 $4.0°\pm1.5°$/yr (1974 年的结果), $4.226°\pm0.001°$/yr (1974—1980 年的结果)。

GR 也能与双黑洞并合 (如 GW150914) 的观测结果吻合。双黑洞并合前的引力场极强, 每秒几十至一二百圈, 只能由数值相对论给出。

水星近日点进动对 GR 的检验超出了对等效原理的检验。(弱) 等效原理只要求 $\alpha = 1$, 而水星近日点进动要求 $\alpha = \beta = \gamma = 1$, 即空间的弯曲也非常重要!

3.9　光线偏折与引力透镜

3.9.1　牛顿力学中光线的轨迹

3.9.1.1　光不受引力作用的情况

在牛顿力学中, 时间均匀流逝, 空间是平直的。若光没有质量, 不受引力作用, 则相当于在 (3.7.24) 式中取 $e^{2\nu} = e^{2\mu} = 1$, 于是, 有

$$\frac{d^2 u}{d\varphi^2} + u = 0. \tag{3.9.1}$$

其解为

$$u = u_0 \cos(\varphi - \varphi_0). \tag{3.9.2}$$

这正是直线在极坐标下的表示, 其中 φ_0 是光掠过太阳表面的位置与 x 轴的夹角。$u_0 = \dfrac{GM_\odot}{R_\odot}$ 是光掠过太阳表面的 u 值。

结论 1　在牛顿力学中，若光不受引力作用，则走直线！如图 3.9.1 所示。

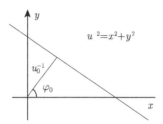

图 3.9.1　光不受引力场作用情况下的传播路径

3.9.1.2　光受引力作用的情况

若把光看作具有一定能量的质点。由弱等效原理知，光也会受到引力场的作用。这相当于取 $e^{2\mu} = 1, e^{2\nu} = 1 - \dfrac{2GM}{r}$, (3.7.24) 式化为

$$\left(\frac{\mathrm{d}}{\mathrm{d}\varphi}\frac{1}{r}\right)^2 = \frac{1}{L^2}\left(1 + \frac{2GM}{r}\right) - \frac{1}{r^2}, \tag{3.9.3}$$

无量纲化后，

$$\left(\frac{\mathrm{d}u}{\mathrm{d}\varphi}\right)^2 = \frac{1}{\tilde{L}^2}(1 + 2u) - u^2 \tag{3.9.4}$$

对 φ 求导得 Binet 方程 (3.8.1)，其解为 (3.8.2) 式。由于光粒子未被太阳束缚，故光粒子走双曲线，而不是椭圆。问题是如何确定 $\tilde{L}$ 和偏心率 e。

设在 $\varphi = 0$ 时光线掠过太阳表面，故有

$$u(\varphi = 0) = \frac{1}{\tilde{L}^2}(1 + e) = \frac{GM_\odot}{R_\odot}. \tag{3.9.5}$$

从 (3.9.5) 式解出 $\tilde{L}$, 代入 (3.8.2) 式，得

$$u = \frac{GM_\odot}{R_\odot}\frac{1 + e\cos\varphi}{1 + e}. \tag{3.9.6}$$

另一方面，光线掠过太阳表面时，$\dfrac{\mathrm{d}r}{\mathrm{d}\varphi} = 0$，由 (3.7.24) 式知，

$$L^2 \approx R_\odot^2\left(1 + \frac{2GM_\odot}{R_\odot}\right) \Rightarrow \tilde{L}^2 \approx \left(\frac{R_\odot}{GM_\odot}\right)^2\left(1 + \frac{2GM_\odot}{R_\odot}\right), \tag{3.9.7}$$

结合 (3.9.5) 式, 有

$$\frac{(1+e)\,R_\odot}{GM_\odot} = \tilde{L}^2 \approx \left(\frac{R_\odot}{GM_\odot}\right)^2 \left(1 + \frac{2GM_\odot}{R_\odot}\right)$$

$$\Rightarrow 1 + e \approx \frac{R_\odot}{GM_\odot}\left(1 + \frac{2GM_\odot}{R_\odot}\right) \Rightarrow e \approx 1 + \frac{R_\odot}{GM_\odot}. \tag{3.9.8}$$

将 (3.9.7) 和 (3.9.8) 式代入 (3.8.2) 式, 得

$$u = \frac{GM_\odot}{R_\odot}\,\frac{\dfrac{GM_\odot}{R_\odot} + \left(1 + \dfrac{GM_\odot}{R_\odot}\right)\cos\varphi}{1 + \dfrac{2GM_\odot}{R_\odot}}. \tag{3.9.9}$$

如图 3.9.2 所示，入射与出射方向由 $u = 0$ (无穷远) 定出。

$$\frac{GM_\odot}{R_\odot} + \left(1 + \frac{GM_\odot}{R_\odot}\right)\cos\varphi_\infty = 0, \tag{3.9.10}$$

由此解出

$$-\frac{GM_\odot}{R_\odot}\left(1 - \frac{GM_\odot}{R_\odot}\right) \approx \cos\left(\varphi_\infty\right) = \sin\left(\frac{\pi}{2} \mp \varphi_\infty\right), \tag{3.9.11}$$

(3.9.11) 式左边是小量, 故角度 $\dfrac{\pi}{2} \mp \varphi_\infty$ 也是小量, 于是有

$$-\frac{GM_\odot}{R_\odot}\left(1 - \frac{GM_\odot}{R_\odot}\right) \approx \frac{\pi}{2} \mp \varphi_\infty \Rightarrow \varphi_\infty \approx \pm\left(\frac{\pi}{2} + \frac{GM_\odot}{R_\odot}\right). \tag{3.9.12}$$

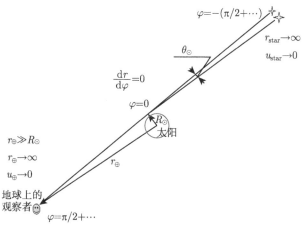

图 3.9.2   按照等效原理光受中心引力场作用时的传播路径

所以，光线的偏转角为

$$\theta_\odot = \frac{\pi}{2} + \frac{GM_\odot}{R_\odot} - \left[-\left(\frac{\pi}{2} + \frac{GM_\odot}{R_\odot} \right) \right] - \pi = \frac{2GM_\odot}{R_\odot}. \tag{3.9.13}$$

结论 2 若空间仍是平直的，但弱等效原理成立，即光受引力作用，则光线会有 $\dfrac{2GM_\odot}{R_\odot}$ 的偏折！

3.9.2 广义相对论中的光线偏折

将 (3.4.26) 和 (3.4.27) 式及 $C=1$ 代入 (3.7.24) 式，得

$$\left(\frac{\mathrm{d}}{\mathrm{d}\varphi} \frac{1}{r} \right)^2 = \frac{1}{L^2} - \frac{1}{r^2} \left(1 - \frac{2GM}{r} \right), \tag{3.9.14}$$

利用 (3.7.27) 式对 (3.9.14) 式做无量纲化处理，得

$$\left(\frac{\mathrm{d}u}{\mathrm{d}\varphi} \right)^2 = \frac{1}{\tilde{L}^2} - u^2 + 2u^3. \tag{3.9.15}$$

(3.9.15) 式对 φ 求导，得

$$\frac{\mathrm{d}^2 u}{\mathrm{d}\varphi^2} + u = 3u^2. \tag{3.9.16}$$

注意到，u 的最大值是 $\dfrac{GM_\odot}{R_\odot} \sim 2 \times 10^{-6}$，故 u^2 可作为微扰量。方程 (3.9.16) 可迭代求解。以平直空间中的直线作为初级近似，

$$\frac{\mathrm{d}^2 u}{\mathrm{d}\varphi^2} + u = 3u_0^2 \cos^2 (\varphi - \varphi_0), \tag{3.9.17}$$

设

$$u = u_1 + u_2, \tag{3.9.18}$$

其中 u_1 满足 (3.9.1) 式，u_2 满足

$$\frac{\mathrm{d}^2 u_2}{\mathrm{d}\varphi^2} + u_2 = 3u_0^2 \cos^2 (\varphi - \varphi_0). \tag{3.9.19}$$

(3.9.1) 式的解是 (3.9.2) 式，(3.9.19) 式的解是

$$u_2 = u_0^2 \left(1 + \sin^2 (\varphi - \varphi_0) \right). \tag{3.9.20}$$

将 (3.9.2) 和 (3.9.20) 式代入 (3.9.18) 式，得

$$u = u_0 \cos(\varphi - \varphi_0) + u_0^2 \left(1 + \sin^2(\varphi - \varphi_0)\right). \tag{3.9.21}$$

星光掠过太阳表面的方向为

$$\varphi - \varphi_0 = 0, \tag{3.9.22}$$

星光入射与出射方向由 $u = 0$ (无穷远) 定出：

$$\cos(\varphi_\infty - \varphi_0) + u_0 \left(1 + \sin^2(\varphi_\infty - \varphi_0)\right) = 0, \tag{3.9.23}$$

入射与出射方向分别记作

$$\varphi - \varphi_0 = \mp \left(\frac{\pi}{2} + \frac{\theta}{2}\right), \tag{3.9.24}$$

其中 θ 为偏折角，如图 3.9.3 所示。那么，θ 等于多少呢？

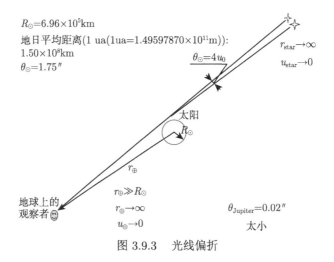

图 3.9.3　光线偏折

θ 可用如下方法计算。

$$\cos\left(\frac{\pi}{2} + \frac{\theta}{2}\right) + u_0\left(1 + \sin^2\left(\frac{\pi}{2} + \frac{\theta}{2}\right)\right) = 0 \Rightarrow -\sin\frac{\theta}{2} + u_0\left(1 + \cos^2\frac{\theta}{2}\right) = 0, \tag{3.9.25}$$

$$\Rightarrow u_0 \sin^2\frac{\theta}{2} + \sin\frac{\theta}{2} - 2u_0 = 0 \Rightarrow \sin\frac{\theta}{2} = \frac{-1 \pm \sqrt{1 + 8u_0^2}}{2u_0}, \tag{3.9.26}$$

注意到, $\left|\dfrac{\theta}{2}\right| \ll 1$, (3.9.26) 式中只能取正号。于是, 解为

$$\theta \approx 4u_0. \tag{3.9.27}$$

光从太阳表面掠过, 产生的偏折为

$$\theta_\odot = 4u_0 = \frac{4u_0}{\pi} \times 180 \times 3600 \approx 1.75'', \tag{3.9.28}$$

其中 $u_0 = GM_\odot/R_\odot = 2.12 \times 10^{-6}$。这是 GR 的重要预言!

结论 3 按照 GR, 光线的偏折为 $\dfrac{4GM_\odot}{R_\odot}$! 它表明空间是弯曲的!

3.9.3 观测结果

在 1919 年日全食期间, 英国科学家爱丁顿 (Eddington) 领导的团队分别在巴西东北海岸的索布拉尔 (Sobral) 和西非岛国圣多美和普林西比的普林西比 (Principe) 进行观测, 分别研究了 7 颗星和 5 颗星, 共 12 颗星, 得到的值是 $1.98'' \pm 0.12''$ 和 $1.61'' \pm 0.31''$。与爱因斯坦预言的 $1.75''$ 基本相符。图 3.9.4 给出日食期间对星光观测的示意图。爱丁顿在第一次世界大战后不久的日全食期间, 对星光偏折 (light deflection) 的证实使爱因斯坦的声名鹊起。(C. M. Will: The Eddington's confirmation of the bending of optical starlight during a total solar eclipse in the first day's following World War I makes Einstein famous.)

图 3.9.4　日食期间对星光的观测

需要说明的是, 爱丁顿团队当初的观测精度还是很低的, 现在已能以很高的精度证实光的引力偏折。

需要说明的另一点是, Johann von Soldner 于 1801 年就把光线看作有质量的物体 (a light ray as a heavy body) 并利用牛顿万有引力定量计算了太阳对星

光的偏折，给出了 0.84″ 的结果。图 3.9.5 是 Soldner 及其预言的示意图。爱因斯坦在完全不知道 Soldner 工作的情况下，于 1911 年利用等效原理也预言了，太阳对星光的偏折为 0.84″ (与用牛顿力学预言的结果一致)。图 3.9.6 是爱因斯坦及其预言的示意图。

　　对星光偏折观测有一个小插曲。为证实用等效原理给出的预言，爱因斯坦请法国科学家 Freundlich 在 1914 年 8 月 21 日日全食期间观测光线偏折。时值第一次世界大战 (1914.7.28—1918.11.11)，1914 年 8 月 4 日，德国入侵中立国比利时。此时 Freundlich 为观测，已到克里米亚 (Crimea)，但不幸被当作间谍遭逮捕，未能做观测。因此，爱因斯坦幸运地避免了预言被证否的尴尬。

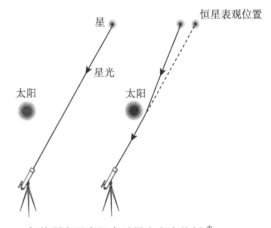

图 3.9.5　Johann von Soldner 1801 年就预言了太阳会对星光产生偏折 [1]

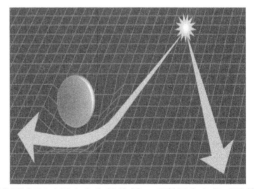

图 3.9.6　爱因斯坦先利用等效原理预言了太阳对星光产生的偏折，后利用广义相对论修正了预言 [2]

---

① 取自 labs.plantbio.cornell.edu/wayne/ppts/retreat2012.pptx.

② 取自 labs.plantbio.cornell.edu/wayne/ppts/retreat2012.pptx.

3.9.4 引力透镜

前面讲的是星光经过太阳表面时产生的偏折。类似地，当远方星光经过星系旁时也会产生偏折，由于远方的星系相对我们所张的视角非常小，故可能产生类似透镜的效应，称为引力透镜 (gravitational lensing)，图 3.9.7 给出引力透镜效应的示意图。引力透镜效应也已被观测到。

图 3.9.8 是哈勃望远镜观测到的类星体的双像现象 (the double quasar Q0957 + 561A, B)。下像为 A，上像为 B，两者间距张开 6.1″。B 像距星系核约 1″，它位于星系的晕中[①]。

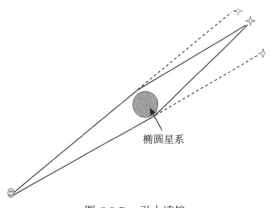

图 3.9.7 引力透镜

图 3.9.8 类星体双像现象

图 3.9.9 是计算机模拟的微引力透镜，微引力透镜 (micro-images) 效应在宇宙学研究中有重要作用。第一幅图是"无透镜"时类星体源的形状；其他三幅图画出了第一幅图中类星体由不同密度前景星体产生的微引力透镜作用后看到的形

① Falco E E, et al. CASTLES Survey: Gravitational Lens Data Base. http://cfa-www.harvard.edu /glensdata/.

状, 三幅图的宇宙中物质质量密度分别为宇宙临界质量的 20% (第二幅图), 50% (第三幅图) 和 80% (第四幅图)。宇宙临界质量的概念会在第 7 章中介绍。

图 3.9.9　计算机模拟的微引力透镜在宇宙学研究中的应用

若一个点源恰好位于一个点状引力透镜之后, 则会产生环状的像, 称为爱因斯坦环 (爱因斯坦 rings)。图 3.9.10 就是一个爱因斯坦环的观测图像。

有关引力透镜的更多观测证据可参见 Bambsganss 的文章[①]。

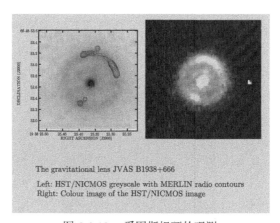

图 3.9.10　爱因斯坦环的观测

小结

光线偏折是 GR 第一个被观测证实的预言!

等效原理也能给出光线偏折, 但其偏折量只有观测值的一半。

光线偏折的观测结果说明太阳附近空间是弯曲的。

① Wambsganss J. Gravitational lensing in astronomy. Living Rev. Relativity, 1998, 12: 1.

光线偏折的核心是光在引力场中走零测地线。

引力透镜现象也已被观测到。

光线偏折 (引力透镜) 在宇宙探索中起着重要的作用。

好的物理理论的判据：

(1) 它在逻辑体系上是合理的；

(2) 它能够解释已有的物理现象；

(3) 它能够预言新的物理现象，并能够得到证实；

(4) 具有普适性。

GR 就是一个典型的例子。

3.10 雷达回波延迟

1964 年，夏皮洛 (L. L. Shapiro) 提出用雷达回波检验广义相对论。其基本方法是：自 $(r_1, \theta = \pi/2, \varphi_1)$ 处发一雷达信号至 $(r_2, \theta = \pi/2, \varphi_2)$ 处，信号到达 $(r_2, \theta = \pi/2, \varphi_2)$ 后再反射回 $(r_1, \theta = \pi/2, \varphi_1)$。若时空是平直的，如图 3.10.1 所示，雷达回波所需时间为

$$T_{\text{flat}} = \frac{2}{c}\left(\sqrt{r_1^2 - r_0^2} + \sqrt{r_2^2 - r_0^2}\right). \tag{3.10.1}$$

在 (3.10.1) 式中已忽略地球与水星的运动，在本节后面的处理中也用到类似近似。

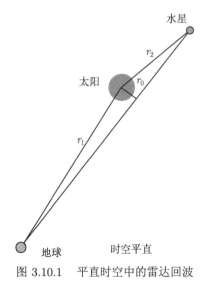

图 3.10.1　平直时空中的雷达回波

按照以广义相对论为代表的引力的几何理论、时空弯曲、光走零测地线，满足 (3.7.19)~(3.7.21) 式。在 r_0 处 (近日点)，

$$\dot{r} = \frac{\mathrm{d}r}{\mathrm{d}\lambda} = 0. \tag{3.10.2}$$

由此可定出角动量的平方:

$$L^2 = r_0^2 \mathrm{e}^{-2\nu(r_0)}. \tag{3.10.3}$$

(3.7.21) 式可改写成

$$\dot{r}^2 = \mathrm{e}^{-2\nu-2\mu} - \frac{L^2}{r^2}\mathrm{e}^{-2\mu}. \tag{3.10.4}$$

它与 (3.7.19) 式的平方之比为

$$\left(\frac{\mathrm{d}r}{\mathrm{d}t}\right)^2 = \mathrm{e}^{2\nu-2\mu} - \frac{L^2}{r^2}\mathrm{e}^{4\nu-2\mu}. \tag{3.10.5}$$

由此得

$$\mathrm{d}t = \frac{\pm\mathrm{d}r}{\sqrt{\mathrm{e}^{2\nu-2\mu} - \dfrac{L^2}{r^2}\mathrm{e}^{4\nu-2\mu}}}. \tag{3.10.6}$$

3.10.1   广义相对论的结果

在 GR 中，真空球对称外解为史瓦西解。对于史瓦西解，(3.10.6) 式为

$$\begin{aligned}
\mathrm{d}t &= \pm \frac{\mathrm{d}r}{\left(1 - \dfrac{2GM}{r}\right)\sqrt{1 - \dfrac{L^2}{r^2}\left(1 - \dfrac{2GM}{r}\right)}} \\
&= \pm \frac{\mathrm{d}r}{\left(1 - \dfrac{2GM}{r}\right)\sqrt{1 - \dfrac{r_0^2}{r^2}\dfrac{\left(1 - \dfrac{2GM}{r}\right)}{\left(1 - \dfrac{2GM}{r_0}\right)}}},
\end{aligned} \tag{3.10.7}$$

其中第二个等号用到 (3.10.3) 式及史瓦西的表达式。由于

$$1 - \frac{r_0^2}{r^2}\frac{\left(1 - \dfrac{2GM}{r}\right)}{\left(1 - \dfrac{2GM}{r_0}\right)}$$

$$\approx 1 - \frac{r_0^2}{r^2}\left(1 - \frac{2GM}{r} + \frac{2GM}{r_0}\right) = 1 - \frac{r_0^2}{r^2} + \frac{r_0^2}{r^2}\frac{2GM(r_0 - r)}{rr_0}$$

$$= 1 - \frac{r_0^2}{r^2} - \frac{r_0^2}{r^2}\frac{2GM(r^2 - r_0^2)}{rr_0(r + r_0)} = \left(1 - \frac{r_0^2}{r^2}\right)\left(1 - \frac{r_0}{r}\frac{2GM}{r + r_0}\right), \tag{3.10.8}$$

所以,

$$\mathrm{d}t = \pm\frac{\mathrm{d}r}{\left(1 - \frac{2GM}{r}\right)\sqrt{1 - \frac{r_0^2}{r^2}\frac{\left(1 - \frac{2GM}{r}\right)}{\left(1 - \frac{2GM}{r_0}\right)}}}$$

$$= \pm\left(1 - \frac{2GM}{r}\right)^{-1}\left(1 - \frac{r_0^2}{r^2}\right)^{-1/2}\left(1 - \frac{r_0}{r}\frac{2GM}{r + r_0}\right)^{-1/2}\mathrm{d}r$$

$$\approx \pm\left(1 - \frac{r_0^2}{r^2}\right)^{-1/2}\left(1 + \frac{2GM}{r} + \frac{r_0}{r}\frac{GM}{r + r_0}\right)\mathrm{d}r. \tag{3.10.9}$$

积分, 得

$$T(r_1 \to r_0) = \int_{r_0}^{r_1}\left(1 - \frac{r_0^2}{r^2}\right)^{-1/2}\left(1 + \frac{2GM}{r} + \frac{r_0}{r}\frac{GM}{r + r_0}\right)\mathrm{d}r$$

$$= \sqrt{r_1^2 - r_0^2} + 2GM\ln\frac{r_1 + \sqrt{r_1^2 - r_0^2}}{r_0} + GM\left(\frac{r_1 - r_0}{r_1 + r_0}\right)^{1/2}, \tag{3.10.10}$$

其中第一项是平直时空的结果, 后两项是 GR 的修正。GR 总修正为

$$\Delta T(r_1 \rightleftarrows r_2) = 4GM\ln\frac{r_1 + \sqrt{r_1^2 - r_0^2}}{r_0} + 2GM\left(\frac{r_1 - r_0}{r_1 + r_0}\right)^{1/2}$$

$$+ 4GM\ln\frac{r_2 + \sqrt{r_2^2 - r_0^2}}{r_0} + 2GM\left(\frac{r_2 - r_0}{r_2 + r_0}\right)^{1/2}. \tag{3.10.11}$$

设雷达信号掠过太阳表面, 在水星表面反射, $r_0 = R_\odot$, $R_\odot \ll r_2 \ll r_1$ 领头阶为

$$\Delta T(r_1 \rightleftarrows r_2) \approx 4GM\left(1 + \ln\frac{4r_1r_2}{R_\odot^2}\right) \approx 2.4 \times 10^{-4}\mathrm{s}. \tag{3.10.12}$$

按照 GR, 水星的雷达回波较平直时空晚到 240ms! 这种效应后被称为雷达回波延迟 (radar echo delay) 或夏皮洛延迟 (Shapiro delay)。

1968 年，夏皮洛等对水星测量，

$$\Delta T_{\mathrm{obs}} = \Delta T_{\mathrm{GR}} \times (0.9 \pm 0.2). \tag{3.10.13}$$

1971 年，夏皮洛等对金星测量，

$$\Delta T_{\mathrm{obs}} = \Delta T_{\mathrm{GR}} \times (1.02 \pm 0.05). \tag{3.10.14}$$

1977 年，安德森 (J. D. Anderson) 等对水手 VI，VII 人造卫星测量，

$$\Delta T_{\mathrm{obs}} = \Delta T_{\mathrm{GR}} \times (1.00 \pm 0.04). \tag{3.10.15}$$

雷达回波成为与水星近日点进动、光线偏折、引力红移并列的，对 GR 的第四大经典检验！

3.10.2　弱等效原理的结果*

若只考虑弱等效原理，

$$\mathrm{e}^{2\mu} = 1, \quad \mathrm{e}^{2\nu} = 1 - \frac{2GM}{r}, \tag{3.10.16}$$

则 (3.10.8) 化为

$$
\begin{aligned}
\mathrm{d}t &= \pm \frac{\mathrm{d}r}{\left(1 - \dfrac{2GM}{r}\right)^{1/2} \sqrt{1 - \dfrac{L^2}{r^2}\left(1 - \dfrac{2GM}{r}\right)}} \\
&\approx \pm \frac{\mathrm{d}r}{\left(1 - \dfrac{GM}{r}\right) \sqrt{1 - \dfrac{r_0^2}{r^2}\dfrac{\left(1 - \dfrac{2GM}{r}\right)}{\left(1 - \dfrac{2GM}{r_0}\right)}}}.
\end{aligned}
\tag{3.10.17}
$$

利用 (3.10.8) 得

$$
\begin{aligned}
\mathrm{d}t &= \pm \frac{\mathrm{d}r}{\left(1 - \dfrac{GM}{r}\right) \sqrt{1 - \dfrac{r_0^2}{r^2}\dfrac{\left(1 - \dfrac{2GM}{r}\right)}{\left(1 - \dfrac{2GM}{r_0}\right)}}} \\
&\approx \pm \left(1 - \frac{GM}{r}\right)^{-1} \left(1 - \frac{r_0^2}{r^2}\right)^{-1/2} \left(1 - \frac{r_0}{r}\frac{2GM}{r + r_0}\right)^{-1/2} \mathrm{d}r
\end{aligned}
$$

$$\approx \pm \left(1 - \frac{r_0^2}{r^2}\right)^{-1/2} \left(1 + \frac{GM}{r} + \frac{r_0}{r}\frac{GM}{r + r_0}\right) \mathrm{d}r. \tag{3.10.18}$$

积分, 得

$$T\left(r_1 \to r_0\right) = \int_{r_0}^{r_1} \left(1 - \frac{r_0^2}{r^2}\right)^{-1/2} \left(1 + \frac{GM}{r} + \frac{r_0}{r}\frac{GM}{r + r_0}\right) \mathrm{d}r$$

$$= \sqrt{r_1^2 - r_0^2} + GM \ln \frac{r_1 + \sqrt{r_1^2 - r_0^2}}{r_0} + GM \left(\frac{r_1 - r_0}{r_1 + r_0}\right)^{1/2},$$
$$\tag{3.10.19}$$

其中第一项仍是平直时空的结果, 后两项是弱等效原理的修正。等效原理的总
修正为

$$\Delta T\left(r_1 \rightleftarrows r_2\right) = 2GM \ln \frac{r_1 + \sqrt{r_1^2 - r_0^2}}{r_0} + 2GM \left(\frac{r_1 - r_0}{r_1 + r_0}\right)^{1/2}$$

$$+ 2GM \ln \frac{r_2 + \sqrt{r_2^2 - r_0^2}}{r_0} + 2GM \left(\frac{r_2 - r_0}{r_2 + r_0}\right)^{1/2}. \tag{3.10.20}$$

设雷达信号掠过太阳表面, 在水星表面反射, $r_0 = R_\odot$, $R_\odot \ll r_2 \ll r_1$ 领头阶为

$$\Delta T\left(r_1 \rightleftarrows r_2\right) \approx 2GM \left(2 + \ln \frac{4r_1 r_2}{R_\odot^{\,2}}\right) \approx 1.3 \times 10^{-4}\mathrm{s}. \tag{3.10.21}$$

按照等效原理 (空间平直, 引力势进入 g_{00}), 水星的雷达回波较平直时空只晚到
130ms, 与观测不符!

3.11 真空球对称引力场中的轨道运动 (II)——圆轨道和瞄准参数

以上讨论主要是在以太阳为代表的弱场近似下进行的。在史瓦西时空中, 当
轨道半径 r 不断减小时, 引力效应是仅在强度上加强? 还是会出现什么新情况?
本节就来回答这一问题。

3.11.1 圆轨道

根据前面的讨论, 史瓦西时空中运动的质点或光分别有两个守恒量。第一个
是守恒的 "能量"。对于质点, 由 (3.7.11) 式及史瓦西解给出, 即

$$\left(1 - \frac{2GM}{r}\right)\dot{t} = E = -U_0, \tag{3.11.1}$$

对于光，由 (3.7.19) 式及史瓦西解给出，即

$$\left(1 - \frac{2GM}{r}\right)\dot{t} = 1 = -U_0. \tag{3.11.2}$$

第二个是守恒的 "角动量"，由 (3.7.12) 和 (3.7.20) 式给出，即

$$r^2\dot{\varphi} = L = U_3. \tag{3.11.3}$$

将 (3.11.1) 和 (3.11.3) 式代入 (3.1.1) 式，并取 $\theta = \pi/2$ (此时 $g^{33} = g^{22}$)，得

$$E^2 g^{00} + g_{11}U^1U^1 + L^2 g^{33} = -1 \Rightarrow \left(\frac{\mathrm{d}r}{\mathrm{d}\tau}\right)^2 = -g^{11}\left(1 + E^2 g^{00} + L^2 g^{33}\right), \tag{3.11.4}$$

$$\Rightarrow r^4\left(\frac{\mathrm{d}r}{\mathrm{d}\tau}\right)^2 = \left(E^2 - 1\right)r^4 + 2GMr^3 - L^2 r\left(r - 2GM\right). \tag{3.11.5}$$

将 (3.11.2) 和 (3.11.3) 式代入 (3.1.17) 式，得

$$g^{00} + g_{11}U^1U^1 + L^2 g^{33} = 0 \Rightarrow r^4\left(\frac{\mathrm{d}r}{\mathrm{d}\tau}\right)^2 = r^4 - L^2 r\left(r - 2GM\right). \tag{3.11.6}$$

史瓦西时空中自由 "粒子"(含质点和光) 的运动方程可统一写成

$$r^4\left(\frac{\mathrm{d}r}{\mathrm{d}\sigma}\right)^2 = -V_{\text{eff}}, \tag{3.11.7}$$

其中 $\sigma = \begin{cases} \tau, & \text{质点} \\ \lambda, & \text{光} \end{cases}$，$V_{\text{eff}}$ 为有效势，

$$V_{\text{eff}} = \begin{cases} \left(1 - E^2\right)r^4 - 2GMr^3 + L^2 r\left(r - 2GM\right), & \text{质点,} \\ L^2 r\left(r - 2GM\right) - r^4, & \text{光.} \end{cases} \tag{3.11.8}$$

史瓦西时空中，围绕中心质量做圆轨道运动时，径向速度点点为零，因而，

$$\frac{\mathrm{d}r}{\mathrm{d}\sigma} = 0, \quad \frac{\mathrm{d}^2 r}{\mathrm{d}\sigma^2} = 0. \tag{3.11.9}$$

由 (3.11.7) 式知，前者要求有效势

$$V_{\text{eff}} = 0 : \begin{cases} r^3\left(1 - E^2\right) - 2GMr^2 + L^2\left(r - 2GM\right) = 0, & \text{质点,} \\ L^2\left(r - 2GM\right) - r^3 = 0, & \text{光.} \end{cases} \tag{3.11.10}$$

(3.11.7) 式两边对 σ 求导，得

$$\frac{\mathrm{d}}{\mathrm{d}\sigma}\left[r^4\left(\frac{\mathrm{d}r}{\mathrm{d}\sigma}\right)^2\right] = -\frac{\mathrm{d}V_{\mathrm{eff}}}{\mathrm{d}\sigma} = -\frac{\mathrm{d}r}{\mathrm{d}\sigma}V'_{\mathrm{eff}}, \tag{3.11.11}$$

其中 $'$ 代表对 r 求导, (3.11.11) 式的左边等于

$$\frac{\mathrm{d}}{\mathrm{d}\sigma}\left[r^4\left(\frac{\mathrm{d}r}{\mathrm{d}\sigma}\right)^2\right] = 4r^3\left(\frac{\mathrm{d}r}{\mathrm{d}\sigma}\right)^3 + 2r^4\frac{\mathrm{d}r}{\mathrm{d}\sigma}\frac{\mathrm{d}^2r}{\mathrm{d}\sigma^2}. \tag{3.11.12}$$

注意到 (3.11.7) 式的成立并不限于圆轨道, 故在 (3.11.11) 和 (3.11.12) 式的右边可以消去 $\dfrac{\mathrm{d}r}{\mathrm{d}\sigma}$。于是得

$$4r^3\left(\frac{\mathrm{d}r}{\mathrm{d}\sigma}\right)^2 + 2r^4\frac{\mathrm{d}^2r}{\mathrm{d}\sigma^2} = -V'_{\mathrm{eff}}, \tag{3.11.13}$$

对于圆轨道, 利用 (3.11.9) 式的第一式, (3.11.13) 式化为

$$2r^4\frac{\mathrm{d}^2r}{\mathrm{d}\sigma^2} = -V'_{\mathrm{eff}}. \tag{3.11.14}$$

所以, (3.11.9) 式的第二式要求

$$V'_{\mathrm{eff}} = 0: \begin{cases} 4r^3\left(1 - E^2\right) - 6GMr^2 + 2L^2\left(r - GM\right) = 0, & \text{质点}, \\ 2L^2\left(r - GM\right) - 4r^3 = 0, & \text{光}. \end{cases} \tag{3.11.15}$$

对于光, 由 (3.11.10) 和 (3.11.15) 式下面的式子得

$$r_{\mathrm{ph}} = 3GM, \quad L^2 = 27G^2M^2. \tag{3.11.16}$$

对于质点, 圆形轨道满足

$$\left(E^2 - 1\right)r^3 + 2GMr^2 - L^2\left(r - 2GM\right) = 0, \tag{3.11.17}$$

$$2\left(E^2 - 1\right)r^3 + 3GMr^2 - L^2\left(r - GM\right) = 0. \tag{3.11.18}$$

两式消掉 $E^2 - 1$, 得

$$L^2 = \frac{GMr^2}{r - 3GM}, \tag{3.11.19}$$

将之代入 (3.11.18) 式, 得

$$E^2 = 1 + \frac{L^2 (r - GM) - 3GMr^2}{2r^3} = 1 - \frac{GM}{r} \frac{r - 4GM}{r - 3GM}, \qquad (3.11.20)$$

(3.11.20) 式与 (3.11.19) 式之比为

$$\frac{E^2}{L^2} = \frac{(r - 2GM)^2}{GMr^3}. \qquad (3.11.21)$$

当 $r < 3GM$ 时, (3.11.19) 式给出不合理的结果: $L^2 < 0$, 也就是说在 $r < 3GM$ 区域内, 不存在圆形轨道! 或者说, 在史瓦西时空中质点运动存在最小圆轨道: $r = 3GM^+$。

(3.11.19)~(3.11.21) 式也可这样得到: 由 (3.11.17) 与 (3.11.18) 式消掉既不含 E^2, 又不含 L^2 的项, 再同除 L^2, 得

$$\left[\left(3GMr^2 - 2r^3 \right) r^3 - \left(2GMr^2 - r^3 \right) 2r^3 \right] \frac{E^2}{L^2}$$
$$- \left(3GMr^2 - 2r^3 \right) (r - 2GM) + \left(2GMr^2 - r^3 \right) (r - GM) = 0,$$

即

$$GMr^3 \frac{E^2}{L^2} - r^2 - 4GM (GM - r) = 0 \Rightarrow \frac{E^2}{L^2} = \frac{(r - 2GM)^2}{GMr^3}$$
$$\Rightarrow \frac{E}{L} = \pm \frac{r - 2GM}{(GM)^{1/2} r^{3/2}},$$

将之代入 (3.11.17) 式得

$$L^2 (r - 3GM) - GMr^2 = 0 \Rightarrow L^2 = \frac{GMr^2}{r - 3GM},$$

$$E^2 = \frac{(r - 2GM)^2}{r (r - 3GM)} \Rightarrow E = \frac{r - 2GM}{r^{1/2} (r - 3GM)^{1/2}}.$$

3.11.2 最小瞄准参数 (碰撞参数)

如图 3.11.1 所示, 在无穷远处, 光沿平行于到史瓦西解中心点连线的方向射出, 该光线与上述连线的距离为瞄准参数或称碰撞参数 (impact parameter), 记作 b。显然, 当 b 足够大时, 光被史瓦西解散射到无穷远; 当 b 足够小时, 进入无圆轨道的区域, 或直接落入 $r < 2GM$ 的区域, 或沿螺旋线掉入 $r < 2GM$ 的

区域；只有当 b 为某特定值时，光可进入光的圆轨道。这个特定值就是最小瞄准参数。下面就来计算这个参数。

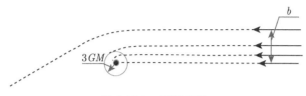

图 3.11.1　碰撞参数

3.9 节已指出，光在中心引力场中的运动满足 (3.9.15) 式，其中无量纲化的单位质量角动量由 (3.7.27) 式定义。(3.11.16) 式已给出光的圆轨道半径和角动量。在无穷远处，光的单位质量角动量为 $L = bc^2$，在相对论单位制中，$L = b$，由角动量守恒知，最小瞄准参数为

$$b = 3\sqrt{3}GM > 3GM. \tag{3.11.22}$$

显然，它大于质点的最小圆轨道半径和光的圆轨道半径。

3.11.3　稳定圆轨道

圆轨道满足 (3.11.10) 和 (3.11.20) 式，但这两个条件还不能保证轨道是稳定的。轨道稳定的条件是

$$0 < \frac{\mathrm{d}^2 V_{\text{eff}}}{\mathrm{d}r^2} = \begin{cases} 12r^2\left(1 - E^2\right) - 12GMr + 2L^2, & \text{质点}, \\ 2L^2 - 12r^2, & \text{光}. \end{cases} \tag{3.11.23}$$

对光来说，直接计算给出

$$2L^2 - 12r_{\text{ph}}{}^2 = -54\left(GM\right)^2 < 0, \tag{3.11.24}$$

即光的圆轨道不是稳定的。对质点来说，利用 (3.11.19) 和 (3.11.20) 式，得

$$\frac{\mathrm{d}^2 V_{\text{eff}}}{\mathrm{d}r^2} = 2GMr\frac{r - 6GM}{r - 3GM}, \tag{3.11.25}$$

$$\frac{\mathrm{d}^2 V_{\text{eff}}}{\mathrm{d}r^2} > 0 \Rightarrow r > 6GM \quad \text{或} \quad r < 3GM, \tag{3.11.26}$$

但因 $r < 3GM$ 区域内，不存在圆形轨道，故稳定圆形轨道的半径必大于 $6GM$，或说史瓦西时空存在最小稳定圆轨道，记作，

$$r_{\text{ms}} = 6GM. \tag{3.11.27}$$

3.11.4　束缚圆轨道

由 (3.11.20) 式知，当 $r \to \infty$ 时，$E^2 = 1$。当能量平方 $E^2 < 1$ 时，圆轨道是束缚的。轨道束缚要求

$$\frac{r - 4GM}{r - 3GM} > 0 \Rightarrow r > 4GM \quad 或 \quad 2GM < r < 3GM, \tag{3.11.28}$$

因 $2GM < r < 3GM$ 范围内，没有圆轨道，所以最小束缚轨道是

$$r_{\mathrm{mb}} = 4GM. \tag{3.11.29}$$

小结

(1) 若 $r \leqslant 3GM$，质点无法在圆形轨道上运行。此时，单位质量的角动量的平方 L^2 无法保持为有限正值。

(2) 当 $3GM < r \leqslant 4GM$，质点虽可在圆轨道上运行，但不稳定，稍有扰动就可能落向中心质量 (向内扰动) 或沿螺旋线飞到无穷远 (向外扰动)。此时，质点单位质量的能量的平方 $E^2 \geqslant 1$，即有足够的能量摆脱引力场的束缚。

(3) 当 $4GM < r < 6GM$ 时，圆轨道仍是不稳定的。遇向内扰动仍会落向中心质量；若遇向外扰动，虽不会飞到无穷远，但会沿 "椭圆" 轨道运行。

(4) 只有当 $r \geqslant 6GM$ 时，质点才可能在圆轨道上稳定地运行。

现在回到前面的问题："当轨道半径 r 不断减小时，引力效应是仅在强度上加强？还是会出现什么新情况？" 现在可以回答了。

对于圆形轨道来说，当 $r > 6GM$ 时，减小轨道半径，引力效应只在强度上改变。当 $r < 6GM$ 时，减小轨道半径，圆轨道不再稳定，甚至不再被中心质量所束缚。当 $r < 3GM$ 时，甚至没有圆轨道可供粒子在其上运行。当 $r = 3GM$ 时，光可像质点一样在圆轨道上运行，但这个轨道并不稳定。

3.12　后牛顿近似和轨道陀螺进动

3.12.1　后牛顿近似*

太阳的引力场可近似地用史瓦西解来描写，但太阳还有转动、脉动、多极矩等各种效应。表 3.12.1 给出了太阳的转动特性。

如何区分在牛顿引力中这些效应与广义相对论的修正？如何鉴别哪种引力理论能更好地解释天体的运动？

表 **3.12.1** 太阳的转动特性

转动特性 (rotation characteristics)	
倾角 (obliquity)	7.25° (相对黄道面)
	67.23° (相对银河盘面)
赤道处自转周期 (sidereal rotation period (at equator))	25.05d
两极附近的自转周期 (sidereal rotation period (at poles))	34.4d
赤道处角速度 (rotation velocity (at equator))	7.189×10^3km/h

注：来自维基百科。

为回答这些问题，需要建立一套弱场、低速近似的分析方法，称为参数化后牛顿近似 (parameterized post-Newtonian approximation, PPN) 方法。因课时限制，这里仅简单介绍广义相对论的后牛顿近似 (post-Newtonian approximation)。

考虑像太阳与行星那样由引力束缚在一起的质点系统。令 $\bar{M}, \bar{r}, \bar{v}$ 分别代表这些质点的质量、距离、速度的典型值。一个质点在引力场中感受到的牛顿引力势的典型值为

$$|\bar{\phi}| \sim \frac{G\bar{M}}{\bar{r}}, \tag{3.12.1}$$

单位质量的非相对论动能的典型值为 $\frac{1}{2}\bar{v}^2$。由 (理论) 力学知，它们在同一量级，即

$$\frac{G\bar{M}}{\bar{r}} \sim \bar{v}^2. \tag{3.12.2}$$

在弱场、低速近似下，

$$\frac{G\bar{M}}{c^2\bar{r}} \sim \frac{\bar{v}^2}{c^2}, \tag{3.12.3}$$

都是无量纲的小量。在相对论单位制下，引力势 $\frac{G\bar{M}}{\bar{r}}$ 和 $\bar{v}^2$ 是同量级的小量。时空度规及粒子运动方程等可按这个小量的级别展开。所谓后牛顿近似就是比牛顿近似精度更高的近似。例如，史瓦西解按上述小量展开，

$$ds^2 = -\left(1 - \frac{2GM}{r}\right)dt^2 + \left(1 - \frac{2GM}{r}\right)^{-1}dr^2 + r^2d\Omega^2$$

$$= -\left(1 - \frac{2GM}{r}\right)dt^2 + dr^2 + r^2d\Omega^2 + \left(\frac{2GM}{r} + \frac{(2GM)^2}{r^2} + \cdots\right)dr^2, \tag{3.12.4}$$

其中第二行等式右边前三项就是牛顿引力加等效原理的 4 维描述，最后一项为后牛顿近似项，它包含不同阶数的后牛顿修正，$dr^2 = \frac{(xdx + ydy + zdz)^2}{r^2}$。在 3.4 节

中曾说过，施瓦西解可用各向同性坐标来写出：

$$ds^2 = -\frac{\left(1 - \dfrac{GM}{2r}\right)^2}{\left(1 + \dfrac{GM}{2r}\right)^2} dt^2 + \left(1 + \frac{GM}{2r}\right)^4 \left(dr^2 + r^2 d\Omega^2\right)$$

$$= -\left(1 - \frac{2M}{r}\right) dt^2 + dx^2 + dy^2 + dz^2 - \left(\frac{2M^2}{r^2} + \cdots\right) dt^2$$

$$+ \left(\frac{2M}{r} + \frac{3M^2}{2r^2} + \cdots\right) \left(dx^2 + dy^2 + dz^2\right), \tag{3.12.5}$$

其中第二个等号右边前 4 项就是牛顿引力加弱等效原理的 4 维描述，最后两大项则为后牛顿近似项。

一般地，总可将度规在闵氏度规附近展开成

$$g_{00} = -1 + \overset{2}{g}_{00} + \overset{4}{g}_{00} + \cdots,$$

$$g_{ij} = \delta_{ij} + \overset{2}{g}_{ij} + \overset{4}{g}_{ij} + \cdots, \tag{3.12.6}$$

$$g_{i0} = \overset{3}{g}_{i0} + \overset{5}{g}_{i0} + \cdots,$$

其中坐标 (x^0, x^i) 取为 (ct, x, y, z)，$r^2 = x^2 + y^2 + z^2$，$\overset{N}{g}_{\mu\nu}$ 表示 $g_{\mu\nu}$ 中量级为 $\bar{v}^N$ 的项。需指出，为给出后牛顿近似的结果，这个展开一定要比牛顿势的阶数高；另外，为使线元在时间反演 $t \to -t$ 下不变，g_{0i} 需在时间反演 $t \to -t$ 下改变符号，因而只包含奇数阶项。类似地，

$$g^{00} = -1 + \overset{2}{g}{}^{00} + \overset{4}{g}{}^{00} + \cdots,$$

$$g^{ij} = \delta^{ij} + \overset{2}{g}{}^{ij} + \overset{4}{g}{}^{ij} + \cdots, \tag{3.12.7}$$

$$g^{i0} = \overset{3}{g}{}^{i0} + \overset{5}{g}{}^{i0} + \cdots.$$

由 (2.2.14) 式知，

$$1 = g_{0\lambda} g^{\lambda 0} = g_{00} g^{00} + g_{0i} g^{i0},$$

$$\delta_i^j = g_{i\lambda} g^{\lambda j} = g_{i0} g^{0j} + g_{ik} g^{kj}, \tag{3.12.8}$$

$$0 = g_{0\lambda} g^{\lambda i} = g_{00} g^{0i} + g_{0k} g^{ki},$$

$$\Rightarrow \overset{2}{g}{}^{00} = -\overset{2}{g}_{00}, \quad \overset{2}{g}{}^{ij} = -\overset{2}{g}_{ij}, \quad \overset{3}{g}{}^{0i} = \overset{3}{g}_{0i}, \cdots. \tag{3.12.9}$$

以后的后牛顿分析, 角标 ij 就可只写下标了。克里斯多菲联络的计算需要用到求导。在直角坐标下,

$$\partial_\mu \rightarrow \partial_i \sim \frac{1}{\bar{r}}, \quad \partial_0 \sim \frac{\bar{v}}{\bar{r}}. \tag{3.12.10}$$

由克里斯多菲联络 (2.3.34) 式及 (3.12.6)、(3.12.7)、(3.12.10) 式, 得

$$\Gamma^i_{00} = \overset{2}{\Gamma}{}^i_{00} + \overset{4}{\Gamma}{}^i_{00} + \cdots, \quad \Gamma^0_{0i} = \overset{2}{\Gamma}{}^0_{0i} + \overset{4}{\Gamma}{}^0_{0i} + \cdots, \quad \Gamma^i_{jk} = \overset{2}{\Gamma}{}^i_{jk} + \overset{4}{\Gamma}{}^i_{jk} + \cdots,$$

$$\Gamma^0_{00} = \overset{3}{\Gamma}{}^0_{00} + \overset{5}{\Gamma}{}^0_{00} + \cdots, \quad \Gamma^0_{ij} = \overset{3}{\Gamma}{}^0_{ij} + \overset{5}{\Gamma}{}^0_{ij} + \cdots, \quad \Gamma^i_{0j} = \overset{3}{\Gamma}{}^i_{0j} + \overset{5}{\Gamma}{}^i_{0j} + \cdots, \tag{3.12.11}$$

其中

$$\overset{2}{\Gamma}{}^i_{00} = -\frac{1}{2}\partial_i \overset{2}{g}_{00}, \quad \overset{2}{\Gamma}{}^0_{0i} = -\frac{1}{2}\partial_i \overset{2}{g}_{00}, \quad \overset{2}{\Gamma}{}^i_{jk} = \frac{1}{2}\left(\partial_j \overset{2}{g}_{ik} + \partial_k \overset{2}{g}_{ji} - \partial_i \overset{2}{g}_{jk}\right), \tag{3.12.12a}$$

$$\overset{3}{\Gamma}{}^0_{00} = -\frac{1}{2}\partial_0 \overset{2}{g}_{00}, \quad \overset{3}{\Gamma}{}^0_{ij} = -\frac{1}{2}\left(\partial_i \overset{3}{g}_{0j} + \partial_j \overset{3}{g}_{i0} - \partial_0 \overset{2}{g}_{ij}\right),$$

$$\overset{3}{\Gamma}{}^i_{0j} = \frac{1}{2}\left(\partial_0 \overset{2}{g}_{ij} + \partial_j \overset{3}{g}_{0i} - \partial_i \overset{3}{g}_{0j}\right), \tag{3.12.12b}$$

$$\overset{4}{\Gamma}{}^i_{00} = -\frac{1}{2}\partial_i \overset{4}{g}_{00} + \partial_0 \overset{3}{g}_{0i} + \frac{1}{2}\overset{2}{g}_{ij}\partial_j \overset{2}{g}_{00}. \tag{3.12.12c}$$

里奇曲率张量的展开是

$$R_{00} = \overset{2}{R}_{00} + \overset{4}{R}_{00} + \cdots,$$

$$R_{ij} = \overset{2}{R}_{ij} + \overset{4}{R}_{ij} + \cdots, \tag{3.12.13}$$

$$R_{i0} = \overset{3}{R}_{i0} + \overset{5}{R}_{i0} + \cdots,$$

其中

$$\overset{2}{R}_{00} = \partial_i \overset{2}{\Gamma}{}^i_{00}, \quad \overset{2}{R}_{ij} = \partial_k \overset{2}{\Gamma}{}^k_{ij} - \partial_i \overset{2}{\Gamma}{}^0_{0j} - \partial_i \overset{2}{\Gamma}{}^k_{jk},$$

$$\overset{3}{R}_{i0} = \partial_j \overset{3}{\Gamma}{}^j_{0i} - \partial_0 \overset{2}{\Gamma}{}^j_{ij}, \quad \overset{4}{R}_{00} = \partial_i \overset{4}{\Gamma}{}^i_{00} - \partial_0 \overset{3}{\Gamma}{}^i_{0i} + \overset{2}{\Gamma}{}^i_{00}\overset{2}{\Gamma}{}^j_{ij} - \overset{2}{\Gamma}{}^0_{0i}\overset{2}{\Gamma}{}^i_{00}. \tag{3.12.14}$$

小结

无论是 $g_{\mu\nu}$, 还是联络系数 $\Gamma^\lambda{}_{\mu\nu}$, 抑或是里奇曲率张量 $R_{\mu\nu}$, 若有偶数个 0 指标, 则只含 $\bar{v}$ 的偶次项; 若有奇数个 0 指标, 则只含 $\bar{v}$ 的奇次项。

3.3 节中曾介绍过, 定解需要引入坐标条件. 我们采用谐和坐标条件:

$$g^{\mu\nu}\Gamma^{\lambda}_{\mu\nu} = 0. \tag{3.12.15}$$

关于谐和坐标条件的意义, 我们留到第 4 章再介绍. 谐和坐标条件的后牛顿近似为

$$0 = g^{\mu\nu}\Gamma^{0}_{\mu\nu} = g^{00}\Gamma^{0}_{00} + 2g^{0i}\Gamma^{0}_{0i} + g^{ij}\Gamma^{0}_{ij} \xrightarrow{\text{领头阶}} \frac{1}{2}\partial_0 \overset{2}{g}_{00} - \partial_i \overset{3}{g}_{0i} + \frac{1}{2}\partial_0 \overset{2}{g}_{ii}, \tag{3.12.16}$$

$$0 = g^{\mu\nu}\Gamma^{i}_{\mu\nu} = g^{00}\Gamma^{i}_{00} + 2g^{0j}\Gamma^{i}_{0j} + g^{jk}\Gamma^{i}_{jk} \xrightarrow{\text{领头阶}} \frac{1}{2}\partial_i \overset{2}{g}_{00} + \partial_j \overset{2}{g}_{ij} - \frac{1}{2}\partial_i \overset{2}{g}_{jj}. \tag{3.12.17}$$

(3.12.16) 式对 x^0、x^1 求导分别得

$$\partial_0^2 \overset{2}{g}_{00} - 2\partial_0\partial_i \overset{3}{g}_{0i} + \partial_0^2 \overset{2}{g}_{ii} = 0, \tag{3.12.18a}$$

$$\partial_i\partial_0 \overset{2}{g}_{00} - 2\partial_i\partial_j \overset{3}{g}_{0j} + \partial_i\partial_0 \overset{2}{g}_{jj} = 0, \tag{3.12.18b}$$

(3.12.17) 式对 x^0、x^k 求导分别得

$$\partial_0\partial_i \overset{2}{g}_{00} + 2\partial_0\partial_j \overset{2}{g}_{ij} - \partial_0\partial_i \overset{2}{g}_{jj} = 0, \tag{3.12.19a}$$

$$\partial_k\partial_i \overset{2}{g}_{00} + 2\partial_k\partial_j \overset{2}{g}_{ij} - \partial_k\partial_i \overset{2}{g}_{jj} = 0. \tag{3.12.19b}$$

结合 (3.12.18b) 和 (3.12.19a) 式, 有

$$\partial_0\partial_j \overset{2}{g}_{ij} - \partial_0\partial_i \overset{2}{g}_{jj} + \partial_i\partial_j \overset{3}{g}_{0j} = 0, \tag{3.12.20}$$

(3.12.19b) 式的第一项和第三项关于 i, k 对称, 故第二项也必关于 i, k 对称, 故可写成对称的形式

$$\partial_k\partial_i \overset{2}{g}_{00} + \partial_k\partial_j \overset{2}{g}_{ij} + \partial_i\partial_j \overset{2}{g}_{kj} - \partial_k\partial_i \overset{2}{g}_{jj} = 0. \tag{3.12.21}$$

利用坐标条件 (3.12.16)~(3.12.21) 式, 可将里奇张量化简为

$$\overset{2}{R}_{00} = -\frac{1}{2}\Delta \overset{2}{g}_{00}, \quad \overset{2}{R}_{ij} = -\frac{1}{2}\Delta \overset{2}{g}_{ij},$$

$$\overset{3}{R}_{i0} = -\frac{1}{2}\Delta \overset{3}{g}_{0i}, \tag{3.12.22}$$

$$\overset{4}{R}_{00} = -\frac{1}{2}\Delta \overset{4}{g}_{00} + \frac{1}{2}\partial_0^2 \overset{2}{g}_{00} + \frac{1}{2}\overset{2}{g}_{ij}\partial_i\partial_j \overset{2}{g}_{00} - \frac{1}{2}\left(\partial_i \overset{2}{g}_{00}\right)\left(\partial_i \overset{2}{g}_{00}\right).$$

为写出爱因斯坦方程，还需澄清 $T_{\mu\nu}$ 的量级。$T_{\mu\nu}U^{\mu}U^{\nu}$ 是 4 速度为 U^{μ} 的观察者观测到的能量密度。对于静态观察者 $(x^{i} = \text{const.})$，由 (3.1.1) 式知

$$U^{0}U^{0} = \frac{-1}{g_{00}}, \tag{3.12.23}$$

$$T_{00}U^{0}U^{0} = \left(\overset{0}{T}_{00} + \overset{2}{T}_{00} + \cdots\right)\left(1 - \overset{2}{g}_{00} - \cdots\right)^{-1} = \overset{0}{T}_{00} + \overset{2}{T}_{00} + \overset{2}{g}_{00}\overset{0}{T}_{00} + \cdots, \tag{3.12.24}$$

其中第二个等号右边第一项是静止质能密度，第二项是非相对论能量密度，第三项是 2 倍的引力势能密度。

我们采用 (3.3.26) 式形式的爱因斯坦方程。为具体写出爱因斯坦方程的后牛顿近似，需先分析 $T_{\mu\nu} - \frac{1}{2}g_{\mu\nu}T$。能量–动量张量的后牛顿展开为

$$\begin{aligned}
T_{00} &= \overset{0}{T}_{00} + \overset{2}{T}_{00} + \cdots, \\
T_{ij} &= \overset{2}{T}_{ij} + \cdots, \\
T_{i0} &= \overset{1}{T}_{i0} + \overset{3}{T}_{i0} + \cdots,
\end{aligned} \tag{3.12.25}$$

能动张量的迹的后牛顿展开为

$$T = g^{\mu\nu}T_{\mu\nu} = -\overset{0}{T}_{00} - \overset{2}{T}_{00} - \overset{2}{g}_{00}\overset{0}{T}_{00} + \overset{2}{T}_{ii} + \cdots, \tag{3.12.26}$$

所以，

$$\begin{aligned}
T_{00} - \frac{1}{2}g_{00}T &= \frac{1}{2}\overset{0}{T}_{00} + \frac{1}{2}\overset{2}{T}_{00} + \frac{1}{2}\overset{2}{T}_{ii} + \cdots, \\
T_{0i} - \frac{1}{2}g_{0i}T &= \overset{1}{T}_{0i} + \overset{3}{T}_{0i} + \frac{1}{2}\overset{3}{g}_{0i}\overset{0}{T}_{00} + \cdots, \\
T_{ij} - \frac{1}{2}g_{ij}T &= \frac{1}{2}\overset{0}{T}_{00}\delta_{ij} + \overset{2}{T}_{ij} + \frac{1}{2}\overset{2}{T}_{00}\delta_{ij} + \frac{1}{2}\overset{2}{g}_{00}\overset{0}{T}_{00}\delta_{ij} \\
&\quad - \frac{1}{2}\overset{2}{T}_{kk}\delta_{ij} + \frac{1}{2}\overset{2}{g}_{ij}\overset{0}{T}_{00} + \cdots.
\end{aligned} \tag{3.12.27}$$

将 (3.12.22)、(3.12.27) 式代入 (3.3.26) 式，得

$$\Delta\overset{2}{g}_{00} = -8\pi\overset{0}{T}_{00}, \tag{3.12.28}$$

$$\Delta\overset{2}{g}_{ij} = -8\pi\overset{0}{T}_{00}\delta_{ij}, \tag{3.12.29}$$

$$\Delta \overset{3}{g}_{0i} = -16\pi \overset{1}{T}_{0i}, \tag{3.12.30}$$

$$\Delta \overset{4}{g}_{00} = \partial_0^2 \overset{2}{g}_{00} + \overset{2}{g}_{ij}\partial_i\partial_j \overset{2}{g}_{00} - \left(\partial_i \overset{2}{g}_{00}\right)\left(\partial_i \overset{2}{g}_{00}\right) - 8\pi\left(\overset{2}{T}_{00} + \overset{2}{T}_{ii}\right). \tag{3.12.31}$$

由 (3.1.20) 式知,

$$\overset{2}{g}_{00} = -2\phi. \tag{3.12.32}$$

(3.12.28) 式给出泊松方程 (1.1.20) 式, 这是牛顿近似。由 (3.12.28) 和 (3.12.29) 式得

$$\overset{2}{g}_{ij} = -2\phi\delta_{ij}. \tag{3.12.33}$$

记

$$\overset{3}{g}_{0i} = \zeta_i, \tag{3.12.34}$$

则 (3.12.30) 式可写成

$$\Delta\zeta_i = -16\pi \overset{1}{T}_{0i}. \tag{3.12.35}$$

(3.12.31) 式右边第二、第三项为

$$\overset{2}{g}_{ij}\partial_i\partial_j \overset{2}{g}_{00} - \left(\partial_i \overset{2}{g}_{00}\right)\left(\partial_i \overset{2}{g}_{00}\right) = 4\phi\partial_i\partial_i\phi - 4\left(\partial_i\phi\right)\left(\partial_i\phi\right) = 8\phi\Delta\phi - 2\Delta\phi^2, \tag{3.12.36}$$

令

$$\overset{4}{g}_{00} = -2\phi^2 - 2\psi. \tag{3.12.37}$$

注意到泊松方程, 由 (3.12.31) 式得

$$\Delta\psi = \partial_0^2\phi + 4\pi\left(\overset{2}{T}_{00} + \overset{2}{T}_{ii} - 4\phi\overset{0}{T}_{00}\right). \tag{3.12.38}$$

用后牛顿势重新写出联络系数:

$$\overset{2}{\Gamma}{}^i_{00} = \partial_i\phi, \quad \overset{2}{\Gamma}{}^0_{0i} = \partial_i\phi, \quad \overset{2}{\Gamma}{}^i_{jk} = \left(\delta_{il}\delta_{jk} - \delta_{ik}\delta_{jl} - \delta_{ij}\delta_{kl}\right)\partial_l\phi,$$

$$\overset{3}{\Gamma}{}^0_{00} = \partial_0\phi, \quad \overset{3}{\Gamma}{}^0_{ij} = -\frac{1}{2}\left(\partial_i\zeta_j + \partial_j\zeta_i\right) - \delta_{ij}\partial_0\phi, \tag{3.12.39}$$

$$\overset{3}{\Gamma}{}^i_{0j} = -\delta_{ij}\partial_0\phi + \frac{1}{2}\left(\partial_j\zeta_i - \partial_i\zeta_j\right), \quad \overset{4}{\Gamma}{}^i_{00} = \partial_i\left(2\phi^2 + \psi\right) + \partial_0\zeta_i.$$

泊松方程 (3.12.28) (即 (1.1.20) 式或 (3.3.4)) 加上无穷远处为零的边界条件, 给出

$$\phi = - \iiint \frac{\overset{0}{T}_{00}\left(\boldsymbol{x}', t'\right)}{|\boldsymbol{x} - \boldsymbol{x}'|} \mathrm{d}^3 x' \tag{3.12.40}$$

在无穷远处为零的边界条件下求解 (3.12.35) 式，得

$$\zeta_i = 4 \iiint \frac{\overset{1}{T}_{0i}\left(\boldsymbol{x}', t'\right)}{|\boldsymbol{x} - \boldsymbol{x}'|} \mathrm{d}^3 x', \tag{3.12.41}$$

在无穷远处为零的边界条件下求解 (3.12.38) 式，得

$$\psi = - \iiint \frac{\mathrm{d}^3 x'}{|\boldsymbol{x} - \boldsymbol{x}'|}$$
$$\times \left\{ \frac{1}{4\pi} \partial_{t'}{}^2 \phi\left(\boldsymbol{x}', t'\right) + \left[\overset{2}{T}_{00}\left(\boldsymbol{x}', t'\right) + \overset{2}{T}_{ii}\left(\boldsymbol{x}', t'\right) - 4\phi\left(\boldsymbol{x}', t'\right) \overset{0}{T}_{00}\left(\boldsymbol{x}', t'\right) \right] \right\}. \tag{3.12.42}$$

坐标条件 (3.12.16) 式也可用牛顿势及后牛顿势表示出来

$$4\partial_0 \phi + \partial_i \zeta_i = 0, \tag{3.12.43}$$

用牛顿势和后牛顿势表示出坐标条件 (3.12.17) 式是一个平凡的恒等式。

(类时) 测地线方程 (2.7.3) 的分量方程为

$$\frac{\mathrm{d}^2 x^0}{\mathrm{d}\tau^2} + \Gamma^0_{\nu\lambda} \frac{\mathrm{d}x^\nu}{\mathrm{d}\tau} \frac{\mathrm{d}x^\lambda}{\mathrm{d}\tau}$$
$$= 0 \Rightarrow \frac{\mathrm{d}}{\mathrm{d}t}\left(\frac{\mathrm{d}t}{\mathrm{d}\tau} \right) + \Gamma^0_{00} \frac{\mathrm{d}x^0}{\mathrm{d}t} \frac{\mathrm{d}x^0}{\mathrm{d}t} \frac{\mathrm{d}t}{\mathrm{d}\tau} + 2\Gamma^0_{0i} \frac{\mathrm{d}x^0}{\mathrm{d}t} \frac{\mathrm{d}x^i}{\mathrm{d}t} \frac{\mathrm{d}t}{\mathrm{d}\tau} + \Gamma^0_{ij} v^i v^j \frac{\mathrm{d}t}{\mathrm{d}\tau} = 0$$
$$\Rightarrow \frac{\mathrm{d}}{\mathrm{d}t}\left(\frac{\mathrm{d}t}{\mathrm{d}\tau} \right) + \Gamma^0_{00} \frac{\mathrm{d}t}{\mathrm{d}\tau} + 2\Gamma^0_{0i} \frac{\mathrm{d}x^i}{\mathrm{d}t} \frac{\mathrm{d}t}{\mathrm{d}\tau} + \Gamma^0_{ij} v^i v^j \frac{\mathrm{d}t}{\mathrm{d}\tau} = 0,$$

精确到 3 阶，

$$\frac{\mathrm{d}}{\mathrm{d}t} \ln\left(\frac{\mathrm{d}t}{\mathrm{d}\tau} \right) = -\partial_0 \phi - 2v^i \left(\partial_i \phi \right). \tag{3.12.44}$$

(2.7.3) 式的 i 分量方程为

$$\frac{\mathrm{d}^2 x^i}{\mathrm{d}\tau^2} + \Gamma^i_{\nu\lambda} \frac{\mathrm{d}x^\nu}{\mathrm{d}\tau} \frac{\mathrm{d}x^\lambda}{\mathrm{d}\tau} = 0 \Rightarrow \frac{\mathrm{d}^2 x^i}{\mathrm{d}\tau^2} + \Gamma^i_{00} \frac{\mathrm{d}x^0}{\mathrm{d}\tau} \frac{\mathrm{d}x^0}{\mathrm{d}\tau} + 2\Gamma^i_{0j} \frac{\mathrm{d}x^0}{\mathrm{d}\tau} \frac{\mathrm{d}x^j}{\mathrm{d}\tau} + \Gamma^i_{jk} \frac{\mathrm{d}x^j}{\mathrm{d}\tau} \frac{\mathrm{d}x^k}{\mathrm{d}\tau} = 0$$
$$\Rightarrow \frac{\mathrm{d}}{\mathrm{d}t}\left(\frac{\mathrm{d}t}{\mathrm{d}\tau} v^i \right) + \Gamma^i_{00} \frac{\mathrm{d}t}{\mathrm{d}\tau} + 2\Gamma^i_{0j} \frac{\mathrm{d}t}{\mathrm{d}\tau} v^j + \Gamma^i_{jk} v^j v^k \frac{\mathrm{d}t}{\mathrm{d}\tau} = 0$$
$$\Rightarrow v^i \frac{\mathrm{d}}{\mathrm{d}t} \ln\left(\frac{\mathrm{d}t}{\mathrm{d}\tau} \right) + \frac{\mathrm{d}v^i}{\mathrm{d}t} + \Gamma^i_{00} + 2\Gamma^i_{0j} v^j + \Gamma^i_{jk} v^j v^k = 0,$$

精确到 4 阶并将 (3.12.44) 式代入此式, 得

$$v^i \left[-\partial_0\phi - 2v^j\left(\partial_j\phi\right)\right] + \frac{\mathrm{d}v^i}{\mathrm{d}t} + \partial_i\phi + \partial_i\left(2\phi^2 + \psi\right) + \partial_0\zeta_i$$

$$+ 2\left[-\delta_{ij}\partial_0\phi + \frac{1}{2}\left(\partial_j\zeta_i - \partial_i\zeta_j\right)\right]v^j$$

$$+ \left[\left(\delta_{il}\delta_{jk} - \delta_{ik}\delta_{jl} - \delta_{ij}\delta_{kl}\right)\partial_l\phi\right]v^jv^k = 0,$$

$$\Rightarrow \frac{\mathrm{d}v^i}{\mathrm{d}t} = -\partial_i\phi + 3v^i\partial_0\phi - v^2\partial_i\phi + 4v^iv^j\partial_i\phi - \partial_i\left(2\phi^2 + \psi\right)$$

$$- v^j\left(\partial_j\zeta_i - \partial_i\zeta_j\right) - \partial_0\zeta_i, \tag{3.12.45}$$

右边第一项是牛顿项, 后几项都是后牛顿项。

3.12.2   Lense-Thirring 近似解

本章前几节讨论的都是球对称静态解。但自然界中的星体或多或少都具有一定的转动。如果考虑转动, 解不再是静态的。

1918 年, J. Lense 和 H. Thirring 在研究弱场近似下, 转动球体外部的引力场时, 给出度规

$$\mathrm{d}s^2 = -\left(1 - \frac{2GM}{c^2 r}\right)c^2\mathrm{d}t^2 + \left(1 + \frac{2GM}{c^2 r}\right)\left(\mathrm{d}r^2 + r^2\mathrm{d}\theta^2 + r^2\sin^2\theta\mathrm{d}\varphi^2\right)$$

$$- \frac{4GJ}{c^2 r}\sin^2\theta\mathrm{d}t\mathrm{d}\varphi, \tag{3.12.46}$$

其中 J 是无穷远处测量到的星体的转动角动量。这个解称为 Lense-Thirring (LT) 近似解。在几何单位制中, Lense-Thirring 解的度规矩阵为

$$(g_{\mu\nu}) = \begin{pmatrix} -\left(1 - \dfrac{2M}{r}\right) & 0 & 0 & -\dfrac{2Ma}{r}\sin^2\theta \\ 0 & 1 + \dfrac{2M}{r} & 0 & 0 \\ 0 & 0 & r^2\left(1 + \dfrac{2M}{r}\right) & 0 \\ -\dfrac{2Ma}{r}\sin^2\theta & 0 & 0 & r^2\left(1 + \dfrac{2M}{r}\right)\sin^2\theta \end{pmatrix}, \tag{3.12.47}$$

其中 $a = J/M$。采用直角坐标后，Lense-Thirring 解可写成

$$ds^2 = -\left(1 - \frac{2M}{r}\right) dt^2 + \left(1 + \frac{2M}{r}\right) (dx^2 + dy^2 + dz^2) + \frac{4Ma}{r^3} (ydx - xdy) dt,$$
$$\tag{3.12.48}$$

其中 $r = \sqrt{x^2 + y^2 + z^2}$。比较 (3.12.47) 式和 (3.12.6)、(3.12.32)、(3.12.34) 式，有

$$\phi = -\frac{M}{r}, \quad \zeta_i = \left(\frac{2May}{r^3}, -\frac{2Max}{r^3}, 0\right). \tag{3.12.49}$$

由 (3.12.39) 式得联络系数前几阶非零分量为

$$\overset{2}{\Gamma}{}^i_{00} = \frac{Mx^i}{r^3}, \quad \overset{2}{\Gamma}{}^0_{0i} = \frac{Mx^i}{r^3}, \quad \overset{2}{\Gamma}{}^i_{jk} = \frac{M}{r^3}\left(x^i\delta_{jk} - x^j\delta_{ik} + x^k\delta_{ij}\right),$$

$$\overset{3}{\Gamma}{}^0_{11} = \frac{6Maxy}{r^4}, \quad \overset{3}{\Gamma}{}^0_{22} = -\frac{6Maxy}{r^5}, \quad \overset{3}{\Gamma}{}^0_{12} = -\frac{3Ma}{r^5}\left(x^2 - y^2\right),$$

$$\overset{3}{\Gamma}{}^0_{23} = -\frac{3Maxz}{r^5}, \quad \overset{3}{\Gamma}{}^0_{13} = \frac{3Mayz}{r^5},$$
$$\tag{3.12.50}$$

$$\overset{3}{\Gamma}{}^1_{02} = -\overset{3}{\Gamma}{}^2_{01} = \frac{2Ma}{r^3} - \frac{3Ma\left(x^2 + y^2\right)}{r^5}, \quad \overset{3}{\Gamma}{}^1_{03} = -\overset{3}{\Gamma}{}^3_{01} = -\frac{3Mayz}{r^5},$$

$$\overset{3}{\Gamma}{}^2_{03} = -\overset{3}{\Gamma}{}^3_{02} = \frac{3Maxz}{r^5}, \quad \overset{4}{\Gamma}{}^i_{00} = -\frac{4M^2x^i}{r^4}.$$

3.12.3 轨道陀螺进动[*]

本小节，我们研究转动球对称引力场中轨道陀螺的进动。

3.12.3.1 轨道陀螺的进动轨迹

测地线方程 (2.7.3) 的 0 分量、i 分量分别给出

$$\frac{d}{dt}\left(\frac{dt}{d\tau}\right) + \Gamma^0_{00}\frac{dt}{d\tau} + 2\Gamma^0_{0i}\frac{dx^i}{dt}\frac{dt}{d\tau} + \Gamma^0_{ij}v^iv^j\frac{dt}{d\tau} = 0, \tag{3.12.51}$$

$$\frac{dt}{d\tau}\dot{v}^i + v^i\frac{d}{dt}\left(\frac{dt}{d\tau}\right) + \Gamma^i_{00}\frac{dt}{d\tau} + 2\Gamma^i_{0j}\frac{dt}{d\tau}v^j + \Gamma^i_{jk}v^jv^k\frac{dt}{d\tau} = 0, \tag{3.12.52}$$

其中点代表对时间坐标 t 求导。两者给出

$$\dot{v}^i + \left(\Gamma^i_{00} - v^i\Gamma^0_{00}\right) + 2\Gamma^i_{0j}v^j + \left(\Gamma^i_{jk}v^jv^k - 2\Gamma^0_{0j}v^iv^j\right) - \Gamma^0_{jk}v^iv^jv^k = 0, \tag{3.12.53}$$

对于 Lense-Thirring 解，精确到 $O\left(\phi, v^2\right)$ 的量级，(3.12.53) 式化为

$$\dot{v}^i = -\partial_i\phi \quad 即 \quad \dot{\boldsymbol{v}} = -\nabla\phi, \tag{3.12.54}$$

这正是牛顿引力的结果。

3.12.3.2 轨道陀螺自旋方向

自旋是与粒子运动的 4 速度 U^μ 无关的量, 它定义为

$$S_\mu U^\mu = 0, \tag{3.12.55}$$

其中 S_μ 为自旋 4 矢量, 换句话说, 自旋 4 矢量永远与粒子的 4 速度正交, 或者说, 在随动坐标系中, 自旋只有 3 个空间分量。由 (3.12.55) 式得

$$S_\mu \frac{\mathrm{d}x^\mu}{\mathrm{d}\tau} = 0 \Rightarrow S_\mu \frac{\mathrm{d}x^\mu}{\mathrm{d}t} = 0 \Rightarrow S_0 + S_i \frac{\mathrm{d}x^i}{\mathrm{d}t} = 0 \Rightarrow S_0 + S_i v^i = 0 \Rightarrow S_0 = -S_i v^i. \tag{3.12.56}$$

由张量场平行移动的定义 (2.5.18) 式知, 自旋 4 矢量的平行移动方程为

$$U^\mu S_{\nu;\mu} = U^\mu S_{\nu,\mu} - \Gamma^\mu_{\nu\sigma} S_\mu U^\sigma = 0 \Rightarrow \frac{\mathrm{d}S_\nu}{\mathrm{d}\tau} - \Gamma^\mu_{\nu\sigma} S_\mu U^\sigma = 0. \tag{3.12.57}$$

(3.12.57) 式可写为 3 维形式

$$\frac{\mathrm{d}S_\nu}{\mathrm{d}\tau} = \Gamma^0_{\nu\sigma} S_0 U^\sigma + \Gamma^i_{\nu\sigma} S_i U^\sigma \Rightarrow \frac{\mathrm{d}S_\nu}{\mathrm{d}t} = -\Gamma^0_{\nu 0} S_j v^j - \Gamma^0_{\nu i} S_j v^i v^j + \Gamma^i_{\nu 0} S_i + \Gamma^i_{\nu j} S_i v^j$$

$$\Rightarrow \frac{\mathrm{d}S_0}{\mathrm{d}t} = -\Gamma^0_{00} S_j v^j - \Gamma^0_{0i} S_j v^i v^j + \Gamma^i_{00} S_i + \Gamma^i_{0j} S_i v^j, \tag{3.12.58}$$

$$\frac{\mathrm{d}S_k}{\mathrm{d}t} = -\Gamma^0_{k0} S_j v^j - \Gamma^0_{ki} S_j v^i v^j + \Gamma^i_{k0} S_i + \Gamma^i_{kj} S_i v^j = \left(\Gamma^i_{k0} - \Gamma^0_{k0} v^i + \Gamma^i_{kj} v^j\right) S_i, \tag{3.12.59}$$

在 (3.12.59) 式的第二个等式中已略去 $\Gamma^0_{ki} S_j v^i v^j$ 项, 因为它的领头阶是 $O(v^5)$ 项。(3.12.59) 式左边是 S_i 对 t 求导, 右边精确到 $S_i v^3$, (3.12.58) 式左边是 $S_i v^i$ 对 t 求导, 右边精确到 $S_i v^4$。利用 $\dot{v}$ 的表达式, 及 $\dfrac{\mathrm{d}S_k v^k}{\mathrm{d}t} = v^k \dfrac{\mathrm{d}S_k}{\mathrm{d}t} + S_k \dfrac{\mathrm{d}v^k}{\mathrm{d}t}$ 亦可给出 $\dfrac{\mathrm{d}S_0}{\mathrm{d}t}$。这表明 (3.12.58) 和 (3.12.59) 式是自洽的。将 (3.12.39) 式代入 (3.12.59) 式, 注意到对于 Lense-Thirring 解, $\partial_0 \phi = 0$, 得

$$\frac{\mathrm{d}S_k}{\mathrm{d}t} = \frac{1}{2} \left(\partial_k \zeta_1 - \partial_1 \zeta_k\right) S_1 + \frac{1}{2} \left(\partial_k \zeta_2 - \partial_2 \zeta_k\right) S_2$$

$$+ \frac{1}{2} \left(\partial_k \zeta_3 - \partial_3 \zeta_k\right) S_3 - 2 \left(\partial_k \phi\right) v^i S_i - \left(\left(\partial_j \phi\right) v^j S_k - \left(\partial_i \phi\right) S_i v^k\right),$$

即

$$\frac{\mathrm{d}\boldsymbol{S}}{\mathrm{d}t} = \frac{1}{2} \boldsymbol{S} \times (\nabla \times \boldsymbol{\zeta}) - 2 \left(\boldsymbol{v} \cdot \boldsymbol{S}\right) \nabla\phi - \left(\boldsymbol{v} \cdot \nabla\phi\right) \boldsymbol{S} + \left(\boldsymbol{S} \cdot \nabla\phi\right) \boldsymbol{v}. \tag{3.12.60}$$

3.12.3.3 不变自旋矢量

令

$$\boldsymbol{S} = (1 - \phi) \boldsymbol{\mathcal{S}} + \frac{1}{2} \boldsymbol{v} (\boldsymbol{v} \cdot \boldsymbol{\mathcal{S}}), \tag{3.12.61}$$

或

$$\boldsymbol{\mathcal{S}} = (1 + \phi) \boldsymbol{S} - \frac{1}{2} \boldsymbol{v} (\boldsymbol{v} \cdot \boldsymbol{S}). \tag{3.12.62}$$

(3.12.61)、(3.12.62) 式分别点积 $\boldsymbol{v}$，得

$$(\boldsymbol{v} \cdot \boldsymbol{S}) = (1 - \phi)(\boldsymbol{v} \cdot \boldsymbol{\mathcal{S}}) + \frac{1}{2}(\boldsymbol{v} \cdot \boldsymbol{v})(\boldsymbol{v} \cdot \boldsymbol{\mathcal{S}}) = \left(1 - \phi + \frac{1}{2}(\boldsymbol{v} \cdot \boldsymbol{v})\right)(\boldsymbol{v} \cdot \boldsymbol{\mathcal{S}}), \tag{3.12.63}$$

$$(\boldsymbol{v} \cdot \boldsymbol{\mathcal{S}}) = (1 + \phi)(\boldsymbol{v} \cdot \boldsymbol{S}) - \frac{1}{2}(\boldsymbol{v} \cdot \boldsymbol{v})(\boldsymbol{v} \cdot \boldsymbol{S}) = \left(1 + \phi - \frac{1}{2}(\boldsymbol{v} \cdot \boldsymbol{v})\right)(\boldsymbol{v} \cdot \boldsymbol{S}). \tag{3.12.64}$$

将 (3.12.61) 式代入 (3.12.60) 式，利用 (3.12.64) 式，并略掉高阶项，得

$$\frac{\mathrm{d}}{\mathrm{d}t} \left[(1 - \phi) \boldsymbol{\mathcal{S}} + \frac{1}{2} \boldsymbol{v} (\boldsymbol{v} \cdot \boldsymbol{\mathcal{S}}) \right]$$

$$= \frac{1}{2} [\boldsymbol{\mathcal{S}} \times (\nabla \times \boldsymbol{\zeta})] - 2(\boldsymbol{v} \cdot \boldsymbol{\mathcal{S}})(\nabla \phi) - \boldsymbol{\mathcal{S}}(\boldsymbol{v} \cdot \nabla \phi) + \boldsymbol{v}(\boldsymbol{\mathcal{S}} \cdot \nabla \phi)$$

$$= \frac{1}{2} [\boldsymbol{\mathcal{S}} \times (\nabla \times \boldsymbol{\zeta})] + [\boldsymbol{\mathcal{S}} \times (\boldsymbol{v} \times \nabla \phi)] - (\boldsymbol{v} \cdot \boldsymbol{\mathcal{S}})(\nabla \phi) - \boldsymbol{\mathcal{S}}(\boldsymbol{v} \cdot \nabla \phi), \tag{3.12.65}$$

后一等式用到

$$\boldsymbol{S} \times (\boldsymbol{v} \times \nabla \phi) = \boldsymbol{v}(\boldsymbol{S} \cdot \nabla \phi) - (\boldsymbol{S} \cdot \boldsymbol{v}) \nabla \phi. \tag{3.12.66}$$

另一方面，对 (3.12.65) 式左边直接求导，得

$$\frac{\mathrm{d}}{\mathrm{d}t} \left[(1 - \phi) \boldsymbol{\mathcal{S}} + \frac{1}{2} \boldsymbol{v} (\boldsymbol{v} \cdot \boldsymbol{\mathcal{S}}) \right]$$

$$= (1 - \phi) \frac{\mathrm{d} \boldsymbol{\mathcal{S}}}{\mathrm{d}t} - \frac{\mathrm{d} \phi}{\mathrm{d}t} \boldsymbol{\mathcal{S}} + \frac{1}{2} \frac{\mathrm{d} \boldsymbol{v}}{\mathrm{d}t} (\boldsymbol{v} \cdot \boldsymbol{\mathcal{S}}) + \frac{1}{2} \boldsymbol{v} \frac{\mathrm{d}(\boldsymbol{v} \cdot \boldsymbol{\mathcal{S}})}{\mathrm{d}t}$$

$$= (1 - \phi) \frac{\mathrm{d} \boldsymbol{\mathcal{S}}}{\mathrm{d}t} - (\boldsymbol{v} \cdot \nabla \phi) \boldsymbol{\mathcal{S}} - \frac{1}{2} (\nabla \phi)(\boldsymbol{v} \cdot \boldsymbol{\mathcal{S}}) + \frac{1}{2} \boldsymbol{v} \frac{\mathrm{d}(\boldsymbol{v} \cdot \boldsymbol{\mathcal{S}})}{\mathrm{d}t}, \tag{3.12.67}$$

第二个等式用到 (3.12.56) 式和

$$\frac{\mathrm{d} \phi}{\mathrm{d}t} = \boldsymbol{v} \cdot \nabla \phi. \tag{3.12.68}$$

所以,

$$\frac{\mathrm{d}\boldsymbol{S}}{\mathrm{d}t} = \frac{1}{2}\left[\boldsymbol{S}\times(\nabla\times\boldsymbol{\zeta})\right] + \left[\boldsymbol{S}\times(\boldsymbol{v}\times\nabla\phi)\right] - \frac{1}{2}\left(\boldsymbol{v}\cdot\boldsymbol{S}\right)(\nabla\phi) - \frac{1}{2}\boldsymbol{v}\frac{\mathrm{d}\left(\boldsymbol{v}\cdot\boldsymbol{S}\right)}{\mathrm{d}t} + \phi\frac{\mathrm{d}\boldsymbol{S}}{\mathrm{d}t}. \tag{3.12.69}$$

(3.12.64) 式对 t 求导, 得

$$\begin{aligned}\frac{\mathrm{d}\boldsymbol{v}\cdot\boldsymbol{S}}{\mathrm{d}t} &= \frac{\mathrm{d}}{\mathrm{d}t}\left[\left(1+\phi-\frac{1}{2}v^2\right)\boldsymbol{v}\cdot\boldsymbol{S}\right]\\ &= \left(1+\phi-\frac{1}{2}v^2\right)\frac{\mathrm{d}\boldsymbol{v}\cdot\boldsymbol{S}}{\mathrm{d}t} + \boldsymbol{v}\cdot\boldsymbol{S}\frac{\mathrm{d}}{\mathrm{d}t}\left(\phi-\frac{1}{2}v^2\right).\end{aligned} \tag{3.12.70}$$

再利用 (3.12.56)、(3.12.58)、(3.12.39) 式, 并只保留领头阶项, 得

$$\frac{\mathrm{d}\boldsymbol{v}\cdot\boldsymbol{S}}{\mathrm{d}t} = -\frac{\mathrm{d}S_0}{\mathrm{d}t} = \Gamma^0_{00}S_jv^j + \Gamma^0_{0i}S_jv^iv^j - \Gamma^i_{00}S_i - \Gamma^i_{0j}S_iv^j = -\left(\boldsymbol{S}\cdot\nabla\phi\right), \tag{3.12.71}$$

另一方面, 利用 (3.12.54) 式

$$\frac{\mathrm{d}}{\mathrm{d}t}\left(\phi-\frac{1}{2}v^2\right) = \boldsymbol{v}\cdot\nabla\phi - \boldsymbol{v}\cdot\dot{\boldsymbol{v}} = 2\boldsymbol{v}\cdot\nabla\phi. \tag{3.12.72}$$

将 (3.12.71) 和 (3.12.72) 式代入 (3.12.70) 式, 并略去高阶项, 得

$$\frac{\mathrm{d}\boldsymbol{v}\cdot\boldsymbol{S}}{\mathrm{d}t} = \frac{\mathrm{d}\boldsymbol{v}\cdot\boldsymbol{S}}{\mathrm{d}t} = -\left(\boldsymbol{S}\cdot\nabla\phi\right), \tag{3.12.73}$$

再将之代入 (3.12.69) 式, 再次利用 (3.12.66) 式, 并略去高阶项, 得

$$\frac{\mathrm{d}\boldsymbol{S}}{\mathrm{d}t} = \frac{1}{2}\left[\boldsymbol{S}\times(\nabla\times\boldsymbol{\zeta})\right] + \frac{3}{2}\left[\boldsymbol{S}\times(\boldsymbol{v}\times\nabla\phi)\right]. \tag{3.12.74}$$

　　显然,

$$\frac{\mathrm{d}\left(\boldsymbol{S}\cdot\boldsymbol{S}\right)}{\mathrm{d}t} = 2\boldsymbol{S}\cdot\frac{\mathrm{d}\boldsymbol{S}}{\mathrm{d}t} = 2\boldsymbol{S}\cdot\left[\frac{1}{2}\boldsymbol{S}\times(\nabla\times\boldsymbol{\zeta}) + \frac{3}{2}\boldsymbol{S}\times(\boldsymbol{v}\times\nabla\phi)\right] = 0. \tag{3.12.75}$$

(3.12.75) 式说明变量替换后的自旋矢量 $\boldsymbol{S}$ 的大小不随时间变化, $\boldsymbol{S}$ 只在引力场中进动! 正因为此, 我们称之为不变自旋矢量。由 (3.12.74) 式读出进动角速度为

$$\boldsymbol{\Omega} = -\frac{1}{2}\nabla\times\boldsymbol{\zeta} - \frac{3}{2}\boldsymbol{v}\times\nabla\phi, \tag{3.12.76}$$

(3.12.74) 式可改写成更简洁的形式

$$\frac{\mathrm{d}\boldsymbol{S}}{\mathrm{d}t} = \frac{1}{2}\boldsymbol{S} \times (\nabla \times \boldsymbol{\zeta}) + \frac{3}{2}\boldsymbol{S} \times (\boldsymbol{v} \times \nabla\phi) = \boldsymbol{\Omega} \times \boldsymbol{S}. \tag{3.12.77}$$

在以上推导中,空间坐标采用的是直角坐标。在 Lense-Thirring 解 (3.12.39) 式或 (3.12.40) 式中，坐标采用的是球坐标。采用球坐标时，若采用坐标基，就必须分清协变矢量和逆变矢量，同时采用平空间中球坐标下的协变微分代替普通微分。附录 3.C 给出了在球坐标下的推导。

3.12.3.4 观测方法

由于引力的作用 (特别地，ζ 会有作用)，进动角速度相对平直时空结果会有 v^2 级的改变。那么，如何测量这个改变呢？

在随陀螺运动的惯性系中，陀螺的自旋为

$$S_\mu = (0, \boldsymbol{S}), \quad (\boldsymbol{S} \cdot \boldsymbol{S})^{1/2} = (S_\mu S^\mu)^{1/2}. \tag{3.12.78}$$

来自远方星光的速度单位矢量为

$$u^\mu = (1, \boldsymbol{u}), \quad u^\mu u_\mu = 0, \quad \boldsymbol{u} \cdot \boldsymbol{u} = 1. \tag{3.12.79}$$

如图 3.12.1 所示，星光与自旋的夹角为

$$\cos\vartheta = \frac{\boldsymbol{S} \cdot \boldsymbol{u}}{|\boldsymbol{S}|} = \frac{S_\mu u^\mu}{(S_\mu S^\mu)^{1/2}}, \tag{3.12.80}$$

这个夹角是个不变量, 与在哪个参考系中测量无关。

图 3.12.1 陀螺自旋方向与星光夹角

在地球参考系中，陀螺的速度为 v^i，自旋为

$$S_\mu = (S_0, S_i) = \left(-v^k S_k, S_i\right), \tag{3.12.81}$$

来自远方星光到陀螺处的速度单位矢量为

$$u^\mu = \left(1 + \delta u^0, \boldsymbol{u}_\infty + \delta\boldsymbol{u}\right), \quad u^\mu u_\mu = 0, \quad \delta u^0 = \boldsymbol{u}_\infty \cdot \delta\boldsymbol{u}, \tag{3.12.82}$$

其中 $\boldsymbol{u}_\infty$ 是一固定单位矢量，满足 $\boldsymbol{u}_\infty \cdot \boldsymbol{u}_\infty = 1$，$\delta u^\mu = (\delta u^0, \delta\boldsymbol{u})$ 是一个量级为 $M_\oplus/R_\oplus \sim \phi$ 的改正项，$M_\oplus$ 和 $R_\oplus$ 分别是地球的质量和半径。

将星光与自旋的夹角用地球参考系中不变自旋矢量表示出来，

$$\begin{aligned}
\cos\vartheta &= \frac{1}{(S_\mu S^\mu)^{1/2}} \left(S_0 u^0 + S_i u^i\right) \\
&\approx \frac{1}{(S_\mu S^\mu)^{1/2}} \left[-(\boldsymbol{v}\cdot\boldsymbol{S}) u^0 + (1-\phi)(\boldsymbol{u}\cdot\boldsymbol{S}) + \frac{1}{2}(\boldsymbol{v}\cdot\boldsymbol{S})(\boldsymbol{v}\cdot\boldsymbol{u})\right] \\
&= \frac{\boldsymbol{S}}{(S_\mu S^\mu)^{1/2}} \cdot \left[-\boldsymbol{v} u^0 + (1-\phi)\boldsymbol{u} + \frac{1}{2}\boldsymbol{v}(\boldsymbol{v}\cdot\boldsymbol{u})\right] \\
&\approx \hat{\boldsymbol{S}} \cdot \left[-\boldsymbol{v} + \boldsymbol{u}_\infty + \delta\boldsymbol{u} - \phi\boldsymbol{u}_\infty + \frac{1}{2}\boldsymbol{v}(\boldsymbol{v}\cdot\boldsymbol{u}_\infty)\right],
\end{aligned} \tag{3.12.83}$$

其中第二步用到

$$S_i = \boldsymbol{S}_i - \phi\boldsymbol{S}_i + \frac{1}{2}v^i(\boldsymbol{v}\cdot\boldsymbol{S}) + O\left(v^4\right), \quad S_0 = -S_i v^i \approx -\boldsymbol{v}\cdot\boldsymbol{S} + O\left(v^3\right), \tag{3.12.84}$$

第四步用到 (3.12.82) 式，并已略掉了高阶项，在 (3.12.83) 式中只保留 v^2 级的项，

$$\hat{\boldsymbol{S}} := \frac{\boldsymbol{S}}{(S_\mu S^\mu)^{1/2}}. \tag{3.12.85}$$

进一步，

$$\frac{\mathrm{d}\left(\hat{\boldsymbol{S}}\cdot\hat{\boldsymbol{S}}\right)}{\mathrm{d}t} = \frac{1}{S_\mu S^\mu}\frac{\mathrm{d}(\boldsymbol{S}\cdot\boldsymbol{S})}{\mathrm{d}t} - \frac{\hat{\boldsymbol{S}}\cdot\hat{\boldsymbol{S}}}{S_\nu S^\nu}\frac{\mathrm{d}(S_\mu S^\mu)}{\mathrm{d}t} = -\frac{\hat{\boldsymbol{S}}\cdot\hat{\boldsymbol{S}}}{S_\nu S^\nu}\frac{\mathrm{d}(S_\mu S^\mu)}{\mathrm{d}t}, \tag{3.12.86}$$

其中第二步已用到 (3.12.75) 式。由于

$$\begin{aligned}
S^\mu S_\mu &= -S_0^2 + \boldsymbol{S}\cdot\boldsymbol{S} \\
&= -(\boldsymbol{v}\cdot\boldsymbol{S})^2 + \left[(1-\phi)\boldsymbol{S} + \frac{1}{2}\boldsymbol{v}(\boldsymbol{v}\cdot\boldsymbol{S})\right] \cdot \left[(1-\phi)\boldsymbol{S} + \frac{1}{2}\boldsymbol{v}(\boldsymbol{v}\cdot\boldsymbol{S})\right]
\end{aligned}$$

$$\begin{aligned}
&= -\left[\boldsymbol{v}\cdot\left[(1-\phi)\boldsymbol{S}+\frac{1}{2}\boldsymbol{v}(\boldsymbol{v}\cdot\boldsymbol{S})\right]\right]^2 + (1-\phi)^2\,\boldsymbol{S}\cdot\boldsymbol{S} + (1-\phi)(\boldsymbol{v}\cdot\boldsymbol{S})^2 \\
&\quad + \frac{1}{4}(\boldsymbol{v}\cdot\boldsymbol{v})(\boldsymbol{v}\cdot\boldsymbol{S})^2
\end{aligned}$$

$$\approx -(\boldsymbol{v}\cdot\boldsymbol{S})^2 + (1-2\phi)\boldsymbol{S}\cdot\boldsymbol{S} + (\boldsymbol{v}\cdot\boldsymbol{S})^2 = (1-2\phi)\boldsymbol{S}\cdot\boldsymbol{S}, \qquad (3.12.87)$$

在倒数第二步中已忽略 v^3 及更高阶项, 所以,

$$\frac{\mathrm{d}\left(\hat{\boldsymbol{S}}\cdot\hat{\boldsymbol{S}}\right)}{\mathrm{d}t} = -\frac{\hat{\boldsymbol{S}}\cdot\hat{\boldsymbol{S}}}{S_\nu S^\nu}\frac{\mathrm{d}\left[(1-2\phi)\boldsymbol{S}\cdot\boldsymbol{S}\right]}{\mathrm{d}t} = 2\frac{\mathrm{d}\phi}{\mathrm{d}t}\left(\hat{\boldsymbol{S}}\cdot\hat{\boldsymbol{S}}\right)^2 \sim O\left(v^3\right). \qquad (3.12.88)$$

忽略 v^3 及更高阶项后有

$$\frac{\mathrm{d}\left(\hat{\boldsymbol{S}}\cdot\hat{\boldsymbol{S}}\right)}{\mathrm{d}t} = 0, \qquad (3.12.89)$$

即 $\hat{\boldsymbol{S}}$ 的大小在 v^2 量级也是不变的。

回到 (3.12.83) 式。括号内第二项 $\boldsymbol{u}_\infty$ 是一个不变的项, 其余 4 项都随陀螺绕地球转动而不停地变化, 从而影响 $\boldsymbol{v}$ 的值。第一项 $-\boldsymbol{v}$ 代表星光的光行差[①], 光行差

---

① 光行差 (aberration of light) 现象是运动的观测者观察到光的方向与同一时刻同一地点静止的观测者观察到的方向有偏差的现象 (如图 3.12.2 所示)。17 世纪就已观察到光行差现象。1727—1728 年英国天文学家布拉德雷 (James Bradley) 在光速有限的假设下给出最初的经典解释。经典计算结果为

$$\tan\vartheta = \frac{u'_y}{u'_x} = \frac{u_y}{u_x - v} = \frac{\sin\theta}{\cos\theta - v/c}.$$

狭义相对论的计算结果为

$$\tan\vartheta = \frac{u'_y}{u'_x} = \frac{u_y}{\gamma(u_x - v)} = \frac{\sin\theta}{\gamma(\cos\theta - v/c)},$$

其中 $\gamma = \left(1 - v^2/c^2\right)^{-1/2}$。

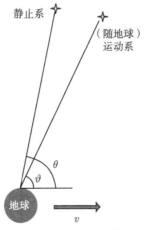

图 3.12.2　光行差

是 18 世纪上半叶已知的重要效应，可以从观测数据中扣除。$\delta \boldsymbol{u}, \phi \boldsymbol{u}_\infty, \boldsymbol{v}(\boldsymbol{v} \cdot \boldsymbol{u}_\infty)$ 的量级都是 v^2 的，或 $\dfrac{v^2}{c^2} \sim \dfrac{GM_\oplus}{c^2 R_\oplus} = 6.95 \times 10^{-10}$，即与引力对进动角速度的影响同量级。这就要求：一方面，对 ϑ 的测量精度要达到 10^{-10} 量级！另一方面，即要区分引力对进动角频率的贡献，抑或仅是 $\delta \boldsymbol{u}, \phi \boldsymbol{u}_\infty, \boldsymbol{v}(\boldsymbol{v} \cdot \boldsymbol{u}_\infty)$ 带来的扰动。好在自旋进动是可累积的，而 $\delta \boldsymbol{u}, \phi \boldsymbol{u}_\infty, \boldsymbol{v}(\boldsymbol{v} \cdot \boldsymbol{u}_\infty)$ 都不会累积。设陀螺转了 N 圈（N 很大）后，自旋方向改变的量级为 Nv^2。陀螺运转 N 圈后扣除光行差效应后，

$$\Delta \cos \vartheta \approx \hat{\boldsymbol{S}} \cdot \boldsymbol{u}_\infty. \tag{3.12.90}$$

3.12.3.5　进动的分类与陀螺轨道的选取

在 Lense-Thirring 解中，星体的角动量为

$$\boldsymbol{J} = Ma\boldsymbol{e}_z. \tag{3.12.91}$$

由 (3.12.76) 式知，进动角速度来自两项的贡献，一项只与引力场强及陀螺的运动速度有关，与地球自旋无关，利用 (3.12.49) 式知，

$$-\frac{3}{2}\boldsymbol{v} \times \nabla \phi = \frac{3}{2}\frac{M}{r^3}\boldsymbol{r} \times \boldsymbol{v}. \tag{3.12.92}$$

这一项称为测地进动 (geodetic precession)。另一项与星体的转动有关（即与 ζ（或 a 或 J）有关），由 (3.12.49) 及 (3.12.91) 式知

$$\boldsymbol{\zeta} = \left(\frac{2May}{r^3}, -\frac{2Max}{r^3}, 0\right) = \frac{2}{r^3}\boldsymbol{r} \times \boldsymbol{J}. \tag{3.12.93}$$

它给出

$$-\frac{1}{2}\nabla \times \boldsymbol{\zeta} = \frac{3\boldsymbol{r} \cdot \boldsymbol{J}}{r^5}\boldsymbol{r} - \frac{\boldsymbol{J}}{r^3}. \tag{3.12.94}$$

(3.12.94) 式代表陀螺的自旋轨道角动量与地球的自转间的相互作用，称为参考系拖曳效应 (frame-dragging effect)，或者称为 Lense-Thirring 效应，它与星体的转动有关，体现物质运动对时空的影响。以下简称为超精细项。

与电磁场类比：静止的电荷产生电场，运动的电荷还会产生磁场。类似地，静止的质量产生的引力场称为引力电场，运动的质量还会产生引力磁场 (gravitomagnetic field)。

为简单起见，考虑陀螺轨道为圆轨道，半径为 r。设轨道面的单位法矢为 $\boldsymbol{n}$（即轨道角动量的方向），则陀螺速度为

$$\boldsymbol{v} = -\left(\frac{M}{r}\right)^{1/2}\left(\frac{\boldsymbol{r}}{r} \times \boldsymbol{n}\right). \tag{3.12.95}$$

可以证明, 进动频率对一圈的平均是 (见附录 3.D)

$$\langle \boldsymbol{\Omega} \rangle = \frac{\boldsymbol{J} - \boldsymbol{n}\,(\boldsymbol{n} \cdot \boldsymbol{J})}{2r^3} + \frac{3}{2}\frac{M^{3/2}}{r^{5/2}}\boldsymbol{n}. \tag{3.12.96}$$

测地项的大小为 $\dfrac{3}{2}\dfrac{M^{3/2}}{r^{5/2}}\boldsymbol{n} \approx 8.4\left(\dfrac{R_\oplus}{r}\right)^{5/2}$ 角秒/年。测地项是陀螺自旋绕轨道角动量方向 $\boldsymbol{n}$ 的进动。超精细项与测地项之比约为

$$\frac{\text{超精细项}}{\text{测地项}} \sim \frac{J}{M^{3/2}r} \sim 6.5 \times 10^{-3}. \tag{3.12.97}$$

当陀螺自旋与轨道角动量平行时, $\boldsymbol{n}$ 方向的分量不起作用 (因 $\boldsymbol{\Omega} \times \boldsymbol{S}$), 即测地进动项不出现。同时, 超精细项也只剩 $\boldsymbol{J}/(2r^3)$。此时, 陀螺自旋绕地球自旋方向 $\boldsymbol{J}$ 进动, 记作

$$\langle \boldsymbol{\Omega} \rangle_{\text{有效}} = \frac{\boldsymbol{J}}{2r^3} \sim 0.055 \left(\frac{R_\oplus}{r}\right)^3 \ ''/\mathrm{yr}. \tag{3.12.98}$$

为使此效应最大化, 最好将陀螺放入极地轨道, 且自旋轴恰好与地球自转轴垂直。

3.12.3.6 实验检验

Gravity Probe B (GPB) 是相对论陀螺实验, 它是第二个引力的空间实验。由 NASA 资助, 斯坦福大学主导。2004 年 4 月成功发射, 2010 年 12 月退役。耗资 7.5 亿美元。2011 年发布对实验数据的分析结果[1]

测地项: GR 理论预言是 $-6606.1\mathrm{mas/yr}$[2], 实际观测值是 $-6601.8 \pm 18.3\,\mathrm{mas/yr}$。符合得很好。

超精细项: GR 理论预言是 $-39.2\mathrm{mas/yr}$, 实际观测值是 $-37.2 \pm 7.2\ \mathrm{mas/yr}$。

实验设计时预期超精细项能达到 1% 的精度, 但实际只有 20%。从这个角度上说, 这个实验并不算成功。

附录 3.A 外尔坐标下史瓦西解的几何对称性

在外尔坐标下, 史瓦西解变成 (3.4.36) 式, 单从这个表达式中, 完全看不出它描写的是球对称引力场。对于史瓦西解来说, 我们固然能找到坐标变换 (3.4.35) 式, 通过坐标变换, 将之写成明显球对称的形式, 从而确认它描写的是静态球对称引力场。但有无办法直接在外尔坐标中确认它描写的就是球对称引力场呢? 回答是肯定的。

---

[1] Everitt C W F, et al. Gravity Probe B: final result of a space experiment to text general relativity. Phys. Rev. Lett., 2011, 106(22): 221101.

[2] mas: milli-arcsecond 毫角秒。

2.3.2 节中介绍了张量场的坐标无关形式，特别地，矢量场 ((2.3.44) 式)

$$T^a = T^\mu \left(\frac{\partial}{\partial x^\mu} \right)^a$$

在坐标变换下是不变的，即

$$T^a = T^\mu \left(\frac{\partial}{\partial x^\mu} \right)^a = \tilde{T}^\mu \left(\frac{\partial}{\partial \tilde{x}^\mu} \right)^a. \tag{3.A.1}$$

2.13 节中已指出基灵矢量场反映出时空的对称性，如果在外尔坐标系中也能找到除 $\xi^a_{(3)} = \left(\frac{\partial}{\partial \varphi} \right)^a$ 外的另两个类空基灵矢量场 $\xi^a_{(1)}$ 和 $\xi^a_{(2)}$，且这三个类空基灵矢量间的对易子满足

$$[\boldsymbol{\xi}_{(i)}, \boldsymbol{\xi}_{(j)}] = \varepsilon_{ijk} \boldsymbol{\xi}_{(k)} \quad (\text{对 } k \text{ 运用爱因斯坦求和规则}), \tag{3.A.2}$$

则说明这个度规确实描写球对称时空。

基灵方程 (2.13.2) 及基灵矢量场之间的关系 (3.A.2) 式都是局域的，尚不足以说明时空在大范围上也是球对称的。为看清度规 (3.4.36) 式从整体上描写的是球对称时空，考虑绕 z 轴上从 $-M$ 到 $+M$ 的有限长"棍"的周长。先看两极方向的周长。

$$\begin{aligned} L_P &= 2 \lim_{\rho \to 0} \int_{-M}^{M} \sqrt{\frac{R_+ + R_- + 2M}{R_+ + R_- - 2M} \frac{(R_+ + R_-)^2 - 4M^2}{4R_+ R_-}} \mathrm{d}z \\ &= 2 \int_{-M}^{M} \sqrt{\frac{|z+M| + |z-M| + 2M}{|z+M| + |z-M| - 2M} \frac{(|z+M| + |z-M|)^2 - 4M^2}{4|z+M||z-M|}} \mathrm{d}z = 4\pi M, \end{aligned} \tag{3.A.3}$$

它恰好是半径为 $2M$ 的圆的周长。再看 $-M < z = \text{const.} < M$ 面内"棍"的周长。

$$L_{|z|<M} = \lim_{\rho \to 0} \int_0^{2\pi} \sqrt{\frac{R_+ + R_- + 2M}{R_+ + R_- - 2M}} \rho \mathrm{d}\varphi = 2\pi \lim_{\rho \to 0} \rho \sqrt{\frac{R_+ + R_- + 2M}{R_+ + R_- - 2M}}, \tag{3.A.4}$$

因为

$$\lim_{\rho \to 0} \sqrt{R_+ + R_- + 2M} = \sqrt{|z+M| + |z-M| + 2M} = \sqrt{4M},$$

$$\lim_{\rho \to 0} \frac{\rho}{\sqrt{R_+ + R_- - 2M}}$$

$$= \lim_{\rho \to 0} \frac{\rho}{\sqrt{|z+M| + \dfrac{\rho^2}{2\,|z+M|} + |z-M| + \dfrac{\rho^2}{2\,|z-M|} - 2M}}$$

$$= \frac{M^2 - z^2}{M} \lim_{\rho \to 0} \frac{\sqrt{|z+M| + \dfrac{\rho^2}{2\,|z+M|} + |z-M| + \dfrac{\rho^2}{2\,|z-M|} - 2M}}{\rho},$$

$$\Rightarrow \lim_{\rho \to 0} \frac{\rho}{\sqrt{R_+ + R_- - 2M}} = \sqrt{\frac{M^2 - z^2}{M}}$$

所以

$$L_{|z|<M} = 4\pi\sqrt{M^2 - z^2} = 2\pi\sqrt{(2M)^2 - \zeta^2}, \quad \zeta = 2z. \tag{3.A.5}$$

它是半径为 $2M$ 的球面上 $\zeta = 2z$ 平面内圆的周长，特别地，在赤道面内 $(z = 0)$，周长为

$$L_E = 4\pi M. \tag{3.A.6}$$

所以，外尔坐标中这个有限长的"棍"实际是一个球面。

附录 3.B　$3\tilde{L}^{-4}$ 项和 e^2 修正项的影响

在由 (3.8.14) 式得到 (3.8.17) 式时，我们略掉了 $3\tilde{L}^{-4}$ 项和含 e^2 的项，这些项对近日点的讨论有何影响？在什么条件下它们不可忽略？

3.B.1　$3\tilde{L}^{-4}$ 修正项的影响

为考虑修正项 $3\tilde{L}^{-4}$ 的影响，我们从 (3.8.16) 式出发，仍设 u 具有 (3.8.18) 式的形式，其中 u_1, u_2 分别满足

$$\frac{\mathrm{d}^2 u_1}{\mathrm{d}\varphi^2} + u_1 = \frac{1}{\tilde{L}^2}\left(1 + \frac{3}{\tilde{L}^2}\right) \tag{3.B.1}$$

和 (3.8.19) 式。(3.8.19) 式的解不变，仍是 (3.8.20) 式，(3.B.1) 式的解为

$$u_1 = \frac{1}{\tilde{L}^2}\left(1 + \frac{3}{\tilde{L}^2}\right)(1 + e\cos\varphi). \tag{3.B.2}$$

所以，

$$u = \frac{1}{\tilde{L}^2}\left[\left(1 + \frac{3}{\tilde{L}^2}\right)(1 + e\cos\varphi) + \frac{3}{\tilde{L}^2}e\varphi\sin\varphi\right]$$

$$\approx \frac{1}{\tilde{L}^2}\left(1+\frac{3}{\tilde{L}^2}\right)\left\{1+e\cos\left[\left(1-\frac{3}{\tilde{L}^2}\left(1-\frac{3}{\tilde{L}^2}\right)\right)\varphi\right]\right\}. \tag{3.B.3}$$

由 $\cos\left[\left(1-\frac{3}{\tilde{L}^2}\left(1-\frac{3}{\tilde{L}^2}\right)\right)\varphi\right]$ 知:若行星从近日点出发,经 $\left(1-\frac{3}{\tilde{L}^2}\left(1-\frac{3}{\tilde{L}^2}\right)\right)$ $\varphi_n=2n\pi$ 后重新 "回到" 近日点。由此得

$$\varphi_n=\frac{2n\pi}{1-\frac{3}{\tilde{L}^2}\left(1-\frac{3}{\tilde{L}^2}\right)}\approx 2n\pi\left(1+\frac{3}{\tilde{L}^2}\right). \tag{3.B.4}$$

$\tilde{L}^{-4}$ 级修正恰好相消, 故 $3\tilde{L}^{-4}$ 修正项对水星近日点进动无影响, 单圈进动仍为 (3.8.24) 式。

另一方面, 由 (3.B.3) 式知, 考虑 $3\tilde{L}^{-4}$ 项后近日点、远日点分别修正为

$$u_p=\frac{1+e}{\tilde{L}^2}\left(1+\frac{3}{\tilde{L}^2}\right)\Rightarrow r_p=\frac{GM\tilde{L}^2}{1+e}\left(1-\frac{3}{\tilde{L}^2}\right), \tag{3.B.5}$$

$$u_a=\frac{1-e}{\tilde{L}^2}\left(1+\frac{3}{\tilde{L}^2}\right)\Rightarrow r_a=\frac{GM\tilde{L}^2}{1-e}\left(1-\frac{3}{\tilde{L}^2}\right). \tag{3.B.6}$$

轨道半长轴为

$$a=\frac{r_p+r_a}{2}=\frac{GM\tilde{L}^2}{1-e^2}\left(1-\frac{3}{\tilde{L}^2}\right)=a_N\left(1-\frac{3}{\tilde{L}^2}\right), \tag{3.B.7}$$

其中 a_N 是半长轴的牛顿值, $3\tilde{L}^{-4}$ 项对半长轴牛顿值的修正项是 $-\frac{3}{\tilde{L}^2}a_N\approx$ $-7.98\times 10^{-8}a_N=-4.62\text{km}$。该修正的大小小于太阳水星间固有距离对坐标距离的修正 (约为 $GM\ln\frac{\bar{r}}{R_\odot}\approx 6.52\text{km}$), 也小于对水星轨道半长轴观测的精度, 而且这个效应不可累加, 故 $3\tilde{L}^{-4}$ 项的贡献确实可以忽略。

3.B.2 e^2 修正项的影响

我们从牛顿解 (3.8.2) 式出发, 迭代求解方程 (3.8.14), 得

$$\frac{\mathrm{d}^2u}{\mathrm{d}\varphi^2}+u=\frac{1}{\tilde{L}^2}+\frac{3}{\tilde{L}^4}+\frac{6e\cos\varphi}{\tilde{L}^4}+\frac{3e^2\cos^2\varphi}{\tilde{L}^4}$$

$$=\frac{1}{\tilde{L}^2}+\frac{3}{\tilde{L}^4}\left(1+\frac{e^2}{2}\right)+\frac{6e\cos\varphi}{\tilde{L}^4}+\frac{3e^2\cos 2\varphi}{2\tilde{L}^4}, \tag{3.B.8}$$

3.B.1 节已说明, 等式右边第二项只改变椭圆轨道的半长轴, 不改变轨道的封闭性, 且其值比 $\tilde{L}^{-2}$ 项小得多, 可忽略. 于是, (3.B.8) 式化为

$$\frac{\mathrm{d}^2 u}{\mathrm{d}\varphi^2} + u = \frac{1}{\tilde{L}^2} + \frac{6e\cos\varphi}{\tilde{L}^4} + \frac{3e^2\cos 2\varphi}{2\tilde{L}^4}. \tag{3.B.9}$$

设

$$u = u_1 + u_2 + u_3, \tag{3.B.10}$$

其中 u_1, u_2 仍满足 (3.8.1)、(3.8.19) 式, 它们的解仍分别为 (3.8.2)、(3.8.20) 式, u_3 满足

$$\frac{\mathrm{d}^2 u_3}{\mathrm{d}\varphi^2} + u_3 = \frac{3e^2\cos 2\varphi}{2\tilde{L}^4}, \tag{3.B.11}$$

其解为

$$u_3 = -\frac{e^2}{2\tilde{L}^4}\cos 2\varphi. \tag{3.B.12}$$

所以,

$$\begin{aligned}
u &= \frac{1}{\tilde{L}^2}\left[1 + e\cos\varphi + \frac{3}{\tilde{L}^2}e\varphi\sin\varphi - \frac{e^2}{2\tilde{L}^2}\cos 2\varphi\right] \\
&\approx \frac{1}{\tilde{L}^2}\left\{1 + e\cos\left[\left(1 - \frac{3}{\tilde{L}^2}\right)\varphi\right] - \frac{e^2}{2\tilde{L}^2}\cos 2\varphi\right\}.
\end{aligned} \tag{3.B.13}$$

近日点、远日点满足

$$\frac{\mathrm{d}u}{\mathrm{d}\varphi} = \frac{e}{\tilde{L}^2}\left\{-\left(1 - \frac{3}{\tilde{L}^2}\right)\sin\left[\left(1 - \frac{3}{\tilde{L}^2}\right)\varphi\right] + \frac{e}{\tilde{L}^2}\sin 2\varphi\right\} = 0. \tag{3.B.14}$$

近日点为 $\varphi_1 = 0, \varphi_3 = 2\pi + \Delta\varphi$

$$\left(1 - \frac{3}{\tilde{L}^2}\right)\sin\left[\left(1 - \frac{3}{\tilde{L}^2}\right)(2\pi + \Delta\varphi)\right] - \frac{e}{\tilde{L}^2}\sin\left[2\left(2\pi + \Delta\varphi\right)\right] = 0$$

$$\Rightarrow \left(1 - \frac{3}{\tilde{L}^2}\right)\sin\left[\Delta\varphi - \frac{6\pi}{\tilde{L}^2} - \frac{3}{\tilde{L}^2}\Delta\varphi\right] - \frac{e}{\tilde{L}^2}\sin\left(2\Delta\varphi\right) = 0$$

$$\Rightarrow \left(1 - \frac{3}{\tilde{L}^2}\right)\left(\Delta\varphi - \frac{6\pi}{\tilde{L}^2} - \frac{3}{\tilde{L}^2}\Delta\varphi\right) - \frac{2e}{\tilde{L}^2}\Delta\varphi = 0$$

$$\Rightarrow \left[\left(1 - \frac{3}{\tilde{L}^2}\right)^2 - \frac{2e}{\tilde{L}^2}\right]\Delta\varphi = \left(1 - \frac{3}{\tilde{L}^2}\right)\frac{6\pi}{\tilde{L}^2}.$$

所以

$$\Delta\varphi \approx \frac{6\pi}{\tilde{L}^2\left(1 - \frac{6+2e}{\tilde{L}^2}\right)}\left(1 - \frac{3}{\tilde{L}^2}\right) = \frac{6\pi}{\tilde{L}^2}\left(1 + \frac{3}{\tilde{L}^2} + \frac{2e}{\tilde{L}^2}\right)$$

$$= \frac{6\pi GM}{a\left(1-e^2\right)}\left(1 + \frac{GM\left(3+2e\right)}{a\left(1-e^2\right)}\right). \tag{3.B.15}$$

当 $\tilde{L}^{-2}$ 是很小的量时，等式最右边括号中第二项仍是高阶小量! 对于太阳系中行星进动问题，这个修正都可以略去。只有当 $\tilde{L}^{-2}$ 本身不再是很小的量时，括号中第二项才需考虑。换句话说，当 e 非常非常接近 1，或者 a 足够小 (例如在脉冲双星系统中) 时，这个修正值就需考虑了。

附录 3.C　球坐标系下轨道陀螺进动的再分析

在球坐标系下，Lense-Thirring 解中后牛顿势

$$\zeta_\varphi \equiv g_{t\varphi} = -\frac{2Ma}{r}\sin^2\theta, \tag{3.C.1}$$

精确到 $O\left(\phi, \zeta\right)$，Lense-Thirring 度规 (3.12.47) 式的逆为

$$\left(g^{\mu\nu}\right) = \begin{pmatrix} -\left(1 + \dfrac{2M}{r}\right) & 0 & 0 & -\dfrac{2Ma}{r^3} \\[2ex] 0 & 1 - \dfrac{2M}{r} & 0 & 0 \\[2ex] 0 & 0 & \dfrac{1}{r^2}\left(1 - \dfrac{2M}{r}\right) & 0 \\[2ex] -\dfrac{2Ma}{r^3} & 0 & 0 & \dfrac{1}{r^2\sin^2\theta}\left(1 - \dfrac{2M}{r}\right) \end{pmatrix}. \tag{3.C.2}$$

精确到 $O\left(\dfrac{Mv}{r}\right)$，Lense-Thirring 度规的联络系数计算如下：

$$\Gamma^0_{\mu\nu} = \frac{1}{2}g^{00}\left(g_{0\nu,\mu} + g_{0\mu,\nu} - g_{\mu\nu,0}\right) + \frac{1}{2}g^{03}\left(g_{3\nu,\mu} + g_{3\mu,\nu} - g_{\mu\nu,3}\right)$$

$$= \frac{1}{2}g^{00}\left(g_{0\nu,\mu} + g_{0\mu,\nu}\right) + \frac{1}{2}g^{03}\left(g_{3\nu,\mu} + g_{3\mu,\nu}\right),$$

$$\Gamma^0_{10} = \Gamma^0_{01} = \frac{1}{2}g^{00}g_{00,1} + \frac{1}{2}g^{03}g_{30,1} = \frac{M}{r^2}, \quad \Gamma^0_{23} = \Gamma^0_{32} = \frac{1}{2}g^{00}g_{03,2} + \frac{1}{2}g^{03}g_{33,2} = 0,$$

$$\Gamma^0_{13} = \Gamma^0_{31} = \frac{1}{2} g^{00} g_{03,1} + \frac{1}{2} g^{03} g_{33,1} = -\frac{1}{2} \frac{2Ma}{r^2} \sin^2 \theta - \frac{2Ma}{r^2} \sin^2 \theta = -\frac{3Ma}{r^2} \sin^2 \theta;$$

$$\Gamma^1_{\mu\nu} = \frac{1}{2} g^{11} \left(g_{1\nu,\mu} + g_{1\mu,\nu} - g_{\mu\nu,1} \right),$$

$$\Gamma^1_{00} = -\frac{1}{2} g^{11} g_{00,1} = \frac{M}{r^2}, \quad \Gamma^1_{03} = -\frac{1}{2} g^{11} g_{03,1} = -\frac{1}{2} \frac{2Ma}{r^2} \sin^2 \theta = -\frac{Ma}{r^2} \sin^2 \theta,$$

$$\Gamma^1_{33} = -r \left(1 - \frac{M}{r} \right) \sin^2 \theta,$$

$$\Gamma^1_{11} = \frac{1}{2} g^{11} g_{11,1} = -\frac{M}{r^2},$$

$$\Gamma^1_{22} = \frac{1}{2} g^{11} \left(-g_{22,1} \right) = -r \left(1 - \frac{2M}{r} \right) \left(1 + \frac{M}{r} \right) = -r \left(1 - \frac{M}{r} \right);$$

$$\Gamma^2_{\mu\nu} = \frac{1}{2} g^{22} \left(g_{2\nu,\mu} + g_{2\mu,\nu} - g_{\mu\nu,2} \right),$$

$$\Gamma^2_{03} = \Gamma^2_{30} = -\frac{1}{2} g^{22} g_{03,2} = \frac{1}{2r^2} \frac{2Ma}{r} 2 \sin \theta \cos \theta = \frac{2Ma}{r^3} \sin \theta \cos \theta,$$

$$\Gamma^2_{12} = \Gamma^2_{21} = \frac{1}{2} g^{22} g_{22,1} = \frac{1}{2r^2} \left(1 - \frac{2M}{r} \right) 2r \left(1 + \frac{M}{r} \right) = \frac{1}{r} \left(1 - \frac{M}{r} \right),$$

$$\Gamma^2_{33} = -\frac{1}{2} g^{22} g_{33,2} = -\frac{1}{r^2} \left(1 - \frac{2M}{r} \right) r^2 \left(1 + \frac{2M}{r} \right) \sin \theta \cos \theta = -\sin \theta \cos \theta,$$

$$\Gamma^3_{\mu\nu} = \frac{1}{2} g^{30} \left(g_{0\nu,\mu} + g_{0\mu,\nu} \right) + \frac{1}{2} g^{33} \left(g_{3\nu,\mu} + g_{3\mu,\nu} \right),$$

$$\Gamma^3_{01} = \Gamma^3_{10} = \frac{1}{2} g^{30} g_{00,1} + \frac{1}{2} g^{33} g_{30,1} = \frac{1}{2} \frac{1}{r^2 \sin^2 \theta} \frac{2Ma}{r^2} \sin^2 \theta = \frac{Ma}{r^4},$$

$$\Gamma^3_{02} = \Gamma^3_{20} = \frac{1}{2} g^{33} g_{30,2} = -\frac{1}{2r^2 \sin^2 \theta} \frac{2Ma}{r} \sin \theta \cos \theta = -\frac{2Ma}{r^3} \cot \theta,$$

$$\Gamma^3_{13} = \Gamma^3_{31} = \frac{1}{2} g^{30} g_{03,1} + \frac{1}{2} g^{33} g_{33,1} = \frac{1}{r} \left(1 - \frac{2M}{r} \right) \left(1 + \frac{M}{r} \right) = \frac{1}{r} \left(1 - \frac{M}{r} \right),$$

$$\Gamma^3_{23} = \Gamma^3_{32} = \frac{1}{2} g^{30} g_{03,2} + \frac{1}{2} g^{33} g_{33,2} = \frac{1}{r^2} \left(1 - \frac{2M}{r} \right) r^2 \left(1 + \frac{2M}{r} \right) \cot \theta = \cot \theta.$$

非零联络系数为

$$\Gamma^0_{10} = \Gamma^0_{01} = \frac{M}{r^2}, \quad \Gamma^0_{13} = \Gamma^0_{31} = -\frac{3Ma}{r^2} \sin^2 \theta, \quad \Gamma^0_{23} = \Gamma^0_{32} = 0, \tag{3.C.3a}$$

$$\Gamma_{00}^1 = \frac{M}{r^2}, \quad \Gamma_{03}^1 = \Gamma_{30}^1 = -\frac{Ma}{r^2}\sin^2\theta, \quad \Gamma_{11}^1 = -\frac{M}{r^2},$$

$$\Gamma_{22}^1 = -r\left(1 - \frac{M}{r}\right), \quad \Gamma_{33}^1 = -r\left(1 - \frac{M}{r}\right)\sin^2\theta, \tag{3.C.3b}$$

$$\Gamma_{03}^2 = \Gamma_{30}^2 = \frac{2Ma}{r^3}\sin\theta\cos\theta, \quad \Gamma_{12}^2 = \Gamma_{21}^2 = \frac{1}{r}\left(1 - \frac{M}{r}\right), \quad \Gamma_{33}^2 = -\sin\theta\cos\theta, \tag{3.C.3c}$$

$$\Gamma_{01}^3 = \Gamma_{10}^3 = \frac{Ma}{r^4}, \quad \Gamma_{02}^3 = \Gamma_{20}^3 = -\frac{2Ma}{r^3}\cot\theta,$$

$$\Gamma_{13}^3 = \Gamma_{31}^3 = \frac{1}{r}\left(1 - \frac{M}{r}\right), \quad \Gamma_{23}^3 = \Gamma_{32}^3 = \cot\theta. \tag{3.C.3d}$$

仍由测地线方程 (3.12.41) 和 (3.12.45) 给出 (3.12.46) 式，与 3.12 节不同的是，现在采用球坐标系。在球坐标系下，Lense-Thirring 解的 Γ_{00}^0 为零，Γ_{0j}^0 是 $O(v^2)$ 的，Γ_{0j}^i 和 Γ_{jk}^0 是 $O(v^3) \sim O(\zeta_\varphi)$ 的，故精确到 $O(\phi, v^2)$ 量级，(3.12.46) 式化为

$$\dot{v}^i = -\Gamma_{00}^i - \Gamma_{jk}^i v^j v^k, \tag{3.C.4}$$

即

$$\dot{v}^r = -\Gamma_{00}^r - \Gamma_{jk}^r v^j v^k = -\phi' + rv^\theta v^\theta + r\sin^2\theta v^\varphi v^\varphi = -\phi' + \frac{1}{r}v^2 - \frac{1}{r}v^r v^r,$$

其中

$$v^2 = v^r v^r + r^2 v^\theta v^\theta + r^2 v^\varphi v^\varphi \sin^2\varphi, \tag{3.C.5}$$

所以

$$\dot{v}^r - \frac{1}{r}v^2 + \frac{1}{r}v^r v^r = -\phi'; \tag{3.C.6}$$

$$\dot{v}^\theta = -\Gamma_{00}^\theta - \Gamma_{jk}^\theta v^j v^k = -\frac{2}{r}v^r v^\theta + \sin\theta\cos\theta v^\varphi v^\varphi,$$

所以

$$r^2\left(\dot{v}^\theta - \sin\theta\cos\theta v^\varphi v^\varphi + \frac{2}{r}v^r v^\theta\right) = 0; \tag{3.C.7}$$

$$\dot{v}^\varphi = -\Gamma_{00}^\varphi - \Gamma_{jk}^\varphi v^j v^k = -\frac{2}{r}v^r v^\varphi - \cot\theta v^\theta v^\varphi,$$

所以

$$r^2\sin^2\theta\left(\dot{v}^\varphi + \cot\theta v^\theta v^\varphi + \frac{2}{r}v^r v^\varphi\right) = 0. \tag{3.C.8}$$

(3.C.6)~(3.C.8) 式合起来，就是

$$\frac{\bar{\mathrm{D}}\boldsymbol{v}_a}{\mathrm{d}t} = \bar{g}_{ab}\frac{\bar{\mathrm{D}}\boldsymbol{v}^b}{\mathrm{d}t} = \bar{g}_{ab}\left(\frac{\mathrm{d}\boldsymbol{v}^b}{\mathrm{d}t} + \bar{\varGamma}^b_{cd}\boldsymbol{v}^c\boldsymbol{v}^{\mathrm{d}}\right) = -\nabla_a\phi, \tag{3.C.9}$$

其中 $\dfrac{\bar{\mathrm{D}}}{\mathrm{d}t}$ 是 3 维平直空间中球坐标下的协变微分，$\bar{g}_{ab}$ 是 3 维平直空间在球坐标系下的度规，∇_a 是 3 维平直空间中球坐标系下的梯度算符 (见 2.3.3.2 节)。(3.C.9) 式是牛顿引力在球坐标中坐标基下的结果。

自旋仍满足 (3.12.58) 和 (3.12.59) 式。利用 (3.C.3) 式，自旋对时间导数的分量式可具体计算如下:

$$\begin{aligned}
\frac{\mathrm{d}S_r}{\mathrm{d}t} &= \left(\varGamma^i_{r0} - \varGamma^0_{r0}v^i\right)S_i + \varGamma^i_{rj}S_iv^j \\
&= \frac{1}{2r^2\sin^2\theta}\left(\partial_r\zeta_\varphi\right)S_\varphi - \phi'v^iS_i - \phi'S_rv^r + \left(\frac{1}{r} - \phi'\right)\left(S_\theta v^\theta + S_\varphi v^\varphi\right) \\
&= \frac{1}{2}\left[\boldsymbol{S}\times(\nabla\times\boldsymbol{\zeta})\right]_r - 2\left(\boldsymbol{v}\cdot\boldsymbol{S}\right)\nabla\phi + \frac{1}{r}\left(\boldsymbol{v}^\theta S_\theta + \boldsymbol{v}^\varphi S_\varphi\right),
\end{aligned} \tag{3.C.10}$$

其中 $\boldsymbol{\zeta} = \zeta_a = \zeta_\varphi\mathrm{d}\varphi$，$\boldsymbol{S} = S_a = S_r\mathrm{d}r + S_\theta\mathrm{d}\theta + S_\varphi\mathrm{d}\varphi = (S_r, S_\theta, S_\varphi)$，$\nabla\phi$ 是 3 维平直空间上 (0,1) 型矢量，$\boldsymbol{v} = v^a = v^r\dfrac{\partial}{\partial r} + v^\theta\dfrac{\partial}{\partial\theta} + v^\varphi\dfrac{\partial}{\partial\varphi} = \left(v^r, v^\theta, v^\varphi\right)$ 是 3 维平直空间上的 (1,0) 型矢量，$\boldsymbol{v}\cdot\boldsymbol{S} = v^rS_r + v^\theta S_\theta + v^\varphi S_\varphi$，$\times$ 是 3 维矢量的叉积，$\nabla\times$ 是 3 维空间的旋度，$[\boldsymbol{S}\times(\nabla\times\boldsymbol{\zeta})]_r$ 是 3 维矢量 $\boldsymbol{S}\times(\nabla\times\boldsymbol{\zeta})$ 的 r 分量。注意到

$$\left[-\boldsymbol{S}\left(\boldsymbol{v}\cdot\nabla\phi\right) + \boldsymbol{v}\left(\boldsymbol{S}\cdot\nabla\phi\right)\right]_r = -\phi'v^rS_r + \phi'g_{rr}v^rS_r = O\left(v^5\right),$$

(3.C.10) 式可以改写为

$$\begin{aligned}
\frac{\mathrm{d}S_r}{\mathrm{d}t} &= \frac{1}{2}\left(\boldsymbol{S}\times(\nabla\times\boldsymbol{\zeta})\right)_r - \left[2\left(\boldsymbol{v}\cdot\boldsymbol{S}\right)\nabla\phi + \boldsymbol{S}\left(\boldsymbol{v}\cdot\nabla\phi\right) - \boldsymbol{v}\left(\boldsymbol{S}\cdot\nabla\phi\right)\right]_r \\
&\quad + \frac{1}{r}\left(v^\theta S_\theta + v^\varphi S_\varphi\right).
\end{aligned} \tag{3.C.11}$$

后面将看到为什么要引入方括号内的两项。(3.C.10) 式右边的最后一项是 3 维平直时空中采用球坐标系时的值，右边其他项是中心质量及转动给出的值。于是，(3.C.10) 式可进一步改写成

$$\frac{\mathrm{d}S_r}{\mathrm{d}t} - \frac{1}{r}\left(v^\theta S_\theta + v^\varphi S_\varphi\right)$$

$$= \frac{1}{2} \left(\boldsymbol{S} \times (\nabla \times \boldsymbol{\zeta}) \right)_r - \left[2 \left(\boldsymbol{v} \cdot \boldsymbol{S} \right) \nabla \phi + \boldsymbol{S} \left(\boldsymbol{v} \cdot \nabla \phi \right) - \boldsymbol{v} \left(\boldsymbol{S} \cdot \nabla \phi \right) \right]_r ,$$

所以

$$\left(\frac{\bar{\mathrm{D}} \boldsymbol{S}}{\mathrm{d}t} \right)_r = \frac{1}{2} \left(\boldsymbol{S} \times (\nabla \times \boldsymbol{\zeta}) \right)_r - \left[2 \left(\boldsymbol{v} \cdot \boldsymbol{S} \right) \nabla \phi + \boldsymbol{S} \left(\boldsymbol{v} \cdot \nabla \phi \right) - \boldsymbol{v} \left(\boldsymbol{S} \cdot \nabla \phi \right) \right]_r ,$$

$$\tag{3.C.12}$$

其中 $\dfrac{\bar{\mathrm{D}}}{\mathrm{d}t}$ 是平直空间曲线坐标下的协变微商，$\left(\dfrac{\bar{\mathrm{D}}}{\mathrm{d}t} \right)_r$ 是其 r 方向的分量，即

$$\left(\frac{\bar{\mathrm{D}} \boldsymbol{S}}{\mathrm{d}t} \right)_r = \frac{\mathrm{d}S_r}{\mathrm{d}t} - v^i \bar{\varGamma}_{ri}^j S_j , \tag{3.C.13}$$

其中 $\bar{\varGamma}_{ri}^j$ 是平直空间曲线坐标下的联络系数。类似地，

$$\frac{\mathrm{d}S_\theta}{\mathrm{d}t} = \left(\varGamma_{\theta 0}^i - \varGamma_{\theta 0}^0 v^i \right) S_i + \varGamma_{\theta j}^i S_i v^j = \varGamma_{\theta 0}^\varphi S_\varphi + \varGamma_{\theta \theta}^r S_r v^\theta + \varGamma_{\theta r}^\theta S_\theta v^r + \varGamma_{\theta \varphi}^\varphi S_\varphi v^\varphi$$

$$= \frac{1}{2r^2 \sin^2 \theta} \left(\partial_\theta \zeta_\varphi \right) S_\varphi + r^2 \left(\phi' - \frac{1}{r} \right) S_r v^\theta + \left(\frac{1}{r} - \phi' \right) S_\theta v^r + \cot \theta S_\varphi v^\varphi$$

$$= \frac{1}{2} \left(\boldsymbol{S} \times (\nabla \times \boldsymbol{\zeta}) \right)_\theta - \phi' S_\theta v^r + r^2 \phi' S_r v^\theta - \frac{1}{r} S_r v^\theta + \frac{1}{r} S_\theta v^r + \cot \theta S_\varphi v^\varphi ,$$

$$\tag{3.C.14}$$

注意到

$$\left[- \boldsymbol{S} \left(\boldsymbol{v} \cdot \nabla \phi \right) + \boldsymbol{v} \left(\boldsymbol{S} \cdot \nabla \phi \right) \right]_\theta = - S_\theta \left(v^r \phi' \right) + g_{\theta\theta} v^\theta \left(g^{rr} S_r \phi' \right)$$

$$= - S_\theta v^r \phi' + r^2 v^\theta S_r \phi' + O\left(v^5 \right) ,$$

$$\left[\left(\boldsymbol{v} \cdot \boldsymbol{S} \right) \nabla \phi \right]_\theta = 0 ,$$

(3.C.14) 式可以改写为

$$\frac{\mathrm{d}S_\theta}{\mathrm{d}t} + r S_r v^\theta - \frac{1}{r} S_\theta v^r - \cot \theta S_\varphi v^\varphi$$

$$= \frac{1}{2} \left(\boldsymbol{S} \times (\nabla \times \boldsymbol{\zeta}) \right)_\theta - \left[2 \left(\boldsymbol{v} \cdot \boldsymbol{S} \right) \nabla \phi + \boldsymbol{S} \left(\boldsymbol{v} \cdot \nabla \phi \right) - \boldsymbol{v} \left(\boldsymbol{S} \cdot \nabla \phi \right) \right]_\theta$$

或

$$\left(\frac{\bar{\mathrm{D}} \boldsymbol{S}}{\mathrm{d}t} \right)_\theta = \frac{1}{2} \left(\boldsymbol{S} \times (\nabla \times \boldsymbol{\zeta}) \right)_\theta - \left[2 \left(\boldsymbol{v} \cdot \boldsymbol{S} \right) \nabla \phi + \boldsymbol{S} \left(\boldsymbol{v} \cdot \nabla \phi \right) - \boldsymbol{v} \left(\boldsymbol{S} \cdot \nabla \phi \right) \right]_\theta .$$

$$\tag{3.C.15}$$

$$\frac{\mathrm{d}S_\varphi}{\mathrm{d}t} = \left(\Gamma^i_{\varphi 0} - \Gamma^0_{\varphi 0}v^i\right)S_i + \Gamma^i_{\varphi j}S_i v^j$$

$$= \Gamma^r_{\varphi 0}S_r + \Gamma^\theta_{\varphi 0}S_\theta + \Gamma^r_{\varphi\varphi}S_r v^\varphi + \Gamma^\theta_{\varphi\varphi}S_\theta v^\varphi + \Gamma^\varphi_{\varphi r}S_\varphi v^r + \Gamma^\varphi_{\varphi\theta}S_\varphi v^\theta$$

$$= -\frac{1}{2}\left(\partial_r \zeta_\varphi\right)S_r - \frac{1}{2r^2}\left(\partial_\theta \zeta_\varphi\right)S_\theta + \left(\phi' - \frac{1}{r}\right)r^2\sin^2\theta S_r v^\varphi$$

$$\quad - \sin\theta\cos\theta S_\theta v^\varphi + \left(\frac{1}{r} - \phi'\right)S_\varphi v^r + \cot\theta S_\varphi v^\theta$$

$$= -\frac{1}{2}\left(\partial_r \zeta_\varphi\right)S_r - \frac{1}{2r^2}\left(\partial_\theta \zeta_\varphi\right)S_\theta - \phi' v^r S_\varphi + \phi' r^2\sin^2\theta v^\varphi S_r$$

$$\quad + \frac{1}{r}\left(v^r S_\varphi - r^2\sin^2\theta v^\varphi S_r\right) - \sin\theta\cos\theta v^\varphi S_\theta$$

$$\quad + \cot\theta S_\varphi v^\theta, \tag{3.C.16}$$

注意到

$$\left[-\boldsymbol{S}\left(\boldsymbol{v}\cdot\nabla\phi\right) + \boldsymbol{v}\left(\boldsymbol{S}\cdot\nabla\phi\right)\right]_\varphi = -S_\varphi\left(v^r\phi'\right) + g_{\varphi\varphi}v^\varphi\left(g^{rr}S_r\phi'\right)$$

$$= -S_\varphi v^r\phi' + r^2\sin^2\theta v^\varphi S_r\phi' + O\left(v^5\right),$$

$$\left[\left(\boldsymbol{v}\cdot\boldsymbol{S}\right)\nabla\phi\right]_\varphi = 0,$$

$$\frac{\mathrm{d}S_\varphi}{\mathrm{d}t} - \frac{1}{r}\left(v^r S_\varphi - r^2\sin^2\theta v^\varphi S_r\right) + \sin\theta\cos\theta v^\varphi S_\theta - \cot\theta S_\varphi v^\theta$$

$$= \frac{1}{2}\left(\boldsymbol{S}\times\left(\nabla\times\boldsymbol{\zeta}\right)\right)_\varphi - \left[2\left(\boldsymbol{v}\cdot\boldsymbol{S}\right)\nabla\phi + \boldsymbol{S}\left(\boldsymbol{v}\cdot\nabla\phi\right) - \boldsymbol{v}\left(\boldsymbol{S}\cdot\nabla\phi\right)\right]_\varphi, \tag{3.C.17}$$

即

$$\left(\frac{\bar{\mathrm{D}}\boldsymbol{S}}{\mathrm{d}t}\right)_\varphi = \frac{1}{2}\left(\boldsymbol{S}\times\left(\nabla\times\boldsymbol{\zeta}\right)\right)_\varphi - \left[2\left(\boldsymbol{v}\cdot\boldsymbol{S}\right)\nabla\phi + \boldsymbol{S}\left(\boldsymbol{v}\cdot\nabla\phi\right) - \boldsymbol{v}\left(\boldsymbol{S}\cdot\nabla\phi\right)\right]_\varphi. \tag{3.C.18}$$

(3.C.12)、(3.C.15) 和 (3.C.18) 式合并起来就是

$$\frac{\bar{\mathrm{D}}\boldsymbol{S}}{\mathrm{d}t} = \frac{1}{2}\boldsymbol{S}\times\left(\nabla\times\boldsymbol{\zeta}\right) - 2\left(\boldsymbol{v}\cdot\boldsymbol{S}\right)\nabla\phi - \boldsymbol{S}\left(\boldsymbol{v}\cdot\nabla\phi\right) + \boldsymbol{v}\left(\boldsymbol{S}\cdot\nabla\phi\right). \tag{3.C.19}$$

这正是 (3.12.60) 式在球坐标下采用坐标基的形式。

仿照 (3.12.61) 和 (3.12.62) 式引入不变的自旋矢量 $\boldsymbol{S}_a$，其分量形式是

$$S_i = (1-\phi)\boldsymbol{S}_i + \frac{1}{2}g_{ij}v^j v^k\boldsymbol{S}_k, \tag{3.C.20}$$

$$\boldsymbol{S}_i = (1+\phi)\, S_i - \frac{1}{2} g_{ij} v^j v^k S_k. \tag{3.C.21}$$

(3.12.63) 和 (3.12.64) 式的分量式分别为

$$v^i S_i = (1-\phi)\, v^i \boldsymbol{S}_i + \frac{1}{2} g_{ij} v^i v^j v^k \boldsymbol{S}_k = \left(1-\phi+\frac{1}{2}v^2\right) v^k \boldsymbol{S}_k, \tag{3.C.22}$$

$$v^i \boldsymbol{S}_i = (1+\phi)\, v^i S_i - \frac{1}{2} g_{ij} v^i v^j v^k S_k = \left(1+\phi-\frac{1}{2}v^2\right) v^k S_k. \tag{3.C.23}$$

与 (3.12.65) 式类似，将 (3.12.61) 式代入 (3.C.19) 式，略掉高阶项，得

$$\frac{\bar{\mathrm{D}}}{\mathrm{d}t}\left[(1-\phi)\,\boldsymbol{S}_a + \frac{1}{2}v_a\,(\boldsymbol{v}\cdot\boldsymbol{S})\right]$$

$$= \frac{1}{2}\left[\boldsymbol{S}\times(\nabla\times\boldsymbol{\zeta})\right]_a - 2\,(\boldsymbol{v}\cdot\boldsymbol{S})\,(\nabla\phi)_a - \boldsymbol{S}_a\,(\boldsymbol{v}\cdot\nabla\phi) + v_a\,(\boldsymbol{S}\cdot\nabla\phi)$$

$$= \frac{1}{2}\left[\boldsymbol{S}\times(\nabla\times\boldsymbol{\zeta})\right]_a + \left[\boldsymbol{S}\times(\boldsymbol{v}\times\nabla\phi)\right]_a - (\boldsymbol{v}\cdot\boldsymbol{S})\,(\nabla\phi)_a - \boldsymbol{S}_a\,(\boldsymbol{v}\cdot\nabla\phi)\,, \tag{3.C.24}$$

后一等式用到 (3.12.66) 式。另一方面，对 (3.C.19) 式左边直接求导，得

$$\frac{\bar{\mathrm{D}}}{\mathrm{d}t}\left[(1-\phi)\,\boldsymbol{S}_a + \frac{1}{2}v_a\,(\boldsymbol{v}\cdot\boldsymbol{S})\right]$$

$$= (1-\phi)\frac{\bar{\mathrm{D}}\boldsymbol{S}_a}{\mathrm{d}t} - \frac{\bar{\mathrm{D}}\phi}{\mathrm{d}t}\boldsymbol{S}_a + \frac{1}{2}\frac{\bar{\mathrm{D}}v_a}{\mathrm{d}t}(\boldsymbol{v}\cdot\boldsymbol{S}) + \frac{1}{2}v_a\frac{\bar{\mathrm{D}}(\boldsymbol{v}\cdot\boldsymbol{S})}{\mathrm{d}t}$$

$$= (1-\phi)\frac{\bar{\mathrm{D}}\boldsymbol{S}_a}{\mathrm{d}t} - (\boldsymbol{v}\cdot\nabla\phi)\,\boldsymbol{S}_a - \frac{1}{2}(\nabla_a\phi)(\boldsymbol{v}\cdot\boldsymbol{S}) + \frac{1}{2}v_a\frac{\bar{\mathrm{D}}(\boldsymbol{v}\cdot\boldsymbol{S})}{\mathrm{d}t}\,, \tag{3.C.25}$$

第二个等式用到 (3.C.9) 式和

$$\frac{\bar{\mathrm{D}}\phi}{\mathrm{d}t} = \frac{\mathrm{d}\phi}{\mathrm{d}t} = \boldsymbol{v}\cdot\nabla\phi. \tag{3.C.26}$$

(3.C.23) 式是 3 维空间的标量，故有

$$\frac{\bar{\mathrm{D}}(\boldsymbol{v}\cdot\boldsymbol{S})}{\mathrm{d}t} = \frac{\mathrm{d}v^i\boldsymbol{S}_i}{\mathrm{d}t}\,, \tag{3.C.27}$$

(3.C.23) 式对 t 求导仍得 (3.12.70) 式，其中

$$\frac{\mathrm{d}\left(v^k S_k\right)}{\mathrm{d}t} = -\frac{\mathrm{d}S_0}{\mathrm{d}t} = \Gamma^0_{00}S_j v^j + \Gamma^0_{0i}S_j v^i v^j - \Gamma^i_{00}S_i - \Gamma^i_{0j}S_i v^j$$

$$= \Gamma^0_{0r} v^r v^k S_k - \Gamma^r_{00} S_r - \Gamma^r_{0\varphi} v^\varphi S_r - \Gamma^\varphi_{0r} v^r S_\varphi - \Gamma^\theta_{0\varphi} v^\varphi S_\theta - \Gamma^\varphi_{0\theta} v^\theta S_\varphi$$

$$= -\phi' S_r + \frac{1}{2} \left(\partial_r \zeta_\varphi \right) v^\varphi S_r - \frac{1}{2r^2 \sin^2 \theta} \left(\partial_r \zeta_\varphi \right) v^r S_\varphi - \frac{1}{2r^2} \left(\partial_\theta \zeta_\varphi \right) v^\varphi S_\theta$$

$$- \frac{1}{2r^2 \sin^2 \theta} \left(\partial_\theta \zeta_\varphi \right) v^\theta S_\varphi,$$

$$\frac{\mathrm{d}}{\mathrm{d}t} \left(\phi - \frac{1}{2} v^2 \right) = \phi' v^r - \frac{1}{2} \frac{\mathrm{d}v^2}{\mathrm{d}t} = \phi' v^r - v^i \dot{v}_i - \frac{1}{2} \frac{\mathrm{d}g_{ij}}{\mathrm{d}t} v^i v^j,$$

所以,

$$\frac{\bar{\mathrm{D}} v^i \boldsymbol{S}_i}{\mathrm{d}t} = \left\{ -\phi' S_r + \frac{1}{2} \left(\partial_r \zeta_\varphi \right) v^\varphi S_r - \frac{1}{2r^2 \sin^2 \theta} \left(\partial_r \zeta_\varphi \right) v^r S_\varphi \right.$$

$$\left. - \frac{1}{2r^2} \left(\partial_\theta \zeta_\varphi \right) v^\varphi S_\theta - \frac{1}{2r^2 \sin^2 \theta} \left(\partial_\theta \zeta_\varphi \right) v^\theta S_\varphi \right\}$$

$$\times \left(1 + \phi - \frac{1}{2} v^2 \right) + v^k S_k \left(\phi' v^r - v^i \dot{v}_i - \frac{1}{2} \frac{\mathrm{d}g_{ij}}{\mathrm{d}t} v^i v^j \right)$$

$$\xlongequal{\text{略掉高阶项}} -\phi' S_r + \frac{1}{2} \left(\partial_r \zeta_\varphi \right) v^\varphi S_r - \frac{1}{2r^2 \sin^2 \theta} \left(\partial_r \zeta_\varphi \right) v^r S_\varphi$$

$$- \frac{1}{2r^2} \left(\partial_\theta \zeta_\varphi \right) v^\varphi S_\theta - \frac{1}{2r^2 \sin^2 \theta} \left(\partial_\theta \zeta_\varphi \right) v^\theta S_\varphi, \tag{3.C.28}$$

(3.C.25) 式的右边为

$$(1 - \phi) \frac{\bar{\mathrm{D}} \boldsymbol{S}_a}{\mathrm{d}t} - (\boldsymbol{v} \cdot \nabla \phi) \boldsymbol{S}_a - \frac{1}{2} (\nabla_a \phi) (\boldsymbol{v} \cdot \boldsymbol{S})$$

$$+ \frac{1}{2} \boldsymbol{v}_a \left\{ -\phi' S_r + \frac{1}{2} \left(\partial_r \zeta_\varphi \right) \boldsymbol{v}^\varphi S_r \right.$$

$$\left. - \frac{1}{2r^2 \sin^2 \theta} \left(\partial_r \zeta_\varphi \right) \boldsymbol{v}^r S_\varphi - \frac{1}{2r^2} \left(\partial_\theta \zeta_\varphi \right) \boldsymbol{v}^\varphi S_\theta - \frac{1}{2r^2 \sin^2 \theta} \left(\partial_\theta \zeta_\varphi \right) \boldsymbol{v}^\theta S_\varphi \right\},$$

再次略去高阶项,花括号内只剩第一项,所以,

$$\frac{\bar{\mathrm{D}}}{\mathrm{d}t} \left[(1 - \phi) \boldsymbol{S}_a + \frac{1}{2} \boldsymbol{v}_a (\boldsymbol{v} \cdot \boldsymbol{S}) \right]$$

$$= (1 - \phi) \frac{\bar{\mathrm{D}} \boldsymbol{S}_a}{\mathrm{d}t} - (\boldsymbol{v} \cdot \nabla \phi) \boldsymbol{S}_a - \frac{1}{2} (\nabla_a \phi) (\boldsymbol{v} \cdot \boldsymbol{S}) - \frac{1}{2} \boldsymbol{v}_a (\boldsymbol{S} \cdot \nabla \phi). \tag{3.C.29}$$

(3.C.24) 式与 (3.C.29) 式相等,解出 $\dfrac{\bar{\mathrm{D}} \boldsymbol{S}}{\mathrm{d}t}$,略掉高阶项,得

$$\frac{\bar{\mathrm{D}} \boldsymbol{S}_a}{\mathrm{d}t} = \frac{1}{2} \left(\boldsymbol{S} \times (\nabla \times \zeta) \right)_a + \frac{3}{2} \left(\boldsymbol{S} \times (\boldsymbol{v} \times \nabla \phi) \right)_a. \tag{3.C.30}$$

这就是 (3.12.74) 式在球坐标系下采用坐标基时的表达式。显然，不变自旋矢量 $\boldsymbol{S}$ 的大小不随时间变化，只在引力场中进动！进动角速度由 (3.12.76) 式给出。(3.12.77) 式可写成更一般的形式

$$\frac{\bar{\mathrm{D}}\boldsymbol{S}}{\mathrm{d}t} = \boldsymbol{\Omega} \times \boldsymbol{S}. \tag{3.C.31}$$

附录 3.D　进动频率对一圈的平均 ((3.12.96) 式的证明)

设陀螺的位置为 $\boldsymbol{r}$。在笛卡儿坐标中，

$$\frac{\boldsymbol{r}}{r} = (\sin\theta\cos\varphi, \sin\theta\sin\varphi, \cos\theta). \tag{3.D.1}$$

陀螺绕原点做圆周运动，其速度依定义为

$$\boldsymbol{v} = \frac{\mathrm{d}\boldsymbol{r}}{\mathrm{d}t} = r(\cos\theta\cos\varphi, \cos\theta\sin\varphi, -\sin\theta)\frac{\mathrm{d}\theta}{\mathrm{d}t} + r(-\sin\theta\sin\varphi, \sin\theta\cos\varphi, 0)\frac{\mathrm{d}\varphi}{\mathrm{d}t}. \tag{3.D.2}$$

圆周运动各点的速率相同，即

$$v = r\left[\left(\frac{\mathrm{d}\theta}{\mathrm{d}t}\right)^2 + \sin^2\theta\left(\frac{\mathrm{d}\varphi}{\mathrm{d}t}\right)^2\right]^{1/2}, \tag{3.D.3}$$

速度方向的单位矢量为

$$\begin{aligned}
\frac{\boldsymbol{v}}{v} &= (\cos\theta\cos\varphi, \cos\theta\sin\varphi, -\sin\theta)\frac{\mathrm{d}\theta}{\mathrm{d}t}\left[\left(\frac{\mathrm{d}\theta}{\mathrm{d}t}\right)^2 + \sin^2\theta\left(\frac{\mathrm{d}\varphi}{\mathrm{d}t}\right)^2\right]^{-1/2} \\
&\quad + (-\sin\theta\sin\varphi, \sin\theta\cos\varphi, 0)\frac{\mathrm{d}\varphi}{\mathrm{d}t}\left[\left(\frac{\mathrm{d}\theta}{\mathrm{d}t}\right)^2 + \sin^2\theta\left(\frac{\mathrm{d}\varphi}{\mathrm{d}t}\right)^2\right]^{-1/2} \\
&= (\cos\theta\cos\varphi, \cos\theta\sin\varphi, -\sin\theta)\frac{\mathrm{d}\theta}{\mathrm{d}\varphi}\left[\left(\frac{\mathrm{d}\theta}{\mathrm{d}\varphi}\right)^2 + \sin^2\theta\right]^{-1/2} \\
&\quad + (-\sin\theta\sin\varphi, \sin\theta\cos\varphi, 0)\left[\left(\frac{\mathrm{d}\theta}{\mathrm{d}\varphi}\right)^2 + \sin^2\theta\right]^{-1/2}. \tag{3.D.4}
\end{aligned}$$

陀螺轨道面的法矢方向为

$$\boldsymbol{n} = \frac{\boldsymbol{r}}{r} \times \frac{\boldsymbol{v}}{v} = \left[(-\sin\varphi, \cos\varphi, 0)\frac{\mathrm{d}\theta}{\mathrm{d}\varphi} - (\cos\theta\cos\varphi, \cos\theta\sin\varphi, -\sin\theta)\sin\theta\right]$$

$$\times \left[\left(\frac{\mathrm{d}\theta}{\mathrm{d}\varphi} \right)^2 + \sin^2 \theta \right]^{-1/2}. \tag{3.D.5}$$

3 个方向的关系如图 3.D.1 所示。

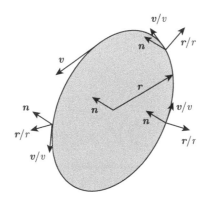

图 3.D.1　圆周运动中矢径、轨道面方向、速度方向的关系

首先,考虑陀螺轨道是绕极地轨道的情况,$\dfrac{\mathrm{d}\theta}{\mathrm{d}\varphi} \to \infty$。此时,(3.D.4) 和 (3.D.5) 式简化为

$$\frac{\boldsymbol{v}}{v} = (\cos\theta\cos\varphi, \cos\theta\sin\varphi, -\sin\theta), \tag{3.D.6}$$

$$\boldsymbol{n} = (-\sin\varphi, \cos\varphi, 0). \tag{3.D.7}$$

超精细项正比于

$$3 \left(\frac{\boldsymbol{r}}{r} \cdot \boldsymbol{e}_z \right) \frac{\boldsymbol{r}}{r} - \boldsymbol{e}_z = 3\cos\theta (\sin\theta\cos\varphi, \sin\theta\sin\varphi, \cos\theta) - (0, 0, 1), \tag{3.D.8}$$

其中 $\boldsymbol{e}_z$ 是 z 方向的单位基矢。半圈的平均为

$$\frac{1}{\pi} \int_0^\pi \left[3 \left(\frac{\boldsymbol{r}}{r} \cdot \boldsymbol{e}_z \right) \frac{\boldsymbol{r}}{r} - \boldsymbol{e}_z \right] \mathrm{d}\theta = \frac{3}{\pi} \left(\frac{1}{2}\sin^2\theta\cos\varphi, \frac{1}{2}\sin^2\theta\sin\varphi, \frac{2\theta + \sin 2\theta}{4} \right)_0^\pi$$
$$- \frac{1}{\pi} (0, 0, \theta)_0^\pi = \left(0, 0, \frac{1}{2} \right). \tag{3.D.9}$$

超精细项进动角速率的平均值为 $\langle \boldsymbol{\Omega} \rangle_{超精细项} = \dfrac{\boldsymbol{J}}{2r^3}$。这正是 (3.12.96) 式的结果。

其次,考虑一般的陀螺 (圆) 轨道。由 (2.7.18) 式知,

$$\left(\frac{\mathrm{d}\theta}{\mathrm{d}\varphi} \right)^2 = \sin^4\theta \left(\cot^2\theta_0 - \cot^2\theta \right) = \left(\frac{\sin^2\theta}{\sin^2\theta_0} - 1 \right) \sin^2\theta, \tag{3.D.10}$$

$$\Rightarrow \left[\left(\frac{\mathrm{d}\theta}{\mathrm{d}\varphi}\right)^2 + \sin^2\theta\right]^{1/2} = \frac{\sin^2\theta}{\sin\theta_0}\,(>0)\,. \tag{3.D.11}$$

将之代入 (3.D.4) 式, 得

$$\frac{\boldsymbol{v}}{v} = \pm\left(\cos\theta\cos\varphi, \cos\theta\sin\varphi, -\sin\theta\right)\left(1 - \frac{\sin^2\theta_0}{\sin^2\theta}\right)^{1/2} + \frac{\sin\theta_0}{\sin\theta}\left(-\sin\varphi, \cos\varphi, 0\right). \tag{3.D.12}$$

由 (3.D.5) 和 (3.D.12) 式得

$$\boldsymbol{n} = \pm\left(-\sin\varphi, \cos\varphi, 0\right)\left(1 - \frac{\sin^2\theta_0}{\sin^2\theta}\right)^{1/2} - \left(\cos\theta\cos\varphi, \cos\theta\sin\varphi, -\sin\theta\right)\frac{\sin\theta_0}{\sin\theta}. \tag{3.D.13}$$

不难验证, 3 个基矢 (3.D.1), (3.D.12) 和 (3.D.13) 式满足

$$\frac{\boldsymbol{r}}{r}\cdot\frac{\boldsymbol{r}}{r} = 1, \quad \frac{\boldsymbol{v}}{v}\cdot\frac{\boldsymbol{v}}{v} = 1, \quad \boldsymbol{n}\cdot\boldsymbol{n} = 1, \quad \frac{\boldsymbol{r}}{r}\cdot\frac{\boldsymbol{v}}{v} = 0, \quad \frac{\boldsymbol{r}}{r}\cdot\boldsymbol{n} = 0, \quad \frac{\boldsymbol{v}}{v}\cdot\boldsymbol{n} = 0. \tag{3.D.14}$$

但 $\boldsymbol{n}$ 应该与 θ, φ 无关, 只与轨道倾角有关, 即只与 θ_0 有关。为此, 在 (2.7.19) 式中取 $\varphi_0 = 0$ 得

$$\tan\varphi = \mp\frac{\cot\theta}{(\cot^2\theta_0 - \cot^2\theta)^{1/2}} \Rightarrow \cos\varphi = \mp\left(\cot^2\theta_0 - \cot^2\theta\right)^{1/2}\tan\theta_0. \tag{3.D.15}$$

将 (3.D.15) 式代入 (3.D.13) 式得

$$\begin{aligned}
n_x &= \mp\sin\varphi\left(1 - \frac{\sin^2\theta_0}{\sin^2\theta}\right)^{1/2} - \cos\theta\cos\varphi\frac{\sin\theta_0}{\sin\theta}\\
&= \left(\mp\tan\varphi\left(\frac{1}{\sin^2\theta_0} - \frac{1}{\sin^2\theta}\right)^{1/2} - \cot\theta\right)\sin\theta_0\cos\varphi\\
&= \left(\mp\tan\varphi\left(\cot^2\theta_0 - \cot^2\theta\right)^{1/2} - \cot\theta\right)\sin\theta_0\cos\varphi\\
&= \left(\mp\tan\varphi - \frac{\cot\theta}{(\cot^2\theta_0 - \cot^2\theta)^{1/2}}\right)\left(\cot^2\theta_0 - \cot^2\theta\right)^{1/2}\sin\theta_0\cos\varphi = 0,
\end{aligned} \tag{3.D.16}$$

$$n_y = \pm\cos\varphi\left(1 - \frac{\sin^2\theta_0}{\sin^2\theta}\right)^{1/2} - \cos\theta\sin\varphi\frac{\sin\theta_0}{\sin\theta}$$

$$= \left[\pm \left(\frac{1}{\sin^2 \theta_0} - \frac{1}{\sin^2 \theta} \right)^{1/2} - \cot\theta \tan\varphi \right] \sin\theta_0 \cos\varphi$$

$$= \pm \left[\left(\cot^2\theta_0 - \cot^2\theta \right)^{1/2} + \frac{\cot^2\theta}{\left(\cot^2\theta_0 - \cot^2\theta \right)^{1/2}} \right] \sin\theta_0 \cos\varphi$$

$$= \pm \frac{\cot^2\theta_0 \cos\varphi}{\left(\cot^2\theta_0 - \cot^2\theta \right)^{1/2}} \sin\theta_0 = -\cos\theta_0, \tag{3.D.17}$$

所以，

$$\boldsymbol{n} = (0, -\cos\theta_0, \sin\theta_0). \tag{3.D.18}$$

正如预期，$\boldsymbol{n}$ 只与 θ_0 有关。

由于圆周运动的周期满足

$$\frac{1}{T} = \frac{v}{2\pi r}, \tag{3.D.19}$$

超精细项一圈的平均为

$$\frac{v}{2\pi r} \int_0^T \left[3 \left(\frac{\boldsymbol{r}}{r} \cdot \boldsymbol{e}_z \right) \frac{\boldsymbol{r}}{r} - \boldsymbol{e}_z \right] \mathrm{d}t$$

$$= \frac{1}{2\pi r} \int_{t=0}^T \left[3\cos\theta \left(\sin\theta \cos\varphi, \sin\theta \sin\varphi, \cos\theta \right) - (0,0,1) \right] |\mathrm{d}\boldsymbol{r}|, \tag{3.D.20}$$

其中

$$v\mathrm{d}t = |\mathrm{d}\boldsymbol{r}| = r \left(\mathrm{d}\theta^2 + \sin^2\theta \mathrm{d}\varphi^2 \right)^{1/2}. \tag{3.D.21}$$

注意到 (3.D.11) 式

$$\left(\mathrm{d}\theta^2 + \sin^2\theta \mathrm{d}\varphi^2 \right)^{1/2} = \left(\left(\frac{\mathrm{d}\theta}{\mathrm{d}\varphi} \right)^2 + \sin^2\theta \right)^{1/2} \mathrm{d}\varphi = \frac{\sin^2\theta}{\sin\theta_0} \mathrm{d}\varphi, \tag{3.D.22}$$

(3.D.20) 式化为

$$\frac{v}{2\pi r} \int_0^T \left[3 \left(\frac{\boldsymbol{r}}{r} \cdot \boldsymbol{e}_z \right) \frac{\boldsymbol{r}}{r} - \boldsymbol{e}_z \right] \mathrm{d}t$$

$$= \frac{1}{2\pi} \oint \left[3\cos\theta \left(\sin\theta \cos\varphi, \sin\theta \sin\varphi, \cos\theta \right) - (0,0,1) \right] \frac{\sin^2\theta}{\sin\theta_0} \mathrm{d}\varphi. \tag{3.D.23}$$

为求积分，还需用 φ 把 θ 表示出来。由 (3.D.15) 式得

$$\cos^2\varphi = 1 - \frac{\cot^2\theta}{\cot^2\theta_0} \Rightarrow \cot^2\theta = \cot^2\theta_0 \sin^2\varphi \Rightarrow \frac{1}{\sin^2\theta} = 1 + \cot^2\theta_0 \sin^2\varphi, \tag{3.D.24}$$

所以,

$$
\begin{cases}
\sin\theta = \dfrac{1}{\left(1+\cot^2\theta_0\sin^2\varphi\right)^{1/2}}, & \text{在 } \theta \text{ 的取值范围 } [\theta_0, \pi-\theta_0] \text{ 内总是正的.} \\[3mm]
\cos\theta = \dfrac{\cot\theta_0\sin\varphi}{\left(1+\cot^2\theta_0\sin^2\varphi\right)^{1/2}}, & \varphi \text{ 在 } [0,\pi] \text{ 内取值时, } \theta \text{ 在 } [0,\pi/2] \text{ 内取值,} \\
& \varphi \text{ 在 } [\pi, 2\pi] \text{ 内取值时, } \theta \text{ 在 } [\pi/2, \pi-\theta_0] \text{ 内取值.}
\end{cases}
$$
$$(3.D.25)$$

将 (3.D.25) 式代入 (3.D.23) 式, 得

$$
\frac{v}{2\pi r}\int_0^T \left[3\left(\frac{\boldsymbol{r}}{r}\cdot\boldsymbol{e}_z\right)\frac{\boldsymbol{r}}{r}-\boldsymbol{e}_z\right]\mathrm{d}t = \frac{3\cot\theta_0}{2\pi\sin\theta_0}\oint\frac{\sin\varphi\left(\cos\varphi,\sin\varphi,\cot\theta_0\sin\varphi\right)}{\left(1+\cot^2\theta_0\sin^2\varphi\right)^2}\mathrm{d}\varphi
$$
$$
-\frac{(0,0,1)}{2\pi\sin\theta_0}\oint\frac{\mathrm{d}\varphi}{\left(1+\cot^2\theta_0\sin^2\varphi\right)}.
$$

最后一项为

$$
-\frac{(0,0,1)}{2\pi\sin\theta_0}\oint\frac{\mathrm{d}\varphi}{\left(1+\cot^2\theta_0\sin^2\varphi\right)} = -\frac{(0,0,1)}{2\pi\sin\theta_0}\frac{2\pi}{\left(1+\cot^2\theta_0\right)^{1/2}} = -(0,0,1)
$$

第一项中两个独立的积分为

$$
\frac{3\cot\theta_0}{2\pi\sin\theta_0}\oint\frac{\sin\varphi\cos\varphi\mathrm{d}\varphi}{\left(1+\cot^2\theta_0\sin^2\varphi\right)^2} = 0,
$$
$$
\frac{3\cot\theta_0}{2\pi\sin\theta_0}\oint\frac{\sin^2\varphi\mathrm{d}\varphi}{\left(1+\cot^2\theta_0\sin^2\varphi\right)^2} = \frac{3\cot\theta_0}{2\pi\sin\theta_0}\frac{\pi}{\left(1+\cot^2\theta_0\right)^{3/2}} = \frac{3}{2}\sin\theta_0\cos\theta_0.
$$

于是, 得到

$$
\frac{v}{2\pi r}\int_0^T \left[3\left(\frac{\boldsymbol{r}}{r}\cdot\boldsymbol{e}_z\right)\frac{\boldsymbol{r}}{r}-\boldsymbol{e}_z\right]\mathrm{d}t = \frac{3}{2}\left(0,\sin\theta_0\cos\theta_0,\cos^2\theta_0\right)-(0,0,1)
$$
$$
= \frac{3}{2}\left(0,\sin\theta_0\cos\theta_0,1-\sin^2\theta_0\right)-(0,0,1)
$$
$$
= \frac{1}{2}(0,0,1)-(0,-\cos\theta_0,\sin\theta_0)\sin\theta_0
$$
$$
= \frac{1}{2}\boldsymbol{e}_z-\boldsymbol{n}\left(\boldsymbol{n}\cdot\boldsymbol{e}_z\right). \tag{3.D.26}
$$

最后得到

$$
\langle\boldsymbol{\Omega}\rangle = \frac{\boldsymbol{J}-\boldsymbol{n}\left(\boldsymbol{n}\cdot\boldsymbol{J}\right)}{2r^3}+\frac{3}{2}\frac{M^{3/2}}{r^{5/2}}\boldsymbol{n}, \tag{3.D.27}
$$

最后一项还用到 $v = \left(\dfrac{M}{r}\right)^{1/2}$。这正是 (3.12.96) 式。

习 题

1. 设 ξ^μ 是黎曼时空中一个基灵矢量场, $T^{\mu\nu}$ 是时空上某个场的能量-动量-应力张量场, 满足

$$T^{\mu\nu} = T^{\nu\mu}, \quad T^{\mu\nu}{}_{;\nu} = 0,$$

则有

$$J^\mu{}_{;\mu} = 0,$$

其中

$$J^\mu = T^{\mu\nu}\xi_\nu.$$

对于类时基灵矢量场, J^μ 就是能动量守恒流, $J^\mu{}_{;\mu} = 0$ 就是守恒方程。

2. 在平直时空中, 在洛伦兹规范 ($\partial_\mu A^\mu = 0$) 下, 麦克斯韦方程可写成

$$\Box A_\mu = -\mu_0 J_\mu.$$

试证在弯曲时空中, 在洛伦兹规范 ($\nabla_\mu A^\mu = 0$) 下, 麦克斯韦方程可写成

$$\Box A_\mu - R_{\mu\nu}A^\nu = -\mu_0 J_\mu.$$

3. 对于无宇宙学常数的真空爱因斯坦方程的解来说, 如果它不是平直的, 那么, 曲率张量中哪些部分不为零? (提示: 答题前先复习 2.8.4 节。)

4. 假定地球引力场可用史瓦西解来描写 (即忽略地球的转动), 试计算 $R_\oplus = 6.378 \times 10^3\mathrm{km}$ 在静止于地球表面的观察者的 4 加速度。($M_\oplus = 5.997 \times 10^{24}\mathrm{kg}, \dfrac{GM_\oplus}{c^2} = 4.43 \times 10^{-3}\mathrm{m}$。)

5. 试计算 4 维球对称度规

$$\mathrm{d}s^2 = -\mathrm{e}^{2\nu(t,r)}\mathrm{d}t^2 + \mathrm{e}^{2\mu(t,r)}\mathrm{d}r^2 + r^2\mathrm{d}\Omega^2$$

的 (无挠) 联络系数和里奇曲率, 其中 $\mathrm{d}\Omega^2 = \mathrm{d}\theta^2 + \sin^2\theta\mathrm{d}\varphi^2$ 是单位球面的线元。

6. 考虑史瓦西时空中

$$r \to 2GM/c^2 \quad (保持\ r > 2GM/c^2)$$

处的静止光源发出的光, 传播到无穷远处, 被静止观察者看到。

(1) 试计算其引力红移;

(2) 定性分析无穷远处观察者的 (匀速直线) 运动对这个极限有何影响?

7. 试在以下初始条件下求解史瓦西几何中质点沿径向自由下落的运动方程: $t = \tau = 0$ 时刻, 静止于史瓦西坐标 r_0 处的质点开始自由下落。

8. 近地小行星伊卡鲁斯 (Icarus) 绕太阳运转的轨道是一个偏椭圆, 其轨道距太阳最近处比水星离太阳还近, 最远处比火星还远, 偏心率为 $e = 0.827$, 半长轴为 1.61×10^8 km, 每百年回转次数为 89 次。试问, 根据 GR, 它每百年进动为多少? (观测值是 $9.8 \pm 0.8''$。)

第 4 章　引力波与引力辐射

在第 3 章中，我们重点从宇宙学常数为零的爱因斯坦场方程出发，研究了真空球对称解，得到施瓦西解，并进一步给出了转动球体外部的弱场近似解。这些解都是稳态的，甚至是静态的。在此基础上，我们介绍了对 GR 的若干实验检验，包括引力红移 (阳 (星) 光谱线的红移、Pound-Rebka 实验)、水星 (及其他行星) 近日点进动、近星点进动、光线偏折、引力透镜、雷达回波、最小稳定圆轨道，最后还介绍了轨道陀螺进动。对 GR 的若干实验检验还包括对等效原理 (特别是强等效原理) 的检验。

本章，我们仍只讨论宇宙学常数为零的爱因斯坦场方程，但我们不再限于静态或稳态。但因爱因斯坦方程十分复杂，我们只讨论闵氏时空附近的弱场近似，忽略所有高阶项，只保留对闵氏时空的线性扰动。换句话说，我们来研究线性化的爱因斯坦引力场方程及其解。

4.1　线性引力场方程

在闵氏时空附近的线性扰动可写为

$$g_{\mu\nu} = \eta_{\mu\nu} + h_{\mu\nu}, \quad \|h_{\mu\nu}\| \ll 1, \tag{4.1.1}$$

设度规的逆为

$$g^{\mu\nu} = \eta^{\mu\nu} - h^{\mu\nu}, \quad \|h^{\mu\nu}\| \ll 1, \tag{4.1.2}$$

由 (2.2.14) 式及 (1.2.42) 式得

$$\eta^{\mu\lambda}h_{\lambda\nu} - \eta_{\lambda\nu}h^{\mu\lambda} - h^{\mu\lambda}h_{\lambda\nu} = 0 \Rightarrow h^{\mu\nu} \approx \eta^{\mu\lambda}\eta^{\nu\sigma}h_{\lambda\sigma}, \tag{4.1.3}$$

其中左边第三项是高阶小量，可以忽略。将 (4.1.1)、(4.1.2) 式代入联络系数的表达式 (2.3.34)，并只保留线性项，可得

$$\Gamma^{\lambda}_{\mu\nu} \approx \frac{1}{2}\eta^{\lambda\sigma}\left(h_{\mu\sigma,\nu} + h_{\sigma\nu,\mu} - h_{\mu\nu,\sigma}\right). \tag{4.1.4}$$

特别地，定义

$$\Gamma^\lambda := g^{\mu\nu}\Gamma^\lambda_{\mu\nu}. \tag{4.1.5}$$

在线性近似下直接计算得

$$\Gamma^\lambda \approx h^{\lambda\nu}{}_{,\nu} - \frac{1}{2}\eta^{\lambda\nu}h_{,\nu} =: \bar{h}^{\lambda\nu}{}_{,\nu}, \tag{4.1.6}$$

其中

$$h := \eta^{\mu\nu}h_{\mu\nu}. \tag{4.1.7}$$

将 (4.1.4) 式代入里奇曲率张量 (2.8.39) 式，并略去高阶项，只保留线性项，得

$$
\begin{aligned}
R_{\mu\nu} &\approx \Gamma^\lambda_{\mu\nu,\lambda} - \Gamma^\lambda_{\mu\lambda,\nu} \\
&\approx \frac{1}{2}\eta^{\lambda\sigma}\left(h_{\sigma\mu,\nu\lambda} + h_{\sigma\nu,\mu\lambda} - h_{\mu\nu,\sigma\lambda} - h_{\sigma\mu,\lambda\nu} - h_{\sigma\lambda,\mu\nu} + h_{\mu\lambda,\sigma\nu}\right) \\
&= \frac{1}{2}\left(\eta^{\lambda\sigma}h_{\sigma\nu,\mu\lambda} - \Box h_{\mu\nu} - h_{,\mu\nu} + \eta^{\lambda\sigma}h_{\mu\lambda,\sigma\nu}\right) \\
&= -\frac{1}{2}\left(\Box h_{\mu\nu} - \eta_{\nu\rho}h^{\rho\lambda}{}_{,\mu\lambda} + h_{,\mu\nu} - \eta_{\mu\rho}h^{\rho\sigma}{}_{,\sigma\nu}\right) \\
&= -\frac{1}{2}\left(\Box h_{\mu\nu} - \eta_{\nu\rho}\bar{h}^{\rho\lambda}{}_{,\mu\lambda} - \eta_{\mu\rho}\bar{h}^{\rho\lambda}{}_{,\nu\lambda}\right),
\end{aligned}
\tag{4.1.8}
$$

其中 $\Box = \eta^{\mu\nu}\partial_\mu\partial_\nu$，最后一步用到 (4.1.6) 式。曲率标量的线性项为

$$R \approx \eta^{\mu\nu}R_{\mu\nu} \approx -\left(\Box h - h^{\rho\lambda}{}_{,\lambda\rho}\right). \tag{4.1.9}$$

爱因斯坦张量 (2.8.45) 式的线性项为

$$
\begin{aligned}
G_{\mu\nu} &\approx -\frac{1}{2}\left(\Box h_{\mu\nu} - \eta_{\nu\rho}\bar{h}^{\rho\lambda}{}_{,\mu\lambda} - \eta_{\mu\rho}\bar{h}^{\rho\lambda}{}_{,\nu\lambda}\right) + \frac{1}{2}\eta_{\mu\nu}\left(\Box h - h^{\rho\lambda}{}_{,\lambda\rho}\right) \\
&= -\frac{1}{2}\left(\Box\bar{h}_{\mu\nu} - \eta_{\nu\rho}\bar{h}^{\rho\lambda}{}_{,\lambda\mu} - \eta_{\mu\rho}\bar{h}^{\rho\lambda}{}_{,\lambda\nu} + \eta_{\mu\nu}\bar{h}^{\lambda\sigma}{}_{,\lambda\sigma}\right).
\end{aligned}
\tag{4.1.10}
$$

于是，(闵氏时空附近的) 线性化场方程为

$$\Box\bar{h}_{\mu\nu} - \eta_{\mu\rho}\bar{h}^{\rho\lambda}{}_{,\lambda\nu} - \eta_{\nu\rho}\bar{h}^{\rho\lambda}{}_{,\lambda\mu} + \eta_{\mu\nu}\bar{h}^{\lambda\sigma}{}_{,\lambda\sigma} = -16\pi G T_{\mu\nu}. \tag{4.1.11}$$

若

$$0 = \Gamma^\lambda \approx \bar{h}^{\lambda\nu}{}_{,\nu}, \tag{4.1.12}$$

则有

$$\Box \bar{h}_{\mu\nu} = -16\pi G T_{\mu\nu}. \tag{4.1.13}$$

(4.1.13) 式就是线性化的爱因斯坦引力场方程，(4.1.12) 式的第一个等式称为谐和条件 (harmonic condition，也称为调和条件，又称为 de Donder condition)，(4.1.12) 式后一近似等式给出线性化谐和条件的表达式。

我们进一步研究谐和条件 (4.1.12) 式。由联络系数 (2.3.34) 式和定义 (4.1.5) 式得

$$\begin{aligned}
0 = \Gamma^\lambda &= g^{\mu\nu} \Gamma^\lambda_{\mu\nu} \\
&= \frac{1}{2} g^{\mu\nu} g^{\lambda\sigma} \left(g_{\sigma\mu,\nu} + g_{\sigma\nu,\mu} - g_{\mu\nu,\sigma} \right) \\
&= -\frac{1}{2} g^{\mu\nu} g^{\lambda\sigma}{}_{,\nu} g_{\sigma\mu} - \frac{1}{2} g^{\mu\nu}{}_{,\mu} g^{\lambda\sigma} g_{\sigma\nu} - g^{\lambda\sigma} \left(\frac{1}{2} g^{\mu\nu} g_{\mu\nu,\sigma} \right) \\
&= -g^{\lambda\nu}{}_{,\nu} - g^{\lambda\sigma} \left(\ln \sqrt{-g} \right)_{,\sigma} = -\frac{1}{\sqrt{-g}} \left(\sqrt{-g} g^{\lambda\nu} \right)_{,\nu}.
\end{aligned} \tag{4.1.14}$$

另一方面，调和方程 (harmonic equation) 为

$$0 = \Box \phi = \frac{1}{\sqrt{-g}} \left(\sqrt{-g} g^{\lambda\nu} \phi_{,\lambda} \right)_{,\nu}. \tag{4.1.15}$$

满足方程 (4.1.15) 的 ϕ 称为调和函数或谐和函数。若 4 个坐标分别为调和函数，则有

$$\Gamma^\lambda = -\Box x^\lambda = 0. \tag{4.1.16}$$

这样的坐标称为谐和 (harmonic) 坐标 (或 de Donder 坐标)。特别地，在闵氏时空中，闵氏坐标 x^μ 是谐和坐标。

可将线性化的爱因斯坦引力理论与平直时空中麦克斯韦理论做一比较，见表 4.1.1。

表 4.1.1　线性化的爱因斯坦引力理论与平直时空中麦克斯韦理论对照表

	GR	EM
方程	$\Box \bar{h}_{\mu\nu} = -16\pi G T_{\mu\nu}$	$\Box A_\mu = -\mu_0 J_\mu$
规范 (坐标) 条件	$\Gamma^\lambda = \bar{h}^{\lambda\nu}{}_{,\nu} = 0$	$\eta^{\mu\nu} A_{\mu,\nu} = 0$ 或 $A^\nu{}_{,\nu} = 0$

注：EM: electromagnetic field。

可见，线性化爱因斯坦引力场方程与平直时空中麦克斯韦方程的结构是一样的，都是有源达朗贝尔 (d'Alembert) 方程。

在电动力学中已知, 有源达朗贝尔方程有推迟势解[①]:

$$A_\mu\left(x\right) = \frac{\mu_0}{4\pi} \int \frac{J_\mu\left(\boldsymbol{r}', t - |\boldsymbol{r} - \boldsymbol{r}'|\right)}{|\boldsymbol{r} - \boldsymbol{r}'|} \mathrm{d}^3 x'. \tag{4.1.17}$$

鉴于线性化爱因斯坦场引力场方程与平直时空中麦克斯韦方程具有完全相似的结构, 只是线性化爱因斯坦引力场方程中的变量多一个角标, 故也存在类似的推迟势解:

$$\bar{h}_{\mu\nu}\left(x\right) = 4G \int \frac{T_{\mu\nu}\left(\boldsymbol{r}', t - |\boldsymbol{r} - \boldsymbol{r}'|\right)}{|\boldsymbol{r} - \boldsymbol{r}'|} \mathrm{d}^3 x'. \tag{4.1.18}$$

由方程 (4.1.13) 及推迟势解 (4.1.18) 式说明, 在 GR 中, 引力以光速传播, 不存在超距作用。这一点与电磁场是一样的。

于是我们可以将关于线性化的爱因斯坦引力理论与平直时空中麦克斯韦理论的对照表 4.1.1 增加一行, 见表 4.1.2。

[①] 推迟势解可按如下方法得到。以静电势的方程 (标量方程) 为例, 并考虑点源, 即

$$\Box\phi = -\frac{q\left(t\right)}{\varepsilon_0} \delta^3\left(\boldsymbol{r}\right).$$

对于球对称系统, 它化为

$$\frac{1}{r^2}\partial_r\left(r^2\partial_r\phi\left(r, t\right)\right) - \frac{1}{c^2}\partial_t^2\phi\left(r, t\right) = -\frac{q\left(t\right)}{\varepsilon_0}\delta^3\left(\boldsymbol{r}\right),$$

在 $\boldsymbol{r} \neq 0$ 处, 上述方程化为齐次方程:

$$\frac{1}{r^2}\partial_r\left(r^2\partial_r\phi\left(r, t\right)\right) - \frac{1}{c^2}\partial_t^2\phi\left(r, t\right) = 0.$$

在齐次方程中做变量替换

$$\phi\left(r, t\right) = \frac{u\left(r, t\right)}{r},$$

得

$$\frac{1}{r^2}\partial_r\left(r\partial_r u\left(r, t\right) - u\left(r, t\right)\right) - \frac{1}{c^2}\partial_t^2\frac{u\left(r, t\right)}{r} = 0 \Rightarrow \partial_r^2 u\left(r, t\right) - \frac{1}{c^2}\partial_t^2 u\left(r, t\right) = 0.$$

这是一个一维波动方程。易见, 其解为

$$u\left(t, r\right) = f\left(t - r/c\right) + g\left(t + r/c\right),$$

对于辐射问题,

$$g\left(t + r/c\right) = 0.$$

又, 当 ϕ 不依赖于 t 时, 非齐次方程的解为

$$\phi\left(r\right) = \frac{q}{4\pi\varepsilon_0 r},$$

所以, 当 ϕ 依赖于 t 时, 非齐次方程的解为

$$\phi\left(r, t\right) = \frac{q\left(t - r/c\right)}{4\pi\varepsilon_0 r}.$$

这个解就是推迟势解。由于电磁 4 矢势在惯性系的变换下是协变的, 故电磁 4 矢势也有推迟势解。

表 4.1.2　　更新后的线性化的爱因斯坦引力理论与平直时空中麦克斯韦理论对照表

	GR	EM
方程	$\Box \bar{h}_{\mu\nu} = -16\pi G T_{\mu\nu}$	$\Box A_\mu = -\mu_0 J_\mu$
规范 (坐标) 条件	$\Gamma^\lambda = \bar{h}^{\lambda\nu}{}_{,\nu} = 0$	$\eta^{\mu\nu} A_{\mu,\nu} = 0$ 或 $A^\nu{}_{,\nu} = 0$
推迟势	$\bar{h}_{\mu\nu}(x) =$ $4G \int \dfrac{T_{\mu\nu}\left(\boldsymbol{r}', t - \|\boldsymbol{r} - \boldsymbol{r}'\|\right)}{\|\boldsymbol{r} - \boldsymbol{r}'\|} \mathrm{d}^3 x'$	$A_\mu(x) =$ $\dfrac{\mu_0}{4\pi} \int \dfrac{J_\mu\left(\boldsymbol{r}', t - \|\boldsymbol{r} - \boldsymbol{r}'\|\right)}{\|\boldsymbol{r} - \boldsymbol{r}'\|} \mathrm{d}^3 x'$

4.2　线性平面引力波解

4.2.1　闵氏时空真空中平面电磁波

鉴于线性化引力场方程与麦克斯韦方程的相似性，为讨论线性平面引力波解，我们先来复习平面电磁波解。

考虑无源情况, $J_\mu = 0$。这时，麦克斯韦方程为

$$\Box A_\mu = 0. \tag{4.2.1}$$

洛伦兹规范条件为

$$\eta^{\mu\nu} A_{\mu,\nu} = 0. \tag{4.2.2}$$

假定 (4.2.1) 式的解具有如下平面波解的形式:

$$A_\mu = e_\mu \mathrm{e}^{\mathrm{i}k_\nu x^\nu}, \tag{4.2.3}$$

其中 k_ν 是 4 维波矢, e_μ 是极化矢量，它们都与时空点无关。将 (4.2.3) 式分别代入 (4.2.1) 和 (4.2.2) 式，得 (3.7.16) 式和

$$\eta^{\mu\nu} e_\mu k_\nu = 0. \tag{4.2.4}$$

它表示 4 维波矢与极化矢量是 4 维正交的。由 (3.7.16) 式知,

$$k_0{}^2 = \boldsymbol{k}^2, \tag{4.2.5}$$

其中 $k_0 = -|\boldsymbol{k}|, k^0 = |\boldsymbol{k}|$。由 (4.2.4) 式知

$$e_0 k_0 = \sum_i e_i k_i \Rightarrow e_0 = -\sum_i e_i k_i / |\boldsymbol{k}| \quad (此处没有用爱因斯坦求和规则). \tag{4.2.6}$$

在洛伦兹规范下，还可进一步做规范变换:

$$A_\mu \to A'_\mu = A_\mu + \phi_{,\mu}, \tag{4.2.7}$$

其中 ϕ 是调和函数，满足 (4.1.15) 式，但需注意，对于平直时空 $g_{\mu\nu} = \eta_{\mu\nu}$。这是因为在 (4.2.7) 式的变换下，

$$A^{\mu}{}_{,\mu} = 0 \Rightarrow A'^{\mu}{}_{,\mu} = A^{\mu}{}_{,\mu} + \Box\phi = 0,$$

$$\Box A_{\mu} = 0 \Rightarrow \Box A'_{\mu} = \Box A_{\mu} + (\Box\phi)_{,\mu} = 0.$$

即在规范变换 (4.2.7) 式后，得到的电磁 4 矢 A'_{μ} 仍满足无源麦克斯韦方程 (4.2.1) 和洛伦兹规范条件 (4.2.2) 式。方程 (4.1.15) 也存在平面波解

$$\phi = \mathrm{i}\varepsilon \mathrm{e}^{\mathrm{i}k_{\nu}x^{\nu}}, \tag{4.2.8}$$

其中 ε 也与空间坐标无关。仿前，在经历了规范变换后，方程 (4.2.7) 也有平面波解：

$$A'_{\mu} = e'_{\mu}\mathrm{e}^{\mathrm{i}k_{\nu}x^{\nu}}, \tag{4.2.9}$$

将 (4.2.3)、(4.2.9) 和 (4.2.8) 式代入 (4.2.7) 式，得到

$$e'_{\mu} = e_{\mu} - \varepsilon k_{\mu}. \tag{4.2.10}$$

若选择

$$\varepsilon = -e_0/k^0, \tag{4.2.11}$$

则

$$e'_0 = 0, \quad e'_i = e_i + e_0 k_i/k^0. \tag{4.2.12}$$

易见，

$$e'_i k^i = e_i k^i + e_0 k^i k_i/k^0 = e_i k^i + e_0 \boldsymbol{k}^2/k^0 = e_i k^i + e_0 k^0 = 0. \tag{4.2.13}$$

(4.2.13) 式表示 3 维波矢与 3 维极化矢量也是正交的，即电磁波的传播方向与电磁波的振动方向正交。(4.2.13) 式称为电磁波的横波条件。电磁波的横波特性见图 4.2.1。

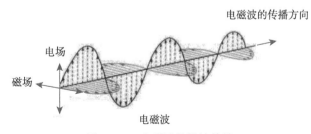

图 4.2.1　电磁波的横波特性

为方便起见，设电磁波沿 x^3 方向传播，在横波规范下，

$$e_0 = e_3 = 0, \quad e_1 \neq 0, \quad e_2 \neq 0,$$
$$A_0 = A_3 = 0, \quad A_1 \neq 0, \quad A_2 \neq 0, \tag{4.2.14}$$

$e_1, e_2 \, (A_1, A_2)$ 称为横场，$e_3 \, (A_3)$ 称为纵场，$e_0 \, (A_0)$ 称为类时场。

顺便介绍一个场论中常用的概念——螺旋度 (helicity)。对于任一个沿 x^3 方向传播的平面波 Ψ，考虑在绕 x^3 方向转动 θ 角，此时，Ψ 若按

$$\Psi' = e^{is\theta}\Psi \tag{4.2.15}$$

变换，则称场 Ψ 的螺旋度为 s。绕 x^3 方向转动 θ 角，变换矩阵为

$$(\Lambda_\mu{}^\nu) = \begin{pmatrix} 1 & 0 & 0 & 0 \\ 0 & \cos\theta & \sin\theta & 0 \\ 0 & -\sin\theta & \cos\theta & 0 \\ 0 & 0 & 0 & 1 \end{pmatrix}, \tag{4.2.16}$$

对于电磁场

$$e'_\mu = \Lambda_\mu{}^\nu e_\nu, \tag{4.2.17}$$

即

$$\begin{cases} e'_0 = e_0, \\ e'_1 = e_1\cos\theta + e_2\sin\theta, \\ e'_2 = -e_1\sin\theta + e_2\cos\theta, \\ e'_3 = e_3, \end{cases} \tag{4.2.18}$$

令

$$e_\pm := e_1 \mp ie_2, \quad e'_\pm := e'_1 \mp ie'_2, \tag{4.2.19}$$

则有

$$e'_\pm = e_\pm e^{\pm i\theta}, \tag{4.2.20}$$

可见，横场的螺旋度为 ± 1，而类时场和纵场的螺旋度为 0。

4.2.2 真空中平面引力波

在 4.1 节中，我们已看到闵氏空间附近线性近似引力场方程与麦克斯韦方程有很大的相似性，故我们可使用类似方法求解真空中线性近似引力场方程，给出线性近似的平面引力波解。

对于真空情况，(4.1.13) 式化为

$$\Box \bar{h}_{\mu\nu} = 0, \tag{4.2.21}$$

仿电磁波的解，设

$$h_{\mu\nu} = e_{\mu\nu} e^{ik_\lambda x^\lambda}, \tag{4.2.22}$$

其中 k_λ 仍是 4 维波矢，$e_{\mu\nu}$ 关于下标 $\mu\nu$ 对称，称为极化张量。和电磁波一样，k_λ 和 $e_{\mu\nu}$ 都与时空点无关。由 $\bar{h}_{\mu\nu}$ 的定义 (见 (4.1.6) 式) 知

$$\bar{h}_{\mu\nu} = \left(e_{\mu\nu} - \frac{1}{2}\eta_{\mu\nu}e_\sigma^\sigma \right) e^{ik_\lambda x^\lambda}, \tag{4.2.23}$$

将 (4.2.23) 式代入 (4.2.21) 式及谐和条件 (4.1.12) 式知，4 维波矢 k_λ 与极化张量 $e_{\mu\nu}$ 满足 (3.7.16) 式及

$$e_\mu{}^\lambda k_\lambda = \frac{1}{2}k_\mu e_\lambda{}^\lambda, \tag{4.2.24}$$

其中

$$e_\mu{}^\lambda := e_{\mu\nu}\eta^{\nu\lambda}. \tag{4.2.25}$$

对于引力波，同样可从 (3.7.16) 式得到 (4.2.5) 式，与电磁场不同的是，由 (4.2.24) 式得

$$\begin{cases} e_0{}^0 k_0 - \dfrac{1}{2}k_0 e_\lambda{}^\lambda = -e_0{}^i k_i, \\[3mm] e_{i0}k^0 - \dfrac{1}{2}k_i e_\lambda{}^\lambda = -e_i{}^j k_j, \end{cases} \tag{4.2.26}$$

由 (4.2.26) 式的前一式得

$$e_{00}k^0 - \frac{1}{2}k_0 e_0{}^0 - \frac{1}{2}k_0 e_i{}^i = -e_0{}^i k_i \Rightarrow \frac{1}{2}e_{00}k^0 + \frac{1}{2}k^0 e_i{}^i = -e_0{}^i k_i, \tag{4.2.27}$$

即

$$e_{00} + e^i{}_i = -2e_{0i}k^i/|\boldsymbol{k}|, \tag{4.2.28}$$

仿照电磁波解的求法，下面需要在洛伦兹规范条件下做剩余的规范变换，考

虑谐和坐标系间的坐标变换[①]

$$x^\mu \to \tilde{x}^\mu = x^\mu + a^\mu(x),\tag{4.2.29}$$

[①] 在引力理论中，起洛伦兹规范条件作用的是谐和坐标条件，重复一遍，它是一个坐标条件。而所谓的剩余的规范变换就变为 "剩余的坐标变换"。这就产生两个问题：① 在 "剩余的坐标变换" 下，方程 (4.2.21) 是否能保持不变？② 新的坐标是否还是谐和的？为回答这两个问题，假设坐标变换可以写成

$$x^\mu \to \tilde{x}^\mu = f^\mu(x),$$

线性化引力要求，$f^\mu(x)$ 满足

$$\|\tilde{g}_{\mu\nu}\| = \|g_{\mu\nu}\| + O(h),$$

其中 $\|\tilde{g}_{\mu\nu}\| = \|\eta_{\mu\nu} + \tilde{h}_{\mu\nu}\|$，$\|g_{\mu\nu}\| = \|\eta_{\mu\nu} + h_{\mu\nu}\|$。

因协变张量场在坐标变换下满足 (2.1.11) 式，线性近似下，坐标变换为

$$\frac{\partial x^\mu}{\partial \tilde{x}^\lambda} = \delta^\mu_\lambda + a^\mu_{\ \lambda}(x),\quad \text{其中 } \|a^\mu_{\ \lambda}(x)\| \sim O(h),$$

或

$$\frac{\partial \tilde{x}^\mu}{\partial x^\lambda} = \delta^\mu_\lambda - a^\mu_{\ \lambda}(x),$$

所以，可有

$$x^\mu \to \tilde{x}^\mu = x^\mu + a^\mu(x),\quad a^\mu_{\ ,\nu}(x) = -a^\mu_{\ \nu}(x),\quad \|a^\mu_{\ \nu}(x)\| \sim O(h).$$

由谐和条件 (4.1.12) 式知，在两个坐标系中，谐和条件分别可写成

$$\Gamma^\nu = 0 \overset{\text{保留线性项}}{\Longrightarrow} -\frac{\partial}{\partial x^\mu}\left(h^{\mu\nu} - \frac{1}{2}\eta^{\mu\nu}h\right) = 0,$$

$$\tilde{\Gamma}^\nu = 0 \overset{\text{保留线性项}}{\Longrightarrow} -\frac{\partial}{\partial \tilde{x}^\mu}\left(\tilde{h}^{\mu\nu} - \frac{1}{2}\eta^{\mu\nu}\tilde{h}\right) = 0.$$

最后一式可改写为

$$\frac{\partial x^\lambda}{\partial \tilde{x}^\mu}\frac{\partial}{\partial x^\lambda}\left(\tilde{h}^{\mu\nu} - \frac{1}{2}\eta^{\mu\nu}\tilde{h}\right) = 0 \Rightarrow \left(\delta^\lambda_\mu + a^\lambda_{\ \mu}\right)\frac{\partial}{\partial x^\lambda}\left(\tilde{h}^{\mu\nu} - \frac{1}{2}\eta^{\mu\nu}\tilde{h}\right) = 0,$$

只留线性项，

$$\frac{\partial}{\partial x^\mu}\left(\tilde{h}^{\mu\nu} - \frac{1}{2}\eta^{\mu\nu}\tilde{h}\right) = 0,$$

在上述坐标变换下，只保留线性项，有

$$h_{\mu\nu} = g_{\mu\nu} - \eta_{\mu\nu} \to \tilde{h}_{\mu\nu} = \tilde{g}_{\mu\nu} - \eta_{\mu\nu} = \frac{\partial x^\kappa}{\partial \tilde{x}^\mu}\frac{\partial x^\lambda}{\partial \tilde{x}^\nu}g_{\kappa\lambda} - \eta_{\mu\nu}$$

$$= \left(\delta^\kappa_\mu + a^\kappa_{\ \mu}(x)\right)\left(\delta^\lambda_\nu + a^\lambda_{\ \nu}(x)\right)g_{\kappa\lambda} - \eta_{\mu\nu}$$

$$= h_{\mu\nu} - a_{\mu,\nu} - a_{\nu,\mu},$$

由 (4.1.2) 及 (4.1.3) 式得

$$h^{\mu\nu} = \eta^{\mu\nu} - g^{\mu\nu} \to \tilde{h}^{\mu\nu} = \eta^{\mu\nu} - \tilde{g}^{\mu\nu} = h^{\mu\nu} - a^{\mu,\nu} - a^{\nu,\mu},$$

其中

$$a^{\mu,\nu} = \eta^{\mu\lambda}\eta^{\nu\sigma}a_{\nu,\sigma}.$$

与闵氏度规收缩得

$$h \to \tilde{h} = h - 2a^\mu_{\ ,\mu},$$

$$0 = \bar{\tilde{h}}^{\mu\nu}_{\ \ ,\nu} = \tilde{h}^{\mu\nu}_{\ \ ,\nu} - \frac{1}{2}\eta^{\mu\nu}\tilde{h}_{,\nu} = \bar{h}^{\mu\nu}_{\ \ ,\nu} - a^{\mu,\nu}_{\ \ \ \nu} - a^{\nu,\mu}_{\ \ \ \nu} + a^{\nu\ \mu}_{\ ,\nu} = \bar{h}^{\mu\nu}_{\ \ ,\nu} - \Box a^\mu,$$

可见，只要小量 a^μ 是谐和函数，满足

$$\Box a^\mu = 0,$$

则 $\tilde{x}$ 也是谐和坐标。在 $\tilde{x}$ 系中谐和条件下的线性化场真空方程为

$$0 = \Box \bar{\tilde{h}}_{\mu\nu} = \Box \bar{h}_{\mu\nu} - 2\Box a_{(\mu,\nu)} + \eta_{\mu\nu}\Box a^\lambda_{\ ,\lambda}.$$

其中 a^μ 是谐和函数，且 a^μ 的一阶导数与 $h_{\mu\nu}$ 同量级，即

$$\Box a^\mu = 0, \quad \|a^\mu_{,\nu}\| \sim O(h). \tag{4.2.30}$$

在坐标变换下

$$h_{\mu\nu} \to \tilde{h}_{\mu\nu} = h_{\mu\nu} - a_{\mu,\nu} - a_{\nu,\mu}, \tag{4.2.31}$$

$$h^{\mu\nu} \to \tilde{h}^{\mu\nu} = h^{\mu\nu} - a^{\mu,\nu} - a^{\nu,\mu}, \tag{4.2.32}$$

$$h \to \tilde{h} = h - 2a^\mu_{,\mu}, \tag{4.2.33}$$

所以，

$$\tilde{\bar{h}}^{\mu\nu}_{,\nu} = \bar{h}^{\mu\nu}_{,\nu} - a^{\mu,\nu}_{\nu} - a^{\nu,\mu}_{\nu} + a^{\nu\mu}_{,\nu} = \bar{h}^{\mu\nu}_{,\nu} - \Box a^\mu = 0, \tag{4.2.34}$$

$$\Box \tilde{\bar{h}}_{\mu\nu} = \Box \bar{h}_{\mu\nu} - 2\Box a_{(\mu,\nu)} + \eta_{\mu\nu} \Box a^\lambda_{,\lambda} = 0, \tag{4.2.35}$$

即在 $\tilde{x}$ 系中，线性化引力场仍满足场方程 (4.2.21) 和谐和坐标 (4.1.12) 式。

(4.2.30) 式中的达朗贝尔方程存在平面波解

$$a^\mu = \mathrm{i}\varepsilon^\mu \mathrm{e}^{\mathrm{i}k_\nu x^\nu}. \tag{4.2.36}$$

仿 (4.2.22) 式，设

$$\tilde{h}_{\mu\nu} = \tilde{e}_{\mu\nu} \mathrm{e}^{\mathrm{i}k_\lambda x^\lambda}, \tag{4.2.37}$$

将 (4.2.22), (4.2.37), (4.2.36), (4.2.31) 式代入 $\tilde{x}$ 满足的谐和条件 (4.2.34) 式，得

$$\tilde{e}_{\mu\nu} = e_{\mu\nu} + \varepsilon_\mu k_\nu + \varepsilon_\nu k_\mu. \tag{4.2.38}$$

由它立即得

$$\begin{cases} \tilde{e}_{00} = e_{00} + 2\varepsilon_0 k_0, \\ \tilde{e}_{0i} = e_{0i} + \varepsilon_0 k_i + \varepsilon_i k_0, \\ \tilde{e}_{ij} = e_{ij} + \varepsilon_i k_j + \varepsilon_j k_i, \quad \tilde{e}^i_{i} = e^i_{i} + 2\varepsilon_i k^i, \end{cases} \tag{4.2.39}$$

选择

$$\varepsilon_0 = \frac{e_{00}}{2k^0}, \quad \varepsilon_i = \frac{e_{0i} + \dfrac{e_{00}}{2k^0} k_i}{k^0} = \frac{2k^0 e_{0i} + k_i e_{00}}{2(k^0)^2}, \tag{4.2.40}$$

则

$$\tilde{e}_{00} = 0, \quad \tilde{e}_{0i} = 0, \tag{4.2.41}$$

$$\tilde{e}^i_{i} = e^i_{i} + \frac{2k^0 e_{0i} k^i + k_i k^i e_{00}}{(k^0)^2} = e^i_{i} + \frac{2e_{0i} k^i}{k^0} + e_{00} = 0, \tag{4.2.42}$$

其中最后一步用到 (4.2.28) 式。(4.2.41) 式说明在变换后引力波极化张量只保留纯空间分量, (4.2.42) 式说明变换后的极化张量是无迹的。将这些结果代入 (4.2.38) 式的 ij 分量, 得

$$\tilde{e}_{ij} = e_{ij} + \varepsilon_i k_j + \varepsilon_j k_i = e_{ij} + \frac{2k^0 e_{0i} + k_i e_{00}}{2(k^0)^2} k_j + \frac{2k^0 e_{0j} + k_j e_{00}}{2(k^0)^2} k_i. \quad (4.2.43)$$

它与 k^j 的缩并为

$$\tilde{e}_{ij} k^j = e_{ij} k^j + \frac{2k^0 e_{0i} + k_i e_{00}}{2(k^0)^2} k_j k^j + \frac{2k^0 e_{0j} + k_j e_{00}}{2(k^0)^2} k_i k^j = e_{i\mu} k^\mu - \frac{1}{2} k_i e_\nu^\nu = 0,$$
$$(4.2.44)$$

其中第二步利用了 (4.2.27) 式, 最后一步用到 (4.2.24) 式。与 (4.2.13) 式类似, (4.2.44) 式说明在变换后引力波极化张量总与引力波的传播方向正交, 故 (4.2.44) 式称为 (引力波的) 横波条件。总之, 总可通过坐标变换使得在新的谐和坐标系下,

$$e_{0\mu} = 0, \quad e_\mu^\mu = 0, \quad e_{ij} k^j = 0. \quad (4.2.45)$$

为方便起见, 设引力波沿 x^3 方向传播, 即 $k^1 = k^2 = 0$, 在新的谐和坐标系下, 由 (4.2.24) 及 (4.2.5) 式得

$$\begin{aligned}
\mu = 0: \quad & e_{00} + e_{03} = \frac{1}{2}\left(e_{00} - e_{11} - e_{22} - e_{33}\right), \\
\mu = 1, 2: \quad & e_{10} = -e_{13}, \quad e_{20} = -e_{23}, \\
\mu = 3: \quad & e_{30} + e_{33} = \frac{1}{2}\left(-e_{00} + e_{11} + e_{22} + e_{33}\right).
\end{aligned} \quad (4.2.46)$$

在 (4.2.46) 式中利用无迹条件 $e^\mu{}_\mu = 0$, 得

$$e_{00} = -e_{03} = e_{33}. \quad (4.2.47)$$

对沿 x^3 方向传播的引力波, 横波条件 (4.2.45) 式化为

$$e_{i3} k^3 = 0 \Leftrightarrow e_{13} = e_{23} = e_{33} = 0. \quad (4.2.48)$$

所以, 在无迹横波 "规范" 下,

$$e_{00} = e_{33} = e_{01} = e_{02} = e_{03} = e_{13} = e_{23} = 0, \quad e_{22} = -e_{11} \neq 0, \quad e_{12} \neq 0,$$
$$(4.2.49)$$

即

$$h_{00} = h_{33} = h_{01} = h_{02} = h_{03} = h_{13} = h_{23} = 0, \quad h_{22} = -h_{11} \neq 0, \quad h_{12} \neq 0,$$
$$(4.2.50)$$

对于无迹横波,

$$\bar{h}_{\mu\nu} = h_{\mu\nu}, \tag{4.2.51}$$

$$\bar{h}_{00} = \bar{h}_{33} = \bar{h}_{01} = \bar{h}_{02} = \bar{h}_{03} = \bar{h}_{13} = \bar{h}_{23} = 0, \quad \bar{h}_{22} = -\bar{h}_{11} \neq 0, \quad \bar{h}_{12} \neq 0.$$
$$(4.2.52)$$

根据上述讨论,在无迹横波 "规范" 下,沿 $z = x^3$ 轴传播的平面引力波度规是

$$ds^2 = -dt^2 + (1 + h_+)\, dx^2 + (1 - h_+)\, dy^2 + 2h_\times dx dy + dz^2, \tag{4.2.53}$$

其中 $h_+, h_\times \ll 1$, $h_+ = h_{11}(t-z) = -h_{22}(t-z)$ 和 $h_\times = h_{12}(t-z) = h_{21}(t-z)$ 是引力波的两个独立自由度, $t - z$ 是 h_{11} 和 h_{22} 的宗量, 不是乘积因子。对于引力波 (4.2.53) 式, 非零联络系数为

$$\Gamma^0_{11} \approx \frac{1}{2}\dot{h}_+, \quad \Gamma^0_{22} \approx -\frac{1}{2}\dot{h}_+, \quad \Gamma^0_{12} = \Gamma^0_{21} \approx \frac{1}{2}\dot{h}_\times,$$

$$\Gamma^1_{01} = \Gamma^1_{10} \approx \frac{1}{2}\dot{h}_+, \quad \Gamma^1_{02} = \Gamma^1_{20} \approx \frac{1}{2}\dot{h}_\times, \quad \Gamma^1_{13} = \Gamma^1_{31} \approx \frac{1}{2}h_{+,3} = -\frac{1}{2}\dot{h}_+,$$

$$\Gamma^1_{23} = \Gamma^1_{32} \approx \frac{1}{2}h_{\times,3} = -\frac{1}{2}\dot{h}_\times,$$

$$\Gamma^2_{01} = \Gamma^2_{10} \approx \frac{1}{2}\dot{h}_\times, \quad \Gamma^2_{02} = \Gamma^2_{20} \approx -\frac{1}{2}\dot{h}_+, \quad \Gamma^2_{13} = \Gamma^2_{31} \approx \frac{1}{2}h_{\times,3} = -\frac{1}{2}\dot{h}_\times,$$

$$\Gamma^2_{23} = \Gamma^2_{32} \approx -\frac{1}{2}h_{+,3} = \frac{1}{2}\dot{h}_+,$$

$$\Gamma^3_{11} \approx -\frac{1}{2}h_{+,3} = \frac{1}{2}\dot{h}_+, \quad \Gamma^3_{22} \approx \frac{1}{2}h_{+,3} = -\frac{1}{2}\dot{h}_+, \quad \Gamma^3_{12} = \Gamma^3_{21} \approx -\frac{1}{2}h_{\times,3} = \frac{1}{2}\dot{h}_\times,$$
$$(4.2.54)$$

其中的点代表对坐标 t 求导。

原则上, 引力波频率可取 $(0, \infty)$ 之间的任意值, 关键看宇宙中有无产生这种频率引力波的机制及其强度。目前对引力波的讨论主要集中于图 4.2.2 所示的频段。

类似于电磁波,

$$e_{11} = -e_{22}, \quad e_{12}\, (h_{11} = -h_{22}, h_{12}), \quad \text{称为横场,}$$

$$e_{33}\, (h_{33}), \quad \text{称为纵场,} \tag{4.2.55}$$

$$e_{00}\, (h_{00}), \quad \text{称为类时场,}$$

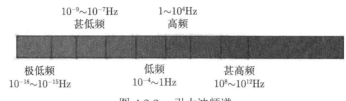

图 4.2.2   引力波频谱

由于引力存在两个指标，故

$$e_{13} = -e_{01}, \quad e_{23} = -e_{02} \, (h_{13} = -h_{01}, h_{23} = -h_{02}), \text{称为混合场}. \quad (4.2.56)$$

注意，

$$e_{03} = \frac{1}{2}(e_{00} + e_{33}), \quad (4.2.57)$$

故 e_{03} 是纵场与类时场的组合。令

$$
\begin{aligned}
e_{\pm} &= e_{11} \mp \mathrm{i}e_{12} = -e_{22} \mp \mathrm{i}e_{12}, \\
f_{\pm} &= e_{13} \mp \mathrm{i}e_{23} = -(e_{01} \mp \mathrm{i}e_{02}).
\end{aligned}
\quad (4.2.58)
$$

对于引力场，

$$e'_{\mu\nu} = \Lambda_{\mu}{}^{\lambda} \Lambda_{\nu}{}^{\sigma} e_{\lambda\sigma}, \quad (4.2.59)$$

可以证明，

$$e'_{\pm} = e_{\pm}\mathrm{e}^{\pm 2\mathrm{i}\theta}, \quad f'_{\pm} = f_{\pm}\mathrm{e}^{\pm\mathrm{i}\theta}, \quad e'_{00} = e_{00}, \quad e'_{33} = e_{33}. \quad (4.2.60)$$

所以，横场的螺旋度为 ± 2，混合场的螺旋度为 ± 1，纵场和类时场的螺旋度为 0。

小结

在 GR 中，引力相互作用以光速传播。

采用谐和坐标后，平直时空附近的真空线性化引力场化为平直时空中的达朗贝尔方程。

真空线性化场方程存在波动解——引力波。

引力波是无迹横波。

引力波有两个独立分量，一个是 $h_{11} = -h_{22}$，另一个是 $h_{12} = h_{21}$。

混合场、纵场和类时场总可以通过引入坐标变换而消掉。

引力波量子化后可看作静止质量为 0，自旋为 2 的引力子。

4.3 引力辐射 (含脉冲双星的引力辐射)

4.3.1 引力四极矩张量与引力辐射

在线性近似下, $\bar{h}_{\mu\nu}(x)$ 满足 (4.1.18) 式。当引力场的源分布在一个有限区域, 且离观测者非常远时, 如图 4.3.1 所示, (4.1.18) 式近似为

$$\bar{h}_{\mu\nu}(x) = \frac{4G}{r} \int T_{\mu\nu}(\boldsymbol{r}', t - r) \mathrm{d}^3 x' = \frac{4G}{r} \int T_{\mu\nu}^* \mathrm{d}^3 x', \tag{4.3.1}$$

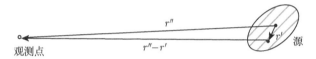

图 4.3.1   观测点与源的关系

其中 $r = |\boldsymbol{r}'' - \boldsymbol{r}'|$ 是源与观测者之间的距离, * 表示 $t - r$ 时刻的值。在观测点, 引力波近似为平面波, 而平面波总可写成无迹横波形式。故在观测点附近讨论引力辐射的影响时, 只需考虑 ij 分量

$$\bar{h}_{ij}(x) = \frac{4G}{r} \int T_{ij}^* \mathrm{d}^3 x'. \tag{4.3.2}$$

然而, 我们对远方源的 T_{ij} 信息知之甚少。下面的关键是要设法算出这个量。由线性化场方程 (4.1.13) 和谐和条件 (4.1.12) 式知,

$$T^{\mu\nu}{}_{,\nu} = 0. \tag{4.3.3}$$

(4.3.3) 式不是别的, 正是能量-动量-应力张量的微分守恒律。(4.3.3) 式可写为

$$T^{00}{}_{,0} + T^{0j}{}_{,j} = 0, \tag{4.3.4}$$

$$T^{i0}{}_{,0} + T^{ij}{}_{,j} = 0. \tag{4.3.5}$$

(4.3.5) 式乘 x^k 后对空间积分, 得

$$\int x^k T^{i0}{}_{,0} \mathrm{d}^3 x = -\int x^k T^{ij}{}_{,j} \mathrm{d}^3 x = -\int \left(x^k T^{ij} \right)_{,j} \mathrm{d}^3 x + \int T^{ik} \mathrm{d}^3 x$$

$$= \int T^{ik} \mathrm{d}^3 x, \tag{4.3.6}$$

其中最后一个等号左边第一项是全微分的积分, 它可写成远离源的边界上的积分, 故为零, 另一方面,

$$\int x^k T^{i0}{}_{,0}\mathrm{d}^3 x = \frac{\mathrm{d}}{\mathrm{d}t}\int x^k T^{i0}\mathrm{d}^3 x, \tag{4.3.7}$$

对上标 ik 对称化后, 得

$$\int T^{ik}\mathrm{d}^3 x = \frac{1}{2}\frac{\mathrm{d}}{\mathrm{d}t}\int \left(x^k T^{i0} + x^i T^{k0}\right)\mathrm{d}^3 x. \tag{4.3.8}$$

现在问题化为计算积分

$$\int \left(x^k T^{i0} + x^i T^{k0}\right)\mathrm{d}^3 x. \tag{4.3.9}$$

(4.3.4) 式乘 $x^i x^k$ 后对空间积分, 得

$$\begin{aligned}
\int x^i x^k T^{00}{}_{,0}\mathrm{d}^3 x &= -\int x^i x^k T^{0j}{}_{,j}\mathrm{d}^3 x \\
&= -\int \left(x^i x^k T^{0j}\right)_{,j}\mathrm{d}^3 x + \int x^k T^{0i}\mathrm{d}^3 x + \int x^i T^{0k}\mathrm{d}^3 x \\
&= \int x^k T^{0i}\mathrm{d}^3 x + \int x^i T^{0k}\mathrm{d}^3 x, \tag{4.3.10}
\end{aligned}$$

另一方面,

$$\int x^i x^k T^{00}{}_{,0}\mathrm{d}^3 x = \frac{\mathrm{d}}{\mathrm{d}t}\int x^i x^k T^{00}\mathrm{d}^3 x, \tag{4.3.11}$$

所以,

$$\int \left(x^k T^{0i} + x^i T^{0k}\right)\mathrm{d}^3 x = \frac{\mathrm{d}}{\mathrm{d}t}\int x^i x^k T^{00}\mathrm{d}^3 x. \tag{4.3.12}$$

结合 (4.3.8) 和 (4.3.12) 式, 得

$$\int T^{ik}\mathrm{d}^3 x = \frac{1}{2}\frac{\mathrm{d}^2}{\mathrm{d}t^2}\int x^i x^k T^{00}\mathrm{d}^3 x. \tag{4.3.13}$$

注意到在平直时空近似下, $T^{ij} = T_{ij}$, $T^{00} = T_{00}$,

$$\bar{h}_{ij}\left(x\right) = \frac{4G}{r}\int T_{ij}^{*}\mathrm{d}^3 x' = \frac{2G}{r}\left(\frac{\partial^2}{\partial t^2}\int x^i x^j T_{00}\mathrm{d}^3 x\right)^{*}, \tag{4.3.14}$$

其中 $T_{00} = T^{00}$ 是源的能量密度 (或质量密度) 分布. 我们对 T^{00} 及其随时间的变化相对比较清楚.

对于天体, 可取 $T_{00} = \rho$, 则 $\int \rho \mathrm{d}^3 x$ 给出天体的总质量, $\int \rho x^i \mathrm{d}^3 x$ 确定场源质心的位置, 它们与引力辐射无关。由 (4.3.14) 式知, 引力辐射与

$$Q^{ik} := \int \rho x^i x^k \mathrm{d}^3 x \qquad (4.3.15)$$

对时间的两阶导数有关。

定义对称无迹张量

$$D^{ij} := 3Q^{ij} - \delta^{ij} Q_k^k, \qquad (4.3.16)$$

D^{ij} 称为四极矩张量。显然, 四极矩张量是对称无迹的, 即

$$D^{ij} = D^{ji}, \quad D_i^i = 0. \qquad (4.3.17)$$

将 (4.3.16) 式代入 (4.3.14) 式可写出 $\bar{h}_{ij}(x)$ 的无迹部分:

$$\bar{h}_{ij}(x) \text{ 的无迹部分} = \frac{2G}{3r} \left(\frac{\mathrm{d}^2 D_{ij}}{\mathrm{d}t^2} \right)^*. \qquad (4.3.18)$$

由上式可见, 在最简单的能量-动量-应力张量的表达式下, 引力辐射场只与四极矩的 2 阶时间导数有关。在 GR 中, 引力辐射至少是四极辐射不存在单极辐射和偶极辐射。

在观测点, 采用使引力波具有明显无迹横波形式的谐和坐标系, 假定引力波沿 x^3 方向传播, 则只需考虑[①]

$$h_{11}(x) = -h_{22}(x)$$

$$= \frac{2G}{r} \left(\frac{\mathrm{d}^2}{\mathrm{d}t^2} \int x^1 x^1 T_{00} \mathrm{d}^3 x \right)^* \text{ 的无迹部分}$$

$$= \frac{2G}{r} \left(\frac{\mathrm{d}^2 Q^{11}}{\mathrm{d}t^2} \right)^* \text{ 的无迹部分}$$

$$= \frac{2G}{r} \left(\ddot{Q}^{11} \right)^* \text{ 的无迹部分} = \frac{G}{r} \left(\ddot{Q}^{11} - \ddot{Q}^{22} \right)^* = \frac{G}{3r} \left(\ddot{D}^{11} - \ddot{D}^{22} \right)^*,$$

$$(4.3.19)$$

---

① 这里顺便做些题外说明。在线性引力近似下, 即便在与源相对静止的系参考系中, $h_{\mu\nu}$ 或 $\bar{h}_{\mu\nu}$ 的每一分量都不为零。我们只关注 h_{ij} 是因为它们与引力辐射有关。在与源相对静止的参考系中, h_{00} 的领头项和次领头项是源的牛顿势和四极矩修正, 但无偶极矩修正。h_{00} 中四极矩修正只依赖于四极矩的大小, 而不依赖于四极矩对时间的变化。这就说明在与源相对静止的参考系中, 通过对 h_{00} 的测量无法测到引力辐射。类似地, 在与源相对静止的参考系中, h_{0i} 的领头项与角量有关。但在与源相对运动的参考系中, 就需考虑洛伦兹推进 (boost), 这时与引力辐射相关的部分也会进入 h_{00} 和 h_{0i} 分量。

$$h_{12}(x) = \frac{2G}{r}\left(\frac{\mathrm{d}^2}{\mathrm{d}t^2}\int x^1 x^2 T_{00}\mathrm{d}^3 x\right)^* = \frac{2G}{r}\left(\frac{\partial^2 Q^{12}}{\partial t^2}\right)^*$$

$$= \frac{2G}{r}\left(\ddot{Q}^{12}\right)^* = \frac{2G}{3r}\left(\ddot{D}^{12}\right)^*. \tag{4.3.20}$$

4.3.2　引力辐射能流

由 (4.1.10) 式知, 在谐和坐标系中, 爱因斯坦张量的线性部分为

$$G_{\mu\nu} \approx -\frac{1}{2}\Box\bar{h}_{\mu\nu}, \tag{4.3.21}$$

即

$$G_{\mu\nu} = G_{\mu\nu}^{(1)} + G_{\mu\nu}^{(2)} + \cdots = -\frac{1}{2}\Box\bar{h}_{\mu\nu} + G_{\mu\nu}^{(2)} + \cdots, \tag{4.3.22}$$

其中 $G_{\mu\nu}^{(1)}, G_{\mu\nu}^{(2)}, \cdots$ 分别是 h 的一阶项、二阶项、$\cdots$。于是, 爱因斯坦方程可改写为

$$G_{\mu\nu}^{(1)} = 8\pi G T_{\mu\nu} - G_{\mu\nu}^{(2)} - \cdots = 8\pi G\left(T_{\mu\nu} + t_{\mu\nu}\right), \tag{4.3.23}$$

其中 $t_{\mu\nu}$ 称为引力场的能量-动量赝张量, 且有

$$\left(T^{\mu\nu} + t^{\mu\nu}\right)_{,\nu} = 0, \tag{4.3.24}$$

即物质场的能量-动量张量与引力场的能量-动量赝张量之和 (在传统意义上) 守恒。

引力场的能量-动量赝张量 $t^{\mu\nu}$ 有很多种写法, 但各有各的问题。这些问题源自引力场的能量无法定域化, 即无法说某一点引力场的能量密度有多大[①]。然而, $t^{\mu\nu}$ 对一个区域的积分是有意义的, 通常, 对几个波长的范围做平均, 即可给出引力波所携带的能量、动量, 还可以进一步计算角动量。(其实研究电磁辐射时, 也需要对周期做平均。) 由于课时限制, 我们不可能展开介绍这部分内容, 只是根据量纲做一粗略的分析。

按照场论的一般观点, 以沿 x^3 方向辐射为例, 辐射能流密度具有如下形式

$$ct^{03} \propto -\frac{1}{2}\left[(\partial_t h_+)(\partial_3 h_+) + (\partial_t h_\times)(\partial_3 h_\times)\right] = \frac{1}{2}\left(\dot{h}_+{}^2 + \dot{h}_\times{}^2\right). \tag{4.3.25}$$

考虑量纲。由牛顿的反平方律 $a_g = G\dfrac{M}{r^2}$ 知,

$$[G] = M^{-1}L^3T^{-2} \text{ 或 } M = \left[G^{-1}\right]L^3T^{-2}. \tag{4.3.26}$$

---

① 引力场能量无法定域化与等效原理密切相关。

$$[能流密度] = [ct^{03}] = [E] \, L^{-2}T^{-1} = M \, [c^2] \, L^{-2}T^{-1} = [G^{-1}] \, [c^2] \, LT^{-3}$$

$$= ([G^{-1}] \, [c^3]) \, (T^{-2}),\tag{4.3.27}$$

另一方面，

$$[\dot{h}^2] = T^{-2}.\tag{4.3.28}$$

在 GR 中，G 总是以 $8\pi G$ 的形式出现，故

$$ct^{03} = \frac{c^3}{16\pi G}\left(\dot{h}_+{}^2 + \dot{h}_\times{}^2\right) = \frac{1}{16\pi G}\left(\dot{h}_+{}^2 + \dot{h}_\times{}^2\right),\tag{4.3.29}$$

平均能流为

$$\overline{ct^{03}} = \frac{c^3}{16\pi G}\left(\overline{\dot{h}_+{}^2 + \dot{h}_\times{}^2}\right) = \frac{1}{16\pi G}\left(\overline{\dot{h}_+{}^2 + \dot{h}_\times{}^2}\right).\tag{4.3.30}$$

对于给定频率的引力波

$$\overline{\dot{h}_+{}^2 + \dot{h}_\times{}^2} =: \omega^2 h^2,\tag{4.3.31}$$

注意：此处的 h 不是 $h_{\mu\nu}$ 的行列式，而是引力波无量纲振幅。显然，对于给定的能流，引力波无量纲振幅 h 与频率成反比。注意到 (4.3.19) 和 (4.3.20) 式，在 $c = 1$ 单位制下，平面引力辐射能流密度为

$$t^{03} = \frac{G}{36\pi r^2}\left[\left(\frac{\dddot{D}^{11} - \dddot{D}^{22}}{2}\right)^2 + \left(\dddot{D}^{12}\right)^2\right]^*.\tag{4.3.32}$$

沿 x^3 方向立体角 $\mathrm{d}\Omega$ 内的引力辐射强度

$$\mathrm{d}I = \frac{G}{36\pi}\left[\left(\frac{\dddot{D}^{11} - \dddot{D}^{22}}{2}\right)^2 + \left(\dddot{D}^{12}\right)^2\right]^*\mathrm{d}\Omega$$

$$= \frac{G}{4\pi}\left[\left(\frac{\ddot{Q}^{11} - \ddot{Q}^{22}}{2}\right)^2 + \left(\ddot{Q}^{12}\right)^2\right]^*\mathrm{d}\Omega.\tag{4.3.33}$$

实际物理系统的引力辐射不会是各向同性的。引力辐射强度与观测者相对源的方向有关。类似的现象，我们在电动力学中已见过。一个振动的电偶极子会向外辐射电磁波。在一个周期内电磁辐射的平均能流为

$$\bar{S} = \frac{\omega^4 p_0^2}{32\pi^2 \varepsilon_0 c^3 r^2}\sin^2\theta,\tag{4.3.34}$$

其中 ω 是辐射的角频率, p_0 是电偶极子的振幅, r 是距辐射源的距离, θ 是与电偶极子的夹角, 如图 4.3.2 所示。

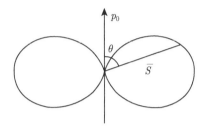

图 4.3.2　电偶极子辐射功率的角分布

为考虑引力辐射的角分布, 设观测者相对源的方向由单位矢量 (n_1, n_2, n_3) 确定。不加证明地写出, 沿任意 (n_1, n_2, n_3) 方向, 立体角 $\mathrm{d}\Omega$ 内的辐射强度为

$$\mathrm{d}I = \frac{G}{36\pi}\left[\frac{1}{4}\left(\dddot{D}^{ij}n_in_j\right)^2 + \frac{1}{2}\sum_{i,j}\dddot{D}^{ij}\dddot{D}^{ij} - \sum_i\dddot{D}^{ij}\dddot{D}^{ik}n_jn_k\right]^*\mathrm{d}\Omega. \quad (4.3.35)$$

(4.3.35) 式是一个 3 维空间的不变量, 它是 $\dddot{D}^{ij}$ 的齐次 2 次形; 特别地, 当 $n_1 = n_2 = 0, n_3 = 1$ 时, 它回到 (4.3.33) 式。

为得到不同方向的平均辐射强度, 进而得到总辐射强度, 需计算 $\overline{n_in_j}, \overline{n_in_jn_kn_l}$。可以证明

$$\overline{n_in_j} = \frac{1}{4\pi}\iint n_in_j\sin\theta\mathrm{d}\theta\mathrm{d}\varphi = \frac{1}{3}\delta_{ij}, \quad (4.3.36)$$

$$\overline{n_in_jn_kn_l} = \frac{1}{4\pi}\iint n_in_jn_kn_l\sin\theta\mathrm{d}\theta\mathrm{d}\varphi = \frac{1}{15}\left(\delta_{ij}\delta_{kl} + \delta_{ik}\delta_{jl} + \delta_{il}\delta_{jk}\right). \quad (4.3.37)$$

例

$$\overline{n_1n_1} = \frac{1}{4\pi}\iint \sin^2\theta\cos^2\varphi\sin\theta\mathrm{d}\theta\mathrm{d}\varphi = \frac{1}{4\pi}\int_0^\pi \sin^3\theta\mathrm{d}\theta\int_0^{2\pi}\frac{1+\cos 2\varphi}{2}\mathrm{d}\varphi = \frac{1}{3},$$

$$\overline{n_1n_2} = \frac{1}{4\pi}\iint \sin^2\theta\cos\varphi\sin\varphi\sin\theta\mathrm{d}\theta\mathrm{d}\varphi = \frac{1}{4\pi}\int_0^\pi \sin^3\theta\mathrm{d}\theta\int_0^{2\pi}\frac{\sin 2\varphi}{2}\mathrm{d}\varphi = 0.$$

证明　注意到 $n^i = x^i/r$,

$$\mathrm{d}\Omega = \sqrt{g_2}\mathrm{d}\theta\wedge\mathrm{d}\varphi = \sin\theta\mathrm{d}\theta\wedge\mathrm{d}\varphi = \frac{1}{r^2}\left(n_z\mathrm{d}x\wedge\mathrm{d}y + n_x\mathrm{d}y\wedge\mathrm{d}z + n_y\mathrm{d}z\wedge\mathrm{d}x\right)$$

$$= \frac{1}{r^2}\left(n_z\mathrm{d}x\mathrm{d}y + n_x\mathrm{d}y\mathrm{d}z + n_y\mathrm{d}x\mathrm{d}z\right) = \frac{1}{r^2}n_i\mathrm{d}S^i, \quad (4.3.38)$$

及

$$\oiint d\Omega = \oiint \frac{1}{r^2} n_i dS^i = 4\pi, \tag{4.3.39}$$

其中 g_2 是单位球面上度规的行列式。由于

$$\frac{1}{4\pi} \oiint n_i n_j d\Omega = \frac{1}{4\pi} \iint \frac{1}{r^2} n_i n_j n_k dS^k, \tag{4.3.40}$$

当 $i \neq j$ 时，被积函数是奇函数，积分为零。当 $i = j$ 时，由闵氏时空各向同性知

$$\oiint n_x{}^2 d\Omega = \oiint n_y{}^2 d\Omega = \oiint n_z{}^2 d\Omega, \tag{4.3.41}$$

又因为

$$\oiint n_i n_j \delta^{ij} d\Omega = \oiint d\Omega = 4\pi, \tag{4.3.42}$$

所以，(4.3.36) 式成立。

由于

$$\frac{1}{4\pi} \oiint n_i n_j n_k n_l d\Omega = \frac{1}{4\pi} \oiint \frac{1}{r^2} n_i n_j n_k n_l n_m dS^m, \tag{4.3.43}$$

当 i, j, k, l 取 3 个不同值时 (3 维空间最多只有 3 个线性独立方向)，被积函数是奇函数，积分为零。当 i, j, k, l 中 3 个取相同的值，第 4 个取另一个值时，被积函数也还是奇函数，积分仍为零。当 i, j, k, l 中任意两对分别取相同的值时，积分才不为零，故积分结果正比于

$$\delta_{ij}\delta_{kl} + \delta_{ik}\delta_{jl} + \delta_{il}\delta_{jk}. \tag{4.3.44}$$

(4.3.44) 式与 δ^{ij} 收缩得

$$\delta^{ij} \left(\delta_{ij}\delta_{kl} + \delta_{ik}\delta_{jl} + \delta_{il}\delta_{jk} \right) = 5\delta_{kl}, \tag{4.3.45}$$

类似地，有

$$\delta^{ik} \left(\delta_{ij}\delta_{kl} + \delta_{ik}\delta_{jl} + \delta_{il}\delta_{jk} \right) = 5\delta_{jl}, \quad \delta^{il} \left(\delta_{ij}\delta_{kl} + \delta_{ik}\delta_{jl} + \delta_{il}\delta_{jk} \right) = 5\delta_{jk}. \tag{4.3.46}$$

因为 (4.3.43) 式与 δ^{ij} 收缩得

$$\frac{1}{4\pi} \oiint n_i n_j n_k n_l \delta^{ij} d\Omega = \frac{1}{4\pi} \oiint n_k n_l d\Omega$$

$$= \frac{1}{3}\delta_{kl} \propto \delta^{ij} \left(\delta_{ij}\delta_{kl} + \delta_{ik}\delta_{jl} + \delta_{il}\delta_{jk} \right) = 5\delta_{kl}, \tag{4.3.47}$$

所以，(4.3.37) 式成立。

证毕。

利用 (4.3.36) 和 (4.3.37) 式，对 (4.3.35) 式积分得

$$
\begin{aligned}
I &= \frac{1}{4} \dddot{D}^{ij} \dddot{D}^{kl} \overline{n_i n_j n_k n_l} + \frac{1}{2} \sum_{i,j} \dddot{D}^{ij} \dddot{D}^{ij} - \sum_i \dddot{D}^{ij} \dddot{D}^{ik} \overline{n_j n_k} \\
&= \frac{1}{60} \dddot{D}^{ij} \dddot{D}^{kl} \left(\delta_{ij}\delta_{kl} + \delta_{ik}\delta_{jl} + \delta_{il}\delta_{jk} \right) + \frac{1}{2} \sum_{i,j} \dddot{D}^{ij} \dddot{D}^{ij} - \frac{1}{3} \sum_i \dddot{D}^{ij} \dddot{D}^{ik} \delta_{jk} \\
&= \frac{1}{5} \sum_{i,j} \dddot{D}^{ij} \dddot{D}^{ij}.
\end{aligned}
\tag{4.3.48}
$$

引力源的总引力辐射为

$$
-\frac{\mathrm{d}E}{\mathrm{d}t} = 4\pi \overline{\frac{\mathrm{d}I}{\mathrm{d}\Omega}} = \frac{G}{45} \sum_{i,j} \dddot{D}^{ij} \dddot{D}^{ij} = \frac{G}{5} \left(\dddot{Q}^{ij} \dddot{Q}_{ij} - \frac{1}{3} \left(\dddot{Q}_i^i \right)^2 \right),
\tag{4.3.49}
$$

其中 $\dfrac{\mathrm{d}E}{\mathrm{d}t}$ 是因引力辐射导致的源的能量变化，(4.3.49) 式给的是引力辐射的功率，故 $\dfrac{\mathrm{d}E}{\mathrm{d}t}$ 前有负号。(4.3.49) 式称为四极辐射公式。

4.3.3　两类特殊系统引力辐射强度的计算

4.3.3.1　转动系统

假设在 x^μ 系中刚体绕 x^3 轴低速转动，y^μ 系是与刚体随动坐标系，x^3 轴与 y^3 轴重合，两系的时间轴也重合，则有

$$
\left\{
\begin{aligned}
&x^0 = y^0 = t, \\
&x^1 = y^1 \cos \omega t - y^2 \sin \omega t, \\
&x^2 = y^1 \sin \omega t + y^2 \cos \omega t, \\
&x^3 = y^3.
\end{aligned}
\right.
\tag{4.3.50}
$$

为算 Q^{ij}，先在随动坐标系中计算 "转动惯量"[①]：

$$
I_{ij} = \iiint \rho y^i y^j \mathrm{d}^3 y.
\tag{4.3.51}
$$

[①] 此转动惯量的定义与理论力学中转动惯量的定义有区别。由于我们真正关心的是其无迹部分，故这种区别不影响我们的讨论。

若 y^i 分别取为刚体惯性椭球的三个主轴，则有

$$(I_{ij}) = \begin{pmatrix} I_{11} & 0 & 0 \\ 0 & I_{22} & 0 \\ 0 & 0 & I_{33} \end{pmatrix}, \tag{4.3.52}$$

$$Q^{11} = \iiint x^1 x^1 \rho \mathrm{d}^3 x = \iiint \left(y^1 \cos \omega t - y^2 \sin \omega t \right)^2 \rho \mathrm{d}^3 y$$

$$= \iiint \left((y^1)^2 \cos^2 \omega t + (y^2)^2 \sin^2 \omega t - 2y^1 y^2 \sin \omega t \cos \omega t \right) \rho \mathrm{d}^3 y$$

$$= \left(\iiint (y^1)^2 \rho \mathrm{d}^3 y \right) \cos^2 \omega t + \left(\iiint (y^2)^2 \rho \mathrm{d}^3 y \right) \sin^2 \omega t$$

$$= I_{11} \cos^2 \omega t + I_{22} \sin^2 \omega t$$

$$= \frac{1}{2} \left(I_{11} + I_{22} \right) + \frac{1}{2} \left(I_{11} - I_{22} \right) \cos 2\omega t.$$

类似可求其他分量. 结果为

$$Q^{11} = \frac{1}{2} \left(I_{11} + I_{22} \right) + \frac{1}{2} \left(I_{11} - I_{22} \right) \cos 2\omega t,$$

$$Q^{12} = \frac{1}{2} \left(I_{11} - I_{22} \right) \sin 2\omega t,$$

$$Q^{22} = \frac{1}{2} \left(I_{11} + I_{22} \right) + \frac{1}{2} \left(I_{22} - I_{11} \right) \cos 2\omega t, \tag{4.3.53}$$

$$Q^{13} = 0, Q^{23} = 0, Q^{33} = I_{33},$$

于是,

$$\left(\dddot{Q}^{11} \right)^2 = 16\omega^6 \left(I_{11} - I_{22} \right)^2 \sin^2 2\omega t,$$

$$\left(\dddot{Q}^{12} \right)^2 = 16\omega^6 \left(I_{11} - I_{22} \right)^2 \cos^2 2\omega t,$$

$$\left(\dddot{Q}^{22} \right)^2 = 16\omega^6 \left(I_{22} - I_{11} \right)^2 \sin^2 2\omega t, \tag{4.3.54}$$

$$\sum_{i,j} \left(\dddot{Q}^{ij} \dddot{Q}^{ij} - \frac{1}{3} \dddot{Q}^j_j \dddot{Q}^i_i \right) = 32\omega^6 \left(I_{11} - I_{22} \right)^2,$$

$$-\frac{\mathrm{d}E}{\mathrm{d}t} = \frac{32G}{5} \omega^6 \left(I_{11} - I_{22} \right)^2 = \frac{32G}{5} \omega^6 I^2 e^2 = \frac{32G}{5c^5} \omega^6 I^2 e^2, \tag{4.3.55}$$

其中 $I = I_{11} + I_{22}$ 是绕 y^3 轴的转动惯量, $e = \dfrac{I_{11} - I_{22}}{I}$ 是赤道椭率。(4.3.55) 式显示, 总辐射功率与转动角频率的 6 次方成正比, 即角频率在引力辐射中非常重要。下面给出几个具体的转动系统的引力辐射。

(1) 轴对称物体绕对称轴旋转。

$$e = 0, \quad -\frac{\mathrm{d}E}{\mathrm{d}t} = 0, \tag{4.3.56}$$

即轴对称物体绕对称轴旋转时没有引力辐射。

(2) 质点 m 做半径为 r 的圆周运动。

取随动坐标：

$$y^1 = r, \quad y^2 = y^3 = 0,$$

转动惯量为

$$I = I_{11} = mr^2, \quad \text{其他 } I_{ij} = 0,$$

赤道椭率 $e = 1$, 由 (4.3.55) 式知

$$-\frac{\mathrm{d}E}{\mathrm{d}t} = \frac{32G}{5c^5}\omega^6 m^2 r^4, \tag{4.3.57}$$

太阳系中除太阳外, 木星质量最大。木星公转角频率为 $\omega = 1.68 \times 10^{-8}\mathrm{s}^{-1}$, 质量为 $m = 1.9 \times 10^{27}\mathrm{kg}$, 木星公转平均半径为 $r = 7.8 \times 10^{11}\mathrm{m}$, 木星公转的动能为 $E \sim 10^{35}\mathrm{J}$。而引力辐射的功率大约仅为 5.3kW, 微乎其微。

(3) 中子星自转。

设中子星自转角频率为 $\omega = 10^4\mathrm{s}^{-1}$ (毫秒级脉冲星), 半径为 $r = 10\mathrm{km}$, 质量为 $m = 1M_\odot = 2 \times 10^{30}\mathrm{kg}$, 转动惯量为 $I = 10^{38}\mathrm{kg \cdot m^2}$, 自转动能为 $E = 10^{46}\mathrm{J}$。引力辐射约为 $10^{48}e^2\mathrm{W}$, 若 $e \sim 10^{-4}$, 则引力辐射约 $10^{40}\mathrm{W}$。可见, 中子星形成初期, 引力辐射很重要, 引力辐射会导致转速及赤道椭率的迅速下降, 从而, 引力辐射也会很快地衰减。

(4) 双星系 (如图 4.3.3 所示)。

若双星绕质心做圆周运动, 由牛顿力学算出轨道运动的角频率为

$$\omega^2 = \frac{G(m_1 + m_2)}{R^3}, \tag{4.3.58}$$

其中 R 是双星间的距离, 转动惯量为

$$I = \frac{m_1 m_2}{m_1 + m_2}R^2. \tag{4.3.59}$$

由 (4.3.55) 式知

$$-\frac{\mathrm{d}E}{\mathrm{d}t} = \frac{32G^4}{5c^5R^5}m_1^2m_2^2\,(m_1+m_2)\,. \tag{4.3.60}$$

更多的双星是做椭圆轨道运动。这时，(4.3.60) 式需修改为

$$-\frac{\mathrm{d}E}{\mathrm{d}t} = \frac{32G^4}{5c^5a^5}m_1^2m_2^2\,(m_1+m_2)\,f(e), \tag{4.3.61}$$

其中 a 是半长轴，e 是偏心率，

$$f(e) = \frac{1 + \dfrac{73}{24}e^2 + \dfrac{37}{96}e^4}{(1-e^2)^{7/2}}. \tag{4.3.62}$$

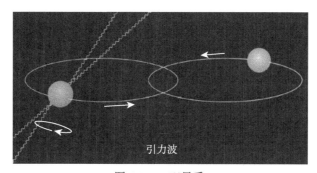

图 4.3.3　双星系

双星因引力辐射，轨道半径会变小，轨道周期会变短。1978 年泰勒 (J. H. Taylor) 在 Munich 国际 Texas 天体物理会议中报告，通过对脉冲双星 PSR 1913+16 的观测，给出《引力波的第一个定量证据》。泰勒等对 PSR 1913+16 的观测显示，轨道周期的变化率为 $(-2.30\pm0.22)\times10^{-12}$。利用 (4.3.61) 式及脉冲星的参数可得 GR 的理论值为 $(-2.403\pm0.005)\times10^{-12}$。比较两者可见，观测值与理论值符合得相当好。表 4.3.1 给出 PSR 1913+16 及其伴星的一些参数。

1993 年诺贝尔物理学奖授予赫尔斯 (R. A. Hulse) 和泰勒，见图 4.3.4。需说明的是，1993 年颁奖词为 "发现了一种新型的脉冲星，这一发现为研究引力开辟了新的可能性。" 这其中并没有直接提到引力波! 其原文是[①]，The Nobel Prize in Physics 1993 was awarded jointly to Russell A. Hulse and Joseph H. Taylor Jr. **"for the discovery of a new type of pulsar, a discovery that has opened up new possibilities for the study of gravitation."**

---

① 取自 http://www.nobelprize.org/nobel_prizes/physics/laureates/1993.

表 4.3.1　　PSR 1913+16 及其伴星的一些参数 [①]

	PSR 1913+16/伴星
质量	$1.441 M_\odot / 1.387 M_\odot$
自转	59.02999792988 ms/?
距离	21000 l.y. (6400 pc)
赤经	$19^{\rm h}\ 13^{\rm m}\ 12.4655^{\rm s}$
赤纬	$16°01'08.189''$
轨道周期	7.751938773864 h
偏心率	0.6171334
半长轴	1950100 km
近星点	746600 km
远星点	3153600 km
$-{\rm d}E/{\rm d}t$	6.4×10^{24} J/s
射到地面的平均能流密度	2.2×10^{-25} J/(m·s)
H	$\sim 2.3 \times 10^{-22}$

赫尔斯

泰勒

图 4.3.4　　赫尔斯和泰勒

4.3.3.2　非转动系统

如图 4.3.5 所示，两质量在平衡位置作微小简谐振动，即

$$x^3 = \pm(b + a\sin\omega t), \quad a \ll b. \tag{4.3.63}$$

平衡位置处的转动惯量 (此转动惯量是理论力学中的转动惯量，与前面用的 "转动惯量" 有所不同) 为

---

① Taylor J H, Weisberg J M. A newtest of general relativity—gravitational radiationand the binary pulsar. ApJ, 1982, 253: 908.

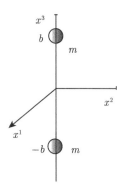

图 4.3.5　两球在平衡位置附近振动

$$(I_{ij}) = \begin{pmatrix} 2mb^2 & 0 & 0 \\ 0 & 2mb^2 & 0 \\ 0 & 0 & (\approx)0 \end{pmatrix}. \tag{4.3.64}$$

由 (4.3.15) 式得

$$Q^{33} = \int \rho x^3 x^3 \mathrm{d}V = 2mb^2 \left(1 + \frac{2a}{b}\sin\omega t\right), \tag{4.3.65}$$

其他分量都为零。由 (4.3.16) 式得

$$D^{11} = 3Q^{11} - \left(Q^{11} + Q^{22} + Q^{33}\right) = -Q^{33},$$
$$D^{22} = -Q^{33}, \quad D^{33} = 2Q^{33}, \tag{4.3.66}$$
$$D^{ij} = 0, \quad i \neq j$$

即

$$(D_{ij}) = \begin{pmatrix} 2mb^2 & 0 & 0 \\ 0 & 2mb^2 & 0 \\ 0 & 0 & -4mb^2 \end{pmatrix} \left(1 + \frac{2a}{b}\sin\omega t\right), \tag{4.3.67}$$

引力辐射为

$$-\frac{\mathrm{d}E}{\mathrm{d}t} = \frac{G}{45}\left(\dddot{D}^{ij}\dddot{D}^{ij}\right)^* = \frac{2G}{15}\left[\left(\dddot{Q}^{33}\right)^2\right]^*$$
$$= \frac{32G}{15}m^2 a^2 b^2 \omega^6 \cos^2\left[\omega\left(t - r\right)\right], \tag{4.3.68}$$

即轴对称振荡系统也能辐射引力波。辐射角分布由 (4.3.35) 式及 $n_1 = \sin\theta\cos\varphi$,
$n_2 = \sin\theta\sin\varphi, n_3 = \cos\theta$ 得[①]

$$\frac{\mathrm{d}I}{\mathrm{d}\Omega} = \frac{G}{36\pi}\left[\frac{1}{4}\left(\dddot{D}^{ij}n_in_j\right)^2 + \frac{1}{2}\dddot{D}^{ij}\dddot{D}_{ij} - \dddot{D}^{ij}\dddot{D}_i^k n_jn_k\right]^* = \frac{G}{16\pi}\left[\left(\dddot{D}^{11}\right)^*\right]^2\sin^4\theta$$

$$= \frac{G}{\pi}m^2a^2b^2\omega^6\cos^2\left[\omega\left(t-r\right)\right]\sin^4\theta. \tag{4.3.69}$$

可见，在 x^3 方向的辐射强度为零。

与电偶极子电磁辐射 (电偶极辐射) 的角分布做一比较是有益的。电偶极辐射
的角分布正比于 $\sin^2\theta$, 而质量振子的引力辐射的角分布正比于 $\sin^4\theta$ (见
图 4.3.6); 电偶极辐射强度正比于 ω^4, 而质量振子 4 极矩的引力辐射强度正比于 ω^6。

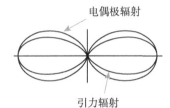

电偶极辐射

引力辐射

图 4.3.6   振动球引力辐射的角分布与电偶极辐射的角分布比较

原则上，多体系统的运动 4 极矩及更高阶矩不为零，这类系统总会产生引力
波。但通常，引力波很弱，不足以探测。目前可供探测的引力辐射源大体分为三
类，它们是：

---

① $\dfrac{\mathrm{d}I}{\mathrm{d}\Omega} = \dfrac{G}{36\pi}\left[\dfrac{1}{4}\left(\dddot{D}^{ij}n_in_j\right)^2 + \dfrac{1}{2}\dddot{D}^{ij}\dddot{D}^{ij} - \dddot{D}^{ij}\dddot{D}^{ik}n_jn_k\right]^*$

$= \dfrac{G}{36\pi}\left[\dfrac{1}{4}\left(\dddot{D}^{11}n_1n_1 + \dddot{D}^{22}n_2n_2 + \dddot{D}^{33}n_3n_3\right)^2 + \dfrac{1}{2}\left(\dddot{D}^{11}\dddot{D}^{11} + \dddot{D}^{22}\dddot{D}^{22} + \dddot{D}^{33}\dddot{D}^{33}\right)\right.$

$\left. - \left(\dddot{D}^{11}\dddot{D}^{11}n_1n_1 + \dddot{D}^{22}\dddot{D}^{22}n_2n_2 + \dddot{D}^{33}\dddot{D}^{33}n_3n_3\right)\right]^*$

$= \dfrac{G}{36\pi}\left[\dfrac{1}{4}\left(\dddot{D}^{11}\sin^2\theta - 2\dddot{D}^{11}\cos^2\theta\right)^2 + 3\left(\dddot{D}^{11}\dddot{D}^{11}\right)\right.$

$\left. - \left(\dddot{D}^{11}\dddot{D}^{11}\sin^2\theta + 4\dddot{D}^{11}\dddot{D}^{11}\cos^2\theta\right)\right]^*$

$= \dfrac{G}{36\pi}\left[\left(\dddot{D}^{11}\right)^*\right]^2\left[\dfrac{1}{4}\left(\sin^4\theta - 4\sin^2\theta\cos^2\theta + 4\cos^4\theta\right) + 2 - \left(3\cos^2\theta\right)\right]$

$= \dfrac{G}{36\pi}\left[\left(\dddot{D}^{11}\right)^*\right]^2\left[\dfrac{1}{4}\left(9 - 6\sin^2\theta\cos^2\theta + 3\cos^4\theta - 12\cos^2\theta\right)\right]$

$= \dfrac{G}{36\pi}\left[\left(\dddot{D}^{11}\right)^*\right]^2\left[\dfrac{1}{4}\left(9\sin^2\theta - 6\sin^2\theta\cos^2\theta - 3\sin^2\theta\cos^2\theta\right)\right]$

$= \dfrac{G}{36\pi}\left[\left(\dddot{D}^{11}\right)^*\right]^2\left[\dfrac{1}{4}\left(9\sin^2\theta - 9\sin^2\theta\cos^2\theta\right)\right] = \dfrac{G}{16\pi}\left[\left(\dddot{D}^{11}\right)^*\right]^2\sin^4\theta.$

(1) 爆发源。

例如，超新星爆发、黑洞并合等事件中会产生很强的引力辐射。这种源通常辐射能量高，但随机出现。

(2) 连续源。

例如，双星系统、恒星绕星系核运动等。这类源有较恒定的引力辐射，但辐射能量相对较低。

(3) 背景源。

宇宙早期演化中留下的引力辐射遗迹。

除此之外，还有人造源，但目前其强度离探测还有不少差距。

小结

(1) 在 GR 中，引力辐射是 4 极或更高极辐射。不存在单极和偶极引力辐射。

(2) 在太阳系内所有系统 (包括人造系统) 及太阳系附近的系统的引力辐射都极其微弱。

(3) 宇宙中存在不少系统，引力波辐射很强，但它们距离遥远，发生时间、位置随机。引力波传播到地球时，其振幅已变得极其微小。

(4) (4 极) 引力辐射强度与频率的 6 次方成正比。

(5) (4 极) 引力辐射强度与转动惯量的平方成正比。

(6) (4 极) 引力辐射强度与赤道椭率的平方成正比。

(7) 给定能流密度，引力波无量纲振幅与频率成反比.

4.4 引力波探测

在介绍引力波探测之前，先简述一下有关引力波的历史。

1905 年，彭加莱首先提出引力波的概念，且引力波以光速传播[1]。1916 年，爱因斯坦首先利用广义相对论给出线性引力波[2]。1937 年，Rosen 给出首个平面引力波严格解[3]。1957 年，Bondi 首次阐明引力波可脱离源携带能量[4]。1958 年，Bonnor 首次阐明源因引力辐射而损失能量[5]。1959 年，Weber 提出首个探测引力

---

[1] Poincare J H. Sur la dynamique de l'électron. C. R. 1905, 140: 1504. (Academie des Sciences, France).

[2] Einstein A. Naeherungsweise integrationder feldgleichungender gravitation, sitzumnsber. K. Preuss. Akad. Wiss., 1916, 1: 688.

[3] Rosen N. Plane polarised waves in the general theory of relativity. Phys. der Sowjetunion, 1937, 12: 366-372.

[4] Bondi H. Plane gravitational waves in general relativity. Nature, 1957, 179: 1072.

[5] Bonnor B W. Gravitational radiatio. Nature, 1958, 181: 1196.

波的方案。1962 年，Gertsenshtein 和 Pustovoilt 首先提用干涉仪探测引力波[①]，20 世纪 60 年代韦伯 (Weber)，1972 年 Weiss 也独立提出用激光干涉探测引力波的方案。1972 年，Forward 建了第一台激光干涉探测引力波的原型机，在 2.5~25 kHz 频率范围内，探测精度达到 $2\times10^{-16}\mathrm{Hz}^{-1/2}$[②]。1974 年，赫尔斯和泰勒发现脉冲双星；1978 年，泰勒在 Munich 召开的 Texas 天体物理会议上给出对脉冲双星观测的分析，间接但定量地验证了引力波的存在。1977 年 Billing 和 Drever 分别在 Munich 和 Glasgow 建起了小型迈克耳孙 (Michelson) 干涉仪。1980 年，Drever 提出采用 Michelson-Fabry-Perot 方案[③]；1983 年，Drever 和 Hall 等提出 Pound-Drever-Hall(PDH) 相位锁定探测技术[④]。

4.4.1   引力波对物质的作用

以引力波 (4.2.53) 式为例，考虑引力波对物质的作用。

首先，无论有无引力波，自由粒子在时空中都沿测地线运动。因而，对单个质点运动轨迹的测量无法确定有无引力波。两邻近自由质点在引力场的作用下，会产生测地线偏离，测地线偏离由测地线偏离方程 (2.9.6) 或 (2.9.7) 描写。

在几乎静止的参考系中，$U^0\approx1,U^i\approx0,\delta x^0\approx0$。在这样的参考系中，方程 (2.9.7) 简化为

$$\frac{\mathrm{D}^2\delta x^i}{\mathrm{d}\tau^2}=R^i{}_{00j}\delta x^j,\tag{4.4.1}$$

由引力波 (4.2.53) 式的非零联络系数 (4.2.54) 式及黎曼曲率张量 (2.8.4) 式得

$$R^i{}_{00j}\approx\frac{1}{2}\delta^{ik}\ddot{h}_{kj},\tag{4.4.2}$$

其中非 0 分量为

$$R^1{}_{001}\approx\frac{1}{2}\ddot{h}_+\approx-R^2{}_{002},\quad R^1{}_{002}\approx\frac{1}{2}\ddot{h}_\times\approx R^2{}_{001}.\tag{4.4.3}$$

起潮力为

① Gertsenshtein M E, Pustovoilt V I. On the detectionof lowfrequency gravitational waves. JETP, 1962, 43: 605-607.

② Forward R L, Moss G E. Bull. Amer. Phys. Soc., 1972, 17: 1183(A); Forward R L. Wideband laser-interferometer graviational-radiation experiment. Phys. Rev. D, 1978, 17:379.

③ Drever W P, et al. A gravity-wave detctor using optical cavity sensing. Proc. of the 9th Inter. Conf. on Gen. Rel. Gravi., ed. by Schmutze E. Cambridge: Cambridge University Press, 1981: 265.

④ Drever W P, Hall J L, et al. Laser phase and frequency stabilizationusing anoptical-resonator. Appl. Phys. B: Photophy. Laser Chem., 1983, 31: 97.

$$R^1_{\ 001}\delta x^1 + R^1_{\ 002}\delta x^2 \approx \frac{1}{2}\left(\ddot{h}_+\delta x^1 + \ddot{h}_\times \delta x^2\right), \tag{4.4.4}$$

$$R^2_{\ 001}\delta x^1 + R^2_{\ 002}\delta x^2 \approx \frac{1}{2}\left(\ddot{h}_\times \delta x^1 - \ddot{h}_+\delta x^2\right). \tag{4.4.5}$$

所以, 测地线偏离方程 (4.4.1) 可具体地写成

$$\frac{\mathrm{D}^2\delta x^0}{\mathrm{d}\tau^2} = 0, \qquad \frac{\mathrm{D}^2\delta x^1}{\mathrm{d}\tau^2} = \frac{1}{2}\left(\ddot{h}_+\delta x^1 + \ddot{h}_\times \delta x^2\right),$$
$$\frac{\mathrm{D}^2\delta x^2}{\mathrm{d}\tau^2} = \frac{1}{2}\left(\ddot{h}_\times \delta x^1 - \ddot{h}_+\delta x^2\right), \quad \frac{\mathrm{D}^2\delta x^3}{\mathrm{d}\tau^2} = 0. \tag{4.4.6}$$

由 (4.4.6) 式易见, 引力波引起的潮汐加速度无纵向分量!

现在来考虑垂直于平面引力波传播方向的一个圆周上自由质点的运动. 设圆心的坐标为 $x^1 = x^2 = 0$. 圆周上质点的坐标为 δx^1, δx^2, (4.4.6) 式的中间两式是两个非平凡的方程. 由于 $\ddot{h}_+, \ddot{h}_\times$ 是引力波的两个独立自由度, 下面分别讨论这两个自由度.

(1) $\ddot{h}_+ \neq 0, \ddot{h}_\times = 0$,

$$\frac{\mathrm{D}^2\delta x^1}{\mathrm{d}\tau^2} = \frac{1}{2}\ddot{h}_+\delta x^1, \quad \frac{\mathrm{D}^2\delta x^2}{\mathrm{d}\tau^2} = -\frac{1}{2}\ddot{h}_+\delta x^2. \tag{4.4.7}$$

图 4.4.1 给出圆周上质点对这个引力波响应的示意图, 在 $\pm 45°$ 方向上的质点保持不动.

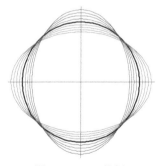

图 4.4.1　+ 偏振

(2) $\ddot{h}_+ = 0, \ddot{h}_x \neq 0$,

$$\frac{\mathrm{D}^2\delta x^1}{\mathrm{d}\tau^2} = \frac{1}{2}\ddot{h}_\times \delta x^2, \quad \frac{\mathrm{D}^2\delta x^2}{\mathrm{d}\tau^2} = \frac{1}{2}\ddot{h}_\times \delta x^1. \tag{4.4.8}$$

图 4.4.2 给出圆周上质点对这个引力波响应的示意图，在 x^1 轴和 x^2 轴方向上的质点保持不动。

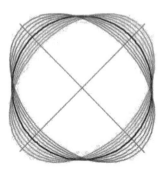

图 4.4.2   × 偏振

　　将引力波与月亮引起的潮汐做比较是有益的。月亮引起的潮汐有横向分量,也有纵向分量 (如图 4.4.3 所示)。而引力波只有横向分量，无纵向分量。月亮引起的潮汐涨落潮差约 2m。若引力波无量纲振幅 h 为 10^{-21}，则可使地球直径有约 10^{-14}m ($=$ 地球直径 $\times 10^{-21}$) 的变化。作为比较，氢原子基态的电子轨道半径为 0.528×10^{-10}m，质子电荷半径为 0.84×10^{-15} m。可见，引力波非常非常弱。

图 4.4.3   月亮引起的潮汐示意图

4.4.2   引力波探测方法

　　任何物质对引力波都会有响应，原则上，都可用来探测引力波。但不同的物质构形对引力波的响应千差万别，用于探测引力波的难易程度也各不相同。

　　早期探测引力波主要采用韦伯棒 (如图 4.4.4 所示)。其基本原理是利用引力波与探测器的共振，选择棒的本征振荡频率与引力波频率一致，引力波通过棒时其信号因共振而被放大。这种方法灵敏度高 (1969 年韦伯达到 $h \sim 2 \times 10^{-15}$, 2008 年达到 $h \sim 10^{-21}$)、规模小、费用相对较低。但这种探测方法的探测频带极窄、不易对准。以被激光干涉仪引力波天文台 (Laser Interferometer Gravitational-Wave Observatory, LIGO) 探测到的引力波信号为例,引力波的频率是不停地变化的,若用韦伯棒来探测，是无法达成共振的，何况探测到的引力波的频率与棒的共振频率也还有很大差距。因而，现在这种方法已不再采用。

图 4.4.4　韦伯和韦伯棒引力波探测器

目前探测引力波的主要方法有：① 陆基激光干涉仪 (如图 4.4.5 所示)；② 空间激光干涉仪；③ 脉冲星计时残差；④ 微波背景辐射的各向异性 (宇宙学课程会介绍)。以上都是观测被测物对引力波的响应。另外，利用脉冲双星，观测因引力辐射出去后脉冲双星系统参数的变化。下面，简要介绍前两种方法。

 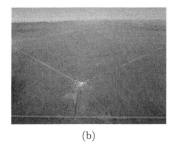

(a)　　　　　　　　　　　　　　　(b)

图 4.4.5　LIGO 引力波探测器

(a) 位于 Livingston 的探测器；(b) 位于 Hanford 的探测器

1) 陆基激光干涉 (如 LIGO (4km)，Virgo (3km))

其基本原理是利用激光干涉方法，原理图如图 4.4.6 所示，图 4.4.7 是 LIGO的设计图。这种方法的灵敏度高 (2007 年已达到 $h \sim 2 \times 10^{-23}$)、探测频带宽 (几赫兹到 10^4Hz)，图 4.4.8 是 LIGO 早期达到的探测灵敏度曲线。这种方法还有一个优点，它可反复调整；这种探测方法的规模大、费用高。另外，这种方法因受大地振动的影响，不能探测更低频段的引力波。

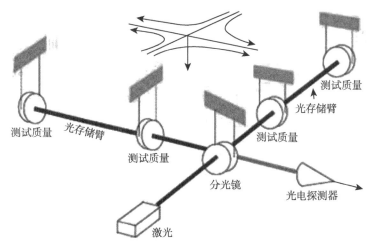

图 4.4.6 陆基激光干涉仪的原理图

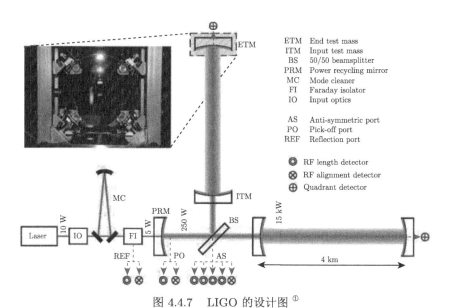

图 4.4.7 LIGO 的设计图 [①]

① 取自 The LIGO Scientific Collaboration: Abbott B, et al. LIGO: the Laser Interferometer Gravitational-Wave Observatory. Rept. Prog. Phys., 2009, 72: 076901.

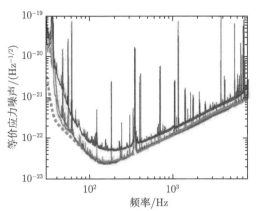

图 4.4.8 LIGO 探测器的早期达到的探测灵敏度曲线 [①] (彩图见封底二维码)

纵轴是 1Hz 带宽的方均根应力噪声。灰虚线是 4km 探测器设计目标曲线，红、绿分别是 Hanford 和 Livingston 的 2 台 4km 干涉仪的灵敏度曲线。初期 LIGO 合作组还在 Hanford 尝试了 2km 的干涉仪。蓝色为 Hanford 的 2km 干涉仪的灵敏度曲线

2) 空间激光干涉仪

把激光干涉仪放在空间，可探测更低频段的引力波 (具体频段由臂长决定)。空间引力波探测计划有多个，其中由欧洲主导的激光干涉空间天线 (Laser Interferometer Space Antenna, LISA) 研究的最多。其基本思路是，采用 3 颗绕日的星组成一个星座，形成近似等边三角形。早期 LISA 星座的臂长拟采用 5×10^9m，后几经波折，改为臂长 2.5×10^9m。图 4.4.9 给出 LISA 的构形。中国在其后也提出若干空间引力波探测计划，有 ASTROD[①]、ALIA[②] (后来改名为太极)、天琴。目前研究得较多的是太极和天琴。太极与 LISA 的结构基本一致，臂长为 3×10^9m，天琴的三颗星绕地飞行。空间激光干涉仪的灵敏度高、探测频带宽，这种探测方法规模更大、费用更高，且需一次搞定。

图 4.4.9 LISA 的示意图

---

① ASTROD: Astrodynamical Space Test of Relativityusing Optical Devices，即激光天文动力学空间计划。

② ALIA: Advanced Laser Interferometer Antenna，即高等激光干涉仪天线。

4.4.3   观测结果

经过几十年的努力，人类终于在 2015 年 9 月 14 日直接探测到首个引力波信号[①]。图 4.4.10 是人类探测到的第一个由双黑洞并合产生的引力波信号。截止到 2017 年底，人类共探测到 4 个双黑洞并合产生的引力波事件。表 4.4.1 给出这 4 个引力波事件的参数。(另有一个疑似事件，后也被列为确认事件，它未在表中列出。)

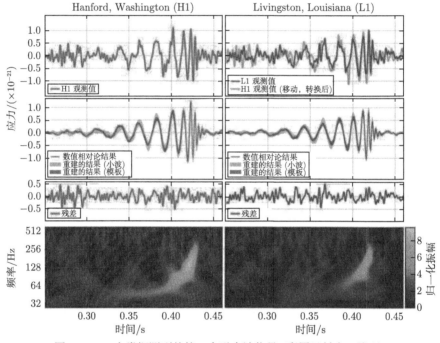

图 4.4.10　人类探测到的第一个引力波信号 (彩图见封底二维码)

表 4.4.1　截止到 2017 年底已探测到双黑洞并合产生的引力波事例

引力波信号	GW150914	GW151226	GW170104	GW170814
距离	410Mpc	440Mpc	880Mpc	540Mpc
初始质量	$36M_\odot$, $29M_\odot$	$14M_\odot$, $7.5M_\odot$	$31M_\odot$, $19M_\odot$	$31M_\odot$, $25M_\odot$
末态质量	$62M_\odot$	$21M_\odot$	$49M_\odot$	$53M_\odot$
引力辐射出的能量	$3M_\odot$	$1M_\odot$	$2M_\odot$	$2.7M_\odot$
位置	$600\mathrm{deg}^2$	$850\mathrm{deg}^2$	$1200\mathrm{deg}^2$	$60\mathrm{deg}^2$
最大辐射的频率	~ 150Hz	~ 450Hz	~ 190Hz	~ 130Hz
持续时间	0.2 s	1 s	~ 0.15s	~ 0.15s

[①] LIGO Scientific Collaboration. Observationof gravitational waves from a binary black hole merger. Phyw. Rev. Lett., 2016, 116: 061102.

2017 年，R. Weiss，K. S. Thorne 和 B. C. Barish (见图 4.4.11) 因对 LIGO 检测器和引力波观测的决定性贡献 (for decisive contributions to the LIGO detector and the observation of gravitational waves)，获得诺贝尔物理学奖。W. P. Drever (1931—2017 年，见图 4.4.12) 解决了激光引力波探测中的几个关键问题，为用激光探测引力波做出重要贡献，是 LIGO 计划最初的领导者，也看到了直接探测到引力波信号的结果。原本三位获奖人中，Drever 必居其一。但很遗憾，他早去世了几个月。

图 4.4.11　2017 年诺贝尔物理学奖获得者 R. Weiss, K. S. Thorne, B. C. Barish

图 4.4.12　W. P. Drever

近几年，除了探测到一系列黑洞并合的引力波信号，还探测到双中子星并合产生的引力波。表 4.4.2 给出双中子星并合事件的部分参数。对双中子星并合的观测真正开启了多信道天文学的新时代，见图 4.4.13。

表 4.4.2   双中子星并合事件

引力波信号	GW170817
距离	40Mpc
初始质量	$1.36 \sim 1.6 M_{\odot}$, $1.17 \sim 1.36 M_{\odot}$
总质量	$2.74 M_{\odot}$
末态质量	?
引力辐射出的能量	$> 0.025 M_{\odot}$
位置	$\leqslant 28 \mathrm{deg}^2$ (引力波的分析)
电磁对应体	与在并合后 1.7 s 的伽马暴 GRB170817A 相关联

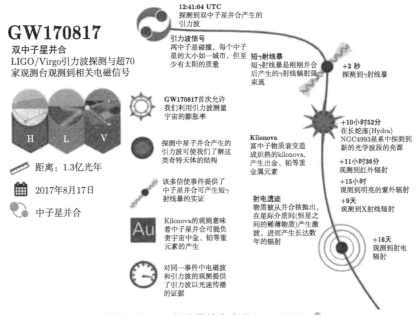

图 4.4.13   双中子星并合事件 GW170817[①]

小结

引力波探测意义重大，它开启了强引力场引力理论检验的新时代和多信道天文学的新时代。

应该指出，还有很多探测引力波方案，值得研究。

---

① 取自 GW170817 国际学术会议通知。

附录 4.A 用广义相对论分析月球的潮汐力

本附录采用广义相对论重新分析一下月球引起的潮汐力。为此，我们做如下假定。第一，月球看作静态、球对称星体，用史瓦西解描写。第二，地球与月球组成一个系统，这个系统绕它们的质心转动 (此时，忽略太阳引力)。这一系统是低速、弱引力场系统。第三，为讨论方便，我们选用月心系，则地球绕月心做椭圆轨道运动。第四，暂时忽略地球自转，仅分析 "地球绕月公转"。(在分析的最后，再考虑地球自转的因素。) 第五，地球不再是质点。假定地球上不同点以不同速度做测地线运动。("地球绕月公转" 的角速度是一定的，地球上不同点到月心的距离不同，故线速度不同。)

在上述假定下，

$$U^\mu \approx \begin{pmatrix} 1, & 0, & 0, & v_\varphi(r) \end{pmatrix}, \quad v_\varphi^2 \sim \frac{GM}{r} \ll 1, \tag{4.A.1}$$

$$\delta x^0 \approx 0 \quad \text{且 } \delta x^0 \text{ 近似不变.} \tag{4.A.2}$$

测地线偏离方程 (2.9.7) 式化为

$$\frac{\mathrm{D}^2 \delta x^i}{\mathrm{d}\tau^2} = -R^i{}_{0j0}\delta x^j - R^i{}_{0j3}v_\varphi \delta x^j - R^i{}_{3j0}v_\varphi \delta x^j - R^i{}_{3j3}v_\varphi^2 \delta x^j. \tag{4.A.3}$$

作为最初级的近似，我们只需计算 $R^i{}_{0j0}$ 的 $\dfrac{GM}{r}$ 级项，$R^i{}_{0j3}$，$R^i{}_{3j0}$ 的 $\left(\dfrac{GM}{r}\right)^{1/2}$ 级项，和 $R^i{}_{3j3}$ 的 0 级项。由定义知

$$R^i{}_{0j0} \approx \left(\frac{GM}{r^2}\right)' \delta^i_1 \delta^1_j + \frac{GM}{r^3}\left(\delta^i_2 \delta^2_j + \delta^i_3 \delta^3_j\right) \quad \text{(利用史瓦西度规，并只保留 } \frac{GM}{r}$$

$$\text{的 1 级项),} \tag{4.A.4}$$

$$R^i{}_{0j3} = \partial_j \Gamma^i_{03} - \partial_3 \Gamma^i_{0j} + \Gamma^i_{\lambda j}\Gamma^\lambda_{03} - \Gamma^i_{\lambda 3}\Gamma^\lambda_{0j} = 0 \quad \text{(用到静态球对称的性质),} \tag{4.A.5}$$

$$R^i{}_{3j0} = \partial_j \Gamma^i_{30} - \partial_0 \Gamma^i_{3j} + \Gamma^i_{\lambda j}\Gamma^\lambda_{30} - \Gamma^i_{\lambda 0}\Gamma^\lambda_{3j} = 0 \quad \text{(用到静态球对称的性质),} \tag{4.A.6}$$

$$R^i{}_{3j3} = \partial_j \Gamma^i_{33} - \partial_3 \Gamma^i_{3j} + \Gamma^i_{\lambda j}\Gamma^\lambda_{33} - \Gamma^i_{\lambda 3}\Gamma^\lambda_{3j} \approx 0 \quad \text{(精确的 } \frac{GM}{r} \text{ 的 0 级项).} \tag{4.A.7}$$

最后一式还用到，"地球绕月公转轨道" 在 $\theta = \pi/2$, 且地球对月心所张的 θ 角很小。所以，

$$\frac{\mathrm{D}^2 \delta x^i}{\mathrm{d}\tau^2} \approx \frac{2GM}{r^3}\delta^i_1 \delta x^1 - \frac{GM}{r^3}\left(\delta^i_2 \delta x^2 + \delta^i_3 \delta x^3\right), \tag{4.A.8}$$

即

$$\frac{\mathrm{D}^2\delta r}{\mathrm{d}\tau^2} = \frac{2GM}{r^3}\delta r, \quad \frac{\mathrm{D}^2\delta\theta}{\mathrm{d}\tau^2} = -\frac{GM}{r^3}\delta\theta, \quad \frac{\mathrm{D}^2\delta\varphi}{\mathrm{d}\tau^2} = -\frac{GM}{r^3}\delta\varphi. \tag{4.A.9}$$

月球引起的潮汐力导致纵向拉伸、横向压缩。最后, 再考虑地球自转, 就形成潮汐。

习　　题

1. 总结引力波与引力辐射的性质。

2. 计算线性引力波度规

$$\mathrm{d}s^2 = -\mathrm{d}t^2 + (1+h_+)\,\mathrm{d}x^2 + (1-h_+)\,\mathrm{d}y^2 + 2h_\times \mathrm{d}x\mathrm{d}y + \mathrm{d}z^2$$

的联络系数、黎曼曲率张量、里奇张量、曲率标量、爱因斯坦张量, 其中 h_+、h_x 都只是 $t-z$ 的函数。

3. 对于线性引力, 证明横场的螺旋度为 ±2, 混合场的螺旋度为 ±1, 纵场和类时场的螺旋度为 0。

4. 设均匀密度细杆, 长度为 l, 总质量为 m, 绕过其质心垂直于细杆的轴做匀速旋转, 旋转角速度为 ω. 问:

(1) 单位时间内该系统 (4 极) 引力辐射出去的能量是多少?

(2) 单位时间辐射的能量与该系统所具有的转动能之比是多少?

(提示：该系统的转动惯量 $I = ml^2/12$, 赤道椭率 $e = 1$。)

第 5 章　星体内部结构与引力坍缩

5.1　星体内部结构——牛顿力学的处理

考虑球对称理想流体球。在静力学平衡时，如图 5.1.1 所示 P 点处作用于下方的力是自其上方流体的压力的总和，

$$\text{总压强} = \text{总压力}/\Delta A, \tag{5.1.1}$$

其中 ΔA 是体积元的截面面积。具体来说，$\Delta A \Delta r$ 体元内流体对下方的压力为

$$\Delta f = -\frac{G\mathscr{M}(r)}{r^2}\left(\rho(r)\,\Delta A\Delta r\right), \tag{5.1.2}$$

其中 $\rho(r)$ 为流体的质量密度，

$$\rho(r)\,\Delta A\Delta r = \Delta m, \tag{5.1.3}$$

$$\mathscr{M}(r) := \int_0^r 4\pi\rho r^2 \mathrm{d}r, \tag{5.1.4}$$

是 r 以内的总质量。星体的总质量为

$$M = \mathscr{M}(R_{\mathrm{B}}) = \int_0^{R_{\mathrm{B}}} 4\pi\rho r^2 \mathrm{d}r. \tag{5.1.4'}$$

r 处，$\Delta A\Delta r$ 体元内流体对下方的压强为

$$\Delta p = -\frac{G\mathscr{M}(r)}{r^2}\left(\rho(r)\,\Delta r\right). \tag{5.1.5}$$

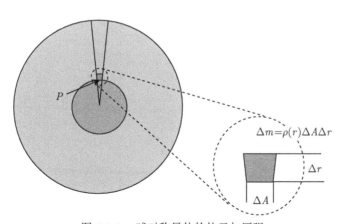

图 5.1.1　球对称星体的体元与压强

由此得

$$\frac{\Delta p}{\Delta r} = -\frac{G\mathscr{M}(r)}{r^2}\rho(r),$$

取极限，得

$$p' = \frac{\mathrm{d}p}{\mathrm{d}r} = -\frac{G\mathscr{M}(r)}{r^2}\rho(r). \tag{5.1.6}$$

这就是牛顿力学中流体静力学平衡方程。它也可从欧拉方程 (1.2.81) 及静止条件 $\boldsymbol{v}=0$ 得到。

在牛顿引力中，确定球对称、理想流体组成的星体的完备方程组是泊松方程 (1.1.20)，亦即

$$\frac{1}{r^2}\left(r^2\phi'\right)' = 4\pi G\rho, \tag{5.1.7}$$

欧拉方程 (5.1.6) 和物态方程

$$p = p(\rho). \tag{5.1.8}$$

质量为 $\mathscr{M}$ 的中心质量与半径为 r、厚度为 $\mathrm{d}r$、密度为 ρ 的球对称质壳间的牛顿引力势能为

$$\mathrm{d}V = -\frac{G\mathscr{M}(r)}{r}4\pi\rho r^2\mathrm{d}r. \tag{5.1.9}$$

所以，星体的牛顿引力势能为

$$V = \int_{r=0}^{R_{\mathrm{B}}}\mathrm{d}V = 4\pi\int_0^{R_{\mathrm{B}}}\left(-\frac{G\mathscr{M}(r)}{r}\right)\rho r^2\mathrm{d}r = -4\pi G\int_0^{R_{\mathrm{B}}}\mathscr{M}(r)\rho r\mathrm{d}r. \tag{5.1.10}$$

星体中每个粒子都满足爱因斯坦关系 (采用相对论单位制)，

$$\varepsilon^2 = p^2 + m^2, \tag{5.1.11}$$

在非相对论近似下，粒子的能量为

$$\varepsilon \approx m\left(1 + \frac{p^2}{2m^2}\right) = m + \frac{p^2}{2m}, \tag{5.1.12}$$

每个粒子的动量为 $\varepsilon - m$。由于每个粒子的运动方向各不相同，大量粒子动能的集体效应就是热能。设 ρ 是星体的能量密度，由于电子与核子相比，电子的静质量可忽略，于是得到星体的热能密度

$$e_T = (\rho - m_N n). \tag{5.1.13}$$

在星体的坍缩过程中，粒子的势能转化为粒子的动能，大量粒子会产生很大的热能，使星体的温度升高，甚至"点燃"核聚变。

5.2 星体内部结构——广义相对论的处理

5.2.1 广义相对论中星体结构平衡方程与史瓦西内解

在广义相对论中,考虑理想流体构成的球对称星体。理想流体的能量-动量-应力张量由 (3.1.33) 式给出。由 3.4 节的讨论知, 静态球对称时空的度规总可写成 (2.10.45) 式。对 (3.1.33) 式求迹, 得

$$T = 3p - \rho, \tag{5.2.1}$$

所以,

$$T_{\mu\nu} - \frac{1}{2}g_{\mu\nu}T = \frac{1}{2}\left(\rho - p\right)g_{\mu\nu} + \left(\rho + p\right)U_\mu U_\nu =: S_{\mu\nu}. \tag{5.2.2}$$

注意, 此处的 $S_{\mu\nu}$ 与 2.8 节中里奇曲率张量的无迹部分 $\mathrm{S}_{\mu\nu}$ (见 (2.8.50) 式) 是两个完全不同的概念。由 4 速度归一的条件 (3.1.1) 式、静态球对称时空的度规 (2.10.45) 式及流体处于静止, 给出 4 速度的具体表达式:

$$U^\mu = \left(U^0\left(r\right), 0, 0, 0\right), \quad U^0\left(r\right) = \mathrm{e}^{-\nu(r)}. \tag{5.2.3}$$

易见,

$$U_0\left(r\right) = -\mathrm{e}^{\nu(r)}. \tag{5.2.4}$$

将度规 (2.10.45)、(5.2.3)、(5.2.4) 式代入 (5.2.2) 式, 得 $S_{\mu\nu}$ 的非零分量:

$$
\begin{aligned}
S_{00} &= \frac{1}{2}\left(\rho - p\right)g_{00} + \left(\rho + p\right)U_0 U_0 \\
&= -\frac{1}{2}\left(\rho - p\right)\mathrm{e}^{2\nu(r)} + \left(\rho + p\right)\mathrm{e}^{2\nu(r)} = \frac{1}{2}\left(\rho + 3p\right)\mathrm{e}^{2\nu(r)}, \\
S_{11} &= \frac{1}{2}\left(\rho - p\right)g_{11} = \frac{1}{2}\left(\rho - p\right)\mathrm{e}^{2\mu(r)}, \\
S_{22} &= \frac{1}{2}\left(\rho - p\right)g_{22} = \frac{1}{2}\left(\rho - p\right)r^2, \quad S_{33} = S_{22}\sin^2\theta.
\end{aligned}
\tag{5.2.5}
$$

3.4 节中已给出静态球对称时空的度规 (2.10.45) 式的所有非零联络系数 (3.4.19) 式和非零里奇张量分量 (3.4.21) 式。将 (5.2.5)、(3.4.21) 式代入爱因斯坦场方程 (3.3.26) 式, 得

$$R_{00} = \mathrm{e}^{2\nu - 2\mu}\left[\nu'' + \frac{2\nu'}{r} + \nu'\left(\nu' - \mu'\right)\right] = 4\pi G\left(\rho + 3p\right)\mathrm{e}^{2\nu},$$

$$R_{11} = -\nu'' + \frac{2\mu'}{r} - \nu'\left(\nu' - \mu'\right) = 4\pi G\left(\rho - p\right)\mathrm{e}^{2\mu}, \tag{5.2.6}$$

$$R_{22} = \mathrm{e}^{-2\mu} \left[\mathrm{e}^{2\mu} - 1 + r\left(\mu' - \nu'\right) \right] = 4\pi G\left(\rho - p\right) r^2.$$

下面求解方程组 (5.2.6)。首先，由于

$$\mathrm{e}^{-2\nu} S_{00} + \mathrm{e}^{-2\mu} S_{11} + \frac{2}{r^2} S_{22} = 2\rho, \tag{5.2.7}$$

所以，(5.2.6) 式的三个方程组合给出

$$\begin{aligned}
16\pi G\rho &= \mathrm{e}^{-2\nu} R_{00} + \mathrm{e}^{-2\mu} R_{11} + \frac{2}{r^2} R_{22} \\
&= \mathrm{e}^{-2\mu} \left[\nu'' + \frac{2\nu'}{r} + \nu'\left(\nu' - \mu'\right) \right] + \mathrm{e}^{-2\mu} \left[-\nu'' + \frac{2\mu'}{r} - \nu'\left(\nu' - \mu'\right) \right] \\
&\quad + \frac{2}{r^2} \mathrm{e}^{-2\mu} \left[\mathrm{e}^{2\mu} - 1 + r\left(\mu' - \nu'\right) \right] \\
&= 2\mathrm{e}^{-2\mu} \left[\frac{2\mu'}{r} + \frac{1}{r^2} \left(\mathrm{e}^{2\mu} - 1 \right) \right].
\end{aligned} \tag{5.2.8}$$

(5.2.8) 式是关于 $\mu(r)$ 的一阶常微分方程，它可改写为

$$2r\mu' \mathrm{e}^{-2\mu} + 1 - \mathrm{e}^{-2\mu} = 8\pi G\rho r^2, \tag{5.2.9}$$

即

$$\left(r\mathrm{e}^{-2\mu} \right)' = 1 - 8\pi G\rho r^2, \tag{5.2.10}$$

积分，得

$$r\mathrm{e}^{-2\mu} = \int_0^r \left(1 - 8\pi G\rho r^2 \right) \mathrm{d}r = r - 2G \int_0^r 4\pi\rho r^2 \mathrm{d}r, \tag{5.2.11}$$

即

$$\mathrm{e}^{2\mu} = \frac{1}{1 - \dfrac{2G\mathscr{M}}{r}}, \tag{5.2.12}$$

其中

$$\mathscr{M}\left(r\right) := \int_0^r 4\pi\rho r^2 \mathrm{d}r$$

与牛顿引力中 $\mathscr{M}\left(r\right)$ 的定义 (5.1.4) 式完全一致。其次，由理想流体能量-动量-应力张量的协变守恒律 (3.1.34) 式及静态条件知

$$0 = T^{0\nu}{}_{;\nu} = p_{,\nu} g^{0\nu} + \left[\left(\rho + p\right) U^0 U^\nu \right]_{;\nu} = U^0{}_{;\nu} U^\nu \left(\rho + p\right) + U^0 \left[\left(\rho + p\right) U^\nu \right]_{;\nu}, \tag{5.2.13}$$

$$0 = T^{1\nu}{}_{;\nu} = p'g^{11} + \left[(\rho + p)\, U^1 U^\nu \right]_{;\nu}. \tag{5.2.14}$$

(5.2.13) 式第三个等号用到静态条件, 而 (5.2.13) 式后一项为

$$(\rho + p)_{,\nu}\, U^\nu + (\rho + p)\, U^\nu{}_{;\nu} = 0, \tag{5.2.15}$$

这是因为静态条件给出 (5.2.15) 式前一项为零, 如下具体计算给出 (5.2.15) 式后一项为零:

$$U^\nu{}_{;\nu} = U^\nu{}_{,\nu} + \Gamma^\nu_{\lambda\nu} U^\lambda = \Gamma^\nu_{0\nu} U^0 = 0. \tag{5.2.16}$$

所以, (5.2.13) 式给出流体的 4 加速度的零分量为

$$a^0 = U^0{}_{;\nu} U^\nu = 0. \tag{5.2.17}$$

利用 (5.2.15) 式, (5.2.14) 式化为

$$0 = T^{1\nu}{}_{;\nu} = p'g^{11} + U^1{}_{;\nu} U^\nu \left(\rho + p \right) = p'g^{11} + \Gamma^1_{00} U^0 U^0 \left(\rho + p \right). \tag{5.2.18}$$

利用非零联络系数 (3.4.19) 式, (5.2.18) 式可改写为

$$p'\mathrm{e}^{-2\mu} + (\rho + p)\,\mathrm{e}^{-2\nu}\mathrm{e}^{2\nu - 2\mu}\nu' = 0, \tag{5.2.19}$$

即

$$\nu' = -\frac{p'}{\rho + p}. \tag{5.2.20}$$

(5.2.6) 式最后一个方程可改写为

$$1 - \mathrm{e}^{-2\mu} + r\mathrm{e}^{-2\mu} \left(\mu' - \nu' \right) = 4\pi G \left(\rho - p \right) r^2,$$

将 (5.2.12) 和 (5.2.20) 式代入, 得

$$1 - \frac{1}{2} \left(r\mathrm{e}^{-2\mu} \right)' - \frac{1}{2}\mathrm{e}^{-2\mu} - \left(1 - \frac{2G\mathscr{M}}{r} \right) \left(-\frac{rp'}{\rho + p} \right) = 4\pi G \left(\rho - p \right) r^2,$$

$$\Rightarrow 1 - \frac{1}{2} \left(1 - 8\pi G\rho r^2 \right) - \frac{1}{2} \left(1 - \frac{2G\mathscr{M}}{r} \right) + \left(1 - \frac{2G\mathscr{M}}{r} \right) \frac{rp'}{\rho + p} = 4\pi G \left(\rho - p \right) r^2,$$

即

$$\left(1 - \frac{2G\mathscr{M}}{r} \right) \frac{rp'}{\rho + p} = -4\pi G p r^2 - \frac{G\mathscr{M}}{r}, \tag{5.2.21}$$

或

$$\frac{rp'}{\rho + p} = -\frac{G\mathscr{M}}{r} \left(1 + 4\pi r^3 \frac{p}{\mathscr{M}} \right) \left(1 - \frac{2G\mathscr{M}}{r} \right)^{-1}, \tag{5.2.22}$$

于是，我们得到 Tolman-Oppenhiemer-Volkoff 方程 (有时也称为 Oppenhiemer-Volkoff 方程)

$$p' = -\frac{G\mathcal{M}\rho}{r^2}\left(1+\frac{p}{\rho}\right)\left(1+4\pi r^3\frac{p}{\mathcal{M}}\right)\left(1-\frac{2G\mathcal{M}}{r}\right)^{-1}. \tag{5.2.23}$$

这是广义相对论中球对称理想流体恒星内部的平衡方程，简称为 TOV 方程。利用 (5.2.20) 式得

$$\nu' = -\frac{p'}{\rho+p} = \frac{G\mathcal{M}}{r^2}\left(1+4\pi r^3\frac{p}{\mathcal{M}}\right)\left(1-\frac{2G\mathcal{M}}{r}\right)^{-1}. \tag{5.2.24}$$

对 (5.2.24) 式积分就可给出静态球对称星体内部的时空度规。在弱场、非相对论近似下，$p \ll \rho, G\mathcal{M}(r) \ll r$，(5.2.23) 式回到牛顿力学中理想流体静力学平衡方程 (5.1.6)，可见，(5.2.23) 式最后 3 个因子都是广义相对论的修正。

　　为完全确定星体内部度规，还需考虑边界条件。设星体半径为 R_B。在星体外 $\rho(r)$ 和 $p(r)$ 变为 0, 故

$$\mathcal{M}(r \geqslant R_\mathrm{B}) = M = \mathrm{const.}, \tag{5.2.25}$$

其中常数由 (5.1.4′) 式给出，由 (5.2.12) 式得

$$\mathrm{e}^{2\mu(r \geqslant R_\mathrm{B})} = \left(1-\frac{2GM}{r}\right)^{-1}, \tag{5.2.26}$$

再由 (5.2.24) 式，得

$$\nu'(r \geqslant R_\mathrm{B}) = \frac{GM}{r^2}\left(1-\frac{2GM}{r}\right)^{-1}, \tag{5.2.27}$$

积分，得

$$2\nu(r \geqslant R_\mathrm{B}) = \ln\left(1-\frac{2GM}{r}\right), \quad \mathrm{e}^{2\nu(r \geqslant R_\mathrm{B})} = 1-\frac{2GM}{r}, \tag{5.2.28}$$

即在 $r \geqslant R_\mathrm{B}$，得到史瓦西外解。

　　简言之，对于静态、球对称、理想流体构成的星体，共有 4 个未知函数 μ, ν, ρ, p，对于这种情况，爱因斯坦场方程表观上共有 3 个独立的方程。在上面求解的过程中，实际只用到 2 个独立的场方程和 1 个协变守恒方程。我们知道，1 个协变守恒方程对应于 1 个独立的比安基恒等式，正因为有这样一个比安基恒等式，3 个场方程间有 1 个约束，故只有 2 个方程真正独立。3 个方程尚不足以求出 4 个未知函数，为求方程的解，与牛顿引力一样，需增加一个物态方程。这样，就有

4 个方程，可确定 4 个未知函数。为定解，还需附加边界条件。由星体的物理要求，边界条件取为

$$\rho(0) \text{ 有限}, \quad \rho(R_{\rm B}) = p(R_{\rm B}) = 0, \quad \mathscr{M}(R_{\rm B}) = M,$$

$$\mu(R_{\rm B}^-) = \mu(R_{\rm B}^+), \quad \nu(R_{\rm B}^-) = \nu(R_{\rm B}^+). \tag{5.2.29}$$

小结

现将确定星体内部结构的方程集中列于下。

时空度规为

$$\mathrm{d}s^2 = -\mathrm{e}^{2\nu(r)}\mathrm{d}t^2 + \mathrm{e}^{2\mu(r)}\mathrm{d}r^2 + r^2\mathrm{d}\Omega^2, \tag{2.10.45}$$

其中

$$\mathrm{e}^{2\mu} = \frac{1}{1 - \dfrac{2G\mathscr{M}}{r}}, \tag{5.2.12}$$

$$\nu' = -\frac{p'}{p + \rho}, \tag{5.2.20}$$

或 (5.2.24) 式对 r 的积分

$$\nu = -\int_r^{R_{\rm B}} \frac{G}{r^2} \frac{\mathscr{M} + 4\pi r^3 p}{1 - \dfrac{2G\mathscr{M}}{r}} \mathrm{d}r. \tag{5.2.24'}$$

$R_{\rm B}$ 为星体半径，

$$\mathscr{M}(r) = \int_0^r 4\pi\rho r^2 \mathrm{d}r \tag{5.1.4}$$

是 r 内的牛顿质量。

TOV 方程为

$$-r^2 p' = G\mathscr{M}\rho \left(1 + \frac{p}{\rho}\right) \left(1 + 4\pi r^3 \frac{p}{\mathscr{M}}\right) \left(1 - \frac{2G\mathscr{M}}{r}\right)^{-1}; \tag{5.2.23}$$

物态方程：

$$p = p(\rho). \tag{5.1.8}$$

边界条件为

$$\mathscr{M}(0) = 0, \quad \mathscr{M}(R_{\rm B}) = M, \quad \rho(R_{\rm B}) = p(R_{\rm B}) = 0,$$

$$\mu(R_{\rm B}^-) = \mu(R_{\rm B}^+), \quad \nu(R_{\rm B}^-) = \nu(R_{\rm B}^+), \tag{5.2.29}$$

其中 M 为星体质量.

这样的解称为史瓦西内解。

5.2.2　星体内的核子数

在平直时空中粒子数守恒方程由微分守恒律 (1.2.105) 式给出，它可展开为

$$\frac{\partial}{\partial t}\left(nU^0\right) = -\frac{\partial}{\partial x^i}\left(nU^i\right) = -\vec{\nabla}\cdot\left(n\boldsymbol{U}\right), \tag{5.2.30}$$

(5.2.30) 式两边对空间积分，得

$$\frac{\mathrm{d}}{\mathrm{d}t}\iiint nU^0\mathrm{d}^3x = -\iiint \vec{\nabla}\cdot\left(n\boldsymbol{U}\right)\mathrm{d}^3x = -\oiint\left(n\boldsymbol{U}\right)\cdot\mathrm{d}\boldsymbol{S}$$

$$\xlongequal{\text{球对称}} -4\pi nr^2 U^r\big|_{r\text{足够大}} = 0, \tag{5.2.31}$$

其中第二个等号用到高斯定理，第四个等号用到足够远边界上无粒子流。由
(5.2.31) 式可得守恒量

$$N = \iiint nU^0\mathrm{d}^3x \xlongequal{\text{球对称}} \int 4\pi r^2 nU^0\mathrm{d}r = 4\pi\int nr^2\mathrm{d}r, \tag{5.2.32}$$

最后一步用到当流体静止于平直时空时，$U^0 = 1$。

在弯曲时空中粒子数守恒方程改为 (3.1.37) 式，这是一个 4 维时空的标量，
积分

$$\iiiint\left(nU^\mu\right)_{;\mu}\sqrt{-g}\mathrm{d}^4x \tag{5.2.33}$$

有良好的定义。由 (2.3.84) 式知，粒子数守恒方程为

$$\left(nU^\mu\right)_{;\mu} = \frac{1}{\sqrt{-g}}\frac{\partial}{\partial x^\nu}\left(\sqrt{-g}nU^\nu\right) = 0, \tag{5.2.34}$$

(5.2.34) 式对如图 5.2.1 所示的从 t_0 到 t 之间的全时空积分，得

$$0 = \int_{t_0}^{t}\iiint\left(nU^\mu\right)_{;\mu}\sqrt{-g}\mathrm{d}^4x = \int_{t_0}^{t}\iiint\left(\sqrt{-g}nU^\mu\right)_{,\mu}\mathrm{d}^4x. \tag{5.2.35}$$

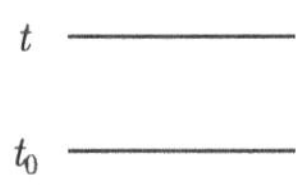

图 5.2.1　t_0 与 t 之间的时空区域

利用 4 维时空中的高斯定理, 并考虑到无限远处类时超曲面上粒子流密度恒为零, 得

$$\iiint \left(\sqrt{-g} n U^0 \right) \big|_t \mathrm{d}^3 x - \iiint \left(\sqrt{-g} n U^0 \right) \big|_{t_0} \mathrm{d}^3 x = 0, \tag{5.2.36}$$

即粒子数

$$N = \int \sqrt{-g} n U^0 \mathrm{d}^3 x \tag{5.2.37}$$

是守恒的. 对于静态球对称星体, (5.2.37) 式化为

$$N = \int 4\pi r^2 n \left(-g_{00} g_{11} \right)^{1/2} U^0 \mathrm{d}r = \int 4\pi r^2 n \sqrt{g_{11}} \mathrm{d}r = \int 4\pi r^2 \mathrm{e}^\mu n \mathrm{d}r$$

$$= \int 4\pi r^2 n \left(1 - \frac{2G\mathscr{M}(r)}{r} \right)^{-1/2} \mathrm{d}r, \tag{5.2.38}$$

其中第二个等号用到 $U^0 = \left(-g_{00} \right)^{-1/2}$. N 就是星体中的总自由核子数.

5.2.3 星体的内能

令 m_N 为自由核子的静质量, $n(r)$ 为星体内核子的数密度. 星体所有自由核子的总能量为

$$M_0 := m_N N = 4\pi \int_0^{R_{\mathrm{B}}} m_N n(r) r^2 \sqrt{g_{11}} \mathrm{d}r. \tag{5.2.39}$$

在这个表达式中, 没有考虑结合能.

从 5.2.1 节的讨论中, 我们已看到, 在广义相对论的框架内, 星体的质量由 (5.2.25) 式给出. 需指出, 这是牛顿星体的质量, 它是用平直空间度规算出的, 它同时也是星体的实测质量, 星体实测也是通过牛顿引力给出的. 星体的总内能为

$$E = M - M_0 = 4\pi \int_0^{R_{\mathrm{B}}} \rho r^2 \mathrm{d}r - 4\pi m_N \int_0^{R_{\mathrm{B}}} n(r) r^2 \sqrt{g_{11}} \mathrm{d}r$$

$$= 4\pi \int_0^{R_{\mathrm{B}}} \left(\rho \left(g_{11} \right)^{-1/2} - \rho \right) r^2 \sqrt{g_{11}} \mathrm{d}r + 4\pi \int_0^{R_{\mathrm{B}}} \left(\rho - m_N n(r) \right) r^2 \sqrt{g_{11}} \mathrm{d}r. \tag{5.2.40}$$

在澄清各项的意义之前, 我们先回顾一下, 在静态球对称时空中, 在 3 维弯曲空间 (度规已对角化) 的体元是

$$\sqrt{g_{11} g_{22} g_{33}} \mathrm{d}^3 x = \sqrt{g_{rr}} r^2 \sin\theta \mathrm{d}r \mathrm{d}\theta \mathrm{d}\varphi, \tag{5.2.41}$$

它在 3 维空间坐标变换下保持不变。利用球对称性质，立即可将该体元简写成

$$4\pi r^2 \sqrt{g_{11}} \mathrm{d}r = \frac{4\pi r^2 \mathrm{d}r}{\left(1 - \frac{2G\mathscr{M}(r)}{r}\right)^{1/2}}. \tag{5.2.42}$$

注意：(5.2.41) 式虽是 3 维空间的不变量，但还不是一个在 4 维时空坐标变换下的不变量。利用 (5.2.42) 式，可将星体的质量改写成

$$M = \int_0^{R_{\mathrm{B}}} 4\pi \rho' r^2 \sqrt{g_{11}} \mathrm{d}r, \tag{5.2.43}$$

其中

$$\rho' = \rho \left(g_{11}\right)^{-1/2}. \tag{5.2.44}$$

于是，(5.2.40) 式中第一项括号内的量就变为 $\rho' - \rho$。定义

$$V = 4\pi \int_0^{R_{\mathrm{B}}} \left(\rho g_{11}^{-1/2} - \rho\right) r^2 \sqrt{g_{11}} \mathrm{d}r, \tag{5.2.45}$$

$$E_T = 4\pi \int_0^{R_{\mathrm{B}}} \left(\rho - m_N n(r)\right) r^2 \sqrt{g_{11}} \mathrm{d}r. \tag{5.2.46}$$

将 g_{11} 的表达式 (5.2.12) 分别代入 (5.2.45) 和 (5.2.46) 式，并按 $\dfrac{2G\mathscr{M}(r)}{r}$ 展开，得

$$V = 4\pi \int_0^{R_{\mathrm{B}}} \rho \left(\left(1 - \frac{2G\mathscr{M}(r)}{r}\right)^{1/2} - 1\right) r^2 \sqrt{g_{11}} \mathrm{d}r$$

$$\approx -4\pi \int_0^{R_{\mathrm{B}}} \frac{G\mathscr{M}(r)}{r} \rho r^2 \left(1 + \frac{3G\mathscr{M}(r)}{2r}\right) \mathrm{d}r, \tag{5.2.47}$$

$$E_T \approx 4\pi \int_0^{R_{\mathrm{B}}} \left(\rho - m_N n(r)\right) r^2 \left(1 + \frac{G\mathscr{M}(r)}{r}\right) \mathrm{d}r. \tag{5.2.48}$$

当略去 (5.2.47) 和 (5.2.48) 式右边积分中大圆括号内的量时，它们分别是牛顿引力中星体的引力势能 (5.1.9) 式和热能 (或核子的动能)(5.1.13) 式的积分，大圆括号内的量给出星体引力势能和热能的广义相对论修正。星体的总内能由引力势能和热能两部分贡献，即

$$E = V + E_T < 0. \tag{5.2.49}$$

下面来看 (5.2.40) 式中同时加减的项 $4\pi\int_0^{R_B}\rho r^2\sqrt{g_{11}}\mathrm{d}r$ 的意义。对于 4 速度为 $u^\nu=(u^0(r),0,0,0)$ 的静态观察者，所观测到的流体的能流密度为 $T_{\mu\nu}u^\nu$，其协变散度为

$$g^{\mu\lambda}\left(T_{\mu\nu}u^\nu\right)_{;\lambda}=\left(T^\lambda{}_\nu u^\nu\right)_{;\lambda}. \tag{5.2.50}$$

具体计算，表明，

$$\left(T^\lambda{}_\nu u^\nu\right)_{;\lambda}=T^\lambda{}_{\nu;\lambda}u^\nu+T^\lambda{}_\nu u^\nu{}_{;\lambda}=T^\lambda{}_\nu u^\nu{}_{,\lambda}+T^\lambda{}_\nu \Gamma^\nu_{\mu\lambda}u^\mu$$

$$=T^1{}_0u^0{}_{,1}+T^0{}_0\Gamma^0_{00}u^0+T^0{}_i\Gamma^i_{00}u^0+T^i{}_0\Gamma^0_{0i}u^0+T^i{}_j\Gamma^j_{0i}u^0=0, \tag{5.2.51}$$

其中第二个等号用到能量-动量张量协变守恒 (3.3.10) 式和协变导数的运算规则 (2.3.8) 式，第三个等号用到静态观察者 4 速度的表达式，第四个等号用到静态球对称星体中流体能量-动量的表达式及联络系数。(5.2.51) 式表明，静态观察者观测到的流体的能流密度 4 矢量是协变守恒的。对协变守恒律 (5.2.51) 式积分，得

$$\iiiint \left(T^\lambda{}_\nu u^\nu\right)_{;\lambda}\sqrt{-g}\mathrm{d}^4x=0, \tag{5.2.52}$$

再次考虑到无限远处类时超曲面上星体的能流密度恒为零，(5.2.52) 式左边为

$$\iiiint \partial_\lambda\left(\sqrt{-g}T^\lambda{}_\nu u^\nu\right)\mathrm{d}^4x=\iiint_t\left(\sqrt{-g}T^\lambda{}_\nu u^\nu\right)\mathrm{d}^3x-\iiint_{t_0}\left(\sqrt{-g}T^\lambda{}_\nu u^\nu\right)\mathrm{d}^3x=0, \tag{5.2.53}$$

由此可得守恒的能动量 4 矢量

$$P^\lambda=\iiint T^\lambda{}_\nu u^\nu\sqrt{-g}\mathrm{d}^3x\stackrel{u^\mu\equiv U^\mu}{=}-\iiint \rho U^\lambda\sqrt{-g}\mathrm{d}^3x=-4\pi\delta^\lambda_0\int\rho r^2\sqrt{g_{11}}\mathrm{d}r. \tag{5.2.54}$$

无穷远静态观察者观测到的守恒质 (能) 量为

$$P^\lambda U^\infty_\lambda=4\pi\int\rho r^2\sqrt{g_{11}}\mathrm{d}r=:M_c. \tag{5.2.55}$$

至此，我们就清楚了，$M_c=4\pi\int_0^{R_B}\rho r^2\sqrt{g_{11}}\mathrm{d}r$ 是无穷远静态观察者观测到的守恒质 (能) 量。

最后，因 $4\pi\sqrt{g_{11}}\mathrm{d}r$ 是实测体元，则 ρ' 为流体的实测密度。

5.2.4　星体的稳定性

星体内解有稳定与不稳定之分。下面我们不加证明地列出两个关于星体稳定性的定理，它们对于星体的稳定性研究很重要。

定理 1　稳定到不稳定的转变条件。

化学组成和比熵 $\mathfrak{s}$ 都恒定的理想流体组成的恒星，从稳定变到对某个特定的径向简正模式不稳定，只能发生在中心密度 $\rho(0)$ 使平衡能量 E 和核子数 N 取极值处，即

$$\frac{\partial E\left(\rho\left(0\right);s,\cdots\right)}{\partial\rho\left(0\right)}=0, \tag{5.2.56}$$

$$\frac{\partial N\left(\rho\left(0\right);s,\cdots\right)}{\partial\rho\left(0\right)}=0. \tag{5.2.57}$$

这里的 "径向简正模式" 指 $\delta\rho$ 只与 r 和 t 有关，忽略辐射、输运、核反应、黏滞性、热传导等。

定理 2　稳定平衡的充要条件。

化学成分和比熵 $\mathfrak{s}$ 都均匀的特定恒星组态满足 TOV 方程 (5.2.23)

$$p'=-\frac{G\mathscr{M}\rho}{r^2}\left(1+\frac{p}{\rho}\right)\left[1+4\pi r^3\frac{p}{\mathscr{M}}\right]\left(1-\frac{2G\mathscr{M}}{r}\right)^{-1},$$

其中

$$\mathscr{M}\left(r\right)=\int_0^r 4\pi\rho\left(r\right)r^2\mathrm{d}r, \tag{5.1.4}$$

且稳定的充要条件是，在粒子数

$$N=\int_0^{R_{\mathrm{B}}}4\pi r^2 n\left(r\right)\left(1-\frac{2G\mathscr{M}\left(r\right)}{r}\right)^{-1/2}\mathrm{d}r \tag{5.2.38}$$

保持不变、比熵和化学成分保持均匀不变的情况下，星体的质量

$$M=\mathscr{M}\left(R_{\mathrm{B}}\right)=\int_0^{R_{\mathrm{B}}}4\pi\rho\left(r\right)r^2\mathrm{d}r \tag{5.1.4'}$$

对 $\rho(r)$ 的一切变分取极小。

需要说明的是，按定理 2 的要求，在研究星体是否稳定时，需计算牛顿质量 (5.2.25) 式在粒子数 N 保持不变的情况下的变分。但在牛顿近似下，

$$M\approx m_N N \tag{5.2.39}$$

是很好的近似。此时，研究在 N 不变下 M 的极值问题没有意义。这时，通常通过研究内能 E 作为 $\rho(r)$ 的函数在粒子数 N(或质量 M) 保持不变的情况下是否取极大值来判定星体是否稳定。

5.3 均匀密度星

作为例子，本节讨论一个最简单的情况——均匀密度星。设星体的密度为

$$\rho = \begin{cases} \text{const.} > 0, & r \leqslant R_{\mathrm{B}}, \\ 0, & r > R_{\mathrm{B}}, \end{cases} \tag{5.3.1}$$

其中 R_{B} 是星体的半径，压强为

$$p : \begin{cases} \neq 0, & r < R_{\mathrm{B}}, \\ = 0, & r \geqslant R_{\mathrm{B}}, \end{cases} \tag{5.3.2}$$

质量函数为

$$\mathscr{M}(r) = \begin{cases} \dfrac{4}{3}\pi\rho r^3, & r < R_{\mathrm{B}}, \\[2mm] M = \dfrac{4}{3}\pi\rho R_{\mathrm{B}}^3, & r \geqslant R_{\mathrm{B}}. \end{cases} \tag{5.3.3}$$

5.3.1 牛顿引力中的均匀密度星

在牛顿引力中，均匀密度星的引力场场强为

$$\boldsymbol{E}_G = \begin{cases} -\dfrac{G\mathscr{M}(r)}{r^3}\boldsymbol{r} = -\dfrac{GM}{R_{\mathrm{B}}^3}\boldsymbol{r}, & r < R_{\mathrm{B}}, \\[3mm] -\dfrac{GM}{r^3}\boldsymbol{r}, & r \geqslant R_{\mathrm{B}}, \end{cases} \tag{5.3.4}$$

按引力势的定义

$$\phi = -\int_{\infty}^{r} \boldsymbol{E}_G \cdot \mathrm{d}\boldsymbol{r}, \tag{5.3.5}$$

可求出引力势

$$r \geqslant R_{\mathrm{B}}, \quad \phi = -\frac{GM}{r},$$

$$r < R_{\mathrm{B}}, \quad \phi = -\frac{GM}{R_{\mathrm{B}}} + \int_{R_{\mathrm{B}}}^{r} \frac{GM}{R_{\mathrm{B}}^3} r \mathrm{d}r = -\frac{GM}{R_{\mathrm{B}}} + \frac{GM}{2R_{\mathrm{B}}}\left(\frac{r^2}{R_{\mathrm{B}}^2} - 1\right)$$

$$= -\frac{3GM}{2R_{\mathrm{B}}} + \frac{GM}{2R_{\mathrm{B}}}\frac{r^2}{R_{\mathrm{B}}^2}, \tag{5.3.6}$$

由 (5.1.6) 式得压强满足

$$p' = -\frac{4}{3}\pi G\rho^2 r, \tag{5.3.7}$$

积分, 得

$$p = \begin{cases} \dfrac{2}{3}\pi G\rho^2\left(R_{\mathrm{B}}{}^2 - r^2\right), & r \leqslant R_{\mathrm{B}}, \\ 0, & r > R_{\mathrm{B}}. \end{cases} \tag{5.3.8}$$

5.3.2 广义相对论中的均匀密度星

在广义相对论中, 由 TOV 方程 (5.2.23) 知

$$p' = -\frac{4}{3}\pi G\rho^2 r\left(1 + \frac{p}{\rho}\right)\left(1 + \frac{3p}{\rho}\right)\left(1 - \frac{8}{3}\pi G\rho r^2\right)^{-1}, \tag{5.3.9}$$

即

$$\frac{3p'}{(\rho + p)(\rho + 3p)} = -4\pi Gr\left(1 - \frac{8}{3}\pi G\rho r^2\right)^{-1},$$

左边拆分后为

$$\frac{3}{2\rho}\left(\frac{3p'}{\rho + 3p} - \frac{p'}{\rho + p}\right) = -4\pi Gr\left(1 - \frac{8}{3}\pi G\rho r^2\right)^{-1}, \tag{5.3.10}$$

积分, 得[①]

$$\frac{p(r) + \rho}{3p(r) + \rho} = \left(\frac{1 - 8\pi G\rho R_{\mathrm{B}}{}^2/3}{1 - 8\pi G\rho r^2/3}\right)^{1/2}. \tag{5.3.11}$$

[①] 方程 (5.3.10) 两边对 r 积分, 得

$$\ln\frac{3p(r) + \rho}{p(r) + \rho} - \ln\frac{3p(R_{\mathrm{B}}) + \rho}{p(R_{\mathrm{B}}) + \rho} = -\frac{8}{3}\pi G\rho\int_{R_{\mathrm{B}}}^{r} r\left(1 - \frac{8}{3}\pi G\rho r^2\right)^{-1}\mathrm{d}r,$$

注意到 $p(R_{\mathrm{B}}) = 0$, 有

$$\ln\frac{3p(r) + \rho}{p(r) + \rho} = \frac{1}{2}\int_{R_{\mathrm{B}}}^{r}\left(1 - \frac{8}{3}\pi G\rho r^2\right)^{-1}\mathrm{d}\left(1 - \frac{8}{3}\pi G\rho r^2\right)$$

$$\Rightarrow \ln\frac{3p(r) + \rho}{p(r) + \rho} = \frac{1}{2}\ln\frac{1 - \dfrac{8}{3}\pi G\rho r^2}{1 - \dfrac{8}{3}\pi G\rho R_{\mathrm{B}}{}^2} \Rightarrow (5.3.11)\text{式}.$$

解出 p, 得[①]

$$p\left(r\right)=\frac{3M}{4\pi R_{\mathrm{B}}{}^{3}}\frac{\left(1-2GMr^{2}/R_{\mathrm{B}}{}^{3}\right)^{1/2}-\left(1-2GM/R_{\mathrm{B}}\right)^{1/2}}{3\left(1-2GM/R_{\mathrm{B}}\right)^{1/2}-\left(1-2GMr^{2}/R_{\mathrm{B}}{}^{3}\right)^{1/2}},\ r<R_{\mathrm{B}}. \quad (5.3.12)$$

当 $r<R_{\mathrm{B}}$ 时, 由 (5.2.12) 式得

$$\mathrm{e}^{2\mu}=\left(1-\frac{2GM}{R_{\mathrm{B}}}\frac{r^{2}}{R_{\mathrm{B}}{}^{2}}\right)^{-1}, \quad (5.3.13)$$

由 (5.2.24) 式得[②]

$$\mathrm{e}^{2\nu(r)}=\frac{1}{4}\left(3\left(1-\frac{2GM}{R_{\mathrm{B}}}\right)^{1/2}-\left(1-\frac{2GM}{R_{\mathrm{B}}}\frac{r^{2}}{R_{\mathrm{B}}{}^{2}}\right)^{1/2}\right)^{2}. \quad (5.3.14)$$

---

① (5.3.11) 式可改写为

$$\frac{1}{3}+\frac{2}{3}\frac{\rho}{3p\left(r\right)+\rho}=\left(\frac{1-8\pi G\rho R_{\mathrm{B}}{}^{2}/3}{1-8\pi G\rho r^{2}/3}\right)^{1/2},$$

所以, 有

$$\begin{aligned}p\left(r\right)&=\frac{2\rho}{3}\frac{1}{3\left(\frac{1-8\pi G\rho R_{\mathrm{B}}{}^{2}/3}{1-8\pi G\rho r^{2}/3}\right)^{1/2}-1}-\frac{1}{3}\rho\\&=\frac{\rho}{3}\left(\frac{2\left(1-8\pi G\rho r^{2}/3\right)^{1/2}}{3\left(1-8\pi G\rho R_{\mathrm{B}}{}^{2}/3\right)^{1/2}-\left(1-8\pi G\rho r^{2}/3\right)^{1/2}}-1\right)\\&=\rho\frac{\left(1-8\pi G\rho r^{2}/3\right)^{1/2}-\left(1-8\pi G\rho R_{\mathrm{B}}{}^{2}/3\right)^{1/2}}{3\left(1-8\pi G\rho R_{\mathrm{B}}{}^{2}/3\right)^{1/2}-\left(1-8\pi G\rho r^{2}/3\right)^{1/2}}=(5.3.12)\text{ 式}.\end{aligned}$$

② 因 ρ 是常数, 由 (5.2.24) 式得 $\nu'=-\frac{(p+\rho)'}{\rho+p}=-(\ln(p+\rho))'$。积分, 得 $\nu\left(r\right)-\nu\left(R_{\mathrm{B}}\right)=\ln\frac{p\left(R_{\mathrm{B}}\right)+\rho}{p\left(r\right)+\rho}=\ln\frac{\rho}{p\left(r\right)+\rho}$。所以, 有

$$\mathrm{e}^{2\nu(r)}=\mathrm{e}^{2\nu(R_{\mathrm{B}})}\left(\frac{\rho}{p\left(r\right)+\rho}\right)^{2}=\left(1-\frac{2GM}{R_{\mathrm{B}}}\right)\left(1+p\left(r\right)/\rho\right)^{-2},$$

由 (5.3.12) 式得

$$\begin{aligned}1+\frac{p\left(r\right)}{\rho}&=1+\frac{\left(1-\frac{2GM}{R_{\mathrm{B}}}\frac{r^{2}}{R_{\mathrm{B}}{}^{2}}\right)^{1/2}-\left(1-\frac{2GM}{R_{\mathrm{B}}}\right)^{1/2}}{3\left(1-\frac{2GM}{R_{\mathrm{B}}}\right)^{1/2}-\left(1-\frac{2GM}{R_{\mathrm{B}}}\frac{r^{2}}{R_{\mathrm{B}}{}^{2}}\right)^{1/2}}\\&=2\left(1-\frac{2GM}{R_{\mathrm{B}}}\right)^{1/2}\left[3\left(1-\frac{2GM}{R_{\mathrm{B}}}\right)^{1/2}-\left(1-\frac{2GM}{R_{\mathrm{B}}}\frac{r^{2}}{R_{\mathrm{B}}{}^{2}}\right)^{1/2}\right]^{-1},\end{aligned}$$

所以, 有 (5.3.14) 式。

小结

广义相对论中均匀密度星解的完整形式为

$$ds^2 = -\frac{1}{4}\left(3\left(1-\frac{2GM}{R_{\rm B}}\right)^{1/2} - \left(1-\frac{2GM}{R_{\rm B}}\frac{r^2}{R_{\rm B}{}^2}\right)^{1/2}\right)^2 dt^2$$

$$+ \left(1-\frac{2GM}{R_{\rm B}}\frac{r^2}{R_{\rm B}{}^2}\right)^{-1} dr^2 + r^2 d\Omega^2, \quad r \leqslant R_{\rm B},$$

$$ds^2 = -\left(1-\frac{2GM}{r}\right)dt^2 + \left(1-\frac{2GM}{r}\right)^{-1} dr^2 + r^2 d\Omega^2, \quad r > R_{\rm B},$$

$$\rho = \frac{3M}{4\pi R_{\rm B}{}^3}, \quad p(r) = \frac{3M}{4\pi R_{\rm B}{}^3}\frac{\left(1-\frac{2GM}{R_{\rm B}}\frac{r^2}{R_{\rm B}{}^2}\right)^{1/2} - \left(1-\frac{2GM}{R_{\rm B}}\right)^{1/2}}{3\left(1-\frac{2GM}{R_{\rm B}}\right)^{1/2} - \left(1-\frac{2GM}{R_{\rm B}}\frac{r^2}{R_{\rm B}{}^2}\right)^{1/2}}, \quad r \leqslant R_{\rm B},$$

$$\rho = p = 0, \quad r > R_{\rm B}.$$

5.3.3　广义相对论中的均匀密度星的弱场近似

当 $\dfrac{G\mathscr{M}(r)}{r} \ll 1, \dfrac{GM}{R_{\rm B}} \ll 1$ 时，$g_{00} = -{\rm e}^{2\nu}$ 的弱场展开为

$$g_{00} = \begin{cases} -\frac{1}{4}\left(3\left(1-\frac{2GM}{R_{\rm B}}\right)^{1/2} - \left(1-\frac{2GM}{R_{\rm B}}\frac{r^2}{R_{\rm B}{}^2}\right)^{1/2}\right)^2 \\ \approx -\left(1-\frac{3GM}{R_{\rm B}}+\frac{GM}{R_{\rm B}}\frac{r^2}{R_{\rm B}{}^2}\right), \\ -1+\frac{2GM}{r}, \end{cases} \tag{5.3.15}$$

由 (3.1.20) 式知

$$\phi = -\frac{1}{2}(1+g_{00}) \approx \begin{cases} -\frac{3GM}{2R_{\rm B}}+\frac{GM}{2R_{\rm B}}\frac{r^2}{R_{\rm B}{}^2}, & r < R_{\rm B}, \\ -\frac{GM}{r}, & r \geqslant R_{\rm B}. \end{cases} \tag{5.3.16}$$

(5.3.12) 式在弱场下展开为

$$p(r) = \frac{3M}{8\pi R_{\rm B}{}^3}\left(\frac{GM}{R_{\rm B}}-\frac{GM}{R_{\rm B}}\frac{r^2}{R_{\rm B}{}^2}\right) = \frac{2}{3}\pi G\rho^2\left(R_{\rm B}{}^2-r^2\right), \quad r < R_{\rm B}.$$

可见，在弱场近似下，广义相对论的均匀密度星的结果与牛顿引力的结果 (5.3.8) 式完全一致。

5.3.4 广义相对论中的均匀密度星的特性

当广义相对论效应不能忽略时，广义相对论的结果与牛顿引力的结果又有明显的不同。由 (5.3.12) 式知，当

$$9\left(1-\frac{2GM}{R_{\mathrm B}}\right)=1-\frac{2GM}{R_{\mathrm B}}\frac{r^2}{R_{\mathrm B}{}^2}, \tag{5.3.17}$$

即当

$$r^2=9R_{\mathrm B}{}^2-\frac{4R_{\mathrm B}{}^3}{GM}=:r_\infty^2 \tag{5.3.18}$$

时，压强发散，即

$$p\to\infty. \tag{5.3.19}$$

为使 p 不发散，须有

$$9R_{\mathrm B}{}^2<\frac{4R_{\mathrm B}{}^3}{GM}\Rightarrow R_{\mathrm B}>\frac{9}{4}GM>2GM. \tag{5.3.20}$$

满足这个条件的内、外解都无奇异性。换句话说，在广义相对论中，均匀密度星的半径有一个下限，不能太小，否则会出奇异性。在牛顿引力中是不会出现这种情况的。

这里给出的均匀密度星解是爱因斯坦引力场方程的、严格的、球对称内解，它是牛顿引力中均匀密度星的推广。在广义相对论中均匀密度星半径有下限 $R_{\mathrm B}>\dfrac{9}{4}GM$，表面引力势的绝对值有上限 $GM/R_{\mathrm B}<4/9$。来自均匀密度星表面发出光的最大红移是

$$z_{\max}=\sqrt{\frac{1}{-g_{00}\left(r_e\right)}}-1=\left(1-\frac{2GM}{R_{\mathrm B}}\right)^{-1/2}-1=\left(1-\frac{8}{9}\right)^{-1/2}-1=2. \tag{5.3.21}$$

一般的稳定星表面发出光的红移都有 $z\leqslant z_{\max}=2$。若要求星体内声速 $c_s=\sqrt{(\partial p/\partial\rho)_s}$ 小于光速，则红移会更小，$z\leqslant 0.615$。这说明，天文观测中发现的大量高红移 ($z>2$) 的天体，其红移必有其他原因。后面会进一步讨论。

5.4 多 层 球

为进一步了解广义相对论在星体结构中所起的作用，我们还是要先讨论非相对论情况。本节的多层球与 5.5 节的白矮星都属于牛顿星，即广义相对论效应可以忽略。

5.4.1　物态方程

设恒星内部的物态方程为

$$p = K\rho^{\gamma} \quad \text{或} \quad pV^{\gamma} = \text{const.}, \tag{5.4.1}$$

其中 p, ρ 和 V 分别是星体的压强、质 (能) 量密度和体积,

$$\gamma := \frac{C_p - C}{C_V - C}, \tag{5.4.2}$$

γ 为热力学中的多方指数；C_p 为等压热容；C_V 为等容热容；C 为常数；系数 K 是与 ρ, r 无关的常数, 它与每个核子的熵及流体的化学组成等有关。在 5.5 节和 5.6 节中讨论白矮星和中子星时将进一步看清这点。若星体的物态满足 (5.4.1) 式, 则该星称为多层球或多方球。

多方过程的物态方程还可以写成

$$\frac{1}{\gamma - 1} p \approx e_T = \rho - m_N n, \tag{5.4.3}$$

其中 e_T, m_N 和 n 分别是星体的热能密度、核子质量和核子数密度。

证明　记熵密度为 $s(r)$, 粒子数密度为 $n(r)$, 则 s/n 是每个粒子的熵, 称为比熵；ρ/n 是每个粒子的能量, 称为比能量；$1/n$ 是每个粒子的体积, 称为比体积。由热力学第一定律 (1.2.111) 式知, 在比熵保持不变的情况下,

$$\mathrm{d}\left(\frac{\rho}{n}\right) + p\,\mathrm{d}\left(\frac{1}{n}\right) = 0, \tag{5.4.4}$$

它可改写为

$$\left(\frac{1}{n}\right)\mathrm{d}\rho + (\rho + p)\,\mathrm{d}\left(\frac{1}{n}\right) = 0 \Rightarrow \mathrm{d}\ln n = \frac{\mathrm{d}\rho}{\rho + p}. \tag{5.4.5}$$

因为 (5.4.5) 式右边为

$$\begin{aligned}
\frac{\mathrm{d}\rho}{\rho + p} &= \frac{\gamma}{\gamma - 1}\frac{\mathrm{d}\rho}{\rho + p} - \frac{1}{\gamma - 1}\frac{\mathrm{d}\rho}{\rho + p} \\
&= \frac{\gamma}{\gamma - 1}\frac{1}{1 + K\rho^{\gamma - 1}}\frac{\mathrm{d}\rho}{\rho} - \frac{1}{\gamma - 1}\frac{\mathrm{d}\rho}{\rho + p} \\
&= \frac{\gamma}{\gamma - 1}\frac{\mathrm{d}\rho}{\rho} - \frac{\gamma}{\gamma - 1}\frac{K\rho^{\gamma - 1}}{1 + K\rho^{\gamma - 1}}\frac{\mathrm{d}\rho}{\rho} - \frac{1}{\gamma - 1}\frac{\mathrm{d}\rho}{\rho + p} \\
&= \frac{\gamma}{\gamma - 1}\frac{\mathrm{d}\rho}{\rho} - \frac{1}{\gamma - 1}\frac{\mathrm{d}p}{\rho + p} - \frac{1}{\gamma - 1}\frac{\mathrm{d}\rho}{\rho + p}
\end{aligned}$$

$$= \frac{\gamma}{\gamma - 1} \mathrm{d} \ln \rho - \frac{1}{\gamma - 1} \mathrm{d} \ln (\rho + p), \tag{5.4.6}$$

所以,

$$\mathrm{d} \ln n = \left(1 + \frac{1}{\gamma - 1}\right) \mathrm{d} \ln \rho - \frac{1}{\gamma - 1} \mathrm{d} \ln (\rho + p), \tag{5.4.7}$$

注意到核子质量是常数, (5.4.7) 式可改写为

$$\mathrm{d} \ln \rho - \mathrm{d} \ln (m_N n) = \frac{1}{\gamma - 1} \mathrm{d} \ln \left(1 + \frac{p}{\rho}\right) \approx \frac{1}{\gamma - 1} \mathrm{d} \frac{p}{\rho}. \tag{5.4.8}$$

最后一步用到在非相对论情况下, $p/\rho \ll 1$。(5.4.8) 式的左边为

$$\mathrm{d} \ln \frac{\rho}{m_N n} = \mathrm{d} \ln \frac{m_N n + e_T}{m_N n} \approx \mathrm{d} \frac{e_T}{m_N n}, \tag{5.4.9}$$

其中第一步用到

$$\rho = m_N n \left(1 + \frac{e_T}{m_N n}\right), \tag{5.4.10}$$

第二步用到在非相对论情况下, $\frac{e_T}{m_N n} \ll 1$。比较 (5.4.8) 和 (5.4.9) 式右边, 得

$$\frac{1}{\gamma - 1} p \approx e_T \left(1 + \frac{e_T}{m_N n}\right). \tag{5.4.11}$$

(5.4.11) 式的领头阶正是 (5.4.3) 式。

证毕。

5.4.2 平衡星体的解

为下面讨论方便, 我们需对方程 (5.1.6) 做无量纲化处理。为此, 定义一个具有长度量纲的参量

$$\alpha := \left(\frac{K\gamma}{4\pi G (\gamma - 1)} \rho^{\gamma - 2} (0)\right)^{1/2}, \tag{5.4.12}$$

其中 $\rho(0)$ 是星体的中心密度, 这是因为

$$[\alpha] = \left[\left(\frac{K\gamma}{4\pi G (\gamma - 1)} \rho^{\gamma - 2} (0)\right)^{1/2}\right] = \left[\frac{p}{G} \rho^{-2}\right]^{1/2}$$

$$[p] = MLT^{-2} \cdot L^{-2} = ML^{-1}T^{-2}, \quad [G] = LT^{-2} \cdot M^{-1}L^2 = M^{-1}L^3T^{-2},$$

$$[\rho] = M \cdot L^{-3} = ML^{-3},$$

$$[\alpha] = \left(\frac{ML^{-1}T^{-2}}{M^{-1}L^3T^{-2} \cdot M^2L^{-6}} \right)^{1/2} = \left(\frac{1}{L^{-2}} \right)^{1/2} = L.$$

引入无量纲变量

$$\xi := \frac{r}{\alpha}, \tag{5.4.13}$$

将密度函数 $\rho(r)$ 和压强函数 $p(r)$ 改写为

$$\rho(r) = \rho(0)\vartheta^n(\xi), \quad p(r) = K\rho^\gamma(r) = K\rho^{1+\frac{1}{n}}(0)\vartheta^{n+1}(\xi), \tag{5.4.14}$$

其中 $\vartheta(\xi)$ 是一个无量纲函数, $\vartheta^n(\xi)$ 是 $\vartheta(\xi)$ 的 n 次幂,

$$n := \frac{1}{\gamma - 1}. \tag{5.4.15}$$

(注意, 这里的 n 是与粒子数密度无关的常数。) 将 (5.4.12)~(5.4.15) 式代入欧拉方程 (5.1.6) (记住 (5.1.6) 式是 TOV 方程的牛顿近似。), 可将欧拉方程改写为[1]

$$\frac{1}{\xi^2}\frac{d}{d\xi}\left(\xi^2 \frac{d\vartheta}{d\xi} \right) + \vartheta^n = 0. \tag{5.4.16}$$

边界条件为

$$\vartheta(0) = 1, \quad \vartheta'(0) = 0. \tag{5.4.17}$$

(5.4.16) 式是指标为 n 的莱恩-埃姆登 (Lane-Emden) 方程, 其解称指标为 n 的莱恩-埃姆登函数。

可以证明, 当 $\gamma > 6/5$ 时, (5.4.16) 式存在满足边界条件 (5.4.17) 式的解, 且解存在 $0 < \xi_B < \infty$, 使得

$$\vartheta(\xi_B) = 0 \quad (\Leftrightarrow \rho(R_B) = 0). \tag{5.4.18}$$

---

[1] 欧拉方程 (5.1.6) 对 r 求导, 得

$$\frac{d}{dr}\left(\frac{r^2 p'}{\rho} \right) = -4\pi r^2 G\rho(r),$$

再利用物态方程 (5.4.1), 得

$$\left(r^2 \gamma K\rho^{\gamma-2}\rho' \right)' = -4\pi r^2 G\rho(r),$$

利用 (5.4.12)~(5.4.15) 式, 它可改写为

$$\frac{d}{dr}\left(r^2 n\gamma K\rho^{\gamma-1}(0)\vartheta^{\frac{\gamma-2}{\gamma-1}}\vartheta^{n-1}\vartheta' \right) = -4\pi r^2 G\rho(0)\vartheta^n \Rightarrow \frac{d}{d\xi}\left(\frac{\gamma K\rho^{\gamma-2}(0)}{4\pi G(\gamma-1)}\xi^2\frac{d\vartheta}{d\xi} \right) = -r^2\vartheta^n.$$

再次利用 (5.4.12) 和 (5.4.13) 式, 即得 (5.4.16) 式。

表 5.4.1 给出 γ 取不同值时, ξ_B 和 $-\xi_B{}^2\vartheta'(\xi_B)$ 的值。该解意味着, 存在半径

$$R_B = \left[\frac{K\gamma}{4\pi G(\gamma-1)}\right]^{1/2}\rho^{(\gamma-2)/2}(0)\,\xi_B, \qquad (5.4.19)$$

在 R_B 处星体的密度降为零, 即 R_B 就是星体的半径。由 (5.1.4) 式给出星体的总质量为

$$M = \int_0^{R_B} 4\pi r^2\rho(r)\,\mathrm{d}r = \int_0^{\xi_B} 4\pi\alpha^3\xi^2\rho(0)\vartheta^n(\xi)\,\mathrm{d}\xi = 4\pi\alpha^3\rho(0)\int_0^{\xi_B}\xi^2\vartheta^n(\xi)\,\mathrm{d}\xi$$

$$= 4\pi\rho^{(3\gamma-4)/2}(0)\left[\frac{K\gamma}{4\pi G(\gamma-1)}\right]^{3/2}\xi_B{}^2\left(-\frac{\mathrm{d}\vartheta}{\mathrm{d}\xi}\right)_{\xi_B}, \qquad (5.4.20)$$

其中最后一步用到莱恩-埃姆登方程 (5.4.16)。由 (5.4.19) 式得

$$\rho^{(3\gamma-4)/2}(0) = \left[\frac{K\gamma}{4\pi G(\gamma-1)}\right]^{-(3\gamma-4)/[2(\gamma-2)]}\left(\frac{R_B}{\xi_B}\right)^{(3\gamma-4)/(\gamma-2)}, \qquad (5.4.21)$$

所以, 星体总质量与星体半径的关系为

$$M = 4\pi R_B{}^{(3\gamma-4)/(\gamma-2)}\left[\frac{4\pi G(\gamma-1)}{K\gamma}\right]^{1/(\gamma-2)}\xi_B{}^{-(3\gamma-4)/(\gamma-2)}\xi_B{}^2\left(-\frac{\mathrm{d}\vartheta}{\mathrm{d}\xi}\right)_{\xi_B}. \qquad (5.4.22)$$

表 5.4.1 牛顿多层球的数值参数

γ	ξ_B	$-\xi_B{}^2\vartheta'(\xi_B)$	例子
6/5	∞	1.73205	
11/9	31.83646	1.73780	
5/4	14.97155	1.79723	
9/7	9.53581	1.89056	
4/3	6.89685	2.01824	质量最大的白矮星
7/5	5.35528	2.18720	
3/2	4.35287	2.41105	
5/3	3.65375	2.71406	小质量的白矮星
2	π	π	
3	2.7528	3.7871	
∞	$\sqrt{6}$	$2\sqrt{6}$	不可压缩的星

特别地, 当 $\gamma \to \infty$ 时,

$$M = 2\sqrt{\frac{3}{2\pi}}\rho^{(3\gamma-4)/2}(0)\left(\frac{K}{G}\right)^{3/2}, \qquad (5.4.23)$$

$$R_{\mathrm{B}} = \sqrt{\frac{3}{2\pi}} \rho^{(\gamma-2)/2}(0) \left(\frac{K}{G}\right)^{1/2}. \tag{5.4.24}$$

星体的平均密度为

$$\rho = \frac{M}{\frac{4\pi}{3}R_{\mathrm{B}}^3} = \frac{\rho^{(3\gamma-4)/2}(0)}{\rho^{3(\gamma-2)/2}(0)} = \rho(0), \tag{5.4.25}$$

即此星体可看作是均匀密度星, 密度就是中心密度。

5.4.3　多层球的内能

在牛顿近似下, 引力势能由 (5.1.9) 式给出, 它可改写为

$$V = -4\pi \int_0^{R_{\mathrm{B}}} \frac{G\mathscr{M}(r)}{r} \rho r^2 \mathrm{d}r = -\int_0^{R_{\mathrm{B}}} \frac{G\mathscr{M}(r)}{r} \mathrm{d}\mathscr{M}(r) = -\frac{G}{2} \int_0^{R_{\mathrm{B}}} \frac{1}{r} \mathrm{d}\mathscr{M}^2(r)$$

$$= -\frac{GM^2}{2R_{\mathrm{B}}} - \frac{G}{2} \int_0^{R_{\mathrm{B}}} \frac{\mathscr{M}^2(r)}{r^2} \mathrm{d}r$$

$$= \frac{1}{2} M\phi(R_{\mathrm{B}}) - \frac{1}{2} \int_0^{R_{\mathrm{B}}} \mathscr{M}(r) \left(\frac{G\mathscr{M}(r)}{r^2} \mathrm{d}r\right)$$

$$= \frac{1}{2} M\phi(R_{\mathrm{B}}) - \frac{1}{2} \int_0^{R_{\mathrm{B}}} \mathscr{M}(r) \mathrm{d}\phi(r) = \frac{1}{2} \int_0^{R_{\mathrm{B}}} \phi(r) \mathrm{d}\mathscr{M}(r), \tag{5.4.26}$$

其中第二个等号用到 (5.1.4) 式, 第四、第七个等号用了分部积分, 第五、第六个等号用了牛顿引力势

$$\phi(r) = \begin{cases} \displaystyle\int_\infty^r \frac{GM}{r^2} \mathrm{d}r = -\frac{GM}{r}, & r \geqslant R_{\mathrm{B}}, \\[2mm] \displaystyle\int_\infty^r \frac{G\mathscr{M}(r)}{r^2} \mathrm{d}r = \int_\infty^{R_{\mathrm{B}}} \frac{GM}{r^2} \mathrm{d}r + \int_{R_{\mathrm{B}}}^r \frac{G\mathscr{M}(r)}{r^2} \mathrm{d}r & \\[3mm] \qquad\qquad = -\frac{GM}{R_{\mathrm{B}}} - \int_r^{R_{\mathrm{B}}} \frac{G\mathscr{M}(r)}{r^2} \mathrm{d}r, & r < R_{\mathrm{B}}. \end{cases} \tag{5.4.27}$$

由 (5.1.9) 式及欧拉方程 (5.1.6) 知

$$V = -4\pi \int_0^{R_{\mathrm{B}}} r^3 \frac{\mathrm{d}p}{\mathrm{d}r} \mathrm{d}r = 4\pi \int_0^{R_{\mathrm{B}}} r^3 \mathrm{d}p = -12\pi \int_0^{R_{\mathrm{B}}} p r^2 \mathrm{d}r$$

$$= -3 \int_0^{R_{\mathrm{B}}} \frac{p}{\rho} (4\pi r^2 \rho) \mathrm{d}r = -3 \int_0^{R_{\mathrm{B}}} \frac{p}{\rho} \mathrm{d}\mathscr{M} = 3 \int_0^{R_{\mathrm{B}}} \mathscr{M} \mathrm{d}\frac{p}{\rho}, \tag{5.4.28}$$

其中第三、第六个等号用到分部积分及

$$\int_0^{R_B} \mathrm{d}\left(\mathscr{M}\frac{p}{\rho}\right) = M\frac{p(R_B)}{\rho(R_B)} - \mathscr{M}(0)\frac{p(0)}{\rho(0)} = 0, \qquad (5.4.29)$$

第五个等号用到 (5.1.4) 式。反复利用物态方程 (5.4.1)，知

$$\mathrm{d}\frac{p}{\rho} = \mathrm{d}\left(K\rho^{\gamma-1}\right) = (\gamma-1)K\rho^{\gamma-2}\frac{\mathrm{d}\rho}{\mathrm{d}r}\mathrm{d}r = (\gamma-1)\frac{K\rho^{\gamma-1}}{\rho}\frac{\mathrm{d}\rho}{\mathrm{d}r}\mathrm{d}r = \frac{\gamma-1}{\gamma}\frac{p'}{\rho}\mathrm{d}r. \qquad (5.4.30)$$

将 (5.4.30) 式代入 (5.4.28) 式，得

$$V = 3\int_0^{R_B}\mathscr{M}\frac{\gamma-1}{\gamma}\frac{p'}{\rho}\mathrm{d}r = -3\frac{\gamma-1}{\gamma}\int_0^{R_B}\frac{G\mathscr{M}^2}{r^2}\mathrm{d}r$$

$$= 3\frac{\gamma-1}{\gamma}\int_0^{R_B}G\mathscr{M}^2\mathrm{d}\frac{1}{r} = 3\frac{\gamma-1}{\gamma}\left(\frac{GM^2}{R_B} - \int_0^{R_B}G\frac{1}{r}\mathrm{d}\mathscr{M}^2\right)$$

$$= 3\frac{\gamma-1}{\gamma}\left(\frac{GM^2}{R_B} - 2\int_0^{R_B}4\pi Gr\mathscr{M}\rho\mathrm{d}r\right) = 3\frac{\gamma-1}{\gamma}\frac{GM^2}{R_B} + 6\frac{\gamma-1}{\gamma}V, \qquad (5.4.31)$$

其中已再次用到欧拉方程 (5.1.6) 并做分部积分。由 (5.4.31) 式解出 V，得

$$\left(1 - 6\frac{\gamma-1}{\gamma}\right)V = 3\frac{\gamma-1}{\gamma}\frac{GM^2}{R_B} \quad \Rightarrow \quad \frac{6-5\gamma}{\gamma}V = 3\frac{\gamma-1}{\gamma}\frac{GM^2}{R_B},$$

所以，对于多层球，引力势能为

$$V = -\frac{3(\gamma-1)}{5\gamma-6}\frac{GM^2}{R_B}. \qquad (5.4.32)$$

星体的热能 (动能) 为

$$E_T = 4\pi\int\left(\rho(r) - m_N n(r)\right)r^2\mathrm{d}r = 4\pi\int e_T(r)r^2\mathrm{d}r$$

$$= \frac{4\pi}{\gamma-1}\int p(r)r^2\mathrm{d}r = -\frac{1}{3}\frac{1}{\gamma-1}V, \qquad (5.4.33)$$

其中第三个等号用到物态方程 (5.4.3)，最后一个等号用到 (5.4.28) 式的第三个等号右边的表达式。所以，对于多层球，星体的热能为

$$E_T = \frac{1}{5\gamma-6}\frac{GM^2}{R_B}. \qquad (5.4.34)$$

星体总内能为

$$E = E_T + V = -\frac{3\gamma-4}{5\gamma-6}\frac{GM^2}{R_B}. \qquad (5.4.35)$$

5.4.4　多层球的稳定性

对于多层球，由 (5.4.19) 及 (5.4.20) 式知

$$R_{\mathrm{B}} \propto \rho^{(\gamma-2)/2}\,(0)\,, \quad M \propto \rho^{(3\gamma-4)/2}\,(0)\,, \tag{5.4.36}$$

所以，

$$\frac{M^2}{R_{\mathrm{B}}} \propto \rho^{3\gamma-4}\,(0)\,\rho^{-(\gamma-2)/2}\,(0) = \rho^{(5\gamma-6)/2}\,(0)\,. \tag{5.4.37}$$

将 (5.4.37) 式代入 (5.4.35) 式，得

$$E \propto -\frac{3\gamma-4}{5\gamma-6}\rho^{(5\gamma-6)/2}\,(0)\,, \tag{5.4.38}$$

由 (5.2.39) 和 (5.4.36) 式知

$$N \approx \frac{M}{m_N} \propto \rho^{(3\gamma-4)/2}\,(0)\,. \tag{5.4.39}$$

因为

$$\frac{\partial E}{\partial \rho\,(0)} \propto \frac{1}{2}\,(3\gamma-4)\,\rho^{(5\gamma-8)/2}\,(0) = 0 \Rightarrow \gamma = \frac{4}{3}, \tag{5.4.40}$$

$$\frac{\partial N}{\partial \rho\,(0)} \propto \frac{1}{2}\,(3\gamma-4)\,\rho^{(3\gamma-6)/2}\,(0) = 0 \Rightarrow \gamma = \frac{4}{3}, \tag{5.4.41}$$

由星体稳定性定理 1 知，当 γ 不是 4/3 时，对任何 $\rho(0)$ 值，多层球要么稳定，要么不稳定。不存在发生转换的 $\rho(0)$ 值。当 γ 是 4/3 时，总内能 E 恒为 0，与中心密度无关。此时，星体会由稳定转变为不稳定[①]。

在 5.2 节的最后已指明，在牛顿近似下，星体是否稳定由总内能 E 作为 $\rho(r)$ 的函数在粒子数 N(或质量 M) 保持不变的情况下是否取极大值来判定。由于

$$\rho\,(r) = \rho\,(0)\,\vartheta^n\,(\xi)\,, \tag{5.4.14}$$

$$\delta\rho\,(r) = \delta\rho\,(0)\,\vartheta^n\,(\xi) + \rho\,(0)\,\delta\vartheta^n\,(\xi)\,. \tag{5.4.42}$$

星体处于平衡态时，有

$$0 = \int \frac{\delta E}{\delta\rho\,(r)}\delta\rho\,(r)\mathrm{d}r = \frac{\partial E}{\partial\rho\,(0)}\delta\rho\,(0) + \int_0^{\xi_{\mathrm{B}}} \frac{\delta E}{\delta\vartheta\,(\xi)}\delta\vartheta\,(\xi)\,\mathrm{d}\xi, \tag{5.4.43}$$

---

① 这一结果与 S. Weinberg, *Gravitation and Cosmology* (John Wiley & Sons, Inc. 1972) 中的论述似不符 (英 p.312; 中 p.360)，Weinberg 认为，E 与 N 不可能同时取极值。

其中 $\vartheta\,(\xi)$ 满足莱恩-埃姆登方程, 变分在 $\vartheta\,(\xi)$ 和 $\dfrac{\mathrm{d}\vartheta}{\mathrm{d}\xi}$ 取固定边界值的条件下进行。

要确定是否是极大, 需要做二阶变分。一般的讨论二阶变分比较复杂, 为简单计, 我们考虑非相对论均匀密度星的均匀扰动。另外, 当 M 固定时, ρ 变化等价于 R_{B} 变化, 故 E 对 ρ 的极值问题可化为 E 对 R_{B} 的极值问题。

对于均匀密度星, 引力势能 (5.1.9) 式为

$$
\begin{aligned}
V &= -4\pi G \int_0^{R_{\mathrm{B}}} \mathscr{M}\,(r)\, r\rho\mathrm{d}r = -4\pi G \int_0^{R_{\mathrm{B}}} \left(\frac{4\pi}{3} r^3 \rho\right) r\rho\mathrm{d}r \\
&= -\frac{16\pi^2}{15} G\rho^2 R_{\mathrm{B}}{}^5 = -\frac{3}{5}\frac{GM^2}{R_{\mathrm{B}}},
\end{aligned}
\tag{5.4.44}
$$

星体的热能 (见 (5.4.33) 式最后一个等式的左边) 为

$$
\begin{aligned}
E_T &= \frac{4\pi}{\gamma-1} \int_0^{R_{\mathrm{B}}} pr^2\mathrm{d}r = \frac{4\pi K}{\gamma-1} \int_0^{R_{\mathrm{B}}} \rho^\gamma r^2 \mathrm{d}r = \frac{4\pi K}{3\,(\gamma-1)} \rho^\gamma R_{\mathrm{B}}{}^3 \\
&= \frac{K}{\gamma-1} \left(\frac{3}{4\pi}\right)^{\gamma-1} M^\gamma R_{\mathrm{B}}{}^{3-3\gamma},
\end{aligned}
\tag{5.4.45}
$$

星体的总内能为

$$
E = E_T+V = \frac{KM^\gamma}{\gamma-1} \left(\frac{3}{4\pi}\right)^{\gamma-1} R_{\mathrm{B}}{}^{3-3\gamma} - \frac{3}{5}G\frac{M^2}{R_{\mathrm{B}}} =: aR_{\mathrm{B}}{}^{3(1-\gamma)} - bR_{\mathrm{B}}{}^{-1},
\tag{5.4.46}
$$

其中

$$
a := \frac{KM^\gamma}{\gamma-1} \left(\frac{3}{4\pi}\right)^{\gamma-1}, \quad b := \frac{3}{5}GM^2.
\tag{5.4.47}
$$

星体的平衡条件为

$$
\frac{\mathrm{d}E}{\mathrm{d}R_{\mathrm{B}}} = 3\,(1-\gamma)\, aR_{\mathrm{B}}{}^{2-3\gamma} + bR_{\mathrm{B}}{}^{-2} = 0,
\tag{5.4.48}
$$

它给出平衡半径

$$
R_{\mathrm{B}}{}^{4-3\gamma} = -\frac{b}{3\,(1-\gamma)\, a}.
\tag{5.4.49}
$$

因为

$$
\begin{aligned}
\left.\frac{\mathrm{d}^2 E}{\mathrm{d}R_{\mathrm{B}}{}^2}\right|_{R_{\mathrm{B}}{}^{4-3\gamma}=-\frac{b}{3(1-\gamma)a}} &= 3\,(1-\gamma)\,(2-3\gamma)\, aR_{\mathrm{B}}{}^{1-3\gamma} - 2bR_{\mathrm{B}}{}^{-3}\big|_{R_{\mathrm{B}}{}^{4-3\gamma}=-\frac{b}{3(1-\gamma)a}} \\
&= -bR_{\mathrm{B}}{}^{-3}\,(4-3\gamma),
\end{aligned}
\tag{5.4.50}
$$

当 $\gamma > \dfrac{4}{3}$ 时，星体是稳定的，平衡态总内能 $E<0$。当 $\dfrac{6}{5}<\gamma<\dfrac{4}{3}$ 时，星体是不稳定的，平衡态总内能 $E>0$。把 $\gamma=\dfrac{4}{3}$ 同时代入 (5.4.35) 和 (5.4.46) 式，并比较知，此时 $a=b$，即

$$\frac{KM^{4/3}}{1/3}\left(\frac{3}{4\pi}\right)^{1/3}=\frac{3}{5}GM^2 \quad \Rightarrow \quad M=\left(\frac{5K}{G}\right)^{3/2}\left(\frac{3}{4\pi}\right)^{1/2}. \tag{5.4.51}$$

这时星体的质量与半径无关，且平衡态总内能 $E=0$，星体处于稳定与不稳定的转换点。

以上计算既用到部分多层球的结果，也用到均匀密度星的结果。需要说明的是，对于多层球 $p=K\rho^\gamma \Rightarrow \rho=(p/K)^{1/\gamma}$，若 p 不为常数，而 $\rho=$ 常数，则要求 $\gamma\to\infty$，即多层球与 $\rho=$ 常数只在 $\gamma\to\infty$ 时相容！这正是 (5.4.23)~(5.4.25) 式所讨论的情况。从多层球的势能表达式 (5.4.32) 和均匀密度星的势能表达式 (5.4.44) 的比较中也可看出这一点。

将均匀密度星与多层球进一步做一番比较是有益的。多层球与牛顿引力中的均匀密度星都是牛顿引力的球对称解，都满足欧拉方程 (5.1.6)，但对均匀密度星，它导致

$$p'=-\frac{4}{3}\pi G\rho^2 r \Rightarrow p=\frac{2}{3}\pi G\rho^2 R_B{}^2-\frac{2}{3}\pi G\rho^2 r^2>0, \tag{5.4.52}$$

它与 r 有关。当 r 很小时，后一项可以忽略，此时压强 p 也是常数了。换句话说，多方物态方程只可在 r 很小的区域近似成立 (p 和 ρ 都是常数)，但这会导致在计算多层球引力势能时所使用的 (5.4.31) 式不再成立。所以，对于均匀密度星的引力势能不能用多层球的引力势能公式 (5.4.32) 来计算。

小结

多层球的物态方程 $p=K\rho^\gamma$ 或在牛顿近似下 $\dfrac{1}{\gamma-1}p\approx e_K=\rho-m_N n$。

当采用无量纲变量时，星体的结构方程在牛顿近似下，可写成莱恩-埃姆登方程

$$\frac{1}{\xi^2}\frac{\mathrm{d}}{\mathrm{d}\xi}\left(\xi^2\frac{\mathrm{d}\vartheta}{\mathrm{d}\xi}\right)+\vartheta^n=0,$$

$$\vartheta(0)=1, \quad \vartheta(\xi_B)=0, \quad \vartheta'(0)=0.$$

质量与半径满足 $M\propto R_B{}^{(3\gamma-4)/(\gamma-2)}$。

当 $\gamma>4/3$ 时，星体是稳定的，当 $6/5<\gamma<4/3$ 时，星体是不稳定的，当 $\gamma=4/3$ 时，星体由稳定向不稳定转变。

5.5 白 矮 星

我们知道, 恒星 (例如太阳) 是因在其中的核聚变反应产生强大的辐射压支撑着星体不会因引力而坍缩, 但核聚变燃料总有用完的时刻, 当核聚变反应所产生的辐射压不足以抵抗引力时, 星体就会坍缩。坍缩的结局可能是白矮星 (white dwarf)、中子星 (neutron star)、黑洞 (black hole) 等, 或许还可能形成夸克星。白矮星是由星体中电子简并压支撑的星体, 中子星是由中子简并压支撑的星体, 夸克星是由夸克简并压支撑的星体, 黑洞则是没有任何力量能够抵抗引力坍缩而形成的天体。本节与 5.6 节分别讨论白矮星和中子星, 第 6 章将集中介绍黑洞。

5.5.1 电子简并压

电子简并压是电子作为费米子所具有的特殊性质, 它与引力无关。

5.5.1.1 费米面

考虑在平直时空中由核子与电子组成的电中性系统, 在这种系统中电子不再被束缚在原子核周围形成原子, 而是在整个系统中自由运动。这种系统最现实的例子就是白矮星。设平直空间采用笛卡儿坐标 x^1, x^2, x^3, 它们与共轭动量 k_1, k_2, k_3 一起张成平直空间上的相空间。电子作为费米子, 满足 Pauli 不相容原理, 即在费米子组成的系统中, 不能有两个或两个以上的粒子处于完全相同的状态。不考虑自旋时, 每个状态在相空间中所占相体积为

$$h^3 = (2\pi\hbar)^3, \tag{5.5.1}$$

在单位体积内, 动量大小在 $k \sim k+\mathrm{d}k$ 范围内, 有 $\dfrac{4\pi k^2 \mathrm{d}k}{(2\pi\hbar)^3}$ 个不同的状态。当系统温度 $T \to 0$ 时, 为使系统能量最小, 费米子将从最低能级开始填充, 填满最低能级, 再填高一级能级, 直到所有费米子都落座。当电子气体处于这种状态时, 称为简并电子气体。

费米面是零温时费米子最高占据能级的等能面, 是电子占据态与非占据态的分界面。记电子费米面动量为 k_F, 费米球 (动量空间的球) 内电子数密度为

$$n_e = \frac{2 \times 4\pi}{(2\pi\hbar)^3} \int_0^{k_\mathrm{F}} k^2 \mathrm{d}k = \frac{k_\mathrm{F}^3}{3\pi^2\hbar^3}, \tag{5.5.2}$$

这里的数密度是指坐标空间的密度, 因子 2 的出现是因为电子是自旋为 1/2 的粒子, 可有自旋向上与自旋向下两个不同的状态。记

$$\mu_{N/e} := \frac{核子数}{电子数}. \tag{5.5.3}$$

核子与电子组成的系统的质量密度为

$$\rho \approx n_e m_N \mu_{N/e}, \tag{5.5.4}$$

其中 m_N 是核子质量。(5.5.4) 式是一个很好的近似，因为核子的热能及电子的能量可以忽略不计，结合能相比静能也可忽略。这也就意味着不考虑引力。于是，

$$k_{\mathrm{F}} = \hbar \left(\frac{3\pi^2 \rho}{m_N \mu_{N/e}} \right)^{1/3}. \tag{5.5.5}$$

具有费米动量的电子的能量为 $\left(k_{\mathrm{F}}^2 + m_e^2 \right)^{1/2}$，其中 m_e 是电子的质量。显然，具有费米动量的电子的动能

$$\left(k_{\mathrm{F}}^2 + m_e^2 \right)^{1/2} - m_e > 0. \tag{5.5.6}$$

在一个由质点组成的热力学系统中，$k_{\mathrm{B}} T$ 是粒子的平均平动能，其中 k_{B} 是玻尔兹曼常量。当

$$k_{\mathrm{B}} T \ll \left(k_{\mathrm{F}}^2 + m_e^2 \right)^{1/2} - m_e \tag{5.5.7}$$

时，电子简并气体的温度可以忽略不计，即可认为系统温度趋于零。简并电子气体的动能 (热能) 密度为

$$e_T = \frac{8\pi}{(2\pi\hbar)^3} \int_0^{k_{\mathrm{F}}} \left[\left(k^2 + m_e^2 \right)^{1/2} - m_e \right] k^2 \mathrm{d}k. \tag{5.5.8}$$

5.5.1.2　电子简并压

费米球内电子的压强可用如下方法计算。

设单个电子的动量为 $\boldsymbol{k}$，单个电子的能量为 $\left(\boldsymbol{k}^2 + m_e{}^2 \right)^{1/2}$。注意到，在狭义相对论中，

$$\boldsymbol{p} = m_m \boldsymbol{v} = \frac{E}{c^2} \boldsymbol{v}, \tag{5.5.9}$$

其中 m_m 是粒子的运动质量，由此得

$$\boldsymbol{v} = \frac{\boldsymbol{p} c^2}{E}. \tag{5.5.10}$$

所以，在 $c = 1$ 的单位制下上述电子的速度为

$$\boldsymbol{v} = \frac{\boldsymbol{k}}{\left(\boldsymbol{k}^2 + m_e{}^2 \right)^{1/2}}. \tag{5.5.11}$$

如图 5.5.1 所示,单个电子碰撞一次的动量转移为 $2\boldsymbol{k}\cdot\boldsymbol{n}$,其中 $\boldsymbol{n}$ 是碰撞面的法矢。Δt 时间内动量为 $\boldsymbol{k}$ 的电子碰到 ΔA 面积的动量转移为 $2\left(\boldsymbol{k}\cdot\boldsymbol{n}\right)\left(\boldsymbol{n}\cdot\boldsymbol{v}\Delta t\Delta A\right)n_e\left(\boldsymbol{k}\right)$。上述电子施加于 ΔA 的力为

$$\frac{2\left(\boldsymbol{k}\cdot\boldsymbol{n}\right)\left(\boldsymbol{n}\cdot\boldsymbol{v}\Delta t\Delta A\right)}{\Delta t}n_e\left(k\right)=2\left(\boldsymbol{k}\cdot\boldsymbol{n}\right)\left(\boldsymbol{n}\cdot\boldsymbol{v}\Delta A\right)n_e\left(k\right), \tag{5.5.12}$$

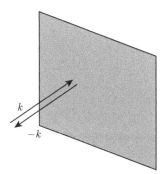

图 5.5.1 电子与 "壁" 的弹性碰撞

动量为 $\boldsymbol{k}$ 的电子对 ΔA 的压强为

$$\frac{2\left(\boldsymbol{k}\cdot\boldsymbol{n}\right)\left(\boldsymbol{n}\cdot\boldsymbol{v}\Delta A\right)}{\Delta A}n_e\left(\boldsymbol{k}\right)=\frac{2\left(\boldsymbol{k}\cdot\boldsymbol{n}\right)^2}{\left(\boldsymbol{k}^2+m_e{}^2\right)^{1/2}}n_e\left(\boldsymbol{k}\right). \tag{5.5.13}$$

考虑到在动量空间电子动量分布是各向同性的,在动量大小不变的情况下对各方向求平均只需对 (5.5.13) 式右边分子 $k_ik_jn^in^j$ 求平均。利用 (4.3.36) 式得到动量大小为 k 的所有电子对 ΔA 的压强为

$$\frac{1}{2}\frac{1}{3}\frac{2\boldsymbol{k}^2n_e\left(k\right)}{\left(\boldsymbol{k}^2+m_e{}^2\right)^{1/2}}=\frac{k^2n_e\left(k\right)}{3\left(\boldsymbol{k}^2+m_e{}^2\right)^{1/2}}, \tag{5.5.14}$$

(5.5.14) 式左边的因子 $1/2$ 的出现是因为所有动量大小为 k 的电子中有一半的初始运动方向远离 "壁",对压强没有贡献,因子 $1/3$ 源自 (4.3.36) 式,这里的 $n_e(k)$ 是动量大小为 k 的电子的数密度。动量大小为 $k\sim k+\mathrm{d}k$ 的电子对 ΔA 的压强是

$$\frac{k^2}{3\left(k^2+m_e{}^2\right)^{1/2}}\ \frac{8\pi}{\left(2\pi\hbar\right)^3}k^2\mathrm{d}k=\frac{8\pi}{3\left(2\pi\hbar\right)^3}\frac{k^2}{\left(k^2+m_e{}^2\right)^{1/2}}k^2\mathrm{d}k. \tag{5.5.15}$$

对费米球内可能动量积分就给出压强 p:

$$p=\frac{8\pi}{3\left(2\pi\hbar\right)^3}\int_0^{k_{\mathrm{F}}}\frac{k^2}{\left(k^2+m_e{}^2\right)^{1/2}}k^2\mathrm{d}k. \tag{5.5.16}$$

这就是简并电子气体的简并压。

5.5.2   白矮星的物态方程

无论是在牛顿引力中决定球对称星体的方程组 ((5.1.4) 式、(5.1.6)~ (5.1.8) 式) 中, 还是在广义相对论中决定球对称星体的方程组 ((2.10.45)、(5.1.4)、(5.1.8)、(5.2.12)、(5.2.23)、(5.2.24) 式) 中, 物态方程 (5.1.8) 都只涉及物质自身的性质, 与引力无关。

为求白矮星的物态方程, 对 (5.1.16) 式积分, 得

$$p = \frac{\pi m_e{}^4}{(2\pi\hbar)^3} \left\{ \text{arc sinh} \frac{k_F}{m_e} - \frac{k_F}{m_e} \left[1 - \frac{2}{3} \left(\frac{k_F}{m_e} \right)^2 \right] \left[1 + \left(\frac{k_F}{m_e} \right)^2 \right]^{1/2} \right\}, \quad (5.5.17)$$

再将 (5.5.5) 式代入, 即得物态方程。

物态方程 (5.5.17)、(5.5.5) 比较复杂。为进一步讨论方便, 我们定义白矮星的临界密度。考虑费米动量的大小恰好等于电子的质量 (在 $c = 1$ 的单位制中), 即

$$k_F = m_e, \tag{5.5.18}$$

由 (5.5.2) 式知, 这时电子数密度为

$$n_e \left(k_F = m_e \right) = \frac{m_e^3}{3\pi^2\hbar^3}. \tag{5.5.19}$$

由 (5.5.4)、(5.5.2) 及 (5.5.19) 式知, 这时白矮星的质量密度为

$$\rho \left(k_F = m_e \right) = \frac{m_N \mu_{N/e} m_e^3}{3\pi^2\hbar^3} =: \rho_c, \tag{5.5.20}$$

称为白矮星的临界密度。将 m_N、$\mu_{N/e}$、m_e、c、$\hbar$ 的值代入, 得

$$\rho_c = 0.98 \times 10^9 \mu_{N/e} \quad (\text{kg/m}^3). \tag{5.5.21}$$

这个密度约为水密度的 200 万倍。临界费米动量定义温度

$$\frac{(k_F^2 + m_e^2)^{1/2} - m_e}{k_B} = \frac{0.414 m_e}{k_B} = 2.455 \times 10^9 \text{K}. \tag{5.5.22}$$

由 (5.5.7) 式知, 温度只要远低于 2.455×10^9K(尽管这个温度远高于太阳中心的温度), 具有临界密度的白矮星就可看作零温系统。

我们现在来看两个极端情况。

(1) $\rho \ll \rho_c \Leftrightarrow k_F \ll m_e$, 这是非相对论 (NR) 极限。由 (5.5.4) 和 (5.5.2) 式知, 在非相对论极限下, 星体的质量密度为

$$\rho = n_e m_N \mu_{N/e} = \frac{m_N \mu_{N/e} k_F^3}{3\pi^2\hbar^3}, \tag{5.5.23}$$

由 (5.5.16) 式知，这时的电子简并压近似为

$$p \approx \frac{8\pi}{3(2\pi\hbar)^3} \int_0^{k_{\mathrm{F}}} \frac{k^2}{m_e} k^2 \mathrm{d}k = \frac{k_{\mathrm{F}}^5}{15\pi^2\hbar^3 m_e} = \frac{\hbar^2}{15\pi^2 m_e} \left(\frac{3\pi^2}{m_N \mu_{N/e}}\right)^{5/3} \rho^{5/3}.$$

$$(5.5.24)$$

(在 (5.5.17) 式中取 $k_{\mathrm{F}} \ll m_e$ 近似，同样可得这一结果。) 比较多方过程的物态方程 (5.4.1) 知，这时的物态方程近似为多方过程的物态方程，多方指数为

$$\gamma = \frac{5}{3},\qquad (5.5.25)$$

比例系数为

$$K = \frac{\hbar^2}{15\pi^2 m_e} \left(\frac{3\pi^2}{m_N \mu_{N/e}}\right)^{5/3}.\qquad (5.5.26)$$

顺便说一句，如果 $k_{\mathrm{F}} = \frac{1}{5} m_e$,

$$\frac{(1 + k_{\mathrm{F}}^2/m_e^2)^{1/2} m_e - m_e}{k_{\mathrm{B}}} = \frac{k_{\mathrm{F}}^2}{2 m_e k_{\mathrm{B}}} \xrightarrow{k_{\mathrm{F}} = \frac{1}{5} m_e} \frac{m_e}{50 k_{\mathrm{B}}} = 1.186 \times 10^8 \mathrm{K}, \quad (5.5.27)$$

作为零温系统的非相对论白矮星的温度仍可能相当高。

(2) $\rho \gg \rho_c \Leftrightarrow k_{\mathrm{F}} \gg m_e$，这是极端 (狭义) 相对论的情况。由 (5.5.4) 和 (5.5.2) 式知，在极端相对论 (ER) 极限下，星体的质量密度仍由 (5.5.23) 式给出。由 (5.5.16) 式知，这时的电子简并压近似为

$$p \approx \frac{8\pi}{3(2\pi\hbar)^3} \int_0^{k_{\mathrm{F}}} k^3 \mathrm{d}k = \frac{k_{\mathrm{F}}^4}{12\pi^2\hbar^3} = \frac{\hbar}{12\pi^2} \left(\frac{3\pi^2}{m_N \mu_{N/e}}\right)^{4/3} \rho^{4/3}.\qquad (5.5.28)$$

(再一次，在 $k_{\mathrm{F}} \gg m_e$ 时，(5.5.17) 式也给出这一结果。) 比较多方过程的物态方程 (5.4.1) 知，这时的物态方程也近似为多方过程的物态方程，多方指数为

$$\gamma = \frac{4}{3},\qquad (5.5.29)$$

比例系数为

$$K = \frac{\hbar}{12\pi^2} \left(\frac{3\pi^2}{m_N \mu_{N/e}}\right)^{4/3}.\qquad (5.5.30)$$

极端相对论的白矮星的温度可高达 $10^9\mathrm{K}$。

5.5.3 白矮星的质量与半径

在非相对论极限和极端相对论极限下，白矮星的物态方程都是多方球的形式。于是，我们可以将 5.4 节中关于多层球的讨论用于白矮星。

对于非相对论极限，将 (5.4.1)、(5.5.25)、(5.5.26) 式代入 (5.4.20) 式，得到白矮星的质量

$$
\begin{aligned}
M_{\mathrm{WD}} &= 4\pi \left(\frac{\rho(0)}{\rho_c}\right)^{1/2} \rho_c^{1/2} \left(\frac{\hbar^2}{24\pi^3 G m_e}\right)^{3/2} \left(\frac{3\pi^2}{m_N \mu_{N/e}}\right)^{5/2} \xi_{\mathrm{B}}{}^2 \left(-\frac{\mathrm{d}\vartheta}{\mathrm{d}\xi}\right)_{\xi_{\mathrm{B}}} \\
&= \frac{1}{2}\left(\frac{3\pi}{8}\right)^{1/2} \xi_{\mathrm{B}}{}^2 \left(-\frac{\mathrm{d}\vartheta}{\mathrm{d}\xi}\right)_{\xi_{\mathrm{B}}} \frac{\hbar^{3/2}}{m_N{}^2 \mu_{N/e}{}^2 G^{3/2}} \left(\frac{\rho(0)}{\rho_c}\right)^{1/2} \\
&= \frac{1}{2}\left(\frac{3\pi}{8}\right)^{1/2} (2.71406) \frac{\hbar^{3/2} c^{3/2}}{m_N{}^2 \mu_{N/e}{}^2 G^{3/2}} \left(\frac{\rho(0)}{\rho_c}\right)^{1/2} \\
&= 2.74 \left(\mu_{N/e}\right)^{-2} \left(\frac{\rho(0)}{\rho_c}\right)^{1/2} M_\odot,
\end{aligned}
\tag{5.5.31}
$$

其中在第三步中，将牛顿多层球的数值参数表 (表 5.4.1) 中的 $\xi_{\mathrm{B}}^2 \left(-\dfrac{\mathrm{d}\vartheta}{\mathrm{d}\xi}\right)_{\xi_{\mathrm{B}}}$ 值代入，并把光速 c 补上了，最后一步是将质量以太阳质量为单位表示出来。由 (5.5.31) 式易见，在非相对论极限下白矮星质量随中心密度的增加而增加。将 (5.4.1)、(5.5.25)、(5.5.26) 式代入 (5.4.19) 式，就得到白矮星的半径

$$
\begin{aligned}
R_{\mathrm{WD}} &= \left(\frac{5}{8\pi G}\right)^{1/2} \left[\frac{\hbar^2}{15\pi^2 m_e}\left(\frac{3\pi^2}{m_N \mu_{N/e}}\right)^{5/3}\right]^{1/2} \rho_c{}^{-1/6}\left(\frac{\rho_c}{\rho(0)}\right)^{1/6} \xi_{\mathrm{B}} \\
&= \left(\frac{3\pi}{8}\right)^{1/2} \xi_{\mathrm{B}} \left(\frac{\hbar^{3/2}}{G^{1/2} m_e m_N \mu_{N/e}}\right) \left(\frac{\rho_c}{\rho(0)}\right)^{1/6} \\
&= \left(\frac{3\pi}{8}\right)^{1/2} (3.65375) \left(\frac{\hbar^{3/2}}{c^{1/2} G^{1/2} m_e m_N \mu_{N/e}}\right) \left(\frac{\rho_c}{\rho(0)}\right)^{1/6} \\
&= 2.0 \times 10^4 \left(\mu_{N/e}\right)^{-1} \left(\frac{\rho_c}{\rho(0)}\right)^{1/6} \mathrm{km},
\end{aligned}
\tag{5.5.32}
$$

其中在第三步中，还是将牛顿多层球的数值参数表 (表 5.4.1) 中的 ξ_{B} 值代入，并把光速 c 补上了，最后一步采用更实用的形式。由 (5.5.32) 式易见，在非相对论极限下白矮星的半径随中心密度的增加而减小。

由 (5.4.32)、(5.4.34) 和 (5.4.35) 式得非相对论极限下白矮星的引力势能、热能和总内能分别为

$$
V \approx -\frac{6}{7}\frac{G M_{\mathrm{WD}}{}^2}{R_{\mathrm{WD}}}
$$

$$\left(=-2.24 \times 10^2 \left(\mu_{N/e}\right)^{-3} \left(\frac{\rho(0)}{\rho_c}\right)^{7/6} \frac{G M_\odot{}^2}{R_\odot}, R_\odot = 6.96 \times 10^5 \mathrm{km}\right), \quad (5.5.33)$$

$$E_T \approx \frac{3}{7} \frac{G M_{\mathrm{WD}}{}^2}{R_{\mathrm{WD}}}, \tag{5.5.34}$$

$$E \approx -\frac{3}{7} \frac{G M_{\mathrm{WD}}{}^2}{R_{\mathrm{WD}}}. \tag{5.5.35}$$

对于氢原子, $\mu_{N/e} = 1$。当氢聚变成氦后, $\mu_{N/e} = 2$。恒星中氢基本耗尽时, $\mu_{N/e} \approx 2$, 故

$$2.74 \left(\mu_{N/e}\right)^{-2} < 1. \tag{5.5.36}$$

另一方面, 对于非相对论极限, $\rho \ll \rho_c$。所以, 由 (5.5.31) 式知, 非相对论极限下白矮星的质量总是小于一个太阳质量, 即

$$M_{\mathrm{WD}} < M_\odot. \tag{5.5.37}$$

最后, 由 (5.5.31) 和 (5.5.32) 式, 得

$$M_{\mathrm{WD}} R_{\mathrm{WD}}{}^3 = \mathrm{const.} \Rightarrow M_{\mathrm{WD}} \propto R_{\mathrm{WD}}{}^{-3}, \tag{5.5.38}$$

即非相对论极限的白矮星随着质量的增加, 其半径不断减小。

对于极端相对论极限, 将 (5.4.1)、(5.5.29)、(5.5.30) 式代入 (5.4.20) 式, 得到白矮星的质量[①]

$$
\begin{aligned}
M_{\mathrm{WD}} &= 4\pi \left(\frac{\hbar}{12\pi^3 G}\right)^{3/2} \left(\frac{3\pi^2}{m_N \mu_{N/e}}\right)^2 \xi_{\mathrm{B}}{}^2 \left(-\frac{\mathrm{d}\vartheta}{\mathrm{d}\xi}\right)_{\xi_{\mathrm{B}}} \\
&= \frac{1}{2} (3\pi)^{1/2} \xi_{\mathrm{B}}{}^2 \left(-\frac{\mathrm{d}\vartheta}{\mathrm{d}\xi}\right)_{\xi_{\mathrm{B}}} \left(\frac{\hbar^{3/2}}{G^{3/2} m_N{}^2 \mu_{N/e}{}^2}\right) \\
&= \frac{1}{2} (3\pi)^{1/2} (2.01824) \frac{\hbar^{3/2} c^{3/2}}{G^{3/2} m_N{}^2 \mu_{N/e}{}^2} = 5.76 \left(\mu_{N/e}\right)^{-2} M_\odot. \quad (5.5.39)
\end{aligned}
$$

---

① 此处的数值与 S. Weinberg, *Gravitation & Cosmology* 中的 (11.3.49) 式有出入。(5.5.39) 式最后一步中用到 $\hbar = 1.055 \times 10^{-34} \mathrm{J \cdot s}$, $c = 2.998 \times 10^8 \mathrm{m/s}$, $G = 6.673 \times 10^{-11} \mathrm{N \cdot m^2/kg^2}$, $m_N = 1.67 \times 10^{-27} \mathrm{kg}$, $M_\odot = 1.989 \times 10^{30} \mathrm{kg}$,

$$
\begin{aligned}
&\frac{1}{2} (3\pi)^{1/2} (2.01824) \frac{\hbar^{3/2} c^{3/2}}{G^{3/2} m_N{}^2 \mu_{N/e}{}^2} \\
&= \frac{(3\pi)^{1/2}}{2} (2.01824) \frac{(1.055 \times 10^{-34})^{3/2} \times (2.998 \times 10^8)^{3/2}}{(6.673 \times 10^{-11})^{3/2} \times (1.67 \times 10^{-27})^2} \frac{1}{1.989 \times 10^{30}} \frac{M_\odot}{\mu_{N/e}{}^2} \\
&= 5.76 \left(\mu_{N/e}\right)^{-2} M_\odot.
\end{aligned}
$$

由 (5.5.39) 式易见, 极端相对论极限的白矮星之质量与中心密度无关。这个质量称为钱德拉塞卡 (S. Chandrasekhar) 极限[①], 它是白矮星的最大质量。

对于由铁组成的稳定白矮星,

$$\mu_{N/e} = \frac{56}{26}, \qquad M_{\rm Ch} \approx 1.24 M_{\odot}, \tag{5.5.40}$$

对由氦 (或碳、氧) 组成的稳定白矮星,

$$\mu_{N/e} = 2, \qquad M_{\rm Ch} \approx 1.44 M_{\odot}. \tag{5.5.41}$$

白矮星到底由什么元素组成, 由引力坍缩前星体质量的大小决定。太阳在核燃料用完后, 引力坍缩会给出由氦组成的白矮星。当 $k_{\rm F} \approx 5 m_e$ 时, 核中质子就会俘获电子成为中子, 使电子减少, 导致 $\mu_{N/e}$ 增加, $M_{\rm Ch}$ 下降。故实际的 $M_{\rm Ch}$ 比上述值要低一点。

1983 年, 钱德拉塞卡 (图 5.5.2) 因对恒星结构和演变有重要意义的物理过程的理论研究, 与 W. A. Fowler (图 5.5.3, 对宇宙中化学元素的形成有重要意义的核反应的理论和实验研究) 一起获得诺贝尔物理学奖。

图 5.5.2　钱德拉塞卡 (1911—1995)

图 5.5.3　W. A. Fowler(1910—1995)

将 (5.4.1)、(5.5.29)、(5.5.30) 式代入 (5.4.19) 式, 就得到极端相对论极限的白矮星的半径

$$R_{\rm WD} = \left(\frac{1}{\pi G}\right)^{1/2} \left[\frac{\hbar}{12\pi^2}\left(\frac{3\pi^2}{m_N \mu_{N/e}}\right)^{4/3}\right]^{1/2} \rho_c^{-1/3}\left(\frac{\rho_c}{\rho(0)}\right)^{1/3} \xi_{\rm B}$$

① 1929 年, 18 岁的钱德拉塞卡便开始这项研究, 并于 1930 年在前往英国求学的船上算出结果, 文章发表于 1931 年, 后进一步完善。见 Chandrasekhar S. The maximum mass of ideal white dwarfs. AP J., 1931, 74: 81-82; The highly collapsed configurations of a stellar mass. Mon. Not. Royal Astron. Soc., 1931, 91: 456-466; 1935, 95: 207-225.

$$
= \frac{1}{2}(3\pi)^{1/2}\,\xi_{\mathrm B}\left(\frac{\hbar^{3/2}}{G^{1/2}m_e m_N \mu_{N/e}}\right)\left(\frac{\rho_c}{\rho(0)}\right)^{1/3}
$$

$$
= \frac{1}{2}(3\pi)^{1/2}(6.89685)\left(\frac{\hbar^{3/2}}{c^{1/2}G^{1/2}m_e m_N \mu_{N/e}}\right)\left(\frac{\rho_c}{\rho(0)}\right)^{1/3}
$$

$$
= 5.33\times 10^4\,(\mu_{N/e})^{-1}\,\left(\frac{\rho_c}{\rho(0)}\right)^{1/3}\,\mathrm{km}. \tag{5.5.42}
$$

由 (5.5.42) 式易见, 与非相对论极限的白矮星相比, 极端相对论极限的白矮星之半径随中心密度增加更快地减小。

5.5.4 白矮星的广义相对论修正

对于非相对论极限的白矮星 $(\rho \ll \rho_c\;(k_{\mathrm F} \ll m_e))$,

$$
\frac{GM_{\mathrm{WD}}}{R_{\mathrm{WD}}} = \frac{1}{2}\left(\frac{2.71406}{3.65375}\right)\mu_{N/e}{}^{-1}\left(\frac{m_e}{m_N}\right)\left(\frac{\rho(0)}{\rho_c}\right)^{2/3}. \tag{5.5.43}
$$

对于极端相对论极限 $(\rho \gg \rho_c(k_{\mathrm F} \gg m_e))$ 的白矮星

$$
\frac{GM_{\mathrm{WD}}}{R_{\mathrm{WD}}} = \left(\frac{2.01824}{6.89685}\right)\mu_{N/e}{}^{-1}\left(\frac{m_e}{m_N}\right)\left(\frac{\rho(0)}{\rho_c}\right)^{1/3}. \tag{5.5.44}
$$

由于 $\dfrac{m_e}{m_N} \sim 5.4\times 10^{-4}$, 无论是哪种白矮星,

$$
\frac{GM_{\mathrm{WD}}}{R_{\mathrm{WD}}} \sim 10^{-5} \sim 10^{-4}. \tag{5.5.45}
$$

它虽比太阳的值大 1~2 个量级, 但仍很小, 即广义相对论效应仍很有限, 在很多讨论中完全可以忽略广义相对论效应。

小结

白矮星由电子简并压平衡引力。

白矮星质量存在上限——钱德拉塞卡极限, 约为 1.24~1.44 倍太阳质量 (实际还要更小些), 半径约为 4×10^3km, 不到太阳半径的百分之一。

在白矮星附近, 广义相对论的修正仍很小, 可以忽略。

白矮星一般的物态方程较复杂, 但两个极端情况的物态方程很简单:

(1) $\rho \ll \rho_c\;(k_{\mathrm F} \ll m_e), p \propto \rho^{5/3}$;

(2) $\rho \gg \rho_c\;(k_{\mathrm F} \gg m_e), p \propto \rho^{4/3}$.

5.6　中　子　星

当所有电子都被质子俘获，使得核子都变成中子，形成中子气。这种由中子气组成的星体就是中子星。

5.6.1　中子简并压与物态方程

相空间的性质决定了，在单位体积内，动量大小在 $k \sim k+\mathrm{d}k$ 范围内，仍有 $\dfrac{4\pi k^2 \mathrm{d}k}{(2\pi\hbar)^3}$ 个不同状态。对于中子星，我们仍用 k_F 来记中子的费米面动量。费米球内中子数密度为

$$n_n = \frac{8\pi}{(2\pi\hbar)^3} \int_0^{k_\mathrm{F}} k^2 \mathrm{d}k = \frac{k_\mathrm{F}^3}{3\pi^2\hbar^3}. \tag{5.6.1}$$

记

$$\mu_{N/n} := \frac{\text{核子数}}{\text{中子数}} = 1. \tag{5.6.2}$$

后一个等号是因为已假定所有核子都已中子化了。具有费米动量的中子的能量为 $\left(k_\mathrm{F}^2 + m_n^2\right)^{1/2}$，中子星的能量 (质量) 密度为

$$\rho = \frac{8\pi}{(2\pi\hbar)^3} \int_0^{k_\mathrm{F}} \left(k^2 + m_n{}^2\right)^{1/2} k^2 \mathrm{d}k. \tag{5.6.3}$$

温度可以忽略的条件 (即系统温度可认为是趋于零的条件) 为

$$k_\mathrm{B}T \ll \left(k_\mathrm{F}^2 + m_n^2\right)^{1/2} - m_n. \tag{5.6.4}$$

对于中子星，不必单独计算动能密度。中子简并压为

$$p = \frac{8\pi}{3(2\pi\hbar)^3} \int_0^{k_\mathrm{F}} \frac{k^2}{\left(k^2 + m_n^2\right)^{1/2}} k^2 \mathrm{d}k. \tag{5.6.5}$$

对中子星也可定义临界密度 (忽略中子星的结合能和中子的动能，只计及中子的静质量) 如下

$$\rho\left(k_\mathrm{F} = m_n\right) = m_N \mu_{N/n} n\left(k_\mathrm{F} = m_n\right) = \frac{m_N \mu_{N/n} m_n^3 c^3}{3\pi^2\hbar^3} \overset{\substack{\text{取}\mu_{N/n}=1,\\ m_N=m_n}}{=\!=\!=} \frac{m_n^4 c^3}{3\pi^2\hbar^3} =: \rho_c. \tag{5.6.6}$$

中子星临界密度为 $\rho_c = 6.03 \times 10^{18} \mathrm{kg/m}^3$。由 (5.6.3) 式得

$$
\rho = \frac{8\pi}{(2\pi\hbar)^3} \int_0^{k_{\mathrm{F}}} \left(k^2 + m_n{}^2\right)^{1/2} k^2 \mathrm{d}k = \frac{m_n{}^4}{\pi^2\hbar^3} \int_0^{k_{\mathrm{F}}/m_n} \left(u^2 + 1\right)^{1/2} u^2 \mathrm{d}u
$$

$$
= 3\rho_c \int_0^{k_{\mathrm{F}}/m_n} \left(u^2 + 1\right)^{1/2} u^2 \mathrm{d}u, \tag{5.6.7}
$$

由此得

$$
\frac{\rho}{\rho_c} = 3 \int_0^{k_{\mathrm{F}}/m_n} \left(u^2 + 1\right)^{1/2} u^2 \mathrm{d}u. \tag{5.6.8}
$$

由 (5.6.5) 式得

$$
p = \frac{8\pi}{3(2\pi\hbar)^3} \int_0^{k_{\mathrm{F}}} \frac{k^2}{\left(k^2 + m_n^2\right)^{1/2}} k^2 \mathrm{d}k = \frac{m_n^4}{3\pi^2\hbar^3} \int_0^{k_{\mathrm{F}}/m_n} \frac{u^4}{\left(\boldsymbol{u}^2 + 1\right)^{1/2}} \mathrm{d}u
$$

$$
= \rho_c \int_0^{k_{\mathrm{F}}/m_n} \frac{u^4}{\left(u^2 + 1\right)^{1/2}} \mathrm{d}u, \tag{5.6.9}
$$

由此得

$$
\frac{p}{\rho_c} = \int_0^{k_{\mathrm{F}}/m_n} \frac{u^4}{\left(u^2 + 1\right)^{1/2}} \mathrm{d}u = \int_0^{k_{\mathrm{F}}/m_n} u^3 \mathrm{d}\left(u^2 + 1\right)^{1/2}. \tag{5.6.10}
$$

对 (5.6.10) 式的右边做分部积分,

$$
\frac{p}{\rho_c} = u^3 \left(u^2 + 1\right)^{1/2} \bigg|_0^{k_{\mathrm{F}}/m_n} - 3 \int_0^{k_{\mathrm{F}}/m_n} \left(u^2 + 1\right)^{1/2} u^2 \mathrm{d}u
$$

$$
= \left(\frac{k_{\mathrm{F}}}{m_n}\right)^3 \left(\left(\frac{k_{\mathrm{F}}}{m_n}\right)^2 + 1\right)^{1/2} - \frac{\rho}{\rho_c}, \tag{5.6.11}
$$

即

$$
\frac{p}{\rho_c} + \frac{\rho}{\rho_c} = \left(\frac{k_{\mathrm{F}}}{m_n}\right)^3 \left(\left(\frac{k_{\mathrm{F}}}{m_n}\right)^2 + 1\right)^{1/2}. \tag{5.6.12}
$$

注意到, k_{F}/m_n 是密度的函数, 故 (5.6.12) 式表示, 中子星的物态方程可以写成

$$
p/\rho_c = F\left(\rho/\rho_c\right), \tag{5.6.13}
$$

其中 F 是一个超越函数。由 (5.6.8) 式中的积分, 得

$$\frac{\rho}{\rho_c} = \sqrt{u^2+1}\left(\frac{u}{8}+\frac{u^3}{4}\right) - \frac{\operatorname{arc\,sinh} u}{8}.$$

令

$$\chi := \operatorname{arc\,sinh}\frac{k_F}{m_n} = \operatorname{arc\,sinh} u, \tag{5.6.14}$$

得

$$\rho = \frac{3\rho_c}{8}\left[\frac{1}{2}\sinh 2\chi\left(1+2\sinh^2\chi\right)-\chi\right] = \frac{3\rho_c}{8}\left(\frac{1}{2}\sinh 2\chi\cosh 2\chi-\chi\right)$$

$$= \frac{3\rho_c}{32}\left(\sinh 4\chi - 4\chi\right). \tag{5.6.15}$$

由 (5.6.10) 式中的积分, 并利用 (5.6.14) 式得

$$\frac{p}{\rho_c} = \sqrt{u^2+1}\left(-\frac{3}{8}u+\frac{1}{4}u^3\right)+\frac{3}{8}\operatorname{ar\,sinh} u = \frac{1}{4}\sinh^3\chi\cosh\chi-\frac{3}{16}\sinh 2\chi+\frac{3}{8}\chi,$$

即

$$p = \frac{\rho_c}{32}\left[(\sinh 4\chi - 4\chi) - 8\left(\sinh 2\chi - 2\chi\right)\right]. \tag{5.6.16}$$

(5.6.15)、(5.6.16) 式给出中子星的物态方程, 称为钱德拉塞卡状态方程[①]。

5.6.2　非相对论极限与极端相对论极限下的中子星

中子星的一般物态方程 ((5.6.15)、(5.6.16) 式) 也比较复杂。与白矮星类似, 我们也只集中讨论两种极端情况。

(1) $\rho \ll \rho_c \Leftrightarrow k_F \ll m_n$, 此为非相对论 (NR) 极限。由 (5.6.3) 和 (5.6.5) 式知, 在这种极限下

$$\rho \approx \frac{8\pi m_n}{(2\pi\hbar)^3}\int_0^{k_F} k^2 \mathrm{d}k = \frac{m_n k_F^3}{3\pi^2\hbar^3}, \tag{5.6.17}$$

$$p \approx \frac{8\pi}{3(2\pi\hbar)^3}\int_0^{k_F}\frac{k^2}{m_n}k^2\mathrm{d}k = \frac{k_F^5}{15\pi^2\hbar^3 m_n}. \tag{5.6.18}$$

(当 $k_F \ll m_n$ 时, (5.6.15) 和 (5.6.16) 式也分别给出 (5.6.17) 和 (5.6.18) 式。) 比较多方过程的物态方程 (5.4.1) 知, 这时的物态方程近似为多方过程的物态方程, 多方指数为

$$\gamma = \frac{5}{3}, \tag{5.6.19}$$

---

① Chandrasekhar S. The highly collapsed configurations of a stellar mass. Mon. Not. Royal Astron. Soc., 1935, 95: 207.

比例系数为

$$K = \frac{\hbar^2}{15\pi^2 m_n} \left(\frac{3\pi^2}{m_n} \right)^{5/3}. \qquad (5.6.20)$$

由此可见，非相对论极限的中子星与非相对论极限的白矮星物态方程形式完全一样，只是系数 K 有所不同。因而可以预期两者会有非常类似的行为。例如，由 (5.6.4) 式知，当温度高达 10^{11}K 时，非相对论极限的中子星仍可看作零温系统。

对于非相对论极限，将 (5.4.1)、(5.6.19)、(5.6.20) 式代入 (5.4.20) 式，得到中子星的质量

$$
\begin{aligned}
M_{\mathrm{NS}} &= 4\pi \left(\frac{\rho(0)}{\rho_c} \right)^{1/2} \rho_c^{1/2} \left(\frac{\hbar^2}{24\pi^3 G m_n} \right)^{3/2} \left(\frac{3\pi^2}{m_n} \right)^{5/2} \xi_{\mathrm{B}}^2 \left(-\frac{\mathrm{d}\vartheta}{\mathrm{d}\xi} \right)_{\xi_{\mathrm{B}}} \\
&= \frac{1}{2} \left(\frac{3\pi}{8} \right)^{1/2} \xi_{\mathrm{B}}^2 \left(-\frac{\mathrm{d}\vartheta}{\mathrm{d}\xi} \right)_{\xi_{\mathrm{B}}} \frac{\hbar^{3/2}}{m_n^2 G^{3/2}} \left(\frac{\rho(0)}{\rho_c} \right)^{1/2} \\
&= \frac{1}{2} \left(\frac{3\pi}{8} \right)^{1/2} (2.71406) \frac{\hbar^{3/2} c^{3/2}}{m_n^2 G^{3/2}} \left(\frac{\rho(0)}{\rho_c} \right)^{1/2} = 2.74 \left(\frac{\rho(0)}{\rho_c} \right)^{1/2} M_{\odot},
\end{aligned}
$$
$$(5.6.21)$$

它随着中心密度的增加而增加。将 (5.4.1)、(5.6.19)、(5.6.20) 式代入 (5.4.19) 式，就得到中子星的半径

$$
\begin{aligned}
R_{\mathrm{NS}} &= \left(\frac{5}{8\pi G} \right)^{1/2} \left[\frac{\hbar^2}{15\pi^2 m_n} \left(\frac{3\pi^2}{m_n} \right)^{5/3} \right]^{1/2} \rho_c^{-1/6} \left(\frac{\rho_c}{\rho(0)} \right)^{1/6} \xi_{\mathrm{B}} \\
&= \left(\frac{3\pi}{8} \right)^{1/2} \xi_{\mathrm{B}} \left(\frac{\hbar^{3/2}}{G^{1/2} m_n^2} \right) \left(\frac{\rho_c}{\rho(0)} \right)^{1/6} \\
&= \left(\frac{3\pi}{8} \right)^{1/2} (3.65375) \left(\frac{\hbar^{3/2}}{c^{1/2} G^{1/2} m_n^2} \right) \left(\frac{\rho_c}{\rho(0)} \right)^{1/6} \\
&= 3.69 \, (2G M_{\odot}) \left(\frac{\rho_c}{\rho(0)} \right)^{1/6} \quad (2G M_{\odot} \approx 2.95 \mathrm{km} \approx 3 \mathrm{km}). \qquad (5.6.22)
\end{aligned}
$$

由 (5.6.22) 式易见，中子星的半径随着中心密度的增加而减小。

值得注意的是，中子星与白矮星的 M 和 R 的表达式形式一致，只是

$$白矮星 \longrightarrow 中子星,$$

$$简并电子气体的\rho_c \longrightarrow 简并中子气体的\rho_c,$$

$$\text{电子质量} m_e \longrightarrow \text{中子质量} m_n \approx \text{核子质量} m_N.$$

与相同质量白矮星相比，中子星的中心密度高

$$\frac{1}{2} \left(\frac{m_n}{m_e} \right)^3 \left(\frac{1}{2} \right)^4 = 1.9 \times 10^8 \text{倍}, \tag{5.6.23}$$

这是因为对于相同质量的白矮星和中子星，有

$$1 = \frac{M_{\mathrm{NS}}}{M_{\mathrm{WD}}} = \frac{\dfrac{\hbar^{3/2}}{m_n{}^2 G^{3/2}} \left(\dfrac{\rho_{\mathrm{NS}}(0)}{\rho_c^{\mathrm{NS}}} \right)^{1/2}}{\dfrac{\hbar^{3/2}}{m_N{}^2 \mu_{N/e}{}^2 G^{3/2}} \left(\dfrac{\rho_{\mathrm{WD}}(0)}{\rho_c^{\mathrm{WD}}} \right)^{1/2}} = \frac{\left(\dfrac{\rho_{\mathrm{NS}}(0)}{\rho_c^{\mathrm{NS}}} \right)^{1/2}}{\left(\dfrac{\rho_{\mathrm{WD}}(0)}{\mu_{N/e}{}^4 \rho_c^{\mathrm{WD}}} \right)^{1/2}},$$

由此解出，

$$\frac{\rho_{\mathrm{NS}}(0)}{\rho_{\mathrm{WD}}(0)} = \frac{\rho_c^{\mathrm{NS}}}{\mu_{N/e}{}^4 \rho_c^{\mathrm{WD}}} = \frac{\dfrac{m_n^4}{3\pi^2 \hbar^3}}{\mu_{N/e}^4 \dfrac{m_N \mu_{N/e} m_e^3}{3\pi^2 \hbar^3}} = \frac{m_n^3}{\mu_{N/e}{}^5 m_e^3} \overset{\text{取} \mu_{N/e}=2}{=\!=} \frac{m_n^3}{32 m_e^3}. \tag{5.6.24}$$

中子星的半径仅是相同质量白矮星半径的[1]

$$\left(\frac{2m_e}{m_n} \right) 2^{2/3} \approx \frac{1}{580}, \tag{5.6.25}$$

这是因为

$$\frac{R_{\mathrm{NS}}}{R_{\mathrm{WD}}} = \frac{\left(\dfrac{\hbar^{3/2}}{G^{1/2} m_n{}^2} \right) \left(\dfrac{\rho_c^{\mathrm{NS}}}{\rho_{\mathrm{NS}}(0)} \right)^{1/6}}{\left(\dfrac{\hbar^{3/2}}{G^{1/2} m_e m_N \mu_{N/e}} \right) \left(\dfrac{\rho_c^{\mathrm{WD}}}{\rho_{\mathrm{WD}}(0)} \right)^{1/6}}$$

$$= \frac{\left(\dfrac{1}{m_n} \right) \left(\dfrac{\rho_c^{\mathrm{NS}}}{\rho_{\mathrm{NS}}(0)} \right)^{1/6}}{\left(\dfrac{1}{m_e \mu_{N/e} \mu_{N/e}{}^{2/3}} \right) \left(\dfrac{\mu_{N/e}{}^4 \rho_c^{\mathrm{WD}}}{\rho_{\mathrm{WD}}(0)} \right)^{1/6}} \overset{\text{取} \mu_{N/e}=2}{=\!=} 2^{5/3} \frac{m_e}{m_n}, \tag{5.6.26}$$

其中第三个等号用到 $M_{\mathrm{NS}} = M_{\mathrm{WD}}$。

---

[1] (5.6.23) 和 (5.6.25) 式这两个结果与 S. Weinberg 的 *Gravitation & Cosmology* 中结果有差异。

(2) $\rho \gg \rho_c \Leftrightarrow k_{\mathrm{F}} \gg m_n$, 这是极端相对论 (ER) 极限。由 (5.6.3) 和 (5.6.5) 式 (或 (5.6.15) 和 (5.6.15) 式) 知, 在这种极限下

$$\rho = \frac{8\pi k_{\mathrm{F}}{}^4}{4(2\pi\hbar)^3} = \frac{3\rho_c}{4}\left(\frac{k_{\mathrm{F}}}{m_n}\right)^4,\tag{5.6.27}$$

$$p = \frac{\rho_c}{4}\left(\frac{k_{\mathrm{F}}}{m_n}\right)^4.\tag{5.6.28}$$

显然,

$$p = \frac{1}{3}\rho,\tag{5.6.29}$$

与多方过程的物态方程 (5.4.1) 比较知, $\gamma = 1 < \dfrac{6}{5}$, 也就是说, 此时牛顿近似不再成立, 必须用广义相对论来处理。

利用物态方程 (5.6.29) 后, TOV 方程 (5.2.23) 化为

$$-r^2\rho' = 4G\mathscr{M}\rho\left(1+\frac{4\pi r^3\rho}{3\mathscr{M}}\right)\left(1-\frac{2G\mathscr{M}}{r}\right)^{-1}.\tag{5.6.30}$$

注意到 (5.1.4) 式, 考虑拟设 (Ansatz),

$$\rho r^2 = C.\tag{5.6.31}$$

由 (5.1.4) 式得

$$\mathscr{M} = 4\pi C r.\tag{5.6.32}$$

(5.6.30) 式右边两个括号内的量分别为

$$1+\frac{4\pi r^3\rho}{3\mathscr{M}} = 1+\frac{4\pi r C}{12\pi r C} = \frac{4}{3},\quad 1-\frac{2G\mathscr{M}}{r} = 1-8\pi CG.\tag{5.6.33}$$

把 (5.6.33) 式代入 (5.6.30) 式, 得

$$-r^2\rho' = \frac{64\pi G}{3}C r\rho(1-8\pi CG)^{-1}.\tag{5.6.34}$$

由 (5.6.31) 式得

$$\rho' = -\frac{2C}{r^3}.\tag{5.6.35}$$

所以,

$$C = \frac{32\pi G}{3}C^2(1-8\pi CG)^{-1}.\tag{5.6.36}$$

解之，得

$$C = \frac{3}{56\pi G}.$$

(5.6.37)

代回到 (5.6.31) 式中，得

$$\rho(r) = \frac{3}{56\pi G r^2}.$$

(5.6.38)

(5.6.38) 式显示，中心密度发散！另一方面，当 $r > \left(\frac{56}{3}\pi G \rho_c\right)^{-1/2}$ 时，$\rho < \rho_c$，$k_{\mathrm{F}} < m_n$。这说明，中子星的外层不再是极端相对论的。这反过来说明，极端相对论的中子星的质量密度不会按反平方律分布。事实上，任何中子星的外层都不可能是极端相对论的，这是因为星体的边界条件要求星体的密度在边界需降为零。

一般地讨论中子星的内解是件很复杂的事，这里就不再赘述。

5.6.3　中子星的质量上下限

5.6.3.1　中子星的质量下限

对于引力系统来说，当粒子的能量足够高时，就不会束缚在引力系统中。类似地，当自由中子的能量足够高时，也不会被束缚在原子核内。由于引力非常强，中子仍被束缚在引力系统中。当中子的平均能量与核子的结合能相当时，就会有一部分中子被束缚在原子核内，有一部分中子处于自由状态。但当中子的能量很高时，就鲜有中子被束缚到原子核内。换句话说，为使中子不致结合成原子核，要求中子的费米能远大于核子的结合能 Δ。

对于非相对论极限下的中子星，若取

$$\frac{k_{\mathrm{F}}^2}{2m_n} \approx 3\Delta,$$

(5.6.39)

由 (5.6.17) 式知，中子星的密度可改写为

$$\rho \approx \frac{2^{3/2} m_n{}^{5/2}}{3\pi^2 \hbar^3} \left(\frac{k_{\mathrm{F}}^2}{2m_n}\right)^{3/2},$$

(5.6.40)

所以，中子星的密度需大于

$$\rho_{\min} = \frac{2^{3/2} m_n{}^{5/2}}{3\pi^2 \hbar^3} (3\Delta)^{3/2}.$$

(5.6.41)

恢复国际单位制 (SI 单位制)，(5.6.41) 式变为

$$\rho_{\min} = \frac{2^{3/2} m_n{}^{5/2}}{3\pi^2 \hbar^3 c^5} (3\Delta)^{3/2}.$$

(5.6.42)

核子的结合能 $\Delta \sim 8\mathrm{MeV}$，$\rho_{\min} \approx 7.03 \times 10^{16}\mathrm{kg/m^3}$，由此给出 (非相对论极限下的) 中子星质量的下限[①,②] $M_{\min} \approx 0.296 M_\odot$。实际中子星的质量下限要比此值高不少。

5.6.3.2 中子星的质量上限

1939 年，奥本海默-沃尔科夫 (Oppenheimer-Volkoff) 将钱德拉塞卡物态方程 (5.6.15)、(5.6.16) 式代入 TOV 方程 (5.2.23)，数值求解，可得纯中子星的质量上限：

$$M_{\max} \approx 0.7 M_\odot. \tag{5.6.43}$$

它称为奥本海默-沃尔科夫极限[③]。真实的中子星不会是纯中子星，在其中还需考虑很多物理过程，如：

$$\begin{aligned} \mathrm{p} + \mathrm{e}^- &\to \mathrm{n} + \nu \\ \mathrm{n} &\to \mathrm{p} + \mathrm{e}^- + \bar{\nu} \end{aligned} \quad \text{二者导致的 n, p, e}^- \text{ 三种粒子的平衡；}$$

夸克的退禁闭；

星体的转动；

......

这些物理过程或多或少地会提高中子星的质量上限。另一方面，实际中子星的质量上限也明显高于 (5.6.43) 式。那么，是否可能因为各种真实的物理过程的存在，中子星的质量没有上限了呢？回答是否定的。中子星有一绝对质量上限。1974 年，Roades 和 Ruffini 证明[④]，只要

(1) 广义相对论成立；

(2) 因果律成立 (声速不大于光速，$c_s := \sqrt{\left(\dfrac{\partial p}{\partial \rho}\right)_s} \leqslant 1$)；

(3) Lechatelier 原理成立 (声速为实数 $\left(\dfrac{\partial p}{\partial \rho}\right)_s \geqslant 0$).

则中子星的质量不能大于

---

① 取 $\Delta \sim 8\,\mathrm{MeV}$, $m_n \approx 940\,\mathrm{MeV}$, $1\mathrm{MeV} = 1.60 \times 10^{-13}\mathrm{J}$, $\hbar = 6.58 \times 10^{-22}\mathrm{MeV \cdot s}$, $c = 3.00 \times 10^8\mathrm{m/s}$,

$$\rho_{\min} \sim \frac{2^{3/2} \times 940^{5/2} \times (3 \times 8)^{3/2} \times 1.60 \times 10^{-13}}{3\pi^2 \times (6.58 \times 10^{-22})^3 \times (3.00 \times 10^8)^5}\mathrm{kg/m^3} = 7.03 \times 10^{16}\mathrm{kg/m^3},$$

$$M_{\min} = 2.74 \left(\frac{\rho(0)}{\rho_c}\right)^{1/2} M_\odot \approx 2.74 \left(\frac{7.03 \times 10^{16}}{6.03 \times 10^{18}}\right)^{1/2} M_\odot.$$

② 计算中子星质量下限的方法有多种，所给出的值从 $0.05 M_\odot \sim 1/3 M_\odot$ 不等。

③ Oppenheimer J R, Volkoff G M. On massive neutron cores. Phys. Rev., 1939, 55: 374.

④ Jr Roades C E, Ruffini R. Maximum mass of a neutron star. Phys. Rev. Lett., 1974, 32: 324.

$$M_{\max} = 3.2M_\odot. \tag{5.6.44}$$

一般认为中子星的质量上限为 $2M_\odot$ 或再略高一点。

图 5.6.1 给出不同物质的密度的直观概念[①]。图 5.6.2 给出白矮星、中子星质量、半径及稳定性的关系。

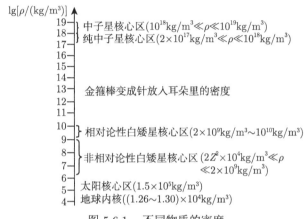

图 5.6.1　不同物质的密度

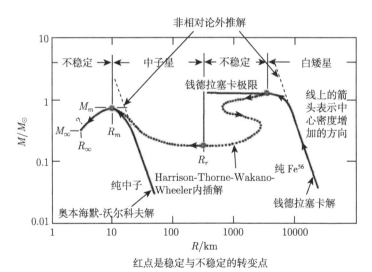

红点是稳定与不稳定的转变点

图 5.6.2　星体的质量、半径及稳定性的关系

　　① 《西游记》(第三回) 对金箍棒的描写 "重：一万三千五百斤，二丈长短，斗口粗细"。13500 斤 =3807kg(唐代，1 斤 =0.282kg)，2 丈 =6m (唐代，1(小) 尺 =0.3m，1(大) 尺 =0.36m，1 丈 =10 尺)，斗口按 $\phi0.32$m 计，金箍棒的密度为 $7.89\times10^3\text{kg/m}^3$ (略大于低碳钢的密度 $7.85\times10^3\text{kg/m}^3$)。变小为兵器后："丈二短，碗来粗细"。丈二 =3.6 m，碗口按 $\phi0.192$m 计 (按比例缩小)，金箍棒的密度变为 $1.37\times10^5\text{kg/m}^3$ (已达太阳核心区密度)。缩小成绣花针大小放到耳朵里，长约 0.025m，尺寸按比例缩小后密度为 $7.89\times10^5\text{kg/m}^3\times1.38\times10^7=1.09\times10^{13}\text{kg/m}^3$，它比白矮星的密度还高。

5.6.4 中子星的广义相对论修正

先看 $\rho \ll \rho_c(k_{\mathrm{F}} \ll m_n)$。由于

$$\frac{GM_{\mathrm{NS}}}{R_{\mathrm{NS}}} = \underbrace{\frac{1}{2}\left(\frac{2.71406}{3.65375}\right)}_{0.37}\underbrace{\left(\frac{\rho(0)}{\rho_c}\right)^{2/3}}_{0.48(\text{当}\rho(0)=\rho_c/3\text{时})} \approx 0.18. \tag{5.6.45}$$

以 PSR 1913+16 为例 (按非相对论性中子星计，忽略转动)，由 $M_{\mathrm{NS}} = 1.441M_\odot$ 及 (5.6.21) 式定出

$$\frac{\rho(0)}{\rho_c} = \left(\frac{1.441}{2.74}\right)^2 \approx 0.277, \tag{5.6.46}$$

再由 (5.6.22) 式知

$$R_{\mathrm{NS}} = (3.68872)(2GM_\odot)\left(\frac{2.74}{1.441}\right)^{1/3} = 4.57 \times (2GM_\odot), \tag{5.6.47}$$

所以，

$$\frac{GM_{\mathrm{NS}}}{R_{\mathrm{NS}}} = 0.16 \Rightarrow z = \frac{1}{\sqrt{1 - 2GM_{\mathrm{NS}}/R_{\mathrm{NS}}}} - 1 \approx 0.21. \tag{5.6.48}$$

这已是一个相当可观的引力红移了。又如，当 $\rho(0)=\rho_c/3$ 时，$M = 2.74\left(\frac{\rho(0)}{\rho_c}\right)^{1/2}M_\odot \approx 1.58M_\odot$，但此时，

$$\frac{2GM}{R} = \frac{2.71406}{3.65375}\left(\frac{\rho(0)}{\rho_c}\right)^{2/3} = 0.357108, \tag{5.6.49}$$

$$R = \frac{2GM}{0.357108} = 5.6GM < 6GM. \tag{5.6.50}$$

这个值已小于史瓦西解的最小稳定圆轨道半径 (见 (3.11.27) 式)，说明广义相对论效应不可忽略。即便当 $\rho(0)=\rho_c/5$ 时，$M \approx 1.23M_\odot$，

$$\frac{2GM}{R} = \frac{2.71406}{3.65375}\left(\frac{\rho(0)}{\rho_c}\right)^{2/3} = 0.254039, \tag{5.6.51}$$

$$R = \frac{2GM}{0.254039} = 7.9GM. \tag{5.6.52}$$

此时的广义相对论效应也已经不小了。

5.6.5   中子星的观测

天文观测中观测到的脉冲星就是中子星，当然不排除它们中的一部分有夸克星的内核的可能性。1974 年, Hewish 因其在脉冲星的发现中起的决定性作用与 Ryle(因发明孔径合成技术) 一起获得诺贝尔物理学奖，见图 5.6.3。

Sir Martin Ryle   Antony Hewish

图 5.6.3   1974 年诺贝尔物理学奖

需说明的是，脉冲星的发现者是乔丝琳·贝尔·伯奈尔 (Jocelyn Bell Burnell) 见图 5.6.4，她当时是 Hewish 教授的一名博士生。正是她，在观测中首先看到脉冲星发来的周期性信号。但那时尚不知道这是什么信号。

图 5.6.4   Jocelyn Bell Burnell(1943—)

小结

非相对论性中子星与非相对论性白矮星类似，只是中心密度高 1.9×10^8 倍，半径仅有 $\dfrac{1}{580}$。

不存在整体的极端相对论性的中子星，极端相对论性简并中子气只存在于中子星的核心部分。

中子星质量既有下限，也有上限，应在 $0.29 \sim 3.2 M_\odot$ 之间，实际范围要窄得多。

中子星的 GR 效应已变得比较明显。特别是在相对论性中子星中，GR 效应必须考虑。

5.7 共动坐标系

为更方便地研究引力坍缩问题，我们先介绍一种特殊的坐标系——共动坐标系 (comoving coordinate system)。它在宇宙学的研究中也占有非常重要的地位。

我们这里仅考虑球对称共动坐标系，它满足如下 3 个条件：

(1) 所有粒子都球对称地沿径向测地线运动；

(2) 每个粒子赋予一个固定的空间坐标 x^i；

(3) 每个粒子所携带的"钟"显示该粒子的固有时。

利用第 (2)、(3) 条，在共动坐标系下，度规可一般地写成

$$\mathrm{d}s^2 = -\mathrm{d}t^2 + g_{ij}\mathrm{d}x^i\mathrm{d}x^j + 2g_{0i}\mathrm{d}t\mathrm{d}x^i. \tag{5.7.1}$$

在微分几何中，它称为高斯坐标。利用第 (1)、(2) 条及测地线方程 (2.7.3) 知，

$$0 = \frac{\mathrm{d}^2 x^i}{\mathrm{d}\tau^2} + \Gamma^i_{\mu\nu}\frac{\mathrm{d}x^\mu}{\mathrm{d}\tau}\frac{\mathrm{d}x^\nu}{\mathrm{d}\tau} = \Gamma^i_{00} = \frac{1}{2}g^{i\lambda}\left(2g_{\lambda 0,0} - g_{00,\lambda}\right) = g^{ij}g_{j0,0} \Rightarrow \frac{\partial g_{j0}}{\partial t} = 0. \tag{5.7.2}$$

在第 3 章介绍伯克霍夫定理时，证明了一般球对称时空的度规总可以写成 (3.5.5) 式的形式。当时，我们相继做了坐标变换 (3.5.6) 和 (3.5.10) 式，把度规化成 (3.5.14) 或 (3.5.15) 式。现在我们还从 (3.5.5) 式出发，采用共动坐标系后度规 (3.5.5) 式可改写

$$\mathrm{d}s^2 = -\mathrm{d}t^2 + D^2\left(t,r\right)\mathrm{d}r^2 + 2E\left(r\right)\mathrm{d}t\mathrm{d}r + F^2\left(t,r\right)r^2\mathrm{d}\Omega^2. \tag{5.7.3}$$

共动坐标条件要求 E 只是 r 的函数 (见 (5.7.2) 式)。(5.7.3) 式可变形为

$$\mathrm{d}s^2 = -\left(\mathrm{d}t - E\left(r\right)\mathrm{d}r\right)^2 + D^2\left(t,r\right)\mathrm{d}r^2 + E^2\left(r\right)\mathrm{d}r^2 + F^2\left(t,r\right)r^2\mathrm{d}\Omega^2$$

$$= -\mathrm{d}t'^2 + \left(D^2\left(t, r\right) + E^2\left(r\right)\right)\mathrm{d}r^2 + F^2\left(t, r\right)r^2\mathrm{d}\Omega^2, \tag{5.7.4}$$

在第二步中已做了坐标变换

$$t' = t - \int^r E\left(r\right)\mathrm{d}r. \tag{5.7.5}$$

故共动坐标系下，度规总可写成

$$\mathrm{d}s^2 = -\mathrm{d}t^2 + \mathrm{e}^{2\sigma(t,r)}\mathrm{d}r^2 + \mathrm{e}^{2\lambda(t,r)}\mathrm{d}\Omega^2. \tag{5.7.6}$$

在微分几何中，(5.7.6) 式称为正则高斯坐标。在 (5.7.6) 式中，已略掉 t 右上方的撇。

小结

在共动坐标系中，(由第 (2) 条知) 有

$$U^i = 0, \quad U^0 = 1. \tag{5.7.7}$$

共动坐标系的线元可写成 (5.7.6) 式的形式。

非零联络系数为

$$
\begin{aligned}
&\Gamma_{11}^0 = \mathrm{e}^{2\sigma}\dot{\sigma}, \quad \Gamma_{22}^0 = \mathrm{e}^{2\lambda}\dot{\lambda}, \quad \Gamma_{33}^0 = \mathrm{e}^{2\lambda}\dot{\lambda}\sin^2\theta, \\
&\Gamma_{01}^1 = \Gamma_{10}^1 = \dot{\sigma}, \quad \Gamma_{11}^1 = \sigma', \quad \Gamma_{22}^1 = -\mathrm{e}^{2\lambda-2\sigma}\lambda', \quad \Gamma_{33}^1 = -\mathrm{e}^{2\lambda-2\sigma}\lambda'\sin^2\theta, \\
&\Gamma_{02}^2 = \Gamma_{20}^2 = \dot{\lambda}, \quad \Gamma_{12}^2 = \Gamma_{21}^2 = \lambda', \quad \Gamma_{33}^2 = -\sin\theta\cos\theta, \\
&\Gamma_{03}^3 = \Gamma_{30}^3 = \dot{\lambda}, \quad \Gamma_{13}^3 = \Gamma_{31}^3 = \lambda', \quad \Gamma_{23}^3 = \Gamma_{32}^3 = \cot\theta,
\end{aligned} \tag{5.7.8}
$$

其中 "点" 代表对 t 求导，"撇" 代表对 r 求导。

里奇张量的非零分量和里奇标量分别为

$$
\begin{aligned}
R_{00} &= -\ddot{\sigma} - \dot{\sigma}^2 - 2\ddot{\lambda} - 2\dot{\lambda}^2, \\
R_{11} &= \mathrm{e}^{2\sigma}\left(\ddot{\sigma} + \dot{\sigma}^2 + 2\dot{\sigma}\dot{\lambda}\right) - 2\lambda'' - 2\lambda'^2 + 2\sigma'\lambda', \\
R_{01} &= R_{10} = -2\dot{\lambda}' - 2\dot{\lambda}\lambda' + 2\dot{\sigma}\lambda', \\
R_{22} &= \mathrm{e}^{2\lambda}\left(\ddot{\lambda} + 2\dot{\lambda}^2 + \dot{\sigma}\dot{\lambda}\right) - \mathrm{e}^{2\lambda-2\sigma}\left(\lambda'' + 2\lambda'^2 - \sigma'\lambda'\right) + 1, \\
R_{33} &= R_{22}\sin^2\theta,
\end{aligned} \tag{5.7.9}
$$

$$
\begin{aligned}
R &= g^{00}R_{00} + g^{11}R_{11} + 2g^{22}R_{22} \\
&= \ddot{\sigma} + \dot{\sigma}^2 + 2\ddot{\lambda} + 2\dot{\lambda}^2 + \ddot{\sigma} + \dot{\sigma}^2 + 2\dot{\sigma}\dot{\lambda} - 2\mathrm{e}^{-2\sigma}\left(\lambda'' + \lambda'^2 - \sigma'\lambda'\right) \\
&\quad + 2\left(\ddot{\lambda} + 2\dot{\lambda}^2 + \dot{\sigma}\dot{\lambda}\right) - 2\mathrm{e}^{-2\sigma}\left(\lambda'' + 2\lambda'^2 - \sigma'\lambda'\right) + 2\mathrm{e}^{-2\lambda} \\
&= 2\left[\ddot{\sigma} + 2\ddot{\lambda} + \dot{\sigma}^2 + 3\dot{\lambda}^2 + 2\dot{\sigma}\dot{\lambda} - \mathrm{e}^{-2\sigma}\left(2\lambda'' + 3\lambda'^2 - 2\sigma'\lambda'\right) + \mathrm{e}^{-2\lambda}\right]. \tag{5.7.10}
\end{aligned}
$$

5.8 引力坍缩

5.8.1 均匀密度坍缩球内解

在 5.1~5.6 节中，我们讨论了星体的平衡问题。所谓平衡，就是物质中存在一定的压强，它与引力达至平衡。本节讨论引力坍缩，这时，压强不足以抵抗引力。为简单起见，我们讨论最简单的情况，压强为零。对于理想流体，这时的能量-动量张量为

$$T^{\mu\nu} = \rho U^\mu U^\nu. \tag{5.8.1}$$

引力坍缩问题显然不是静态问题，而是含时间的问题，所以我们采用共动坐标系 (5.7.6) 式。这时，4 速度由 (5.7.7) 式给出。(5.8.1) 式的迹为

$$T = -\rho, \tag{5.8.2}$$

所以，(5.2.2) 式化为

$$S_{\mu\nu} = \frac{1}{2}\rho g_{\mu\nu} + \rho U_\mu U_\nu. \tag{5.8.3}$$

利用 (5.7.9) 和 (5.8.3) 式，爱因斯坦场方程 (3.3.26) 化为

$$R_{00}: \quad -\ddot{\sigma} - \dot{\sigma}^2 - 2\ddot{\lambda} - 2\dot{\lambda}^2 = 4\pi G\rho,$$

$$R_{11}: \quad \ddot{\sigma} + \dot{\sigma}^2 + 2\dot{\sigma}\dot{\lambda} - 2\left(\lambda'' + \lambda'^2 - \sigma'\lambda'\right)\mathrm{e}^{-2\sigma} = 4\pi G\rho,$$

$$R_{22}: \quad \left(\ddot{\lambda} + 2\dot{\lambda}^2 + \dot{\sigma}\dot{\lambda}\right) - \mathrm{e}^{-2\sigma}\left(\lambda'' + 2\lambda'^2 - \sigma'\lambda'\right) + \mathrm{e}^{-2\lambda} = 4\pi G\rho,$$

$$R_{01}: \quad \dot{\lambda}' + \dot{\lambda}\lambda' - \dot{\sigma}\lambda' = 0. \tag{5.8.4}$$

由 (5.8.4) 式的最后一个方程得

$$\dot{\sigma} - \dot{\lambda} = \frac{\partial \ln \lambda'}{\partial t}. \tag{5.8.5}$$

假定 $\mathrm{e}^{2\lambda(t,r)}$ 可分离变量，即

$$\lambda(t,r) = \alpha(t) + \beta(r). \tag{5.8.6}$$

当 λ 具有 (5.8.6) 式的形式时，(5.8.5) 式化为

$$\dot{\sigma} - \dot{\lambda} = 0, \tag{5.8.7}$$

记

$$\dot{\sigma} = \dot{\lambda} =: \dot{\alpha}. \tag{5.8.8}$$

(5.8.8) 式对 t 积分，得

$$\sigma(t,r) = \alpha(t) + \gamma(r),\tag{5.8.9}$$

其中 $\gamma(r)$ 是依赖于 r 的积分常数。这说明，$\mathrm{e}^{2\sigma(t,r)}$ 也可分离变量。于是，线元 (5.7.6) 式可改写为

$$\mathrm{d}s^2 = -\mathrm{d}t^2 + \mathrm{e}^{2\alpha(t)}\left(\mathrm{e}^{2\gamma(r)}\mathrm{d}r^2 + \mathrm{e}^{2\beta(r)}\mathrm{d}\Omega^2\right).\tag{5.8.10}$$

定义新的径向坐标

$$\bar{r} = \mathrm{e}^{\beta(r)},\tag{5.8.11}$$

并以此新坐标定义新的 $\bar{\gamma}(\bar{r}) = \gamma[r(\bar{r})] - \beta[r(\bar{r})] - \ln\dfrac{\mathrm{d}\beta}{\mathrm{d}r}$，得

$$\mathrm{d}s^2 = -\mathrm{d}t^2 + \mathrm{e}^{2\alpha(t)}\left(\mathrm{e}^{2\bar{\gamma}(\bar{r})}\mathrm{d}\bar{r}^2 + \bar{r}^2\mathrm{d}\Omega^2\right).\tag{5.8.12}$$

在新共动坐标系下，

$$\lambda(t,\bar{r}) = \alpha(t) + \ln\bar{r},\ \sigma(t,\bar{r}) = \alpha(t) + \bar{\gamma}(\bar{r}),\tag{5.8.13}$$

(5.8.4) 式的前三个方程可写为

$$\begin{aligned}
R_{00}:&\quad \ddot{\alpha} + \dot{\alpha}^2 = -\frac{4\pi}{3}G\rho,\\
R_{11}:&\quad \ddot{\alpha} + 3\dot{\alpha}^2 + \frac{2}{\bar{r}}\bar{\gamma}'\mathrm{e}^{-2\alpha-2\bar{\gamma}} = 4\pi G\rho,\\
R_{22}:&\quad \ddot{\alpha} + 3\dot{\alpha}^2 - \mathrm{e}^{-2\alpha-2\bar{\gamma}}\left(\frac{1}{\bar{r}^2} - \frac{1}{\bar{r}}\bar{\gamma}'\right) + \frac{1}{\bar{r}^2}\mathrm{e}^{-2\alpha} = 4\pi G\rho,
\end{aligned}\tag{5.8.14}$$

其中 "撇" 代表对 $\bar{r}$ 求导。

由 (5.8.14) 式的第一个方程知，ρ 与空间位置无关。由 (5.8.14) 式的第二个方程知，与 $\bar{r}$ 有关的部分 $\dfrac{1}{\bar{r}}\bar{\gamma}'\mathrm{e}^{-2\bar{\gamma}}$ 只能是常数，令其为 K，即

$$\left(\mathrm{e}^{-2\bar{\gamma}}\right)' = -2K\bar{r},\tag{5.8.15}$$

积分得

$$\mathrm{e}^{-2\bar{\gamma}} = 1 - K\bar{r}^2 \ \Rightarrow\ \mathrm{e}^{2\bar{\gamma}} = \left(1 - K\bar{r}^2\right)^{-1},\tag{5.8.16}$$

为使 (5.8.12) 式括号内的空间线元在 $\bar{r}=0$ 处有欧氏空间的形式，积分常数取为 1。于是，(5.8.12) 式化为

$$\mathrm{d}s^2 = -\mathrm{d}t^2 + \mathrm{e}^{2\alpha(t)}\left(\frac{\mathrm{d}\bar{r}^2}{1 - K\bar{r}^2} + \bar{r}^2\mathrm{d}\Omega^2\right).\tag{5.8.17}$$

(5.8.14) 式的最后一个方程中与 $\bar{r}$ 有关的部分也必须是一个常数, 设其为 C, 即

$$-\frac{1}{\bar{r}}\left(\frac{1}{\bar{r}}-\bar{\gamma}'\right)+\frac{1}{\bar{r}^2}e^{2\bar{\gamma}}=Ce^{2\bar{\gamma}}, \tag{5.8.18}$$

将 (5.8.16) 式代入知, 只要 $C=2K$, (5.8.14) 式的三个方程就是自洽的。令

$$a=e^{\alpha}, \tag{5.8.19}$$

则 (5.8.17) 式可改写为

$$ds^2=-dt^2+a^2(t)\left(\frac{d\bar{r}^2}{1-K\bar{r}^2}+\bar{r}^2d\Omega^2\right). \tag{5.8.20}$$

度规 (5.8.20) 式称为弗里德曼-罗伯逊-沃克 (Friedmann-Robertson-Walker, FRW) 度规, 或称为弗里德曼-勒梅特-罗伯逊-沃克 (Friedmann-Lemaitre-Robertson-Walker, FLRW) 度规[①]。(顺便提一句, 宇宙学研究通常由此度规出发。) 为后面研究坍缩内解与史瓦西外解衔接方便, 我们将 t 改记为 $\bar{t}$, 于是度规改写为

$$ds^2=-d\bar{t}^2+a^2(\bar{t})\left(\frac{d\bar{r}^2}{1-K\bar{r}^2}+\bar{r}^2d\Omega^2\right). \tag{5.8.21}$$

协变守恒律 (3.3.10) 式可写成

$$T^{\mu\nu}{}_{;\nu}=\frac{1}{\sqrt{-g}}\partial_\nu\left(\sqrt{-g}T^{\mu\nu}\right)+\Gamma^\mu_{\lambda\nu}T^{\lambda\nu}=0, \tag{5.8.22}$$

对于在共动坐标系 (5.7.6) 式中的无压理想流体, 后一项为

$$\Gamma^\mu_{\lambda\nu}T^{\lambda\nu}=\Gamma^\mu_{00}T^{00}=0, \tag{5.8.23}$$

其中已用到 (5.7.8) 式。所以, (5.8.22) 式给出

$$0=\frac{\partial\rho}{\partial t}+\frac{\partial\ln\sqrt{-g}}{\partial t}\rho=\frac{\partial\rho}{\partial t}+3\frac{\dot{a}}{a}\rho. \tag{5.8.24}$$

(5.8.24) 式可积分出

$$\rho=\frac{\rho(0)}{a^3}, \tag{5.8.25}$$

其中 $\rho(0)$ 是初始时刻的物质密度, 在 (5.8.25) 式中, 已取了

$$a(0)=1. \tag{5.8.26}$$

[①] 这个度规最早称为罗伯逊-沃克 (Robertson-Walker, RW) 度规, 随着宇宙学研究的深入, 先后改成 FRW 度规, FLRW 度规。

利用 (5.8.19) 式, 方程 (5.8.14) 的第一个方程可改写为

$$\ddot{a} = -\frac{4\pi}{3}G\rho a = -\frac{4\pi}{3}G\rho\,(0)\,a^{-2}. \tag{5.8.27}$$

在取了 $C = 2K$ 后，(5.8.14) 式中后两个方程就变为同一方程, 可改写为

$$a\ddot{a} + 2\dot{a}^2 + 2K = 4\pi G\rho a^2 = 4\pi G\rho\,(0)\,a^{-1}. \tag{5.8.28}$$

(5.8.27) 与 (5.8.28) 式消去 $\ddot{a}$, 得

$$\dot{a}^2 + K = \frac{8\pi}{3}G\rho\,(0)\,a^{-1}. \tag{5.8.29}$$

取 (5.8.26) 式及

$$\dot{a}\,(0) = 0, \tag{5.8.30}$$

可定出

$$K = \frac{8\pi}{3}G\rho\,(0)\,, \tag{5.8.31}$$

于是，

$$\dot{a}^2 = K\left(a^{-1} - 1\right). \tag{5.8.32}$$

(5.8.32) 式的解由摆线的参数方程表出

$$\begin{cases} a = \dfrac{1}{2}\left(1 + \cos\psi\right), \\ \bar{t} = \dfrac{\psi + \sin\psi}{2\sqrt{K}}. \end{cases} \tag{5.8.33}$$

特别地，当 $\psi = \pi$ 时，

$$\begin{cases} a = 0, \\ \bar{t}\,(\psi = \pi) = \dfrac{\pi}{2\sqrt{K}} =: \mathcal{T}. \end{cases} \tag{5.8.34}$$

这意味着，初始密度为 $\rho(0)$ 的零压理想流体球将在有限时间 $\mathcal{T}$ 内由静止坍缩到密度 ρ 为无穷大的状态。

5.8.2　与史瓦西外解衔接

在研究静态球对称内解时获知，星体质量由牛顿质量 (5.2.29) 式 (及 (5.1.4) 式) 给出。特别地，对于均匀密度的球，其质量为 $M = \frac{4}{3}\pi\rho R_{\mathrm{B}}^3$。对于零压均匀密度的坍缩球，设球的共动半径为 $\bar{r}_{\mathrm{B}}$，则坍缩球的质量为

$$M = \frac{4}{3}\pi\rho\,(0)\,\bar{r}_{\mathrm{B}}^{\,3} = \frac{4}{3}\pi\rho a^3\bar{r}_{\mathrm{B}}^{\,3}. \tag{5.8.35}$$

所以, (5.8.31) 式给出

$$K = \frac{8\pi}{3} G\rho\left(0\right) = \frac{2GM}{\bar{r}_B{}^3}. \tag{5.8.36}$$

由伯克霍夫定理知, 坍缩球的外解为史瓦西外解. 为使度规 (5.8.21) 式与史瓦西外解衔接, 令

$$r = a\left(\bar{t}\right)\bar{r}, \tag{5.8.37}$$

其微分为

$$\mathrm{d}r = a\mathrm{d}\bar{r} + \dot{a}\bar{r}\mathrm{d}\bar{t}, \tag{5.8.38}$$

$$\Rightarrow a\mathrm{d}\bar{r} = \mathrm{d}r - \dot{a}\bar{r}\mathrm{d}\bar{t} = \mathrm{d}r - \frac{\dot{a}}{a}r\mathrm{d}\bar{t}, \tag{5.8.39}$$

$$\frac{a^2\mathrm{d}\bar{r}^2}{1 - K\bar{r}^2} = \frac{\mathrm{d}r^2 - 2\dfrac{\dot{a}}{a}r\mathrm{d}\bar{t}\mathrm{d}r + \left(\dfrac{\dot{a}}{a}\right)^2 r^2\mathrm{d}\bar{t}^2}{1 - \dfrac{K}{a^2}r^2}, \tag{5.8.40}$$

代入 (5.8.21) 式, 得

$$\mathrm{d}s^2 = -\left(1 - \frac{\left(\dfrac{\dot{a}}{a}\right)^2 r^2}{1 - \dfrac{K}{a^2}r^2}\right)\mathrm{d}\bar{t}^2 - \frac{2\dfrac{\dot{a}}{a}r}{1 - \dfrac{K}{a^2}r^2}\mathrm{d}\bar{t}\mathrm{d}r + \frac{1}{1 - \dfrac{K}{a^2}r^2}\mathrm{d}r^2 + r^2\mathrm{d}\Omega^2. \tag{5.8.41}$$

在研究静态球对称内解时获知, 在星体内部, g_{rr} 满足 (5.2.12) 式. 特别是, 在星体的边界处,

$$g_{rr} = \left(1 - \frac{2GM}{R_B}\right)^{-1}, \tag{5.8.42}$$

它与史瓦西外解自然衔接. 对于均匀密度坍缩球, 我们需要求包含

$$g_{rr}\mathrm{d}r^2 = \frac{\mathrm{d}r^2}{1 - \dfrac{2G\mathscr{M}}{r}} = \frac{\mathrm{d}r^2}{1 - \dfrac{8\pi G\rho a^3\bar{r}^3}{3r}} = \frac{\mathrm{d}r^2}{1 - \dfrac{K\bar{r}^2}{a}} \tag{5.8.43}$$

的对角度规, 其中第二个等号用到

$$\mathscr{M} = \frac{4}{3}\pi\rho a^3\bar{r}^3, \tag{5.8.44}$$

最后一个等号用到 (5.8.31) 和 (5.8.25) 式. 为此, 改写 (5.8.41) 式:

$$ds^2 = -\left(1 - \frac{\left(\frac{\dot{a}}{a}\right)^2 r^2}{1 - \frac{K}{a^2}r^2}\right)d\bar{t}^2 - \frac{2\frac{\dot{a}}{a}r}{1 - \frac{K}{a^2}r^2}d\bar{t}dr + \left(\frac{1}{1 - \frac{K}{a^2}r^2} - \frac{1}{1 - \frac{K\bar{r}^2}{a}}\right)dr^2$$

$$+ \frac{1}{1 - \frac{K\bar{r}^2}{a}}dr^2 + r^2 d\Omega^2. \tag{5.8.45}$$

利用 (5.8.38) 和 (5.8.32) 式，可将前三项改写如下：

$$\text{第一项} = -\frac{1 - K\bar{r}^2 - \dot{a}^2\bar{r}^2}{1 - K\bar{r}^2}d\bar{t}^2 = -\frac{a - K\bar{r}^2}{a(1 - K\bar{r}^2)}\frac{\dot{a}^2}{\dot{a}^2}d\bar{t}^2$$

$$= -\frac{a - K\bar{r}^2}{K(1 - a)(1 - K\bar{r}^2)}da^2,$$

$$\text{第二项} = -\frac{2\dot{a}\bar{r}}{1 - K\bar{r}^2}d\bar{t}dr = -\frac{2\bar{r}}{1 - K\bar{r}^2}dadr,$$

$$\text{第三项} = -\frac{(1 - a)K\bar{r}^2}{(1 - K\bar{r}^2)(a - K\bar{r}^2)}dr^2,$$

$$\text{前三项} = -\left[\frac{(a - K\bar{r}^2)^{1/2}}{K^{1/2}(1 - a)^{1/2}(1 - K\bar{r}^2)^{1/2}}da + \frac{(1 - a)^{1/2}K^{1/2}\bar{r}}{(1 - K\bar{r}^2)^{1/2}(a - K\bar{r}^2)^{1/2}}dr\right]^2$$

$$=: -B^2 dt^2.$$

注意，一般来说，$B^2 dt^2$ 不是全微分的平方。下面再次利用 (5.8.38) 和 (5.8.32) 式来确定函数 B 和 dt 的表达式。首先，考虑到在坍缩过程中，随时间 t 的增加，r 和 a 减小，故在上式开方时取负号。其次，

$$-Bdt = \frac{(a - K\bar{r}^2)^{1/2}}{K^{1/2}(1 - a)^{1/2}(1 - K\bar{r}^2)^{1/2}}da + \frac{(1 - a)^{1/2}K^{1/2}\bar{r}}{(1 - K\bar{r}^2)^{1/2}(a - K\bar{r}^2)^{1/2}}dr$$

$$= \frac{(a - K\bar{r}^2)^{1/2}}{K^{1/2}(1 - a)^{1/2}(1 - K\bar{r}^2)^{1/2}}da + \frac{(1 - a)^{1/2}K^{1/2}\bar{r}}{(1 - K\bar{r}^2)^{1/2}(a - K\bar{r}^2)^{1/2}}(ad\bar{r} + \bar{r}da)$$

$$= \frac{1}{(1 - K\bar{r}^2)^{1/2}}\left[\frac{(a - K\bar{r}^2)^{1/2}}{K^{1/2}(1 - a)^{1/2}} + \frac{(1 - a)^{1/2}K^{1/2}\bar{r}^2}{(a - K\bar{r}^2)^{1/2}}\right]da$$

$$+ \frac{a(1 - a)^{1/2}K^{1/2}\bar{r}}{(1 - K\bar{r}^2)^{1/2}(a - K\bar{r}^2)^{1/2}}d\bar{r}$$

$$= \frac{(1 - K\bar{r}^2)^{1/2}}{K^{1/2}(a - K\bar{r}^2)^{1/2}} \frac{a}{(1-a)^{1/2}} \mathrm{d}a + \frac{a(1-a)^{1/2}K^{1/2}\bar{r}}{(1 - K\bar{r}^2)^{1/2}(a - K\bar{r}^2)^{1/2}} \mathrm{d}\bar{r},$$

两边同除 B，得

$$-\mathrm{d}t = \frac{(1 - K\bar{r}^2)^{1/2}}{BK^{1/2}(a - K\bar{r}^2)^{1/2}} \frac{a}{(1-a)^{1/2}} \mathrm{d}a + \frac{a(1-a)^{1/2}K^{1/2}\bar{r}}{B(1 - K\bar{r}^2)^{1/2}(a - K\bar{r}^2)^{1/2}} \mathrm{d}\bar{r}.$$

$$(5.8.46)$$

若 $\mathrm{d}t$ 是全微分，则需满足可积性条件

$$\frac{\partial}{\partial \bar{r}}\left[\frac{(1 - K\bar{r}^2)^{1/2}}{BK^{1/2}(a - K\bar{r}^2)^{1/2}} \frac{a}{(1-a)^{1/2}}\right] = \frac{\partial}{\partial a}\left[\frac{a(1-a)^{1/2}K^{1/2}\bar{r}}{B(1 - K\bar{r}^2)^{1/2}(a - K\bar{r}^2)^{1/2}}\right],$$

$$(5.8.47)$$

将之展开，就是

$$\frac{(1 - K\bar{r}^2)^{1/2}}{K^{1/2}(a - K\bar{r}^2)^{1/2}} \frac{\partial}{\partial \bar{r}}\frac{1}{B} + \frac{1}{BK^{1/2}} \frac{a}{(1-a)^{1/2}} \frac{\partial}{\partial \bar{r}}\left(\frac{1 - K\bar{r}^2}{a - K\bar{r}^2}\right)^{1/2}$$

$$= \frac{a(1-a)^{1/2}K^{1/2}\bar{r}}{(1 - K\bar{r}^2)^{1/2}(a - K\bar{r}^2)^{1/2}} \frac{\partial}{\partial a}\frac{1}{B} + \frac{K^{1/2}\bar{r}}{B(1 - K\bar{r}^2)^{1/2}} \frac{\partial}{\partial a}\left[\frac{a(1-a)^{1/2}}{(a - K\bar{r}^2)^{1/2}}\right],$$

此即

$$\frac{a(1-a)^{1/2}K\bar{r}}{(1 - K\bar{r}^2)^{1/2}(a - K\bar{r}^2)^{1/2}} \frac{\partial \ln B}{\partial a} - \frac{(1 - K\bar{r}^2)^{1/2}}{(a - K\bar{r}^2)^{1/2}} \frac{a}{(1-a)^{1/2}} \frac{\partial \ln B}{\partial \bar{r}}$$

$$= \frac{K\bar{r}}{(1 - K\bar{r}^2)^{1/2}} \frac{\partial}{\partial a}\left[\frac{a(1-a)^{1/2}}{(a - K\bar{r}^2)^{1/2}}\right] - \frac{a}{(1-a)^{1/2}} \frac{\partial}{\partial \bar{r}}\left(\frac{1 - K\bar{r}^2}{a - K\bar{r}^2}\right)^{1/2}. \quad (5.8.48)$$

由于

$$\frac{\partial}{\partial a}\left[\frac{a(1-a)^{1/2}}{(a - K\bar{r}^2)^{1/2}}\right] = \frac{(1-a)^{1/2}}{(a - K\bar{r}^2)^{1/2}} - \frac{a}{2(1-a)^{1/2}(a - K\bar{r}^2)^{1/2}} - \frac{a(1-a)^{1/2}}{2(a - K\bar{r}^2)^{3/2}}$$

$$= \frac{a - 2K\bar{r}^2 - 2a^2 + 3aK\bar{r}^2}{2(1-a)^{1/2}(a - K\bar{r}^2)^{3/2}},$$

$$\frac{\partial}{\partial \bar{r}}\left(\frac{1 - K\bar{r}^2}{a - K\bar{r}^2}\right)^{1/2} = \frac{-K\bar{r}}{(1 - K\bar{r}^2)^{1/2}(a - K\bar{r}^2)^{1/2}} + K\bar{r}\frac{(1 - K\bar{r}^2)^{1/2}}{(a - K\bar{r}^2)^{3/2}}$$

$$= \frac{(1-a)K\bar{r}}{(1 - K\bar{r}^2)^{1/2}(a - K\bar{r}^2)^{3/2}},$$

$$(5.8.48) \text{式的右边} = \frac{K\bar{r} \left[a - 2K\bar{r}^2 - 2a^2 + 3aK\bar{r}^2 \right]}{2 \left(1 - a \right)^{1/2} \left(1 - K\bar{r}^2 \right)^{1/2} \left(a - K\bar{r}^2 \right)^{3/2}}$$

$$- \frac{a}{\left(1 - a \right)^{1/2}} \frac{\left(1 - a \right) K\bar{r}}{\left(1 - K\bar{r}^2 \right)^{1/2} \left(a - K\bar{r}^2 \right)^{3/2}}$$

$$= \frac{\left[a - 2K\bar{r}^2 - 2a^2 + 3aK\bar{r}^2 \right] - 2 \left(1 - a \right) a}{2 \left(1 - a \right)^{1/2} \left(1 - K\bar{r}^2 \right)^{1/2} \left(a - K\bar{r}^2 \right)^{3/2}} K\bar{r}$$

$$= \frac{-a - 2K\bar{r}^2 + 3aK\bar{r}^2}{2 \left(1 - a \right)^{1/2} \left(1 - K\bar{r}^2 \right)^{1/2} \left(a - K\bar{r}^2 \right)^{3/2}} K\bar{r},$$

于是，(5.8.48) 式化为

$$\frac{a \left(1 - a \right)^{1/2} K\bar{r}}{\left(1 - K\bar{r}^2 \right)^{1/2} \left(a - K\bar{r}^2 \right)^{1/2}} \frac{\partial \ln B}{\partial a} - \frac{\left(1 - K\bar{r}^2 \right)^{1/2}}{\left(a - K\bar{r}^2 \right)^{1/2}} \frac{a}{\left(1 - a \right)^{1/2}} \frac{\partial \ln B}{\partial \bar{r}}$$

$$= \frac{-a - 2K\bar{r}^2 + 3aK\bar{r}^2}{2 \left(1 - a \right)^{1/2} \left(1 - K\bar{r}^2 \right)^{1/2} \left(a - K\bar{r}^2 \right)^{3/2}} K\bar{r}, \tag{5.8.49}$$

两边同乘 $\dfrac{\left(1 - K\bar{r}^2 \right)^{1/2} \left(a - K\bar{r}^2 \right)^{1/2}}{K\bar{r}} \dfrac{\left(1 - a \right)^{1/2}}{a}$，得

$$\left(1 - a \right) \frac{\partial \ln B}{\partial a} - \frac{\left(1 - K\bar{r}^2 \right)}{K\bar{r}} \frac{\partial \ln B}{\partial \bar{r}} = \frac{-a - 2K\bar{r}^2 + 3aK\bar{r}^2}{2a \left(a - K\bar{r}^2 \right)}. \tag{5.8.50}$$

这是一阶拟线性偏微分方程，有大量的解。

为与史瓦西外解 (3.4.29) 式衔接，考虑如下定解条件。

$$\text{边界条件：} \ln B \left(a, \bar{r}_{\mathrm{B}} \right) = \frac{1}{2} \ln \left(1 - \frac{K}{a} \bar{r}_{\mathrm{B}}^2 \right), \tag{5.8.51}$$

$$\text{初始条件：} \frac{\left(1 - K\bar{r}^2 \right)}{K\bar{r}} \left. \frac{\partial \ln B}{\partial \bar{r}} \right|_{a=1} = -\frac{-1 + K\bar{r}^2}{2 \left(1 - K\bar{r}^2 \right)} = \frac{1}{2}, \tag{5.8.52}$$

初始条件 (5.8.52) 式实际是可积性条件导致的方程 (5.8.50) 在 $a = 1$ 时的形式，(5.8.52) 式可改写为

$$\left. \frac{\partial \ln B}{\partial \bar{r}} \right|_{a=1} = \frac{K\bar{r}}{2 \left(1 - K\bar{r}^2 \right)}. \tag{5.8.53}$$

(5.8.53) 式对 $\bar{r}$ 在区间 $(\bar{r}, \bar{r}_{\mathrm{B}})$ 内做定积分，得

$$\ln B \left(a = 1, \bar{r} \right) = -\frac{1}{4} \ln \left(1 - K\bar{r}^2 \right) + \frac{3}{4} \ln \left(1 - K\bar{r}_{\mathrm{B}}^2 \right) = \frac{1}{4} \ln \frac{\left(1 - K\bar{r}_{\mathrm{B}}^2 \right)^3}{\left(1 - K\bar{r}^2 \right)},$$

$$\tag{5.8.54}$$

其中已用到 (5.8.51) 式。可以证明，

$$B^2 = \frac{a^2}{b^3} \left(\frac{1 - K\bar{r}^2}{1 - K\bar{r}_B{}^2} \right)^{\frac{1}{2}} \frac{(b - K\bar{r}_B{}^2)^2}{a - K\bar{r}^2} \tag{5.8.55}$$

是方程 (5.8.50) 式满足初始条件、边界条件的解，其中

$$b = 1 - \frac{(1 - K\bar{r}^2)^{1/2}}{(1 - K\bar{r}_B{}^2)^{1/2}} (1 - a). \tag{5.8.56}$$

最后，还需利用 (5.8.46)、(5.8.55)、(5.8.56)、(5.8.38) 和 (5.8.32) 式给出 $\mathrm{d}t$ 的表达式[①]。

5.8.3　坍缩星体表面发出光信号的到达时间

光信号自星体表面沿径向测地线向外运动，这时只需考虑史瓦西外解，类光测地线满足：

$$0 = - \left(1 - \frac{2GM}{r} \right) \mathrm{d}t^2 + \frac{1}{1 - \dfrac{2GM}{r}} \mathrm{d}r^2 \quad \Rightarrow \quad \mathrm{d}t = \frac{\mathrm{d}r}{1 - \dfrac{2GM}{r}}. \tag{5.8.57}$$

设光信号于 t_S 时刻从坍缩星体表面发出 (下标 S 可以理解为 surface(星体表面)，也可以理解为 start from(来自))，在 t_R 时刻被远处的观测者看到 (下标 R 可以理解为 remote observer(远方观察者)，也可以理解为 received(接收到))，则

$$t_R = t_S + \int_{\bar{r}_B a(\bar{t}_S)}^{R} \frac{\mathrm{d}r}{1 - \dfrac{2GM}{r}} = t_S + (R - \bar{r}_B a(\bar{t}_S)) + 2GM \ln \frac{R - 2GM}{\bar{r}_B a(\bar{t}_S) - 2GM}. \tag{5.8.58}$$

---

① 把 (5.8.55) 式代入 (5.8.46) 式得

$$-\mathrm{d}t = \frac{(1 - K\bar{r}_B{}^2)^{1/4} (1 - K\bar{r}^2)^{1/4}}{K^{1/2} (b - K\bar{r}_B{}^2)} \frac{b^{3/2}}{(1 - a)^{1/2}} \mathrm{d}a + \frac{b^{3/2} (1 - a)^{1/2} K^{1/2} \bar{r} (1 - K\bar{r}_B{}^2)^{1/4}}{(1 - K\bar{r}^2)^{3/4} (b - K\bar{r}_B{}^2)} \mathrm{d}\bar{r}$$

$$= \frac{(1 - K\bar{r}_B{}^2)^{1/4}}{K^{1/2}} \left[\frac{(1 - K\bar{r}^2)^{1/4}}{b - K\bar{r}_B{}^2} \frac{b^{3/2}}{(1 - a)^{1/2}} \mathrm{d}a + \frac{b^{3/2} (1 - a)^{1/2} K\bar{r}}{(1 - K\bar{r}^2)^{3/4} (b - K\bar{r}_B{}^2)} \mathrm{d}\bar{r} \right]$$

$$= -\frac{2 (1 - K\bar{r}_B{}^2)^{1/4}}{K^{1/2}} \left[\frac{(1 - K\bar{r}^2)^{1/4}}{b - K\bar{r}_B{}^2} b^{3/2} \mathrm{d}(1 - a)^{1/2} + \frac{(1 - a)^{1/2} b^{3/2}}{b - K\bar{r}_B{}^2} \mathrm{d} \left(1 - K\bar{r}^2 \right)^{1/4} \right]$$

$$= -\frac{2 (1 - K\bar{r}_B{}^2)^{1/4}}{K^{1/2}} \frac{b^{3/2}}{b - K\bar{r}_B{}^2} \mathrm{d} \left[(1 - a)^{1/2} \left(1 - K\bar{r}^2 \right)^{1/4} \right],$$

再将 (5.8.56) 式代入，得

$$-\mathrm{d}t = -\frac{2 (1 - K\bar{r}_B{}^2)^{1/2}}{K^{1/2}} \frac{b^{3/2}}{b - K\bar{r}_B{}^2} \mathrm{d}(1 - b)^{1/2} = \frac{(1 - K\bar{r}_B{}^2)^{1/2}}{K^{1/2}} \frac{b^{3/2}}{(b - K\bar{r}_B{}^2)(1 - b)^{1/2}} \mathrm{d}b.$$

显然，t 只依赖于变量 b 及常数 K 和 $\bar{r}_B$。

显然，当

$$a\left(\bar{t}_S\right) \to \frac{2GM}{\bar{r}_{\mathrm{B}}} = K\bar{r}_{\mathrm{B}}{}^2 \tag{5.8.59}$$

时，$t_R \to +\infty$。这就是说，外部观察者看到星体坍缩到 $2GM$ 需在无穷长时间之后，因而星体坍缩到 $a < 2GM/\bar{r}_{\mathrm{B}}$，甚至 $a = 0$，外部观察者绝不可能观察到。

5.8.4 红移

5.8.4.1 远处静止观察者观测到坍缩星体表面光源发出光的红移

在共动坐标系 (5.8.21) 式中，坍缩星体表面 $(\mathrm{d}\bar{r} = \mathrm{d}\theta = \mathrm{d}\varphi = 0)$ 发出光的周期是 $\delta\bar{t}_S$，在远处的静止观察者接收到的光的周期是 δt_R。由 (5.8.58) 式的第一个等号的变分知

$$\delta t_R = \delta t_S - \bar{r}_{\mathrm{B}}\dot{a}\left(\bar{t}_S\right)\delta\bar{t}_S\left(1 - \frac{2GM}{r}\right)^{-1}. \tag{5.8.60}$$

注意，我们研究的是引力坍缩，故 $\dot{a}\left(\bar{t}_S\right) < 0$。(5.8.60) 式建立了在远处静止观察者所接收到光的周期与坍缩星体表面发出光的周期之间的关系，由此关系得

$$\frac{\delta t_R}{\delta\bar{t}_S} = \frac{\delta t_S}{\delta\bar{t}_S} - \bar{r}_{\mathrm{B}}\dot{a}\left(\bar{t}_S\right)\left(1 - \frac{2GM}{\bar{r}_{\mathrm{B}}a\left(\bar{t}_S\right)}\right)^{-1}. \tag{5.8.61}$$

它由两部分贡献组成：一部分来自星体表面处不同运动状态的钟的差异；另一部分是由两地钟的不同步引起的。我们先看前一部分。在星体表面，坍缩粒子的运动既可用史瓦西坐标系来描写，也可用共动坐标系来描写，即

$$\mathrm{d}s^2 = -\left(1 - \frac{2GM}{r_S}\right)\mathrm{d}t_S{}^2 + \frac{1}{1 - \dfrac{2GM}{r_S}}\mathrm{d}r_S{}^2 = -\mathrm{d}\bar{t}_S{}^2. \tag{5.8.62}$$

由此得

$$\left(1 - \frac{2GM}{r_S}\right)\left(\frac{\delta t_S}{\delta\bar{t}_S}\right)^2 = 1 + \frac{1}{1 - \dfrac{2GM}{r_S}}\left(\frac{\delta r_S}{\delta\bar{t}_S}\right)^2. \tag{5.8.63}$$

利用 (5.8.37) 式，它可变形为

$$\left(1 - \frac{2GM}{r_S}\right)\left(\frac{\delta t_S}{\delta\bar{t}_S}\right)^2 = 1 + \frac{\bar{r}_{\mathrm{B}}{}^2\dot{a}^2}{1 - \dfrac{2GM}{a\bar{r}_{\mathrm{B}}}}. \tag{5.8.64}$$

注意到

$$1 - \frac{2GM}{r_S} = 1 - \frac{2GM}{a\bar{r}_{\rm B}} = 1 - \frac{8\pi G \rho a^3 \bar{r}_{\rm B}{}^3}{3a\bar{r}_{\rm B}} = \frac{a - K\bar{r}_{\rm B}{}^2}{a}, \tag{5.8.65}$$

利用 (5.8.32) 式, (5.8.64) 式可解出

$$\frac{\delta t_S}{\delta \bar{t}_S} = \sqrt{\frac{a}{a - K\bar{r}_{\rm B}{}^2} + \frac{K\bar{r}_{\rm B}{}^2 \left(1 - a\right) a}{\left(a - K\bar{r}_{\rm B}{}^2\right)^2}} = \frac{\sqrt{a^2 - a^2 K\bar{r}_{\rm B}{}^2}}{a - K\bar{r}_{\rm B}{}^2} = \frac{a\left(1 - K\bar{r}_{\rm B}{}^2\right)^{1/2}}{a - K\bar{r}_{\rm B}{}^2}. \tag{5.8.66}$$

再把后一部分加上, 即得

$$\begin{aligned}
\frac{\delta t_R}{\delta \bar{t}_S} &= \frac{a\left(\bar{t}_S\right)\left(1 - K\bar{r}_{\rm B}{}^2\right)^{1/2}}{a - K\bar{r}_{\rm B}{}^2} + \bar{r}_{\rm B} K^{1/2} \left(\frac{1 - a\left(\bar{t}_S\right)}{a\left(\bar{t}_S\right)}\right)^{1/2} \frac{a\left(\bar{t}_S\right)}{a\left(\bar{t}_S\right) - K\bar{r}_{\rm B}{}^2} \\
&= \frac{a\left(\bar{t}_S\right)}{a\left(\bar{t}_S\right) - K\bar{r}_{\rm B}{}^2} \left[\left(1 - K\bar{r}_{\rm B}{}^2\right)^{1/2} + \bar{r}_{\rm B} K^{1/2} \left(\frac{1 - a\left(\bar{t}_S\right)}{a\left(\bar{t}_S\right)}\right)^{1/2}\right]. \tag{5.8.67}
\end{aligned}$$

由红移的定义 (3.6.7) 式知, 远处静止观察者观测到坍缩星体表面光源发出光的红移是

$$z = \frac{\delta t_R}{\delta \bar{t}_S} - 1 = \frac{a\left(\bar{t}_S\right)}{a\left(\bar{t}_S\right) - K\bar{r}_{\rm B}{}^2} \left[\left(1 - K\bar{r}_{\rm B}{}^2\right)^{1/2} + \bar{r}_{\rm B} K^{1/2} \left(\frac{1 - a\left(\bar{t}_S\right)}{a\left(\bar{t}_S\right)}\right)^{1/2}\right] - 1. \tag{5.8.68}$$

5.8.4.2 大坍缩 "星体" 的红移行为

(5.8.68) 式是一个比较复杂的表达式。下面仅分阶段讨论大坍缩 "星体" 的红移行为。所谓 "大" 是指

$$a\left(0\right) \bar{r}_{\rm B} \ggg 2GM = K\bar{r}_{\rm B}{}^3, \tag{5.8.69}$$

其中 $\ggg$ (及下面的 $\lll$) 是远远、远远大于 (相应地, 远远、远远小于), 它等价于

$$\frac{2GM}{\bar{r}_{\rm B}} = K\bar{r}_{\rm B}{}^2 \lll 1, \tag{5.8.70}$$

其中已用到 (5.8.26) 式。坍缩开始瞬间 $(a(0)=1)$ 的红移为

$$z = \frac{1}{1 - K\bar{r}_{\rm B}{}^2} \left[\left(1 - K\bar{r}_{\rm B}{}^2\right)^{1/2} + \bar{r}_{\rm B} K^{1/2} \left(\frac{1 - 1}{1}\right)^{1/2}\right] - 1 = \frac{1}{2} K\bar{r}_{\rm B}{}^2 = \frac{GM}{\bar{r}_{\rm B}}, \tag{5.8.71}$$

它是静态引力场的红移量，按假设，它很小，完全可忽略。

在坍缩的初级阶段，

$$a\left(\bar{t}\right)\bar{r}_{\mathrm{B}} \ggg 2GM = K\bar{r}_{\mathrm{B}}{}^3, \tag{5.8.72}$$

注意，(5.8.72) 式中 a 不同于 (5.8.69) 式中的 $a(0)$。(5.8.72) 式等式价于

$$K\bar{r}_{\mathrm{B}}{}^2 \lll a\left(\bar{t}\right) < 1. \tag{5.8.73}$$

所以，(5.8.66) 式给出

$$\frac{\delta t_S}{\delta \bar{t}_S} = \frac{a\left(1 - K\bar{r}_{\mathrm{B}}{}^2\right)^{1/2}}{\left(a - K\bar{r}_{\mathrm{B}}{}^2\right)} \approx 1 \Rightarrow t_S \approx \bar{t}_S, \tag{5.8.74}$$

由 (5.8.58) 式得

$$t_R \approx t_S + R \approx \bar{t}_S + R. \tag{5.8.75}$$

将这些结果代入 (5.8.68) 式，得

$$z \approx \bar{r}_{\mathrm{B}} K^{1/2}\left(\frac{1 - a\left(\bar{t}_S\right)}{a\left(\bar{t}_S\right)}\right)^{1/2} \approx \bar{r}_{\mathrm{B}} K^{1/2}\left(\frac{1 - a\left(t_R - R\right)}{a\left(t_R - R\right)}\right)^{1/2}. \tag{5.8.76}$$

显然，随着星体的不断坍缩，红移逐渐增加，但仍基本保持着量级。

在坍缩的晚期，

$$\frac{K\bar{r}_{\mathrm{B}}{}^2}{a\left(\bar{t}_S\right)} \to 1^- \text{ 即 } a\left(\bar{t}_S\right) \to \left(K\bar{r}_{\mathrm{B}}{}^2\right)^+ \lll 1. \tag{5.8.77}$$

由摆线参数方程 (5.8.33) 的前一方程解出 a 很小时的 ψ

$$\psi = \arccos\left(2a - 1\right) \to \quad \psi = \arccos\left(2K\bar{r}_{\mathrm{B}}{}^2 - 1\right), \tag{5.8.78}$$

将之代入 (5.8.33) 式的后一方程，并在 $\psi = \pi$(即 $a = 0$) 附近展开，得

$$\bar{t} = \frac{\cos^{-1}\left(2a - 1\right) + 2\sqrt{a - a^2}}{2\sqrt{K}} \approx \frac{\pi - 2\sqrt{a} - \frac{1}{3}a^{3/2} + 2\sqrt{a}\left(1 - \frac{1}{2}a\right)}{2\sqrt{K}}$$

$$= \frac{\pi - \frac{4}{3}a^{3/2}}{2\sqrt{K}} \approx \frac{\pi - \frac{4}{3}\left(K\bar{r}_{\mathrm{B}}{}^2\right)^{3/2}}{2\sqrt{K}}. \tag{5.8.79}$$

习 题

· 357 ·

由 (5.8.66) 式得

$$\frac{\delta t_S}{\delta a} = \frac{a\left(\bar{t}_S\right)\left(1 - K\bar{r}_\mathrm{B}{}^2\right)^{1/2}}{\dot{a}\left(a\left(\bar{t}_S\right) - K\bar{r}_\mathrm{B}{}^2\right)} = -\frac{\left(1 - K\bar{r}_\mathrm{B}{}^2\right)^{1/2}}{K^{1/2}}\frac{a^{3/2}\left(\bar{t}_S\right)}{\left(a\left(\bar{t}_S\right) - K\bar{r}_\mathrm{B}{}^2\right)\left(1 - a\left(\bar{t}_S\right)\right)^{1/2}},\tag{5.8.80}$$

积分, 得

$$t_S = -\frac{\left(1 - K\bar{r}_\mathrm{B}{}^2\right)^{1/2}}{K^{1/2}}\int_1^{a(\bar{t}_S)}\frac{a^{3/2}\mathrm{d}a}{\left(a - K\bar{r}_\mathrm{B}{}^2\right)\left(1 - a\right)^{1/2}}$$

$$\approx -K\bar{r}_\mathrm{B}{}^3\ln\left(1 - \frac{K\bar{r}_\mathrm{B}{}^2}{a\left(\bar{t}_S\right)}\right) + \mathrm{const.}\tag{5.8.81}$$

由 (5.8.58) 式得

$$t_R \approx t_S - K\bar{r}_\mathrm{B}{}^3\ln\left(1 - \frac{K\bar{r}_\mathrm{B}{}^2}{a\left(\bar{t}_S\right)}\right) + \mathrm{const.} \approx -2K\bar{r}_\mathrm{B}{}^3\ln\left(1 - \frac{K\bar{r}_\mathrm{B}{}^2}{a\left(\bar{t}_S\right)}\right) + \mathrm{const.}\tag{5.8.82}$$

将这些结果代入红移表达式 (5.8.68), 得

$$z \approx 2\left(1 - \frac{K\bar{r}_\mathrm{B}^2}{a\left(\bar{t}_S\right)}\right)^{-1} \propto \exp\left(\frac{t_R}{2K\bar{r}_\mathrm{B}^2}\right).\tag{5.8.83}$$

注意, 当 a 很小时, $\bar{t}$ 接近 $\mathcal{T}$, 这时, 红移随时间指数增长。

例如, $M = 10^8 M_\odot, \bar{r}_\mathrm{B} = 100\mathrm{l.y.}$, 在前 10^5 年, 红移仍在 10^{-3} 以内, 之后, 红移大约以每分钟 e 倍的指数律增长, 直至无穷。

小结

本节只讨论了最简单的无压、均匀密度、球对称的坍缩情况。

坍缩星体内解用共动坐标系更方便。

坍缩星体内解须与 (史瓦西) 外解相衔接。

星体在有限的时间内从静止坍缩至奇点。

远方观察者无法看到最后坍缩到奇点的过程。

在坍缩到接近史瓦西半径时, 红移按指数增加, 直至发散。

习 题

1. 计算从均匀密度星中心发出光到无穷远处的红移。

2. 计算光掠过非相对论极限的、质量为 $0.4 M_\odot$ 的白矮星表面所产生的偏折 (取 $\mu_{N/e} = 2$)。

3. 小伟乘飞船在以质量为 $1M_\odot$ 的中子星 (忽略中子星的轨动效应) 为圆心的圆形轨道上运动。圆形轨道的径向史瓦西坐标为 $16M_\odot$ (已采用 $c = G = 1$ 的单位制)。其同事小刚出太空舱，以某个初始速度 (小于逃逸速度) 沿径向测地线向外运动，在某时刻运动到最大的 $r(= R)$ 值后，开始回落，并在小伟绕中子星转了 2 圈后两人恰好相遇。小伟和小刚在分开前对过表。问: 小伟和小刚再次相遇时，两人的表是否相同？若不同，差多少？谁的表走得慢？原因是什么？

(提示：① 要用第 3 章第 7 题的结果；② 所有量都以 $M_\odot$ 为单位。)

4. 计算 FRW 度规

$$ds^2 = -dt^2 + a^2\left(t\right)\left(\frac{dr^2}{1 - Kr^2} + r^2 d\Omega^2\right)$$

的所有非零联络系数, 以及里奇曲率张量、曲率标量, 其中 K 为常数, 可正、可负, 亦可为零。

第 6 章　黑　洞　物　理

6.1　黑洞的基本概念

6.1.1　历史上的黑洞

1783 年, 米歇尔 (John Michell) 首先提出自然界中可能存在 "暗星"(dark stars)。所谓暗星, 就是无穷远处观察者无法看到的星。米歇尔利用光的微粒说, 设光粒子有质量 m, 按照牛顿理论, 光粒子的动能为

$$E_K = \frac{1}{2}mc^2, \tag{6.1.1}$$

粒子在质量为 M 的球对称星体表面的引力势能为

$$V = -\frac{GMm}{R}. \tag{6.1.2}$$

当粒子的动能小于势能的大小时, 即当

$$\frac{1}{2}mc^2 < \frac{GMm}{R} \quad \Rightarrow \quad R < \frac{2GM}{c^2} \tag{6.1.3}$$

时, 星体表面的光无法逃离该星球, 远方的观察者无法看到它。米歇尔给了个例子, 若星体的密度不低于太阳的密度 $\left(\bar{\rho}_\odot \approx 1.4 \times 10^3 \text{kg/m}^3 \right)$, 则直径超过 500 倍太阳直径, 就无法被远方的观察者看到[①]。

1796 年, 拉普拉斯 (Pierre-Simon Laplace) 也独立地给出同样的结论。拉普拉斯给的例子是, 我们无法看到与地球密度 $\left(\bar{\rho}_\oplus \approx 5.5 \times 10^3 \text{kg/m}^3 \right)$ 相同而直径为太阳直径 250 倍的明亮星球[②]。1801 年, 托马斯·杨 (Thomas Young) 完成光的干涉实验, 光的波动说战胜光的微粒说。拉普拉斯认为基于光的微粒说的 "暗星" 结论十分可疑, 于是, 1808 年在其《天体力学》的第三版中删掉了相关论述。

1916 年, 史瓦西 (Karl Schwarzschild) 给出爱因斯坦场方程的第一个严格解——史瓦西解 (3.4.31) 式。该解在 $r = \dfrac{2GM}{c^2}$ 处奇异。由于引力红移, 无穷远处的观察者无法看到静止于 $r = \dfrac{2GM}{c^2}$ 的光源发出的光。它使得暗星概念复活。

---

① 星体半径为 3.48×10^8km, 按均匀密度计, $2GM/c^2 \approx 3.67 \times 10^8$km。

② 星体半径为 1.74×10^8km, 按均匀密度计, $2GM/c^2 \approx 1.80 \times 10^8$km。

1939 年, 奥本海默 (Julius Robert Oppenheimer) 和史耐德 (Hartland Snyder) 利用广义相对论研究星体坍缩时发现, 当坍缩核的质量大到连中子的简并压也无法支撑时, 就会不停地坍缩下去, 形成 "暗星"。然而, 爱因斯坦不喜奇异性, 一直认为, 自然界中一定存在某种物理机理, 它能阻止星体坍缩成 "暗星"。

1958 年, 芬克斯坦 (David Finkelstein) 将 $r \leqslant \dfrac{2GM}{c^2}$ 的区域解释成任何东西都无法逃离的区域。1967 年, 惠勒 (John A. Wheeler) 将之命名为黑洞。

6.1.2 史瓦西解中的奇异性

为方便起见, 我们在本章的讨论中采用几何单位制, 即 $c = G = 1$ 的单位制。在这个单位制下, 史瓦西解由 (3.4.32) 式给出。在 3.4.3 节中, 我们已看到, 史瓦西解在 $r = 2M$ 和 $r = 0$ 处奇异, 具体地说, 当 $r = 2M$ 时, $g_{tt} \to 0$, $g_{rr} \to \infty$; 当 $r = 0$ 时, $g_{tt} \to \infty$, $g_{rr} \to 0$。

为了解这两处奇异性的性质, 我们先来做一些计算。由静态球对称度规的非零联络系数 (3.4.19) 式和史瓦西度规 (3.4.32) 式得史瓦西度规的非零联络系数为

$$
\begin{aligned}
&\Gamma^t_{tr} = \Gamma^t_{rt} = \frac{M}{r^2}\left(1 - \frac{2M}{r}\right)^{-1}, \quad \Gamma^r_{tt} = \frac{M}{r^2}\left(1 - \frac{2M}{r}\right), \\[2mm]
&\Gamma^r_{rr} = -\frac{M}{r^2}\left(1 - \frac{2M}{r}\right)^{-1}, \quad \Gamma^r_{\theta\theta} = -r\left(1 - \frac{2M}{r}\right), \\[2mm]
&\Gamma^r_{\varphi\varphi} = \Gamma^r_{\theta\theta}\sin^2\theta, \quad \Gamma^\theta_{r\theta} = \Gamma^\theta_{\theta r} = \Gamma^\varphi_{r\varphi} = \Gamma^\varphi_{\varphi r} = \frac{1}{r}, \\[2mm]
&\Gamma^\varphi_{\theta\varphi} = \Gamma^\varphi_{\varphi\theta} = \cot\theta, \quad \Gamma^\theta_{\varphi\varphi} = -\sin\theta\cos\theta.
\end{aligned}
\tag{6.1.4}
$$

由 (2.8.5) 及 (6.1.4) 式可计算史瓦西时空的黎曼曲率张量[①]如下:

$$
\begin{aligned}
R^0{}_{1\kappa\lambda} &= \partial_\kappa \Gamma^0_{1\lambda} - \partial_\lambda \Gamma^0_{1\kappa} + \Gamma^0_{\sigma\kappa}\Gamma^\sigma_{1\lambda} - \Gamma^0_{\sigma\lambda}\Gamma^\sigma_{1\kappa} \\[2mm]
&= \delta^1_\kappa \partial_1 \Gamma^0_{10}\delta^0_\lambda - \delta^1_\lambda \partial_1 \Gamma^0_{10}\delta^0_\kappa + \Gamma^0_{0\kappa}\Gamma^0_{1\lambda} + \Gamma^0_{1\kappa}\Gamma^1_{1\lambda} - \Gamma^0_{0\lambda}\Gamma^0_{1\kappa} - \Gamma^0_{1\lambda}\Gamma^1_{1\kappa} \\[2mm]
&= \left(\partial_1 \Gamma^0_{10} + \Gamma^0_{01}\Gamma^0_{10} - \Gamma^0_{10}\Gamma^1_{11}\right)\left(\delta^1_\kappa \delta^0_\lambda - \delta^1_\lambda \delta^0_\kappa\right) \\[2mm]
&= -\frac{2M}{r^3}\left(1 - \frac{2M}{r}\right)^{-1}\left(\delta^1_\kappa \delta^0_\lambda - \delta^1_\lambda \delta^0_\kappa\right),
\end{aligned}
\tag{6.1.5}
$$

[①] 史瓦西解是宇宙学常数为零的真空爱因斯坦方程的解, 它必是里奇平坦的, 即里奇曲率张量必为零。由于史瓦西时空是弯曲的, 其弯曲的性质必体现在黎曼曲率张量之中, 故这里计算黎曼曲率张量。顺便指出, 由 (2.8.53) 式知, 非零黎曼曲率张量只能是外尔曲率张量。

$$R^0{}_{2\kappa\lambda} = \partial_\kappa \Gamma^0_{2\lambda} - \partial_\lambda \Gamma^0_{2\kappa} + \Gamma^0_{\sigma\kappa} \Gamma^\sigma_{2\lambda} - \Gamma^0_{\sigma\lambda} \Gamma^\sigma_{2\kappa}$$

$$= \Gamma^0_{1\kappa} \Gamma^1_{2\lambda} - \Gamma^0_{1\lambda} \Gamma^1_{2\kappa} = \Gamma^0_{10} \Gamma^1_{22} \left(\delta^0_\kappa \delta^2_\lambda - \delta^0_\lambda \delta^2_\kappa \right)$$

$$= -\frac{M}{r} \left(\delta^0_\kappa \delta^2_\lambda - \delta^0_\lambda \delta^2_\kappa \right), \tag{6.1.6}$$

$$R^0{}_{3\kappa\lambda} = \partial_\kappa \Gamma^0_{3\lambda} - \partial_\lambda \Gamma^0_{3\kappa} + \Gamma^0_{\sigma\kappa} \Gamma^\sigma_{3\lambda} - \Gamma^0_{\sigma\lambda} \Gamma^\sigma_{3\kappa}$$

$$= \Gamma^0_{1\kappa} \Gamma^1_{3\lambda} - \Gamma^0_{1\lambda} \Gamma^1_{3\kappa} = \Gamma^0_{10} \Gamma^1_{33} \left(\delta^0_\kappa \delta^3_\lambda - \delta^0_\lambda \delta^3_\kappa \right) = R^0{}_{2\kappa\lambda} \sin^2 \theta, \tag{6.1.7}$$

$$R^1{}_{0\kappa\lambda} = -g^{11} g_{00} R^0{}_{1\kappa\lambda}$$

$$= -\frac{2M}{r^3} \left(1 - \frac{2M}{r} \right) \left(\delta^1_\kappa \delta^0_\lambda - \delta^1_\lambda \delta^0_\kappa \right), \tag{6.1.8}$$

$$R^2{}_{0\kappa\lambda} = -g^{22} g_{00} R^0{}_{2\kappa\lambda}$$

$$= -\frac{M}{r^3} \left(1 - \frac{2M}{r} \right) \left(\delta^2_\kappa \delta^0_\lambda - \delta^2_\lambda \delta^0_\kappa \right), \tag{6.1.9}$$

$$R^3{}_{0\kappa\lambda} = -g^{33} g_{00} R^0{}_{3\kappa\lambda} = -g^{22} g_{00} R^0{}_{2\kappa\lambda} = R^2{}_{0\kappa\lambda}, \tag{6.1.10}$$

$$R^1{}_{2\kappa\lambda} = \partial_\kappa \Gamma^1_{2\lambda} - \partial_\lambda \Gamma^1_{2\kappa} + \Gamma^1_{\sigma\kappa} \Gamma^\sigma_{2\lambda} - \Gamma^1_{\sigma\lambda} \Gamma^\sigma_{2\kappa}$$

$$= \partial_1 \Gamma^1_{22} \left(\delta^1_\kappa \delta^2_\lambda - \delta^1_\lambda \delta^2_\kappa \right) + \Gamma^1_{11} \Gamma^1_{22} \left(\delta^1_\kappa \delta^2_\lambda - \delta^1_\lambda \delta^2_\kappa \right) + \Gamma^1_{22} \Gamma^2_{21} \left(\delta^2_\kappa \delta^1_\lambda - \delta^2_\lambda \delta^1_\kappa \right)$$

$$+ \Gamma^1_{33} \Gamma^3_{23} \left(\delta^3_\kappa \delta^3_\lambda - \delta^3_\lambda \delta^3_\kappa \right)$$

$$= \left(\partial_1 \Gamma^1_{22} + \Gamma^1_{11} \Gamma^1_{22} - \Gamma^1_{22} \Gamma^2_{21} \right) \left(\delta^1_\kappa \delta^2_\lambda - \delta^1_\lambda \delta^2_\kappa \right) = -\frac{M}{r} \left(\delta^1_\kappa \delta^2_\lambda - \delta^1_\lambda \delta^2_\kappa \right), \tag{6.1.11}$$

$$R^2{}_{1\kappa\lambda} = -g^{22} g_{11} R^1{}_{2\kappa\lambda}$$

$$= \frac{M}{r^3} \left(1 - \frac{2M}{r} \right)^{-1} \left(\delta^1_\kappa \delta^2_\lambda - \delta^1_\lambda \delta^2_\kappa \right), \tag{6.1.12}$$

$$R^1{}_{3\kappa\lambda} = \partial_\kappa \Gamma^1_{3\lambda} - \partial_\lambda \Gamma^1_{3\kappa} + \Gamma^1_{\sigma\kappa} \Gamma^\sigma_{3\lambda} - \Gamma^1_{\sigma\lambda} \Gamma^\sigma_{3\kappa}$$

$$= \partial_1 \Gamma^1_{33} \left(\delta^1_\kappa \delta^3_\lambda - \delta^1_\lambda \delta^3_\kappa \right) + \partial_2 \Gamma^1_{33} \left(\delta^2_\kappa \delta^3_\lambda - \delta^2_\lambda \delta^3_\kappa \right) + \Gamma^1_{11} \Gamma^1_{33} \left(\delta^1_\kappa \delta^3_\lambda - \delta^1_\lambda \delta^3_\kappa \right)$$

$$+ \Gamma^1_{22} \Gamma^2_{33} \left(\delta^2_\kappa \delta^3_\lambda - \delta^2_\lambda \delta^3_\kappa \right) + \Gamma^1_{33} \Gamma^3_{31} \left(\delta^3_\kappa \delta^1_\lambda - \delta^3_\lambda \delta^1_\kappa \right) + \Gamma^1_{33} \Gamma^3_{32} \left(\delta^3_\kappa \delta^2_\lambda - \delta^3_\lambda \delta^2_\kappa \right)$$

$$= \left(\partial_1 \Gamma^1_{33} + \Gamma^1_{11} \Gamma^1_{33} - \Gamma^1_{33} \Gamma^3_{31} \right) \left(\delta^1_\kappa \delta^3_\lambda - \delta^1_\lambda \delta^3_\kappa \right)$$

$$+ \left(\partial_2 \Gamma^1_{33} + \Gamma^1_{22} \Gamma^2_{33} - \Gamma^1_{33} \Gamma^3_{32} \right) \left(\delta^2_\kappa \delta^3_\lambda - \delta^2_\lambda \delta^3_\kappa \right)$$

$$= -\frac{M}{r}\sin^2\theta\left(\delta^1_\kappa\delta^3_\lambda - \delta^1_\lambda\delta^3_\kappa\right), \tag{6.1.13}$$

$$R^3{}_{1\kappa\lambda} = -g^{33}g_{11}R^1{}_{3\kappa\lambda}$$

$$= \frac{M}{r^3}\left(1 - \frac{2M}{r}\right)^{-1}\left(\delta^1_\kappa\delta^3_\lambda - \delta^1_\lambda\delta^3_\kappa\right), \tag{6.1.14}$$

$$R^2{}_{3\kappa\lambda} = \partial_\kappa\Gamma^2_{3\lambda} - \partial_\lambda\Gamma^2_{3\kappa} + \Gamma^2_{\sigma\kappa}\Gamma^\sigma_{3\lambda} - \Gamma^2_{\sigma\lambda}\Gamma^\sigma_{3\kappa}$$

$$= \partial_2\Gamma^2_{33}\left(\delta^2_\kappa\delta^3_\lambda - \delta^2_\lambda\delta^3_\kappa\right) + \Gamma^2_{12}\Gamma^1_{33}\left(\delta^2_\kappa\delta^3_\lambda - \delta^2_\lambda\delta^3_\kappa\right) + \Gamma^2_{21}\Gamma^2_{33}\left(\delta^1_\kappa\delta^3_\lambda - \delta^1_\lambda\delta^3_\kappa\right)$$

$$\quad + \Gamma^2_{33}\Gamma^3_{31}\left(\delta^3_\kappa\delta^1_\lambda - \delta^3_\lambda\delta^1_\kappa\right) + \Gamma^2_{33}\Gamma^3_{32}\left(\delta^3_\kappa\delta^2_\lambda - \delta^3_\lambda\delta^2_\kappa\right)$$

$$= \left(\partial_2\Gamma^2_{33} + \Gamma^2_{12}\Gamma^1_{33} - \Gamma^2_{33}\Gamma^3_{32}\right)\left(\delta^2_\kappa\delta^3_\lambda - \delta^2_\lambda\delta^3_\kappa\right)$$

$$\quad + \left(\Gamma^2_{21}\Gamma^2_{33} - \Gamma^2_{33}\Gamma^3_{31}\right)\left(\delta^1_\kappa\delta^3_\lambda - \delta^1_\lambda\delta^3_\kappa\right)$$

$$= \left(-\cos^2\theta + \sin^2\theta - \left(1 - \frac{2M}{r}\right)\sin^2\theta + \cos^2\theta\right)\left(\delta^2_\kappa\delta^3_\lambda - \delta^2_\lambda\delta^3_\kappa\right)$$

$$= \frac{2M}{r}\sin^2\theta\left(\delta^2_\kappa\delta^3_\lambda - \delta^2_\lambda\delta^3_\kappa\right), \tag{6.1.15}$$

$$R^3{}_{2\kappa\lambda} = -g^{33}g_{22}R^2{}_{3\kappa\lambda} = -\frac{2M}{r}\left(\delta^2_\kappa\delta^3_\lambda - \delta^2_\lambda\delta^3_\kappa\right). \tag{6.1.16}$$

由黎曼曲率张量可构造一些标量, 例如 $R_{\mu\nu\kappa\lambda}R^{\mu\nu\kappa\lambda}$ 就是一个标量, 称为 Kretschmann 标量. 现在我们来计算史瓦西时空的 Kretschmann 标量.

$$R_{\mu\nu\kappa\lambda}R^{\mu\nu\kappa\lambda}$$

$$= -R^\mu{}_{\nu\kappa\lambda}R^\nu{}_{\mu\rho\sigma}g^{\kappa\rho}g^{\lambda\sigma}$$

$$= -2(R^0{}_{i\kappa\lambda}R^i{}_{0\rho\sigma} + R^1{}_{2\kappa\lambda}R^2{}_{1\rho\sigma} + R^1{}_{3\kappa\lambda}R^3{}_{1\rho\sigma}$$

$$\quad + R^2{}_{3\kappa\lambda}R^3{}_{2\rho\sigma})g^{\kappa\rho}g^{\lambda\sigma}. \tag{6.1.17}$$

由于

$$R^0{}_{1\kappa\lambda}R^1{}_{0\rho\sigma}g^{\kappa\rho}g^{\lambda\sigma} = \frac{4M^2}{r^6}\left(\delta^1_\kappa\delta^0_\lambda - \delta^1_\lambda\delta^0_\kappa\right)\left(\delta^1_\rho\delta^0_\sigma - \delta^1_\sigma\delta^0_\rho\right)g^{\kappa\rho}g^{\lambda\sigma} = -\frac{8M^2}{r^6},$$

$$R^0{}_{2\kappa\lambda}R^2{}_{0\rho\sigma}g^{\kappa\rho}g^{\lambda\sigma} = \frac{M^2}{r^4}\left(1 - \frac{2M}{r}\right)\left(\delta^0_\kappa\delta^2_\lambda - \delta^0_\lambda\delta^2_\kappa\right)\left(\delta^0_\rho\delta^2_\sigma - \delta^0_\sigma\delta^2_\rho\right)g^{\kappa\rho}g^{\lambda\sigma}$$

$$= -\frac{2M^2}{r^6},$$

$$R^0{}_{3\kappa\lambda}R^3{}_{0\rho\sigma}g^{\kappa\rho}g^{\lambda\sigma} = \frac{M^2}{r^4}\left(1 - \frac{2M}{r}\right)\sin^2\theta\left(\delta^0_\kappa\delta^3_\lambda - \delta^0_\lambda\delta^3_\kappa\right)\left(\delta^0_\rho\delta^3_\sigma - \delta^0_\sigma\delta^3_\rho\right)g^{\kappa\rho}g^{\lambda\sigma}$$

$$= -\frac{2M^2}{r^6},$$

$$R^1{}_{2\kappa\lambda}R^2{}_{1\rho\sigma}g^{\kappa\rho}g^{\lambda\sigma} = -\frac{M^2}{r^4}\left(1 - \frac{2M}{r}\right)^{-1}\left(\delta^1_\kappa\delta^2_\lambda - \delta^1_\lambda\delta^2_\kappa\right)\left(\delta^1_\rho\delta^2_\sigma - \delta^1_\sigma\delta^2_\rho\right)g^{\kappa\rho}g^{\lambda\sigma}$$

$$= -\frac{2M^2}{r^6},$$

$$R^1{}_{3\kappa\lambda}R^3{}_{1\rho\sigma}g^{\kappa\rho}g^{\lambda\sigma} = -\frac{M^2}{r^4}\left(1 - \frac{2M}{r}\right)^{-1}\sin^2\theta\left(\delta^1_\kappa\delta^3_\lambda - \delta^1_\lambda\delta^3_\kappa\right)\left(\delta^1_\rho\delta^3_\sigma - \delta^1_\sigma\delta^3_\rho\right)g^{\kappa\rho}g^{\lambda\sigma}$$

$$= -\frac{2M^2}{r^6},$$

$$R^2{}_{3\kappa\lambda}R^3{}_{2\rho\sigma}g^{\kappa\rho}g^{\lambda\sigma} = -\frac{4M^2}{r^2}\sin^2\theta\left(\delta^2_\kappa\delta^3_\lambda - \delta^2_\lambda\delta^3_\kappa\right)\left(\delta^2_\rho\delta^3_\sigma - \delta^2_\sigma\delta^3_\rho\right)g^{\kappa\rho}g^{\lambda\sigma}$$

$$= -\frac{8M^2}{r^6},$$

所以，Kretschmann 标量

$$R_{\mu\nu\kappa\lambda}R^{\mu\nu\kappa\lambda} = \frac{48M^2}{r^6}. \tag{6.1.18}$$

当 $r = 2M$ 时，虽然 $g_{tt} \to 0$, $g_{rr} \to \infty$, 但 Kretschmann 标量是有限的，

$$R_{\mu\nu\kappa\lambda}R^{\mu\nu\kappa\lambda} = \frac{48M^2}{(2M)^6} = \frac{3}{4M^4}, \tag{6.1.19}$$

它并不奇异。然而，当 $r \to 0$ 时，$g_{tt} \to \infty$, $g_{rr} \to 0$, Kretschmann 标量发散

$$R_{\mu\nu\kappa\lambda}R^{\mu\nu\kappa\lambda} = \frac{48M^2}{r^6} \to \infty. \tag{6.1.20}$$

可见，$r = 2M$ 和 $r = 0$ 两处奇异性的性质完全不同！须注意，Kretschmann 标量是由黎曼曲率张量组成的标量，而标量在坐标变换下保持不变。所以，无论采用什么坐标系，$r \to 0$ 处的发散都不会改变；$r = 2M$ 处的奇异性则不然，完全有可能找到一个坐标系，在这个坐标系中，度规在 $r = 2M$ 处不再奇异。

那么，是否真存在消除 $r = 2M$ 处奇异性的坐标系呢？答案为是，有很多很多！比如，在史瓦西解 (3.4.32) 式中令

$$\mathrm{d}r_* = \frac{\mathrm{d}r}{1 - \dfrac{2M}{r}} \quad \Rightarrow \quad r_* = \int \frac{r\,\mathrm{d}r}{r - 2M} = r + 2M\ln\left|\frac{r - 2M}{2M}\right|, \tag{6.1.21}$$

r_* 称为乌龟 (tortoise) 坐标，再令

$$v = t + r_* \quad \Rightarrow \quad \mathrm{d}t = \mathrm{d}v - \mathrm{d}r_* = \mathrm{d}v - \frac{\mathrm{d}r}{1 - \frac{2M}{r}}, \tag{6.1.22}$$

v 为类光坐标，将之代入史瓦西解的第一项得

$$\left(1 - \frac{2M}{r}\right)\mathrm{d}t^2 = \left(1 - \frac{2M}{r}\right)\mathrm{d}v^2 - 2\mathrm{d}v\mathrm{d}r + \frac{\mathrm{d}r^2}{1 - \frac{2M}{r}}, \tag{6.1.23}$$

于是，史瓦西度规化为爱丁顿-芬克斯坦 (Eddington-Finkelstein) 形式，

$$\mathrm{d}s^2 = -\left(1 - \frac{2M}{r}\right)\mathrm{d}v^2 + 2\mathrm{d}v\mathrm{d}r + r^2\mathrm{d}\Omega^2. \tag{6.1.24}$$

虽然 (6.1.24) 式在 $r = 2M$ 处有 $g_{00} = 0$，但 $g_{\mu\nu}$ 是非退化的，这一点可从度规的矩阵形式很容易看出：

$$g_{\mu\nu} = \begin{pmatrix} -1 + \dfrac{2M}{r} & 1 & 0 & 0 \\ 1 & 0 & 0 & 0 \\ 0 & 0 & r^2 & 0 \\ 0 & 0 & 0 & r^2\sin^2\theta \end{pmatrix},$$

$$\tag{6.1.25}$$

$$g^{\mu\nu} = \begin{pmatrix} 0 & 1 & 0 & 0 \\ 1 & 1 - \dfrac{2M}{r} & 0 & 0 \\ 0 & 0 & r^{-2} & 0 \\ 0 & 0 & 0 & r^{-2}\csc^2\theta \end{pmatrix}.$$

也就是说，当采用 v, r, θ, φ 时，史瓦西度规在 $r = 2M$ 处确实无奇异！

　　这里有一个问题。乌龟坐标 (6.1.21) 式在 $r = 2M$ 处发散，所以，度规虽然有好的定义，但奇异性实际藏在坐标变换中，在这种情况下，还能说变换前后的度规 (3.4.32) 与 (6.1.24) 式描写的是同一时空吗？

　　回答这个问题，就需要回到第 2 章的最开始——流形的定义。在流形定义时，并未对坐标片的边界提任何要求，只要在两坐标片的交集 (必是开集) 中，两坐标片及它们间的坐标变换都有好的定义即可，在坐标片边界处坐标是否发散、坐标变换是否奇异不在考量之列。对于史瓦西时空，在 $r > 2M$ 时，t, r, θ, φ 与 $v, r,$ θ, φ 及它们之间的坐标变换都有好的定义，完全符合流形的定义。事实上，正是因为采用微分流形来定义时空，才将历史上的争论从逻辑上消除。

根据上述讨论,类似于史瓦西解中 $r=0$ 处的奇异性称为内禀奇异性 (intrinsic singularity),或称为本性奇点,在此处,不仅度规奇异,由曲率张量构成的标量也奇异,或者说在任何坐标系中,此处都是奇异的。这种奇异性表征时空本身在那里有毛病。从流形的观点看,这种点不在流形之内! 就像需将圆锥的顶点去掉才构成一个流形一样。如同史瓦西解中 $r=2M$ 处那样,可以通过坐标变换消除的奇异性,称为坐标奇异性 (coordinate singularity),或称为坐标奇点。

6.1.3 史瓦西解的特征曲面

6.1.3.1 无限红移面

我们在第 3 章的习题 6 中做了计算,当静止光源的位置趋于 $r=2M$ 时,它发出光的频率将发生 "无限红移"! 频率变为零,波长变成无穷大,故 $r=2M$ 称为无限红移面。

6.1.3.2 静界

我们在第 3 章的习题 4 中做了如下练习:忽略地球转动,假定地球外解由史瓦西度规描写,计算静止于地球表面的观察者的 4 加速度。如果我们把地球这个概念抽掉,只保留施瓦西解,我们就可讨论静止于任何一点的观察者的 4 加速度。在史瓦西时空中静止观察者的 4 速度 (3.2.9) 式为

$$U^\mu = \left((1-2M/r)^{-1/2},0,0,0\right),\tag{6.1.26}$$

4 加速度为

$$a^\mu = U^\nu \nabla_\nu U^\mu = U^\nu \left(U^\mu_{,\nu} + \Gamma^\mu_{\sigma\nu}U^\sigma\right) = \Gamma^\mu_{00}\left(1-2M/r\right)^{-1} = \frac{M}{r^2}\delta^\mu_1,\tag{6.1.27}$$

其大小为

$$a = \sqrt{g_{\mu\nu}a^\mu a^\nu} = \frac{M}{r^2}\sqrt{g_{11}} = \frac{M}{r^2}\left(1-\frac{2M}{r}\right)^{-1/2} \xrightarrow{r\to 2M} \infty.\tag{6.1.28}$$

因而,我们称 $r=2M$ 为史瓦西时空的静界 (static surface),这是因为,当 $r>2M$ 时观察者可静止于时空中 (4 加速度是有限的)。换句话说,当 $r>2M$ 时,时空曲线 $r,\theta,\varphi=$ 常数是一条类时的世界线。

6.1.3.3 单向膜与视界

通常,3 维空间中的球面 $r=C$ 是可进可出的,如图 6.1.1 所示。在时空中,2 维球面就是沿时间方向被拉成一个 3 维类时超曲面,如图 6.1.2 所示,这个超曲面是可双向通行的,双向通行性也由图 6.1.2 给出。

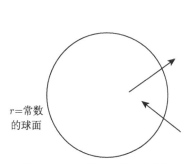

图 6.1.1   2 维球面的空间图

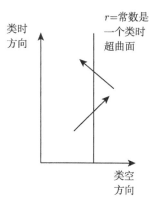

图 6.1.2   2 维球面的时空图

在史瓦西时空中，每一个

$$f(x^\mu) := r = C \tag{6.1.29}$$

都是一个超曲面, 其法矢为

$$n^\mu = g^{\mu\nu}\nabla_\nu f = g^{\mu 1} = \left(1 - \frac{2M}{r}\right)\delta_1^\mu, \tag{6.1.30}$$

其模方为

$$n^\mu n_\mu = g_{\mu\nu}g^{\mu 1}g^{\nu 1} = g^{11} = 1 - \frac{2M}{r}. \tag{6.1.31}$$

根据 2.12 节关于超曲面的讨论知, 当 $r > 2M$ 时, $n^\mu n_\mu > 0, f(x^\mu) := r = C$ 是一个类时超曲面；当 $r < 2M$ 时, $n^\mu n_\mu < 0, f(x^\mu) := r = C$ 是一个类空超曲面；当 $r = 2M$ 时, $n^\mu n_\mu = 0, f(x^\mu) := r = C$ 是一个类光超曲面, 或称零 (超) 曲面。在时空图中将这些结果定性地画出来, 如图 6.1.3 所示。由图可见, 当 $r > 2M$ 时, $r = C$ 是一个类时超曲面, 信号能够双向通行；当 $r < 2M$ 和 $r = 2M$ 时, $r = C$ 分别是一个类空超曲面和类光超曲面, 这时, 信号只能进, 不能出。这种只能进不能出的面, 称为单向膜。单向膜的边界称为视界 (horizon)。

6.1.3.4   时空坐标互换

由史瓦西度规 (3.4.32) 式易见, 当 $r > 2M$ 时, $1 - \frac{2M}{r} > 0$, $\mathrm{d}t^2$ 前的系数是负的, $\mathrm{d}r^2$ 前的系数是正的, 故 t 是时间坐标, r 是空间坐标。当 $r < 2M$ 时, $1 - \frac{2M}{r} < 0$, $\mathrm{d}t^2$ 前的系数是正的 (与 $\mathrm{d}\theta^2$、$\mathrm{d}\varphi^2$ 前系数的符号一样), $\mathrm{d}r^2$ 前的系数是负的, 故 t 应是空间坐标, 而 r 变成时间坐标。这就是时空坐标的互换。

图 6.1.4 给出史瓦西解未来光锥的变化，图中横坐标是史瓦西径向坐标 r，纵坐标是 $t + 2M \ln \frac{|r - 2M|}{2M}$，$v$ 是类光坐标 (6.1.22) 式，u 是另一个类光坐标见 (6.2.1) 式。图 6.1.4 中所有坐标都以质量 M 为单位 (在几何单位制 $(c = G = 1)$ 中，长度与质量具有相同的量纲)。从图中可清楚地看到光锥指向及时空坐标的互换。

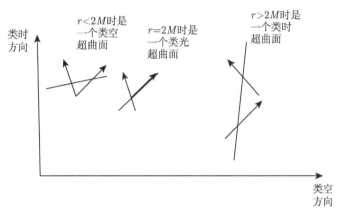

图 6.1.3   在史瓦西解中 $r = C$ 的超曲面的可通行性示意图

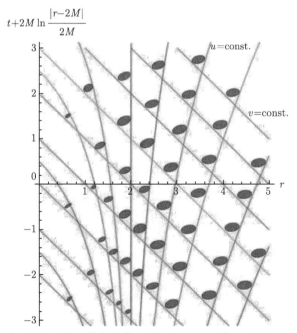

图 6.1.4   史瓦西解未来光锥的变化 (坐标以 M 为单位，u 定义见 (6.2.1) 式)

总之，根据经典广义相对论，由于单向膜的存在，物质落入这个区域后无法逃离这个区域, 故称这个区域为黑洞。黑洞仅吸收物质 (包括光) 而没有任何辐射, 故黑洞是完全黑的!

6.2　史瓦西时空的最大解析延拓

6.2.1　Kruskal 度规

在 6.1 节中, 我们已通过坐标变换 (6.1.22) 及 (6.1.21) 式把史瓦西解 (3.4.32) 式变成爱丁顿-芬克斯坦形式 (6.1.24) 式。在史瓦西坐标中, r 的定义域为 $(2M, +\infty)$, t 的定义域为 $(-\infty, +\infty)$。在爱丁顿-芬克斯坦坐标中, r 的定义域为 $(0, +\infty)$, v 的定义域为 $(-\infty, +\infty)$。6.1 节中已指出, v, r, θ, φ 这组爱丁顿-芬克斯坦坐标既可描写黑洞以外, 也可描写黑洞内部。

仿照类光坐标 (6.1.22) 式的定义, 还可定义

$$u = t - r_*. \tag{6.2.1}$$

利用 (6.2.1) 式, 史瓦西度规 (3.4.32) 式同样化为爱丁顿-芬克斯坦形式

$$ds^2 = -\left(1 - \frac{2M}{r}\right)du^2 - 2dudr + r^2 d\Omega^2, \tag{6.2.2}$$

其中 r 的定义域为 $(0, +\infty)$, u 的定义域为 $(-\infty, +\infty)$。比较 (6.1.24) 和 (6.2.2) 式, 两者之间的区别仅在交叉项前差一个负号。两者都能消除 $r = 2M$ 处的坐标奇异性。为区分 v 和 u, v 称为超前 (advanced) 类光坐标, u 称为延迟 (retarded) 类光坐标。

进一步, 同时利用 (6.1.22) 和 (6.2.1) 式, 可将史瓦西度规化为

$$ds^2 = -\left(1 - \frac{2M}{r(r_*)}\right)\left(dt^2 - dr_*^2\right) + r^2(r_*)d\Omega^2$$

$$= \left(1 - \frac{2M}{r(u,v)}\right)(-dudv) + r^2(u,v)d\Omega^2, \tag{6.2.3}$$

其中 $-dudv$ 是采用双类光坐标表示的 2 维闵氏度规, (6.2.3) 式的第一项表明它共形于 2 维闵氏度规。再令

$$U = \mp\left(\pm 4Me^{-u/(4M)}\right), \quad V = \pm 4Me^{v/(4M)}, \tag{6.2.4}$$

其中 U 和 V 的表达式中 $4M$ 前的正负号是一一对应的, U 的表达式中圆括号以外的负正号与 r 取大于 $2M$ 或小于 $2M$ 相对应, 故共有 4 种符号组合。利用 (6.2.4) 式立即可得

$$dU = \pm\left(\pm e^{-u/(4M)}\right)du, \quad dV = \pm e^{v/(4M)}dv,$$

$$\mathrm{d}U\mathrm{d}V = \pm \mathrm{e}^{(v-u)/(4M)}\mathrm{d}u\mathrm{d}v = \pm \mathrm{e}^{2r_*/(4M)}\mathrm{d}u\mathrm{d}v, \begin{cases} + : r > 2M, \\ - : r < 2M, \end{cases} \tag{6.2.5}$$

将之代入 (6.2.3) 式, 得

$$\begin{aligned} \mathrm{d}s^2 &= \pm \left(1 - \frac{2M}{r}\right)\mathrm{e}^{-r_*/(2M)}\left(-\mathrm{d}U\mathrm{d}V\right) + r^2\mathrm{d}\Omega^2 \\ &= \frac{2M}{r}\mathrm{e}^{-r/(2M)}\left(-\mathrm{d}U\mathrm{d}V\right) + r^2\mathrm{d}\Omega^2, \end{aligned} \tag{6.2.6}$$

其中 r_* 由 (6.1.21) 式给出。再利用坐标变换

$$T = \frac{1}{2}\left(U + V\right), \quad R = \frac{1}{2}\left(V - U\right), \tag{6.2.7}$$

就可将史瓦西度规写成如下形式

$$\mathrm{d}s^2 = \frac{2M}{r}\mathrm{e}^{-r/(2M)}\left(-\mathrm{d}T^2 + \mathrm{d}R^2\right) + r^2\mathrm{d}\Omega^2. \tag{6.2.8}$$

这个度规就称为 Kruskal 度规, 也称为 Kruskal-Szekeres 度规, 是 M. D. Kruskal 和 G. Szekeres 首先得到的[①]。这组坐标称为 Kruskal 坐标或 Kruskal-Szekeres 坐标。在 (6.2.8) 式中, $r = r(T, R)$, 故 Kruskal 度规与时间坐标 T 有关, 它是一个动态度规。Kruskal 度规的优点是, 前两维是共形平的, 在这种共形平的时空中, 光锥与 2 维平直时空中的光锥一致。

6.2.2 Kruskal 流形

当 $r \to 2M$ 时, 由 (6.1.21) 式易见,

$$r_* = r + 2M\ln\frac{|r - 2M|}{2M} \to -\infty, \tag{6.2.9}$$

若 t 有限,

$$\begin{cases} u = t - r_* \to +\infty \\ v = t + r_* \to -\infty \end{cases} \Rightarrow \begin{cases} U = \mp\left(\pm 4M\mathrm{e}^{-u/(4M)}\right) \to 0, \\ V = \pm 4M\mathrm{e}^{v/(4M)} \to 0. \end{cases} \tag{6.2.10}$$

所以,

$$T = R = 0. \tag{6.2.11}$$

① Kruskal M D. Maximal extension of Schwarzschild metric. Phys. Rev., 1960, 119: 1743; Szekeres G. On the singularities of a Riemannian manifold. Publ. Mat. Debreen, 1960, 7: 285.

即 t 有限, $r=2M$ 为 $T\text{-}R$ 坐标的原点。当 $r \to 2M$ 时，若 t 按 $-r_* \to +\infty$，

$$\begin{cases} u = t - r_* \to +\infty \\ v = t + r_* \to 0 \end{cases} \Rightarrow \begin{cases} U = \mp\left(\pm 4M\mathrm{e}^{-u/(4M)}\right) \to 0, \\ V = \pm 4M\mathrm{e}^{v/(4M)} \to \pm 4M, \end{cases} \tag{6.2.12}$$

由此得

$$T = R \neq 0. \tag{6.2.13}$$

但若 t 按 $r_* \to -\infty$，

$$\begin{cases} u = t - r_* \to 0 \\ v = t + r_* \to -\infty \end{cases} \Rightarrow \begin{cases} U = \mp\left(\pm 4M\mathrm{e}^{-u/(4M)}\right) \to \mp(\pm 4M), \\ V = \pm 4M\mathrm{e}^{v/(4M)} \to 0, \end{cases} \tag{6.2.14}$$

此时，

$$T = -R \neq 0. \tag{6.2.15}$$

(6.2.13) 和 (6.2.15) 式是 $\pm 45°$ 的直线，它们将 (挖掉原点后)"平面" 分为 4 个区域。

当 $r \to 0\,(< 2M)$ 时，$r_* \to 0$，

$$\begin{cases} u = t - r_* \to t, \\ v = t + r_* \to t, \end{cases} \tag{6.2.16}$$

注意到，$r<2M$ 时，U 和 V 取同号，由 (6.2.4) 和 (6.2.16) 式知

$$\begin{cases} U = \pm 4M\mathrm{e}^{-u/(4M)} \to \pm 4M\mathrm{e}^{-t/(4M)}, \\ V = \pm 4M\mathrm{e}^{v/(4M)} \to \pm 4M\mathrm{e}^{t/(4M)}, \end{cases} \tag{6.2.17}$$

由此得

$$UV = 16M^2, \tag{6.2.18}$$

或

$$T^2 - R^2 = 16M^2. \tag{6.2.19}$$

这是 $T\text{-}R$ 平面中上下两条双曲线。因为 $r = 0$ 是史瓦西解的内禀奇异性，故我们只讨论 $r>0$ 的区域，即只有上下两条双曲线 (6.2.18) 式或 (6.2.19) 式之间的区域才是我们关心的时空区域。这个时空区域称为 Kruskal 流形。这就是说，从史瓦西坐标 (3.4.32) 式看，内禀奇异性似乎是一个 $r=0$ 的点，但从 Kruskal 坐标 (6.2.6) 式看，内禀奇异性并不是一个点，而是时空的边界。

根据上述讨论，Kruskal 流形可用图 6.2.1 表示。在图 6.2.1 中，每一个点代表一个球面。$\pm 45°$ 线 $R = \pm T$ 将时空分为 4 个区：I, I', II, II'。在 I 区，$r > 2M$，$U = -4M\mathrm{e}^{-u/(4M)}, V = 4M\mathrm{e}^{v/(4M)}$，

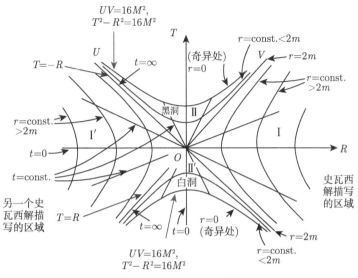

图 6.2.1 Kruskal 流形

$$\begin{cases} T = \dfrac{1}{2}\left(U + V\right) = 4M\mathrm{e}^{r_*/(4M)}\sinh\dfrac{t}{4M} = 4M\left(\dfrac{r-2M}{2M}\right)^{1/2}\mathrm{e}^{r/(4M)}\sinh\dfrac{t}{4M}, \\[3mm] R = \dfrac{1}{2}\left(V - U\right) = 4M\mathrm{e}^{r_*/(4M)}\cosh\dfrac{t}{4M} = 4M\left(\dfrac{r-2M}{2M}\right)^{1/2}\mathrm{e}^{r/(4M)}\cosh\dfrac{t}{4M}. \end{cases}$$

(6.2.20)

它是原始的史瓦西度规描写的区域, 是渐近平直区。在 II 区, $r < 2M$, $U = 4M\mathrm{e}^{-u/(4M)}$, $V = 4M\mathrm{e}^{v/(4M)}$,

$$\begin{cases} T = \dfrac{1}{2}\left(U + V\right) = 4M\mathrm{e}^{r_*/(4M)}\cosh\dfrac{t}{4M} = 4M\left(\dfrac{2M-r}{2M}\right)^{1/2}\mathrm{e}^{r/(4M)}\cosh\dfrac{t}{4M}, \\[3mm] R = \dfrac{1}{2}\left(V - U\right) = 4M\mathrm{e}^{r_*/(4M)}\sinh\dfrac{t}{4M} = 4M\left(\dfrac{2M-r}{2M}\right)^{1/2}\mathrm{e}^{r/(4M)}\sinh\dfrac{t}{4M}. \end{cases}$$

(6.2.21)

II 为黑洞区, 这是单向膜区域, 物质只进不出。在 II′ 区, 仍有 $r < 2M$, $U = -4M\mathrm{e}^{-u/(4M)}$, $V = -4M\mathrm{e}^{v/(4M)}$,

$$\begin{cases} T = -4M\left(\dfrac{2M-r}{2M}\right)^{1/2}\mathrm{e}^{r/(4M)}\cosh\dfrac{t}{4M}, \\[3mm] R = -4M\left(\dfrac{2M-r}{2M}\right)^{1/2}\mathrm{e}^{r/(4M)}\sinh\dfrac{t}{4M}. \end{cases}$$

(6.2.22)

II′ 为白洞区, 这也是单向膜区域, 物质只出不进。在 I′ 区, $r>2M$, $U = 4M\mathrm{e}^{-u/(4M)}$,

$$V = -4M\mathrm{e}^{v/(4M)},$$

$$
\begin{cases}
T = -4M \left(\dfrac{r - 2M}{2M} \right)^{1/2} \mathrm{e}^{r/(4M)} \sinh \dfrac{t}{4M}, \\[2ex]
R = -4M \left(\dfrac{r - 2M}{2M} \right)^{1/2} \mathrm{e}^{r/(4M)} \cosh \dfrac{t}{4M}.
\end{cases}
\tag{6.2.23}
$$

这也是一个是渐近平直区，可用原始史瓦西度规描写。后面将看到它是 I 区的时间反演。

再次强调，在图 6.2.1 中，每一个点代表一个球面, 坐标原点 $O(T, R = 0)$ 也不例外。它是一个面积半径 $r = 2M$ 的 2 维球面。它称为 "喉"(throat)，是连接无因果关联的两个宇宙的 "虫洞"(wormhole)。因果信号无法穿越这一点，从一个渐近平直区到达另一个渐近平直区。这一点又称为分叉点 (bifurcation)。

我们现在来看 $t = 0$ 在 Kruskal 流形上对应哪些点。在 I, I′ 区，由 (6.2.20) 和 (6.2.23) 式的前一个式子知，$T = 0$，即横轴上的点都是 $t = 0$。在 II, II′ 区，由 (6.2.21) 和 (6.2.22) 式的后一个式子知，$R = 0$，即纵轴上的点也都是 $t = 0$。也就是说在 Kruskal 时空图中，T, R 两个轴都对应于 $t = 0$。

6.2.3　t, r 为常数的超曲面与时间反演

当 $r > 2M$ 时，由 (6.2.20) 式得

$$R^2 - T^2 = 8M (r - 2M) \mathrm{e}^{r/(2M)}, \tag{6.2.24}$$

$$\frac{T}{R} = \tanh \frac{t}{4M}. \tag{6.2.25}$$

由 (6.2.24) 式知，$r =$ 常数的曲线是左右两条双曲线。在图 6.2.1 上看，它们是类时曲线，说明 $r =$ 常数的超曲面是类时超曲面。由 (6.2.25) 式知，$t =$ 常数的曲线是 "过原点" 的直线，$|t| < \infty$, 斜率的绝对值小于 1。在图 6.2.1 上看，它们是类空曲线，说明 $t =$ 常数的超曲面是类空超曲面。

由 (6.2.20) 式前一个式子知，在 I 区，随着 T 的增加，t 也增加; 由 (6.2.23) 式前一个式子知，在 I′ 区，随着 T 的增加，t 减小。可见，I′ 区是 I 区的时间反演。(I′ 区的 R 变成负的, 但面积半径 r 仍是正的。) 在 II, II′ 区，$0 < r < 2M$, 由 6.1 节中最后的讨论知，在这两个时空区域，时空坐标互换，即 r 是时间坐标，t 是空间坐标。由 (6.2.21) 和 (6.2.22) 式知，在 II 区，

$$\frac{\partial T}{\partial r} = -\frac{r}{(2M (2M - r))^{1/2}} \mathrm{e}^{r/(4M)} \cosh \frac{t}{4M} < 0; \tag{6.2.26}$$

在 II′ 区，

$$\frac{\partial T}{\partial r} = \frac{r}{(2M(2M-r))^{1/2}} \mathrm{e}^{r/(4M)} \cosh\frac{t}{4M} > 0. \tag{6.2.27}$$

这说明，在 II 区，随着 T 增加，r 减小，最终到达 $r=0$ (奇异性)；在 II′ 区，随着 T 增加，r 增大，所有物质都从 $r=0$ (奇异性) 出发。这也说明，II′ 区与 II 区互为对方的时间反演。

6.2.4 同维嵌入子流形与延拓

由 (6.2.4) 式知，当 $v \to -\infty$ 时，$V \to 0$，由此得 $T = -R$；当 $v \to +\infty$ 时，$V \to \pm\infty$。注意到超前爱丁顿-芬克斯坦坐标 v 的定义域为 $(-\infty, +\infty)$，这说明，I, II 区构成一个超前爱丁顿-芬克斯坦流形，由超前爱丁顿-芬克斯坦度规描写，I′, II′ 区构成另一个超前爱丁顿-芬克斯坦流形，也由爱丁顿-芬克斯坦度规描写，分界线在 $T = -R(v \to -\infty)$ 上，两个流形互不连通，如图 6.2.2 所示。这一结果说明，前一个超前爱丁顿-芬克斯坦度规将史瓦西流形延拓到黑洞的内部，后一个超前爱丁顿-芬克斯坦度规将史瓦西流形 (的时间反演) 延拓到白洞的内部。

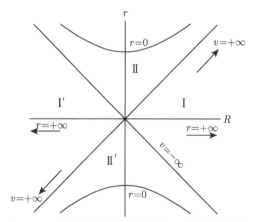

图 6.2.2　超前爱丁顿-芬克斯坦坐标描写的区域

类似地，由 (6.2.4) 式知，当 $u \to +\infty$ 时，$U \to 0$，由此得 $T = R$；当 $u \to -\infty$ 时，$U \to \pm\infty$。注意到延迟爱丁顿-芬克斯坦坐标 u 的定义域也是 $(-\infty, +\infty)$，这说明，I, II′ 区构成一个延迟爱丁顿-芬克斯坦流形，由延迟爱丁顿-芬克斯坦度规描写，I′, II 区构成另一个延迟爱丁顿-芬克斯坦流形也由延迟爱丁顿-芬克斯坦度规描写，分界线在 $T = R(u \to +\infty)$ 上，两个流形互不连通。这一结果说明，前一个延迟爱丁顿-芬克斯坦度规将史瓦西流形延拓到白洞的内部，后一个延迟爱丁顿-芬克斯坦度规将施瓦西流形 (的时间反演) 延拓到黑洞的内部。

　　史瓦西流形 (I 区或 I′ 区)、超前爱丁顿-芬克斯坦流形 (I+II 区或 I′+II′ 区)、延迟爱丁顿-芬克斯坦流形 (I+II′ 区或 I′+II 区) 都是 Kruskal 流形的同维嵌入子流形。Kruskal 流形是史瓦西流形、超前爱丁顿-芬克斯坦流形、延迟爱丁顿-芬克斯坦流形的延拓。

　　那么，史瓦西流形 ($r > 2M$) 解延拓到 Kruskal 流形后，还能进一步延拓吗？答案是不能。因为 Kruskal 流形中的所有测地线的仿射参数都是从 $-\infty$(或起始于内禀奇点) 到 $+\infty$(或终止于内禀奇点)，即 Kruskal 流形是测地完备的[①]。Kruskal 流形是史瓦西流形的最大延拓 (maximal extension)。

　　上面将史瓦西流形 (I) 延拓到黑洞区 (II)、白洞区 (II′)、时间反演区 (I′)。这些延拓仅仅只是数学结果，还是在物理上完全可能发生的？为回答这个问题，我们考察一个在 $r = r_0$ 处静止的观察者，在某一时刻开始沿径向自由下落。这位观察者会看到什么？

　　第 3 章习题 7 已给出这一情况下的运动方程

$$\frac{\mathrm{d}r}{\mathrm{d}\tau} = -\sqrt{1 - \frac{2M}{r_0} - \left(1 - \frac{2M}{r}\right)} = -\sqrt{\frac{2M}{r} - \frac{2M}{r_0}}. \tag{6.2.28}$$

(6.2.28) 式中已取负号，是因为自由下落时 r 减小。(6.2.28) 式可改写为

$$\mathrm{d}\tau = -\frac{\mathrm{d}r}{\sqrt{\dfrac{2M}{r} - \dfrac{2M}{r_0}}} = -\sqrt{\frac{rr_0}{r_0 - r}} \frac{\mathrm{d}r}{\sqrt{2M}}. \tag{6.2.29}$$

注意：这个表达式在 $r = 2M$ 处没有任何奇异。粒子落到奇点处所需要的时间是

$$\tau = -\int_{r_0}^{0} \sqrt{\frac{rr_0}{r_0 - r}} \frac{\mathrm{d}r}{\sqrt{2M}} = \sqrt{\frac{r_0}{2M}} \int_{0}^{r_0} \sqrt{\frac{r}{r_0 - r}} \mathrm{d}r = \frac{\pi r_0^{3/2}}{2^{3/2} M^{1/2}}. \tag{6.2.30}$$

这一结果与第 5 章均匀密度球坍缩的结果一致。这说明，自由下落的观察者从 r_0 点自由下落，到达奇点 $r = 0$ 处，所用的固有时是有限的！在这个过程中，自由下落观察者只感受到潮汐力连续地变化，越来越大，没有感觉到任何突变的事件。当自由下落观察者一旦落入 $r \leqslant 2M$ 区域，就与外界失去联系，他无法将他所看到的情况报告给视界外的观察者。自由下落观察者一旦落入 $r \leqslant 2M$ 区域，他就无可避免地落入奇点。落到奇点后，一切都终止了。外部观察者永远也看不到自由下落观察者落入黑洞，而只能看到他无限接近黑洞视界。

---

　　① 测地完备是微分几何中的一个概念。若一个流形的所有测地线的仿射参数是从 $-\infty$(或起始于内禀奇点) 到 $+\infty$(或终止于内禀奇点)，就称这个流形是测地完备的。

上述结果说明，至少将史瓦西流形 (I) 延拓到黑洞区 (II)，在物理上是完全可能的。至于白洞区和时间反演区，目前还没有很强的证据说明它们在物理上也是现实的。

6.3 彭罗斯图

6.3.1 闵可夫斯基时空的彭罗斯图

由于时空度规存在号差，因此即便对于最简单的闵氏时空，其中的无穷远也分为不同的类型。它们是：

对于 r 有限，$t \to +\infty$ 的极限点称为类时未来无穷远，记作 i^+；对于 r 有限，$t \to -\infty$ 的极限点称为类时过去无穷远，记作 i^-；对于 t 有限，$r \to +\infty$ 的极限点称为类空无穷远，记作 i^0；$t-r$ 有限，$t+r \to +\infty$ 的极限点称为类光未来无穷远，记作 $\mathscr{I}^+$(读作 Scri $+$)；$t+r$ 有限，$t-r \to -\infty$ 的极限点称为类光过去无穷远，记作 $\mathscr{I}^-$(读作 Scri $-$)，如图 6.3.1 所示。

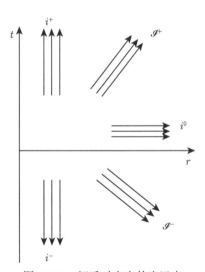

图 6.3.1　闵氏时空中的穷远点

球坐标下的闵氏时空度规为

$$ds^2 = -dt^2 + dr^2 + r^2 \left(d\theta^2 + \sin^2\theta d\varphi^2\right). \tag{6.3.1}$$

考虑坐标变换：

$$t + r = \tan\frac{\psi + \xi}{2}, \quad t - r = \tan\frac{\psi - \xi}{2}, \tag{6.3.2}$$

由此得

$$\mathrm{d}t^2 - \mathrm{d}r^2 = (\mathrm{d}t - \mathrm{d}r)(\mathrm{d}t + \mathrm{d}r) = \frac{\mathrm{d}\psi^2 - \mathrm{d}\xi^2}{4\cos^2\dfrac{\psi - \xi}{2}\cos^2\dfrac{\psi + \xi}{2}}, \tag{6.3.3}$$

$$r = \frac{\sin\dfrac{\psi + \xi}{2}\cos\dfrac{\psi - \xi}{2} - \cos\dfrac{\psi + \xi}{2}\sin\dfrac{\psi - \xi}{2}}{2\cos\dfrac{\psi + \xi}{2}\cos\dfrac{\psi - \xi}{2}} = \frac{\sin\xi}{2\cos\dfrac{\psi + \xi}{2}\cos\dfrac{\psi - \xi}{2}}, \tag{6.3.4}$$

$$t = \frac{\sin\dfrac{\psi + \xi}{2}\cos\dfrac{\psi - \xi}{2} + \cos\dfrac{\psi + \xi}{2}\sin\dfrac{\psi - \xi}{2}}{2\cos\dfrac{\psi + \xi}{2}\cos\dfrac{\psi - \xi}{2}} = \frac{\sin\psi}{2\cos\dfrac{\psi + \xi}{2}\cos\dfrac{\psi - \xi}{2}}. \tag{6.3.5}$$

将 (6.3.3)~(6.3.5) 式代入 (6.3.1) 式，得

$$\mathrm{d}s^2 = \frac{1}{4\cos^2\dfrac{\psi + \xi}{2}\cos^2\dfrac{\psi - \xi}{2}}\left(-\mathrm{d}\psi^2 + \mathrm{d}\xi^2 + \sin^2\xi\mathrm{d}\Omega^2\right). \tag{6.3.6}$$

再做共形变换，

$$\mathrm{d}\bar{s}^2 = C^2\mathrm{d}s^2, \tag{6.3.7}$$

其中

$$C^2 = 4\cos^2\frac{\psi + \xi}{2}\cos^2\frac{\psi - \xi}{2}, \tag{6.3.8}$$

度规 (6.3.6) 式变为

$$\mathrm{d}\bar{s}^2 = -\mathrm{d}\psi^2 + \mathrm{d}\xi^2 + \sin^2\xi\mathrm{d}\Omega^2. \tag{6.3.9}$$

现在来考察时空 (6.3.1) 中的空间零点和极限点在时空 (6.3.9) 中的对应。

首先，当 $r = 0, t$ 有限时，$\cos\dfrac{\psi + \xi}{2}\cos\dfrac{\psi - \xi}{2}$ 非零，$\sin\xi = 0$，由此得 $\xi = 0$，$-\pi < \psi < +\pi$，它对应于时空 (6.3.9) 之时轴上 $(-\pi, \pi)$ 的开线段。

其次，对于 $i^{\pm}(t \to \pm\infty, r$ 有限$)$，$\cos\dfrac{\psi + \xi}{2} \to 0$(或 $\cos\dfrac{\psi - \xi}{2} \to 0$)，$\sin\xi \to 0$，且 $\sin\xi$ 与 $\cos\dfrac{\psi + \xi}{2}$(或 $\cos\dfrac{\psi - \xi}{2}$) 之比的极限有限，由此得 $\xi \to 0$，$\tan\dfrac{\psi}{2} \to \pm\infty$，即极限点为 $\xi = 0$，$\psi = \pm\pi$。

再次，对于 $i^0(t$ 有限，$r \to +\infty)$，$\cos\dfrac{\psi + \xi}{2} \to 0$(或 $\cos\dfrac{\psi - \xi}{2} \to 0$)，$\sin\psi \to 0$，且 $\sin\psi$ 与 $\cos\dfrac{\psi + \xi}{2}$(或 $\cos\dfrac{\psi - \xi}{2}$) 之比的极限有限，由此得 $\psi \to 0$，$\tan\dfrac{\xi}{2} \to +\infty$，即极限点为 $\xi = \pi$，$\psi = 0$。

最后，对于 $\mathscr{I}^{\pm}(t \pm r \to \pm\infty,\, t \mp r$ 有限$)$, $\tan\dfrac{\psi \pm \xi}{2} \to \pm\infty$, $\tan\dfrac{\psi \mp \xi}{2}$ 有限，它们的极限点分别位于 $\psi \pm \xi = \pm\pi$, $-\pi < \psi \mp \xi < \pi$ 的线段上。

将上述特征点画出，就得到图 6.3.2，它就是闵可夫斯基时空的彭罗斯 (Penrose) 图。

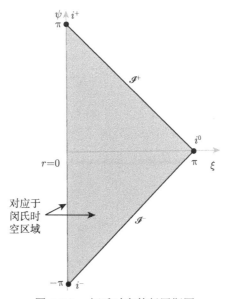

图 6.3.2　闵氏时空的彭罗斯图

需要说明的是：

(1) 彭罗斯图保留了时空的因果结构，类光线仍是 45° 线。

(2) 彭罗斯图能更清楚地反映出无穷远附近的情况，给时空一个整体的图像。有了彭罗斯图，就可指着图上的点说无穷远的事了。

(3) 闵氏时空的彭罗斯图上每一个点代表一个球面。

(4) 类空无穷远点都变成一点。

(5) i^{+}, i^{-}, i^{0}, $\mathscr{I}^{+}$, $\mathscr{I}^{-}$ 都不是时空内的点。

6.3.2　史瓦西时空的彭罗斯图

在 Kruskal 度规 (6.2.8) 式中令

$$T + R = 4M\tan\frac{\psi + \xi}{2}, \quad T - R = 4M\tan\frac{\psi - \xi}{2}, \tag{6.3.10}$$

则

$$\mathrm{d}T^2 - \mathrm{d}R^2 = \frac{4M^2\,(\mathrm{d}\psi^2 - \mathrm{d}\xi^2)}{\cos^2\dfrac{\psi - \xi}{2}\cos^2\dfrac{\psi + \xi}{2}}, \tag{6.3.11}$$

$$T^2 - R^2 = -8M\left(r - 2M\right)\mathrm{e}^{r/(2M)} = 16M^2 \tan\frac{\psi+\xi}{2}\tan\frac{\psi-\xi}{2}, \qquad (6.3.12)$$

(6.3.12) 式前一等号由 (6.2.24) 式给出，后一等号由 (6.3.10) 式给出。由 (6.3.12) 式得

$$r = 2M - \frac{1}{8M}\left(T^2 - R^2\right)\mathrm{e}^{-r/(2M)} = 2M\left(1 - \tan\frac{\psi+\xi}{2}\tan\frac{\psi-\xi}{2}\mathrm{e}^{-r/(2M)}\right), \tag{6.3.13}$$

它可改写为[①]

$$r = \frac{2M\mathrm{e}^{-r/(4M)}}{\cos\dfrac{\psi+\xi}{2}\cos\dfrac{\psi-\xi}{2}}\left(\cos\psi\cosh\frac{r}{4M} + \cos\xi\sinh\frac{r}{4M}\right), \qquad (6.3.14)$$

把 (6.3.11) 和 (6.3.14) 式代入 (6.2.8) 式得

$$\mathrm{d}s^2 = \frac{4M^2\mathrm{e}^{-r/(2M)}}{\cos^2\dfrac{\psi+\xi}{2}\cos^2\dfrac{\psi-\xi}{2}}$$
$$\times\left[\frac{2M}{r}\left(-\mathrm{d}\psi^2 + \mathrm{d}\xi^2\right) + \left(\cos\psi\cosh\frac{r}{2M} + \cos\xi\sinh\frac{r}{2M}\right)^2\mathrm{d}\Omega^2\right], \tag{6.3.15}$$

(6.3.15) 式可记为

$$\mathrm{d}s^2 = \frac{4M^2\mathrm{e}^{-r/(2M)}}{\cos^2\dfrac{\psi+\xi}{2}\cos^2\dfrac{\psi-\xi}{2}}\mathrm{d}\bar{s}^2 = \frac{1}{\cos^2\dfrac{\psi+\xi}{2}\cos^2\dfrac{\psi-\xi}{2}}\mathrm{d}\bar{s}^2, \qquad (6.3.16)$$

---

① 由 (6.3.13) 式后一个等号知

$$r = \frac{2M\mathrm{e}^{-r/(4M)}}{\cos\dfrac{\psi+\xi}{2}\cos\dfrac{\psi-\xi}{2}}\left(\cos\frac{\psi+\xi}{2}\cos\frac{\psi-\xi}{2}\mathrm{e}^{r/(4M)} - \sin\frac{\psi+\xi}{2}\sin\frac{\psi-\xi}{2}\mathrm{e}^{-r/(4M)}\right),$$

利用

$$\cos\frac{\psi+\xi}{2}\cos\frac{\psi-\xi}{2} = \frac{1}{2}\left[\cos\left(\frac{\psi+\xi}{2} + \frac{\psi-\xi}{2}\right) + \cos\left(\frac{\psi+\xi}{2} - \frac{\psi-\xi}{2}\right)\right] = \frac{1}{2}\left(\cos\psi + \cos\xi\right),$$

$$-\sin\frac{\psi+\xi}{2}\sin\frac{\psi-\xi}{2} = \frac{1}{2}\left[\cos\left(\frac{\psi+\xi}{2} + \frac{\psi-\xi}{2}\right) - \cos\left(\frac{\psi+\xi}{2} - \frac{\psi-\xi}{2}\right)\right] = \frac{1}{2}\left(\cos\psi - \cos\xi\right),$$

得

$$r = \frac{2M\mathrm{e}^{-r/(4M)}}{\cos\dfrac{\psi+\xi}{2}\cos\dfrac{\psi-\xi}{2}}\left(\frac{1}{2}\left(\cos\psi + \cos\xi\right)\mathrm{e}^{r/(4M)} + \frac{1}{2}\left(\cos\psi - \cos\xi\right)\mathrm{e}^{-r/(4M)}\right) = (6.3.14)\text{式}.$$

其中

$$\tilde{C} = \frac{e^{r/(4M)}}{2M} \cos\frac{\psi+\xi}{2} \cos\frac{\psi-\xi}{2} \quad \text{（对前一表达式）},$$

$$C = \cos\frac{\psi+\xi}{2} \cos\frac{\psi-\xi}{2} \quad \text{（对后一表达式）}. \tag{6.3.17}$$

史瓦西时空的彭罗斯图就是在

$$d\tilde{s}^2 = \frac{2M}{r}\left(-d\psi^2 + d\xi^2\right) + \left(\cos\psi\cosh\frac{r}{2M} + \cos\xi\sinh\frac{r}{2M}\right)^2 d\Omega^2$$

或

$$d\bar{s}^2 = \frac{8M^3}{r}e^{-r/(2M)}\left(-d\psi^2 + d\xi^2\right) + 4M^2 e^{-r/(2M)}$$

$$\times\left(\cos\psi\cosh\frac{r}{2M} + \cos\xi\sinh\frac{r}{2M}\right)^2 d\Omega^2$$

上画出的时空图。

由 (6.3.10) 式知，Kruskal 坐标系的原点 $(T=0,\ R=0)$ 对应于 $(\psi=0,\ \xi=0)$。

内禀奇异性 $(r=0)$：由 (6.2.19) 和 (6.3.12) 式知

$$\tan\frac{\psi+\xi}{2}\tan\frac{\psi-\xi}{2} = 1 \Rightarrow \tan\frac{\psi-\xi}{2} = \cot\frac{\psi+\xi}{2} = \pm\tan\frac{\pi\mp(\psi+\xi)}{2}, \tag{6.3.18}$$

由此得

$$\psi-\xi = \begin{cases} \pi-(\psi+\xi) \Rightarrow \psi=\pi/2, & \xi\text{任意}, \\ -\pi-(\psi+\xi) \Rightarrow \psi=-\pi/2, & \xi\text{任意}. \end{cases} \tag{6.3.19}$$

视界 $H^{\pm}(r=2M)$：由 (6.3.10) 式得

$$T = \frac{2M\sin\psi}{\cos\dfrac{\psi+\xi}{2}\cos\dfrac{\psi-\xi}{2}}, \qquad R = \frac{2M\sin\xi}{\cos\dfrac{\psi+\xi}{2}\cos\dfrac{\psi-\xi}{2}}, \tag{6.3.20}$$

于是，(6.2.13) 和 (6.2.15) 式等价于

$$T = \pm R \quad\Rightarrow\quad \sin\psi = \pm\sin\xi \quad\Rightarrow\quad \psi = \pm\xi. \tag{6.3.21}$$

类时未来无穷远 $i^+(T\to+\infty,\ t\to\pm\infty$(正负号决定于 I、I′ 区), $r>2M$ 的有限常数) 与类时过去无穷远 $i^-(T\to-\infty, t\to\mp\infty$(正负号决定于 I、I′ 区), $r>2M$ 的有限常数)：由 (6.3.12) 式第二个等式知

$$\tan\frac{\psi+\xi}{2}\tan\frac{\psi-\xi}{2} = \text{有限值} < 0, \tag{6.3.22}$$

由 (6.3.25) 和 (6.3.20) 式知

$$\frac{T}{R} = \frac{\sin\psi}{\sin\xi} \to \pm 1 \Rightarrow \psi \to \pm\xi \Rightarrow \psi \mp \xi \to 0, \tag{6.3.23}$$

由 (6.3.22) 式可见, 当 $\tan\dfrac{\psi\mp\xi}{2}\to 0$ 时, 对应地, 需有 $\tan\dfrac{\psi\pm\xi}{2}\to\pm\infty$(注意: 此极限式两边的 $\pm$ 是独立的。), 这要求

$$\begin{matrix} \psi\pm\xi \to \pm\pi \\ \text{极限式两边的 } \pm \text{ 是独立的} \end{matrix} \Rightarrow \psi \to \begin{cases} +\pi/2, & \xi \to \pm\pi/2, \\ -\pi/2, & \xi \to \mp\pi/2, \end{cases} \tag{6.3.24}$$

所以,

$$\begin{aligned} i^+ &: \psi \to \pi/2, \quad \xi \to \pm\pi/2 \\ i^- &: \psi \to -\pi/2, \quad \xi \to \pm\pi/2 \end{aligned} . \tag{6.3.25}$$

类空无穷远 $i^0\,(r\to+\infty,\ t\text{有限常数})$: 由 (6.2.20)、(6.2.23) 和 (6.3.10) 式知,

$$T+R = 4M\tan\frac{\psi+\xi}{2} \to \pm\infty, \quad T-R = 4M\tan\frac{\psi-\xi}{2} \to \mp\infty, \tag{6.3.26}$$

其中 I 区对应于上面的符号, I′ 区对应于下面的符号, 即

$$\begin{cases} \psi+\xi \to \pi, \psi-\xi \to -\pi, \Rightarrow \psi \to 0, \xi \to \pi, \\ \psi+\xi \to -\pi, \psi-\xi \to \pi, \Rightarrow \psi \to 0, \xi \to -\pi. \end{cases} \tag{6.3.27}$$

I 区的类光未来无穷远 $\mathscr{I}^+\,(v=+\infty,\ u=\text{const.})$ 与类光过去无穷远 $\mathscr{I}^-(u=-\infty, v=\text{const.})$: 类光无穷远必有 $r>2M$, 由 (6.2.4) 式知

$$\begin{aligned} \mathscr{I}^+ &: V = +\infty, \ U = \text{const.}, \\ \mathscr{I}^- &: U = -\infty, \ V = \text{const.}, \end{aligned} \tag{6.3.28}$$

由 (6.3.10) 和 (6.3.28) 式知

$$\mathscr{I}^+ : \tan\frac{\psi+\xi}{2} = +\infty, \quad \tan\frac{\psi-\xi}{2} = \text{const.},$$

$$\Rightarrow \psi+\xi = \pi, \quad 0 < |\psi-\xi| < \pi \Rightarrow \psi = -\xi+\pi, \quad 0 < |2\xi-\pi| < \pi,$$

$$\Rightarrow \begin{cases} 0 < 2\xi-\pi < \pi \\ 0 > 2\xi-\pi > -\pi \end{cases} \Rightarrow \begin{cases} \pi/2 < \xi < \pi \\ \pi/2 > \xi > 0 \end{cases}$$

$$\Rightarrow \begin{cases} \pi/2 > \psi > 0 \\ \pi/2 < \psi < \pi \quad (\text{超出定义域，略去}) \end{cases}$$

$$\Rightarrow (\psi = \pi/2, \xi = \pi/2) \text{ 到 } (\psi = 0, \xi = \pi) \text{ 的开线段}; \tag{6.3.29}$$

$$\mathscr{I}^- : \tan\frac{\psi - \xi}{2} = -\infty, \quad \tan\frac{\psi + \xi}{2} = \text{const.},$$

$$\Rightarrow \psi - \xi = -\pi, \quad 0 < |\psi + \xi| < \pi, \Rightarrow \psi = \xi - \pi, \quad 0 < |2\xi - \pi| < \pi,$$

$$\Rightarrow \begin{cases} 0 < 2\xi - \pi < \pi \\ 0 < \pi - 2\xi < \pi \end{cases} \Rightarrow \begin{cases} \pi/2 < \xi < \pi \\ \pi/2 > \xi > 0 \end{cases}$$

$$\Rightarrow \begin{cases} -\pi/2 < \psi < 0 \\ -\pi/2 > \psi > -\pi \quad (\text{超出定义域，略去}) \end{cases}$$

$$\Rightarrow (\psi = -\pi/2, \xi = \pi/2) \text{ 到 } (\psi = 0, \xi = \pi) \text{ 的开线段}; \tag{6.3.30}$$

类似地，I′ 区的类光未来无穷远 $(r > 2M)$：

$$\mathscr{I}^+ : u = -\infty, \ v = \text{const.} \ \Rightarrow \ U = +\infty, \ V = \text{const.},$$

$$\Rightarrow \tan\frac{\psi - \xi}{2} = +\infty, \quad \tan\frac{\psi + \xi}{2} = \text{const.}, \Rightarrow \psi - \xi = +\pi, \quad 0 < |\psi + \xi| < \pi,$$

$$\Rightarrow \psi = \xi + \pi, 0 < |2\xi + \pi| < \pi, \Rightarrow \begin{cases} 0 < 2\xi + \pi < \pi \\ 0 < -\pi - 2\xi < \pi \end{cases}$$

$$\Rightarrow \begin{cases} -\pi/2 < \xi < 0 \\ -\pi/2 > \xi > -\pi \end{cases} \Rightarrow \begin{cases} \pi/2 < \psi < \pi \quad (\text{超出定义域，略去}) \\ \pi/2 > \psi > 0 \end{cases}$$

$$\Rightarrow (\psi = 0, \xi = -\pi) \text{ 到 } (\psi = \pi/2, \xi = -\pi/2) \text{ 的开线段}; \tag{6.3.31}$$

I′ 区的类光过去无穷远：

$$\mathscr{I}^- : v = +\infty, \ u = \text{const.} \ \Rightarrow \ V = -\infty, \ U = \text{const.},$$

$$\Rightarrow \tan\frac{\psi + \xi}{2} = -\infty, \quad \tan\frac{\psi - \xi}{2} = \text{const.}, \Rightarrow \psi + \xi = -\pi, \quad 0 < |\psi - \xi| < \pi$$

$$\Rightarrow \psi = -\xi - \pi, \quad 0 < |2\xi + \pi| < \pi, \Rightarrow \begin{cases} 0 < 2\xi + \pi < \pi \\ 0 > 2\xi + \pi > -\pi \end{cases}$$

$$\Rightarrow \begin{cases} -\pi/2 < \xi < 0 \\ -\pi/2 > \xi > -\pi \end{cases} \Rightarrow \begin{cases} -\pi/2 > \psi > -\pi \quad (\text{超出定义域，略去}) \\ -\pi/2 < \psi < 0 \end{cases}$$

$$\Rightarrow (\psi = 0, \xi = -\pi) \text{ 到 } (\psi = -\pi/2, \xi = -\pi/2) \text{ 的开线段}. \tag{6.3.32}$$

小结一下。

原点 (分叉点)：$(\psi = 0, \xi = 0)$；

$r = 0$：$\psi = \pm\pi/2$，　$\xi \in (-\pi/2,\ \pi/2)$ 之间的开线段；

H^+：　$(0, 0)$ 到 $(\pi/2, \pi/2)$ 及 $(0, 0)$ 到 $(\psi = \pi/2, \xi = -\pi/2)$ 的开线段；

H^-：$(-\pi/2, -\pi/2)$ 到 $(0, 0)$ 及 $(\psi = -\pi/2, \xi = \pi/2)$ 到 $(0, 0)$ 的开线段；

i^+：$(\psi = \pi/2, \xi = \pm\pi/2)$；

i^-：$(\psi = -\pi/2, \xi = \pm\pi/2)$；

i^0：　$(\psi = 0, \xi = \pm\pi)$；

$\mathscr{I}^+$：$(\psi = \pi/2, \xi = \pm\pi/2)$ 到 $(\psi = 0, \xi = \pm\pi)$ 的开线段；

$\mathscr{I}^-$：$(\psi = -\pi/2, \xi = \pm\pi/2)$ 到 $(\psi = 0, \xi = \pm\pi)$ 的开线段。

图 6.3.3 是史瓦西解的彭罗斯图。图 6.3.4 是取自 Hawking 和 Ellis 的书[①]中所给史瓦西解的彭罗斯图，其描述更详细一些，其中的符号有如下对应：$v'' \leftrightarrow \psi + \xi, w'' \leftrightarrow \psi - \xi, m \leftrightarrow M$。

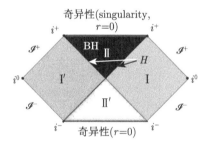

图 6.3.3　史瓦西解的彭罗斯图

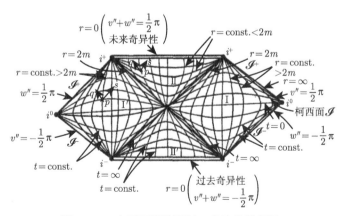

图 6.3.4　史瓦西解的更细一点的彭罗斯图

---

① Hawking S W, Ellis G F R. The Large Scale Structure of Space-Time. Cambridge: Cambridge University Press, 1973.

6.3.3 球对称坍缩星体形成的黑洞及其彭罗斯图

如图 6.3.5 所示，在平直时空中一个 2 维紧致光滑类空子流形有两组与该子流形正交的未来指向的类光测地线线汇，一组是内行的，一组是外行的。内行的类光测地线线汇截面面积不断减小，称为线汇的膨胀小于 0，记作 $\theta < 0$；外行的类光测地线线汇截面面积不断增加，称为膨胀大于零，记作 $\theta > 0$。

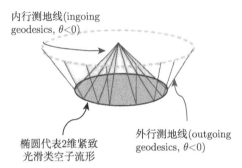

内行测地线(ingoing geodesics, $\theta < 0$)

椭圆代表2维紧致光滑类空子流形

外行测地线(outgoing geodesics, $\theta < 0$)

图 6.3.5 平直时空中 2 维紧致光滑类空面的两组未来指向类光测地线汇示意图

在弯曲时空中，两组未来指向类光测地线线汇的膨胀不一定总是一个大于零、一个小于零。如果一个 2 维紧致光滑类空子流形的两组与其正交的未来指向的类光测地线线汇的膨胀 θ 处处为负，则称这个紧致光滑类空子流形为一个陷获面。图 6.3.6 左边给出坍缩星体的示意图，右边是它的彭罗斯图示意图。在坍缩过程中星体表面和 $r = 0$(它是内解的一部分) 都是类时的，奇点处由于时间空间坐标互换，$r = 0$ 变为类空的。在球对称星体坍缩的彭罗斯图中，每一点代表一个球面，故在黑洞区内每一点都是一个陷获面。

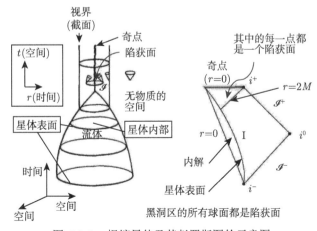

视界(截面)

奇点

陷获面

t(空间)

r(时间)

无物质的空间

星体表面

流体

星体内部

时间

空间

空间

时间

其中的每一点都是一个陷获面

奇点$(r=0)$ i^+

$r=2M$

$r=0$ $\mathscr{I}^+$

I

i^0

内解

$\mathscr{I}^-$

星体表面

i^-

黑洞区的所有球面都是陷获面

图 6.3.6 坍缩星体及其彭罗斯图的示意图

顺便给出黑洞事件视界的整体定义：黑洞是时空区域 $B = \mathcal{M} - J^- (\mathscr{I}^+)$，其中 $J^- (\mathscr{I}^+)$ 是 $\mathscr{I}^+$ 的因果过去。($\mathscr{I}^+$ 的因果过去中的每一点都存在未来指向的类时或类空光滑曲线与 $\mathscr{I}^+$ 中的点相联。) 对史瓦西解来说，就是 II 区。事件视界 (event horizon) 是 $H = \dot{J}^- (\mathscr{I}^+) \cap \mathcal{M}$, 其中 $\dot{J}^- (\mathscr{I}^+)$ 是 $\mathscr{I}^+$ 的因果过去的边界。须注意，事件视界必定是一个类光超曲面！

小结

(1) 史瓦西解中 $r = 2M$ 处只是坐标奇异性，可以通过坐标变换消除，从而将时空延拓到 $r < 2M$ 区域。

(2) 史瓦西解的最大延拓是 Kruskal 流形, 它包含黑洞区、白洞区、史瓦西区及其时间反演 4 个区。

(3) 彭罗斯图极大地方便了对时空渐近无穷远性质的讨论，为我们提供了时空的整体图像。

6.4　更多的球对称黑洞解

6.4.1　Schwarzschild-(anti-)de Sitter 黑洞

Schwarzschild-(anti-)de Sitter 黑洞也称为 (A)dS-Schwarzschild 黑洞，它们是带有宇宙学常数的真空爱因斯坦场方程的静态球对称解。球对称度规仍采用 (2.10.45) 式，非零联络系数及里奇曲率张量的非零分量仍分别由 (3.4.19) 和 (3.4.21) 式给出。在真空情况下，爱因斯坦引力场方程 (3.3.20) 化为

$$R_{\mu\nu} - \frac{1}{2}g_{\mu\nu}R + \Lambda g_{\mu\nu} = 0. \tag{6.4.1}$$

(6.4.1) 式的迹为

$$R - 2R + 4\Lambda = 0 \Rightarrow R = 4\Lambda. \tag{6.4.2}$$

将之代回 (6.4.1) 式，得

$$R_{\mu\nu} = \Lambda g_{\mu\nu} \neq 0. \tag{6.4.3}$$

这时的时空不再是里奇平坦的!

利用 (3.4.21) 式的结果，方程 (6.4.3) 式可具体写成

$$R_{tt} = \mathrm{e}^{2\nu - 2\mu} \left(\nu'' + \left(\nu' - \mu' + \frac{2}{r} \right) \nu' \right) = -\Lambda \mathrm{e}^{2\nu}, \tag{6.4.4}$$

$$R_{rr} = -\nu'' - (\nu' - \mu') \nu' + \frac{2\mu'}{r} = \Lambda \mathrm{e}^{2\mu}, \tag{6.4.5}$$

$$R_{\theta\theta} = \mathrm{e}^{-2\mu}\left(r\left(\mu' - \nu'\right) + \mathrm{e}^{2\mu} - 1\right) = \Lambda r^2. \tag{6.4.6}$$

由 (6.4.4) 和 (6.4.5) 式得

$$\frac{2}{r}\left(\nu' + \mu'\right) = 0 \quad \Rightarrow \quad \nu' = -\mu'. \tag{6.4.7}$$

将之代入 (6.4.6) 式, 得

$$\left(r\mathrm{e}^{-2\mu}\right)' = 1 - \Lambda r^2 \Rightarrow r\mathrm{e}^{-2\mu} = r - \frac{1}{3}\Lambda r^3 - 2M \Rightarrow \mathrm{e}^{-2\mu} = 1 - \frac{2M}{r} - \frac{1}{3}\Lambda r^2. \tag{6.4.8}$$

适当重新标度 t 后, 即得 Schwarzschild-(anti-)de Sitter 解,

$$\mathrm{d}s^2 = -\left(1 - \frac{2M}{r} - \frac{1}{3}\Lambda r^2\right)\mathrm{d}t^2 + \frac{\mathrm{d}r^2}{1 - \dfrac{2M}{r} - \dfrac{1}{3}\Lambda r^2} + r^2\mathrm{d}\Omega^2. \tag{6.4.9}$$

Λ 为宇宙学常数, 它很小, 在太阳尺度上可忽略。若 $\Lambda > 0$, 则 (6.4.9) 式称为 Schwarzschild-de Sitter(S-dS) 解; 若 $\Lambda < 0$, 则 (6.4.9) 式称为 Schwarzschild-anti-de Sitter(S-AdS) 解。比较 Schwarzschild 解 (3.4.32) 式知, 这个解仅在 $-g_{tt} = g^{rr}$ 中比 Schwarzschild 解多了 $-\dfrac{1}{3}\Lambda r^2$。

当 $M = 0$ 时，(6.4.9) 式化为

$$\mathrm{d}s^2 = -\left(1 - \frac{1}{3}\Lambda r^2\right)\mathrm{d}t^2 + \frac{\mathrm{d}r^2}{1 - \Lambda r^2/3} + r^2\mathrm{d}\Omega^2, \tag{6.4.10}$$

这是静态 (A)dS 时空, 或 (A)dS 的静态形式。可以证明: 无论 $\Lambda > 0$, 还是 $\Lambda < 0$, 时空 (6.4.10) 式都是常曲率时空, 具有最大对称性。当 $\Lambda > 0$ 时, 度规在 $r = \sqrt{3/\Lambda} =: H^{-1}$ 处奇异, 由于 (6.4.10) 式是常曲率时空, 这个奇点只能是坐标奇点。在 $r > H^{-1}$ 处时空坐标互换, 时空不再是静态的了。H^{-1} 称为 dS 时空的宇宙视界 (cosmological horizon)。

回到 Schwarzschild-(anti-)de Sitter 解 (6.4.9) 式。仿照对 Schwarzschild 解 (3.4.32) 式的讨论, 视界的位置由

$$1 - \frac{2M}{r} - \frac{1}{3}\Lambda r^2 = 0 \Rightarrow r^3 - \frac{3}{\Lambda}r + \frac{6M}{\Lambda} = 0 \tag{6.4.11}$$

确定, (6.4.11) 式是一个 3 次代数方程, 与 3 次代数方程的标准形式

$$y^3 + py + q = 0 \tag{6.4.12}$$

比较，知

$$p = -\frac{3}{\Lambda}, \quad q = \frac{6M}{\Lambda}. \tag{6.4.13}$$

3 次方程的判别式

$$\left(\frac{q}{2}\right)^2 + \left(\frac{p}{3}\right)^3 < 0 \tag{6.4.14}$$

成立时，(6.4.12) 式的 3 个根都是实的。当 $\Lambda > 0$ 时，3 次方程 (6.4.11) 的判别式 (6.4.14) 化为

$$\left(\frac{3M}{\Lambda}\right)^2 - \left(\frac{1}{\Lambda}\right)^3 < 0 \Rightarrow 9M^2 < \frac{1}{\Lambda}. \tag{6.4.15}$$

现集中考虑 $1/(9M^2) > \Lambda > 0$ 的情况。代数方程 (6.4.11) 可改写为

$$r - \frac{1}{3}\Lambda r^3 = 2M. \tag{6.4.16}$$

令

$$z_1 = r - \frac{\Lambda}{3}r^3, \quad z_2 = 2M. \tag{6.4.17}$$

如图 6.4.1 所示，方程 (6.4.11) 的解就是 z_1、z_2 两条曲线的交点。特别地，当 $\frac{2}{3\sqrt{\Lambda}} \gg 2M$ 时[①]，$r_2 \approx 2M$，$r_3 \approx \sqrt{3/\Lambda}$，$r_2$ 是黑洞视界，r_3 是 dS 视界。下面，不加证明地给出 Schwarzschild-de Sitter 时空的彭罗斯图 (见图 6.4.2)。图向两边无穷延伸。注意：在 S-dS 时空的彭罗斯图 (图 6.4.2) 中，$\mathscr{I}^{\pm}$ 不再是类光的，而是类空的。

[①] 当 $\frac{2}{3\sqrt{\Lambda}} \gg 2M$ 时，方程 (6.4.11) 的解为

$$r_3 = 2\sqrt{\frac{1}{\Lambda}}\cos\left[\frac{1}{3}\arccos\left(-\frac{3M/\Lambda}{\sqrt{1/\Lambda^3}}\right)\right] \approx 2\sqrt{\frac{1}{\Lambda}}\cos\left[\frac{1}{3}\arccos\left(-3M\sqrt{\Lambda}\right)\right] \approx 2\sqrt{\frac{1}{\Lambda}}\cos\frac{\pi}{6}$$

$$= \sqrt{\frac{3}{\Lambda}},$$

$$r_1 = 2\sqrt{\frac{1}{\Lambda}}\cos\left[\frac{2\pi}{3} + \frac{1}{3}\arccos\left(-\frac{3M/\Lambda}{\sqrt{1/\Lambda^3}}\right)\right] \approx 2\sqrt{\frac{1}{\Lambda}}\cos\left(\frac{2\pi}{3} + \frac{\pi}{6}\right) \approx -\sqrt{\frac{3}{\Lambda}},$$

$$r_2 = 2\sqrt{\frac{1}{\Lambda}}\cos\left[\frac{4\pi}{3} + \frac{1}{3}\arccos\left(-\frac{3M/\Lambda}{\sqrt{1/\Lambda^3}}\right)\right]$$

$$= 2\sqrt{\frac{1}{\Lambda}}\cos\left[\frac{4\pi}{3} + \frac{1}{3}\left(\frac{\pi}{2} - \arcsin\left(-3M\sqrt{\Lambda}\right)\right)\right] \approx 2\sqrt{\frac{1}{\Lambda}}\cos\left(\frac{\pi}{2} - M\sqrt{\Lambda}\right)$$

$$= 2\sqrt{\frac{1}{\Lambda}}\sin\left(M\sqrt{\Lambda}\right) \approx 2M.$$

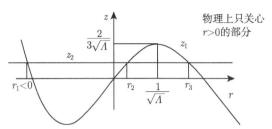

图 6.4.1 S-dS 时空 $(1/(9M^2)>\Lambda>0)$ 的视界位置

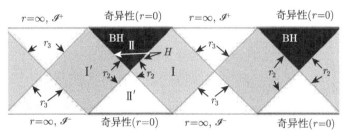

图 6.4.2 S-dS 时空 $(1/(9M^2)>\Lambda>0)$ 的彭罗斯图

对于 $\Lambda >1/(9M^2)$ 情况,(6.4.11) 式只有一个实根,还是负的,如图 6.4.3 所示。在这种情况中,时空没有视界。

当宇宙学常数为负时,如图 6.4.4 所示,实线的情况有 3 个实根,虚线的情况只有 1 个实根,无论哪种情况,都只有一个正的实根。这时,r_3 是 S-AdS 黑洞的视界。物理上通常要求 $\dfrac{2}{3\sqrt{-\Lambda}} \gg 2M$。

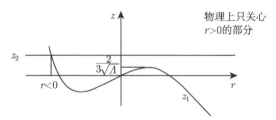

图 6.4.3 S-dS 时空 $(\Lambda >1/(9M^2))$ 无视界

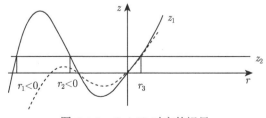

图 6.4.4 S-AdS 时空的视界

6.4.2 Reissner-Nordström 黑洞

Reissner-Nordström 解是静态荷电球对称外解，又称为球对称电真空解，由 H. Reissner (1916) 和 G. Nordström (1918) 独立得到。

为得到引力与静电场耦合的解，我们考虑电真空情况，即时空中除静电场外，没有其他物质、电流等。我们只讨论静态球对称的情况。这时，电磁 4 矢势为

$$A_\mu = (-\phi, A_i) = (-\phi(r), 0, 0, 0), \tag{6.4.18}$$

电磁场场强张量的非零分量为

$$F_{01} = -F_{10} = -\partial_r A_0 = \partial_r \phi, \tag{6.4.19}$$

球对称度规仍用 (2.10.45) 式，所以，

$$F^{01} = g^{00} g^{11} F_{01} = -\mathrm{e}^{-2\nu - 2\mu} \phi'. \tag{6.4.20}$$

电真空情况，电磁场方程 (3.1.27) 化为

$$\frac{1}{\sqrt{-g}} \partial_\nu \left(\sqrt{-g} F^{\mu\nu} \right) = 0, \tag{6.4.21}$$

将 (2.10.45) 及 (6.4.20) 式代入 (6.4.21) 式，得

$$\partial_1 \left(\sqrt{-g} F^{01} \right) = 0 \Rightarrow -\partial_1 \left(r^2 \mathrm{e}^{-\nu - \mu} \sin\theta \phi' \right) = 0 \Rightarrow \left(r^2 \mathrm{e}^{-\nu - \mu} \phi' \right)' = 0, \tag{6.4.22}$$

其中撇代表对 r 的求导。解之，得

$$r^2 \mathrm{e}^{-\nu - \mu} \phi' = -\frac{Q}{4\pi} \Rightarrow \phi' = -\frac{1}{4\pi} \frac{Q}{r^2} \mathrm{e}^{\nu + \mu}, \tag{6.4.23}$$

其中 Q 是积分常数。($c = 1$ 的单位制中，略去了真空介电常量 ε_0) 在平直空间，$\mu = \nu = 0$，

$$E_r = -\phi' = \frac{1}{4\pi} \frac{Q}{r^2}. \tag{6.4.24}$$

可见，积分常数的意义是电荷。回到弯曲时空的情况，电磁场场强张量的非零分量为

$$F_{01} = -F_{10} = \phi' = -\frac{1}{4\pi} \frac{Q}{r^2} \mathrm{e}^{\nu + \mu}. \tag{6.4.25}$$

将电磁场场强张量的非零分量代入电磁场的能动张量 (3.1.29) 式，具体计算，得

$$F_{\rho\sigma}F^{\rho\sigma} = 2F_{01}F^{01} = -2\mathrm{e}^{-2\nu-2\mu}\left(F_{01}\right)^2 = -\frac{1}{8\pi^2}\frac{Q^2}{r^4},$$

$$F^{\mu}{}_{\sigma}F^{\nu\sigma} = F^{\mu}{}_{0}F^{\nu0} + F^{\mu}{}_{1}F^{\nu1},$$

$$F^{0}{}_{\sigma}F^{0\sigma} = F^{0}{}_{1}F^{01} = \left(g^{00}\right)^2 g^{11}\left(F_{01}\right)^2 = \frac{1}{16\pi^2}\mathrm{e}^{-2\nu}\frac{Q^2}{r^4},$$

$$F^{1}{}_{\sigma}F^{1\sigma} = F^{1}{}_{0}F^{10} = \left(g^{11}\right)^2 g^{00}\left(F_{01}\right)^2 = -\frac{1}{16\pi^2}\mathrm{e}^{-2\mu}\frac{Q^2}{r^4},$$

$$T^{00} = \frac{1}{\mu_0}\left(F^{0}{}_{\sigma}F^{0\sigma} - \frac{1}{4}g^{00}F_{\rho\sigma}F^{\rho\sigma}\right) = \frac{1}{32\pi^2}\mathrm{e}^{-2\nu}\frac{Q^2}{r^4}, \tag{6.4.26a}$$

$$T^{11} = \frac{1}{\mu_0}\left(F^{1}{}_{\sigma}F^{1\sigma} - \frac{1}{4}g^{11}F_{\rho\sigma}F^{\rho\sigma}\right) = -\frac{1}{32\pi^2}\mathrm{e}^{-2\mu}\frac{Q^2}{r^4}, \tag{6.4.26b}$$

$$T^{22} = \frac{1}{\mu_0}\left(F^{2}{}_{\sigma}F^{2\sigma} - \frac{1}{4}g^{22}F_{\rho\sigma}F^{\rho\sigma}\right) = \frac{1}{32\pi^2}\frac{Q^2}{r^6}, \tag{6.4.26c}$$

$$T^{33} = \frac{1}{32\pi^2}\frac{Q^2}{r^6\sin^2\theta}. \tag{6.4.26d}$$

易见，这个能动张量的迹 $T = g_{\mu\nu}T^{\mu\nu}$ 为零。

把 (6.4.26) 式代入爱因斯坦方程 (3.3.26)，得 3 个表观独立的方程:

$$R_{tt} = \mathrm{e}^{2\nu-2\mu}\left(\nu'' + \left(\nu' - \mu' + \frac{2}{r}\right)\nu'\right) = \frac{\kappa}{32\pi^2}\mathrm{e}^{2\nu}\frac{Q^2}{r^4},$$

$$R_{rr} = -\nu'' - \left(\nu' - \mu'\right)\nu' + \frac{2\mu'}{r} = -\frac{\kappa}{32\pi^2}\mathrm{e}^{2\mu}\frac{Q^2}{r^4},$$

$$R_{\theta\theta} = \mathrm{e}^{-2\mu}\left(r\left(\mu' - \nu'\right) + \mathrm{e}^{2\mu} - 1\right) = \frac{\kappa}{32\pi^2}\frac{Q^2}{r^2}. \tag{6.4.27}$$

由 (6.4.27) 式的前两个方程再次得到 (6.4.7) 式，将 (6.4.7) 式代入最后一个方程，得

$$\left(r\mathrm{e}^{-2\mu}\right)' = 1 - \frac{\kappa}{32\pi^2}\frac{Q^2}{r^2} \Rightarrow r\mathrm{e}^{-2\mu} = r + \frac{\kappa}{32\pi^2}\frac{Q^2}{r} - \frac{2GM}{c^2} \Rightarrow \mathrm{e}^{-2\mu}$$

$$= 1 - \frac{2GM}{c^2r} + \frac{\kappa}{32\pi^2}\frac{Q^2}{r^2}, \tag{6.4.28}$$

其中 M 是积分常数，利用 (6.4.28) 式对 (6.4.7) 式积分，并将积分常数吸收到 t

中，得

$$\mathrm{e}^{2\nu} = 1 - \frac{2GM}{c^2 r} + \frac{\kappa}{32\pi^2}\frac{Q^2}{r^2}. \tag{6.4.29}$$

最后得到度规

$$\begin{aligned}
\mathrm{d}s^2 &= -\left(1 - \frac{2GM}{c^2 r} + \frac{\kappa}{32\pi^2}\frac{Q^2}{r^2}\right)c^2\mathrm{d}t^2 + \frac{\mathrm{d}r^2}{1 - \frac{2GM}{r} + \frac{\kappa}{32\pi^2}\frac{Q^2}{r^2}} \\
&\quad + r^2\left(\mathrm{d}\theta^2 + \sin^2\theta\,\mathrm{d}\varphi^2\right) \\
&= -\left(1 - \frac{2GM}{c^2 r} + \frac{G}{4\pi c^4}\frac{Q^2}{r^2}\right)c^2\mathrm{d}t^2 + \frac{\mathrm{d}r^2}{1 - \frac{2GM}{c^2 r} + \frac{G}{4\pi c^4}\frac{Q^2}{r^2}} \\
&\quad + r^2\left(\mathrm{d}\theta^2 + \sin^2\theta\,\mathrm{d}\varphi^2\right). \tag{6.4.30}
\end{aligned}$$

这就是 Reissner-Nordström (RN) 解。后一个等号给出的是国际单位制中的形式。在几何单位制下 $(c = G = 1)$，定义

$$q = \frac{1}{\sqrt{4\pi}}Q, \tag{6.4.31}$$

RN 解可写为[①]

$$\mathrm{d}s^2 = -\left(1 - \frac{2M}{r} + \frac{q^2}{r^2}\right)\mathrm{d}t^2 + \frac{\mathrm{d}r^2}{1 - \frac{2M}{r} + \frac{q^2}{r^2}} + r^2\mathrm{d}\Omega^2. \tag{6.4.32}$$

当 $q = 0$ 时，(6.4.32) 式回到史瓦西解 (3.4.32) 式，故 (6.4.30) 式中的积分常数 M 可解释为星体的质量。

[①] 如何理解 Reissner-Nordström 解 (6.4.30) 式中电荷贡献项依赖于 $\dfrac{Q^2}{r^2}$？

本脚注的讨论采用国际单位制，按照牛顿引力和牛顿时空观，电荷与电场对引力场都无贡献。质量为 m 的电中性粒子仅受引力相互作用，其大小为 $F_T = F_G = -GMm/r^2$，其中 F_T 和 F_G 分别是总受力和引力。质量为 m，电荷为 e 的带电粒子同时受到引力与电磁力的相互作用，其大小为 $F_T = F_G + F_E = -GMm/r^2 + Qe/\left(4\pi\varepsilon_0 r^2\right)$，其中 F_E 是电磁力。在麦克斯韦电磁理论中，电磁场是携带能量的。对球对称静电场来说，$\rho_{\mathrm{EM}} = \varepsilon_0 E^2/2 = Q^2/\left(32\pi^2\varepsilon_0 r^4\right) = T_{00} = T^{00}$。按照狭义相对论中的质能关系，球对称静电场具有质量密度 $\rho = Q^2/\left(32\pi^2\varepsilon_0 c^2 r^4\right)$，静电场折合的质量为 $M_E = 4\pi\displaystyle\int_\infty^r \rho r^2\mathrm{d}r = -\frac{1}{8\pi\varepsilon_0 c^2}\frac{Q^2}{r}$，静电场的折合质量对牛顿势的贡献是 $\phi_{E\to G} = -\dfrac{GM_E}{r} = \dfrac{G}{8\pi\varepsilon_0 c^2}\dfrac{Q^2}{r^2}$，总牛顿引力势是

$$\phi_T = -\frac{G\left(M + M_E\right)}{r} = -\frac{GM}{r} + \frac{G}{8\pi\varepsilon_0 c^2}\frac{Q^2}{r^2} = \frac{c^2}{2}\left(-\frac{2GM}{c^2 r} + \frac{G}{4\pi\varepsilon_0 c^4}\frac{Q^2}{r^2}\right) = -\frac{c^2}{2}\left(1 + g_{00}\right).$$

考虑狭义相对论效应后，质量为 m 的电中性粒子也会感受到电荷的作用。最后需说明，这不是严格的推导，严格的推导还是需要求解爱因斯坦场方程的。

仿照对史瓦西解 (3.4.32) 式的讨论，视界的位置由

$$1 - \frac{2M}{r} + \frac{q^2}{r^2} = 0 \Rightarrow r^2 - 2Mr + q^2 = 0 \tag{6.4.33}$$

确定，显然，当 $M \geqslant |q|$ 时，(6.4.33) 式有两个根：

$$r_+ = M + \sqrt{M^2 - q^2}, \tag{6.4.34}$$

$$r_- = M - \sqrt{M^2 - q^2}, \tag{6.4.35}$$

即这时的 RN 解存在两个视界。外视界 r_+ 称为事件视界，内视界 r_- 称为柯西视界。两个视界满足

$$r_+ + r_- = 2M, \quad r_+ r_- = q^2. \tag{6.4.36}$$

当 $M = |q|$ 时，两视界重合。这种解称为极端 RN 黑洞。当 $M < |q|$ 时，RN 解没有视界。

图 6.4.5～ 图 6.4.7 分别给出 $M > |q|$, $M = |q|$, $M < |q|$ 时 RN 解的彭罗斯图。图中每一点仍代表一个球面。$M \geqslant |q|$ 时的彭罗斯图在上、下两个方向无限延伸，至于无限的原因，可参见 6.5 节关于克尔 (Kerr) 黑洞的彭罗斯图的讨论。

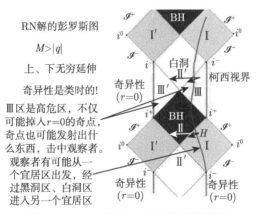

图 6.4.5　RN 解 ($M > |q|$) 的彭罗斯图

须注意，在史瓦西解中，奇异性是类空的，按照经典广义相对论，任何观察者进入黑洞后，都无法避免地在有限的时间内落至奇异性。在 RN 解中奇异性是类时的，如图 6.4.5 和图 6.4.6 所示，这就暗示，观察者有可能做如下星际旅行，从一个宜居的区域出发，经过黑洞区、白洞区进入另一个宜居的区域。然而，RN 解中奇异性是不稳定的，考虑经典或量子扰动后，奇异性可能变为类空的，这时，就不再存在内视界，上述星际旅行也就被阻断了。类似的讨论也适用于 6.5 节中的克尔-纽曼黑洞 (Kerr-Newman black holes)。

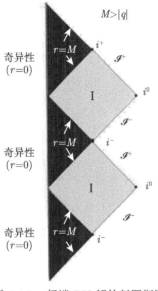

图 6.4.6　极端 RN 解的彭罗斯图

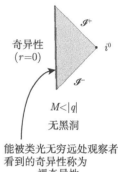

图 6.4.7　RN 解 $(M<|q|)$ 的彭罗斯图

6.5　Kerr-Newman 黑洞

6.5.1　Kerr-Newman 度规

克尔-纽曼 (Kerr-Newman, KN) 度规是荷电稳态轴对称解，描写荷电转动黑洞外的引力场。Roy P. Kerr 于 1963 年首先得到不带电情况的稳态轴对称解，1965 年 Ezra T. Newman 将之推广到带电的情况。

前面研究的黑洞解都是静态的，在这些时空中，都存在类时基灵矢量场 $\xi^{\mu}_{(t)}$，且 $g_{0i}=0,\,(i=1,2,3)$。对于稳态时空，仍存在类时基灵矢量场 $\xi^{\mu}_{(t)}$，但 g_{0i} 有非零分量。

对于稳态、轴对称时空，度规分量不依赖于 $t,\,\varphi$，其求解过程比较复杂。我们不加证明地直接写出 Kerr-Newman 度规，其标准形式是

$$ds^2 = -\left(1 - \frac{2Mr - q^2}{\rho^2}\right)dt^2 + \frac{\rho^2}{\Delta}dr^2 + \rho^2 d\theta^2$$
$$+ \left[r^2 + a^2 + \frac{(2Mr - q^2)\,a^2\sin^2\theta}{\rho^2}\right]\sin^2\theta d\varphi^2 - 2\frac{2Mr - q^2}{\rho^2}a\sin^2\theta dtd\varphi, \tag{6.5.1}$$

其中

$$\rho^2 = r^2 + a^2\cos^2\theta, \tag{6.5.2}$$

$$\Delta = r^2 - 2Mr + a^2 + q^2. \tag{6.5.3}$$

Kerr-Newman 度规也可写成 Boyer-Lindquist 形式

$$ds^2 = -\frac{\Delta}{\rho^2}\left(dt - a\sin^2\theta d\varphi\right)^2 + \frac{\rho^2}{\Delta}dr^2 + \rho^2 d\theta^2 + \frac{\sin^2\theta}{\rho^2}\left[\left(r^2 + a^2\right)d\varphi - adt\right]^2. \tag{6.5.4}$$

(6.5.4) 式看上去似乎是对角的, 然而, 它的第一、第四项括号中的微分式均不能写成某坐标的全微分, 故它仍不是对角的。

为了解这个解的意义, 我们考虑几个极限情况。首先, 当 $a = q = 0$ 时, (6.5.1) 式退化为史瓦西解 (3.4.32) 式, 所以, (6.5.4) 式中的参数 M 为无穷远处测得的星体质量。当 $a = 0$ 时, (6.5.4) 式退化为 RN 解 (6.4.32) 式, 所以, (6.5.4) 式中的参数 q 的 $\sqrt{4\pi}$ 倍为无穷远处测得的星体所带电量。当 $q = 0$ 时, (6.5.1) 式化为

$$ds^2 = -\left(1 - \frac{2Mr}{\rho^2}\right)dt^2 + \frac{\rho^2}{\Delta}dr^2 + \rho^2 d\theta^2$$
$$+ \left(r^2 + a^2 + \frac{2Mra^2\sin^2\theta}{\rho^2}\right)\sin^2\theta d\varphi^2 - \frac{4Mr}{\rho^2}a\sin^2\theta dtd\varphi. \tag{6.5.5}$$

(6.5.5) 式就是 Kerr 解。当 a 很小时, 精确到 a/r 的线性项, (6.5.5) 式近似为

$$ds^2 = -\left(1 - \frac{2M}{r}\right)dt^2 + \frac{1}{1 - 2M/r}dr^2 + r^2 d\theta^2 + r^2\sin^2\theta d\varphi^2 - \frac{4Ma}{r}\sin^2\theta dtd\varphi. \tag{6.5.6}$$

利用坐标变换 (3.4.33) 式并采用几何单位制 ($G = 1$, $c = 1$) 单位制, (6.5.6) 式变为

$$ds^2 = -\frac{\left(1 - \frac{M}{2\tilde{r}}\right)^2}{\left(1 + \frac{M}{2\tilde{r}}\right)^2}dt^2 + \left(1 + \frac{M}{2\tilde{r}}\right)^4\left(d\tilde{r}^2 + \tilde{r}^2 d\Omega^2\right) - \frac{4Ma\sin^2\theta}{\left(1 + \frac{M}{2\tilde{r}}\right)^2 \tilde{r}}dtd\varphi, \tag{6.5.7}$$

保留 $M/\tilde{r}$ 的一阶项, 得

$$ds^2 = -\left(1 - \frac{2M}{\tilde{r}}\right)dt^2 + \left(1 + \frac{2M}{\tilde{r}}\right)\left(d\tilde{r}^2 + \tilde{r}^2 d\Omega^2\right) - \frac{4Ma}{\tilde{r}}\sin^2\theta dtd\varphi. \tag{6.5.8}$$

将之与 Lense-Thirring 近似解 (3.12.49) 式比较, 易见,

$$J = aM, \tag{6.5.9}$$

所以, a 是星体单位质量的转动角动量。上述讨论说明, Kerr-Newman 解描写转动、荷电、旋转对称的"星体"外部的引力场! 而 Kerr 解描写转动、电中性、旋

转对称的 "星体" 外部的引力场①！需说明的是，大量天体都可近似为转动的电中性 (或许带微量电荷) 旋转对称星体！故 Kerr 解非常重要。

6.5.2　无限红移面、视界、奇异性与能层

在静态黑洞解中，总有

$$g_{tt} = 1/g_{rr} = g^{rr},$$

即 g_{tt} 的零点就是 g^{rr} 的零点。在稳态解中，这种关系不再成立。(6.5.1) 式写成矩阵形式为

$$g_{\mu\nu} = \begin{pmatrix} -1 + \dfrac{2Mr - q^2}{\rho^2} & 0 & 0 & -\dfrac{2Mr - q^2}{\rho^2} a \sin^2\theta \\ 0 & \dfrac{\rho^2}{\Delta} & 0 & 0 \\ 0 & 0 & \rho^2 & 0 \\ -\dfrac{2Mr - q^2}{\rho^2} a \sin^2\theta & 0 & 0 & \left[r^2 + a^2 + \dfrac{(2Mr - q^2) a^2 \sin^2\theta}{\rho^2} \right] \sin^2\theta \end{pmatrix},$$

(6.5.10)

其行列式为②

$$g = -\rho^4 \sin^2\theta,$$ (6.5.11)

---

① 与史瓦西解不同，Kerr 解或 KN 解尚无法与通常物质作为转动星体的内解相衔接。2008 年，J. Martın, A. Molina 和 E. Ruiz(Can rigidly rotating polytropes be sources of the Kerr metric. Class. Quantum Gravity, 2008, 25: 105019) 证明，转动刚体多层球产生的引力场无法与 Kerr 度规相衔接。1991 年，D. McManus 找到 (A toroidal source for the Kerr blackhole geometry. Class. Quantum Gravity, 1991, 8: 863)Kerr 解的源——环状源，很遗憾，环状物质的质量是负的。1993 年，J. Bicak 和 T. Ledvinka(Relativistic disks as sources of the Kerr metric. Phys. Rev. Lett.,1993, 71: 1669) 论证，由两束无碰撞的、沿相反方向、以不同速度运动的粒子流，构成有限质量的薄盘可以作为 Kerr 度规的源。

② 含非对角元的 2×2 矩阵

$$\begin{pmatrix} -1 + \dfrac{2Mr - q^2}{\rho^2} & -\dfrac{2Mr - q^2}{\rho^2} a \sin^2\theta \\ -\dfrac{2Mr - q^2}{\rho^2} a \sin^2\theta & \left[r^2 + a^2 + \dfrac{(2Mr - q^2) a^2 \sin^2\theta}{\rho^2} \right] \sin^2\theta \end{pmatrix}$$

的行列式为

$$\left(-1 + \frac{2Mr - q^2}{\rho^2} \right) \left[r^2 + a^2 + \frac{(2Mr - q^2) a^2 \sin^2\theta}{\rho^2} \right] \sin^2\theta - \left(\frac{2Mr - q^2}{\rho^2} a \sin^2\theta \right)^2$$

$$= -\frac{1}{\rho^4} \left\{ \left(\Delta - a^2 \sin^2\theta \right) \left[\left(r^2 + a^2 \right) \rho^2 + \left(2Mr - q^2 \right) a^2 \sin^2\theta \right] + \left(2Mr - q^2 \right)^2 a^2 \sin^2\theta \right\} \sin^2\theta$$

$$= -\frac{1}{\rho^4} \left\{ \left(\Delta - a^2 \sin^2\theta \right) \left[\left(r^2 + a^2 \right)^2 - \Delta a^2 \sin^2\theta \right] + \left(2Mr - q^2 \right)^2 a^2 \sin^2\theta \right\} \sin^2\theta$$

$$= -\frac{\Delta}{\rho^4} \left\{ \left(r^2 + a^2 \right)^2 + a^4 \sin^4\theta - 2 \left(r^2 + a^2 \right) a^2 \sin^2\theta \right\} \sin^2\theta$$

$$= -\frac{\Delta}{\rho^4} \left\{ \left(r^2 + a^2 - a^2 \sin^2\theta \right)^2 \right\} \sin^2\theta = -\Delta \sin^2\theta.$$

逆度规为

$$
g^{\mu\nu} = \begin{pmatrix} -\dfrac{1}{\rho^2}\left[\dfrac{(r^2+a^2)^2}{\Delta} - a^2\sin^2\theta\right] & 0 & 0 & -\dfrac{2Mr-q^2}{\rho^2\Delta}a \\[2ex] 0 & \dfrac{\Delta}{\rho^2} & 0 & 0 \\[2ex] 0 & 0 & \rho^{-2} & 0 \\[2ex] -\dfrac{2Mr-q^2}{\rho^2\Delta}a & 0 & 0 & \dfrac{1}{\rho^2}\left(\dfrac{1}{\sin^2\theta} - \dfrac{a^2}{\Delta}\right) \end{pmatrix}.
$$

$$(6.5.12)$$

显而易见, g_{tt} 与 g^{rr} 有不同的零点。

先看 g_{tt} 的零点。

$$
g_{tt} = -1 + \frac{2Mr-q^2}{\rho^2} = 0 \quad \Rightarrow \quad r^2 - 2Mr + q^2 + a^2\cos^2\theta = 0. \qquad (6.5.13)
$$

当 $M^2 > a^2 + q^2$ 时, 方程 (6.5.13) 对任一 θ 都有两个实根:

$$
r_{\pm}^{\rm s} = M \pm \sqrt{M^2 - q^2 - a^2\cos^2\theta}; \qquad (6.5.14)
$$

当 $M^2 = a^2 + q^2$ 时, 方程对 $\theta \neq 0, \pi$ 仍有两个实根, 在 $\theta = 0, \pi$ 方向, 方程有一个二重实根 $r_{\rm s}^{\rm s} = M$; 当 $M^2 < q^2$ 时, 方程对任一 θ 都无实根; 当 $q^2 \leqslant M^2 < q^2+a^2$ 时, 方程在赤道 ($\theta = \pi/2$) 附近有两个实根, 在两极附近无实根, 在交界处有一个二重实根。我们重点讨论前两种情况, 即 $M^2 \geqslant a^2 + q^2$。

当 $M^2 > a^2 + q^2$ 时, 由 (6.5.2)、(6.5.13) 和 (6.5.14) 式得

$$
\left(\rho_{\pm}^{\rm s}\right)^2 = 2Mr_{\pm}^{\rm s} - q^2, \qquad (6.5.15)
$$

把 (6.5.15) 式代入行列式 (6.5.11), 得

$$
g = -\left(2Mr_{\pm}^{\rm s} - q^2\right)^2 \sin^2\theta \neq 0. \qquad (6.5.16)
$$

可见, 此时的度规 $g_{\mu\nu}$ 是非退化的, 并不奇异! 由 3.6 节知, 静止于稳态引力场中的光源发出光的引力红移由 (3.6.2) 式给出。

注意到, 在 $r_{\pm}^{\rm s}$ 处, $g_{00} = 0$, 故当光源静止于 $r_{\pm}^{\rm s}$ 处时, 光源所发出光的引力红移为无穷。因而, $r_{\pm}^{\rm s}$ 称为 KN 时空的无限红移面。

再看 g_{rr} 发散或 g^{rr} 为零的点。g^{rr} 的零点满足

$$r^2 - 2Mr + a^2 + q^2 = 0. \tag{6.5.17}$$

当 $M^2 > a^2 + q^2$ 时，方程有两个实根：

$$r_\pm = M \pm \sqrt{M^2 - a^2 - q^2}, \tag{6.5.18}$$

两个根满足

$$r_+ + r_- = 2M, \quad r_+ r_- = a^2 + q^2, \tag{6.5.19}$$

方程 (6.5.17) 可改写为

$$(r - r_+)(r - r_-) = 0. \tag{6.5.20}$$

当 $M^2 = a^2 + q^2$ 时，方程 (6.5.17) 有一个二重实根：

$$r_h = M. \tag{6.5.21}$$

方程 (6.5.17) 可改写为

$$(r - r_h)^2 = 0. \tag{6.5.22}$$

当 $M^2 < a^2 + q^2$ 时，方程 (6.5.17) 无实根。易见，当 $M^2 \geqslant a^2 + q^2$ 时，除 $\theta = 0, \pi$ 外，$r_+^{\mathrm{s}} > r_+, r_-^{\mathrm{s}} < r_-$，在 $\theta = 0, \pi$ 处，$r_+^{\mathrm{s}} = r_+, r_-^{\mathrm{s}} = r_-$，即在 $\theta = 0, \pi$ 处，两类超曲面重合。

另外，度规还在 $\rho^2 = 0$ 处发散。$\rho^2 = 0$ 意味着

$$\begin{cases} r = 0, \\ \theta = \dfrac{\pi}{2}. \end{cases} \tag{6.5.23}$$

两个坐标分别为常数，说明 (6.5.23) 式是一个 2 维曲面了！它是由 $r = 0$、θ 任意和 $\theta = \pi/2$、r 任意两个超曲面的交确定。(6.5.23) 式是内禀奇异性。

对 KN，考虑如下 4 类超曲面

$$f_1(x) = r - M \mp \sqrt{M^2 - q^2 - a^2 \cos^2\theta} = 0, \tag{6.5.24}$$

$$f_2(x) = r = r_\pm, \tag{6.5.25}$$

$$f_3(x) = r = 0, \tag{6.5.26}$$

$$f_4(x) = \theta - \pi/2 = 0. \tag{6.5.27}$$

它们的法矢分别为

$$n_1^\mu = g^{\mu\nu}\partial_\nu f_1 = \left(0, \frac{\Delta}{\rho^2}, \mp\frac{a^2\cos\theta\sin\theta}{\sqrt{M^2 - q^2 - a^2\cos^2\theta}}\frac{1}{\rho^2}, 0\right)_{r_\pm^s}, \tag{6.5.28}$$

$$n_2^\mu = g^{\mu\nu}\partial_\nu f_2 = g^{\mu r} = \left.\frac{\Delta}{\rho^2}\delta_1^\mu\right|_{r_\pm}, \tag{6.5.29}$$

$$n_3^\mu = g^{\mu\nu}\partial_\nu f_3|_{r=0} = g^{rr}\delta_1^\mu|_{r=0} = \frac{a^2 + q^2}{a^2\cos^2\theta}\delta_1^\mu, \tag{6.5.30}$$

$$n_4^\mu = g^{\mu\nu}\partial_\nu f_4|_{\theta=\pi/2} = g^{\theta\theta}\delta_2^\mu|_{\theta=\pi/2} = \frac{1}{r^2}\delta_2^\mu. \tag{6.5.31}$$

由于

$$
\begin{aligned}
g_{\mu\nu}n_1^\mu n_1^\nu &= g^{rr}|_{r_\pm^s} + \left.\frac{a^4\cos^2\theta\sin^2\theta}{M^2 - q^2 - a^2\cos^2\theta}g^{\theta\theta}\right|_{r_\pm^s} \\
&= \frac{a^2\sin^2\theta}{\left(r_\pm^s\right)^2 + a^2\cos^2\theta}\frac{M^2 - q^2}{M^2 - q^2 - a^2\cos^2\theta} \geqslant 0,
\end{aligned}
\tag{6.5.32}
$$

且等号只在 $\theta = 0$, π 两点成立, 故除南北两极点, 无限红移面都是类时超曲面.
因为

$$g_{\mu\nu}n_2^\mu n_2^\nu = g^{rr}|_{r_\pm} = 0, \tag{6.5.33}$$

所以, $r_\pm$ 是类光超曲面, $r_\pm$ 是 KN 黑洞的视界. 类似地,

$$g_{\mu\nu}n_3^\mu n_3^\nu|_{r=0} = \frac{(a^2 + q^2)^2}{a^4\cos^4\theta}\,g_{rr}|_{r=0} = \frac{a^2 + q^2}{a^2\cos^2\theta} > 0, \tag{6.5.34}$$

$$g_{\mu\nu}n_4^\mu n_4^\nu|_{\theta=\pi/2} = \frac{1}{r^4}\,g_{\theta\theta}|_{\theta=\pi/2} = \frac{1}{r^2} > 0, \tag{6.5.35}$$

即 $r-0$ 的超曲面和 $\theta = \pi/2$ 的超曲面都是类时的, 由它们的交所确定的 2 维曲面也是类时的, 也就是说, 内禀奇异性是类时的. 这与 RN 黑洞的情况类似, 与史瓦西黑洞的情况很不同.

图 6.5.1 中 4 个图分别给出 KN 黑洞、Kerr 黑洞、极端 KN 黑洞、极端 Kerr 黑洞的剖面示意图. 由图 6.5.1 可见, 对于 KN 黑洞, 总有

$$+\infty > r_+^s \geqslant r_+ > r_- \geqslant r_-^s \geqslant 0 > -\infty,$$

其中最后一个 $\geqslant$ 号中的等号只对 Kerr 黑洞或极端 Kerr 黑洞在 $\theta = \pi/2$ 处成立. 由图还可见, 视界面与无限红移面之间有一非空的区域, 这个区域称为能层

(ergosphere)[①]。当 $a=0$ 时，无限红移面与视界重合，能层消失。也就是说，能层是转动黑洞的特殊属性。

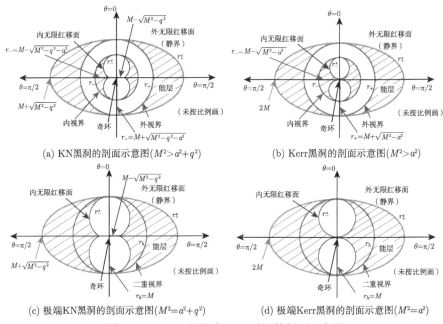

(a) KN黑洞的剖面示意图($M^2>a^2+q^2$)

(b) Kerr黑洞的剖面示意图($M^2>a^2$)

(c) 极端KN黑洞的剖面示意图($M^2=a^2+q^2$)

(d) 极端Kerr黑洞的剖面示意图($M^2=a^2$)

图 6.5.1　Kerr 黑洞和 KN 黑洞的剖面示意图

为进一步了解 KN 黑洞的特点，我们自外向内地分区讨论各区域的性质。为此，先将 KN 解改写成

$$ds^2 = -\frac{\left(r-r_+^s\right)\left(r-r_-^s\right)}{\rho^2}\,dt^2 + \frac{\rho^2}{\left(r-r_+\right)\left(r-r_-\right)}dr^2 + \rho^2\,d\theta^2$$
$$+ \left[r^2+a^2+\frac{\left(2Mr-q^2\right)a^2\sin^2\theta}{\rho^2}\right]\sin^2\theta d\varphi^2 - 2\frac{2Mr-q^2}{\rho^2}a\sin^2\theta dt d\varphi$$

$$(6.5.36)$$

当 $+\infty > r > r_+^s$ 时，在外无限红移面之外，$g_{tt}<0$, $g_{rr}>0$, 故 t 是时间坐标，r 是空间坐标。当 $r_+^s \geqslant r \geqslant r_+$ 时，在外能层中，$g_{tt}\geqslant 0$, $g_{rr}>0$, 一时无法看清时间坐标为何。当 $r_+ > r > r_-$ 时，在单向膜区，$g_{tt}>0$, $g_{rr}<0$, 故 t 是空间坐标，r 是时间坐标。时空坐标互换了。当 $r_- \geqslant r \geqslant r_-^s$ 时，在内能层中，$g_{tt}\geqslant 0$, $g_{rr}>0$, 一时无法看清时间坐标为何。当 $r_-^s > r \geqslant 0 > -\infty$ 时，在内无限红移面之内，$g_{tt}<0$, $g_{rr}>0$, 故 t 是时间坐标，r 是空间坐标。

[①] 钱德拉塞卡把 $g_{tt}=0$ 的面 (即静界) 叫能层 (参见: Chandrasekhars. The Mathematical Theory of Black Holes. New York: Oxford University Press, 1983.)。这与大多数学者的用法不同，也不是引入这一概念的 Ruffini 和 Wheeler 的原意。

为澄清能层中时空特性，考虑一个静止粒子 (即 r, θ, φ 都是常数), 其 4 速度为 $U^\mu = (U^0, 0, 0, 0)$。当 $+\infty > r > r^s_+$ 时，在外无限红移面之外时，4 速度的大小为 $g_{tt}(U^0)^2 = -1 < 0$, 即静止粒子的世界线是类时的，意味着，原则上，粒子可以静止于外无限红移面之外。前面已说过，当 $r^s_+ \geqslant r \geqslant r_+$ 时，在外能层中，$g_{tt} \geqslant 0$, 故 $g_{tt}(U^0)^2 \geqslant 0$, 其中等号仅在 $g_{tt} = 0$ 时成立，即欲使粒子静止于能层中，要求其走类空 (或类光) 曲线，这显然是不可能的。也就是说，粒子无法静止于能层之中，它一定要随着黑洞的转动而转动。略去细节，KN 时空的度规 (6.5.1) 式可简记作

$$
\begin{aligned}
ds^2 &= g_{tt}dt^2 + g_{rr}dr^2 + g_{\theta\theta}d\theta^2 + g_{\varphi\varphi}d\varphi^2 + 2g_{t\varphi}dtd\varphi \\
&= \left(g_{tt} - \frac{(g_{t\varphi})^2}{g_{\varphi\varphi}}\right)dt^2 + g_{rr}dr^2 + g_{\theta\theta}d\theta^2 + g_{\varphi\varphi}\left(d\varphi + \frac{g_{t\varphi}}{g_{\varphi\varphi}}dt\right)^2, \quad (6.5.37)
\end{aligned}
$$

在外视界外 $(r>r_+)$, 有[1]

$$
\hat{g}_{tt} := g_{tt} - \frac{(g_{t\varphi})^2}{g_{\varphi\varphi}} = -\frac{\rho^2\Delta}{(r^2 + a^2)\rho^2 + (2Mr - q^2)a^2\sin^2\theta} < 0, \quad (6.5.38)
$$

这说明，在外视界外，轨迹为 $dr = d\theta = 0$, $d\varphi + (g_{t\varphi}/g_{\varphi\varphi})dt = 0$ 是类时曲线。在能层内部，虽然 $g_{tt} > 0$, 但 t 仍是时间坐标，r, θ, φ 是空间坐标，与能层外观测者的观点一致。但此时物理坐标系 (粒子可在其中静止的坐标系) 必须以角速度

$$
\begin{aligned}
\dot{\varphi} := \frac{d\varphi}{dt} &= -\frac{g_{t\varphi}}{g_{\varphi\varphi}} = \frac{(2Mr - q^2)a}{(r^2 + a^2)\rho^2 + (2Mr - q^2)a^2\sin^2\theta} \\
&= \frac{[r_+(r - r_-) + r_- r + a^2]a}{(r^2 + a^2)\rho^2 + (2Mr - q^2)a^2\sin^2\theta} > 0
\end{aligned} \quad (6.5.39)
$$

---

[1]

$$
\begin{aligned}
g_{tt} - \frac{(g_{t\varphi})^2}{g_{\varphi\varphi}} &= -\left(1 - \frac{2Mr - q^2}{\rho^2}\right) - \frac{[(2Mr - q^2)\rho^{-2}a\sin^2\theta]^2}{[r^2 + a^2 + (2Mr - q^2)\rho^{-2}a^2\sin^2\theta]\sin^2\theta} \\
&= -\left[1 - \frac{2Mr - q^2}{\rho^2} + \frac{1}{\rho^2}\frac{(2Mr - q^2)^2 a^2\sin^2\theta}{(r^2 + a^2)\rho^2 + (2Mr - q^2)a^2\sin^2\theta}\right] \\
&= -\left[1 + \frac{-(2Mr - q^2)(r^2 + a^2)}{(r^2 + a^2)\rho^2 + (2Mr - q^2)a^2\sin^2\theta}\right] \\
&= -\frac{(r^2 + a^2)\rho^2 + (2Mr - q^2)a^2\sin^2\theta - (2Mr - q^2)(r^2 + a^2)}{(r^2 + a^2)\rho^2 + (2Mr - q^2)a^2\sin^2\theta} \\
&= -\frac{\rho^2\Delta}{(r^2 + a^2)\rho^2 + (2Mr - q^2)a^2\sin^2\theta} =: \hat{g}_{tt}.
\end{aligned}
$$

绕对称轴与黑洞一起转动。这种现象称为坐标系拖曳或空间拖曳 (frame drag-
ging)。可见，无限红移面也是粒子能否静止的极限，故无限红移面也称为静界。
r_+^{s} 中的 s 就代表静界。静界外的粒子可以在时空中静止，静界内的粒子无法在
时空中静止。类似的讨论也适用于内无限红移面及内能层。于是，我们得到结论，
除了在两视界之间的区域外，t 都是时间坐标；时空坐标互换仅发生在两视界之
间的单向膜区域。

鉴于，Kerr 黑洞与 KN 黑洞的高度相似性，下面的讨论将集中于 Kerr 黑洞。
与史瓦西黑洞类似，为消除视界处的奇异性，令

$$
\begin{cases}
\mathrm{d}v = \mathrm{d}t + \mathrm{d}r_* = \mathrm{d}t + \dfrac{r^2 + a^2}{\Delta}\mathrm{d}r, \\[3mm]
\mathrm{d}\tilde{\varphi} = \mathrm{d}\varphi + \dfrac{a}{\Delta}\mathrm{d}r.
\end{cases}
\tag{6.5.40}
$$

在坐标变换 (6.5.40) 式下，度规 (6.5.4) 式变为[①]

$$
\begin{aligned}
\mathrm{d}s^2 = {}& -\left(1 - \frac{2Mr}{\rho^2}\right)\mathrm{d}v^2 + 2\mathrm{d}v\mathrm{d}r + \rho^2\mathrm{d}\theta^2 - 2a\sin^2\theta\,\mathrm{d}r\mathrm{d}\tilde{\varphi} \\
& + \frac{(r^2 + a^2)^2 - \Delta a^2\sin^2\theta}{\rho^2}\sin^2\theta\,\mathrm{d}\tilde{\varphi}^2 - \frac{4Mr}{\rho^2}a\sin^2\theta\,\mathrm{d}v\mathrm{d}\tilde{\varphi}.
\end{aligned}
\tag{6.5.41}
$$

它可消除 $M \geqslant |a|$ 的 Kerr 解在视界处的坐标奇异性。Kerr 还曾引入 "直角" 坐标，

$$
\begin{cases}
\tilde{t} = t + 2M\displaystyle\int \frac{r}{\Delta}\mathrm{d}r, \\[2mm]
x = (r\cos\tilde{\varphi} - a\sin\tilde{\varphi})\sin\theta, \\[2mm]
y = (r\sin\tilde{\varphi} + a\cos\tilde{\varphi})\sin\theta, \\[2mm]
z = r\cos\theta,
\end{cases}
\tag{6.5.42}
$$

---

①

$$
\begin{aligned}
\left(\mathrm{d}t - a\sin^2\theta\mathrm{d}\varphi\right)^2 &= \left(\mathrm{d}v - \frac{\rho^2}{\Delta}\mathrm{d}r - a\sin^2\theta\mathrm{d}\tilde{\varphi}\right)^2 \\
&= \mathrm{d}v^2 - 2\frac{\rho^2}{\Delta}\mathrm{d}v\mathrm{d}r + \frac{\rho^4}{\Delta^2}\mathrm{d}r^2 - 2a\sin^2\theta\mathrm{d}v\mathrm{d}\tilde{\varphi} + a^2\sin^4\theta\mathrm{d}\tilde{\varphi}^2 + 2\frac{\rho^2}{\Delta}a\sin^2\theta\mathrm{d}r\mathrm{d}\tilde{\varphi},
\end{aligned}
$$

$$
\begin{aligned}
\left[\left(r^2 + a^2\right)\mathrm{d}\varphi - a\mathrm{d}t\right]^2 &= \left[\left(r^2 + a^2\right)\mathrm{d}\tilde{\varphi} - a\mathrm{d}v\right]^2 \\
&= a^2\mathrm{d}v^2 + \left(r^2 + a^2\right)^2\mathrm{d}\tilde{\varphi}^2 - 2a\left(r^2 + a^2\right)\mathrm{d}v\mathrm{d}\tilde{\varphi},
\end{aligned}
$$

$$
\begin{aligned}
(6.5.4)\text{式} = {}& -\frac{\Delta}{\rho^2}\mathrm{d}v^2 + 2\mathrm{d}v\mathrm{d}r + \rho^2\mathrm{d}\theta^2 + 2\frac{\Delta}{\rho^2}a\sin^2\theta\mathrm{d}v\mathrm{d}\tilde{\varphi} - \frac{\Delta}{\rho^2}a^2\sin^4\theta\mathrm{d}\tilde{\varphi}^2 - 2a\sin^2\theta\mathrm{d}r\mathrm{d}\tilde{\varphi} \\
& + \frac{a^2\sin^2\theta}{\rho^2}\mathrm{d}v^2 + \frac{(r^2 + a^2)^2}{\rho^2}\sin^2\theta\mathrm{d}\tilde{\varphi}^2 - 2\frac{r^2 + a^2}{\rho^2}a\sin^2\theta\mathrm{d}v\mathrm{d}\tilde{\varphi} = (6.5.41)\text{式}.
\end{aligned}
$$

将 Kerr 度规化为[①]

$$\mathrm{d}s^2 = -\mathrm{d}\tilde{t}^2 + \mathrm{d}x^2 + \mathrm{d}y^2 + \mathrm{d}z^2 + \frac{2Mr^3}{r^4 + a^2z^2}$$

$$\times \left[\frac{r(x\mathrm{d}x + y\mathrm{d}y) - a(x\mathrm{d}y - y\mathrm{d}x)}{r^2 + a^2} + \frac{z\mathrm{d}z}{r} + \mathrm{d}\tilde{t} \right]^2. \tag{6.5.43}$$

它也能消除 Kerr 解在视界处的坐标奇异性。由 (6.5.43) 式很容易看出 Kerr 解的另一个性质: 当 $M=0$ 时, 度规退化为闵氏度规。在坐标系 (6.5.42) 式中, 可清晰地看到 Kerr 黑洞内禀奇异性的结构。由 (6.5.42) 式知,

---

① $\mathrm{d}\tilde{t} = \mathrm{d}t + 2M\dfrac{r}{\Delta}\mathrm{d}r$,

$\mathrm{d}x = \sin\theta\cos\tilde{\varphi}\mathrm{d}r + (r\cos\tilde{\varphi} - a\sin\tilde{\varphi})\cos\theta\mathrm{d}\theta - (r\sin\tilde{\varphi} + a\cos\tilde{\varphi})\sin\theta\left(\mathrm{d}\varphi + \dfrac{a}{\Delta}\mathrm{d}r\right)$,

$\mathrm{d}y = \sin\theta\sin\tilde{\varphi}\mathrm{d}r + (r\sin\tilde{\varphi} + a\cos\tilde{\varphi})\cos\theta\mathrm{d}\theta + (r\cos\tilde{\varphi} - a\sin\tilde{\varphi})\sin\theta\left(\mathrm{d}\varphi + \dfrac{a}{\Delta}\mathrm{d}r\right)$,

$\mathrm{d}z = \cos\theta\mathrm{d}r - r\sin\theta\mathrm{d}\theta$,

$-\mathrm{d}\tilde{t}^2 + \mathrm{d}x^2 + \mathrm{d}y^2 + \mathrm{d}z^2 = -\left(\mathrm{d}t + 2M\dfrac{r}{\Delta}\mathrm{d}r\right)^2 + \mathrm{d}r^2 + \rho^2\mathrm{d}\theta^2 + \left(r^2 + a^2\right)\sin^2\theta\left(\mathrm{d}\varphi + \dfrac{a}{\Delta}\mathrm{d}r\right)^2$

$\qquad - 2a\sin^2\theta\mathrm{d}r\left(\mathrm{d}\varphi + \dfrac{a}{\Delta}\mathrm{d}r\right)$

$\qquad = -\mathrm{d}t^2 - \dfrac{4Mr}{\Delta}\mathrm{d}t\mathrm{d}r + \left(1 - 4M^2\dfrac{r^2}{\Delta^2} + \left(\dfrac{r^2 + a^2}{\Delta^2} - \dfrac{2}{\Delta}\right)a^2\sin^2\theta\right)\mathrm{d}r^2$

$\qquad + \rho^2\mathrm{d}\theta^2 + \left(r^2 + a^2\right)\sin^2\theta\mathrm{d}\varphi^2 + \dfrac{4Mar}{\Delta}\sin^2\theta\mathrm{d}r\mathrm{d}\varphi, \tag{$*$}$

$x\mathrm{d}x + y\mathrm{d}y = \dfrac{1}{2}\mathrm{d}\left(x^2 + y^2\right) = r\sin^2\theta\mathrm{d}r + \left(r^2 + a^2\right)\sin\theta\cos\theta\mathrm{d}\theta$,

$x\mathrm{d}y - y\mathrm{d}x = -a\sin^2\theta\mathrm{d}r + \left(r^2 + a^2\right)\sin^2\theta\mathrm{d}\tilde{\varphi}$,

$\dfrac{r(x\mathrm{d}x + y\mathrm{d}y) - a(x\mathrm{d}y - y\mathrm{d}x)}{r^2 + a^2} + \dfrac{z\mathrm{d}z}{r} + \mathrm{d}\tilde{t}$

$= \mathrm{d}r - a\sin^2\theta\mathrm{d}\tilde{\varphi} + \mathrm{d}\tilde{t} = \mathrm{d}t + \dfrac{\rho^2}{\Delta}\mathrm{d}r - a\sin^2\theta\mathrm{d}\varphi$,

$\dfrac{2Mr^3}{r^4 + a^2z^2}\left[\dfrac{r(x\mathrm{d}x + y\mathrm{d}y) - a(x\mathrm{d}y - y\mathrm{d}x)}{r^2 + a^2} + \dfrac{z\mathrm{d}z}{r} + \mathrm{d}\tilde{t}\right]^2$

$= \dfrac{2Mr}{\rho^2}\left(\mathrm{d}t + \dfrac{\rho^2}{\Delta}\mathrm{d}r - a\sin^2\theta\mathrm{d}\varphi\right)^2$

$= \dfrac{2Mr}{\rho^2}\mathrm{d}t^2 + \dfrac{2Mr\rho^2}{\Delta^2}\mathrm{d}r^2 + \dfrac{2Mr}{\rho^2}a^2\sin^4\theta\mathrm{d}\varphi^2 + \dfrac{4Mr}{\Delta}\mathrm{d}t\mathrm{d}r$

$\qquad - \dfrac{4Mr}{\rho^2}a\sin^2\theta\mathrm{d}t\mathrm{d}\varphi - \dfrac{4Mr}{\Delta}a\sin^2\theta\mathrm{d}r\mathrm{d}\varphi. \tag{$**$}$

$(*)$ 式与 $(**)$ 式之和给出 (6.5.43) 式。

$$\begin{cases} x^2 + y^2 = \left(r^2 + a^2\right)\sin^2\theta, \\ z = r\cos\theta. \end{cases} \tag{6.5.44}$$

奇异性 (6.5.23) 式中的第一条件可写成

$$\begin{cases} x^2 + y^2 = a^2\sin^2\theta, \\ z = 0, \end{cases} \tag{6.5.45}$$

这是一个在 $z=0$ 平面内, 半径为 a 的圆盘。由于 θ 的取值范围是 $[0,\pi]$, 故 (6.5.44) 式给出圆盘的两个面。奇异性 (6.5.23) 式中的第二条件说明, 内禀奇异性在圆盘 (6.5.45) 式的边缘, 即内禀奇异性的形状是环形的。圆盘的内部并不奇异, 这意味着 Kerr 解还可延拓到 $r<0$ 的区域。

小结

$M^2>a^2+q^2$, KN 黑洞, KN 解。

$M^2=a^2+q^2$, 极端 KN 黑洞, 极端 KN 解。

$M^2<a^2+q^2$, KN 解, 无单向膜、无视界, 存在裸奇异性。

$q=0$, $M^2>a^2$, Kerr 黑洞, Kerr 解。

$q=0$, $M^2=a^2$, 极端 Kerr 黑洞, 极端 Kerr 解。

$q=0$, $M^2<a^2$, Kerr 解, 无单向膜、无视界、存在裸奇异性。

Kerr 黑洞的内禀奇异性是圆环形的。

6.5.3　Kerr 时空中的测地线和彭罗斯图

6.5.3.1　赤道面内的圆形轨道

仿 3.11 节中的讨论, 可对克尔 (Kerr) 时空中 $r>0$ 的圆形轨道做类似讨论, 这里只讨论赤道面 $(\theta=\pi/2)$ 内圆形轨道的运动。拉氏量取为

$$\mathscr{L} = \frac{1}{2}\left(1-\frac{2M}{r}\right)\dot{t}^2 - \frac{1}{2}\frac{r^2}{\Delta}\dot{r}^2 - \frac{1}{2}\left(r^2+a^2+\frac{2Ma^2}{r}\right)\dot{\varphi}^2 + \frac{2Ma}{r}\dot{t}\dot{\varphi}, \tag{6.5.46}$$

其中点代表对仿射参数 σ 求导。由 E-L 方程得到两个守恒量,

$$\left(1-\frac{2M}{r}\right)\dot{t} + \frac{2Ma}{r}\dot{\varphi} = -g_{0\mu}U^\mu = -U_0 =: \begin{cases} E, & \text{对质点}, \\ 1, & \text{对光}, \end{cases} \tag{6.5.47}$$

$$\left(r^2+a^2+\frac{2Ma^2}{r}\right)\dot{\varphi} - \frac{2Ma}{r}\dot{t} = g_{3\mu}U^\mu = U_3 =: L. \tag{6.5.48}$$

将 (6.5.47) 式代入 (3.1.1) 式，并利用 (6.5.12) 式及 $q=0$, $\theta=\pi/2$, 得

$$-\left\{\begin{array}{c} E^2 \\ 1 \end{array}\right\}g^{00} + 2L\left\{\begin{array}{c} E \\ 1 \end{array}\right\}g^{03} - \frac{r^2}{\Delta}\dot{r}^2 - L^2 g^{33} = \left\{\begin{array}{c} 1 \\ 0 \end{array}\right\},$$

$$\Rightarrow r^4\left(\frac{\mathrm{d}r}{\mathrm{d}\sigma}\right)^2 = \left[r^2\left(r^2+a^2\right)+2Mra^2\right]\left\{\begin{array}{c} E^2 \\ 1 \end{array}\right\} - 4LMar\left\{\begin{array}{c} E \\ 1 \end{array}\right\}$$

$$- L^2\left(r^2-2Mr\right) - r^2\Delta\left\{\begin{array}{c} 1 \\ 0 \end{array}\right\} =: -V_{\text{eff}}. \tag{6.5.49}$$

圆轨道条件仍由 (3.11.9) 式或

$$V_{\text{eff}} = 0, \quad V_{\text{eff}}{}' = 0 \tag{6.5.50}$$

给出；稳定圆轨道条件仍由 (3.11.23) 式中的不等式给出；质点的束缚轨道条件仍是

$$E^2 \leqslant 1. \tag{6.5.51}$$

由圆轨道条件 (6.5.50) 式及有效势 (6.5.49) 式知，

$$V_{\text{eff}} = -r\left[\left(r\left(r^2+a^2\right)+2a^2 M\right)\left\{\begin{array}{c} E^2 \\ 1 \end{array}\right\}\right.$$

$$\left. -4aML\left\{\begin{array}{c} E \\ 1 \end{array}\right\} - r\Delta\left\{\begin{array}{c} 1 \\ 0 \end{array}\right\} - L^2\left(r-2M\right)\right] = 0, \tag{6.5.52}$$

$$V_{\text{eff}}{}' = -2\left[\left(r\left(2r^2+a^2\right)+a^2 M\right)\left\{\begin{array}{c} E^2 \\ 1 \end{array}\right\}\right.$$

$$\left. -2aML\left\{\begin{array}{c} E \\ 1 \end{array}\right\} - r\left(2r^2+a^2-3Mr\right)\left\{\begin{array}{c} 1 \\ 0 \end{array}\right\} - L^2\left(r-M\right)\right] = 0. \tag{6.5.53}$$

对光，由 (6.5.52) 和 (6.5.53) 式消去 aML 项，得

$$L^2 = 3r_{\text{ph}}{}^2 + a^2 \quad \text{或} \quad r_{\text{ph}}{}^2 = \frac{1}{3}\left(L^2-a^2\right), \tag{6.5.54}$$

将 (6.5.54) 式后一式代入 (6.5.53) 式，得

$$r_{\mathrm{ph}} = 3M\frac{L-a}{L+a} = 3M - \frac{6Ma}{L+a}. \tag{6.5.55}$$

光的角动量由 (6.5.55) 式给出

$$L = -a - \frac{6Ma}{r_{\mathrm{ph}} - 3M}. \tag{6.5.56}$$

将 (6.5.56) 式代入 (6.5.52) 式可得光在视界外的圆轨道所满足的 3 次代数方程

$$\left(r_{\mathrm{ph}} - 2M\right)^3 - 3M^2\left(r_{\mathrm{ph}} - 2M\right) + 2M^3 - 4a^2M = 0. \tag{6.5.57}$$

与 3 次代数方程的标准形式 (6.4.12) 式比较知

$$p = -3M^2, \qquad q = 2M^3 - 4a^2M, \tag{6.5.58}$$

3 次方程 (6.5.57) 式的图形类似于图 6.4.1，横轴为 $r_{\mathrm{ph}} - 2M$，3 次函数 $z_1 = \left(r_{\mathrm{ph}} - 2M\right)^3 - 3M^2\left(r_{\mathrm{ph}} - 2M\right)$ 的极值点分别在 $r_{\mathrm{ph}} - 2M = \pm M$，极值分别为 $\mp 2M^3$，图形关于原点对称。$Z_2 = 2M(M^2 - 2a^2)$。对于史瓦西黑洞，$Z_2 = 2M^3 > 0$，对于极端 Kerr 黑洞，$Z_2 = -2M^3 < 0$。对于 Kerr 黑洞，3 次方程判别式

$$\left(M^3 - 2a^2M\right)^2 + \left(-M^2\right)^3 = 4a^2M^2\left(a^2 - M^2\right) < 0 \tag{6.5.59}$$

总满足，故方程 (6.5.57) 有 3 个实根，它们是

$$r_{\mathrm{ph}} = 2M + 2M \times \begin{cases} \cos\left(\dfrac{1}{3}\arccos\left(2a^2/M^2 - 1\right)\right), \\[2mm] \cos\left(\dfrac{2\pi}{3} + \dfrac{1}{3}\arccos\left(2a^2/M^2 - 1\right)\right), \\[2mm] \cos\left(\dfrac{4\pi}{3} + \dfrac{1}{3}\arccos\left(2a^2/M^2 - 1\right)\right). \end{cases} \tag{6.5.60}$$

当 $a^2 > \dfrac{1}{2}M^2$ 时，$0 < \arccos\left(2a^2/M^2 - 1\right) < \pi/2$；当 $a^2 < \dfrac{1}{2}M^2$ 时，$\pi/2 < \arccos\left(2a^2/M^2 - 1\right) < \pi$。由于

$$\arccos\left(2a^2/M^2 - 1\right) = 2\arccos\left(|a|/M\right), \tag{6.5.61}$$

(6.5.60) 式可改写成

$$r_{\mathrm{ph}} = \begin{cases} 4M\cos^2\left(\dfrac{1}{3}\arccos\dfrac{|a|}{M}\right), \\[3mm] 4M\cos^2\left(\dfrac{\pi}{3}+\dfrac{1}{3}\arccos\dfrac{|a|}{M}\right), \\[3mm] 4M\cos^2\left(\dfrac{2\pi}{3}+\dfrac{1}{3}\arccos\dfrac{|a|}{M}\right). \end{cases} \tag{6.5.62}$$

特别地, 对于极端 Kerr 黑洞, $a^2 = M^2$, 后两个根重合, 故有

$$r_{\mathrm{ph}} = \begin{cases} 4M, \\[2mm] M, \end{cases} \tag{6.5.63}$$

由 (6.5.56) 式知, $r_{\mathrm{ph}} = 4M$ 对应于光的角动量与 a 反号 (逆行), $r_{\mathrm{ph}} = M$ 对应于光的角动量与 a 同号 (顺行)。

对于质点, 由 (6.5.52) 和 (6.5.53) 式可得圆轨道的单位质量的能量与单位质量的角动量分别为 (详见附录 6.A)

$$E = \frac{r^{3/2} - 2Mr^{1/2} \pm aM^{1/2}}{r^{3/4}\left(r^{3/2} - 3Mr^{1/2} \pm 2aM^{1/2}\right)^{1/2}}, \tag{6.5.64}$$

$$L = \pm\frac{M^{1/2}\left(r^2 \mp 2aM^{1/2}r^{1/2} + a^2\right)}{r^{3/4}\left(r^{3/2} - 3Mr^{1/2} \pm 2aM^{1/2}\right)^{1/2}}, \tag{6.5.65}$$

其中上面的符号代表顺行轨道, $L>0$; 下面的符号代表逆行轨道, $L<0$。对于质点的束缚圆轨道, 由 (6.5.51) 和 (6.5.64) 式知

$$E^2 = \frac{\left(r^{3/2} - 2Mr^{1/2} \pm aM^{1/2}\right)^2}{r^{3/2}\left(r^{3/2} - 3Mr^{1/2} \pm 2aM^{1/2}\right)} < 1 \Rightarrow \frac{\left(1 - 2Mr^{-1} \pm aM^{1/2}r^{-3/2}\right)^2}{1 - 3Mr^{-1} \pm 2aM^{1/2}r^{-3/2}} < 1, \tag{6.5.66}$$

当

$$1 - 3Mr^{-1} \pm 2aM^{1/2}r^{-3/2} > 0 \tag{6.5.67}$$

时, 有

$$\left(1 - 2Mr^{-1}\right)^2 \pm 2aM^{1/2}r^{-3/2}\left(1 - 2Mr^{-1}\right) + a^2Mr^{-3}$$

$$< 1 - 3Mr^{-1} \pm 2aM^{1/2}r^{-3/2}$$

$$\Rightarrow \left(-Mr^{-1} + 4M^2r^{-2}\right) + a^2Mr^{-3} < \pm 4aM^{3/2}r^{-5/2}$$

$$\Rightarrow 1 - 4Mr^{-1} - a^2r^{-2} > \mp 4aM^{1/2}r^{-3/2}$$

$$\Rightarrow r^2 > a^2 \mp 4aM^{1/2}r^{1/2} + 4Mr = \left(2M^{1/2}r^{1/2} \mp a\right)^2$$

$$\Rightarrow r > 2M^{1/2}r^{1/2} \mp a. \tag{6.5.68}$$

(6.5.68) 式的最后一步用到 $2M^{1/2}r^{1/2} > \pm a$，这是因为 Kerr 黑洞外的圆轨道半径总有 $r > M/4 \geqslant a^2/(4M)$。由 (6.5.68) 式的最后一式得

$$r^2 \pm 2ar + a^2 > 4Mr \Rightarrow r^2 - 2\left(2M \mp a\right)r + a^2 > 0$$

$$\Rightarrow \left(r - r_{\mathrm{mb}}^o\right)\left(r - r_{\mathrm{mb}}^i\right) > 0, \tag{6.5.69}$$

其中

$$\begin{aligned} r_{\mathrm{mb}}^o &= 2M \mp a + 2M\sqrt{1 \mp a/M}, \\ r_{\mathrm{mb}}^i &= 2M \mp a - 2M\sqrt{1 \mp a/M}, \end{aligned} \tag{6.5.70}$$

式中 $\mp$ 决定于粒子相对黑洞自转方向顺行、逆行，由于 $r_{\mathrm{mb}}^i < r_+$，即在视界内，不可能有圆轨道。所以，最小束缚圆轨道为

$$r_{\mathrm{mb}} = r_{\mathrm{mb}}^o = 2M \mp a + 2M^{1/2}\left(M \mp a\right)^{1/2}. \tag{6.5.71}$$

对极端 Kerr 黑洞 $(M = a)$，顺行：$r_{\mathrm{mb}} = M = r_{\mathrm{h}}$；逆行：$r_{\mathrm{mb}} = \left(3 + \sqrt{2}\right)M \approx 5.83M$。

稳定圆轨道除满足 (6.5.50) 式外，还要满足

$$V_{\mathrm{eff}}'' = -2\left[\left(6r^2 + a^2\right)\left\{\begin{array}{c}E^2 \\ 1\end{array}\right\} - \left(6r^2 + a^2 - 6Mr\right)\left\{\begin{array}{c}1 \\ 0\end{array}\right\} - L^2\right] > 0. \tag{6.5.72}$$

对于光，利用 (6.5.54) 式知

$$V_{\mathrm{eff}}'' = -12\left[r_{\mathrm{ph}}^2 + \frac{1}{6}\left(a^2 - L^2\right)\right] = -2\left(L^2 - a^2\right) < 0. \tag{6.5.73}$$

可见，与史瓦西时空类似，在 Kerr 时空中光的圆轨道也总是不稳定的。对于质点，可以证明最小稳定圆轨道为 (详见附录 6.B)，

$$r_{\mathrm{ms}} = M\left\{3 + Z_2 \mp \left[(3 - Z_1)(3 + Z_1 + 2Z_2)\right]^{1/2}\right\}, \tag{6.5.74}$$

其中

$$\begin{aligned} Z_1 &= 1 + \left(1 - a^2/M^2\right)^{1/3}\left[(1 + a/M)^{1/3} + (1 - a/M)^{1/3}\right], \\ Z_2 &= \left(3a^2/M^2 + Z_1^2\right)^{1/2}. \end{aligned} \tag{6.5.75}$$

对极端 Kerr 黑洞 ($M = a$)，顺行：$r_{\mathrm{ms}} = M = r_h$；逆行：$r_{\mathrm{ms}} = 9M$。图 6.5.2 和图 6.5.3 分别给出了顺行和逆行时最小稳定圆轨道半径与 Kerr 黑洞自旋 a/M 的关系。

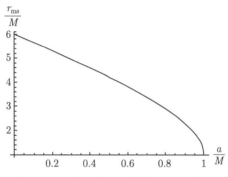

图 6.5.2   最小稳定圆轨道半径 (顺行)

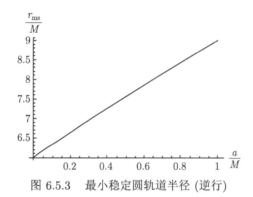

图 6.5.3   最小稳定圆轨道半径 (逆行)

需要说明的是，对于极端 Kerr 黑洞附近顺行运动的质点和光来说，有

$$r_{\mathrm{ms}} = r_{\mathrm{mb}} = r_{\mathrm{ph}} = M = r_h.$$

已知 $r_h = M$ 是极端 Kerr 黑洞的类光超曲面，质点沿类时曲线运动，而类光超曲面上不会有类时线。这似乎导致矛盾！由于最小稳定轨道、最小束缚轨道分别是稳定轨道和束缚轨道的极限值。上述结果说明，极限点本身不是质点运动的稳定轨道或束缚轨道。另外，当 $M = |a|$ 时，坐标 r 不能很好地描写在视界附近的几何，需要换坐标！(这里就不做详细讨论了。)

6.5.3.2 对称轴方向的径向测地线

Kerr 解不具球对称性，为简单计，仅限于讨论对称轴上的 2 维几何。此时，$\theta = 0$ 或 π，线元为

$$ds^2 = - \left(1 - \frac{2Mr}{r^2 + a^2} \right) \mathrm{d}t^2 + \frac{r^2 + a^2}{r^2 + a^2 - 2Mr} \mathrm{d}r^2$$

$$= - \left(1 - \frac{2Mr}{r^2 + a^2} \right) \mathrm{d}t^2 + \left(1 - \frac{2Mr}{r^2 + a^2} \right)^{-1} \mathrm{d}r^2$$

$$= - \left(1 - \frac{2Mr}{r^2 + a^2} \right) \mathrm{d}v^2 + 2\mathrm{d}v\mathrm{d}r, \tag{6.5.76}$$

其中

$$\mathrm{d}v = \mathrm{d}t + \frac{r^2 + a^2}{r^2 + a^2 - 2Mr} \mathrm{d}r. \tag{6.5.77}$$

由于 Kerr 度规的内禀奇异性出现在圆环上, 采用超前类光坐标后, 在对称轴上度规无内禀奇异性。视界与无限红移面重合在

$$r_{\pm} = M \pm \sqrt{M^2 - a^2}. \tag{6.5.78}$$

2 维时空流形 (6.5.76) 式记作 $\mathscr{M}(v, r)$。

对于沿对称轴运动粒子的拉氏量可选为

$$\mathscr{L} = \frac{1}{2} \left(1 - \frac{2Mr}{r^2 + a^2} \right) \dot{v}^2 - \dot{v}\dot{r}, \tag{6.5.79}$$

其中的 "点" 代表对曲线的仿射参数求导。拉格朗日方程给出

$$0 = \frac{\mathrm{d}}{\mathrm{d}\sigma} \frac{\partial \mathscr{L}}{\partial \dot{v}} \Rightarrow \left(1 - \frac{2Mr}{r^2 + a^2} \right) \dot{v} - \dot{r} = E \Rightarrow \dot{v} = \left(1 - \frac{2Mr}{r^2 + a^2} \right)^{-1} (\dot{r} + E). \tag{6.5.80}$$

另一方面, 测地线满足:

$$- \left(1 - \frac{2Mr}{r^2 + a^2} \right) \dot{v}^2 + 2\dot{v}\dot{r} = \varepsilon, \tag{6.5.81}$$

其中 $\varepsilon = -1, 0, 1$ 分别对应于类时、类光、类空测地线, 对于类光测地线, 总可通过对仿射参数的重参数化使得 $E = 1$。由 (6.5.80) 和 (6.5.81) 式得

$$\dot{r} = \pm \left[E^2 + \varepsilon \left(1 - \frac{2Mr}{r^2 + a^2} \right) \right]^{1/2}. \tag{6.5.82}$$

当 $a^2 > M^2$ 时, $r^2 + a^2 - 2Mr = 0$ 无实根, 即总有

$$1 - \frac{2Mr}{r^2 + a^2} \neq 0 \tag{6.5.83}$$

此时, 仿射参数在 $(-\infty, +\infty)$ 的范围内 $\dot{v}$ 和 $\dot{r}$ 都是有界的, 且 v 和 r 的取值范围都是 $(-\infty, +\infty)$.

补充一点微分几何的概念。设 $C(I)$ 是一条测地线, σ 是测地线的仿射参数。当 I 是整个 $\mathbb{R}$ 时, 称该测地线是一条完备的测地线 (a complete geodesic)。若一流形 $\mathcal{M}$ 中每一条测地线都是完备的, 则称该流形是测地完备的 (geodesically complete)。

当 $a^2 > M^2$ 时, 对称轴上的 2 维流形 $\mathcal{M}(v, r)$ 中所有测地线的仿射参数都可在 $(-\infty, +\infty)$ 的范围内取值, 故此时的 2 维流形是测地完备的。

当 $a^2 < M^2$ 时, $r^2 + a^2 - 2Mr = 0$ 有 2 个实根, 由 (6.5.78) 式给出。我们来考察零测地线。对零测地线, (6.5.81) 和 (6.5.82) 式中的 $\varepsilon = 0$, 仿射参数可重新定义使得 $E = 1$。于是, (6.5.81) 式化为

$$\dot{v}\left[-\left(1 - \frac{2Mr}{r^2 + a^2}\right)\dot{v} + 2\dot{r}\right] = 0, \tag{6.5.84}$$

这个方程有两个解, 一个解是

$$\dot{v} = 0, \tag{6.5.85}$$

将它代入 (6.5.80) 式 (已令 $E = 1$) 得

$$\dot{r} = -1. \tag{6.5.86}$$

对 (6.5.85)、(6.5.86) 式积分, 得

$$v = \text{const.}, \quad r = -\lambda, \tag{6.5.87}$$

其中 λ 是类光测地线的仿射参数。它表明, 坐标 r(的负值) 就是这族零测地线的仿射参数, 且仿射参数的取值范围是 $(-\infty, +\infty)$, 故这族零测地线是完备的。注意: 类光测地线在 r 越过 $r = 0$ 时没有任何异常, 说明 r 允许取负值! 还需注意, r 取负值 $\theta = 0$ 与 r 取正值 $\theta = \pi$ 是不同的时空区域! 方程 (6.5.84) 的另一个解是

$$\dot{v} = 2\dot{r}\left(1 - \frac{2Mr}{r^2 + a^2}\right)^{-1}, \tag{6.5.88}$$

将它代入 (6.5.80) 式得

$$\dot{r} = 1. \tag{6.5.89}$$

对 (6.5.88)、(6.5.89) 式积分, 得

$$v = \text{const.} + F(r), \quad r = \lambda, \tag{6.5.90}$$

其中

$$F(r) = 2 \int \frac{(r^2 + a^2)\,\mathrm{d}r}{(r - r_+)(r - r_-)}$$

$$= 2r + 4M \left[\frac{r_+}{r_+ - r_-} \ln |r - r_+| - \frac{r_-}{r_+ - r_-} \ln |r - r_-| \right]. \tag{6.5.91}$$

(6.5.90) 式表明, 坐标 r 就是这族类光测地线的仿射参数。由 (6.5.91) 式易见, 当 $r \to r_\pm$(趋于视界处) 时, $F(r) \to \mp\infty$。两视界 $r_\pm$ 把时空划分出 3 个区:

Ⅱ 两视界之间

$$\underbrace{-\infty < 0 < r_-}_{\text{内视界内Ⅲ}} < \underbrace{r_+ < +\infty}_{\text{外视界外 I}}$$

因为

$$\frac{\mathrm{d}F(r)}{\mathrm{d}r} = \frac{2(r^2 + a^2)}{(r - r_+)(r - r_-)}, \tag{6.5.92}$$

I、Ⅲ 区, $F(r)$ 单调升, Ⅱ 区, $F(r)$ 单调降。当 $r \to r_\pm$ 时, 零测地线的仿射参数 λ 是有限的, 但此时, $v \to \mp\infty$ 是无界的。这说明, 零测地线在 $r \to r_\pm$ 处要断掉。用类似方法可以证明, 对非类光测地线也有类似性质。总之, 当 $0 < a^2 < M^2$ 时, 度规在整个流形 $\mathcal{M}(v, r)$ 上虽是解析的 (没有内禀奇异性), 但测地线在流形中 $r = r_\pm$ 处要断掉。流形 $\mathcal{M}(v, r)$ 不是测地完备的, 换句话说, 流形是可延拓的。

完全类似地, 引入另一类光坐标

$$\mathrm{d}u = \mathrm{d}t - \frac{r^2 + a^2}{r^2 + a^2 - 2Mr}\mathrm{d}r. \tag{6.5.93}$$

利用类光坐标 u, Kerr 度规限制在对称轴上, 2 维线元为

$$\mathrm{d}s^2 = -\left(1 - \frac{2Mr}{r^2 + a^2}\right)\mathrm{d}u^2 - 2\mathrm{d}u\mathrm{d}r. \tag{6.5.94}$$

这个 2 维时空流形记作 $\mathcal{M}(u, r)$。仿前的讨论, 可得到结论: 当 $a^2 < M^2$ 时, 度规在整个流形 $\mathcal{M}(u, r)$ 上虽是解析的, 但测地线在流形中 $r = r_\pm$ 处要断掉。流形 $\mathcal{M}(u, r)$ 也不是测地完备的, 它可以延拓。

当同时采用 u, v 两组类光坐标时, Kerr 度规限制在对称轴上, 2 维线元为

$$\mathrm{d}s^2 = -\left(1 - \frac{2Mr}{r^2 + a^2}\right)\mathrm{d}u\mathrm{d}v. \tag{6.5.95}$$

当 $a^2 > M^2$ 时，$\mathcal{M}(u,v), \mathcal{M}(v,r), \mathcal{M}(u,r)$ 与用 Kerr 坐标 t,r 所描写的流形 $\mathcal{M}(t,r)$ 完全相同。当 $a^2 < M^2$ 时，利用 u,v 坐标，可把流形 $\mathcal{M}(v,r)$ 分成 3 个子流形，也可把流形 $\mathcal{M}(u,r)$ 分成 3 个子流形。每个子流形都有

$$-\infty < u < +\infty, \quad -\infty < v < +\infty, \tag{6.5.96}$$

所不同的只是 r 的取值区域、$F(r)$ 的值以及 u 和 v 的变化方向。

定义新坐标

$$v = \pm\tan\left(\psi + \xi\right), \quad u = \pm\tan\left(\psi - \xi\right), \tag{6.5.97}$$

$$\psi = \pm\frac{1}{2}\left(\arctan v + \arctan u\right), \quad \xi = \pm\frac{1}{2}\left(\arctan v - \arctan u\right). \tag{6.5.98}$$

坐标变换把 $\mathcal{M}(u,v)$ 流形中 u, v 的无穷远点变到直线

$$v = \infty: \ \psi + \xi = \frac{2n+1}{2}\pi; \quad u = \infty: \ \psi - \xi = \frac{2p+1}{2}\pi, \tag{6.5.99}$$

其中 n, p 是整数。在坐标变换下，

$$\begin{aligned}
\mathrm{d}s^2 &= -\left(1 - \frac{2Mr}{r^2 + a^2}\right)\mathrm{d}u\mathrm{d}v \\
&= -\left(1 - \frac{2Mr}{r^2 + a^2}\right)\frac{\mathrm{d}\psi^2 - \mathrm{d}\xi^2}{\cos^2\left(\psi + \xi\right)\cos^2\left(\psi - \xi\right)},
\end{aligned} \tag{6.5.100}$$

取共形变换因子

$$\Omega^2 = \frac{1}{\cos^2\left(\psi + \xi\right)\cos^2\left(\psi - \xi\right)}, \tag{6.5.101}$$

做共形变换后，得

$$\mathrm{d}\bar{s}^2 = \left(1 - \frac{2Mr}{r^2 + a^2}\right)\left(-\mathrm{d}\psi^2 + \mathrm{d}\xi^2\right). \tag{6.5.102}$$

在共形时空 (6.5.102) 式上画出 Kerr 时空在对称轴上的 $\mathcal{M}(v,r), \mathcal{M}(u,r)$ 及延拓图。

图 6.5.4 给出 Kerr 时空 $M^2 < a^2$ 时沿轴向的 $\mathcal{M}(v,r)$，它就是 Kerr 时空 $M^2 < a^2$ 时沿轴向的彭罗斯图。

图 6.5.5 给出 Kerr 时空 $a^2 < M^2$ 时沿轴向的 $\mathcal{M}(v,r)$。如图所示，r_+ 和 r_- 把 $\mathcal{M}(v,r)$ 分成 3 个区域，每个区域是一个流形 $\mathcal{M}(u,v)$。图中蓝色箭头所指的线是第一类零测地线 (6.5.87) 式的典型代表，这类测地线是完备的，绿色箭头所

指的线是第二类零测地线 (6.5.90) 式和 (6.5.91) 式的典型代表, 它们是不完备的, 它们或在仿射参数 $\lambda = r_+$ 处断掉 (如在上面两个区域), 或在仿射参数 $\lambda = r_-$ 处断掉 (如在下面两个区域). 说明流形可以在测地线断掉处向右上、左下延拓. 图 6.5.6 给出 Kerr 时空 $a^2 < M^2$ 时沿轴向的流形 $\mathcal{M}(u,r)$ 图. 它与图 6.5.5 类似, 只是转了 $90°$. 流形 $\mathcal{M}(u,r)$ 可以在测地线断掉处向左上、右下延拓.

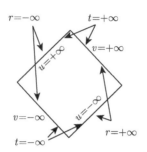

图 6.5.4   Kerr 时空的彭罗斯图 $(a^2 > M^2)$

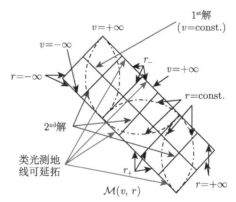

图 6.5.5   Kerr 时空 $(a^2 < M^2)$ 的 $\mathcal{M}(v,r)$ 流形 (彩图见封底二维码)

反复延拓后, 就给出 Kerr 时空 $a^2 < M^2$ 时沿轴向最大延拓时空的彭罗斯图, 如图 6.5.7(a) 所示. 图 6.5.5 是图 6.5.7(a) 中右下到左上的 I、II、III 三个区域, 图 6.5.6 是图 6.5.7(a) 中从左下到右上的 I、II、III 三个区域. 由图中可见, 在 (6.5.99) 式中引入整数 n, p 的必要性.

用类似的方法讨论极端 Kerr 时空可得到极端 Kerr 时空在对称轴上的延拓图 (即极端 Kerr 时空的彭罗斯图) 如图 6.5.7(b)[①].

再次说明, 上述 Kerr 黑洞的彭罗斯图上每一个点就是对称轴上的一个点.

[①] Hawking S W, Ellis G F R. The Large Scale Structure of Space-Time. Cambridge: Cambridge University Press, 1973.

6.4 节中 S-dS 黑洞的彭罗斯图和 RN 黑洞的彭罗斯图也是用类似方法得到的。

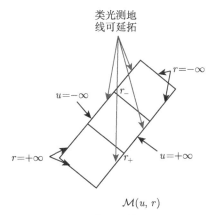

图 6.5.6　Kerr 解 $(a^2 < M^2)$ 的 $\mathcal{M}(u, r)$ 流形

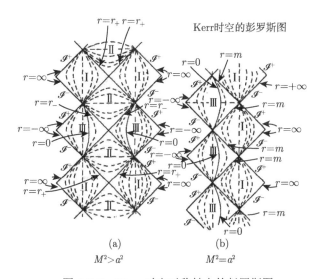

图 6.5.7　Kerr 时空对称轴上的彭罗斯图

小结

(1) 黑洞解很容易推广到有非零宇宙学常数的情况。

(2) RN, Kerr, KN 都是史瓦西解的推广，都存在非极端黑洞、极端黑洞、无黑洞 3 种情况。

(3) 非极端的 RN, Kerr, KN 黑洞都存在内、外两个视界。

6.6　有关黑洞的几个定理与描写黑洞的参量

20 世纪 60 年代, 彭罗斯证明了奇点定理 (singularity theorem)[①], 其大意是, 若因果律和爱因斯坦引力场方程成立, 物质场满足适当的能量条件 (由于学时限制, 本课程中没有专门介绍, 后面会陆续提到一些。通常的物质及辐射总会满足这些能量条件。), 则大质量恒星坍缩必会导致时空出现奇异性。随后, 霍金 (Hawking) 证明了在类似的条件下在宇宙演化中也必存在奇点[②]。奇异性的存在完全违反了爱因斯坦的初衷。

如果一个时空的奇异性没有被包在视界内, 这种奇异性就称裸奇异性。图 6.6.1 给出存在裸奇异性时空的彭罗斯图。如图所示, 裸奇异性可能随时向周围释放不确定的信息, 这些不确定的信息可能影响到时空中运动的粒子, 使得粒子的未来运动轨迹成为原则上不可预测的。这就破坏了因果律! 这与建立广义相对论的初衷严重不符。

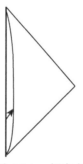

图 6.6.1　裸奇点

为避免裸奇点的出现, 彭罗斯提出宇宙监督假设 (cosmic censorship hypothesis 或 cosmic censor conjecture): 一物体的完全引力坍缩总是形成黑洞, 而不是形成裸奇异性。或说, 引力坍缩导致的所有奇异性 (宇宙初始奇异性除外) 都藏在黑洞之中, 远处的观察者无法看到。需说明的是, 宇宙监督假设还有其他版本, 每一个版本还有相应的精确的数学描述。这里不再赘述。

由于越来越多的证据显示, 自然界中存在大量的黑洞, 2020 年诺贝尔奖委员会决定将 2020 年物理学奖的一半颁给彭罗斯 (见图 6.6.2), 以表彰他揭示出黑

---

① Penrose R. Gravitational collapse and space-time singularities. Phys. Rev. Lett., 1965, 14: 47-59.

② Hawking S W. The occurrence of singularities in cosmology. Proc. Royal Soc., 1967, A300: 182-201; S. W. Hawking, R. Penrose. The singularities in gravitational collapse and cosmology. Proc. Royal Soc. London, 1970, A314: 529-548.

洞形成是广义相对论的强有力预言 (for discovery that black hole formation is a robust prediction of the general theory of relativity)。

图 6.6.2 彭罗斯 (1931—)

1971 年 B. Carter 首先指出不带电的轴对称黑洞只有两个自由度[1]，随后 Carter，Robinson 等在 20 世纪 70 年代上半叶的一系列工作中证明了黑洞无毛定理 (no hair theorem): 一个渐近平直时空中，当引力与物质场最小耦合时，稳态黑洞仅由黑洞的质量 M，电荷 Q 和自转角动量 $J = aM$ 三个参量确定。结合 6.5 节的讨论知，KN 黑洞是渐近平直稳态轴对黑洞的唯一解[2]。这个定理说明，星体坍缩为黑洞后，除 M, q, J 外，所有信息 (内部结构、重子数、轻子数等) 全部丧失。

1973 年 Smarr 和 Bekenstein 独立地指出，KN 黑洞的参数满足如下关系[3]

$$M = \frac{\kappa}{4\pi} A + 2\Omega_H J + \phi_H Q, \tag{6.6.1}$$

$$\delta M = \frac{\kappa}{8\pi} \delta A + \Omega_H \delta J + \phi_H \delta Q, \tag{6.6.2}$$

其中 M 是黑洞质量，A 是黑洞 (事件) 视界的 (截) 面积，J 是黑洞的自转角动量，Q 是黑洞的电荷，ϕ_H 是黑洞 (事件) 视界处的静电势，Ω_H 是黑洞 (事件) 视界的角速度 (或称为黑洞的自转角速度，或黑洞的角速度)，κ 是黑洞 (事件) 视界的表

---

① Carter B. Axisymmetric black hole has only two degrees of freedom. Phys. Rev. Lett., 1971, 26: 331-333.

② 若考虑引力与物质场的非最小耦合等情况，黑洞会增加一些毛。但是，这些毛并不会影响星体坍缩前的大量信息无法在坍缩后的黑洞中反映出来这一结论。由于学时限制，我们只讨论 KN 黑洞的情况。

③ Smarr L. Mass formula for Kerr black holes, Phys. Rev. Lett., 1971, 26: 331-333; Bekenstein J D. Black holes and entropy, Phys. Rev. D, 1973, 7: 2333-2346.

面引力 (surface gravity)。这两个关系称为 Bekenstein-Smarr 公式。(注意：这里的 κ 与爱因斯坦场方程中的常数 $\kappa = 8\pi G/c^4$ 无关！)

为证明 (6.6.1) 和 (6.6.2) 式，我们须先了解 Bekenstein-Smarr 公式中各量的意义。为简单起见，以下讨论，以 Kerr 黑洞为例。先看黑洞的自转角速度 Ω_H。在 Kerr 时空能层内部，被拖曳的物理坐标系以角速度 (参见 (6.5.39) 式)

$$\Omega = \dot{\varphi} := \frac{\mathrm{d}\varphi}{\mathrm{d}t} = -\frac{g_{t\varphi}}{g_{\varphi\varphi}} = \frac{2Mra}{(r^2 + a^2)\,\rho^2 + 2Mra^2\sin^2\theta} \tag{6.6.3}$$

绕对称轴转动，物理坐标系的转动方向与黑洞的自转方向相同。在视界面 $r = r_+$ 时，角速度为

$$\dot{\varphi}|_{r_+} = \frac{(r_+{}^2 + a^2)\,a}{(r_+{}^2 + a^2)(r_+{}^2 + a^2\cos^2\theta) + (r_+{}^2 + a^2)\,a^2\sin^2\theta} = \frac{a}{r_+{}^2 + a^2}, \tag{6.6.4}$$

其中用到

$$r_+ + r_- = 2M, \quad r_+ r_- = a^2. \tag{6.6.5}$$

利用 (6.5.78) 式可将 (6.6.4) 式改写为

$$\dot{\varphi}|_{r_+} = \frac{J}{2M\left(M^2 + \sqrt{M^4 - J^2}\right)} =: \frac{J}{4MM_{ir}{}^2}, \tag{6.6.6}$$

其中

$$M_{ir} := \frac{1}{\sqrt{2}}\left(M^2 + \sqrt{M^4 - J^2}\right)^{1/2} \tag{6.6.7}$$

称为 Kerr 黑洞的不可约质量。当角动量等于零时，$M_{ir} = M$。$\dot{\varphi}|_{r_+}$ 在事件视界上是一个常数，不依赖于在视界面上的位置，故可把黑洞看作一个刚体，以角速度 $\dot{\varphi}|_{r_+}$ 转动，将之记为 Ω_H。

$$\Omega_H := \frac{a}{r_+{}^2 + a^2} = \frac{a}{2Mr_+} = \frac{J}{4MM_{ir}{}^2} \tag{6.6.8}$$

称为 Kerr 黑洞的角速度。顺便提一句，关系式

$$\begin{array}{c} r_+{}^2 + a^2 = 4M_{ir}{}^2 \\ \parallel \\ 2Mr_+ \end{array} \tag{6.6.9}$$

在黑洞的研究中是很有用的。

其次看黑洞 (事件) 视界的 (截) 面积。黑洞事件视界是一个 3 维类光超曲面，其上 3 维度规是退化的 (其行列式为零)，无法计算它的体积。事件视界的类空截面是一个 2 维类空曲面，其面积可按如下方法计算。Kerr 度规为

$$ds^2 = -\left(1 - \frac{2Mr}{\rho^2}\right)dt^2 + \frac{\rho^2}{\Delta}dr^2 + \rho^2 d\theta^2 + \left(r^2 + a^2 + \frac{2Mra^2\sin^2\theta}{\rho^2}\right)\sin^2\theta d\varphi^2$$
$$- \frac{4Mr}{\rho^2}a\sin^2\theta dt d\varphi, \tag{6.6.10}$$

在 t, r 都是常数的 2 维类空曲面上度规为

$$ds^2 = \rho^2 d\theta^2 + \left(r^2 + a^2 + \frac{2Mra^2\sin^2\theta}{\rho^2}\right)\sin^2\theta d\varphi^2. \tag{6.6.11}$$

2 维曲面的面元 (即 2 维流形的不变体元) 是

$$\rho\left(r^2 + a^2 + \frac{2Mra^2\sin^2\theta}{\rho^2}\right)^{1/2}\sin\theta d\theta d\varphi. \tag{6.6.12}$$

在 $r = r_+$ 时，

$$\left(\left(r_+{}^2 + a^2\cos^2\theta\right)\left(r_+{}^2 + a^2\right) + (r_+ + r_-)\,r_+ a^2\sin^2\theta\right)^{1/2}\sin\theta d\theta d\varphi$$
$$= \left(r_+{}^2 + a^2\right)\sin\theta d\theta d\varphi = 4M_{ir}^2\sin\theta d\theta d\varphi, \tag{6.6.13}$$

Kerr 黑洞事件视界的 (截) 面积为

$$A = \int 4M_{ir}^2\sin\theta d\theta d\varphi = 16\pi M_{ir}^2 = 4\pi\left(r_+{}^2 + a^2\right). \tag{6.6.14}$$

注意：Kerr 黑洞事件视界的面积不是 $4\pi r_+{}^2$! 史瓦西黑洞事件视界的 (截) 面积为

$$A = 16\pi M^2. \tag{6.6.15}$$

在国际单位制下，

$$A = \frac{16\pi G^2}{c^4}M_{ir}^2, \tag{6.6.16}$$

$$M_{ir} = \frac{1}{\sqrt{2}}\left(M^2 + \sqrt{M^4 - \frac{J^2c^2}{G^2}}\right)^{1/2}. \tag{6.6.17}$$

再看黑洞 (事件) 视界的表面引力。对于稳态轴对称时空，存在两个基灵矢量场。第一个是

$$\xi_{(t)}^\mu = (1, 0, 0, 0), \tag{6.6.18}$$

因为 $g_{\mu\nu}\xi^{\mu}_{(t)}\xi^{\nu}_{(t)} = g_{tt}$，故这个基灵矢量场在 $r > r^{s}_{+}$ 是类时的，在 $r^{s}_{+} > r \geqslant r_{+}$ 是类空的。另一个是

$$\xi^{\mu}_{(\varphi)} = (0,0,0,1), \tag{6.6.19}$$

因为 $g_{\mu\nu}\xi^{\mu}_{(\varphi)}\xi^{\nu}_{(\varphi)} = g_{\varphi\varphi} > 0$，它总是类空。考虑它们的组合：

$$\chi^{\mu} := \xi^{\mu}_{(t)} + \Omega\xi^{\mu}_{(\varphi)} = (1,0,0,\Omega), \tag{6.6.20}$$

其中 Ω 是物理坐标系的拖曳角速度 (6.6.3) 式。矢量场 (6.6.20) 式的模方为

$$\chi^{\mu}\chi_{\mu} = g_{tt} + 2\Omega g_{t\varphi} + \Omega^{2}g_{\varphi\varphi} = g_{tt} - \frac{(g_{t\varphi})^{2}}{g_{\varphi\varphi}} = \frac{-\rho^{2}\Delta}{(r^{2}+a^{2})\rho^{2} + 2Mra^{2}\sin^{2}\theta} =: \hat{g}_{tt}, \tag{6.6.21}$$

(见 (6.5.38) 式。) 当 $r \geqslant r_{+}$ 时，

$$\hat{g}_{tt} \leqslant 0, \tag{6.6.22}$$

即在视界外, χ^{μ} 总是类时的，在视界上, χ^{μ} 变成类光的。在 Kerr 时空的视界外，由 χ^{μ} 定义的稳态观察者[①](stationary observer) 的 4 速度为

$$U^{\mu} = \frac{\chi^{\mu}}{(-\chi^{\nu}\chi_{\nu})^{1/2}} \quad (U_{\mu}U^{\mu} = -1). \tag{6.6.23}$$

限制在视界上, χ^{μ} 也是基灵矢量场。这是因为限制在视界面上 Ω_{H} 是常数，两基灵矢量场的线性组合

$$\chi^{\mu} = \xi^{\mu}_{(t)} + \Omega_{H}\xi^{\mu}_{(\varphi)} = (1,0,0,\Omega_{H}) \tag{6.6.24}$$

仍是基灵矢量场。限制在视界上, χ^{μ} 的积分曲线是视界的母线。从这一意义上看, χ^{μ} 的作用与静态时空中 $\xi^{\mu}_{(t)}$ 的作用一致。稳态观察者的 4 加速度为

$$a^{\mu} = U^{\nu}\nabla_{\nu}U^{\mu} = \frac{\chi^{\nu}\nabla_{\nu}\chi^{\mu}}{-\chi^{\lambda}\chi_{\lambda}} + \frac{\chi^{\mu}}{2(-\chi^{\lambda}\chi_{\lambda})^{2}}\chi^{\nu}\nabla_{\nu}(\chi^{\rho}\chi_{\rho}) = \frac{\chi^{\nu}\nabla_{\nu}\chi^{\mu}}{-\chi^{\lambda}\chi_{\lambda}}, \tag{6.6.25}$$

其中最后一步用到 $\chi^{\rho}\chi_{\rho}$ 是与 t, φ 无关的标量。4 加速度的大小为

$$a = (a^{\mu}a_{\mu})^{1/2} = \frac{[(\chi^{\nu}\nabla_{\nu}\chi^{\mu})(\chi^{\rho}\nabla_{\rho}\chi_{\mu})]^{1/2}}{(-\chi^{\lambda}\chi_{\lambda})} \tag{6.6.26}$$

---

① 稳态观察者的 4 速度不依赖于时间。有别于静态观察者，稳态观察者以某确定的角速度绕黑洞转动。

其中 $\left(-\chi^\lambda\chi_\lambda\right)^{1/2} =: V$ 称为红移因子。黑洞视界的表面引力 κ 定义为

$$\kappa := \lim_{r \to r_+} (Va) = \lim_{r \to r_+} \left[\left(-\chi^\lambda\chi_\lambda\right)^{1/2} a\right] = \lim_{r \to r_+} \left[\frac{\left(\chi^\nu\nabla_\nu\chi^\mu\right)\left(\chi^\rho\nabla_\rho\chi_\mu\right)}{-\chi^\lambda\chi_\lambda}\right]^{1/2}.$$

(6.6.27)

为看清黑洞视界的表面引力的物理意义，我们先看静态黑洞的简单情况。对于静态黑洞，$\chi^\mu = \xi^\mu_{(t)}$，由第 3 章第 4 题的结果知，静止于史瓦西时空中的观察者的 4 加速度为

$$a^\mu = U^\lambda\nabla_\lambda U^\mu = U^0\nabla_0 U^\mu = \Gamma^\mu_{00}U^0 U^0 = \frac{M}{r^2}\delta^\mu_1,$$

(6.6.28)

4 加速度的大小为

$$a = \left(g_{\mu\nu}a^\mu a^\nu\right)^{1/2} = \left(g_{11}a^1 a^1\right)^{1/2} = \frac{1}{\left(1 - \dfrac{2M}{r}\right)^{1/2}}\frac{M}{r^2},$$

(6.6.29)

$Va = \dfrac{M}{r^2}$ 是无穷远处为使单位质量的测试粒子静止于引力场中不动所施加的力，$\kappa := \lim\limits_{r \to r_+} Va$ 就是这个力在视界面上的极限。类似地，对于稳态黑洞，$\kappa := \lim\limits_{r \to r_+} Va$ 是使单位质量的测试粒子静止于黑洞表面不动 (与黑洞一起转动) 所施加的力。

下面利用定义 (6.6.27) 式具体计算 Kerr 黑洞的表面引力 κ。注意到 (6.6.20) 式，

$$\chi^\nu\nabla_\nu\chi^\mu = \chi^\nu\partial_\nu\chi^\mu + \Gamma^\mu_{\lambda\nu}\chi^\lambda\chi^\nu = \Gamma^\mu_{tt} + 2\Gamma^\mu_{t\varphi}\Omega + \Gamma^\mu_{\varphi\varphi}\Omega^2,$$

(6.6.30)

其中第二个等号已用到 χ^μ 及度规与 t, φ 无关，且只有 χ^t, χ^φ 不为零。将 (6.6.30) 式具体地写出，有

$$\chi^\nu\nabla_\nu\chi^t = \Gamma^t_{tt} + 2\Omega\Gamma^t_{t\varphi} + \Omega^2\Gamma^t_{\varphi\varphi} = 0,$$
$$\chi^\nu\nabla_\nu\chi^\varphi = \Gamma^\varphi_{tt} + 2\Omega\Gamma^\varphi_{t\varphi} + \Omega^2\Gamma^\varphi_{\varphi\varphi} = 0,$$

这是因为这几个联络系数都为零，

$$\chi^\nu\nabla_\nu\chi^r = \Gamma^r_{tt} + 2\Omega\Gamma^r_{t\varphi} + \Omega^2\Gamma^r_{\varphi\varphi}$$

$$= -\frac{1}{2}g^{rr}\left(g_{tt,r} - 2\frac{g_{t\varphi}}{g_{\varphi\varphi}}g_{t\varphi,r} + \left(\frac{g_{t\varphi}}{g_{\varphi\varphi}}\right)^2 g_{\varphi\varphi,r}\right) = -\frac{1}{2}g^{rr}\left(g_{tt} - \frac{(g_{t\varphi})^2}{g_{\varphi\varphi}}\right)_{,r}$$

$$= -\frac{1}{2} g^{rr} \hat{g}_{tt,r},$$

其中用到 (6.6.3) 和 (6.6.21) 式,

$$\chi^\nu \nabla_\nu \chi^\theta = \Gamma^\theta_{tt} + 2\Omega \Gamma^\theta_{t\varphi} + \Omega^2 \Gamma^\theta_{\varphi\varphi} = -\frac{1}{2} g^{\theta\theta} \left(g_{tt,\theta} - 2\frac{g_{t\varphi}}{g_{\varphi\varphi}} g_{t\varphi,\theta} + \left(\frac{g_{t\varphi}}{g_{\varphi\varphi}}\right)^2 g_{\varphi\varphi,\theta} \right)$$

$$= -\frac{1}{2} g^{\theta\theta} \left(g_{tt} - \frac{(g_{t\varphi})^2}{g_{\varphi\varphi}} \right)_{,\theta} = -\frac{1}{2} g^{\theta\theta} \hat{g}_{tt,\theta}.$$

因为

$$\hat{g}_{tt} = -\frac{\rho^2 \Delta}{(r^2 + a^2)\rho^2 + 2Mra^2\sin^2\theta} = -\frac{\rho^2 \Delta}{\Delta\rho^2 + 2Mr(r^2+a^2)},$$

$$\hat{g}_{tt,r} = -\frac{2r\Delta + 2(r-M)\rho^2}{\Delta\rho^2 + 2Mr(r^2+a^2)}$$

$$+ \frac{\rho^2 \Delta \left[2r\Delta + 2(r-M)\rho^2 + 2M(r^2+a^2) + 4Mr^2\right]}{\left[\Delta\rho^2 + 2Mr(r^2+a^2)\right]^2}$$

$$\overset{r\to r_+}{\to} -\frac{(r_+ - M)\rho_+{}^2}{Mr_+(r_+{}^2 + a^2)} + O(r - r_+),$$

$$\hat{g}_{tt,\theta} = \frac{2\Delta a^2 \cos\theta\sin\theta}{\Delta\rho^2 + 2Mr(r^2+a^2)} - \frac{2\rho^2 \Delta^2 a^2 \cos\theta\sin\theta}{\left[\Delta\rho^2 + 2Mr(r^2+a^2)\right]^2} \overset{r\to r_+}{\to} O(r - r_+),$$

$$\Rightarrow \chi^\nu \nabla_\nu \chi^r \overset{r\to r_+}{\to} \frac{\Delta_+(r_+ - M)}{2Mr_+(r_+{}^2 + a^2)} + O\left((r - r_+)^2\right),$$

$$\chi^\nu \nabla_\nu \chi^\theta \overset{r\to r_+}{\to} O(r - r_+).$$

利用 (6.6.21) 和 (6.6.10) 式, 得

$$\kappa = \lim_{r\to r_+} \left[\frac{g_{\mu\sigma} \left(\chi^\nu \nabla_\nu \chi^\mu\right) \left(\chi^\lambda \nabla_\lambda \chi^\sigma\right)}{-\chi^\rho \chi_\rho} \right]^{1/2} = \frac{r_+ - M}{r_+{}^2 + a^2}. \tag{6.6.31}$$

对于史瓦西黑洞,

$$r_+ = r_h = 2M \quad (r_- = 0), \tag{6.6.32}$$

$$\kappa = \frac{1}{4M}. \tag{6.6.33}$$

这个值正好是视界表面牛顿引力的大小:

$$\phi = -\frac{1}{2}(1 + g_{00}) = -\frac{M}{r}, \quad |g|_{r_h} = |-\partial_r \phi|_{2M} = \frac{1}{4M}.$$

对于极端 Kerr 黑洞, 因 $a^2 = M^2$, $r_+ = r_- = M$,

$$\kappa = 0, \tag{6.6.34}$$

即极端 Kerr 黑洞的表面引力为零!

由 (6.6.31) 式易见,

$$\kappa_{,\theta} = 0, \quad \kappa_{,\varphi} = 0, \tag{6.6.35}$$

$$\chi^\mu \nabla_\mu \kappa|_H = \partial_t \kappa + \Omega_H \partial_\varphi \kappa = 0, \tag{6.6.36}$$

(6.6.35) 式说明, κ 在视界的截面上是常数; (6.6.36) 式说明, κ 沿视界的母线也是常数。所以, 对于稳态黑洞来说, 表面引力是一个常数。

由 (6.6.8) 式得

$$2\Omega_H J = \frac{2Ma^2}{r_+^2 + a^2} = r_-,$$

利用 (6.6.9) 式, 由 (6.6.31) 和 (6.6.14) 式得

$$\frac{\kappa}{4\pi} A = r_+ - M,$$

两者之和为

$$\frac{\kappa}{4\pi} A + 2\Omega_H J = r_+ + r_- - M = M, \tag{6.6.37}$$

这正是电荷为零时的 (6.6.1) 式。在几何单位制 ($c = G = 1$) 下, 由 (6.6.7) 式得

$$\delta M_{ir}{}^2 = M\delta M + \frac{2M^3\delta M - J\delta J}{2\sqrt{M^4 - J^2}} = \frac{2M_{ir}{}^2}{\sqrt{M^2 - a^2}}\delta M - \frac{a\delta J}{2\sqrt{M^2 - a^2}}$$

$$= \frac{2M_{ir}{}^2}{\sqrt{M^2 - a^2}}\left(\delta M - \frac{a\delta J}{4M_{ir}{}^2}\right)$$

$$= \frac{2M_{ir}{}^2}{\sqrt{M^2 - a^2}}\left(\delta M - \Omega_H\delta J\right), \tag{6.6.38}$$

其中最后一步用到 (6.6.8) 式。由 (6.6.38) 式反解出 δM, 得

$$\delta M = \frac{\sqrt{M^2 - a^2}}{2M_{ir}{}^2}\delta M_{ir}{}^2 + \Omega_H\delta J = \frac{\sqrt{M^2 - a^2}}{8\pi(r_+{}^2 + a^2)}\delta A + \Omega_H\delta J = \frac{\kappa}{8\pi}\delta A + \Omega_H\delta J, \tag{6.6.39}$$

其中最后一步用到 (6.6.31) 式。(6.6.39) 式正是电荷为零时的 (6.6.2) 式。

我们再以 Reissner-Nordström 黑洞为例证明 (6.6.1) 和 (6.6.2) 式。RN 黑洞视界的面积为

$$A = 4\pi r_+{}^2. \tag{6.6.40}$$

RN 时空中静态观察者 (或电中性粒子) 的 4 加速度为

$$a^\mu = U^\nu \nabla_\nu U^\mu = \frac{\xi_{(t)}{}^\nu \nabla_\nu \xi_{(t)}{}^\mu}{-\xi_{(t)}{}^\lambda \xi_{(t)\lambda}} = \frac{\Gamma^\mu_{00}}{-g_{00}} = \frac{1}{2} \left(-g_{00,1}\right) \delta^\mu_1 = \frac{Mr - q^2}{r^3} \delta^\mu_1, \quad (6.6.41)$$

其中 $\xi^\mu_{(t)} = (1, 0, 0, 0)$，红移因子为

$$V = \left(-\xi_{(t)}{}^\lambda \xi_{(t)\lambda}\right)^{1/2} = \left(-g_{00}\right)^{1/2}, \tag{6.6.42}$$

RN 黑洞视界的表面引力为

$$\kappa = \lim_{r \to r_+} (aV) = \frac{r_+ - r_-}{2r_+{}^2}. \tag{6.6.43}$$

与极端 Kerr 黑洞类似，极端 RN 黑洞的表面引力 κ 也为零! 当 $q = 0$ 时，$r_- = 0$, $r_+ = 2M$, $\kappa = 1/(4M)$，回到史瓦西黑洞的情况。由 (6.6.40) 和 (6.6.43) 式易见

$$\frac{1}{4\pi} \kappa A = \frac{r_+ - r_-}{2}. \tag{6.6.44}$$

由 (6.4.23) 式及 RN 解 (6.4.30) 式知

$$\phi = \frac{1}{4\pi} \frac{Q}{r}, \tag{6.6.45}$$

记黑洞视界表面的静电势

$$\phi_H = \frac{1}{4\pi} \frac{Q}{r_+}, \tag{6.6.46}$$

所以，

$$Q\phi_H = \frac{1}{4\pi} \frac{Q^2}{r_+} = \frac{q^2}{r_+} = r_-. \tag{6.6.47}$$

由 (6.6.44)、(6.6.47) 和 (6.4.36) 式得

$$M = \frac{1}{4\pi} \kappa A + Q\phi_H. \tag{6.6.48}$$

这正是无自转时的 (6.6.1) 式。通常，这个式子写成

$$M = \frac{1}{4\pi} \kappa A + q\phi_H, \tag{6.6.49}$$

其中 $\phi_H = \dfrac{q}{r_+}$ 为前述电势的 $\sqrt{4\pi}$ 倍, 或高斯单位制中的电势. 视界面积的变分为

$$\delta A = 8\pi r_+ \delta r_+ = 8\pi r_+ \left(\delta M + \frac{M\delta M - q\delta q}{\sqrt{M^2 - q^2}} \right),$$

所以,

$$\frac{\kappa}{8\pi}\delta A = \frac{r_+ - r_-}{2r_+} \left(\delta M + \frac{M\delta M - q\delta q}{\sqrt{M^2 - q^2}} \right)$$

$$= \frac{r_+ - r_-}{2r_+}\delta M + \frac{\dfrac{r_+ + r_-}{2}\delta M - q\delta q}{r_+} = \delta M - \phi_H \delta q, \qquad (6.6.50)$$

由 (6.6.50) 式反解出 δM, 得

$$\delta M = \frac{\kappa}{8\pi}\delta A + \phi_H \delta q. \qquad (6.6.51)$$

(6.6.51) 式正是无自转黑洞的 (6.6.2) 式.

同理, 可以证明对于 KN 黑洞, (6.6.1) 和 (6.6.2) 式也成立.

1971 年, Hawking 在研究两黑洞碰撞时的引力辐射过程中证明了黑洞的面积不减定理[①]: 在广义相对论中, 假设: ①宇宙监督原理成立; ②能量密度非负条件

$$T_{00} \geqslant 0 \quad (\text{严格地说, 对所有的类时矢量} Z^\mu \text{都有} T_{\mu\nu} Z^\mu Z^\nu \geqslant 0), \qquad (6.6.52)$$

成立; 则所有黑洞视界的总面积在未来永不减少. 这里的宇宙监督原理要求, 时空是渐近平直的, 且具有足够好的因果关系. (6.6.52) 式又称为弱能量条件.

6.7 黑洞的能量提取过程

在 2.13.1 节中曾证明一个定理, 设 ξ^μ 是一个基灵矢量场, U^μ 是测地线的切矢, 则 $U^\mu \xi_\mu$ 在测地线上是常数. 现设 "质点" 的静止质量为 m、4 动量为 p_μ, 以 4 速度 U^μ 在稳态时空 (存在基灵矢量场 $\xi^\mu = (1,0,0,0)$) 中沿测地线运动 (测地线的切矢就是 U^μ), 它们满足 (3.1.2) 式. 上述定理说明, 由 4 动量 p_μ 和基灵矢量场 ξ^μ 可以定义一个守恒量

$$E = -p_\mu \xi^\mu. \qquad (6.7.1)$$

① Hawking S W. Gravitational radiation from colliding black holes. Phys. Rev. Lett., 1971, 26: 1344-1346; Blackholes ingeneral relativity. Commun. Math. Phys., 1972, 25: 152-166.

它是无穷远观察者测量到的粒子能量，因为在无穷远处的静态观察者的 4 速度就是 ξ^μ。

由 6.5 节的讨论知，在能层外，基灵矢量 ξ^μ 是类时的；在能层内，基灵矢量 ξ^μ 是类空的。而质点的运动轨迹永远是类时的。

两个类时矢量的内积总是小于零的 (在我们的符号约定中，如图 6.7.1 所示)。所以，在能层外，总有

$$E = -mg_{\mu\nu}\xi^\mu U^\nu > 0. \tag{6.7.2}$$

一个类时矢量与一个类空矢量的内积 (如图 6.7.2 所示)，则可能小于零、可能等于零、也可能大于零。所以，在能层内，有

$$E = -mg_{\mu\nu}\xi^\mu U^\nu \begin{array}{c} > \\ = \\ < \end{array} 0. \tag{6.7.3}$$

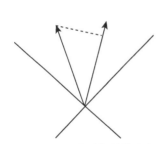

图 6.7.1   两类时矢量的内积

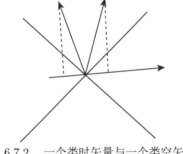

图 6.7.2   一个类时矢量与一个类空矢量
的内积

设一粒子沿测地线落入 Kerr 黑洞的能层中，并在适当时间自爆，使粒子一分为二。其中一块能量为 E_1，进入负能轨道，沿测地线落入黑洞。另一块能量为 E_2，最终逃逸出能层，飞到无穷远，如图 6.7.3 所示。由能量守恒知，

$$E = E_1 + E_2, \tag{6.7.4}$$

因为 $E_1 < 0$，所以，

$$E_2 > E. \tag{6.7.5}$$

原则上，可以用这种方法从黑洞中获取能量。这一过程就称为彭罗斯过程。

需要说明的是，落入黑洞的物体的能量是负的，角动量也是负的，且角动量负得更甚。它落入黑洞导致黑洞的质量和角动量减小，黑洞的转速变慢，能层变薄，但黑洞的不可约质量并不会在彭罗斯过程中减小。换句话说，彭罗斯过程所提取的是黑洞的转动能 $(\Omega_H \delta J)$。RN 黑洞没有能层，故不会有彭罗斯过程。

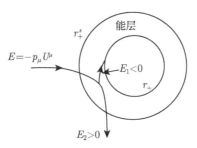

图 6.7.3 彭罗斯过程

彭罗斯过程最多能从黑洞中提取多少能量呢？按照 Hawking 的面积不减定理，在最理想的情况下，在彭罗斯过程中不可约质量保持不变，所有转动能都被提出，余下的就是一个施瓦西黑洞。设初态 Kerr 黑洞的质量为 M_0，末态史瓦西黑洞的质量为 M_f，则有

$$M_{ir}{}^2 = \frac{1}{2}\left(M_0{}^2 + \sqrt{M_0{}^4 - J_0{}^2}\right) = M_f{}^2, \tag{6.7.6}$$

$$M_0 - M_f = M_0 - \frac{\sqrt{2}}{2}\left(M_0{}^2 + \sqrt{M_0{}^4 - J_0{}^2}\right)^{1/2}. \tag{6.7.7}$$

若初态为近极端 Kerr 黑洞，

$$M_0{}^4 \approx J_0{}^2, \tag{6.7.8}$$

则

$$M_0 - M_f \approx \left(1 - \frac{\sqrt{2}}{2}\right)M_0, \quad \frac{M_0 - M_f}{M_0} \approx 29.29\%. \tag{6.7.9}$$

比较一下，核聚变 ($4H \longrightarrow He+2e^+ +2\nu$) 最多可提取的能量只有 0.71%。

把彭罗斯过程中的粒子换成波动，就得到 Misner 超辐射。以无质量标量场为例，当入射波频率满足

$$\omega \leqslant \mathfrak{m}\Omega_H \tag{6.7.10}$$

时，出射波与入射波相比，会附加了一个能流和 (φ 方向) 角动量流，其中 $\mathfrak{m}$ 是入射波轨道角动量在转轴方向投影的量子数。Misner 超辐射也服从 Hawking 的视界面积不减定理。

在两个黑洞并合成一个黑洞的过程中，会有很强的引力辐射。按照 Hawking 的面积不减定理，末态黑洞的面积也不会小于初态两个黑洞的面积之和。2015 年以来人类观测到的引力波信号为面积不减定理提供了强有力的观测证据。以观测到的第一个引力波信号 GW150914 为例，初态为两个 Kerr 黑洞，质量与自旋 (单位质量的 a) 分别为 ($36M_\odot$, 0.31)、($29M_\odot$, 0.46)，它们的视界面积除以 16π 分

别为 $1264M_\odot{}^2$、$794M_\odot{}^2$，末态为一个 Kerr 黑洞，其质量与自旋分别为 $(62M_\odot,$ 0.67)，其视界面积除以 16π 为 3349 $M_\odot{}^2$。

6.8 黑洞热力学

由于黑洞 (BH) 只入不出的性质，黑洞的出现对热力学提出了严峻的挑战。设想如图 6.8.1 所示的孤立系统的演化过程，其初态为具有一定内能和熵的物质以及一个黑洞；末态为一个黑洞，即物质全部落入黑洞。在这个过程中，熵减小了！它显然与热力学第二定律相违！

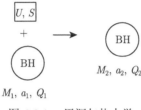

图 6.8.1   黑洞与热力学

为解决这个问题，我们先来回顾一下 6.6 节和 6.7 节中得到的关于黑洞的一些性质。这些性质集合起来，可称为黑洞动力学[①]。首先，稳态黑洞视界面上表面引力为常数——黑洞表面引力的性质。其次，稳态轴对称黑洞满足 (6.6.2) 式：

$$\delta M = \frac{\kappa}{8\pi}\delta A + \Omega_H \delta J + \phi_H \delta q$$

即 Bekenstein-Smarr 公式。最后，Hawking 面积不减定理：若时空具有良好的因果性，物质场满足弱能量条件，则黑洞视界的面积不减，即

$$\delta A \geqslant 0. \tag{6.8.1}$$

还须记住，极端黑洞的表面引力为零。除此之外，极端黑洞与非极端黑洞还存在这样的关系：无法通过有限的物理过程将一个非极端黑洞变成一个极端黑洞。这是因为极端黑洞与非极端黑洞的彭罗斯图完全不同，说明极端黑洞与非极端黑洞的时空流形拓扑是不同的。从物理的角度看，存在两种方案可使黑洞从非极端黑洞向极端黑洞演化。一种是向黑洞注入质量较轻、轨道角动量较大、且与黑洞自旋方向一致的粒子，另一种是向黑洞注入与黑洞电量同号、质量较轻的粒子。然而，在质量一定的情况下，越大的轨道角动量意味着越大的横向速度，而横向速

① Bardeen J M, Carter B, Hawkng S W. The four laws of black hole mechanics, Commun. Math. Phys., 1973, 31: 161-170.

度越大，逃逸的能力越强，被吸引的可能性越弱。因而，随着黑洞越来越接近极端黑洞，轨道角动量大的粒子越来越难被注入。另一方面，随着黑洞越来越接近极端黑洞，由于引力不足以抗衡静电力的排斥作用，荷质比大的带电粒子无法被注入，只能注入在自然单位制下荷质比 (q/M) 足够接近 1 的粒子，且越接近极端黑洞，对被注入粒子的荷质比的要求越苛刻。

将黑洞动力学的这些性质与热力学定律做一比较，就会发现它们之间有惊人的相似性。热力学第零定律是说，系统处于平衡态时温度处处相等；热力学第一定律是，

$$\delta U = T\delta S - p\delta V + \cdots, \tag{6.8.2}$$

其中 $-p\delta V + \cdots$ 都是做功项；热力学第二定律是，对于孤立系统，

$$\delta S \geqslant 0; \tag{6.8.3}$$

热力学第三定律是，无法通过有限次物理过程使系统的温度达到绝对零度 $T = 0$。

1972 年，J. D. Bekenstein 在看到 Hawking 的面积不减定理之后就猜测[①]，黑洞可作为热力学系统，黑洞的表面引力 κ 相当于温度 T，黑洞视界的表面积 A 相当于熵 S。若令黑洞的温度正比于黑洞视界的表面引力，黑洞的熵正比于黑洞视界的面积，则黑洞也满足热力学定律。上述 4 个黑洞的动力学定律就可改写为 4 个黑洞热力学定律，即黑洞热力学第零定律是，对于稳态黑洞，其视界表面温度为常数；黑洞热力学第一定律是，

$$\delta M = T\delta S + \Omega_H \delta J + \phi_H \delta q;$$

黑洞热力学第二定律是，$\delta S \geqslant 0$；黑洞热力学第三定律是，不能通过有限的物理过程把黑洞视界表面温度由有非零变为零。进一步，对于一个包含黑洞的孤立的热力学系统，Bekenstein 认为热力学第二定律应该改写成推广的热力学第二定律，即

$$\delta S_T = \delta S_{\mathrm{BH}} + \delta S_m \geqslant 0, \tag{6.8.4}$$

其中 S_{BH} 正比于黑洞视界的面积。Hawking 最初认为 Bekenstein 误解了他所证明的黑洞视界面积不减定理，因而认为这种类比是错误的。然而，1974 年，Hawking 在研究坍缩星体的辐射时发现，黑洞不是完全黑的，它有对外的辐射，且出射波具有标准的黑体谱[②]！正如 Bekenstein 所猜测的那样，黑体谱的温度正比于黑洞视界的表面引力，温度为

---

① Bekenstein J D. Blackholes and the secondlaw. Lett. N. Cim., 1972, 4: 737-740; Blackholes and entropy. Phys. Rev. D, 1973, 7: 2333-2346.

② Hawking S W. Blackhole explosions? Nature, 1974, 248: 30-31; Particlecreationby blackholes. Commun. Math. Phys., 1975, 43: 199-220.

$$T_{\mathrm{H}} = \frac{\kappa}{2\pi k_{\mathrm{B}}}, \tag{6.8.5}$$

其中 k_{B} 是玻尔兹曼常量。这种辐射称为 Hawking 辐射，它是黑洞的量子辐射，T_{H} 称为 Hawking 温度。须注意，Hawking 辐射不遵从面积定律。

Hawking 辐射的推导涉及弯曲时空中的量子场论，完全超出了我们课程的范畴。这里仅简述其思路。对于从类光过去无穷远 $\mathscr{I}^-$ 处入射的量子态来说，$\mathscr{I}^-$ 上的 Hilbert 空间 $\mathcal{H}_{\mathrm{in}}$ 是完备的，存在完备的基。入射的量子态可能出射到类光未来无穷远 $\mathscr{I}^+$，也可能穿过未来事件视界 $\mathcal{H}^+$ 进入黑洞，如图 6.8.2 所示。对于出射态来说，完备的 Hilbert 空间是定义在 $\mathscr{I}^+$ 与 $\mathcal{H}^+$ 的并上。对于类光未来无穷远附近的观察者来说，Hilbert 空间是定义在 $\mathscr{I}^+$ 上的，它并不完备。这种不完备性导致，入射一个真空态 (粒子数为零)，出射变成一个非真空态 (粒子数不为零)，Hawking 的研究发现出射态具有很完美的黑体谱。Hawking 也为 Hawking 辐射提供了如下物理图像：由量子场论知，真空并不是虚空，而是有大量的虚粒子对随时随地地产生、湮灭 (如图 6.8.3 所示)。对于在黑洞视界附近时，有些虚粒子对与在平直时空中一样产生、湮灭，也有些虚粒子对可能产生后同时掉入黑洞，这两种情况都不会产生 Hawking 辐射。还有一种可能是，负能粒子掉进黑洞，正能粒子实化，跑到无穷远，这就形成了 Hawking 辐射。须说明，在黑洞视界外没有负能轨道，故负能粒子无法实化，并跑到无穷远。

Hawking 还给出一种计算史瓦西黑洞温度的简单方法。在有限温度量子场论中有一个重要结论：温度格林函数具有虚时周期性，虚时周期为 β, 即

$$t \leftrightarrow t + \mathrm{i}\beta, \qquad \beta = \frac{1}{k_{\mathrm{B}}T}. \tag{6.8.6}$$

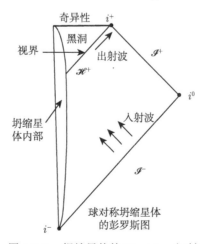

图 6.8.2　坍缩星体的 Hawking 辐射

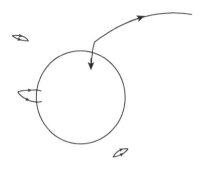

图 6.8.3 Hawking 辐射的物理图像

在自然单位制中，虚时周期与系统的温度成反比。利用这一结论，采用几何方法即可求出施瓦西黑洞的温度。对史瓦西解 (3.4.29) 式 (取 $G=1$) 欧化，即令

$$t \to i\tau, \tag{6.8.7}$$

注意，这里 τ 是虚时，不是固有时。欧化后的史瓦西解为

$$ds^2 = \left(1 - \frac{2M}{r}\right)d\tau^2 + \left(1 - \frac{2M}{r}\right)^{-1}dr^2 + r^2 d\Omega^2. \tag{6.8.8}$$

这是一个正定度规，度规在 $r = 2M$ 处存在坐标奇异性。令

$$x^2 = 16M^2 \left(1 - \frac{2M}{r}\right). \tag{6.8.9}$$

对之求微分，

$$x dx = \frac{16M^3}{r^2}dr \Rightarrow dr^2 = \left(\frac{r^2}{16M^3}x dx\right)^2 = \frac{r^4}{16M^4}\left(1 - \frac{2M}{r}\right)dx^2. \tag{6.8.10}$$

将 (6.8.9) 和 (6.8.10) 式代入 (6.8.8) 式，得

$$ds^2 = x^2 d\left(\frac{\tau}{4M}\right)^2 + \frac{r^4}{16M^4}dx^2 + r^2 d\Omega^2. \tag{6.8.11}$$

在坐标奇点 ($r = 2M$, 即 $x = 0$) 的邻域内，欧化度规化为

$$ds^2 = x^2 d\left(\frac{\tau}{4M}\right)^2 + dx^2 + r^2 d\Omega^2. \tag{6.8.12}$$

由 (6.8.12) 式的前两项与极坐标线元 $ds^2 = d\rho^2 + \rho^2 d\varphi^2$ 的比较可见，$x = 0$ 是极坐标原点处的奇点，如果 $\frac{\tau}{4M}$ 有 2π 的周期性，实际就不存在奇点了。也就是说，

若 τ 有 $8\pi M$ 的周期性，则度规 (6.8.12) 式在 $x=0$ 处就没有奇点! 换句话说，史瓦西时空具有 $8\pi M$ 的虚时周期性，其上的格林函数也自然具有这样的虚时周期性。根据有限温度量子场论，史瓦西黑洞应具有

$$T = \frac{1}{8\pi M} = \frac{\kappa}{2\pi} \tag{6.8.13}$$

的温度。

在国际单位制中，Hawking 温度为

$$T_{\mathrm{H}} = \frac{\hbar\kappa}{2\pi k_{\mathrm{B}}c}, \quad \hbar = \frac{h}{2\pi} \text{是普朗克 (Planck) 常量}. \tag{6.8.14}$$

在自然单位制 $(c = \hbar = G = k_{\mathrm{B}} = 1)$ 中，

$$T_{\mathrm{H}} = \frac{\kappa}{2\pi}. \tag{6.8.15}$$

对于具有太阳质量的史瓦西黑洞:

$$T_{\mathrm{H}} = \frac{\hbar c^3}{8\pi k_{\mathrm{B}}GM_{\odot}} \approx 6 \times 10^{-8}\mathrm{K}, \tag{6.8.16}$$

它远低于宇宙微波背景的温度。

黑洞温度与表面引力的关系确定后，熵与视界面积的关系也就随之确定。在自然单位制 $(c = \hbar = G = k_{\mathrm{B}} = 1)$ 中，它有非常简单的关系:

$$S_{\mathrm{BH}} = \frac{1}{4}A. \tag{6.8.17}$$

这个熵就称为 Bekenstein-Hawking(B-H) 熵，又称为 Bekenstein-Hawking(B-H) 面积熵。在国际单位制中，它是

$$S_{\mathrm{BH}} = \frac{c^3 k_{\mathrm{B}} A}{4G\hbar}. \tag{6.8.18}$$

对于太阳质量的史瓦西黑洞:

$$S_{\mathrm{BH}} = \frac{c^3 k_{\mathrm{B}} A}{4G\hbar} = \frac{4\pi k_{\mathrm{B}} GM_{\odot}^2}{c\hbar} \approx 4.4 \times 10^{62}\mathrm{J/K}. \tag{6.8.19}$$

这是一个极大的数。若太阳是一个等温的均匀辐射球，质量、半径都不变，则其平均温度约为 $3.7 \times 10^4\mathrm{K}$，熵约为 7.2×10^{25} J/K，远远小于同质量黑洞的熵。实际太阳的熵还要远远小 7.2×10^{25} J/K。

如果把黑洞看作一个孤立的热力学系统，对史瓦西黑洞就有

$$\delta M = T_{\mathrm{H}}\delta S_{\mathrm{BH}}. \tag{6.8.20}$$

对于这样一个简单的热力学系统，热容量为

$$C = T_{\mathrm{H}}\frac{\partial S_{\mathrm{BH}}}{\partial T_{\mathrm{H}}} = \frac{\partial M}{\partial T_{\mathrm{H}}} = \frac{1}{\dfrac{1}{8\pi}\dfrac{\partial M^{-1}}{\partial M}} = -8\pi M^2 < 0. \qquad (6.8.21)$$

可见，史瓦西黑洞的热容量是负的！随着 Hawking 辐射的进行，黑洞的温度会不断升高！

在 Hawking 温度 (6.8.14) 式和 Bekenstein-Hawking 熵 (6.8.18) 式的表达式中，同时出现了自然界的基本常数 c、G、$\hbar$ 和 k_{B}，它表明黑洞的温度与熵联系着相对论、引力、量子理论、统计物理与热力学。因而，黑洞成为探索更深层物理的起点。在热力学中，熵是广延量，正比于体积，而黑洞的 Bekenstein-Hawking 熵却正比于面积，即黑洞的熵与低一维物理系统的熵 (广延量) 的性质一致。因此，黑洞可通过 (引力) 全息原理、引力/规范对偶来研究强相互作用、凝聚态物理等其他学科。

6.9　黑洞存在的观测证据

由于任何信号一旦进入视界，就无法被我们所观测到，因而我们无法直接看到黑洞。尽管如此，我们还是可以根据黑洞的形成机制、黑洞的性质，间接地观测到黑洞。

6.9.1　黑洞形成的机制

6.9.1.1　恒星的引力坍缩

第 5 章曾说过，质量大于太阳质量 2 倍多的球对称恒星，其引力坍缩将导致黑洞的形成，除非在坍缩过程中抛射出足够多的物质，使坍缩核的质量小于 $2M_\odot$。恒星的转动虽可能略微提高恒星质量上限，但改变不大。只有当星体的转速较高时，星体转动对星体平衡结构才有比较明显的影响。第 4 章曾指出，高速旋转的脉冲星，比如超过 $1000\mathrm{r/s}$(亚毫秒级脉冲星)，引力辐射就变得重要了。引力辐射会使脉冲星的转速迅速下降。顺便提一句，因果性及星体结构要求脉冲星最快转速约为 $1500\mathrm{r/s}$。目前已观测到最快的脉冲星的转速是 $716\mathrm{r/s}$(确认), $1122\mathrm{r/s}$(疑似)。

在银河系中，存在大量星体质量大于 $2M_\odot$ 的恒星。根据恒星演化理论，

$$恒星的寿命 \lll 银河系的年龄, \qquad (6.9.1)$$

另一方面，在银河系的一生中至少会发生 10^8 次超新星爆发，只要其中的一小部分形成黑洞，黑洞数量也是相当可观的。也就是说，恒星演化、坍缩形成黑洞是无法避免的。

一般来说，将质量在

$$2M_\odot \lesssim M \lesssim 100M_\odot \tag{6.9.2}$$

的黑洞称为恒星级黑洞 (stellar black hole)。当恒星坍缩时，若星体坍缩前质量太小，则其引力坍缩不足以形成黑洞，而是形成白矮星、中子星等致密天体。若星体坍缩前质量太大，则由于脉动不稳定性，星体会解体，也不会形成太大质量的黑洞。需说明的是，这里给的质量上限是很宽松的，具体的坍缩模型给出的恒星级黑洞质量上限比 (6.9.2) 式给出的上限还要低很多。例如，刘继峰、张昊彤等在双星系统中发现黑洞质量 $M_{\mathrm{BH}} \approx 70M_\odot$，就已经是对恒星级黑洞的形成机制提出严重挑战了[①]。

恒星级黑洞形成的几种具体机制：

(1) 大质量星体燃料耗尽，直接引力坍缩形成黑洞。

(2) 致密天体 (如白矮星、中子星) 吸积其伴星 (正常恒星) 的物质，如图 6.9.1 所示。这是因为双星系统中总有一些点，在这些点上，引力势取极值，称为拉格朗日点，如图 6.9.2 所示。拉格朗日点 L1 所在的等势面称为洛希瓣 (Roche lobe)，如图 6.9.3 所示。由于致密星半径很小，双星可能相距非常近。当正常恒星的大小充满洛希瓣时，恒星物质就会被吸积到致密天体，如图 6.9.1 所示。当致密天体吸积达到临界值时，电子简并压、中子简并压不足以支撑星体，就会发生引力坍缩，最终形成黑洞。

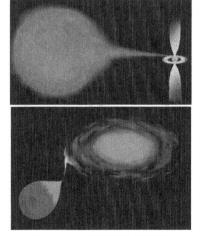

图 6.9.1 致密天体的吸积

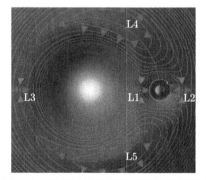

图 6.9.2 双星系统的等势图及拉格朗日点

---

① Liu J, Zhang H, et al. A wide star-blackhole binary system from radial-velocity measurements. Nature, 2019, 575: 618-621.

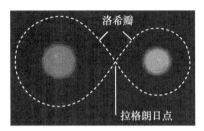

图 6.9.3 洛希瓣

(3) 致密天体 (如两颗中子星) 的并合。

6.9.1.2 超大质量黑洞的形成

在星团的动力学演化过程中, 有可能因引力碰撞使得大量的能量转移到某一颗星上, 且这颗星被 "踢出" 星团, 使得剩余恒星的平均能量减小, 于是被引力更紧密地束缚在一起。星团中心部分因这种过程变得越来越密。当密到一定时, 潮汐扰动变得很大, 最终导致大质量黑洞的形成。稠密星团 (dense cluster of stars) 的核心、甚至星系核 (nuclei of a galaxy) 都可能因这种过程形成超大质量黑洞 (supermassive black hole, SMBH), 其质量可达 $10^6 M_\odot \sim 10^{10} M_\odot$。也有人提出, 超大质量黑洞的质量为 $10^6 M_\odot \sim 10^9 M_\odot$。自然界中还可能存在更大质量的黑洞, 称为绝超质量黑洞 (hypermassive black holes), 其质量为 $10^{10} M_\odot \sim 10^{12} M_\odot$。迄今发现的最大黑洞是吴学兵等发现的红移高达 $z = 6.3$ 处的超亮类星体 SDSSJ010013.02+280225.8 中的黑洞, 其质量约为 $1.2 \times 10^{10} M_\odot$[1]。

常有人问, 黑洞中的物质密度是否非常高? 首先, 黑洞作为爱因斯坦引力场方程的真空解, 其视界内部仍为真空, 谈不上密度高低。其次, 对于 $1 M_\odot$ 的黑洞, 史瓦西半径大约为 3 km。按平直空间并以此半径计算, 物质密度达到 $1.77 \times 10^{19} \, \text{kg/m}^3$。这是极高的密度! 然而, 对于 $10^9 M_\odot$ 的黑洞, 史瓦西半径约为 $3 \times 10^9 \text{km} = 20\text{AU}$, 仍按平直空间并以此半径计算, 物质密度为 $17.7 \, \text{kg/m}^3$。这一密度仅为水密度的五十几分之一!

6.9.1.3 原初黑洞的形成

在宇宙演化的早期, 由于宇宙中物质密度的涨落, 某个区域的物质密度变得足够高, 从而导致引力坍缩, 可能直接形成黑洞, 而不经过恒星的演化阶段。这种黑洞称为原初黑洞 (primordial black holes)。原初黑洞可能是质量远小于 $1 M_\odot$ 的黑洞, 也可能是恒星级黑洞, 甚至还可能是中等质量的黑洞。由于黑洞质量越小, Hawking 温度越高, 随着 Hawking 辐射, 黑洞质量就更小。于是, 质量小于 10^{12}kg 的黑洞

---

[1] Wu X B, et al. An ultraluminous quasar with a twelve-billion-solar-mass blackhole at redshift 6.30. Nature, 2015, 518: 512.

在宇宙的演化中已经因 Hawking 辐射而被辐射掉。所以目前宇宙中尚存的原初黑洞的质量应大于 10^{12}kg。

6.9.1.4 中等质量黑洞的形成

以前认为,在 $100\,M_\odot$ 到 $10^5 M_\odot$ 之间没有黑洞,但近几年发现在这个质量区间也可能存在黑洞,例如:NGC-2276 是一个涡旋星系,距我们 1 亿光年,其中的 NGC-2276-3c,很可能是质量约为 $5\times10^4 M_\odot$ 的中等质量黑洞。这一质量区间的黑洞称为中等质量黑洞 (intermediate-mass black holes)。中等质量黑洞的形成机制可能有:

(1) 恒星级黑洞与其他致密天体的反复并合或吸积。

(2) 星团中大质量恒星的碰撞。

(3) 宇宙演化过程中, 由于密度的涨落形成的原初黑洞。

6.9.2 黑洞认证的主要方法

6.9.2.1 双星系

若双星系由一颗普通恒星和一颗致密星组成,由普通恒星的运动轨迹可算出致密星的质量。若致密星的质量大于 $3M_\odot$,则致密星就应该是黑洞。例如:天鹅座 (Cygnus) X-1,致密星质量约为 $9M_\odot$,这一质量说明,它不可能是中子星或其他致密星,而应该是一个黑洞。

6.9.2.2 星系核

天文学家们认为:每一个活动的星系核或类星体都包含一个超大质量的黑洞。例如:Sgr A* 距我们 7900pc,位于银河系中心,是一个致密非恒星辐射源,已由红外、射电、X 射线观测发现,其质量约为 400 万个太阳质量,其自旋为 a/M =0.3[①]。又如,NGC 4528 距我们 16Mpc,由红外、射电、X 射线观测发现,其质量约为 4000 万个太阳质量[②]。

若普通恒星绕星系核的运动轨迹足够接近星系核,则由星体运动轨迹可算出星系核的质量。星系核的质量远远大于致密星的质量, 导致星系中心被认为是超大质量黑洞或中等质量黑洞。例:S2(恒星, 轨道周期约 16 年) 绕 Sgr A* 运行,在近中心点附近 (120AU ≈ Sgr A* 的 1400 倍史瓦西半径) 的速度高达 7650km/s (光速的 2.55%)。引力红移与横向多普勒红移合计约 z =6.67×10^{-4},这表明引力

① Miralda-Escude J, Gould A. A cluster of black holes at the galactic center. ApJ, 2000, 545: 847; Chaname J, Gould A, Miralda-Escude J. Microlensing by steller black holes around sagittarius A*. ApJ, 2001, 563: 793; Ghez A, Morris M, Beckline E, et al. Nature, 2000, 407: 349.

② Moran J, Greenhill L, Herrnstein J. Observational evidence for massive black holes in the centers of active galaxies. A&A, 1999, 20: 165.

中心很可能是黑洞[①]。目前已知离银河系中心 (Sgr A *) 最近的恒星, 轨道周期约为 11.5 年, 利用轨道运动证明的质量为 $(4.1 \pm 0.6) \times 10^6 M_\odot$。

2020 年诺贝尔物理学奖的另一半颁给了 R. Genzel 和 A. Ghez(见图 6.9.4), 因为他们发现银河系中心为超大质量致密物体 (for the discovery of a super-massive compact object at the centre of our galaxy)。

R. Genzel   A. Ghez

图 6.9.4   2020 年诺贝尔物理学奖另一半的获得者

6.9.2.3   黑洞的吸积盘

黑洞和其他致密天体都可能有吸积盘 (accretion disc), 但它们的性质有所不同。通过对吸积盘的观测, 可排除其他致密天体的可能性。例如, 当 Kerr 黑洞周围有吸积盘和很强的极向磁场 (poloidal magnetic field) 时, 会产生 Blandford-Znajek (BZ) 过程。BZ 过程与彭罗斯过程一样, 都是提取转动黑洞的能量的过程; 但与彭罗斯过程不同的是: BZ 过程是通过磁场提取黑洞转动能的过程。BZ 过程给出类星体喷流功率的最佳解释。(因在能层内的磁层会随黑洞一起转动 (时空拖曳效应), 因此外向的角动量流会导致从黑洞提取能量。)

6.9.2.4   最小稳定圆轨道

黑洞有最小稳定轨道, 而其他致密天体没有最小稳定轨道一说。借此也可确定一个天体是否是黑洞。

6.9.2.5   引力红移

黑洞可有很大的引力红移, 而其他星体的红移都很有限。(参见第 5.3 节均匀密度星最后的讨论。)

[①] Ghez A M, Klein B L, Morris M, et al. High proper motions in the vicinity of Sgr A*: evidence for a massive central black hole. ApJ, 1998, 509: 678-686; Gravity collaboration, detection of the gravitational redshift in the orbit of the star S2 near the galactic centre massive blackhole. A&A, 2018, 615: L15.

6.9.2.6 引力透镜

通过引力透镜现象也可定出中心无法直接光学观测的天体的质量，从而说明黑洞的存在。

6.9.2.7 引力辐射

双恒星级致密天体绕质心的转动会产生引力辐射，特别是双恒星级致密天体的并合会产生非常强的引力辐射，此外，超大质量黑洞吞噬星体也会产生强引力辐射。不同致密天体系统的引力辐射谱各不相同，通过测量引力波也可确定黑洞的存在。例如，GW150914 不仅证明了黑洞的存在，还证明了黑洞可以成对地出现在双星系中，且能并合成一个大黑洞。

6.9.2.8 事件视界望远镜

天文学家证实一种天体存在的最直接方法就是拍摄它的照片。除很小的原初黑洞外，绝大多数黑洞的 Hawking 辐射都可忽略，因而这些黑洞都是黑的，无法被直接看到，但仍可能看到它的阴影 (shadow)。

事件视界望远镜 (Event Horizon Telescope, EHT) 就是为达成此目的而设计出的。它利用甚长基线红外干涉技术 (Very Long Baseline Interferometry, VLBI)，将多台望远镜组网，形成一个口径达地球直径的望远镜。图 6.9.5 为由 EHT 给出的、经过大量数据处理后的 M87 黑洞 ($6.5 \times 10^9 M_\odot$，约 17Mpc) 的照片[①]，中心部分是黑洞的阴影，明亮部分是黑洞周围吸积盘中物质物理过程发射出的光经历了黑洞的强引力透镜效应后投射到地球的结果。(第 3 章只介绍了弱引力透镜效应。)

图 6.9.5　黑洞照片

---

① The Event Horizon Telescope Collaboration, et al. First M87 event horizon telescope results. I. The shadow of the supermassive black hole. ApJL, 2019, 875: L1.

6.9.2.9 利用准正则模认证黑洞

准正则模涉及场论, 超出了我们的课程范畴。

6.9.2.10 超强辐射的观测

星体掉进黑洞和星体掉到硬表面上, 物理过程截然不同。后者会形成由辐射压支撑的包层, 这个包层将在数月至数年内以最大光度 (Eddington 光度) 向外辐射。而前者则不会产生强辐射。图 6.9.6 是两中子星碰撞的数值模拟图, 图 6.9.7 是星体落入视界的艺术图。泛星计划 (PanSTARRS) 排除了在 $1+10^{-4.4}$ 倍史瓦西半径处有硬表面的可能性[①]。

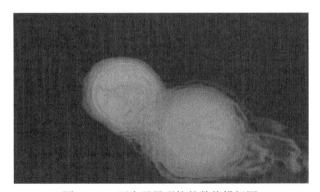

图 6.9.6 两中子星碰撞的数值模拟图

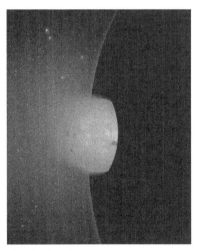

图 6.9.7 星体落入视界的艺术图

---

① Lu W B, Kumar P, Narayan R. Stellar disruptionevents support the existence of the black hole even thorizon. MNRAS, 2017, 468: 910-919.

附录 6.A 圆轨道运动粒子单位质量的能量与角动量

对于质点，(6.5.52) 和 (6.5.53) 式可分别写成

$$AE^2 + BL^2 + CEL + D = 0, \tag{6.A.1}$$

$$A'E^2 + B'L^2 + C'EL + D' = 0, \tag{6.A.2}$$

其中

$$
\begin{aligned}
&A = r\left(r^2 + a^2\right) + 2Ma^2, \quad B = -r + 2M, \\
&C = -4aM, \qquad\qquad\qquad D = -r\left(r^2 + a^2 - 2Mr\right),
\end{aligned}
\tag{6.A.3}
$$

$$
\begin{aligned}
&A' = 2r^3 + a^2r + Ma^2, \quad B' = -r + M, \\
&C' = -2Ma, \qquad\qquad\quad D' = -2r^3 - a^2r + 3Mr^2.
\end{aligned}
\tag{6.A.4}
$$

令

$$x = E/L, \tag{6.A.5}$$

则有

$$Ax^2 + B + Cx + \frac{D}{L^2} = 0, \tag{6.A.6}$$

$$A'x^2 + B' + C'x + \frac{D'}{L^2} = 0. \tag{6.A.7}$$

(6.A.6) 和 (6.A.7) 式消去含 L^2 的项，得

$$\left(A'D - AD'\right)x^2 + \left(C'D - CD'\right)x + B'D - BD' = 0, \tag{6.A.8}$$

其解为

$$
x = \frac{-\left(C'D - CD'\right) \pm \left[\left(C'D - CD'\right)^2 - 4\left(A'D - AD'\right)\left(B'D - BD'\right)\right]^{1/2}}{2\left(A'D - AD'\right)}.
\tag{6.A.9}
$$

由 (6.A.3) 和 (6.A.4) 式得

$$
\begin{aligned}
A'D - AD' &= -\left(2r^3 + a^2r + Ma^2\right)r\left(r^2 + a^2 - 2Mr\right) \\
&\quad - \left(r\left(r^2 + a^2\right) + 2Ma^2\right)\left(-2r^3 - a^2r + 3Mr^2\right) \\
&= \left(2r^4 + 3a^2r^2 - 2Ma^2r + a^4\right)\left(2Mr\right) - r\left(3Mr^2 + Ma^2\right)\left(r^2 + a^2\right)
\end{aligned}
$$

$$= \left(r^4 + 2a^2r^2 - 2Ma^2r + a^4\right)(2Mr) - Mr\left(r^2 + a^2\right)^2$$

$$= Mr\left(\left(r^2 + a^2\right)^2 - 4Ma^2r\right),$$

$$C'D - CD' = 2Mar\left(r^2 + a^2 - 2Mr\right) + 4aM\left(-2r^3 - a^2r + 3Mr^2\right)$$

$$= -2aMr\left(3r^2 + a^2 - 4Mr\right),$$

$$B'D - BD' = (r - M)\,r\left(r^2 + a^2 - 2Mr\right) + (r - 2M)\left(-2r^3 - a^2r + 3Mr^2\right)$$

$$= r\left[r\left(-r^2 + Mr\right) - M\left(-3r^2 - a^2 + 4Mr\right)\right]$$

$$= -r\left((r - 2M)^2\,r - Ma^2\right),$$

(6.A.9) 式方括号内的量为

$$4a^2M^2r^2\left(3r^2 + a^2 - 4Mr\right)^2 + 4Mr^2\left(\left(r^2 + a^2\right)^2 - 4Ma^2r\right)\left((r - 2M)^2\,r - Ma^2\right)$$

$$= 4Mr^5\left[r\,(r - 2M) + a^2\right]^2 = 4Mr^5\Delta^2, \tag{6.A.10}$$

把这些结果代入 (6.A.9) 式，得

$$x = \frac{2aMr\left(3r^2 + a^2 - 4Mr\right) \pm 2r^2\Delta\sqrt{Mr}}{2Mr\left(\left(r^2 + a^2\right)^2 - 4Ma^2r\right)} = \frac{a\left(3r^2 + a^2 - 4Mr\right) \pm r\Delta\sqrt{r/M}}{\left(r^2 + a^2\right)^2 - 4Ma^2r}$$

$$= \pm\frac{\left(r^{3/2} - 2Mr^{1/2} \pm M^{1/2}a\right)\left(r^2 + a^2 \pm 2aM^{1/2}r^{1/2}\right)}{M^{1/2}\left(r^2 + a^2 + 2aM^{1/2}r^{1/2}\right)\left(r^2 + a^2 - 2aM^{1/2}r^{1/2}\right)}$$

$$= \pm\frac{\left(r^{3/2} - 2Mr^{1/2} \pm M^{1/2}a\right)}{M^{1/2}\left(r^2 + a^2 \mp 2aM^{1/2}r^{1/2}\right)}. \tag{6.A.11}$$

另一方面，由 (6.A.6) 和 (6.A.7) 式消去 x^2 项，得

$$\frac{A'D - AD'}{L^2} = AB' - A'B + (AC' - A'C)\,x, \tag{6.A.12}$$

由 (6.A.12) 式解出 L^2，得

$$L^2 = -\frac{A'D - AD'}{(A'C - AC')\,x + A'B - AB'} = -\frac{A'D - AD'}{C'\,(2A' - A)\,x + A'B - AB'}. \tag{6.A.13}$$

由 (6.A.3) 和 (6.A.4) 式得

$$A'C - AC' = C'\,(2A' - A)$$

$$= (-2aM)\left[2\left(2r^3 + a^2r + Ma^2\right) - \left(r\left(r^2+a^2\right) + 2Ma^2\right)\right]$$

$$= -2aMr\left(3r^2 + a^2\right),$$

$$A'B - AB' = \left(2r^3 + a^2r + Ma^2\right)(-r + 2M) - \left(r\left(r^2+a^2\right) + 2Ma^2\right)(-r + M)$$

$$= -r\left(r^3 - 3Mr^2 - 2Ma^2\right).$$

将这些结果及 (6.A.11) 式代入 (6.A.13) 式，得

$$L^2 = \frac{M\left(\left(r^2+a^2\right)^2 - 4Ma^2r\right)}{\pm 2aM\left(3r^2+a^2\right)\frac{\left(r^{3/2} - 2Mr^{1/2} \pm M^{1/2}a\right)}{M^{1/2}\left(r^2+a^2 \mp 2aM^{1/2}r^{1/2}\right)} + \left(r^3 - 3Mr^2 - 2Ma^2\right)}$$

$$= \frac{M\left(\left(r^2+a^2\right)^2 - 4Ma^2r\right)\left(r^2+a^2 \mp 2aM^{1/2}r^{1/2}\right)}{\pm 2aM^{1/2}\left(3r^2+a^2\right)\left(r^{3/2}-2Mr^{1/2}\pm M^{1/2}a\right)+\left(r^3-3Mr^2-2Ma^2\right)\left(r^2+a^2\mp 2aM^{1/2}r^{1/2}\right)}$$

$$= \frac{M\left(r^2+a^2\pm 2aM^{1/2}r^{1/2}\right)\left(r^2+a^2\mp 2aM^{1/2}r^{1/2}\right)^2}{\pm 2aM^{1/2}\left(3r^2+a^2\right)\left(r^{3/2}-2Mr^{1/2}\pm M^{1/2}a\right)+\left(r^3-3Mr^2-2Ma^2\right)\left(r^2+a^2\mp 2aM^{1/2}r^{1/2}\right)},$$

其分母为

$$\pm 2aM^{1/2}\left(3r^2+a^2\right)\left(r^{3/2}-2Mr^{1/2}\pm M^{1/2}a\right) + \left(r^3-3Mr^2-2Ma^2\right)$$
$$\times \left(r^2+a^2 \mp 2aM^{1/2}r^{1/2}\right)$$
$$= \pm 6aM^{1/2}r^{3/2}\left(r^2-2Mr\pm M^{1/2}ar^{1/2}\right) \pm 2a^3M^{1/2}\left(r^{3/2}-2Mr^{1/2}\pm M^{1/2}a\right)$$
$$\mp 4aM^{1/2}r^{1/2}\left(r^3-3Mr^2-2Ma^2\right) + \left(r^3-3Mr^2-2Ma^2\right)$$
$$\times \left(r^2+a^2\pm 2aM^{1/2}r^{1/2}\right)$$
$$= \pm 2aM^{1/2}r^{3/2}\left(r^2+a^2\pm 2M^{1/2}ar^{1/2}\right) + \left(r^3-3Mr^2\right)\left(r^2+a^2\pm 2aM^{1/2}r^{1/2}\right)$$
$$= r^{3/2}\left(r^{3/2}-3Mr^{1/2}\pm 2aM^{1/2}\right)\left(r^2+a^2\pm 2aM^{1/2}r^{1/2}\right)$$

所以，

$$L^2 = \frac{M\left(r^2+a^2\pm 2aM^{1/2}r^{1/2}\right)\left(r^2+a^2\mp 2aM^{1/2}r^{1/2}\right)^2}{r^{3/2}\left(r^{3/2}-3Mr^{1/2}\pm 2aM^{1/2}\right)\left(r^2+a^2\pm 2aM^{1/2}r^{1/2}\right)}$$
$$= \frac{M\left(r^2+a^2\mp 2aM^{1/2}r^{1/2}\right)^2}{r^{3/2}\left(r^{3/2}-3Mr^{1/2}\pm 2aM^{1/2}\right)}. \tag{6.A.14}$$

开方即得 (6.5.65) 式，再利用 (6.A.5) 和 (6.A.11) 式，即可得 (6.5.64) 式。

附录 6.B 质点运动的最小稳定圆轨道

将 (6.5.64) 和 (6.5.65) 式代入 (6.5.72) 式 (取等号) 得

$$
\begin{aligned}
0 =& \left(6r^2 + a^2\right) E^2 - \left(6r^2 + a^2 - 6Mr\right) - L^2 \\
=& 6\left(E^2 - 1\right) r^2 + 6Mr + \left(E^2 - 1\right) a^2 - L^2 \\
=& 6\left(\frac{\left(r^{3/2} - 2Mr^{1/2} \pm aM^{1/2}\right)^2}{r^{3/2}\left(r^{3/2} - 3Mr^{1/2} \pm 2aM^{1/2}\right)} - 1\right) r^2 \\
& + 6Mr + a^2\left(\frac{\left(r^{3/2} - 2Mr^{1/2} \pm aM^{1/2}\right)^2}{r^{3/2}\left(r^{3/2} - 3Mr^{1/2} \pm 2aM^{1/2}\right)} - 1\right) \\
& - \frac{M\left(r^2 \mp 2aM^{1/2}r^{1/2} + a^2\right)^2}{r^{3/2}\left(r^{3/2} - 3Mr^{1/2} \pm 2aM^{1/2}\right)},
\end{aligned}
$$

通分后分子为

$$
\begin{aligned}
& -\left(6r^2 + a^2\right)\left(Mr^2 - 4M^2r - a^2M \pm 4aM^{3/2}r^{1/2}\right) \\
& + 6Mr\left(r^3 - 3Mr^2 \pm 2aM^{1/2}r^{3/2}\right) - M\left(r^2 \mp 2aM^{1/2}r^{1/2} + a^2\right)^2 = 0,
\end{aligned}
$$

化简, 得

$$
r^2 - 6Mr \pm 8aM^{1/2}r^{1/2} - 3a^2 = 0. \tag{6.B.1}
$$

这是一个关于 $r^{1/2}$ 的 4 次代数方程, 按照解 4 次代数方程的方法, 先求 3 次代数方程

$$
x^3 + 6Mx^2 + 12a^2x + 8Ma^2 = 0 \tag{6.B.2}
$$

的实根。令

$$
x = y - 2M, \tag{6.B.3}
$$

可将 (6.B.2) 式化成标准形式

$$
y^3 - 12\left(M^2 - a^2\right) y + 16M\left(M^2 - a^2\right) = 0. \tag{6.B.4}
$$

(6.B.4) 式的实根为

$$
y = \left\{ -8M\left(M^2 - a^2\right) + \left[64M^2\left(M^2 - a^2\right)^2 - 64\left(M^2 - a^2\right)^3\right]^{1/2} \right\}^{1/3}
$$

$$+\left\{-8M\left(M^2-a^2\right)-\left[64M^2\left(M^2-a^2\right)^2-64\left(M^2-a^2\right)^3\right]^{1/2}\right\}^{1/3}$$
$$=-2M\left(1-a^2/M^2\right)^{1/3}\left[(1-a/M)^{1/3}+(1+a/M)^{1/3}\right], \tag{6.B.5}$$

由 (6.B.3) 式立即得

$$x=-2M\left\{1+\left(1-a^2/M^2\right)^{1/3}\left[(1-a/M)^{1/3}+(1+a/M)^{1/3}\right]\right\}=-2MZ_1, \tag{6.B.6}$$

其中 Z_1 由 (6.5.75) 式的第一个式子给出. 方程 (6.B.1) 的解由两个 2 次代数方程

$$r+\sqrt{6M-2MZ_1}\,r^{1/2}-MZ_1+MZ_2=0, \tag{6.B.7}$$

$$r-\sqrt{6M-2MZ_1}\,r^{1/2}-MZ_1-MZ_1=0 \tag{6.B.8}$$

的解给出, 其中 Z_2 由 (6.5.75) 式的第二个式子给出. 4 个解分别是

$$r_{1,2}{}^{1/2}=-\frac{1}{2}\sqrt{2M\left(3-Z_1\right)}\pm\frac{1}{2}\sqrt{2M\left(3+Z_1-2Z_2\right)}, \tag{6.B.9}$$

$$r_{3,4}{}^{1/2}=\frac{1}{2}\sqrt{2M\left(3-Z_1\right)}\pm\frac{1}{2}\sqrt{2M\left(3+Z_1+2Z_2\right)}. \tag{6.B.10}$$

平方 (6.B.9) 和 (6.B.10) 式, 得

$$r_{1,2}=M\left\{3-Z_2\mp\sqrt{3-Z_1}\sqrt{3+Z_1-2Z_2}\right\}, \tag{6.B.11}$$

$$r_{3,4}=M\left\{3+Z_2\pm\sqrt{3-Z_1}\sqrt{3+Z_1+2Z_2}\right\}. \tag{6.B.12}$$

因为当 $0<a/M<1$ 时, $3+Z_1-2Z_2<0$, 故 (6.B.11) 式不会给出实解, 略去. $r_{3,4}$ 总是实的, 故最小稳定圆轨道由 (6.B.12) 式给出.

习　　题

1. 设质点在史瓦西时空中史瓦西坐标为 r_0 处, 由静止开始自由下落 (如同第 3 章第 7 题), 试计算质点落至奇点 $r=0$ 处所需的固有时.

2. 在 Kruskal 时空图中定性地画出, 5.8 节中所讨论的均匀密度星从 $t=0$ 时刻开始坍缩问题中, 星体表面的世界线.

3. (1) 计算静止于 Schwarzschild-de Sitter 时空 $(1/(9M^2)>\Lambda>0)$ 中的测试粒子的 4 加速度;

(2) 测试粒子静止于何处, 4 加速度为零.

4. 比较质子质量与电荷大小，说明质子是否可能是 RN 黑洞。

5. 试求带宇宙学常数的静态球对称电真空解。

6. Kerr-Newman 黑洞视界表面电势为

$$\phi_H = \frac{qr_+}{r_+{}^2 + a^2},$$

试证明 Kerr-Newman 黑洞满足 (6.6.1) 和 (6.6.2) 式。(提示：电势已用 q 表示出来，(6.6.1) 式和 (6.6.2) 式中的 Q 也应改为 q，参见 (6.6.49) 式。)

7. 计算 Schwarzschild-de Sitter 黑洞 $(1/(9M^2) > \Lambda)$ 时空中，黑洞事件视界和宇宙视界的表面引力 κ。

8. 考虑质量为 $M_1 = M_2$、单位质量的角动量为 $a_1 = -a_2$(对称轴平行、转动方向相反) 的两个 Kerr 黑洞并合成一个史瓦西黑洞。

(1) 利用 Hawking 的面积不减定理 (两黑洞并合后总面积不会减少) 计算并合后的史瓦西黑洞的最小质量 M_S。

(2) 若并合前 $|a_1| \approx M_1$，并合后黑洞是上问中所确定的最小质量的史瓦西黑洞，那么，并合过程中，两黑洞初态质量和的多大部分将被辐射出去？

9. 计算 RN 黑洞的等电荷热容量 C_q. 确定 $C_q < 0$ 到 $C_q > 0$ 的相变点。

第 7 章 宇宙学初步

7.1 宇宙学原理与 FLRW 度规

7.1.1 宇宙的静动之争

"上下四方曰宇,古往今来曰宙。"

1917 年,爱因斯坦将广义相对论用于宇宙 (cosmological considerations in general theory of relativity),引入宇宙学常数,提出一个静态宇宙学模型,其时间是无限的、空间体积是有限的,该模型称为爱因斯坦宇宙,或爱因斯坦静态宇宙,其度规可写为

$$\mathrm{d}s^2 = -\mathrm{d}t^2 + a^2 \left(\mathrm{d}\chi^2 + \sin^2 \chi \mathrm{d}\Omega^2\right), \tag{7.1.1}$$

其中

$$a = \Lambda^{-1/2} = \left(2\rho^{-1}\right)^{1/3} = \mathrm{const.}, \tag{7.1.2}$$

ρ 为宇宙中物质的固有密度,

$$-\infty < t < +\infty, \quad 0 \leqslant \chi \leqslant \pi, \quad 0 \leqslant \theta \leqslant \pi, \quad 0 \leqslant \varphi \leqslant 2\pi. \tag{7.1.3}$$

宇由一个 3 维球面构成。当 $a = 1$ 时,这个度规就是画闵氏时空的彭罗斯图时用的 (6.3.9) 式,它与闵氏时空共形。

同年,W. de Sitter 指出,宇宙学常数的引入并不能保证宇宙是静态的,他给出 de Sitter 宇宙解,它是一个动态解。由此开启了宇宙的静动之争。前面说过 de Sitter 宇宙是具有最大对称性的常曲率时空。1922 年 Friedmann 和 1927 年 Lemaitre 分别给出没有宇宙学常数的爱因斯坦场方程的膨胀宇宙解。

1929 年 Hubble 观测到表征宇宙膨胀的哈勃 (Hubble) 定律 (现在已称为 Hubble-Lemaitre 定律)——星云 (nebula) 的红移正比于星云与我们之间的距离。至此,宇宙的静动之争才告结束。

7.1.2 宇宙学原理

主流的宇宙学研究是建立在宇宙学原理基础上的。宇宙学原理简单地说,在任何时刻,宇都是均匀各向同性的,或者说,宇是 3 维最大对称空间。准确一点说,在宇观尺度 ($\geqslant 10^8$l.y.) 上,在任何时刻,宇宙的 3 维空间是均匀各向同性的。均匀、各向同性等价于在时空中点点各向同性。

7.1.3 FLRW 度规

Friedmann-Lemaitre-Robertson-Walker (FLRW) 度规在历史上曾称为 Robertson-Walker (RW) 度规、Friedmann-Robertson-Walker (FRW) 度规。为得到 FLRW 度规，先考虑一个 4 维平直空间

$$\mathrm{d}\sigma^2 = \delta_{ij}\mathrm{d}x^i\mathrm{d}x^j \pm \mathrm{d}x^4\mathrm{d}x^4 \tag{7.1.4}$$

中一个 3 维超 "球面"

$$\delta_{ij}x^i x^j + K\left(x^4\right)^2 = KR^2, \tag{7.1.5}$$

其中 $K = \pm 1$。$K = +1$ 时，3 维空间为 3 维球面；$K = -1$ 时，3 维空间为 3 维伪球面。这里的 R 是 3 维球面或伪球面的半径。由 (7.1.5) 式得

$$\delta_{ij}x^i\mathrm{d}x^j + Kx^4\mathrm{d}x^4 = 0 \Rightarrow x^4\mathrm{d}x^4 = -K\delta_{ij}x^i\mathrm{d}x^j$$

$$\Rightarrow \left(\mathrm{d}x^4\right)^2 = \frac{\left(\delta_{ij}x^i\mathrm{d}x^j\right)\left(\delta_{kl}x^k\mathrm{d}x^l\right)}{R^2 - K\delta_{mn}x^m x^n}. \tag{7.1.6}$$

引入球坐标：

$$x^1 = r\sin\theta\cos\varphi, \quad x^2 = r\sin\theta\sin\varphi, \quad x^3 = r\cos\theta, \tag{7.1.7}$$

(7.1.6) 式化为

$$\left(\mathrm{d}x^4\right)^2 = \frac{r^2\mathrm{d}r^2}{R^2 - Kr^2}, \tag{7.1.8}$$

(7.1.4) 式变为

$$\begin{aligned}
\mathrm{d}\sigma^2 &= \mathrm{d}r^2 + r^2\left(\mathrm{d}\theta^2 + \sin^2\theta\mathrm{d}\varphi^2\right) + K\frac{r^2\mathrm{d}r^2}{R^2 - Kr^2} \\
&= \frac{R^2\mathrm{d}r^2}{R^2 - Kr^2} + r^2\left(\mathrm{d}\theta^2 + \sin^2\theta\mathrm{d}\varphi^2\right),
\end{aligned} \tag{7.1.9}$$

重新标度

$$\frac{r^2}{R^2} \to r^2, \tag{7.1.10}$$

得

$$\mathrm{d}\sigma^2 = R^2\left[\frac{\mathrm{d}r^2}{1 - Kr^2} + r^2\left(\mathrm{d}\theta^2 + \sin^2\theta\mathrm{d}\varphi^2\right)\right]. \tag{7.1.11}$$

在共动坐标系中，4 维时空的线元可写为

$$\mathrm{d}s^2 = -\mathrm{d}t^2 + a^2\left(t\right)\left[\frac{\mathrm{d}r^2}{1 - Kr^2} + r^2\left(\mathrm{d}\theta^2 + \sin^2\theta\mathrm{d}\varphi^2\right)\right], \tag{7.1.12}$$

(7.1.11) 式中的 R^2 已吸收到 $a^2(t)$ 中。易见，当 3 维空间平直 ($K = 0$) 时，也可写成 (7.1.12) 式的形式。(7.1.12) 式就是 FLRW 度规，a 称为尺度因子 (scale factor)，其中 $K = \pm 1$, 0。比较 (7.1.12) 和 (5.8.21) 式易见，两者不同之处主要在于 K 的取值。

定义

$$r := f(\chi) = \begin{cases} \sin\chi, & K = +1, \\ \chi, & K = 0, \\ \sinh\chi, & K = -1, \end{cases} \tag{7.1.13}$$

则 FLRW 度规可写成

$$ds^2 = -dt^2 + a^2(t)\left[d\chi^2 + f^2(\chi)\left(d\theta^2 + \sin^2\theta d\varphi^2\right)\right]. \tag{7.1.14}$$

定义共形时间

$$d\eta = \frac{dt}{a(t)}, \tag{7.1.15}$$

则 FLRW 度规可写成

$$ds^2 = a^2(\eta)\left[-d\eta^2 + \frac{dr^2}{1 - Kr^2} + r^2\left(d\theta^2 + \sin^2\theta d\varphi^2\right)\right], \tag{7.1.16}$$

其中 $a(\eta)$ 理解为 $a(t(\eta))$。可以证明：FLRW 度规是共形平直的。换句话说，FLRW 度规的外尔张量 (2.8.53) 式为零。对于 $K = 0$，(7.1.16) 式已是明显共形平直的形式。对于 $K = \pm 1$，结论也正确！

值得注意的是，当 $K = +1$ 时，r 的最大取值是 1，故 $K = 1$ 的 FLRW 宇宙的空间体积为

$$V = \int_0^1 dr \int_0^\pi d\theta \int_0^{2\pi} d\varphi \frac{a^3 r^2 \sin\theta}{\sqrt{1 - r^2}} = \pi^2 a^3. \tag{7.1.17}$$

它是有限的。换言之，$K = 1$ 的 FLRW 宇宙是有限无边的。当 $K = 0$, -1 时，r 可取任意值，故 $K = 0$, -1 的 FLRW 宇宙的空间体积是无限的。换言之，$K = 0$, -1 的 FLRW 宇宙是无限无边的。

7.1.4 宇宙学红移

我们已经学习过多普勒 (Doppler) 红移 (由光源与观察者在时空中的相对运动而引起) 和引力红移 (由光源与观察者静止于稳态时空中的不同位置而引起)。无论哪种红移，红移的定义都由 (3.6.7) 式给出。本节讨论宇宙学红移。

宇宙中星光的红移由 FLRW 度规中零曲线

$$0 = -\mathrm{d}t^2 + a^2\left(t\right)\left[\frac{\mathrm{d}r^2}{1 - Kr^2} + r^2\left(\mathrm{d}\theta^2 + \sin^2\theta\mathrm{d}\varphi^2\right)\right] \tag{7.1.18}$$

确定。设光源位于 FLRW 坐标 r, $\theta = 0$, $\varphi = 0$ 处, 观察者位于 FLRW 坐标 $r = 0$, $\theta = 0$, $\varphi = 0$ 处。如图 7.1.1 所示。光源在 t 时刻发出一前波, 于 t_0 时刻 (在宇宙学中, 常用 t_0 表示现在时刻) 传播到观察者; t 和 t_0 满足

$$\int_t^{t_0} \frac{\mathrm{d}t}{a\left(t\right)} = \int_0^r \frac{\mathrm{d}r}{\sqrt{1 - Kr^2}}, \tag{7.1.19}$$

在 $t+\mathrm{d}t$ 时刻发出下一波前, 于 $t_0+\mathrm{d}t_0$ 时刻传播到观察者; $t+\mathrm{d}t$ 和 $t_0+\mathrm{d}t_0$ 满足

$$\int_{t+\delta t}^{t_0+\delta t_0} \frac{\mathrm{d}t}{a\left(t\right)} = \int_0^r \frac{\mathrm{d}r}{\sqrt{1 - Kr^2}} \tag{7.1.20}$$

(7.1.19) 与 (7.1.20) 式右边相等, 故有

$$0 = \int_{t+\delta t}^{t_0+\delta t_0} \frac{\mathrm{d}t}{a\left(t\right)} - \int_t^{t_0} \frac{\mathrm{d}t}{a\left(t\right)} = \int_{t_0}^{t_0+\delta t_0} \frac{\mathrm{d}t}{a\left(t\right)} - \int_t^{t+\delta t} \frac{\mathrm{d}t}{a\left(t\right)} = \frac{\delta t_0}{a\left(t_0\right)} - \frac{\delta t}{a\left(t\right)}. \tag{7.1.21}$$

因为 $\lambda_e = \delta t, \lambda_r = \delta t_0$, 所以,

$$z := \frac{\delta t_0 - \delta t}{\delta t} = \frac{a\left(t_0\right)}{a\left(t\right)} - 1. \tag{7.1.22}$$

这就是宇宙学红移的定义。

图 7.1.1 宇宙红移

宇宙学红移是由于空间本身的膨胀引起的, 光源与观察者都静止于空间中, g_{00} 都为 -1。它与多普勒红移不同, 与引力红移也不同!

对于静态宇宙，$a(t_0) = a(t)$, $z = 0$, 光谱的宇宙学红移为零；对于膨胀宇宙，$a(t_0) > a(t)$, $z > 0$, 光谱会因宇宙的演化有系统的红移；对于收缩宇宙，$a(t_0) < a(t)$, $z < 0$, 光谱会因宇宙的演化有系统的蓝移。1929 年 Hubble 通过观测给出 Hubble 定律，发现光谱存在系统性的红移。爱因斯坦才放弃静态宇宙的观念，接受膨胀宇宙。

7.1.5　从 FLRW 度规看 Hubble 定律

Hubble 定律是，河外星云退行速度 $v = Hd$，其中 d 是河外星云到地球的距离，H 是比例常数，称为 Hubble 常数。

$a(t)$ 在 t_0 附近做泰勒展开，

$$a(t) = a(t_0)\left[1 + \frac{\dot{a}(t_0)}{a(t_0)}(t - t_0) + \frac{1}{2}\frac{\ddot{a}(t_0)}{a(t_0)}(t - t_0)^2 + \cdots\right], \qquad (7.1.23)$$

其中 $\dot{a}(t_0) = \left.\dfrac{\mathrm{d}a}{\mathrm{d}t}\right|_{t_0}$。令 $H_0 = H(t_0) = \dfrac{\dot{a}(t_0)}{a(t_0)}$, $q_0 = -\dfrac{\ddot{a}(t_0)}{a(t_0)H_0^2}$。$H_0$ 是 Hubble 常数或 Hubble 参数，q_0 称为减速因子。利用 (7.1.22) 式得

$$z = H_0(t_0 - t) + \left(1 + \frac{1}{2}q_0\right)H_0^2(t_0 - t)^2 + \cdots, \qquad (7.1.24)$$

反解出 $t_0 - t$：

$$t_0 - t = \frac{z}{H_0}\left[1 - \left(1 + \frac{1}{2}q_0\right)z + \cdots\right]. \qquad (7.1.25)$$

当星云到我们之间的距离远远小于宇宙半径时，(7.1.19) 式右边近似为

$$\int_t^{t_0}\frac{\mathrm{d}t}{a(t)} = \int_0^r\frac{\mathrm{d}r}{\sqrt{1 - Kr^2}} \approx r, \qquad (7.1.26)$$

将 (7.1.23) 式代入 (7.1.26) 式得

$$
\begin{aligned}
r &\approx \frac{1}{a(t_0)}\int_t^{t_0}\mathrm{d}t\left[1 + H_0(t_0 - t) + \left(1 + \frac{1}{2}q_0\right)H_0^2(t - t_0)^2 + \cdots\right]\\
&= \frac{1}{a(t_0)}\left[(t_0 - t) + \frac{1}{2}H_0(t_0 - t)^2 + \cdots\right]\\
&= \frac{z}{H_0 a(t_0)}\left[1 - \frac{1}{2}(1 + q_0)z + \cdots\right].
\end{aligned}
\qquad (7.1.27)
$$

可以证明，光度距离为

$$d_L = ra(t_0)(1 + z). \qquad (7.1.28)$$

利用 (7.1.27) 式，得

$$d_L = \frac{z}{H_0} \left[1 + \frac{1}{2} \left(1 - q_0 \right) z + \cdots \right], \tag{7.1.29}$$

其中的领头阶就是 Hubble 定律。对 (7.1.29) 式两边以 10 为底取对数，得

$$\lg d_L = \lg z - \lg H_0 + \lg \left[1 + \frac{1}{2} \left(1 - q_0 \right) z + \cdots \right] = \lg z - \lg H_0 + \frac{\lg e}{2} \left(1 - q_0 \right) z. \tag{7.1.30}$$

天文上并不直接用 d_L，而是利用

$$\lg d_L = \frac{1}{5} \left(m - M \right) + \begin{cases} 1, & \text{当 } d \text{ 以 pc 为单位时}, \\ -5, & \text{当 } d \text{ 以 Mpc 为单位时}, \end{cases} \tag{7.1.31}$$

可将 (7.1.30) 式化为用星等 m 和绝对星等 M 写出的表达式。

7.2 均匀各向同性宇宙模型

7.2.1 宇宙演化的完备方程组

FLRW 度规的矩阵形式可以写成

$$g_{\mu\nu} = \begin{pmatrix} -1 & 0 \\ 0 & a^2 \tilde{g}_{ij} \end{pmatrix}, \tag{7.2.1}$$

其中 $\tilde{g}_{ij}$ 是 (7.1.18) 式中方括号内的纯空间度规，其非零联络系数为

$$\Gamma^t_{ij} = a \dot{a} \tilde{g}_{ij}, \ \ \Gamma^i_{tj} = \Gamma^i_{jt} = \frac{\dot{a}}{a} \delta^i_j, \ \ \Gamma^i_{jk} = \tilde{\Gamma}^i_{jk}, \tag{7.2.2}$$

非零里奇张量分量为

$$R_{tt} = -\frac{3\ddot{a}}{a}, \quad R_{ij} = \left(a\ddot{a} + 2\dot{a}^2 + 2K \right) \tilde{g}_{ij}. \tag{7.2.3}$$

爱因斯坦场方程 (3.3.20) 可以改写为

$$R_{\mu\nu} = 8\pi G S_{\mu\nu} + \Lambda g_{\mu\nu}, \tag{7.2.4}$$

其中 $S_{\mu\nu}$ 与能动张量 $T_{\mu\nu}$ 的关系由 (5.2.2) 式给出。在研究宇宙学问题时，为简单起见，我们只考虑理想流体，其能动张量由 (3.1.33) 式描写，其中 ρ 和 p 只与

t 有关。共动坐标系中粒子的 4 速度由 (5.7.7) 式给出。于是，(7.2.4) 式可具体地写成

$$R_{tt} = -\frac{3\ddot{a}}{a} = 4\pi G\,(\rho + 3p) - \Lambda, \tag{7.2.5}$$

$$R_{ij} = \left(a\ddot{a} + 2\dot{a}^2 + 2K\right)\tilde{g}_{ij} = 4\pi G\,(\rho - p)\,a^2\tilde{g}_{ij} + \Lambda a^2\tilde{g}_{ij}. \tag{7.2.6}$$

(7.2.6) 式只有一个独立的方程，

$$a\ddot{a} + 2\dot{a}^2 + 2K = 4\pi G\,(\rho - p)\,a^2 + \Lambda a^2, \tag{7.2.7}$$

方程 (7.2.5) 和 (7.2.7) 式消去 $\ddot{a}$，得

$$\dot{a}^2 + K = \frac{8\pi G}{3}\rho a^2 + \frac{1}{3}\Lambda a^2, \tag{7.2.8}$$

或

$$H^2 + \frac{K}{a^2} = \frac{8\pi G}{3}\rho + \frac{\Lambda}{3}, \tag{7.2.9}$$

其中 $H = \dot{a}/a$ 是 Hubble 参数。(7.2.8) 和 (7.2.9) 式都称为 Friedmann 方程。

由理想流体的能动张量 (3.1.33) 式及协变守恒方程 (3.1.31) 式得

$$0 = T^{t\nu}{}_{;\nu} = 3\frac{\dot{a}}{a}\,(\rho + p) + \dot{\rho} \Rightarrow \frac{\dot{\rho}}{\rho + p} = -3\frac{\dot{a}}{a}. \tag{7.2.10}$$

方程 (7.2.9)、(7.2.10) 式及物态方程 (5.1.8) 式构成均匀各向同性宇宙学的完备方程组。

在宇宙学中，最常讨论的物态方程为

$$p = w\rho \ \ \text{或} \ \ w = p/\rho, \tag{7.2.11}$$

对于物质 (松散介质) 为主的宇宙，$p = 0$ 或 $w = 0$，由 (7.2.10) 式得到

$$\rho \propto a^{-3}. \tag{7.2.12}$$

对于辐射为主的宇宙，物态方程 (7.2.29) 式，由 (7.2.10) 式得到

$$\rho \propto a^{-4}. \tag{7.2.13}$$

定义宇宙的临界密度为

$$\rho_c := \frac{3H^2}{8\pi G}. \tag{7.2.14}$$

现在宇宙的临界密度为

$$\rho_{c0} := \frac{3H_0{}^2}{8\pi G} = 1.1 \times 10^{-26} \left(\frac{H_0}{75(\mathrm{km/s})/\mathrm{Mpc}} \right) \mathrm{kg/\,m^3} \approx 3 \text{个核子质量} \mathrm{m^3}. \tag{7.2.15}$$

在宇宙学中常采用无量纲的物质密度,

$$\Omega := \frac{\rho}{\rho_c}. \tag{7.2.16}$$

宇宙某一物质成分 A 的无量纲密度及其现在的值分别为

$$\Omega_A = \frac{\rho_A}{\rho_c} \quad \text{和} \quad \Omega_{A0} = \frac{\rho_{A0}}{\rho_{c0}}. \tag{7.2.17}$$

类似地,定义无量纲空间曲率密度为

$$\Omega_K := -\frac{K}{a^2 H^2}. \tag{7.2.18}$$

无量纲真空能量密度:

$$\Omega_\Lambda := \frac{1}{3} H^{-2} \Lambda. \tag{7.2.19}$$

于是,Friedmann 方程 (7.2.9) 可改写为

$$\Omega_T + \Omega_K + \Omega_\Lambda = 1. \tag{7.2.20}$$

Ω_T 表示宇宙中所有物质 (包括辐射) 的无量纲密度。

7.2.2 大爆炸宇宙模型

本节集中讨论 $\Lambda = 0$ 的宇宙演化。这一模型曾一度被称为标准 (宇宙) 模型。

7.2.2.1 基本框架

由 $\Lambda = 0$ 的 Friedmann 方程 (7.2.20) 及无量纲空间曲率密度定义 (7.2.18) 式得

$$\Omega_{T0} > 1 \Leftrightarrow K = +1,$$
$$\Omega_{T0} = 1 \Leftrightarrow K = 0,$$
$$\Omega_{T0} < 1 \Leftrightarrow K = -1. \tag{7.2.21}$$

记住,下标 0 表示现在的值。

宇宙尺度因子的意义决定了

$$a_0 > 0, \tag{7.2.22}$$

宇宙学红移说明,

$$H_0, \dot{a}_0 > 0. \tag{7.2.23}$$

通常的物质场都满足强能量条件[①]:

$$\rho + 3p \geqslant 0. \tag{7.2.24}$$

对于松散介质和辐射, 不等号总是成立的。$\Lambda = 0$ 时, 方程 (7.2.5) 导致

$$\ddot{a}_0 < 0 \quad \Rightarrow \quad q_0 > 0, \tag{7.2.25}$$

即宇宙做减速膨胀!

若在宇宙演化过程中始终有

$$a > 0, \quad H, \dot{a} > 0, \quad \ddot{a} < 0, \tag{7.2.26}$$

则必存在过去某一时刻, 在那一刻

$$a = 0, \tag{7.2.27}$$

由 (7.2.8) 式知

$$\rho \overset{a \to 0}{\to} \frac{3}{8\pi G} \frac{\dot{a}^2 + K}{a^2} \to \infty, \tag{7.2.28}$$

且这种发散与 K 的取值无关。由 (7.2.3) 式可算出此时的里奇曲率标量为

$$R = R^\mu_\mu = \frac{3\ddot{a}}{a} + \frac{3}{a^2}\left(a\ddot{a} + 2\dot{a}^2 + 2K\right) = \frac{6}{a}\left(\ddot{a} + \frac{\dot{a}^2 + K}{a^2}\right) \to \infty. \tag{7.2.29}$$

可见, 这种发散是不依赖于坐标选取的。$a = 0$ 这一刻称为宇宙的初始奇点或初始奇异性, 该初始奇异性是时空流形的一个内禀奇异性。在宇宙学中, 将宇宙初始奇点取为 $t = 0$, 称为大爆炸 (Big Bang)。当今宇宙的年龄则为

$$t_0 = \int_0^{a_0} \frac{\mathrm{d}a}{\dot{a}} = \int_0^{a_0} \frac{\mathrm{d}a}{aH} < H_0^{-1} \sim 138 亿年, \tag{7.2.30}$$

其中最后的数值是最新宇宙学的观测值, 不等号参见图 7.2.1。

---

① 强能量条件是: 对所有单位类时矢量 Z^μ, 都有 $T_{\mu\nu}Z^\mu Z^\nu \geqslant -\frac{1}{2}T$。将理想流体的能动张量代入并取 $Z^\mu = U^\mu$ 即得 (7.2.24) 式。

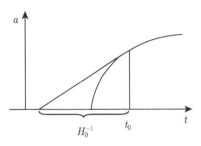

图 7.2.1 大爆炸宇宙模型

大爆炸宇宙模型就是从初始奇点开始演化的宇宙模型。只要物质满足强能量条件 (7.2.24) 式，则必出现初始奇异性。大爆炸奇点也是物理学要解决的一个问题。

7.2.2.2 物质为主的 Friedmann 宇宙

在宇宙学中，物质为主意味着宇宙由松散的介质组成，$p = 0$。这时，(7.2.5) 和 (7.2.7) 式分别化为

$$-3\ddot{a} = 4\pi G\rho a, \tag{7.2.31}$$

$$a\ddot{a} + 2\dot{a}^2 + 2K = 4\pi G\rho a^2. \tag{7.2.32}$$

两方程消去 ρ，得

$$\frac{K}{a^2} = -\frac{2\ddot{a}}{a} - \frac{\dot{a}^2}{a^2} = (2q - 1)H^2. \tag{7.2.33}$$

由 (7.2.18) 及 (7.2.33) 式知，当今宇宙满足

$$-\Omega_{K0} = \frac{K}{a_0{}^2 H_0{}^2} = 2q_0 - 1. \tag{7.2.34}$$

于是，(7.2.21) 式的对应关系可拓展为

$$\Omega_{T0} > 1 \Leftrightarrow K = +1 \Leftrightarrow q_0 > 1/2,$$

$$\Omega_{T0} = 1 \Leftrightarrow K = 0 \quad \Leftrightarrow q_0 = 1/2,$$

$$\Omega_{T0} < 1 \Leftrightarrow K = -1 \Leftrightarrow q_0 < 1/2. \tag{7.2.35}$$

比较 Friedmann 方程 (7.2.20) 知，$\Lambda = 0$ 的物质为主的宇宙中，物质只有松散介质，其无量纲密度记作 Ω_m，于是有

$$\Omega_{T0} = \Omega_{m0} = 2q_0, \tag{7.2.36}$$

注意到 (7.2.12) 式, 这时的 Friedmann 方程 (7.2.8) 可改写为

$$\dot{a}^2 = \zeta^2 a^{-1} - K, \tag{7.2.37}$$

其中 ζ 是大于零的常数。

下面分三种情况求解 (7.2.37) 式。对于 $K = 0$ 的物质为主的 Friedmann 宇宙 (又称为 Einstein-de Sitter 模型),

$$a\dot{a}^2 = \zeta^2 \Rightarrow a = \left(\frac{3}{2}\zeta t\right)^{2/3} \propto t^{2/3}. \tag{7.2.38}$$

对于 $K = \pm 1$ 的物质为主的 Friedmann 宇宙, 利用 (7.2.12) 式可将 (7.2.9) 式改写成

$$H^2 + \frac{K}{a^2} = \frac{8\pi G}{3}\rho_0 {a_0}^3 a^{-3},$$

各项同乘 $a^2/{a_0}^2$, 得

$$\frac{\dot{a}^2}{{a_0}^2} + \frac{K}{{a_0}^2} = \frac{8\pi G}{3}\rho_0 a_0 a^{-1},$$

利用 (7.2.34)、(7.2.16)、(7.2.15)、(7.2.36) 式得

$$\frac{\dot{a}^2}{{a_0}^2} + (2q_0 - 1){H_0}^2 = \Omega_{m0}{H_0}^2 a_0 a^{-1} \quad \Rightarrow \quad \frac{\dot{a}^2}{{a_0}^2} = \left[(1 - 2q_0) + 2q_0\frac{a_0}{a}\right]{H_0}^2,$$

即

$$\dot{x} = \left[(1 - 2q_0) + \frac{2q_0}{x}\right]^{1/2} H_0, \tag{7.2.39}$$

其中 $x := a/a_0$。对 (7.2.39) 式求积分, 得任一时刻的尺度因子与 t 的关系:

$$t = \frac{1}{H_0}\int_0^{a/a_0}\left[(1 - 2q_0) + \frac{2q_0}{x}\right]^{-1/2}\mathrm{d}x. \tag{7.2.40}$$

特别地, 宇宙的年龄为

$$t_0 = \frac{1}{H_0}\int_0^1\left[(1 - 2q_0) + \frac{2q_0}{x}\right]^{-1/2}\mathrm{d}x. \tag{7.2.41}$$

对于 $K = +1$ 物质为主的 Friedmann 宇宙, 为具体积出 (7.2.40) 式, 令

$$x = \frac{a}{a_0} = \frac{q_0}{2q_0 - 1}\left(1 - \cos\psi\right), \tag{7.2.42}$$

$$\mathrm{d}x = \frac{q_0}{2q_0 - 1} \sin\psi\mathrm{d}\psi, \quad \frac{1}{x} = \frac{2q_0 - 1}{q_0} \frac{1}{1 - \cos\psi}, \quad x : 0 \to x, \ \psi : 0 \to \psi,$$

$$t = \frac{q_0}{H_0}(2q_0 - 1)^{-3/2} \int_0^\psi \left(\frac{1 - \cos\psi}{1 + \cos\psi}\right)^{1/2} \sin\psi\mathrm{d}\psi$$

$$= \frac{q_0}{H_0(2q_0 - 1)^{3/2}} \int_0^\psi (1 - \cos\psi)\mathrm{d}\psi = \frac{q_0(\psi - \sin\psi)}{H_0(2q_0 - 1)^{3/2}}. \tag{7.2.43}$$

(7.2.42) 式可写为

$$a = A(1 - \cos\psi), \quad A = \frac{a_0 q_0}{2q_0 - 1}, \tag{7.2.44}$$

重新标定时间

$$t' := a_0 H_0 (2q_0 - 1)^{1/2} t = A(\psi - \sin\psi). \tag{7.2.45}$$

该解在 t'-a 图中是一条摆线。如图 7.2.2 中橙线所示。摆线在 $\psi = \pi$ 时, 即 $t' = \pi A$ 时, a 达到最大值; $\psi = 0, 2\pi$ 时, 即 $t' = 0, 2\pi A$ 时, a 为零。前者为大爆炸 (big bang, BB), 后者为大挤压 (big crunch, BC)。t' 在 0 与 πA 之间时, 宇宙膨胀; t' 在 πA 与 $2\pi A$ 时, 宇宙收缩。这一模型称为闭合宇宙模型。摆线的解可以有下一周期, 但作为宇宙模型来说, 后一个周期与前一周期没有因果联系。在收缩阶段 (即当 $\psi = (\pi, 2\pi)$ 时), 解 (7.2.44)、(7.2.45) 与 (5.8.33) 式的形式相同。

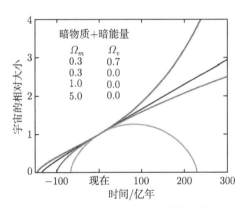

图 7.2.2　膨胀宇宙 (彩图见封底二维码)

对于 $K = -1$ 的物质为主的 Friedmann 宇宙, 令

$$x = \frac{a}{a_0} = \frac{q_0}{1 - 2q_0}(\cosh\psi - 1), \tag{7.2.46}$$

$$\mathrm{d}x = \frac{q_0}{1 - 2q_0} \sinh\psi\mathrm{d}\psi, \quad \frac{1}{x} = \frac{1 - 2q_0}{q_0} \frac{1}{\cosh\psi - 1}, \ x : 0 \to x, \ \psi : 0 \to \psi.$$

$$t = \frac{q_0}{H_0} \left(1 - 2q_0\right)^{-3/2} \int_0^{\psi} \left(\frac{\cosh\psi - 1}{\cosh\psi + 1}\right)^{1/2} \sinh\psi \mathrm{d}\psi$$

$$= \frac{q_0}{H_0 \left(1 - 2q_0\right)^{3/2}} \int_0^{\psi} \left(\cosh\psi - 1\right)\mathrm{d}\psi = \frac{q_0 \left(\sinh\psi - \psi\right)}{H_0 \left(1 - 2q_0\right)^{3/2}}. \tag{7.2.47}$$

改写 (7.2.46) 式, 并重新标度时间, 有

$$a = A\left(\cosh\psi - 1\right), \quad A = \frac{a_0 q_0}{1 - 2q_0}, \tag{7.2.48}$$

$$t' := a_0 H_0 \left(1 - 2q_0\right)^{1/2} t = A\left(\sinh\psi - \psi\right). \tag{7.2.49}$$

该解只有初始奇点, 大爆炸后将无限地膨胀下去. 如图 7.2.2 中蓝线所示. 与闭合宇宙模型相对应, 这是一个开放的宇宙模型. 图 7.2.2 中的绿线给出 $\Lambda = 0$ 时 $K = 0$ 的 Friedmann 宇宙模型中尺度因子的示意图.

20 世纪末对超新星的观测表明[1], 宇宙在做加速膨胀, 而不是做减速膨胀! 图 7.2.3 是 2003 年对超新星观测的结果, 图 7.2.4 是超新星、微波背景辐射、结构

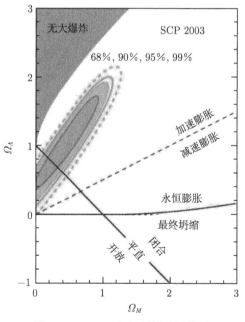

图 7.2.3   2003 年超新星观测结果

① Perlmutter S, Aldering G, Goldhaber G, et al. Measurements of omega and lambda from 42 high redshift supernovae. ApJ, 1999, 517(2): 565-586; Riess A G, Filippenko A V, Challis P, et al. Observational evidence from supernovae for an accelerating universe and a cosmological constant. AJ, 1998, 116: 1009-1038.

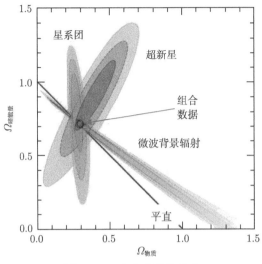

图 7.2.4 宇宙成分的确定

形成的观测结果。对这一问题的最简单的解决方案是，引入正的宇宙学常数。图 7.2.2 中的红色曲线为 $K=0$, $\Omega_\Lambda=0.7$ 时，尺度因子的示意图。

2011 年诺贝尔物理学奖授予珀尔马特 (S. Perlmutter), 施密特 (B. P. Schmidt), 里斯 (A. G. Riess), 以表彰他们在通过观测遥远超新星发现宇宙的加速膨胀 (for the discovery of the accelerating expansion of the Universe through observations of distant supernovae)。图 7.2.5 是 2011 年诺贝尔物理学奖的三位获得者。

Perlmutter   P. Schmidt   G. Riess

图 7.2.5 2011 年诺贝尔物理学奖获得者

7.2.2.3 大爆炸宇宙演化模型中的一个守恒量

一般来说，宇宙中既有松散介质，又有辐射。现假定松散介质是由核子组成的理想气体，且松散介质与辐射达成热平衡。那么，宇宙总能量密度和总压强分别为

$$\rho = nm + \frac{3}{2}nk_{\mathrm{B}}T + a_{\mathrm{R}}T^4, \tag{7.2.50}$$

$$p = nk_{\mathrm{B}}T + \frac{1}{3}a_{\mathrm{R}}T^4, \tag{7.2.51}$$

其中 a_{R} 是辐射常数，n 为核子数密度，它随着宇宙膨胀不断地降低。$a^3 n$ 为共动坐标系中的核子数密度，它在宇宙膨胀中是常数。由协变守恒方程的结果 (7.2.10) 式得

$$a^3 \dot{\rho} = -3a^2 \dot{a}(\rho + p) \quad \Rightarrow \quad \frac{\mathrm{d}}{\mathrm{d}a}\left(\rho a^3\right) = -3a^2 p. \tag{7.2.52}$$

将 (7.2.50) 和 (7.2.51) 式代入，得

$$\frac{\mathrm{d}}{\mathrm{d}a}\left(a^3\left(nm_N + \frac{3}{2}nk_{\mathrm{B}}T + a_{\mathrm{R}}T^4\right)\right) = -3a^2\left(nk_{\mathrm{B}}T + \frac{1}{3}a_{\mathrm{R}}T^4\right),$$

左边为 $3a^2 a_{\mathrm{R}}T^4 + 3a^3\left(\frac{1}{2}nk_{\mathrm{B}} + \frac{4}{3}a_{\mathrm{R}}T^3\right)\dfrac{\mathrm{d}T}{\mathrm{d}a}$，所以，

$$a\left(\frac{1}{2} + \frac{4a_{\mathrm{R}}T^3}{3nk_{\mathrm{B}}}\right)\frac{\mathrm{d}T}{\mathrm{d}a} = -T\left(1 + \frac{4a_{\mathrm{R}}T^3}{3nk_{\mathrm{B}}}\right), \tag{7.2.53}$$

或改写成

$$\frac{a}{T}\frac{\mathrm{d}T}{\mathrm{d}a} = -\frac{\sigma + 1}{\sigma + 1/2}, \quad \sigma = \frac{4a_{\mathrm{R}}T^3}{3nk_{\mathrm{B}}}. \tag{7.2.54}$$

由热力学知，辐射的熵密度为 $\frac{4}{3}a_{\mathrm{R}}T^3$，$\mathfrak{s} := k_{\mathrm{B}}\sigma$ 为单个核子对应的辐射熵，或称为宇宙的比熵 (specific entropy)。当 $\sigma \ll 1$ 时，(7.2.54) 式的近似解为

$$\frac{a}{T}\frac{\mathrm{d}T}{\mathrm{d}a} = -2 \Rightarrow T \propto a^{-2} \Rightarrow \sigma \propto a^{-3}; \tag{7.2.55}$$

当 $\sigma \gg 1$ 时，(7.2.54) 式的近似解为

$$\frac{a}{T}\frac{\mathrm{d}T}{\mathrm{d}a} = -1 \Rightarrow aT = \text{const.} \Rightarrow \sigma = \text{const..} \tag{7.2.56}$$

对宇宙的观测表明，目前宇宙中微波背景辐射的温度[①]$T_\gamma \sim 3K$。对于不同 K 的宇宙模型，宇宙中核子数密度不同。对于 $K=0$ 的宇宙，宇宙中核子数密度小于 3 个核子/m^3，故

$$\sigma_0 = \frac{4a_R T_{\gamma 0}{}^3}{3n_0 k_B} \approx 10^{8 \sim 10} \sim 10^9 \gg 1. \tag{7.2.57}$$

这就是说，在宇宙演化中，宇宙的比熵是一个很大的数，它在演化过程中是一个很好的守恒量。宇宙演化过程中的守恒量保留了宇宙早期演化的信息。利用它可以

[①] 苏联科学家伽莫夫 (G. Gamov，1904—1968，见图 7.2.6)20 世纪 40 年代提出热大爆炸宇宙模型，通过研究宇宙中的核合成首先预言了宇宙存在微波背景辐射。1964 年美国无线电工程师彭齐亚斯 (A. Penzias) 和威尔逊 (R. W. Wilson) 偶然中发现了宇宙微波背景辐射 (大约为 3K)，并于 1978 年获得诺贝尔物理学奖 (见图 7.2.7)。1989 年发射的 COBE(COsmic Background Explorer) 卫星以极高的精度证实了宇宙微波背景辐射具有完美的黑体谱，并发现微波背景辐射的各向异性。马瑟 (J. C. Mather) 和斯穆特 (G. F. Smoot) 因此获得 2006 年诺贝尔物理学奖 (见图 7.2.8)。有关微波背景辐射更多、更细的问题以及进一步发展留在宇宙学的课程中介绍。需要说明的是，当初彭齐亚斯和威尔逊只是发现天线有无法消除的背景噪音，并不知道是什么原因。而有意寻找宇宙微波背景辐射的 R. H. Dicke (1916—1997) 对彭齐亚斯和威尔逊的结果给出了恰当的解释。Dicke 当年的学生皮布尔斯 (J. Peebles) 因其在物理宇宙学方面的理论发现 (for theoretical discoveries in physical cosmology) 而获得 2019 年的诺贝尔物理学奖，见图 7.2.9。

图 7.2.6　G. Gamov

图 7.2.7　A. Penzias 和 R. W. Wilson

图 7.2.8　J. C. Mather 和 G. F. Smoot

图 7.2.9　J. Peebles

得到宇宙早期演化的一个重要信息：宇宙必然存在一个辐射为主的演化时期。注意在非相对论极限下，核子的静能远大于核子的平均平动能，也远大于与之平衡的辐射能，由于核子数密度反比于 a^3，而温度反比于 a^4，从 (7.2.50) 式可以看出，在回溯过程中，随着密度的增加，宇宙的温度也随之升高，在宇宙的早期必然存在一个时期，辐射的能密度远大于核子的静能密度，在 5.6.2 节中也已看到，对于极端相对论的情况，核子的物态方程也近似为辐射的形式，因而这个时期的宇宙是以辐射为主的。

7.2.2.4　辐射为主的 Friedmann 宇宙

我们只考虑 $K = 0$ 的情况。辐射为主时，物态方程为 (5.6.29)。$\Lambda = 0$ 时的 Friedmann 方程 (7.2.8) 化为

$$a^2\dot{a}^2 = \frac{1}{4}C_r^4 \quad \Rightarrow \quad a = C_r t^{1/2}, \tag{7.2.58}$$

其中已用到 (7.2.13) 式。因为黑体辐射的能量密度为

$$\rho_\gamma = a_R T^4. \tag{7.2.59}$$

所以，在宇宙演化中，

$$aT = \text{const.}, \tag{7.2.60}$$

即辐射温度与尺度因子的乘积是常数，在辐射为主的宇宙中，辐射温度随着宇宙演化时间 t 的 1/2 次方下降。由此知，宇宙极早期温度极高！

图 7.2.10 是宇宙演化的不同阶段示意图。自大爆炸算起，当今宇宙的年龄已是 138 亿年。第一代恒星与星系形成 (first stars & galaxies form) 于宇宙年龄约为 2 亿年时，在第一代恒星与星系形成之前的一段时间，宇宙空间除去背景辐射外完全没有光，它称为黑暗时代 (dark ages)。我们现在探测到的宇宙微波背景 (cosmic microwave background) 来自光子的最后散射面，在此之后，背景辐射光的自由程可认为是无穷的。最后散射发生在宇宙年龄约为 38 万年时。再向前推，在宇宙年龄为 0.01s～3min 时，宇宙经历了核聚变 (nuclear fusion) 时期，宇宙中轻元素的比例由于这段时间的核反应而确定。比如，宇宙中氦的丰度 (氦的总质量与氢的总质量之比) 大约为 1/4。从宇宙学角度看恒星中核聚变反应产生的氦的量是微乎其微的。5.5.3 节提到的与钱德拉塞卡一起获 1983 年诺贝尔物理学奖的 Fowler 就是因这方面的贡献而获奖的。再向前推，就是质子的形成 (protons form)。在质子形成之前，宇宙是一锅夸克汤。在标准大爆炸宇宙模型中没有暴涨 (inflation) 那一段。7.3 节，我们将简要介绍宇宙暴涨。

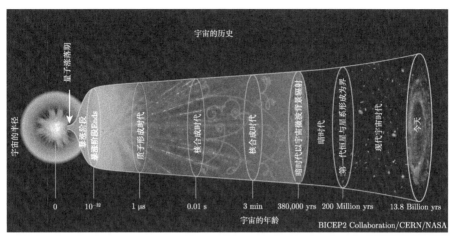

图 7.2.10　宇宙演化不同阶段的示意图

图的横向表示宇宙的年龄 (age of the universe)，图的纵向表示可观测宇宙的半径 (radius of the visible universe)。宇宙大爆炸作为时间零点，先后经历了量子涨落 (quantum fluctuations) 期、暴涨 (inflation) 阶段、质子形成 (protons form) 时代、核合成 (nuclear fusion) 时代、暗时代 (dark ages)、现代宇宙 (modern universe) 时代。暗时代以宇宙微波背景辐射 (cosmic microwave background) 和第一代恒星与星系形成 (first stars & galaxies form) 为界

7.3　宇宙的暴涨

7.3.1　大爆炸宇宙模型存在的问题

大爆炸宇宙模型成功地解释了宇宙的膨胀，星系计数给出的结果与均匀各向同性宇宙符合得很好，预言了宇宙微波辐射背景的存在，预言了宇宙中氢等轻元素的丰度等，取得了巨大的成功。因时间关系，这些内容在我们的课程中都没有涉及，在宇宙学的课程中会做详细介绍。

然而，大爆炸宇宙学也存在一些严重的问题。第一，物理上无法接受宇宙始于初始奇异性的结论。第二，大爆炸宇宙模型无法解释宇宙为什么看上去是均匀 (各向同性) 的，这称为视界疑难。第三，大爆炸宇宙模型无法解释宇宙空间为什么看上去是平直的，这称为平直性疑难。第四，随着宇宙的膨胀，宇宙温度不断降低，宇宙会发生一系列的相变。在大统一的对称性破缺 (一级相变) 时会产生很多磁单极子，但对磁单极子的观测表明，其数量上限远低于理论预期。大爆炸宇宙模型也无法给出恰当的解释。这称为磁单极子疑难。第五，大爆炸宇宙模型无法回答宇宙结构是如何形成的问题。

下面我们来逐个介绍这些问题。奇异性问题很容易理解，结构形成的问题涉及扰动的增长，超出了本课程的大纲，这里就不说了。

7.3.1.1　视界疑难

所谓视界 (horizon)，是可观测事物 (粒子与事件) 与不可观测事物之间的界面。

在宇宙学中，任意 t 时刻观察者都位于 $r = 0$ 处, 他所能观测到的范围由 (7.1.18) 式定出为

$$\int_0^{r_1} \frac{\mathrm{d}r}{\sqrt{1 - Kr^2}} \leqslant \int_{t_1}^{t} \frac{\mathrm{d}t}{a\,(t)}, \tag{7.3.1}$$

其中 (t_1, r_1) 为事件发生的时空点。

对于大爆炸宇宙模型来说，所有粒子都源自大爆炸。在这种情况下可以问, $r = 0$ 处的观察者是否能看到由大爆炸产生出来的所有其他粒子? 答案是, 不一定! 有可能存在粒子视界。固定位置的观察者 (比如说 $r = 0$ 处), 在 t_0 时刻所能观测到最远粒子的距离, 就称为粒子视界, 如图 7.3.1 所示。若大爆炸时刻为 $t_1 = 0$, 则 (7.3.1) 式中 t_1 取 0, $r = 0$ 处的观察者能看到的最远固有距离是

$$d_{\mathrm{PH}}\,(t_0, r = 0) = a\,(t_0) \int_0^{r_1} \frac{\mathrm{d}r}{\sqrt{1 - Kr^2}} \leqslant a\,(t_0) \int_0^{t_0} \frac{\mathrm{d}t}{a\,(t)}. \tag{7.3.2}$$

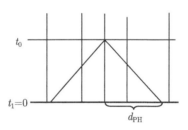

图 7.3.1　粒子视界

在 $\Lambda = 0$, $K = 0$ 的辐射为主的宇宙中，

$$d_{\mathrm{PH}}\,(t_0, r = 0) = a\,(t_0) \int_0^{t_0} \frac{\mathrm{d}t}{a\,(t)} = 2t_0 \Rightarrow r_1 \leqslant \frac{2t_0}{a\,(t_0)}; \tag{7.3.3}$$

在 $\Lambda = 0$, $K = 0$ 的物质为主的宇宙中，

$$d_{\mathrm{PH}}\,(t_0, r = 0) = a\,(t_0) \int_0^{t_0} \frac{\mathrm{d}t}{a\,(t)} = 3t_0 \Rightarrow r_1 \leqslant \frac{3t_0}{a\,(t_0)}. \tag{7.3.4}$$

当粒子相对我们的距离超出 (7.3.3)、(7.3.4) 式时，我们就无法看到, d_{PH} 就是粒子视界。一般来说, 宇宙模型不限于大爆炸宇宙模型。当 $K = 0$, -1 时, 若 t_1 是

大爆炸起点或 $-\infty$, 且

$$\int_{t_1}^{t_0} \frac{\mathrm{d}t}{a\left(t\right)} \to \infty, \tag{7.3.5}$$

或当 $K = +1$ 时, 若 t_1 是大爆炸起点或 $-\infty$, 且当 r_1 取最远值 (3 维球面的对径点)r_M 时, 都有

$$\int_0^{r_M} \frac{\mathrm{d}r}{\sqrt{1-Kr^2}} \leqslant \int_{t_1}^{t_0} \frac{\mathrm{d}t}{a\left(t\right)}, \tag{7.3.6}$$

则这种宇宙没有粒子视界。反之, 必存在粒子视界。

在宇宙学中还可能存在另一类视界, 称为事件视界。对于固定位置的观察者 (比如说 $r = 0$ 处), 在宇宙演化的整个过程中, 所能观测到事件范围的边界称为未来事件视界。如图 7.3.2 所示。视界距离为

$$d_{\mathrm{EH}}\left(t\right) = a\left(t\right) \int_t^{t_M} \frac{\mathrm{d}t}{a\left(t\right)} \quad \left(t_M = \mathrm{BC} \ \text{或} \ +\infty\right), \tag{7.3.7}$$

其中 BC 是大挤压 (big crunch)。类似地, 未来事件视界的时间反演, 即给出过去事件视界。如图 7.3.3 所示。视界距离为

$$d_{\mathrm{EH}}\left(t\right) = a\left(t\right) \int_{t_m}^t \frac{\mathrm{d}t}{a\left(t\right)}, \quad \left(t_m = \mathrm{BB} \ \text{或} \ -\infty\right). \tag{7.3.8}$$

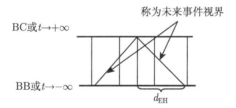

图 7.3.2 宇宙的未来事件视界

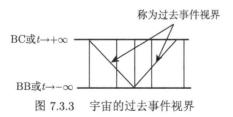

图 7.3.3 宇宙的过去事件视界

粒子视界与事件视界的主要区别在于, 粒子视界确定在任一时刻时粒子可能影响的最大区域; 未来事件视界确定在宇宙演化的整个过程中, 可能对给定观察

者施加影响的最大区域。除此之外，仿黑洞事件视界，事件视界可理解成 3 维类光超曲面。粒子视界通常只作为一个 2 维面。

　　视界疑难又称为均匀性问题，即宇宙为什么看上去是均匀 (各向同性) 的? 比如说我们看到微波背景辐射是高度均匀各向同性的 (各向异性很小)。

　　通常一个系统均匀 (各向同性) 的起因应该是系统内部有足够长的相互作用时间。然而，在大爆炸宇宙模型中，宇宙起始于大爆炸。宇宙中物质的相互作用时间是有限的。由于粒子视界的存在，整个观测宇宙由大量的因果无关区域组成。比如，宇宙年龄为 1s 时，粒子视界的直径大约为 1.52Ml.y.。图 7.3.4 示意地画出现今的观测宇宙包含那时大量无因果关联的区域。存在这样多无因果关联的区域，它们之间是如何达到热平衡的? 是如何达到均匀的? 这是一个很严峻的问题。这就是大爆炸宇宙模型的视界疑难。也许有人会说，宇宙现在均匀各向同性是因为在此之前就已达到均匀各向同性的状态了。然而，越早达成均匀各向同性的状态，观测宇宙所包含的无因果关联区域越多 (量级会迅速攀升)，问题越严重。若宇宙在 $t \sim 10^{-39}$s 时即已达到均匀各向同性了, 则观测宇宙至少包含 10^{83} 个无因果关联的区域。

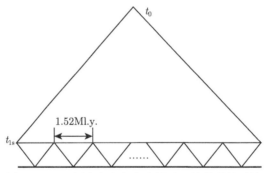

图 7.3.4　观测宇宙中包含大量无因果关联的区域

7.3.1.2　平直性疑难

　　平直性疑难说的是，宇宙已经历了 130 多亿年的演化，宇宙空间为什么看上去还是那么平坦，以致很难确定宇宙空间的 K 是等于 1，-1，还是 0? 空间如此接近平直，要求宇宙创生时就精准地配制了宇宙中的能量密度。这个精准度是难以让人理解的。到底有多高的精准度呢?

　　由 Friedmann 方程 (7.2.20) 知，在 $\varLambda = 0$ 时，

$$\left|\frac{\Omega_K}{\Omega_T}\right| = \left|\frac{1}{\Omega_T} - 1\right| = \frac{|\rho_T - \rho_c|}{\rho_T}. \tag{7.3.9}$$

假定 $K = \pm 1$，由 (7.2.18)、(7.2.16) 和 (7.2.14) 式知

$$(7.3.9)\text{式的左边} = \frac{3}{8\pi G\rho_T a^2}. \qquad (7.3.10)$$

在以物质为主时期, (7.3.9) 式化为

$$\frac{3a}{8\pi G\rho_{T0}a_0^3} = \frac{|\rho_T - \rho_c|}{\rho_T}; \qquad (7.3.11)$$

在以辐射为主时期, (7.3.9) 式化为

$$\frac{3a^2}{8\pi G\rho_{T0}a_0^4} = \frac{|\rho_T - \rho_c|}{\rho_T}. \qquad (7.3.12)$$

从 Planck 时代 (10^{-43}s) 到现在, 尺度因子 a 已增大了几十个量级 (Planck 时代, 宇宙的温度约为 10^{32}K, 现在微波背景的温度只有约 2.7K。按 (7.2.60) 式简单估计, 宇宙尺度因子增长了 32 个量级)。观测表明现在宇宙的密度偏离 ρ_c 在一个量级之内, 说明宇宙创生时 (Planck 时代) 密度须 "微调" 到 10^{-58} 的精度! 这显然是无法理解的。这就是平直性疑难。

7.3.1.3 磁单极疑难

正如前面说过的, 宇宙演化过程中, 随着温度下降, 宇宙会经历若干次对称性自发破缺导致的相变。在大统一相变中会产生磁单极子。在相变发生时, 宇宙真空呈现出畴状结构, 畴的尺度应不大于因果关联长度。不同的真空畴中 Higgs 场有不同的 "取向", 磁单极子是不同真空畴的交结。理论预期磁单极子的数密度与光子数密度之比不小于 10^{-12}。而实测表明, 磁单极子的数密度与光子数密度之比小于 10^{-28}。这就是磁单极疑难。

7.3.2 暴涨阶段

7.3.2.1 暴涨阶段的引入

1981 年 A. Guth 首先在宇宙的极早期引入一个暴涨阶段 (inflationary scenario), 一次性地解决了视界疑难、平直性疑难和磁单极疑难。

暴涨的基本思想是引入一个具有一定势函数的标量场, 称为暴涨场或暴涨子 (inflaton), 其能动张量为

$$T_{\mu\nu} = (\partial_\mu\phi)(\partial_\nu\phi) - \frac{1}{2}g_{\mu\nu}g^{\kappa\lambda}(\partial_\kappa\phi)(\partial_\lambda\phi) + g_{\mu\nu}V(\phi), \qquad (7.3.13)$$

满足 Klein-Gordon 方程

$$\Box\phi = -\frac{\partial V}{\partial\phi}. \qquad (7.3.14)$$

在均匀各向同性的假定下，标量场 ϕ 只依赖于时间，与空间坐标无关，这时，标量场能动张量 (7.3.13) 式的非零分量为

$$T_{00} = \frac{1}{2}\dot{\phi}^2 + V(\phi) = \rho_\phi, \tag{7.3.15}$$

$$T_{ij} = g_{ij}\left(\frac{1}{2}\dot{\phi}^2 - V(\phi)\right) = p_\phi g_{ij}. \tag{7.3.16}$$

ρ_ϕ 与 p_ϕ 分别是标量场的能量密度和等效压强。Klein-Gordon 方程 (7.3.14) 化为

$$\ddot{\phi} + 3H\dot{\phi} = -\frac{\partial V}{\partial \phi}, \tag{7.3.17}$$

于是，Friedmann 方程 (7.2.9) 化为

$$H^2 + \frac{K}{a^2} = \frac{8\pi G}{3}\left(\rho + \rho_\phi\right), \tag{7.3.18}$$

协变守恒方程仍是 (7.2.52) 式。

当宇宙演化由 ϕ 场主导时，物质与辐射的 ρ 和 p 都可忽略，在慢滚近似 (slow-roll approximation)

$$\begin{cases} \dot{\phi} = 0 \\ \ddot{\phi} = 0 \end{cases} \quad \text{或} \quad \begin{cases} \dot{\phi}^2 \ll 2V(\phi), \\ \ddot{\phi} \ll 3H\dot{\phi} \end{cases} \tag{7.3.19}$$

下，当 $K = 0$ 时，

$$T_{00} \approx V(\phi) \approx \rho_\phi, \quad T_{ij} \approx -g_{ij}V(\phi) \approx p_\phi g_{ij}, \tag{7.3.20}$$

(7.3.17) 和 (7.3.18) 式分别简化为

$$3H\dot{\phi} \approx -\frac{\partial V}{\partial \phi}, \tag{7.3.21}$$

$$H^2 \approx \frac{8\pi G}{3}V(\phi) \approx \text{常数}. \tag{7.3.22}$$

(7.3.22) 式的解是

$$H = \frac{\dot{a}}{a} \approx \text{const.} \Rightarrow a(t) \approx a(t_i)\,e^{H(t-t_i)}, \tag{7.3.23}$$

此时宇宙度规就近似为

$$ds^2 = -dt^2 + a^2(t_i)\,e^{2H(t-t_i)}\left(dr^2 + r^2 d\theta^2 + r^2 \sin^2\theta d\varphi^2\right). \tag{7.3.24}$$

这是 $K = 0$ 的 de Sitter 宇宙度规。dS 宇宙是常曲率时空。这种由 dS 近似描写的宇宙称为宇宙的暴涨阶段 (infla-tionary scenario, 现在也称为 inflation epoch)。

由于暴涨的作用, 整个观测宇宙处于一个因果关联区内, 从而解决了视界疑难, 如图 7.3.5 所示。在暴涨阶段, 宇宙以真空能为主, 其能量密度几乎与尺度因子 a 无关。随着尺度因子 a 回溯到暴涨之前, 对宇宙初态的 "微调" 按指数放宽 (达几十个量级), 从而避免了平直性疑难。由于引入暴涨阶段, 整个观测宇宙都在一个因果关联区内, 也就是说在一个真空畴中。在整个观测宇宙中不再出现真空畴的交结, 因而也就不出现磁单极子了, 从而解决了磁单极疑难。

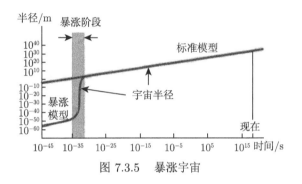

图 7.3.5 暴涨宇宙

暴涨宇宙为宇宙结构的形成保留了涨落的种子。有关讨论在宇宙学课程中将予以介绍。

暴涨结束后, 宇宙会因标量场在真空附近振荡而被重新加热 (reheating), 回到 Friedmann 演化阶段。

7.3.2.2 暴涨模型中重要参数

上述暴涨模型中最重要的参数是慢滚参数, 它们定义如下:

$$\epsilon := \frac{1}{16\pi G} \left(\frac{V'}{V} \right)^2 \ll 1, \tag{7.3.25}$$

$$\eta := \frac{1}{8\pi G} \frac{V''}{V} \ll 1, \tag{7.3.26}$$

$$\xi := \frac{1}{(8\pi G)^2} \frac{V'V'''}{V^2} \ll 1. \tag{7.3.27}$$

我们还可定义另一个慢滚参数

$$\delta := \frac{\ddot{\phi}}{H\dot{\phi}}. \tag{7.3.28}$$

可以证明[①]，

$$\delta \approx \epsilon - \eta. \tag{7.3.29}$$

暴涨结束的条件是

$$\epsilon = 1. \tag{7.3.30}$$

暴涨模型中另一重要的参数为 e 叠数 (e-foldings)：

$$a_e = a_i \mathrm{e}^N, \tag{7.3.31}$$

其中下标 i 表示暴涨开始时，下标 e 表示暴涨结束时。

$$N = \ln\left(\frac{a_e}{a_i}\right) = \int_{t_i}^{t_e} H \mathrm{d}t = \int_{t_i}^{t_e} \frac{H}{\dot{\phi}} \mathrm{d}\phi, \tag{7.3.32}$$

由 (7.3.22) 式与 (7.3.21) 式之比得

$$\frac{H}{\dot{\phi}} = \frac{H^2}{H\dot{\phi}} \approx -\frac{8\pi G V(\phi)}{V'},$$

将之代入 (7.3.32) 式知，e 叠数可改写成

$$N \approx -8\pi G \int_{\phi_i}^{\phi_e} \frac{V(\phi)}{V'(\phi)} \mathrm{d}\phi. \tag{7.3.33}$$

为解决视界问题、平直性问题等，e 叠数至少应达到 50~60。

　　最后，顺便指出，由定义 (7.3.7) 式知 de Sitter 宇宙 (7.3.24) 式的未来事件视界，

$$d_{\mathrm{EH}} = \mathrm{e}^{H(t-t_i)} \int_t^\infty \mathrm{e}^{-H(t-t_i)} \mathrm{d}t = \frac{1}{H}, \tag{7.3.34}$$

---

① (7.3.22) 式对时间求导，得

$$H\dot{H} \approx \frac{4\pi G}{3} V'(\phi) \dot{\phi},$$

利用 (7.3.21) 式，得

$$3H^2 \dot{H} \approx -\frac{4\pi G}{3} (V')^2,$$

它与 (7.3.22) 式的平方之比为

$$\frac{\dot{H}}{H^2} \approx -\frac{(V')^2}{16\pi G V^2} = -\epsilon.$$

(7.3.21) 式对时间求导，得

$$3\dot{H}\dot{\phi} + 3H\ddot{\phi} \approx -V''\dot{\phi} \Rightarrow \frac{\dot{H}}{H^2} + \frac{\ddot{\phi}}{H\dot{\phi}} \approx -\frac{V''}{3H^2},$$

利用定义 (7.3.25)、(7.3.26) 和 (7.3.28) 式，即得到 (7.3.29) 式。

即 de Sitter 宇宙有有限的未来事件视界。严格的 de Sitter 宇宙的未来事件视界距 $r=0$ 处观察者的距离是常数，近似的 de Sitter 宇宙的事件视界距离将随 t 缓慢变化。在 Friedmann 宇宙的中间插入一段暴涨阶段后，度规变为

$$
ds^2 = \left\{
\begin{array}{ll}
-dt^2 + a^2\,(t<t_i)\left(dr^2 + r^2 d\theta^2 + r^2\sin^2\theta d\varphi^2\right), & t<t_i, \\
-dt^2 + a_i{}^2 e^{2H(t-t_i)}\left(dr^2 + r^2 d\theta^2 + r^2\sin^2\theta d\varphi^2\right), & t_i<t<t_e, \\
-dt^2 + a^2\,(t>t_e)\left(dr^2 + r^2 d\theta^2 + r^2\sin^2\theta d\varphi^2\right), & t>t_e.
\end{array}
\right.
$$
(7.3.35)

未来事件视界为

$$
d_{\mathrm{EH}} = \left\{
\begin{array}{ll}
a\,(t)\displaystyle\int_{t>t_e}^{\infty}\frac{dt}{a}, & t>t_e, \\[3mm]
a\,(t)\left(\displaystyle\int_{t_e}^{\infty}\frac{dt}{a} + \frac{e^{Ht_i}}{Ha\,(t_i)}\left(e^{-Ht} - e^{-Ht_e}\right)\right), & t_i<t<t_e, \\[3mm]
a\,(t)\left(\displaystyle\int_{t_e}^{\infty}\frac{dt}{a} + \frac{1}{Ha\,(t_i)}\left(1 - e^{-H(t_e-t_i)}\right) + \int_{t<t_i}^{t_i}\frac{dt}{a}\right), & t<t_i.
\end{array}
\right.
$$
(7.3.36)

习　　题

1. 试求宇宙学常数 Λ 不为零，$K=-1,0,+1$ 时，真空 ($\rho=p=0$) 宇宙的度规。

第 8 章　广义相对论的发展

8.1　Einstein-Hilbert 作用量与最小作用量原理

在理论力学 (分析力学) 中，粒子的运动方程可由最小作用量原理 (principle of least action) 给出。例如，质点的作用量取为

$$S = \int L\left(q_i, \dot{q}_i\right) \mathrm{d}t = \int \left(\frac{1}{2} m \dot{q}_i^2 - V\left(q_i\right) \right) \mathrm{d}t, \tag{8.1.1}$$

其中 q_i 是广义坐标，$\dot{q}_i$ 是广义速度，它们都是时间的函数。如图 8.1.1 所示粒子在两点间运动的路径可由作用量在变分中取极值得到

$$0 = \delta S \quad \Rightarrow \quad -m \frac{\mathrm{d}}{\mathrm{d}t} \dot{q}_i - \frac{\partial V\left(q_j\right)}{\partial q_i} = 0 \quad \Rightarrow \quad m \ddot{q}_i = -\frac{\partial V\left(q_j\right)}{\partial q_i}. \tag{8.1.2}$$

在第 2、3、6 章中讨论自由粒子运动时，我们曾反复利用了 E-L 方程，而 E-L 方程也可由最小作用量原理给出。

$$S = mc^2 \int \mathrm{d}\tau = mc^2 \int \left(-g_{\mu\nu} \dot{x}^\mu \dot{x}^\nu\right)^{1/2} \mathrm{d}\tau = \int \mathscr{L} \mathrm{d}\tau, \tag{8.1.3}$$

$$0 = \delta S \quad \Rightarrow \quad \frac{\mathrm{d}}{\mathrm{d}\tau} \frac{\partial \mathscr{L}}{\partial \dot{x}^\mu} - \frac{\partial \mathscr{L}}{\partial x^\mu} = 0. \tag{8.1.4}$$

图 8.1.1　两点间路径

8.1.1 物质场的最小作用量原理

上述最小作用量原理也可用于场论。在场论中，起到质点力学中广义坐标作用的变量是经典场 ϕ，它称为位形变量 (configuration variables)。在质点力学中广义坐标可有若干个分量，在场论中，经典场 ϕ 也可有若干分量；在质点力学中，广义坐标仅是时间的函数，而经典场 ϕ 不仅是时间坐标的函数，还是空间坐标的函数。结合这两点，位形变量可记作 $\phi_i(x) = \phi_i(t, x^k)$，其中 i 是分立指标，表示 ϕ 场的第 i 个分量，x^k 是连续指标，表示场 ϕ 在 x^k 点的值。在相对论中时间坐标与空间坐标是平权的，在场论中，对应于质点力学中的广义速度是场的梯度，记作 $\nabla_\mu \phi_i(x)$。它不仅包括对时间坐标的求导，也包括对空间的求导。为确保作用量是一个标量，我们采用了协变梯度。经典场的拉氏量为 $\mathscr{L}(\phi_i(x), \nabla_\mu \phi_i(x))$，作用量为

$$S = \int \mathscr{L}(\phi_i, \nabla_\mu \phi_i) \sqrt{-g} \mathrm{d}^4 x. \tag{8.1.5}$$

作用量的量纲总是 $\hbar$ 的量纲，即 $[S] = [\hbar]$，本章采用 $\hbar = 1$ 单位制。变分对象为 $\delta\phi_i(x)$，其中 i、x^μ 都任意。按照最小作用量原理，场的经典运动方程满足

$$\delta S = 0. \tag{8.1.6}$$

下面我们讨论如何从 (8.1.6) 式得到物质场的运动方程。

8.1.1.1 平直时空中物质场的最小作用量原理

先看平直时空情况 (采用惯性坐标系 $\sqrt{-g} = 1$，$\nabla_\mu \to \partial_\mu$):

$$
\begin{aligned}
\delta S &= \int \delta \mathscr{L}(\phi_i(x), \partial_\nu \phi_j(x)) \mathrm{d}^4 x \\
&= \int \left[\frac{\partial \mathscr{L}(\phi_k(x), \partial_\nu \phi_l(x))}{\partial \phi_i(x)} \delta\phi_i(x) + \frac{\partial \mathscr{L}(\phi_k(x), \partial_\nu \phi_l(x))}{\partial [\partial_\mu \phi_i(x)]} \delta[\partial_\mu \phi_i(x)] \right] \mathrm{d}^4 x,
\end{aligned}
\tag{8.1.7}
$$

其中 i, μ 都遵从爱因斯坦求和规则，第二项交换变分与求导的顺序，

$$
\begin{aligned}
&\int \frac{\partial \mathscr{L}(\phi_k, \partial_\nu \phi_l)}{\partial (\partial_\mu \phi_i)} \partial_\mu(\delta\phi_i) \mathrm{d}^4 x \\
&= \int \partial_\mu \left[\frac{\partial \mathscr{L}(\phi_k, \partial_\nu \phi_l)}{\partial (\partial_\mu \phi_i)} \delta\phi_i \right] \mathrm{d}^4 x - \int \left[\frac{\partial}{\partial x^\mu} \frac{\partial \mathscr{L}(\phi_k, \partial_\nu \phi_l)}{\partial (\partial_\mu \phi_i)} \right] \delta\phi_i \mathrm{d}^4 x \\
&= -\int \left[\partial_\mu \frac{\partial \mathscr{L}(\phi_k, \partial_\nu \phi_l)}{\partial (\partial_\mu \phi_i)} \right] \delta\phi_i \mathrm{d}^4 x,
\end{aligned}
\tag{8.1.8}
$$

最后一步用到边界上的变分为零。所以，

$$\delta S = \int \left[\frac{\partial \mathscr{L}\left(\phi_k, \partial_\nu \phi_l\right)}{\partial \phi_i} - \frac{\partial}{\partial x^\mu} \frac{\partial \mathscr{L}\left(\phi_k, \partial_\nu \phi_l\right)}{\partial \left(\partial_\mu \phi_i\right)} \right] \delta \phi_i \mathrm{d}^4 x, \tag{8.1.9}$$

最小作用量原理给出运动方程为

$$\frac{\partial}{\partial x^\mu} \frac{\partial \mathscr{L}\left(\phi_k, \partial_\nu \phi_l\right)}{\partial \left(\partial_\mu \phi_i\right)} - \frac{\partial \mathscr{L}\left(\phi_k, \partial_\nu \phi_l\right)}{\partial \phi_i} = 0. \tag{8.1.10}$$

例 1　平直时空中自由标量场。作用量为

$$S = \frac{1}{2} \int \left(\eta^{\mu\nu} \left(\partial_\mu \phi\right) \left(\partial_\nu \phi\right) + m^2 \phi^2 \right) \mathrm{d}^4 x. \tag{8.1.11}$$

(8.1.6) 式给出

$$\eta^{\mu\nu} \partial_\mu \partial_\nu \phi - m^2 \phi = 0. \tag{8.1.12}$$

(8.1.12) 式称为 Klein-Gordon 方程。

例 2　平直时空中的电磁场。(真空无源) 电磁场的作用量为

$$S = \frac{1}{4} \int F^{\mu\nu} F_{\mu\nu} \mathrm{d}^4 x. \tag{8.1.13}$$

最小作用量原理给出

$$0 = \delta S = \frac{1}{2} \int F^{\mu\nu} \delta F_{\mu\nu} \mathrm{d}^4 x = \int F^{\mu\nu} \delta \left(\partial_\mu A_\nu\right) \mathrm{d}^4 x = - \int \partial_\mu F^{\mu\nu} \delta A_\nu \mathrm{d}^4 x. \tag{8.1.14}$$

由此得到运动方程

$$\partial_\mu F^{\mu\nu} = 0. \tag{8.1.15}$$

这正是真空无源电磁场方程，另一个电磁场方程是场强的比安基恒等式。

8.1.1.2　弯曲时空中物质场的最小作用量原理

在考虑物质场时，引力场作为外场，不变分！

$$\delta S = \int \delta \mathscr{L}\left(\phi_i\left(x\right), \nabla_\nu \phi_j\left(x\right)\right) \sqrt{-g\left(x\right)} \mathrm{d}^4 x$$

$$= \int \left[\frac{\partial \mathscr{L}\left(\phi_k\left(x\right), \nabla_\nu \phi_l\left(x\right)\right)}{\partial \phi_i\left(x\right)} \delta \phi_i\left(x\right) + \frac{\partial \mathscr{L}\left(\phi_k\left(x\right), \nabla_\nu \phi_l\left(x\right)\right)}{\partial \left[\nabla_\mu \phi_i\left(x\right)\right]} \delta \left[\nabla_\mu \phi_i\left(x\right)\right] \right]$$

$$\times \sqrt{-g\left(x\right)} \mathrm{d}^4 x,$$

仿前，第二项为

$$\int \frac{\partial \mathscr{L}(\phi_k, \nabla_\nu \phi_l)}{\partial (\nabla_\mu \phi_i)} \delta (\nabla_\mu \phi_i) \sqrt{-g} \mathrm{d}^4 x = \int \frac{\partial \mathscr{L}(\phi_k, \nabla_\nu \phi_l)}{\partial (\nabla_\mu \phi_i)} \nabla_\mu (\delta \phi_i) \sqrt{-g} \mathrm{d}^4 x$$

$$= -\int \left[\nabla_\mu \frac{\partial \mathscr{L}(\phi_k, \nabla_\nu \phi_l)}{\partial (\nabla_\mu \phi_i)} \right] \delta \phi_i \sqrt{-g} \mathrm{d}^4 x,$$

其中第一个等号用到变分与协变导数可以交换顺序，这是因为变分与普通导数可交换，协变导数除物质场的导数项外还有一些度规与度规导数组合的项，而度规不参与变分；第二个等号用到分部积分及边界上的变分为零。所以，

$$\delta S = \int \left[\frac{\partial \mathscr{L}(\phi_k, \partial_\nu \phi_l)}{\partial \phi_i} - \nabla_\mu \frac{\partial \mathscr{L}(\phi_k, \nabla_\nu \phi_l)}{\partial (\nabla_\mu \phi_i)} \right] \delta \phi_i \sqrt{-g} \mathrm{d}^4 x$$

最小作用量原理给出运动方程

$$\nabla_\mu \frac{\partial \mathscr{L}(\phi_k, \partial_\nu \phi_l)}{\partial (\nabla_\mu \phi_i)} - \frac{\partial \mathscr{L}(\phi_k, \partial_\nu \phi_l)}{\partial \phi_i} = 0. \tag{8.1.16}$$

例 3 弯曲时空中自由标量场。作用量为

$$S = \frac{1}{2} \int \left(g^{\mu\nu} (\nabla_\mu \phi)(\nabla_\nu \phi) + m^2 \phi^2 \right) \sqrt{-g} \mathrm{d}^4 x. \tag{8.1.17}$$

与平直时空不同之处在于时空度规变为 $g_{\mu\nu}$。(8.1.6) 式导致

$$g^{\mu\nu} \nabla_\mu \nabla_\nu \phi - m^2 \phi = 0. \tag{8.1.18}$$

这是弯曲时空中的 Klein-Gordon 方程。

例 4 弯曲时空中的电磁场。(真空无源) 电磁场的作用量：

$$S = \frac{1}{4} \int F^{\mu\nu} F_{\mu\nu} \sqrt{-g} \mathrm{d}^4 x. \tag{8.1.19}$$

最小作用量原理给出

$$0 = \delta S = \frac{1}{2} \int F^{\mu\nu} \delta F_{\mu\nu} \sqrt{-g} \mathrm{d}^4 x = \int F^{\mu\nu} \delta (\nabla_\mu A_\nu) \sqrt{-g} \mathrm{d}^4 x$$

$$= -\int \nabla_\mu F^{\mu\nu} \delta A_\nu \sqrt{-g} \mathrm{d}^4 x,$$

由此得

$$\nabla_\mu F^{\mu\nu} = 0. \tag{8.1.20}$$

电磁场也可采用普通导数的形式，

$$0 = \delta S = \frac{1}{2} \int F^{\mu\nu} \delta F_{\mu\nu} \sqrt{-g} \mathrm{d}^4 x = \int F^{\mu\nu} \delta \left(\partial_\mu A_\nu \right) \sqrt{-g} \mathrm{d}^4 x$$

$$= - \int \frac{1}{\sqrt{-g}} \partial_\mu \left(\sqrt{-g} F^{\mu\nu} \right) \delta A_\nu \sqrt{-g} \mathrm{d}^4 x$$

$$\frac{1}{\sqrt{-g}} \partial_\mu \left(\sqrt{-g} F^{\mu\nu} \right) = 0. \tag{8.1.21}$$

(8.1.20) 和 (8.1.21) 式是等价的。另一个电磁场方程是场强的比安基恒等式。

8.1.2　引力场的最小作用量原理

最小作用量原理同样可用来得到爱因斯坦场方程。引力场的位形变量是 $g_{\mu\nu}$ 或 $g^{\mu\nu}$，所以需考虑对引力场的变分 $\delta g_{\mu\nu}$ 或 $\delta g^{\mu\nu}$。

8.1.2.1　纯引力场

在不考虑宇宙学常数时，引力场的作用量取作

$$S_G = -\frac{1}{16\pi G} \int R \sqrt{-g} \mathrm{d}^4 x, \tag{8.1.22}$$

这个作用量称为 Einstein-Hilbert 作用量。考虑宇宙学常数后，引力场的作用量改写为

$$S_G = -\frac{1}{16\pi G} \int \left(R - 2\Lambda \right) \sqrt{-g} \mathrm{d}^4 x. \tag{8.1.23}$$

计算 (8.1.23) 式对 $g_{\mu\nu}$ 的变分

$$\delta S_G = -\frac{1}{16\pi G} \delta \int \left(R - 2\Lambda \right) \sqrt{-g} \mathrm{d}^4 x$$

$$= -\frac{1}{16\pi G} \int \left[\delta R + \left(R - 2\Lambda \right) \frac{1}{\sqrt{-g}} \delta \sqrt{-g} \right] \sqrt{-g} \mathrm{d}^4 x. \tag{8.1.24}$$

先计算

$$\frac{1}{\sqrt{-g}} \delta \sqrt{-g} = \frac{1}{2} \frac{1}{g} \delta g, \quad \delta g = \frac{\partial g}{\partial g_{\mu\nu}} \delta g_{\mu\nu} = g g^{\mu\nu} \delta g_{\mu\nu}, \tag{8.1.25}$$

所以，

$$\frac{1}{\sqrt{-g}} \delta \sqrt{-g} = \frac{1}{2} g^{\mu\nu} \delta g_{\mu\nu} = -\frac{1}{2} g_{\mu\nu} \delta g^{\mu\nu}. \tag{8.1.26}$$

再算 δR

$$\delta R = \delta\left(g^{\mu\nu}R_{\mu\nu}\right) = R_{\mu\nu}\delta g^{\mu\nu} + g^{\mu\nu}\delta R_{\mu\nu}.$$

$$\delta R_{\mu\nu} = \partial_\lambda\left(\delta\Gamma^\lambda_{\mu\nu}\right) - \partial_\nu\left(\delta\Gamma^\lambda_{\mu\lambda}\right) + \Gamma^\kappa_{\mu\nu}\delta\Gamma^\lambda_{\kappa\lambda} + \Gamma^\lambda_{\kappa\lambda}\delta\Gamma^\kappa_{\mu\nu} - \Gamma^\kappa_{\mu\lambda}\delta\Gamma^\lambda_{\kappa\nu} - \Gamma^\lambda_{\kappa\nu}\delta\Gamma^\kappa_{\mu\lambda}$$

$$= \partial_\lambda\left(\delta\Gamma^\lambda_{\mu\nu}\right) + \Gamma^\lambda_{\kappa\lambda}\delta\Gamma^\kappa_{\mu\nu} - \Gamma^\kappa_{\mu\lambda}\delta\Gamma^\lambda_{\kappa\nu} - \Gamma^\kappa_{\lambda\nu}\delta\Gamma^\lambda_{\mu\kappa} - \left[\partial_\nu\left(\delta\Gamma^\lambda_{\mu\lambda}\right) - \Gamma^\kappa_{\mu\nu}\delta\Gamma^\lambda_{\kappa\lambda}\right].$$

注意, 虽然 Γ 不是张量, 但 $\delta\Gamma$ 是张量, 黎曼几何挠率为零, 故 $\Gamma^\kappa_{\lambda\nu} = \Gamma^\kappa_{\nu\lambda}$。所以,

$$\delta R_{\mu\nu} = \nabla_\lambda\left(\delta\Gamma^\lambda_{\mu\nu}\right) - \nabla_\nu\left(\delta\Gamma^\lambda_{\mu\lambda}\right), \tag{8.1.27}$$

$$\delta R = R_{\mu\nu}\delta g^{\mu\nu} + \nabla_\lambda\left(g^{\mu\nu}\delta\Gamma^\lambda_{\mu\nu}\right) - \nabla_\nu\left(g^{\mu\nu}\delta\Gamma^\lambda_{\mu\lambda}\right). \tag{8.1.28}$$

将 (8.1.26) 和 (8.1.28) 式代入 (8.1.24) 式, 得

$$\begin{aligned}
\delta S_G = &-\frac{1}{16\pi}\int\left[R_{\mu\nu}\delta g^{\mu\nu} + \nabla_\lambda\left(g^{\mu\nu}\delta\Gamma^\lambda_{\mu\nu}\right) - \nabla_\nu\left(g^{\mu\nu}\delta\Gamma^\lambda_{\mu\lambda}\right)\right.\\
&\left.-\frac{1}{2}\left(R - 2\Lambda\right)g_{\mu\nu}\delta g^{\mu\nu}\right]\sqrt{-g}\mathrm{d}^4x\\
= &-\frac{1}{16\pi}\int\left(R_{\mu\nu} - \frac{1}{2}Rg_{\mu\nu} + \Lambda g_{\mu\nu}\right)\delta g^{\mu\nu}\sqrt{-g}\mathrm{d}^4x\\
&-\frac{1}{16\pi}\int\nabla_\rho\left(g^{\mu\nu}\delta\Gamma^\rho_{\mu\nu} - g^{\mu\rho}\delta\Gamma^\lambda_{\mu\lambda}\right)\sqrt{-g}\mathrm{d}^4x.
\end{aligned}$$

后一个积分是边界项, 对变分加适当的边界条件后为零, 也可在作用量中引入适当的边界项, 使得边界项的变分正好与上述边界上的变分相消。于是, 得到真空爱因斯坦引力场方程 (6.4.1)。

8.1.2.2 引力场与物质场耦合的情况

引力场与电磁场耦合情况。电磁场作用量 (8.1.19) 式对度规的变分为

$$\begin{aligned}
\delta S_{\mathrm{EM}} = &\frac{1}{2}\int\left(g^{\mu\kappa}F_{\kappa\lambda}F_{\mu\nu}\delta g^{\nu\lambda} + \frac{1}{4}F^{\mu\nu}F_{\mu\nu}\frac{2}{\sqrt{-g}}\delta\sqrt{-g}\right)\sqrt{-g}\mathrm{d}^4x\\
= &\frac{1}{2}\int\left(F^\mu{}_\lambda F_{\mu\nu} - \frac{1}{4}F^{\mu\kappa}F_{\mu\kappa}g_{\nu\lambda}\right)\delta g^{\nu\lambda}\sqrt{-g}\mathrm{d}^4x. \tag{8.1.29}
\end{aligned}$$

引力场与电磁场相互作用的总作用量为

$$S_T = S_G + S_{\mathrm{EM}}. \tag{8.1.30}$$

最小作用量原理导致

$$R_{\mu\nu} - \frac{1}{2} R g_{\mu\nu} + \Lambda g_{\mu\nu} = 8\pi G \left(F^{\mu}{}_{\lambda} F_{\mu\nu} - \frac{1}{4} g_{\nu\lambda} F^{\mu\kappa} F_{\mu\kappa} \right) = 8\pi G T_{\mu\nu}^{\mathrm{EM}}. \quad (8.1.31)$$

引力场与标量场 (最小) 耦合情况. 标量场作用量 (8.1.17) 式对度规的变分为

$$\delta S_S = \frac{1}{2} \int \left[\left(\nabla_\mu \phi \right) \left(\nabla_\nu \phi \right) \delta g^{\mu\nu} + \left(g^{\mu\nu} \left(\nabla_\mu \phi \right) \left(\nabla_\nu \phi \right) + m^2 \phi^2 \right) \frac{1}{\sqrt{-g}} \delta\sqrt{-g} \right] \sqrt{-g} \mathrm{d}^4 x$$

$$= \frac{1}{2} \int \left[\left(\nabla_\mu \phi \right) \left(\nabla_\nu \phi \right) - \frac{1}{2} g_{\mu\nu} g^{\kappa\lambda} \left(\nabla_\kappa \phi \right) \left(\nabla_\lambda \phi \right) - \frac{1}{2} m^2 \phi^2 g_{\mu\nu} \right] \delta g^{\mu\nu} \sqrt{-g} \mathrm{d}^4 x.$$
$$(8.1.32)$$

标量与引力场最小耦合的作用量

$$R_{\mu\nu} - \frac{1}{2} R g_{\mu\nu} + \Lambda g_{\mu\nu} = 8\pi \left[\left(\nabla_\mu \phi \right) \left(\nabla_\nu \phi \right) - \frac{1}{2} g_{\mu\nu} g^{\kappa\lambda} \left(\nabla_\kappa \phi \right) \left(\nabla_\lambda \phi \right) - \frac{1}{2} m^2 \phi^2 g_{\mu\nu} \right]$$

$$= 8\pi G T_{\mu\nu}^{S}. \quad (8.1.33)$$

一般地, 若物质场的作用量为 S_m

$$S_m = \int \mathscr{L}_m \sqrt{-g} \mathrm{d}^4 x. \quad (8.1.34)$$

引力场对 $g_{\mu\nu}$ 的变分,

$$\delta S_m = \int \delta \left(\mathscr{L}_m \sqrt{-g} \right) \mathrm{d}^4 x = \int \left[\frac{\partial \left(\mathscr{L}_m \sqrt{-g} \right)}{\partial g^{\mu\nu}} \delta g^{\mu\nu} + \frac{\partial \left(\mathscr{L}_m \sqrt{-g} \right)}{\partial g^{\mu\nu}{}_{,\lambda}} \delta g^{\mu\nu}{}_{,\lambda} \right] \mathrm{d}^4 x$$

$$= \frac{1}{2} \int \frac{2}{\sqrt{-g}} \left[\frac{\partial \left(\mathscr{L}_m \sqrt{-g} \right)}{\partial g^{\mu\nu}} - \partial_\lambda \frac{\partial \left(\mathscr{L}_m \sqrt{-g} \right)}{\partial g^{\mu\nu}{}_{,\lambda}} \right] \delta g^{\mu\nu} \sqrt{-g} \mathrm{d}^4 x$$

$$= \frac{1}{2} \int T_{\mu\nu} \delta g^{\mu\nu} \sqrt{-g} \mathrm{d}^4 x, \quad (8.1.35)$$

其中

$$T_{\mu\nu} = \frac{2}{\sqrt{-g}} \left[\frac{\partial \left(\mathscr{L}_m \sqrt{-g} \right)}{\partial g^{\mu\nu}} - \partial_\lambda \frac{\partial \left(\mathscr{L}_m \sqrt{-g} \right)}{\partial g^{\mu\nu}{}_{,\lambda}} \right] = \frac{2}{\sqrt{-g}} \frac{\delta S}{\delta g^{\mu\nu}}. \quad (8.1.36)$$

引力场与物质场耦合系统的总作用量为

$$S_T = S_G + S_m. \quad (8.1.37)$$

最小作用量原理给出 (3.3.20) 式.

8.2　广义相对论的哈密顿正则形式 *

广义相对论也可写成哈密顿正则形式, 称为几何动力学 (Geometrodynamics)。为给出正则形式, 需对 4 维时空作 1+3 分解 (或 3+1 分解), ADM(Arnowitt-Deser-Misner) 分解), 即在时空流形中引入一个类空超曲面[①], $X^\mu = X^\mu(t, x^i)$, 其中 (t, x^i) 是 4 维时空的某组坐标, 在超曲面上任一点 (t, x^i) 引入单位法矢 n^μ 和单位切矢

$$V_i^\mu := \frac{\partial X^\mu}{\partial x^i} = X^\mu{}_{,i},　　　　　　　(8.2.1)$$

(n^μ, V_i^μ) 构成一个局部 4 标架, 它们满足:

(1) 正交性: 单位法矢 n^μ 与单位切矢 V_i^μ 正交, 即

$$g_{\mu\nu}n^\mu V_i^\nu = 0;　　　　　　　(8.2.2)$$

(2) 类时性: 类空超曲面上的单位法矢是类时的, 即

$$g_{\mu\nu}n^\mu n^\nu = -1.　　　　　　　(8.2.3)$$

(3) 类空超曲面上的度规: 类空超曲面上度规是 4 维时空度规在标架的 3 个单位切矢上的投影, 即

$$h_{ij} = g_{\mu\nu}V_i^\mu V_j^\nu;　　　　　　　(8.2.4)$$

由于超曲面上的诱导度规与 4 维流形 $\mathcal{M}$ 上的度规有如下关系:

$$h_{\mu\nu} = g_{\mu\nu} + n_\mu n_\nu,　　　　　　　(8.2.5)$$

所以,

$$h_{ij} := h_{\mu\nu}V_i^\mu V_j^\nu;　　　　　　　(8.2.6)$$

对于类空超曲面, 我们约定: i, j 取 1, 2, 3。

如图 8.2.1 所示, 设超曲面在时空中作连续变形。定义变形矢量 N^μ 为

$$N^\mu := \frac{\partial}{\partial t}X^\mu(t, x^i) \equiv \dot{X}^\mu,　　　　　　　(8.2.7)$$

它定义了坐标 t 流逝的方向, 它在局部 4 标架上可分解为

$$N^\mu = Nn^\mu + N^i V_i^\mu,　　　　　　　(8.2.8)$$

---

① 此处给定一个超曲面的方法与 2.12 节中的方法有所不同, 在那里, $f(x^\mu) = C$ 就定义一个超曲面。在这里, X^μ 不是常数, 而是 4 个时空点的函数, 作为超曲面的坐标。

通常把类时分量 N 称为时移函数 (lapse function) 或简称为时移, 把类空分量 N^i 称为位移矢量 (shift vector) 或简称为位移。现在证明时空度规总可写成

$$\mathrm{d}s^2 = -(N^2 - N_i N^i)\mathrm{d}t^2 + 2N_i \mathrm{d}x^i \mathrm{d}t + h_{ij}\mathrm{d}x^i \mathrm{d}x^j, \tag{8.2.9}$$

其中

$$N_i = h_{ij} N^j. \tag{8.2.10}$$

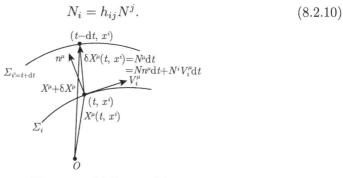

图 8.2.1   时空的 1+3 分解

证明   4 维时空度规总可以写成

$$\mathrm{d}s^2 = g_{tt}\mathrm{d}t^2 + 2g_{it}\mathrm{d}x^i \mathrm{d}t + g_{ij}\mathrm{d}x^i \mathrm{d}x^j, \tag{8.2.11}$$

考虑如图 8.2.1 所示的由超曲面变化给出的时空间隔,

$$g_{\mu\nu}\mathrm{d}X^\mu \mathrm{d}X^\nu = g_{\mu\nu}\dot{X}^\mu \dot{X}^\nu \mathrm{d}t^2 + 2g_{\mu\nu}\dot{X}^\mu V_i^\nu \mathrm{d}t\mathrm{d}x^i + g_{\mu\nu}V_i^\mu V_j^\nu \mathrm{d}x^i \mathrm{d}x^j$$

另一方面, 这个时空间隔还可写成

$$g_{\mu\nu}\mathrm{d}X^\mu \mathrm{d}X^\nu = g_{tt}\mathrm{d}t^2 + 2g_{it}\mathrm{d}x^i \mathrm{d}t + g_{ij}\mathrm{d}x^i \mathrm{d}x^j,$$

比较两式, 知

$$g_{ij} = V_i^\mu V_j^\nu g_{\mu\nu} = V_i^\mu V_j^\nu (h_{\mu\nu} - n_\mu n_\nu) = V_i^\mu V_j^\nu h_{\mu\nu} = h_{ij},$$

$$g_{ti} = \dot{X}^\mu V_i^\nu g_{\mu\nu} = N^\mu V_i^\nu g_{\mu\nu} = g_{\mu\nu}(Nn^\mu + N^j V_j^\mu)V_i^\nu = N^j g_{\mu\nu}V_j^\mu V_i^\nu$$

$$= N^j h_{ji} = N_i,$$

$$g_{tt} = \dot{X}^\mu \dot{X}^\nu g_{\mu\nu} = N^\mu N^\nu g_{\mu\nu} = N^\mu N^\nu (h_{\mu\nu} - n_\mu n_\nu)$$

$$= (Nn^\mu + N^i V_i^\mu)(Nn^\nu + N^j V_j^\nu)h_{\mu\nu} - N^2 = N^i V_i^\mu N^j V_j^\nu h_{\mu\nu} - N^2$$

$$= N^i N_i - N^2.$$

证毕。

度规 (8.2.9) 式写成矩阵形式是

$$(g_{\mu\nu}) = \begin{pmatrix} -(N^2 - N_k N^k) & N_i \\ N_j & h_{ij} \end{pmatrix}, \tag{8.2.12}$$

其行列式为

$$g = (N^i N_i - N^2)h - A^{ij} N_i N_j, \tag{8.2.13}$$

其中 A^{ij} 是 3×3 矩阵，是 h_{ij} 的第 i 行第 j 列的代数余子式，$A^{ij} = hh^{ij}$，将之代入 (8.2.13) 式得

$$g = (N^i N_i - N^2)h - hh^{ij} N_i N_j = -N^2 h \quad \text{或} \quad \sqrt{-g} = N h^{1/2}. \tag{8.2.14}$$

度规矩阵 (8.2.12) 式的逆为

$$(g^{\mu\nu}) = \begin{pmatrix} -1/N^2 & N^i/N^2 \\ N^j/N^2 & h^{ij} - N^i N^j/N^2 \end{pmatrix} = (h^{\mu\nu} - n^\mu n^\nu), \tag{8.2.15}$$

后一等号由 (8.2.5) 式得到。由此可得坐标基下单位法矢 n^μ 和 $h^{\mu 0}$ 的表达式：

$$n^\mu = \left(\frac{1}{N}, -\frac{N^i}{N} \right), \quad h^{\mu 0} = 0. \tag{8.2.16}$$

易证，(8.2.16) 式满足 (8.2.3) 式。

由外曲率 (2.12.6) 表达式及李导数的计算规则得

$$K_{\mu\nu} = n_{(\mu;\nu)}. \tag{8.2.17}$$

由于

$$K_{ij} = g_{\lambda(i} n^\lambda{}_{;j)} = g_{\lambda(i} n^\lambda{}_{,j)} + g_{\lambda(i} \Gamma^\lambda_{|\kappa|j)} n^\kappa = g_{0(i} n^0{}_{,j)} + g_{k(i} n^k{}_{,j)} + \frac{1}{2} g_{ij,\kappa} n^\kappa$$

$$= -\frac{1}{N} N_{(i,j)} + h_{k(i,j)} \frac{N^k}{N} + \frac{1}{2N} h_{ij,t} - \frac{1}{2} h_{ij,k} \frac{N^k}{N} = \frac{1}{N} \left(\frac{1}{2} \frac{\partial h_{ij}}{\partial t} - N_{(i|j)} \right), \tag{8.2.18}$$

其中下标竖线 "|" 代表在超曲面内的协变导数，超曲面内的联络系数为

$$^{(3)}\Gamma^l_{ij} = \frac{1}{2} h^{kl} (h_{ki,j} + h_{kj,i} - h_{ij,k}). \tag{8.2.19}$$

外曲率的迹为

$$K = g^{\mu\nu} n_{(\nu;\mu)} = (h^{\mu\nu} - n^\mu n^\nu) n_{(\nu;\mu)} = h^{\mu\nu} n_{(\nu;\mu)} = h^{ij} n_{(i;j)} = h^{ij} K_{ij}, \quad (8.2.20)$$

其中第三个等号用到 $n^\mu n_{\mu;\nu} = 0$, 第四个等号用到 (8.2.16) 式的第二式。

由微分几何中的高斯-科达齐 (Gauss-Codazzi) 关系可推得[①]

$$R = {}^{(3)}R + K^{ij} K_{ij} - K^2 + 全微分项. \qquad (8.2.21)$$

其中 ${}^{(3)}R$ 是 3 维超曲面内禀曲率的里奇标量，内禀曲率由联络系数 (8.2.19) 式按 (2.8.4) 式计算。

对于纯引力系统，略去边界项，引力作用量 (8.1.23) 式改写为

$$S_g \left[h_{ij}, N, N^i; \dot h_{ij}, \dot N, \dot N^i \right]$$
$$= -\frac{1}{16\pi G} \int_{\mathcal{M} = R^1 \times \Sigma_3} \mathrm{d}^4 x h^{1/2} N [K^{ij} K_{ij} - K^2 + {}^{(3)}R - 2\varLambda]. \qquad (8.2.22)$$

引力场的拉氏量密度为

$$\mathcal{L}_g = -\frac{1}{16\pi G} h^{1/2} N [K^{ij} K_{ij} - K^2 + {}^{(3)}R - 2\varLambda]. \qquad (8.2.23)$$

在作用量 (8.2.23) 式或拉氏量密度中引力场的位形变量是 h_{ij}, N, N^i, 它们的共轭正则动量 (取 $c = G = \hbar = 1$) 定义为

$$\pi_N = 16\pi G \frac{\delta S_g}{\delta \dot N} = 16\pi G \frac{\partial \mathcal{L}_g}{\partial \dot N}, \qquad (8.2.24a)$$

$$\pi_{N^i} = 16\pi G \frac{\delta S_g}{\delta \dot N^i} = 16\pi G \frac{\partial \mathcal{L}_g}{\partial \dot N^i}, \qquad (8.2.24b)$$

$$\pi^{ij} = 16\pi G \frac{\delta S_g}{\delta \dot h_{ij}} = 16\pi G \frac{\partial \mathcal{L}_g}{\partial \dot h_{ij}}. \qquad (8.2.24c)$$

由于作用量 (8.2.23) 式的被积函数中不显含 $\dot N$ 和 $\dot N^i$, 所以,

$$\pi_N = 0, \quad \pi_{N^i} = 0, \qquad (8.2.25)$$

这表明引力系统存在 4 个初级约束。

$$\pi^{ij} = -h^{1/2} N \left(2K^{ij} \frac{\partial K_{ij}}{\partial \dot h_{ij}} - 2K \frac{\partial K}{\partial \dot h_{ij}} \right) = -h^{1/2} \left(K^{ij} - h^{ij} K \right). \qquad (8.2.26)$$

[①] 由于学时限制，没有介绍。(8.2.21) 式的推导可参见 Wald R M. General Relativity. Chicago: The University of Chicago Press, 1984. Misner C W, Thorne K S, Wheeler J A, et al. Freeman and Company. San Francisco, 1973.

其迹为

$$\pi = h_{ij}\pi^{ij} = 2h^{1/2}K \Rightarrow K = \frac{1}{2}h^{-1/2}\pi, \tag{8.2.27}$$

由 (8.2.26) 式反解出 K^{ij}, 并利用 (8.2.27) 式, 得

$$K^{ij} = -h^{-1/2}\left(\pi^{ij} - \frac{1}{2}h^{ij}\pi\right), \tag{8.2.28}$$

所以,

$$K^{ij}K_{ij} - K^2 = \frac{1}{h}\left(\pi^{ij} - \frac{1}{2}h^{ij}\pi\right)\left(\pi_{ij} - \frac{1}{2}h_{ij}\pi\right) - \frac{1}{4h}\pi^2 = \frac{1}{h}\left(\pi^{ij}\pi_{ij} - \frac{1}{2}\pi^2\right), \tag{8.2.29}$$

$$\pi^{ij}K_{ij} = -h^{-1/2}\pi^{ij}\left(\pi_{ij} - \frac{1}{2}h_{ij}\pi\right) = -h^{-1/2}\left(\pi^{ij}\pi_{ij} - \frac{1}{2}\pi^2\right), \tag{8.2.30}$$

由勒让德变换得哈密顿密度,

$$\begin{aligned}
\mathcal{H}_g &= \pi_N\dot{N} + \pi_{N^i}\dot{N}^i + \pi^{ij}\dot{h}_{ij} - 16\pi G\mathcal{L}_g \\
&= \pi^{ij}\dot{h}_{ij} + h^{1/2}N(K^{ij}K_{ij} - K^2 + {}^{(3)}R - 2\Lambda) \\
&= -h^{-1/2}N\left[\pi^{ij}\pi_{ij} - \frac{1}{2}\pi^2 - h\left({}^{(3)}R - 2\Lambda\right)\right] + 2\pi^{ij}N_{(i|j)} \\
&= h^{1/2}\left\{-N\left[\frac{1}{h}\left(\pi^{ij}\pi_{ij} - \frac{1}{2}\pi^2\right) - {}^{(3)}R + 2\Lambda\right] + 2h^{-1/2}\pi^{ij}N_{(i|j)}\right\} \\
&= h^{1/2}\left\{-N\left[\frac{1}{h}\left(\pi^{ij}\pi_{ij} - \frac{1}{2}\pi^2\right) - {}^{(3)}R + 2\Lambda\right] - 2N_{(i}\left(h^{-1/2}\pi^{ij}\right)_{|j)}\right\},
\end{aligned} \tag{8.2.31}$$

其中第三个等号用到 (8.2.18)、(8.2.28)~(8.2.30) 式, 第四个等号提出了 $h^{1/2}$ 因子, 这是因为哈密顿量是 3 维空间上的标量, 哈密顿密度是 3 维空间上的标量密度; 在最后一个等式中已略掉了边界项。初级约束 (8.2.25) 式需在任何时刻都成立, 即要求这 4 个约束在演化中保持不变。为此, 需有

$$0 = \dot{\pi}_N = [\pi_N, \mathcal{H}_g] = -\frac{\partial\mathcal{H}_g}{\partial N} = h^{1/2}\left[\frac{1}{h}\left(\pi^{ij}\pi_{ij} - \frac{1}{2}\pi^2\right) - {}^{(3)}R + 2\Lambda\right] =: H_g, \tag{8.2.32}$$

$$0 = \dot{\pi}_{N^i} = [\pi_{N^i}, \mathcal{H}_g] = -\frac{\partial\mathcal{H}_g}{\partial N^i} = 2\left(h^{-1/2}\pi^{ij}\right)_{|j} = H_i. \tag{8.2.33}$$

这 4 个约束是次级约束, 分别称为哈密顿约束和动量约束 (或微分同胚约束), 其中 $[A, B]$ 是 A 与 B 的泊松括号。哈密顿约束和动量约束还可从作用量 (8.2.22) 式对 N 和 N^i 变分后再利用 (8.2.29) 式直接得到

$$16\pi G\frac{\delta S_g}{\delta N} = H_g = 0, \quad 16\pi G\frac{\delta S_g}{\delta N^i} = H_i = 0, \tag{8.2.34}$$

在时间演化中, 4 个次级约束 (8.2.32)、(8.2.33) 式也应该总保持, 故需有

$$0 = \dot{H}_g = [H_g, \mathcal{H}_g], \quad 0 = \dot{H}_i = [H_i, \mathcal{H}_g]. \tag{8.2.35}$$

可以证明, (8.2.35) 式是 4 个恒等式, 不会给出任何新的约束。引力场的动力学方程为

$$\dot{h}_{ij} = [h_{ij}, \mathcal{H}_g] = \frac{\partial \mathcal{H}_g}{\partial \pi^{ij}}, \quad \dot{\pi}^{ij} = [\pi^{ij}, H_g] = -\frac{\partial \mathcal{H}_g}{\partial h_{ij}}. \tag{8.2.36}$$

引力场量 h_{ij} 张成一个空间, 称为超空间 (与超对称、超弦理论无关), 这是一个无穷维空间, 在这个超空间中可引入超度规 (又称为德维特度规, de Witt metric):

$$G_{ijkl} = \frac{1}{2}h^{-1/2}(h_{ik}h_{jl} + h_{il}h_{jk} - h_{ij}h_{kl}), \tag{8.2.37}$$

于是, 哈密度约束可写成

$$G_{ijkl}\pi^{ij}\pi^{kl} - h^{1/2}\left({}^{(3)}R - 2\Lambda\right) = 0. \tag{8.2.38}$$

引力与物质耦合系统的作用量为

$$S_T\left[h_{ij}, N, N^i, \psi; \dot{h}_{ij}, \dot{N}, \dot{N}^i, \dot{\psi}\right]$$

$$= -\frac{1}{16\pi G}\int_{\mathcal{M}=R^1\times\Sigma_3} \mathrm{d}^4 x h^{1/2} N[K^{ij}K_{ij} - K^2 + {}^3R(h) - 2\Lambda] + S_m, \tag{8.2.39}$$

其中 ψ 表示物质场位形变量的集合。初级约束 (8.2.25) 式同样满足, 它们在时间演化中一直得以保持要求系统还需满足 4 个次级约束

$$16\pi G\frac{\delta S_T}{\delta N} = 16\pi G\left(\frac{\delta S_G}{\delta N} + \frac{\delta S_m}{\delta N}\right) = H = 0, \tag{8.2.40}$$

$$16\pi G\frac{\delta S_T}{\delta N^i} = 16\pi G\left(\frac{\delta S_G}{\delta N^i} + \frac{\delta S_m}{\delta N}\right) = H_i = 0, \tag{8.2.41}$$

其中

$$\left.\frac{\delta S_m}{\delta N}\right|_{N^i, h_{ij}} = 2N \left.\frac{\delta S_m}{\delta N^2}\right|_{N^i, h_{ij}}$$

$$= -2N \frac{\delta S_m}{\delta g_{tt}} \overset{(8.1.36)\text{式}}{=\!=\!=\!=} -h^{1/2}N^2 T^{tt} = -h^{1/2}N^2 g^{t\mu} g^{t\nu} T_{\mu\nu}$$

$$\overset{(8.2.15)\text{式后一等式}}{=\!=\!=\!=\!=\!=\!=\!=\!=} -h^{1/2}N^2 \left(h^{t\mu} - n^0 n^\mu\right) \left(h^{t\nu} - n^0 n^\nu\right) T_{\mu\nu}$$

$$\overset{(8.2.16)\text{式后一关系}}{=\!=\!=\!=\!=\!=\!=\!=\!=} -h^{1/2}n^\mu n^\nu T_{\mu\nu} = -h^{1/2}T_{nn}, \tag{8.2.42}$$

$$\left.\frac{\delta S_m}{\delta N^i}\right|_{N, h_{ij}} = \frac{\delta S_m}{\delta g_{tt}} \left.\frac{\partial g_{tt}}{\partial N^i}\right|_{N, h_{ij}} + 2 \frac{\delta S_m}{\delta g_{tj}} \left.\frac{\partial g_{tj}}{\partial N^i}\right|_{N, h_{ij}}$$

$$= Nh^{1/2}(T^{tt}N_i + T^{tj}h_{ji}) = Nh^{1/2}(T^{tt}g_{ti} + T^{tj}g_{ji})$$

$$= Nh^{1/2}T^t_i, \tag{8.2.43}$$

T_{nn} 是能动张量在超曲面的法线方向的分量. 于是, 引力场与物质场耦合时的哈密顿约束和动量约束分别为

$$h^{1/2} \left\{ \frac{1}{h} \left(\pi^{ij}\pi_{ij} - \frac{1}{2}\pi^2 \right) - {}^{(3)}R + 2\Lambda - 16\pi G T_{nn} \right\} = 0, \tag{8.2.44}$$

$$(h^{-1/2}\pi_i{}^j)_{|j} + 8\pi G T^n_i = 0. \tag{8.2.45}$$

在得到 (8.2.45) 式时用到

$$T^n_j := g_{\mu\nu} n^\mu T^\nu_j = g_{00} n^0 T^0_j + g_{i0} n^i T^0_j + g_{0i} n^0 T^i_j + g_{ki} n^k T^i_j$$

$$= -\left(N^2 - N_i N^i\right) \frac{1}{N} T^0_j - N_i \frac{N^i}{N} T^0_j + \frac{N_i}{N} T^i_j - h_{ki} \frac{N^k}{N} T^i_j$$

$$= -N T^0_j. \tag{8.2.46}$$

进一步, 总作用量对 h_{ij} 变分即得经典几何动力学中的演化方程, 演化方程可以写成正则的形式, 正则共轭量为 h_{ij} 和 π^{ij} 及物质场的正则共轭量. 在演化中, 这些正则共轭量 h_{ij} 和 π^{ij} 并不独立, 必须满足两个约束方程—— (8.2.44) 和 (8.2.45) 式.

在流形 $\mathcal{M} = \mathbb{R} \times \Sigma_3$ 上, 演化方程和约束方程等价于爱因斯坦引力场方程组, 它们包含了经典几何动力学的全部信息. 引力场的正则量子化就是在上述 1+3 分解的基础上, 将泊松括号改为量子对易子, 将经典约束方程改为量子态所必须满足的量子约束方程. 顺便提一句, 在 ADM 形式、量子引力等中, 常取自然单位制 $16\pi G = c = 1$ (而不是 $G = c = 1$), 可使问题更简化.

8.3　其他相对论性引力理论

8.3.1　马赫原理与 Brans-Dicke 引力理论

8.3.1.1　马赫原理

马赫 (E. Mach) 否认绝对空间, 认为一切运动都是相对的。爱因斯坦将马赫的思想总结为马赫原理: 加速度是相对的, 一切物体的惯性效应来自宇宙空间物质相对加速运动时的引力作用。马赫原理与等效原理、广义协变性原理一起作为爱因斯坦建立广义相对论的出发点。爱因斯坦认为马赫原理与广义相对论一致。

马赫原理有以下几个主要预言: 在物体附近有物质堆积时, 它的惯性应增加; 邻近物体做加速运动时, 此物体应受到与加速度同方向的加速力; 转动的中空物体, 必在其内部产生径向离心力与科里奥利力。

马赫原理几点疑难:

(1) 在实验精度范围内, 未发现马赫原理所预言的结果。

(2) 马赫原理缺乏一个严格的定量表述。

(3) 惯性力是瞬时出现的, 引力的传播速度是有限的。两者如何协调一致?

(4) 闵氏时空 $g_{\mu\nu} = \eta_{\mu\nu}$ 是真空爱因斯坦场方程 $R_{\mu\nu} = 0$ 的一个解。闵氏时空中不存在远方星系, 当测试粒子在闵氏时空中做加速运动时, 在加速坐标系中出现的惯性力无法归因到远方星系, 因为根本就不存在。

8.3.1.2　Brans-Dicke 引力理论

Carl H. Brans 和 Robert H. Dicke 指出[①], 广义相对论与马赫原理不符。满足马赫原理的引力理论应是一种标量-张量引力理论, 称为 Brans-Dicke(BD) 引力理论。

Brans-Dicke 引力理论的作用量为

$$S_G = -\frac{1}{16\pi} \int \left(\phi R - \omega \phi^{-1} \partial_\mu \phi \partial^\mu \phi \right) \sqrt{-g}\,\mathrm{d}^4 x, \tag{8.3.1}$$

其中 ϕ 是标量引力场, $\omega \sim O(1)$ 是无量纲 Dicke 耦合常数。在 Brans-Dicke 引力理论中, 牛顿引力常数是一个可变的量, 标量引力场的平均值起着牛顿引力常数的倒数的作用, 即 $\langle\phi\rangle \sim 1/G$。引力场与物质场的总作用量为

$$S_T = S_G + S_m. \tag{8.3.2}$$

---

① Brans C H, Dicke R H. Mach's principle and a relativistic theory of gravitation. Phys. Rev., 1961, 124: 925-935.

引力场方程变为

$$R_{\mu\nu} - \frac{1}{2}Rg_{\mu\nu} = \frac{8\pi}{\phi}T^m_{\mu\nu} + \frac{\omega}{\phi^2}\left(\partial_\mu\phi\partial_\nu\phi - \frac{1}{2}g_{\mu\nu}\partial_\lambda\phi\partial^\lambda\phi\right) + \frac{1}{\phi}\left(\nabla_\mu\nabla_\nu\phi - g_{\mu\nu}\Box\phi\right),$$

(8.3.3)

$$\Box\phi = \frac{8\pi}{3+2\omega}T^m,$$

(8.3.4)

其中 $T^m_{\mu\nu}$ 是物质场的能动张量, T^m 是物质场能动张量的迹。在广义相对论中, 球对称真空解总可以写成史瓦西解的形式 (伯克霍夫定理), 而在 Brans-Dicke 引力理论中, 静态球对称真空解则不是唯一的!

可以证明, 与非奇异内解相衔接的静态球对称外解可写成[1]

$$ds^2 = -e^{\alpha_0}\left(\frac{1-B/r}{1+B/r}\right)^{\frac{2}{\lambda}}dt^2 + e^{\beta_0}\left(1+\frac{B}{r}\right)^4\left(\frac{1-B/r}{1+B/r}\right)^{\frac{2(\lambda-C-1)}{\lambda}}\left(dr^2+r^2d\Omega^2\right),$$

(8.3.5)

$$\phi = \phi_0\left(\frac{1-B/r}{1+B/r}\right)^{\frac{C}{\lambda}}, \quad \lambda^2 = (C+1)^2 - C\left(1-\frac{\omega C}{2}\right),$$

(8.3.6)

其中 α_0, β_0, B, C 都是任意常数。

牛顿近似要求

$$\phi \approx \phi_0\left(1+\frac{1}{\omega+2}\frac{M}{r}\right), \quad G = \frac{2\omega+4}{2\omega+3}\frac{1}{\phi_0},$$

$$C = -\frac{1}{\omega+2}, \quad \lambda = \sqrt{\frac{2\omega+3}{2\omega+4}}, \quad B = \frac{\lambda M}{2},$$

(8.3.7)

不妨取 $\alpha_0 = 0$, $\beta_0 = 0$ (相当于重新标度时间坐标 t 与空间坐标 r),

$$ds^2 = -\left(1-\frac{2M}{r}+\frac{2M^2}{r^2}\right)dt^2 + \left(1+\frac{\omega+1}{\omega+2}\frac{2M}{r}\right)\left(dr^2+r^2d\Omega^2\right).$$

(8.3.8)

将之与 (3.8.25) 式比较知,

$$\alpha = 1, \quad \beta = 1, \quad \gamma = \frac{\omega+1}{\omega+2},$$

(8.3.9)

由此可见, 当 $\omega \to \infty$ 时, Brans-Dicke 引力理论与 GR 至少在后牛顿级别是不可分辨的。

---

[1] Bhabra A, Sarkar K. On static spherically symmetric solutions of the vacuum Brans-Dicke theory. Gen. Rel. Grav., 2005, 37: 2189-2199.

截止到 2003 年，飞往土星的 Cassini 飞船的多普勒跟踪 (Doppler tracking) 显示[①]

$$\omega > 40000. \tag{8.3.10}$$

也就是说，观测更倾向于广义相对论！

8.3.2　宇宙加速膨胀与高阶引力理论

在 7.2 节中曾说过，观测显示宇宙在加速膨胀。这一观测结果无法用无宇宙学常数的爱因斯坦场方程 (3.3.24) 和正常物质来解释。解决这个问题有两类方案，一类是在方程 (3.3.24) 的右边加入奇异的物质，称为暗能量。宇宙学常数可作为真空能，是最简单的暗能量。宇宙学常数不会演化，一般的暗能量都会随时间演化。不同暗能量模型有不同的时间演化行为。

另一类解决方案是修改方程 (3.3.24) 的左边。GR 中引力的作用量是 Einstein-Hilbert 作用量，其拉氏量由里奇标量给出。最简单的修改是将拉氏量由里奇标量修改成 $f(R)$ 的形式，也可考虑拉氏量为 $f(R, R_{\mu\nu}R^{\mu\nu})$ 等理论。

对于 $f(R)$ 理论，作用量的变分为

$$
\begin{aligned}
\delta S_G &= -\frac{1}{16\pi}\delta \int f(R)\sqrt{-g}\,\mathrm{d}^4x \\
&= -\frac{1}{16\pi}\int \left[\frac{\mathrm{d}f(R)}{\mathrm{d}R}\delta R + f(R)\frac{1}{\sqrt{-g}}\delta\sqrt{-g}\right]\sqrt{-g}\,\mathrm{d}^4x \\
&= -\frac{1}{16\pi}\int \left[\frac{\mathrm{d}f(R)}{\mathrm{d}R}\left(R_{\mu\nu}\delta g^{\mu\nu} + \nabla_\lambda\left(g^{\mu\nu}\delta\Gamma^\lambda_{\mu\nu}\right) - \nabla_\nu\left(g^{\mu\nu}\delta\Gamma^\lambda_{\mu\lambda}\right)\right)\right. \\
&\quad \left. -\frac{1}{2}f(R)g_{\mu\nu}\delta g^{\mu\nu}\right]\sqrt{-g}\,\mathrm{d}^4x,
\end{aligned}
$$

场方程为

$$
f_R(R)R_{\mu\nu} - \frac{1}{2}f(R)g_{\mu\nu} - \left(g_{\mu\nu}\Box f_R - \nabla_\mu\nabla_\nu f_R\right) = 8\pi T_{\mu\nu}, \quad f_R(R) = \frac{\mathrm{d}f(R)}{\mathrm{d}R}. \tag{8.3.11}
$$

8.3.3　高维时空与高维引力理论

经验告诉我们，时空是 4 维的。但这并不能排除如下可能性：时空有更多维度，只是那些多出来的维度尚不足以在实验中显现出来。为此，我们可构造高维引力理论。最简单的方法是构造高维的广义相对论。

[①] Will C M. The confrontation between general relativity and experiment living. Rev. Rel., 2014, 17: 4.

8.3.4 内部对称性与引力规范理论

在广义相对论中，时空流形上每一点的切空间都具有洛伦兹不变性，即内部对称性，或说局部对称性为洛伦兹对称性。在 1.2 节中，已说明闵氏时空具有庞加莱对称性，它是洛伦兹对称性与平移对称性的组合。(用群论的语言，庞加莱群是洛伦兹群与平移群的半直积。)

若要求时空流形的每一点都具有局部庞加莱对称性的理论，就必须考虑时空的挠率。这时，度规 $g_{\mu\nu}$ 和挠率 $T^\lambda{}_{\mu\nu}$ 同时作为引力理论的基本变量，或等价地，将标架 $V_I^\mu = (U^\mu, V_i^\mu)$ 与联络 1 形式的分量 $\omega^I{}_{J\mu}$(它常称为自旋联络) 作为基本变量。这样构造出的引力理论称为引力规范理论。

场方程为 2 阶偏微分方程的最一般的引力规范理论的作用量可写成

$$S_G = -\int \sqrt{-g}\mathrm{d}^4x \left(\frac{1}{16\pi G}\left(R - 2\Lambda\right) + a_1 R_{\alpha\beta\mu\nu}R^{\alpha\beta\mu\nu} + a_2 R_{\alpha\beta\mu\nu}R^{\mu\nu\alpha\beta} \right.$$

$$+ a_3 R_{\alpha\beta\mu\nu}R^{\alpha\mu\beta\nu} + b_1 R_{\alpha\beta}R^{\alpha\beta} + b_2 R_{\alpha\beta}R^{\beta\alpha}$$

$$\left. + c_1 T_{\alpha\beta\gamma}T^{\alpha\beta\gamma} + c_2 T_{\alpha\beta\gamma}T^{\beta\gamma\alpha} + c_3 T_{\alpha\beta}^{\ \ \beta}T_\beta^{\ \beta\alpha} \right), \tag{8.3.12}$$

其中 $R_{\alpha\beta\mu\nu}$ 是黎曼曲率张量 (不是黎曼-克里斯多菲曲率张量)，前一对指标与后一对指标没有对称性，前一对指标也没有反对称性，$R_{\alpha\beta} = R^\mu{}_{\alpha\mu\beta}$，$T_{\alpha\beta\gamma}$ 是挠率张量，$a_1, a_2, a_3, b_1, b_2, c_1, c_2, c_3$ 是耦合常数。

为解释宇宙观测、解决引力的量子化问题等，人们还提出了许多其他引力理论，这里就不再赘述。

附录　第 3 至 8 章复习

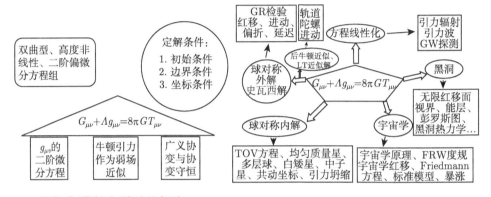

我们在课程中学过的解有

- 闵可夫斯基解
- 史瓦西 (外) 解
- 史瓦西内解族
- 均匀密度星解
- 平面波解
- RN 解
- Kerr 解
- Lense-Thirring 解
- KN 解
- dS 解 (静态、$K = 0, 1, -1$)
- AdS 解
- S-dS 解
- S-AdS 解
- RN-dS 解
- $K = 0, -1, 1$ 物质为主的 Friedmann 解
- $K = 0$ 辐射为主的 Friedmann 解

注意：FLRW(或 FRW) 度规并不要求爱因斯坦方程成立!

我们在课程中介绍史瓦西解时采用了以下几种坐标描述

- 史瓦西坐标: $\mathrm{d}s^2 = -\left(1 - \dfrac{2M}{r}\right)\mathrm{d}t^2 + \left(1 - \dfrac{2M}{r}\right)^{-1}\mathrm{d}r^2 + r^2\mathrm{d}\Omega^2$

- 各向同性坐标: $\mathrm{d}s^2 = -\dfrac{2r - M}{2r + M}\mathrm{d}t^2 + \left(1 + \dfrac{M}{2r}\right)^4\left(\mathrm{d}r^2 + r^2\mathrm{d}\Omega^2\right)$

- 外尔正则坐标:

$$\mathrm{d}s^2 = -\frac{R_+ + R_- - 2M}{R_+ + R_- + 2M}\mathrm{d}t^2 + \frac{R_+ + R_- + 2M}{R_+ + R_- - 2M}$$

$$\times\left(\frac{\left(R_+ + R_-\right)^2 - 4M^2}{4R_+ R_-}\left(\mathrm{d}\rho^2 + \mathrm{d}z^2\right) + \rho^2\mathrm{d}\varphi^2\right)$$

- 超前类光坐标: $\mathrm{d}s^2 = -\left(1 - \dfrac{2M}{r}\right)\mathrm{d}v^2 + 2\mathrm{d}v\mathrm{d}r + r^2\mathrm{d}\Omega^2$

- 延迟类光坐标: $\mathrm{d}s^2 = -\left(1 - \dfrac{2M}{r}\right)\mathrm{d}u^2 - 2\mathrm{d}u\mathrm{d}r + r^2\mathrm{d}\Omega^2$

- 双类光坐标: $\mathrm{d}s^2 = -\left(1 - \dfrac{2M}{r}\right)\mathrm{d}u\mathrm{d}v + r^2\mathrm{d}\Omega^2$

- Kruskal 坐标: $\mathrm{d}s^2 = \dfrac{2M}{r}\mathrm{e}^{-r/(2M)}\left(-\mathrm{d}T^2 + \mathrm{d}R^2\right) + r^2\mathrm{d}\Omega^2$

课程中介绍的解之间的关系

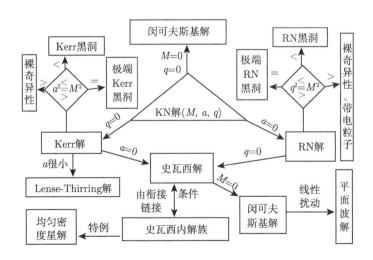

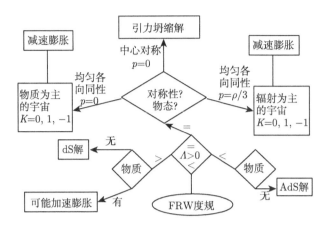

课程中介绍过的物理效应有

- 引力与加速效应局部等效
- 引力红移
- 光线偏折
- 引力透镜
- 时间延迟
- 近日 (星) 点进动
- 引力波导致时空周期性形变
- 双星轨道周期会变小
- 存在最小稳定圆轨道
- 时空拖曳
- 彭罗斯过程
- Misner 超辐射
- Hawking 辐射
- 宇宙学红移
- 宇宙膨胀
- 宇宙的热力学演化
- 微波背景辐射
- 宇宙暴涨
- 宇宙早期涨落

广义相对论课程中涉及的物理对象

- 白矮星：广义相对论效应很弱、可忽略
- 中子星：广义相对论效应仍较弱，但需考虑
- 引力波

- 黑洞：相对论性引力理论起决定性作用，重点研究广义相对论效应
- 宇宙学

通过广义相对论学习，我们对时空结构的新认识

- 时空度规可有交叉项。
- 一般来说，时空度规是时空点的函数。
- 时空可能存在时空坐标互换的区域。
- 时空可能存在视界。
- 时空可能存在能层。
- 即使是静态解，延拓后仍可能有非静态区域。
- 无穷远与无穷远之间是有区别的, 要区分。
- 时空的最大解析延拓。
- 时空的彭罗斯图，有助于全局性地把握时空结构。
- 一般来说，世界时不同于观测者的固有时，均匀各向同性宇宙中的共动观察者是例外。
- 时空可以存在静界、无限红移面、能层、视界。
- 时空存在奇异性，甚至尚不能排除存在裸奇异性的可能性。
- 宇宙处于加速膨胀之中。

广义相对论中的测量

广义相对论中的测量是局域的！

- 有些测量量由其定义就可看出其局域性，如运动粒子的能量：$E = -U^\mu p_\mu$，U^μ 是观察者的 4 速度，p_μ 是运动粒子的 4 动量。又如运动粒子的动量：$P_i = p_\mu V_i^\mu, V_i^\mu$ 与观察者的 U^μ 一起组成标架，作为局部惯性系的 4 个方向。
- 有些测量量的定义看似依赖异地的物理量。例如，红移：$z = \dfrac{\lambda_r - \lambda_e}{\lambda_e}$，$\lambda_e$ 是源处的波长。因已假定了宇宙中不同时空点的物理是相同的, 光源在远处与在观察者处发光的波长相同。

广义相对论的理论性质

广义相对论是一个经典的、无温度概念的、相对论性的引力理论, 它统一了狭义相对论与引力理论。但其中的黑洞性质却揭示了它与量子理论、热力学之间的密切关系。

广义相对论中物质的运动

物质运动满足协变守恒律 $T^{\mu\nu}{}_{;\nu} = 0$。

自由测试粒子沿测地线运动，运动轨迹也可通过求解 E-L 方程

$$\frac{\mathrm{d}}{\mathrm{d}\tau}\frac{\partial\mathscr{L}}{\partial\dot{x}^\mu}-\frac{\partial\mathscr{L}}{\partial x^\mu}=0\quad(m\neq 0),\qquad \frac{\mathrm{d}}{\mathrm{d}\lambda}\frac{\partial\mathscr{L}}{\partial\dot{x}^\mu}-\frac{\partial\mathscr{L}}{\partial x^\mu}=0\quad(m=0)$$

得到，其中 $\mathscr{L}$ 有几种选法，比如

$$\mathscr{L}=-\frac{1}{2}g_{\mu\nu}\dot{x}^\mu\dot{x}^\nu\ \text{ 或 }\ \mathscr{L}=(-g_{\mu\nu}\dot{x}^\mu\dot{x}^\nu)^{1/2}$$

对质点 $\dot{x}^\mu=\dfrac{\mathrm{d}x^\mu}{\mathrm{d}\tau}$，对光子 $\dot{x}^\mu=\dfrac{\mathrm{d}x^\mu}{\mathrm{d}\lambda}$

粒子的 4 速度满足：$g_{\mu\nu}U^\mu U^\nu=-1$

粒子的 4 加速度：$a^\mu=U^\nu\nabla_\nu U^\mu$

牛顿第二定律的协变形式：$f^\mu=mU^\nu\nabla_\nu U^\mu$ 或 $a^\mu=U^\nu\nabla_\nu U^\mu=\dfrac{f^\mu}{m}$

重要方程

爱因斯坦方程：$G_{\mu\nu}+\Lambda g_{\mu\nu}=8\pi GT_{\mu\nu}$

协变守恒方程：$T^{\mu\nu}{}_{;\nu}=0$

E-L 方程：$\dfrac{\mathrm{d}}{\mathrm{d}\tau}\dfrac{\partial\mathscr{L}}{\partial\dot{x}^\mu}-\dfrac{\partial\mathscr{L}}{\partial x^\mu}=0,\quad \dfrac{\mathrm{d}}{\mathrm{d}\lambda}\dfrac{\partial\mathscr{L}}{\partial\dot{x}^\mu}-\dfrac{\partial\mathscr{L}}{\partial x^\mu}=0$

GR 修正的 Binet 方程：$\dfrac{\mathrm{d}^2u}{\mathrm{d}\varphi^2}+u=\dfrac{1}{\tilde{L}^2}+3u^2$

线性化爱因斯坦方程：$\Box\bar{h}_{\mu\nu}=-16\pi GT_{\mu\nu}$

n_i 方向引力辐射强度：$\mathrm{d}I=\dfrac{G}{36\pi}\left[\dfrac{1}{4}\left(\dddot{D}^{ij}\boldsymbol{n}_i\boldsymbol{n}_j\right)^2+\dfrac{1}{2}\dddot{D}^{ij}\dddot{D}^{ij}\right.$

$$\left.-\dddot{D}^{ij}\dddot{D}^{ik}\boldsymbol{n}_j\boldsymbol{n}_k\right]^*\mathrm{d}\Omega$$

TOV 方程：$p'=-\dfrac{G\mathscr{M}\rho}{r^2}\left(1+\dfrac{p}{\rho}\right)\left[1+4\pi r^3\dfrac{p}{\mathscr{M}}\right]\left(1-\dfrac{2G\mathscr{M}}{r}\right)^{-1}$

莱恩-埃姆登方程：$\dfrac{1}{\xi^2}\dfrac{\mathrm{d}}{\mathrm{d}\xi}\left(\xi^2\dfrac{\mathrm{d}\vartheta}{\mathrm{d}\xi}\right)+\vartheta^n=0,\ \vartheta(0)=1,\quad \vartheta'(0)=0$

多方过程物态方程：$p=K\rho^\gamma$

NR 极限下白矮星电子简并压：$p=K\rho^{5/3},K=\dfrac{\hbar^2}{15\pi^2 m_e}\left(\dfrac{3\pi^2}{m_N\mu_{N/e}}\right)^{5/3}$

ER 极限下白矮星电子简并压：$p=K\rho^{4/3},K=\dfrac{\hbar}{12\pi^2}\left(\dfrac{3\pi^2}{m_N\mu_{N/e}}\right)^{4/3}$

NR 极限下中子星中子简并压：$p=K\rho^{5/3},\quad K=\dfrac{\hbar^2}{15\pi^2 m_n}\left(\dfrac{3\pi^2}{m_n}\right)^{5/3}$

ER 极限下中子星中子简并压：$p = \dfrac{1}{3}\rho$

B-S 公式：$\delta M = \dfrac{\kappa}{8\pi}\delta A + \Omega_H \delta J + \phi_H \delta q$

Friedmann 方程：$\dot{a}^2 + K = \dfrac{8\pi G}{3}\hat{\rho}a^2$, $H^2 + \dfrac{K}{a^2} = \dfrac{8\pi G}{3}\hat{\rho}$, $\Omega_T + \Omega_K + \Omega_\Lambda = 1$

一些定义

谐和坐标：$\Gamma^\lambda = -\Box x^\lambda = 0$

推迟势：$\bar{h}_{\mu\nu}(x) = 4G \displaystyle\int \frac{T_{\mu\nu}\left(\boldsymbol{r}', t - |\boldsymbol{r} - \boldsymbol{r}'|\right)}{|\boldsymbol{r} - \boldsymbol{r}'|} \mathrm{d}^3 x'$

螺旋度：在 $\Psi' = \mathrm{e}^{\mathrm{i}s\theta}\Psi$ 中的 s

四极矩张量：$D^{ij} := 3Q^{ij} - \delta^{ij}Q_k^k$, $\quad Q^{ik} := \displaystyle\int \rho x^i x^k \mathrm{d}^3 x$

半径 r 内的牛顿质量：$\mathscr{M}(r) := \displaystyle\int_0^r 4\pi \rho r^2 \mathrm{d}r$

星体引力势能：$V = 4\pi \displaystyle\int_0^{R_B} \rho \left(\left(1 - \frac{2G\mathscr{M}(r)}{r}\right)^{1/2} - 1 \right) r^2 \sqrt{g_{11}} \mathrm{d}r$

$$\approx -4\pi \int_0^{R_B} \frac{G\mathscr{M}(r)}{r} \rho r^2 \left(1 + \frac{3G\mathscr{M}(r)}{2r}\right) \mathrm{d}r$$

星体的动能 (热能)：$E_T = 4\pi \displaystyle\int_0^{R_B} (\rho - m_N n(r)) r^2 \sqrt{g_{11}} \mathrm{d}r$

$$\approx 4\pi \int_0^{R_B} (\rho - m_N n(r)) r^2 \left(1 + \frac{G\mathscr{M}(r)}{r}\right) \mathrm{d}r$$

白矮星内简并电子的费米动量：$k_F = \hbar \left(\dfrac{3\pi^2 \rho}{m_N \mu_{N/e}}\right)^{1/3}$

白矮星临界密度：$\rho_c = \dfrac{m_N \mu_{N/e} m_e^3}{3\pi^2 \hbar^3} \sim 0.97 \times 10^9 \mu_{N/e}$ kg/m^3

钱德拉塞卡极限 (最大白矮星)：$M_{\mathrm{Ch}} = 5.87 \left(\mu_{N/e}\right)^{-2} M_\odot \sim 1.26 M_\odot$

中子星临界密度：$\rho_c = \dfrac{m_n^4}{3\pi^2 \hbar^3} \sim 6.11 \times 10^{18}$ kg/m^3

黑洞：$B = \left[\mathcal{M} - J^-\left(\mathscr{I}^+\right)\right]$

黑洞的事件视界：$H = \dot{J}^-\left(\mathscr{I}^+\right) \cap M$

KN 黑洞的角动量：$J = Ma$

Kerr 黑洞的不可约质量 $M_{ir}^2 = \dfrac{1}{2}\left(M^2 + \sqrt{M^4 - J^2}\right)$

KN 黑洞的不可约质量：$M_{ir}^2 = \dfrac{1}{4}\left(2M^2 - q^2 + 2\sqrt{M^4 - J^2 - M^2 q^2}\right)$

KN 黑洞的自转角速度：$\Omega_H = -\left.\dfrac{g_{t\varphi}}{g_{\varphi\varphi}}\right|_H = \dfrac{a}{r_+^2 + a^2}$

Kerr 黑洞的表面引力：$\kappa = \lim\limits_{r \to r_+} (Va) = \dfrac{r_+ - M}{r_+^2 + a^2} = \dfrac{r_+ - r_-}{2(r_+^2 + a^2)}$

KN 黑洞的表面引力：$\kappa = \dfrac{r_+ - r_-}{2(r_+^2 + a^2)}$

KN 黑洞视界的表面积：$A = 16\pi M_{ir}^2$

RN 黑洞的表面电势：$\phi_H = \dfrac{q}{r_+}$

KN 黑洞的表面电势：$\phi_H = \dfrac{qr_+}{r_+^2 + a^2}$

Hawking 温度：$T_{\mathrm{H}} = \dfrac{\hbar\kappa}{2\pi k_{\mathrm{B}} c}$

B-H 面积熵：$S_{\mathrm{BH}} = \dfrac{c^3 k_{\mathrm{B}} A}{4G\hbar}$

Hubble 参数：$H = \dfrac{\dot{a}}{a}$

减速参数：$q = -\dfrac{\ddot{a}}{aH^2} = -\dfrac{a\ddot{a}}{\dot{a}^2}$

宇宙的临界密度：$\rho_c := \dfrac{3H^2}{8\pi G} \sim 3$个核子/$\mathrm{m}^3$

空间曲率密度：$\Omega_K := -\dfrac{K}{a^2 H^2}$

真空能量密度：$\Omega_\Lambda := \dfrac{1}{3} H^{-2} \Lambda$

宇宙的年龄：$t_0 = \displaystyle\int_0^{a_0} \dfrac{\mathrm{d}a}{\dot{a}} = \int_0^{a_0} \dfrac{\mathrm{d}a}{aH} < H_0^{-1} \sim 138$亿年

(宇宙的) 粒子视界：$d_{\mathrm{PH}}(t_0, r=0) = a(t_0) \displaystyle\int_0^{r_1} \dfrac{\mathrm{d}r}{\sqrt{1 - Kr^2}} \leqslant ca(t_0) \int_0^{t_0} \dfrac{\mathrm{d}t}{a(t)}$

(宇宙的) 未来事件视界，视界距离：$d_{\mathrm{EH}}(t) = a(t) \displaystyle\int_t^{t_M} \dfrac{\mathrm{d}t}{a(t)}, (t_M = \mathrm{BC}$ 或 $+\infty)$

(宇宙的) 过去事件视界，视界距离：$d_{\mathrm{EH}}(t) = a(t) \displaystyle\int_{t_m}^{t} \dfrac{\mathrm{d}t}{a(t)}, (t_m = \mathrm{BB}$ 或 $-\infty)$

广义相对论的基本原理、定理和猜想

等效原理、广义协变原理、宇宙学原理
宇宙监督假设

星体从稳定到不稳定转变条件

星体稳定平衡条件

奇点定理

黑洞无毛定理

Hawking 的黑洞视界面积不减定理

Bekenstein-Smarr 公式

稳态黑洞表面引力为常数

不能通过有限的物理过程使非极端黑洞变成极端黑洞

广义相对论效应的量级

地球表面 22.6m 高度差的红移：$|z| = 2.46 \times 10^{-15}$

太阳表面红移：$z = 2.12 \times 10^{-6}$

水星近日点进动：$\Delta\varphi = 43.1''/$百年

PSR1913+16 脉冲双星的进动：$\Delta\varphi \sim 4°/$年

太阳表面光线偏折：$\theta_\odot \approx 1.75''$

掠过太阳表面, 水星回波延迟：$\Delta T \approx 2.4 \times 10^{-4}$s

轨道陀螺进动——测地项：$\langle\Omega\rangle = -6606$mas/yr

轨道陀螺进动——超精细项：$\langle\Omega\rangle = -39.2$mas/yr

PSR1913+16 脉冲双星因引力辐射轨道周期变化：$\dot{P} \approx -2.4 \times 10^{-12}$

引力波 GW150914 传到地球：$h \sim 10^{-21}$

微波背景辐射温度：$T \approx 2.7$K